U0209164

中国石油地质志

第二版·卷二十一

准噶尔油气区（中国石化）

准噶尔油气区（中国石化）编纂委员会　编

石油工业出版社

图书在版编目（CIP）数据

中国石油地质志. 卷二十一，准噶尔油气区. 中国石
化 / 准噶尔油气区（中国石化）编纂委员会编. —北京：
石油工业出版社，2022.3
　　ISBN 978-7-5183-5026-1

　　Ⅰ. ① 中… Ⅱ. ① 准… Ⅲ. ① 石油天然气地质 – 概况
– 中国 ② 准噶尔盆地 – 油气田开发 – 概况 Ⅳ.
① P618.13 ② TE3

中国版本图书馆 CIP 数据核字（2021）第 229038 号

责任编辑：庞奇伟　孙　娟
责任校对：罗彩霞
封面设计：周　彦

审图号：GS（2021）8870 号

出版发行：石油工业出版社
　　　　　（北京安定门外安华里 2 区 1 号　　100011）
　　网　　址：www.petropub.com
　　编辑部：（010）64523543　　图书营销中心：（010）64523633
经　　销：全国新华书店
印　　刷：北京中石油彩色印刷有限责任公司

2022 年 3 月第 1 版　　2022 年 3 月第 1 次印刷
787 × 1092 毫米　开本：1/16　印张：30.5
字数：850 千字

定价：375.00 元

ISBN 978-7-5183-5026-1

（如出现印装质量问题，我社图书营销中心负责调换）
版权所有，翻印必究

《中国石油地质志》

（第二版）

总编纂委员会

主　编：翟光明

副主编：侯启军　马永生　谢玉洪　焦方正　王香增

委　员：（按姓氏笔画排序）

万永平	万　欢	马新华	王玉华	王世洪	王国力
元　涛	支东明	田　军	代一丁	付锁堂	匡立春
吕新华	任来义	刘宝增	米立军	汤　林	孙焕泉
杨计海	李东海	李　阳	李战明	李俊军	李绪深
李鹭光	吴聿元	何文渊	何治亮	何海清	邹才能
宋明水	张卫国	张以明	张洪安	张道伟	陈建军
范土芝	易积正	金之钧	周心怀	周荔青	周家尧
孟卫工	赵文智	赵志魁	赵贤正	胡见义	胡素云
胡森清	施和生	徐长贵	徐旭辉	徐春春	郭旭升
陶士振	陶光辉	梁世君	董月霞	雷　平	窦立荣
蔡勋育	撒利明	薛永安			

《中国石油地质志》

第二版·卷二十一

准噶尔油气区（中国石化）
编纂委员会

主　　任：宋明水

副主任：王永诗

委　　员：林会喜　张奎华　王　勇

编　写　组

组　　长：林会喜

副组长：张奎华　王　勇

成　　员：白仲才　边雪梅　曹建军　陈　林　郭瑞超　宫亚军

　　　　　侯旭波　郇玉龙　贾凡建　李　凌　李松涛　刘　磊

　　　　　刘德志　刘汝强　鲁红利　路顺行　商丰凯　宋梅远

　　　　　苏真真　王宝成　王圣柱　汪誉新　吴光焕　肖雄飞

　　　　　徐冠华　许开前　薛泽磊　赵乐强　赵衍彬　周　健

审稿专家组

组　　长：王永诗

副组长：隋风贵　曹忠祥

成　　员：蔡立国　乔玉雷　张关龙　王千军　任新成　陈学国

　　　　　李军亮　曾治平　韩祥磊　于洪洲　秦　峰　王大华

　　　　　崔红庄　徐佑德

序

三十多年前，在广大石油地质工作者艰苦奋战、共同努力下，从中华人民共和国成立之前的"贫油国"，发展到可以生产超过 1 亿吨原油和几十亿立方米天然气的产油气大国，可以说是打了一个大大的"翻身仗"，获得丰硕成果，对我国油气资源有了更深的认识，广大石油职工充满无限信心、继续昂首前进。

在 1983 年全国油气勘探工作会议上，我和一些同志建议把过去三十年的勘探经历和成果做一系统总结，既可作为前一阶段勘探的历史记载，又可作为以后勘探工作的指引或经验借鉴。1985 年我到石油勘探开发科学研究院工作后，便开始组织编写《中国石油地质志》，当时材料分散、人员不足、资金缺乏，在这种困难的条件下，石油系统的很多勘探工作者投入了极大的热情，先后有五百余名油气勘探专家学者参与编写工作，历经十余年，陆续出版齐全，共十六卷 20 册。这是首次对中华人民共和国成立后石油勘探历程、勘探成果和实践经验的全面总结，也是重要的基础性史料和科技著作，得到业界广大读者的认可和引用，在油气地质勘探开发领域发挥了巨大的作用。我在油田现场调研过程中遇到很多青年同志，了解到他们在刚走出校门进入油田现场、研究部门或管理岗位时，都会有摸不着头脑的感觉，他们说《中国石油地质志》给予了很大的启迪和帮助，经常翻阅和参考。

又一个三十年过去了，面对国内极其复杂的地质条件，这三十年可以说是在过去的基础上，勘探工作又有了巨大的进步，相继开展的几轮油气资源评价，对中国油气资源实情有了更深刻的认识。无论是在烃源岩、油气储层、沉积岩序列、构造演化以及一系列随着时间推移的各种演化作用带来的复杂地质问题，还是在石油地质理论、勘探领域、勘探认识、勘探技术等方面都取得了许多新进展，不断发现新的油气区，探明的油气田数量逐渐增多、油气储量大幅增加，油气产量提升到一个新台阶。截至 2020 年底（与 1988 年相比），发现的油田由 332 个增至 773 个，气田由 102 个增至 286 个；30 年来累计探明石油地质储量增加 284 亿吨、天然气地质储量增加 17.73 万亿立方米；原油年产量由 1.37 亿吨增至 1.95 亿吨，天然气年产量由 139 亿立方米增至 1888 亿立方米。

油气勘探发现的过程既有成功时的喜悦，更有勘探失利带来的煎熬，其间积累的经验和教训是宝贵的、值得借鉴的。《中国石油地质志》不仅仅是一套学术著作，它既有对中国各大区地质史、构造史、油气发生史等方面的详尽阐述，又有对油气田发现历程的客观分析和判断；它既是各探区勘探理论、勘探经验、勘探技术的又一次系统回顾和总结，又是各探区下一步勘探领域和方向的指引。因此，本次修编的《中国石油地质志》对今后的油气勘探工作具有新的启迪和指导。

在编写首版《中国石油地质志》过程中，经过对各盆地、各地区勘探现状、潜力和领域的系统梳理，催生了"科学探索井"的想法，并在原石油工业部有关领导的支持下实施，取得了一批勘探新突破和成果。本次修编，其指导思想就是通过总结中国油气勘探的"第二个三十年"，全面梳理现阶段中国各油气区的现状和前景，旨在提出一批新的勘探领域和突破方向。所以，在 2016 年初本版编委会尚未完全成立之时，我就在中国工程院能源与矿业工程学部申请设立了 "中国大型油气田勘探的有利领域和方向" 咨询研究项目，全国有 32 个地区石油公司参与了研究实施，该项目引领各油气区在编写《中国石油地质志》过程中突出未来勘探潜力分析，指引了勘探方向，因此，在本次修编章节安排上，专门增加了"资源潜力与勘探方向"一章内容的编写。

本次修编本着实事求是的原则，在继承原版经典的基础上，基本框架延续原版章节脉络，体现学术性、承续性、创新性和指导性，着重充实近三十年来的勘探发展成果。《中国石油地质志》修编版分卷设置，较前一版进行了拆分和扩充，共 25 卷 32 册。补充了冀东油气区、华北油气区（下册·二连盆地）两个新卷，将原卷二"大庆、吉林油田"拆分为大庆油气区和吉林油气区两卷；将原卷七"中原、南阳油田"拆分为中原油气区和南阳油气区两卷；将原卷十四"青藏油气区"拆分为柴达木油气区和西藏探区两卷；将原卷十五"新疆油气区"拆分为塔里木油气区、准噶尔油气区和吐哈油气区三卷；将原卷十六"沿海大陆架及毗邻海域油气区"拆分为渤海油气区、东海—黄海探区、南海油气区三卷。另外，由于中国台湾地区资料有限，故本次修编不单独设卷，望以后修编再行补充和完善。

此外，自 1998 年原中国石油天然气总公司改组为中国石油天然气集团公司、中国石油化工集团公司和中国海洋石油总公司后，上游勘探部署明确以矿权为界，工作范围和内容发生了很大变化，尤其是陆上塔里木、准噶尔、四川、鄂尔多斯等四大盆地以及滇黔桂探区均呈现中国石油、中国石化在各自矿权同时开展勘探研究的情形，所处地质构造区带、勘探程度、理论认识和勘探进展等难免存在差异，为尊重各探区勘探研究实际，便于总结分析，因此在上述探区又酌情设置分册加以处理。各分卷和分册按以下顺序排列：

卷次	卷名	卷次	卷名
卷一	总论	卷十四	滇黔桂探区（中国石化）
卷二	大庆油气区	卷十五	鄂尔多斯油气区（中国石油）
卷三	吉林油气区		鄂尔多斯油气区（中国石化）
卷四	辽河油气区	卷十六	延长油气区
卷五	大港油气区	卷十七	玉门油气区
卷六	冀东油气区	卷十八	柴达木油气区
卷七	华北油气区（上册）	卷十九	西藏探区
	华北油气区（下册）	卷二十	塔里木油气区（中国石油）
卷八	胜利油气区		塔里木油气区（中国石化）
卷九	中原油气区	卷二十一	准噶尔油气区（中国石油）
卷十	南阳油气区		准噶尔油气区（中国石化）
卷十一	苏浙皖闽探区	卷二十二	吐哈油气区
卷十二	江汉油气区	卷二十三	渤海油气区
卷十三	四川油气区（中国石油）	卷二十四	东海—黄海探区
	四川油气区（中国石化）	卷二十五	南海油气区（上册）
卷十四	滇黔桂探区（中国石油）		南海油气区（下册）

《中国石油地质志》是我国广大石油地质勘探工作者集体智慧的结晶。此次修编工作得到中国石油、中国石化、中国海油、延长石油等油公司领导的大力支持，是在相关油田公司及勘探开发研究院 1000 余名专家学者积极参与下完成的，得到一大批审稿专家的悉心指导，还得到石油工业出版社的鼎力相助。在此，谨向有关单位和专家表示衷心的感谢。

中国工程院院士 翟光明

2022 年 1 月　北京

FOREWORD

Some 30 years ago, under the unremitting joint efforts of numerous petroleum geologists, China became a major oil and gas producing country with crude oil and gas producing capacity of over 100 million tons and billions of cubic meters respectively from an 'oil-poor country' before the founding of the People's Republic of China. It's indeed a big 'turnaround' which yielded substantial results, allowed us to have a better understanding of oil and gas resources in China, and gave great confidence and impetus to numerous petroleum workers.

At the National Oil and Gas Exploration Work Conference held in 1983, some of my comrades and I proposed to systematically summarize exploration experiences and results of the last three decades, which could serve as both historical records of previous explorations and guidance or references for future explorations. I organized the compilation of *Petroleum Geology of China* right after joining the Research Institute of Petroleum Exploration and Development (RIPED) in 1985. Though faced with the difficulties including scattered information, personnel shortage and insufficient funds, a great number of explorers in the petroleum industry showed overwhelming enthusiasm. Over five hundred experts and scholars in oil and gas exploration engaged in the compilation successively, and 16-volume set of 20 books were published in succession after over 10 years of efforts. It's not only the first comprehensive summary of the oil exploration journey, achievements and practical experiences after the founding of the People's Republic of China, but also a fundamental historical material and scientific work of great importance. Recognized and referred to by numerous readers in the industry, it has played an enormous role in geological exploration and development of oil and gas. I met many young men in the course of oilfield investigations, and learned their feeling of being lost during transition from school to oilfields, research departments or management positions. They all said they were greatly inspired and benefited from *Petroleum Geology of China* by often referring to it.

Another three decades have passed, and it can be said that though faced with extremely complicated geological conditions, we have made tremendous progress in exploration over the years based on previous works and acquisition of more profound knowledge on China's oil and gas resources after several rounds of successive evaluations. New achievements have been made in not only source rock, oil and gas reservoir, sedimentary development, tectonic evolution and a series of complicated geological issues caused by different evolutions over time, but also petroleum geology theories, exploration areas, exploration knowledge, exploration techniques and other aspects. New oil and gas provinces were found one after another, and with gradual increase in the number of proven oil and gas fields, oil and gas reserves grew significantly, and production was brought to a new level. By the end of 2022 (compared with 1988), the number of oilfields and gas fields had increased from 332 and 102 to 773 and 286 respectively, cumulative proved oil in place and gas in place had grown by 28.4 billion tons and 17.73 trillion cubic meters over the 30 years, and the annual output of crude oil and gas had increased from 137 million tons and 13.9 billion cubic meters to 195 million tons and 188.8 billion cubic meters respectively.

Oil and gas exploration process comes with both the joy of successful discoveries and the pain of failures, and experiences and lessons accumulated are both precious and worth learning. *Petroleum Geology of China*'s more than a set of academic works. It not only contains geologic history, tectonic history and oil and gas formation history of different major regions in China, but also covers objective analyses and judgments on discovery process of oil and gas fields, which serves as another systematic review and summary of exploration theories, experiences and techniques as well as guidance on future exploration areas and directions of different exploratory areas. Therefore, this revised edition of *Petroleum Geology of China* plays a new role of inspiring and guiding future oil and gas exploration works.

Systematic sorting of exploration statuses, potentials and domains of different basins and regions conducted during compilation of the first edition of *Petroleum Geology of China* gave rise to the idea of 'Scientific Exploration Well', which was implemented with supports from related leaders of the former Ministry of Petroleum Industry, and led to a batch of breakthroughs and results in exploration works. The guiding idea of this revision is to propose a batch of new exploration areas and breakthrough directions by summarizing 'the second 30 years' of China's oil and gas exploration works and comprehensively sorting out current statuses and prospects of different exploratory areas in China at the current stage. Therefore, before the editorial team was fully formed at the beginning of 2016, I applied to the Division of Energy and Mining Engineering, Chinese Academy of Engineering for the establishment of a consulting research project on 'Favorable Exploration Areas and Directions of Major Oil and Gas Fields in China'. A total of 32 regional oil companies throughout the country participated in the research project, which guided different exploratory areas in giving prominence to analysis on future exploration potentials in the course of compilation of *Petroleum Geology of China*, and pointed out exploration directions. Hence a new dedicated chapter of 'Exploration Potentials and Directions of Oil and Gas Resources' has been added in terms of chapter arrangement of this revised edition.

Based on the principles of seeking truth from facts and inheriting essence of original works, the basic framework of this revised edition has inherited the chapters and context of the original edition, reflected its academics, continuity, innovativeness and guiding function, and focused on supplementation of exploration and development related achievements made in the recent 30 years. This revised edition of *Petroleum Geology of China*, which consists of sub-volumes, has divided and supplemented the previous edition into 25-volume set of 32 books. Two new volumes of Jidong Oil and Gas Province and Huabei Oil and Gas Province (The Second Volume ·Erlian Basin) have been added, and the original Volume 2 of 'Daqing and Jilin Oilfield' has been divided into two volumes of Daqing Oil and Gas Province and Jilin Oil and Gas Province. The original Volume 7 of 'Zhongyuan and Nanyang Oilfield' has been divided into two volumes of Zhongyuan Oil and Gas Province and Nanyang Oil and Gas Province. The original Volume 14 of 'Qinghai-Tibet Oil and Gas Province' has been divided into two volumes of Qaidam Oil and Gas Province and Tibet Exploratory Area. The original volume 15 of 'Xinjiang Oil and Gas Province' has been divided into three volumes of Tarim Oil and Gas Province, Junggar Oil and Gas Province and Turpan-Hami Oil and Gas Province. The original Volume 16 of 'Oil and Gas Province of Coastal Continental Shelf and Adjacent Sea Areas' has been divided into three volumes of Bohai Oil and Gas Province, East China Sea-Yellow Sea Exploratory Area and South China Sea Oil and Gas Province.

Besides, since the former China National Petroleum Company was reorganized into CNPC, SINOPEC and CNOOC in 1998, upstream explorations and deployments have been classified based on the scope of mining rights, which led to substantial changes in working range and contents. In particular, CNPC and SINOPEC conducted explorations and researches under their own mining rights simultaneously in the four major onshore basins of Tarim, Junggar, Sichuan and Erdos as well as Yunnan-Guizhou-Guangxi Exploratory Area, so differences in structural provinces of their locations, degree of exploration, theoretical knowledge and exploration progress were inevitable. To respect the realities of explorations and researches of different exploratory areas and facilitate summarization and analysis, fascicules have been added for aforesaid exploratory areas as appropriate. The sequence of sub-volumes and fascicules is as follows:

Volume	Volume name	Volume	Volume name
Volume 1	Overview	Volume 14	Yunnan-Guizhou-Guangxi Exploratory Area (SINOPEC)
Volume 2	Daqing Oil and Gas Province	Volume 15	Erdos Oil and Gas Province (CNPC)
Volume 3	Jilin Oil and Gas Province		Erdos Oil and Gas Province (SINOPEC)
Volume 4	Liaohe Oil and Gas Province	Volume 16	Yanchang Oil and Gas Province
Volume 5	Dagang Oil and Gas Province	Volume 17	Yumen Oil and Gas Province
Volume 6	Jidong Oil and Gas Province	Volume 18	Qaidam Oil and Gas Province
Volume 7	Huabei Oil and Gas Province (The First Volume)	Volume 19	Tibet Exploratory Area
	Huabei Oil and Gas Province (The Second Volume)	Volume 20	Tarim Oil and Gas Province (CNPC)
Volume 8	Shengli Oil and Gas Province		Tarim Oil and Gas Province (SINOPEC)
Volume 9	Zhongyuan Oil and Gas Province	Volume 21	Junggar Oil and Gas Province (CNPC)
Volume 10	Nanyang Oil and Gas Province		Junggar Oil and Gas Province (SINOPEC)
Volume 11	Jiangsu-Zhejiang-Anhui-Fujian Exploratory Area	Volume 22	Turpan-Hami Oil and Gas Province
Volume 12	Jianghan Oil and Gas Province	Volume 23	Bohai Oil and Gas Province
Volume 13	Sichuan Oil and Gas Province (CNPC)	Volume 24	East China Sea-Yellow Sea Exploratory Area
	Sichuan Oil and Gas Province (SINOPEC)	Volume 25	South China Sea Oil and Gas Province (The First Volume)
Volume 14	Yunnan-Guizhou-Guangxi Exploratory Area (CNPC)		South China Sea Oil and Gas Province (The Second Volume)

Petroleum Geology of China is the essence of collective intelligence of numerous petroleum geologists in China. The revision received vigorous supports from leaders of CNPC, SINOPEC, CNOOC, Yanchang Petroleum and other oil companies, and it was finished with active engagement of over 1,000 experts and scholars from related oilfield companies and RIPED, thoughtful guidance of a great number of reviewers as well as generous assistance from Petroleum Industry Press. I would like to express my sincere gratitude to relevant organizations and experts.

Zhai Guangming, Academician of Chinese Academy of Engineering

Jan. 2022, Beijing

前　言

准噶尔盆地位于新疆维吾尔自治区北部，是我国最早发现油气的沉积盆地之一，为一个大型复杂叠合含油气盆地，经历了复杂的构造、沉积演化过程，形成了特征差异的构造区带，从石炭系到新近系发育了多套烃源岩及储集层系，油气资源丰富。

准噶尔盆地大规模油气勘探始于 20 世纪 50 年代，几十年来，经无数地质调查工作者和油气勘探开发工作者的努力，发现了众多的油气藏类型和富集区带，取得了丰富的研究认识和勘探成果。截至 2019 年底，准噶尔盆地发现油气田 40 个，探明石油地质储量 $31.73 \times 10^8 t$、天然气地质储量 $1718.85 \times 10^8 m^3$、凝析油地质储量 $1653.32 \times 10^4 t$，2019 年产油 $1370.7 \times 10^4 t$、产天然气 $17.65 \times 10^8 m^3$、产凝析油 $14.21 \times 10^4 t$，累计产油 $3.98 \times 10^8 t$、产天然气 $385.86 \times 10^8 m^3$、产凝析油 $274.91 \times 10^4 t$，为我国石油工业的发展做出了重要贡献。

2000 年，中国石油化工集团公司在准噶尔盆地边缘及腹部深洼带进行油气勘探矿业权登记，并组织多个油气分公司进行了联合勘探。2009 年以来，春光油田的勘探开发工作由河南油田分公司负责实施，其他探区的勘探开发工作由胜利油田分公司负责实施。经过多年的勘探工作，对准噶尔盆地的地质特征、石油地质条件、油气成藏及分布规律取得了丰富的新认识，在西缘隆起区、西北缘山前复杂构造带、盆地中央深洼带获得了重大突破，发现了规模储量，在乌伦古坳陷石炭系、东部隆起构造残留凹陷、博格达山周缘山前带取得了油气发现，形成了多项地质理论认识及勘探配套技术。至 2019 年底，发现油田 6 个，探明石油地质储量 $17934.71 \times 10^4 t$，春风、春光油田投入规模效益开发，累计产油 $1396.73 \times 10^4 t$，深入推动了准噶尔盆地的油气勘探开发工作。同时，胜利油田分公司在中国西部的吐哈盆地、敦煌盆地、柴达木盆地拥有多个勘探区块，经过多年的攻关，取得了不同程度的地质认识及勘探进展。

1993 年，《中国石油地质志·卷十五 新疆油气区（上册）准噶尔盆地》的出版，系统论述了准噶尔盆地前期石油地质理论认识和勘探开发成果，作为基础性史料和科技著作，得到业界广大石油工作者的认可，对盆地油气勘探开发发挥了重要参考作用。21 世纪以来，准噶尔盆地油气勘探进入了新的发展阶段，积累了丰富的石油地质资料，取得了众多新认识和新成果。

《中国石油地质志（第二版）·卷二十一 准噶尔油气区》分别由中国石油、中国石化负责编写，本卷由中国石化编写。本卷按照"学术性、承续性、创新性、指导性"的修编原则，在继承上一版的基础上，充分吸收多年来众多勘探单位、石油地质工作者及勘探家的认识，在区域地质论述的基础上，重点论述了自中国石化进入准噶尔盆地等西部探区勘探以来，对盆地及探区石油地质特征和油气聚集规律的认识、勘探实践过程、勘探开发技术及一些做法，为广大油气勘探工作者提供理论认识更新、实践性更强、参考价值更高的资料和成果，希望对类似盆地、领域的油气勘探发挥有益的推动作用。

本卷的编写由宋明水总负责，全书共分十一章。前言，由张奎华编写；第一章概况，由曹建军、李松涛、张奎华编写；第二章地层，由白仲才、边雪梅、刘德志、徐冠华、苏真真编写；第三章构造，由路顺行、薛泽磊、张奎华编写；第四章沉积环境与相，由白仲才、贾凡建、王宝成、边雪梅、刘德志、徐冠华、汪誉新编写；第五章烃源岩，由王圣柱编写；第六章储层，由宋梅远、周健、徐冠华、刘德志、陈林、王宝成编写；第七章油气藏形成与分布，由宫亚军、商丰凯、周健、郇玉龙编写；第八章油气田各论，由陈林、王勇、赵衍彬、周健、郇玉龙、吴光焕编写；第九章典型油气勘探案例，由赵乐强、张奎华编写；第十章油气资源潜力与勘探方向，由郭瑞超、王圣柱、陈林、郇玉龙、周健、鲁红利、肖雄飞编写；第十一章外围探区，由许开前、刘磊、侯旭波、刘汝强编写；大事记，由李凌编写。全书由张奎华负责统稿、林会喜审定。

在本卷的编写和统稿过程中，宋明水、王永诗进行了全面组织、审核与把关，隋风贵、曹忠祥、乔玉雷、张关龙、王千军、任新成、陈学国、李军亮、曾治平、韩祥磊、于洪洲、秦峰、王大华、崔红庄、徐佑德、王勇等对相关章节内容进行了专业审核，蔡立国等专家对本卷进行了全面审阅和指导，在此一并表示感谢！

由于中国西部盆地石油地质条件复杂，中国石化进入盆地勘探较晚，探区分散，资料不系统，认识不全面，执笔人较多，受水平所限，难免存在遗漏、谬误及表达不当之处，谨请批评指正。

PREFACE

Junggar basin, located in the north of Xinjiang Uygur Autonomous Region, is one of the earliest discovered sedimentary basins with oil and gas in China. It is a large complex superimposed oil and gas basin that undergone complex tectonic and sedimentary evolution process and developed with structural zones of different characteristics. From Carboniferous to Neogene, it had developed multiple sets of source rock and reservoirs that are rich in oil and gas resources.

Intensive oil and gas exploration and development in Junggar basin has begun since 1950s. Over decades, thanks to great efforts of geologists and oil and gas practitioners, various types of oil and gas reservoirs and enrichment zones have been found, and substantive knowledge and abundant achievements have been obtained. By the end of 2019, there are 40 oil and gas fields discovered in Junggar basin with proven oil reserves of 31.73×10^8 tons, gas reserves of $1,718.85 \times 10^8 m^3$ and condensate reserves of $1,653.32 \times 10^4$ tons. The oil production in 2019 reached $1,370.7 \times 10^4$ tons, gas production reached $17.65 \times 10^8 m^3$, and condensate oil reached 14.21×10^4 tons. By the end of 2019, the accumulative oil production had reached 3.98×10^8 tons, gas $385.86 \times 10^8 m^3$, and condensate oil 274.91×10^4 tons, which contribute greatly to the development of China's petroleum industry.

In 2000, SINOPEC registered the mining rights for oil and gas exploration in the marginal and central Junggar basin, and licensed several of its oil and gas branch companies to carry out joint exploration in the basin area. Since 2009, SINOPEC Henan Oilfield Company has been in charge of the Chunguang Oilfield of this basin for exploration and development, and those of the other oilfields have been undertaken by SINOPEC Shengli Oilfield Company. After many years of exploration, the geological characteristics, petroleum geological conditions, hydrocarbon accumulation and distribution laws of Junggar basin have been recognized with rich new knowledge. Major breakthroughs have been made in the uplift zone at western margin, the Piedmont complex structural zone at the northwest margin, and the deep sag zone at the center of the basin with sizeable hydrocarbon reserves discovered. The discoveries of oil and gas in the Carboniferous strata of Wulungu depression, the residual sag of eastern uplift structure, and the Piedmont zone around Bogda mountain lead to the creation of multiple geological theories and the corresponding exploration techniques. By the end of 2019, six oil fields had been discovered with proven oil reserves of $17,934.71 \times 10^4$ tons, and the Chunfeng Oilfield and Chunguang Oilfield were put into economic production with a total oil production of $1,396.73 \times 10^4$ tons, which further promoted the oil and gas exploration and development in Junggar Basin. In addition, Shengli Oilfield Company has registered exploration blocks at Tuha basin, Dunhuang basin and Qaidam Basin in Western China. After years of researches and practice, progresses have been made to some extent in both geological understandings and field exploration.

In 1993, the *Petroleum Geology of China* (Vol.15) (*Oil-Gas Exploration in Xinjiang Area: Junggar Basin, Book One*) was published. The theoretical and practical achievements of petroleum geology in the early stage of exploration and development of Junggar Basin are discussed systematically in this book. As a basic historical material and technical literature, the book is accepted by numerous petroleum industry practitioners and players an important role in guiding exploration and development of oil and gas in basins. Since the 21st century, exploration and development of oil and gas in Junggar Basin have entered a new stage, abundant data have been accumulated, and new ideas and achievements have been constantly emerging.

Oil-Gas Exploration in Junggar Area is prepared by PetroChina and SINOPEC respectively, and the Volume One is written by SINOPEC. Based on the "academic, phased, innovative and instructional principle", this Volume One inherits the main idea of *Oil-Gas Exploration in Xinjiang Area: Junggar Basin, Book One* published on *Petroleum Geology of China* (Vol.15), and adopts fully the knowledge obtained by various oil companies, geologists and other experts from their years of practices. Relied upon regional geological discussion, this paper focuses on clarifying the petroleum geological characteristics and oil-gas accumulation law in the basin and other exploration areas since SINOPEC began to operate Junggar basin and other exploration areas of West China, and it also introduces the exploration progress and some technologies and good practices, so as to provide supports to broad mass of oil and gas practitioners for their theoretical understanding and updating to better serve the field application. It is also a high value reference book and plays a guidance role in pushing the exploration and development of oil and gas in similar basins and regions.

Preparation of this book is under the charge of Song Mingshui, and the book is divided into eleven chapters. The Preface is written by Zhang Kuihua; Chapter 1 is Introduction, which is written by Cao Jianjun, Li Songtao and Zhang Kuihua; Chapter 2, Stratigraphy, written by Bai Zhongcai, Bian Xuemei, Liu Dezhi, Xu Guanhua and Su Zhenzhen; Chapter 3, Geology Structure, written by Lu Shunxing, Xue Zelei and Zhang Kuihua; Chapter 4, Sedimentary Environment and Facies, written by Bai Zhongcai, Jia Fanjian, Wang Baocheng, Bian Xuemei, Liu Dezhi, Xu Guanhua and Wang Yuxin; Chapter 5, Hydrocarbon Source Rock, written by Wang Shengzhu; Chapter 6, Reservoir Rock, written by Song Meiyuan, Zhou Jian, Xu Guanhua, Liu Dezhi, Chen Lin and Wang Baocheng; Chapter 7, Reservoir Formation and Distribution, written by Gong Yajun, Shang Fengkai, Zhou Jian and Huan Yulong; Chapter 8, The Geologic Description of Oil and Gas Fields, written by Chen Lin, Wang Yong, Zhao Yanbin, Zhou Jian, Huan Yulong and Wu Guanghuan; Chapter 9, Typical Exploration Cases, written by Zhao Leqiang and Zhang Kuihua; Chapter 10, Petroleum Resource Potential and Exploration Prospect, written by Guo Ruichao, Wang Shengzhu, Chen Lin, Huan Yulong, Zhou Jian, Lu Hongli and Xiao Xiongfei; Chapter 11, Peripheral Exploratory Areas, written by Xu Kaiqian, Liu Lei, Hou Xubo and Liu Ruqiang; The Main Events are written by Li Ling. All the book is edited by Zhang Kuihua and reviewed by Lin Huixi.

During the preparing and editing of this book, Song Mingshui and Wang Yongshi are in charge of the general organization, review and control; Sui Fenggui, Cao Zhongxiang, Qiao Yulei, Zhang Guanlong, Wang Qianjun, Ren Xincheng, Chen Xueguo, Li Junliang, Zeng Zhiping, Han Xianglei, Yu Hongzhou, Qin Feng, Wang Dahua, Cui Hongzhuang, Xu Youde, Wang Yong, etc. pay a professional review on the contents of relevant chapters; Cai Liguo et al. conduct a comprehensive review and guidance. For acknowledgement, all the above mentioned experts shall be thanked hereby!

Due to the complex petroleum geology conditions in West China basins, the later entering of SINOPEC into the basin for exploration, the scattered exploration areas, the unsystematic data, the incomprehensive recognition, the different writers, and constrained by the writters' capacity, there may be some omissions, errors or improper expression in this book. Your comments and correct are highly appreciated.

目 录

CONTENTS

第一章 概 况

准噶尔盆地位于新疆维吾尔自治区北部，为中国第二大封闭式内陆盆地，蕴藏着丰富的油气资源，据第三次全国油气资源评价结果，油气总资源量为 107×10^8t，是我国陆上油气资源当量超过 100×10^8t 的四大含油气盆地之一。

第一节 自然地理

一、地形地貌

准噶尔盆地东西长 700km，南北宽 370km，面积约 $13.6 \times 10^4 km^2$。盆地三面环山，南邻北天山，西北、东北分别为扎伊尔山与青格里底山—克拉美丽山，呈三角形展布。北天山为雪岭高山，西北、东北山系为中、低山地，盆地边缘为海拔 $600 \sim 1000$m 的丘陵与平原区过渡带。盆地北部平原风蚀作用明显，有大片风蚀洼地，南部平原为沙漠及天山北麓山前平原，是主要农业区。盆地内部海拔一般在 500m 左右，地势由东向西倾斜，北部略高于南部，盆地腹部近三分之一被中国第二大沙漠古尔班通古特沙漠覆盖，固定和半固定沙丘占优势，流动沙丘仅占 3%。沙漠区年降水量约 100mm，冬季有稳定积雪，在固定沙丘上植被覆盖度 $40\% \sim 50\%$，在半固定沙丘上约 20%。丘间洼地生长牧草，夏季缺水，曾作冬季牧场，夏季亦可放牧（图 1-1）。

二、气候特征

准噶尔盆地属中温带气候。太阳年总辐射量约 $565 \times 10^3 J/cm^2$，年日照时数北部约 3000 小时，南部约 2850 小时。盆地夏季炎热，气温在 $20 \sim 30℃$ 之间，靠近沙漠边缘的西北缘与东北缘，七月份前后气温常高达 40℃ 以上。盆地冬季寒冷，气温在 $-10 \sim -20℃$ 之间，盆地东部为寒潮通道，冬季为中国同纬度最冷之地，富蕴县 1 月平均温度为 $-28.7℃$。盆地北部、西部年平均温度为 $3 \sim 5℃$，南部 $5 \sim 7.5℃$。无霜期除东北部为 $100 \sim 135$ 天外，大多达 $150 \sim 170$ 天。盆地夏季缺雨，冬季多雪，年降雨量平均为 150mm，但阿尔泰、天山地区可达 600mm，最大积雪厚度达 $80 \sim 90$cm。盆地常见 $7 \sim 9$ 级大风，风口风力常有 $11 \sim 12$ 级，多为西北方向西伯利亚冷空气入侵，常导致低温、干旱。夏季多为东南风暖流，风力一般 $5 \sim 7$ 级，是造成炎热酷暑、山岳冰雪融化的主要因素。

三、水文特征

准噶尔盆地水汽主要来自西风气流，大气降水西部多于东部，边缘多于中心，迎风坡多于背风坡。冬季有稳定积雪，冬春降水量占年总量的 $30\% \sim 45\%$，河流补给主要来自山区，春季平原融雪水亦有补给。

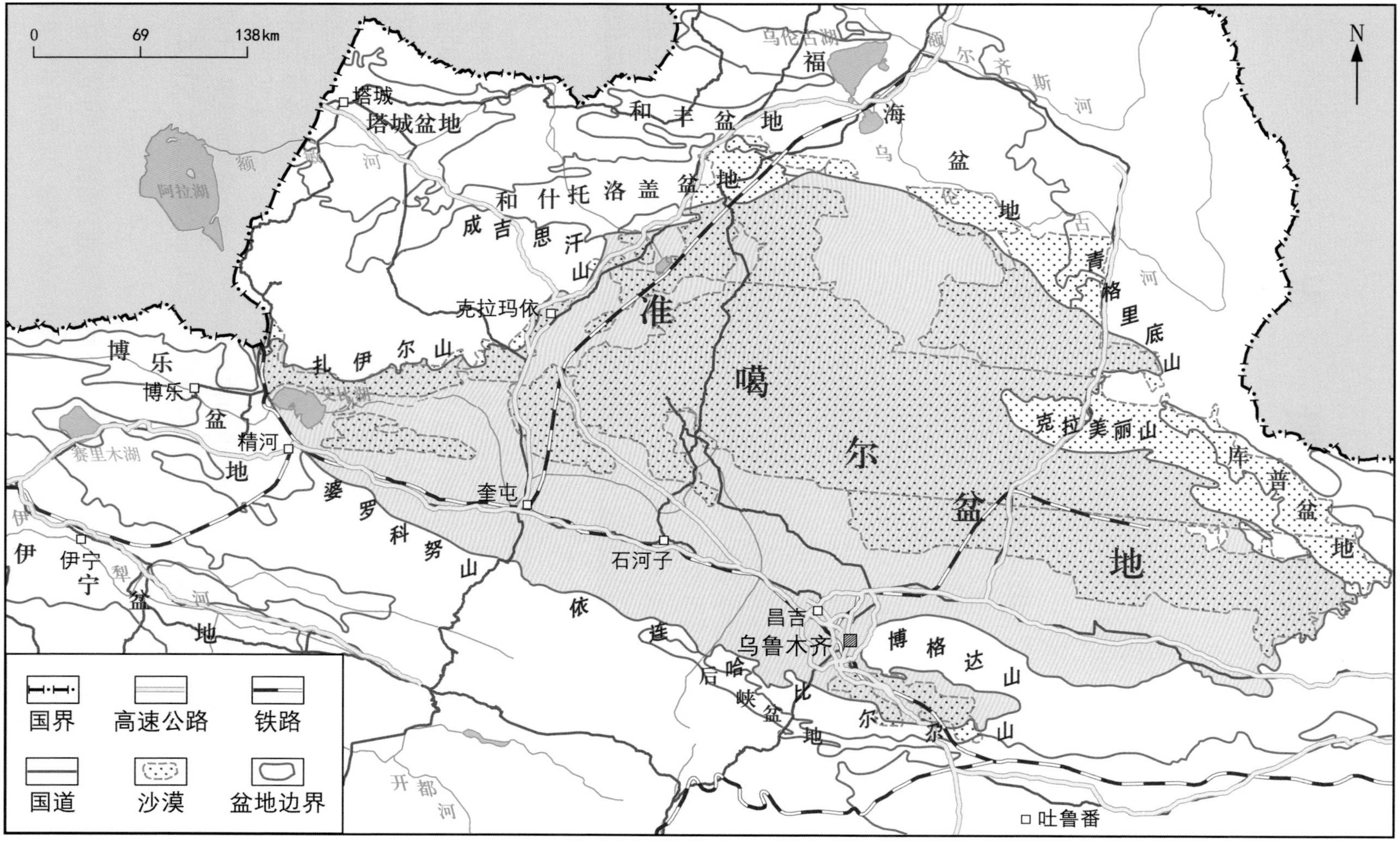

图 1-1　准噶尔盆地地理位置图

盆地四周山区流向盆地内河流较多，但受干旱性沙漠气候影响，盆地北部除佳木河与乌伦古河外，其余皆为季节性河流，只在春季消雪、夏季暴雨期有流水，平时则为无水干沟。盆地南部因毗邻高入云霄的北天山，海拔一般在 2500m 以上，原始冰雪丰厚，水源充足，河流多为流向盆地中部的常年性河流，自东向西较大的河流有白杨河、三工河、乌鲁木齐河、大西河、玛纳斯河及奎屯河等。由于这些常年性河流的存在，在长约 500km，宽约 60km 的盆地南缘，水利资源丰富，形成了肥沃的绿洲。

无论永久性或季节性河流，均为内陆河，以盆地低洼部位为归宿，最终或流失于沙漠中，或积水成湖泊。北部的乌伦古河汇聚形成了乌伦古湖；西南部的博尔塔拉、奎屯及精河等河流形成了艾比湖；玛纳斯、金沟、巴音、塔西等河汇聚于玛纳斯湖；天山北坡独立水系，包括呼图壁至木垒的所有河流，都消失于灌区中，由于灌区引水，入湖水量均急剧减少。由于荒地的开发，工农业用水倍增，河流大都注入大小不等的水库，致使湖泊注入水量减少，加之蒸发量大，所以大都咸化或干涸，成为产盐碱基地。

盆地地下水的补给源主要来自山口以下河床、渠道及田间渗漏。

四、经济文化

盆地在行政区划上主要涵盖乌鲁木齐市、克拉玛依市、伊犁哈萨克自治州、昌吉回族自治州、博尔塔拉蒙古自治州、塔城地区、阿勒泰地区等地市及石河子市、阿拉尔市、五家渠市等自治区辖市。盆地范围内的主要城镇，均位于盆地周缘，特别是盆地南缘，是城镇与人口集中区。自治区首府乌鲁木齐市是最大的城市，全市常住人口 355 万，为全疆政治、文化与工业中心。

目前，盆地范围内的交通较发达，已建成以公路为主、铁路与航空密切配合的交通网。公路以乌鲁木齐市为中心，沿盆地四周均有高等级的主干道通往各县市及主要城镇，南缘有 G30 连霍高速、国道 G312 横穿，环绕盆缘有国道 G217、G216 首尾相接，省道及以下级别道路东西、南北向贯穿盆缘各城市及县级驻地；铁路以兰州到乌鲁木齐的兰新线及其西延到阿拉山口口岸的北疆线东西向铁路为干线，尚有经由奎屯至北屯，经由精河至霍尔果斯口岸等支线纵穿盆地南北；在空运方面，乌鲁木齐市已成为我国重要的国内与国际空港，向西连通西亚、欧洲与非洲各国，东达北京、上海、广州、沈阳等各大城市，区内亦有航空支线飞抵南北疆主要市县。

盆地范围内，由于有丰富的石油、煤炭、各种有色金属、稀有金属及盐碱类沉积矿床，所以目前沿盆地四周已建成石油、煤炭、钢铁、电力、冶金、机械、化工、水泥、皮革、毛棉纺织、制糖等现代化轻重工业基地。

第二节　盆地勘探简况

准噶尔盆地的油气勘探始于 20 世纪初期，但大规模的勘探开始于 1950 年。盆地的油气勘探过程大致可以分为勘探起步阶段、勘探突破阶段、勘探展开阶段和勘探发展阶段。经过 80 余年的勘探工作，取得了丰硕的成果。

一、勘探起步阶段（1954 年以前）

早在 19 世纪末 20 世纪初，在克拉玛依黑油山和独山子、乌鲁木齐以西的四岔沟、沙湾以西的博尔通古、玛纳斯东南的卡子湾及乌苏南边的将军沟等地区发现了大量的油气苗。

1909 年，新疆商务总局从俄国购进了一座挖油机，在独山子开掘油井，标志着新疆石油工业的开始。1935 年，新疆地方政府与原苏联合作，组成了独山子石油考察厂，对独山子地区的石油进行了地质调查和钻探。1936 年 9 月第一口井开钻并获得了日产 10 多吨的油流，10 月建立了独山子炼油厂。1941—1942 年，是独山子油田开采的旺盛时期，开始在背斜南翼钻探中深井。中华人民共和国成立后，在独山子油田开展了大规模钻探。1951—1954 年，集中力量勘探开发独山子油田，查明了新近系褐色层及古近系绿色层的含油性，使原油年产量达到 $4 \times 10^4 \sim 5 \times 10^4$t，最高年产原油达 7×10^4t。截至 1953 年底，独山子油田已建成为新疆石油工业最早的基地。

同时，对准噶尔盆地南缘众多的局部构造及西北缘的克拉玛依地区和盆地东部开展了地质、地球物理调查及钻探工作。

二、勘探突破阶段（1955—1977 年）

1955—1960 年，完成了全盆地的地质调查、部分详查及重磁力普查工作，对西北缘、东部及北部进行了地震面积性普查。对西北缘、陆梁、乌伦古、南缘及东部进行了钻探，同时还在盆地其他地区钻探了 9 口基准井和参数井。

1955 年 10 月 29 日，克拉玛依第一口探井出油，克拉玛依油田发现。之后继续进行地质调查和地球物理勘探，同时钻探工作迅速发展，在克拉玛依—乌尔禾探区长 130km、宽 30km 的范围内，部署了十条钻井大剖面，迅速地查明了克拉玛依大油田的范围，并于 1957—1959 年先后发现了百口泉、乌尔禾、红山嘴及齐古油田，形成了长约 100km 的含油气区，并先后发现了卡因迪克、古牧地、清水河等含油气构造。到 1960 年，盆地探明石油地质储量由 239×10^4t 增加到 24000×10^4t，原油年产量由 3.29×10^4t 增加到 163.84×10^4t。

1961—1977 年，由于勘探力量调出，盆地内勘探工作量急剧减少，其中 5 年未开展地震工作。主要围绕克拉玛依油区开展评价工作，于 1965 年 3 月首次在二叠系发现工业油气流。盆地探明石油地质储量增加到 32000×10^4t，原油年产量达到 301×10^4t。累计生产原油 2693×10^4t，其中 1977 年生产原油 303×10^4t。1963—1965 年，在盆地腹部开展了以地震为主的地球物理勘探，1964 年钻探参数井盆 1 井未获突破。

三、勘探展开阶段（1978—1999 年）

1978 年开始勘探队伍逐渐扩大，勘探手段和技术大为提高，勘探工作量剧增，全盆地勘探逐步展开。

1980 年开始，准噶尔盆地的石油勘探以整体解剖西北缘油气富集带为重点，对盆地开展了以地震为主的区域性综合勘探。在西北缘进一步开拓了克乌逆掩断裂带找油的新领域，发现了风城、夏子街、车排子油田，在盆地东部发现了火烧山、北三台、三台

（含马庄气田）及小泉沟油田。累计新增探明石油地质储量 $62635 \times 10^4 t$，累计生产原油 $5524 \times 10^4 t$，1989 年原油年产量为 $629 \times 10^4 t$。

1990 年起勘探进一步加快，盆地腹部、准东、准南地区获突破。勘探进入沙漠区，腹部发现了石西、石南、莫北、陆梁及莫索湾油气田，东部发现了甘河、沙南油田及整装沙漠油田——彩南油田；南缘勘探取得历史性突破，发现了呼图壁气田、卡因迪克油田、霍尔果斯油气田；西北缘斜坡区发现了五区南油气藏、玛北油田、中拐侏罗系油气藏。油气田达到了 23 个，探明石油地质储量达到了 $17.07 \times 10^8 t$，探明天然气地质储量达到了 $575.92 \times 10^8 m^3$。

四、勘探发展阶段（2000 年至今）

2000 年，国家对油气勘探实行探矿权登记制度，中国石油新疆油田公司、中国石化先后在准噶尔盆地进行了矿权登记。准噶尔盆地油气勘探进入两大油公司协同推进、全面发展阶段。

中国石油新疆油田公司自 2000 年起勘探重心逐步转移至盆地腹部地区、斜坡带和深层，经过多年勘探，先后在莫索湾深洼带中生界、滴水泉地区的石炭系火山岩、车排子—中拐地区的石炭系及二叠系、玛湖凹陷二叠系—三叠系、沙湾凹陷二叠系、准东吉木萨尔凹陷二叠系、准南断褶带等地区取得新突破，发现了玛河、克拉美丽、五彩湾、金龙、昌吉、玛湖等油气田。2001 年深洼带勘探取得重大的历史性突破，在马桥凸起盆 4 井背斜中的盆 5 井侏罗系三工河组 4243~4257m 井段试油，针阀控制，井口油压 20MPa，获日产油 $100m^3$、气 $30 \times 10^4 m^3$，在莫索湾背斜莫 3 井白垩系吐谷鲁群 4155.5~4162.8m 试油获工业油流。2006 年 9 月 21 日，在准南断褶带玛纳斯背斜上钻探的玛纳 1 井用 11mm 油嘴试油，获得日产天然气 $51 \times 10^4 m^3$，凝析油 $12.24m^3$，由此发现玛河气田。2006 年 9 月 30 日，滴西 14 井于石炭系火山岩中喷出天然气，由此发现克拉美丽气田。2010 年 11 月，将吉木萨尔凹陷芦草沟组作为页岩油勘探的主攻领域。2011 年 9 月 25 日，吉木萨尔凹陷吉 25 井在二叠系芦草沟组 3403~3425m 试油，获日产油 18.25t，从而发现了芦草沟组昌吉油田。2010 年起，在玛湖凹陷西坡，以下三叠统百口泉组大型扇三角洲为目标，玛 13 井、玛 15 井、玛 18 井、玛湖 1 井、盐北 4 井、达 13 井、玛中 2 井等获得重大突破，发现了玛北、艾湖、玛南、盐北、达巴松、玛中等多个砾岩油藏群；玛湖 1 井、盐北 1 井、盐探 1 井二叠系—三叠系试油获工业油流，推动了环玛湖凹陷整体勘探进程和全面突破，成为新疆油田增储上产的主战场。2018 年，沙探 1 井在沙湾凹陷二叠系上乌尔禾组获工业油流，扩展了盆地二叠系深层的勘探领域；2019 年，高探 1 井在盆地南缘白垩系清水河组获千立方米高产油气流，山前带下组合油气勘探取得重大突破。新增探明石油地质储量约 $15 \times 10^8 t$、天然气地质储量 $1900 \times 10^8 m^3$。

截至 2019 年底，中国石油在准噶尔盆地发现了 34 个油气田，探明石油地质储量 $299944.15 \times 10^4 t$、天然气地质储量 $1718.85 \times 10^8 m^3$、凝析油地质储量 $1653.32 \times 10^4 t$，累计产油 $38423.27 \times 10^4 t$、产天然气 $385.86 \times 10^8 m^3$、产凝析油 $274.91 \times 10^4 t$，2019 年产油 $1232.77 \times 10^4 t$、产天然气 $17.65 \times 10^8 m^3$、产凝析油 $14.21 \times 10^4 t$。

中国石化自 2000 年介入准噶尔盆地的勘探工作以来，针对探区分布散、勘探程度低、地质情况复杂的特点，制定了"区域展开、重点突破、各个歼灭"的勘探方针。区域展开，就是对整个凹陷进行区域性的侦察工作，全面了解凹陷内地层、生储盖组合、构造和含油气情况，为重点突破选择目标；重点突破，是在区域展开的基础上，选择有代表性的而又比较有把握的含油气构造进行重点解剖，取得经验指导勘探；各个歼灭，是集中勘探力量，对含油有利地区逐个解剖，把石油地质情况基本搞清楚，查明油气田的分布状况。通过多年的勘探，至 2019 年底，在盆缘超剥带、盆地深洼带、山前带、石炭系火山岩勘探先后取得突破。发现了莫西庄、永进、春光、春风、春晖、阿拉德等 6 个油田，累计探明石油地质储量 17934.71×10^4t，累计产油 1396.73×10^4t。

第三节　探区勘探历程及成果

中国石化于 2000 年在准噶尔盆地进行了探矿权登记，登记矿权 17 个、面积 64801km²，至 2019 年底勘查区块 14 个，面积 35382.873km²（图 1-2），在 6 个一级构造单元均有分布，依据区域构造位置及地质特征，可划分为准西、准中、准西北、准东北及准东南五个探区。准西探区位于西部隆起区的西南部和北天山山前冲断带西部，面积 5031.769km²；准中探区位于中央坳陷南部，面积 10057.328km²；准西北探区位于西部隆起北部及和什托洛盖盆地，面积 5742.948km²；准东北探区位于陆梁隆起北部及乌伦古坳陷，面积 5080.157km²；准东南探区位于准南断褶带东段及东部隆起，面积 8674.357km²。

一、勘探历程

准噶尔盆地中国石化探区地处盆地边角、低洼地带，2000 年前投入勘探工作量较少。准中探区主要部署了区域地震大剖面及不规则的零星二维地震测网，没有钻井。准西探区在车排子凸起完钻探井 8 口，见稠油显示；实施二维地震采集 1900km，测网密度低且不规则。准西北探区实施少量二维地震，完钻和参 1、和参 2、德 1、旗 3、哈 1、佳 1、重 2、乌 2、风古 4、重 35、风 30 等 18 口探井。准东北探区所在的乌伦古坳陷累计完成二维地震采集 5420km，密度 2km×4km 至 4km×8km，共钻探井 21 口，多口井在三叠系、侏罗系见到油气显示，其中伦 6 井位于探区内。准东南探区钻探了柴参 1（地）、坂参 1、柴 2、柴 3 等 4 口井，其中柴参 1（地）井在三叠系克拉玛依组见荧光 47.3m/8 层，二叠系红雁池组见荧光 13.5m/6 层；坂参 1 井在 3757.00～3758.00m 紫红色泥岩条带裂缝含油，达荧光级别。

中国石化自 2000 年 8 月取得准噶尔盆地勘查许可后，十几年来勘探历程大致可分为三个阶段。

1. 区域探索，寻求突破阶段（2000—2004 年）

中国石化介入准噶尔盆地油气勘探以后，加强区域地质特征分析及潜力评价，按优先勘探构造圈闭或构造背景上发育的地层、岩性复合圈闭的思路，坚持多区块、多层系、多类型甩开预探，先后部署探井 56 口，发现了庄 1、董 1、达 1、永 1、征 1 等含油区块，并在准中探区发现了莫西庄和永进油田，实现了重大突破。

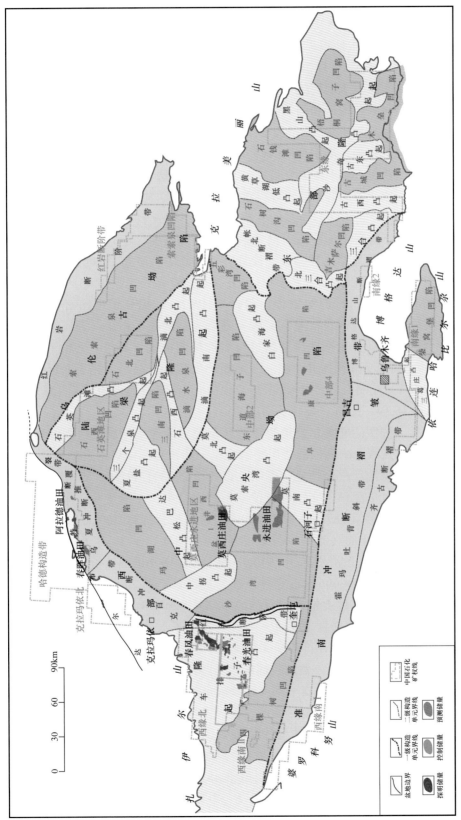

图 1-2　准噶尔盆地中国石化探矿权分布及探勘成果图

2000—2002 年，在盆地周缘石英滩凸起、四棵树凹陷登记区块内以寻找埋深较浅的构造圈闭为主，实施电法 1687km，重力 1198 点，7 条化探线 1218km² 面积化探，总计采样点 2873 个。实施二维地震采集 3859.6km、三维地震采集 412km²。部署英 1、固 1、固 2 等 3 口探井。2001 年 11 月 28 日，在陆梁隆起北部石英滩凸起石英滩背斜高部位，实施英 1 井，2002 年 2 月 13 日完钻，完钻井深 2800m，完钻层位石炭系，全井无显示。随后在四棵树凹陷固尔图构造和固尔图东 1 号构造上钻探的固 1、固 2 井均落空。钻探失利的主要原因是地震资料差，构造程度落实低，对油源运移通道认识不足。

2001—2004 年，加强了准中探区的研究工作，发现准中地区在中—晚侏罗世时期发育了一个大型的古隆起，易于在侏罗系、白垩系形成地层—岩性复合油气藏，先后部署庄 1、董 1、永 1、成 1 等探井 4 口，取得重大勘探突破，发现莫西庄油田、永进油田。

2001 年 10 月，在车—莫古隆起的北翼莫西庄小型背斜构造上部署重点预探井庄 1 井，探索莫西庄背斜圈闭侏罗系、白垩系的含油气情况，建立准噶尔盆地腹部地区的地层剖面，获取有关地球物理参数，设计井深 4906m。该井于 2001 年 12 月 25 日开钻，于 2002 年 5 月 23 日完钻，6 月 17 日完井，对侏罗系三工河组 4353.0~4367.5m 试油，6mm 油嘴自喷求产，日产油 20.5t，日产气 4712m³，揭开了中国石化西部新区勘探的序幕，实现了西部新区首次重大突破。随后完钻的征 1 井在三工河组也获得工业油流。通过全区三维高分辨率地震资料进行岩性圈闭描述，又相继完钻了庄 3、庄 4、庄 5、沙 2、沙 4 和征 2 等预探井，在三工河组均发现油气显示，先后上报探明石油地质储量 2059×10⁴t、控制石油地质储量 2807×10⁴t、预测石油地质储量 1587.02×10⁴t，溶解气地质储量 16.19×10⁸m³，发现莫西庄油田。

2003 年 3 月，按照"准噶尔盆地腹部地区车莫古隆起东南翼地层削蚀带寻找大型地层—岩性圈闭油气藏"的勘探部署思路，在车—莫古隆起南翼永进地区部署永 1 井，主探侏罗系西山窑组地层—岩性复合圈闭。该井于 2003 年 11 月 5 日开钻，2004 年 10 月 6 日钻至井深 6400m 完钻，完钻层位侏罗系西山窑组，在白垩系、侏罗系见到多层油气显示，其中西山窑组 5873.40~5888.10m 中途测试，折算日产油 72.07m³，日产气 10562m³，喜获高产工业油气流。其后又相继部署了永 2、永 3、永 6、永 7、永 8、永 9 井，其中永 6 井于白垩系清水河组 5913.9~5918.2m 完井试油，折算日产油 14.17m³。永 2 井于西山窑组 6051.0~6061.6m 完井试油，折算日产油 20.66m³、日产气 13371m³。2004—2005 年永进地区累计上报控制石油地质储量 4208.24×10⁴t、预测石油地质储量 7241.41×10⁴t、天然气地质储量 106.62×10⁸m³，发现了永进油田，同时也加快了准噶尔盆地腹部车—莫古隆起的整体评价和勘探步伐。

2003 年 3 月，按照"准噶尔盆地腹部地区负向构造单元内寻找古构造背景控制的断层—岩性油气藏"的部署思路，在中部 4 区块确定第一口区域探井董 1 井，主探侏罗系西山窑组及三工河组断层—岩性复合圈闭，设计井深 6300m。该井于 2003 年 5 月 14 日开钻，至 2003 年 9 月 5 日 18：33 钻至井深 4871.76m 时发生井涌，现场紧急关井。9 月 8 日，进行了三次放喷点火均取得了成功，主要喷出物为油和气，为高压油气流。后继续钻进至 4880m，录井落实该高压油气层位于 4871.18~4873m 井段，岩性为灰色荧光细砂岩。9 月 25 日，对该层进行中途测试，8：00 至 16：00 采用 4.76mm 油嘴放喷求产，8 小时累计产油 28.1m³，累计产气 16225m³，不含水，折算日产油 84.3m³，日产天然气

$48675m^3$，是中国石化西部新区的第一口百吨井，实现了准噶尔盆地腹部新地区、新层位、新领域的重大战略性突破。2004年4月完钻井深$5723.11m$，完钻层位侏罗系西山窑组。录井过程中在白垩系清水河组底部、头屯河组、西山窑组见到了多层油气显示，其中在侏罗系头屯河组4571～$4957m$井段录井见油气显示12层$35.33m$。但是，美中不足的是油层太薄、外扩困难，相继部署董101、董102等评价井，未获大的发现，总体看油藏规模较小。

准中地区取得了可喜的勘探成果，鼓舞了勘探研究人员的士气，但由于目的层埋藏深，钻井工程技术不适应等问题，未能获得有效开发动用储量区块。

2. 集中攻关，重点突破阶段（2005—2012年）

通过前期的大量基础地质研究和勘探部署，为明确下一步主攻方向，对各区块的勘探潜力和存在问题进行了分析。研究认为：准中探区处于盆地腹部深洼区，埋深大，对钻井工艺要求高，勘探难度大；准南断褶带地区构造复杂，地震资料品质差，寻找有利勘探目标的难度大；准东残留洼陷区由于残留地层空间展布及烃源岩条件不清楚，制约了油气的勘探；而准西北缘是继承性的隆起区，侧向与油源相连，是油气长期运移的指向区，中浅层埋藏浅，构造相对简单，勘探潜力大，是下一步主攻方向。

根据上述认识，以准西探区车排子地区为重点开展了精细的评价部署，在2005—2012年，共完钻探井76口，油气勘探取得重大突破，发现了春光、春风、春晖、阿拉德4个油田，上报探明、控制石油地质储量$2.16 \times 10^8 t$。

2005年，在车排子地区部署了排2井。该井2005年1月9日开钻，2月20日完钻，完钻井深$1515.30m$，层位石炭系。2005年3月11日于沙湾组1013.4～$1017.3m$完井试油，折算日产油$62.79m^3$，原油密度为0.7892～$0.8184g/cm^3$，平均$0.8059g/cm^3$。车排子地区勘探取得了重大突破，发现了春光油田，标志着一个"油藏埋藏浅、储集物性好、开发难度小、容易建产能、经济效益好"的浅层优质高效油田的诞生，当年生产原油$2.75 \times 10^4 t$。在排2井沙湾组获得重大突破后，复查分析了排2井北区车浅1、车浅3、车浅5、车13等老井的油气显示情况，根据邻井钻探情况和地震资料，认为该区目的层沉积砂岩储层发育，成藏条件较优越，应加快勘探部署。2005年在排2井北约15km部署了排6井。该井在新近系沙湾组解释油层1层$2.1m$（429.7～$431.8m$），日产油$0.5m^3$，结论为低产稠油层。

通过上述勘探，认识到车排子地区具有双源供烃、多层系、多类型、多品位复式成藏特点，建立了断层—毯砂输导、毯尖聚集成藏模式，形成了压扭性盆缘隆起带大规模油气成藏理论，以"断—毯"成藏理论为指导，继续将准西北缘超剥带作为主要攻关方向，深入研究超剥带油气成藏规律，实现了浅层勘探的进一步发展与突破。

2008年为精确描述排6井区沙湾组油层，部署了排6三维地震，满次覆盖面积$390.3km^2$。利用三维地震资料进行精细描述，基本明确了排6三维地震区沙湾组油层的分布特征。2009年对排601井区发现的砂体部署滚动井12口，均钻遇油层。排601井—平1井投产初期最高日产量可达$40.2m^3$。2010年围绕排6井区部署9口探井，均见油气层，基本明确了沙湾组含油规模。排601块新近系沙湾组上报探明石油地质储量$1038.03 \times 10^4 t$，技术可采储量$363.3 \times 10^4 t$，从而发现了一个浅层稠油油田——春风油田。

在浅层勘探的同时，认为车排子地区石炭系具有东西成排、南北分块的构造格局，纵向分层、平面分带的岩相分布特征，以及构造裂缝和次生溶孔为主要储集空间的火山岩储层发育特征。在此认识基础上，于 2010 年部署的排 60 井在石炭系获得良好油气显示，测试获低产油流。2011 年，针对石炭系相继部署了排 61、排 66 井，均见到了油层并获得工业油流。其中，排 66 井测井解释一类层 152.3m/38 层，针对 955～1062.5m 进行中途测试，累计产油 5.65t，折算日产油 11.2t。2012 年部署完钻的排 661、排 662 井在石炭系均见到了油层，其中，排 661 井试油日产 20.6t，原油密度为 0.9278g/cm^3，黏度为 149mPa·s（50℃）。通过多井钻探，认为石炭系具有含油连片的特征，储量规模大，潜力丰富，证实了石炭系为一个优质高产层系，取得了石炭系勘探的重要突破。

准西北探区哈特阿拉特山地区浅层与车排子地区均位于盆缘超剥带，远离盆地主力烃源岩，具备"断—毯"输导成藏的条件，是浅层超剥带领域的另外一个潜力勘探方向。2011 年 4 月，在哈特阿拉特山地区部署钻探了哈浅 1 井，该井在侏罗系、白垩系见到了丰富的油气显示，侏罗系八道湾组注汽热试获日产油 14.5t 的油流，实现了哈特阿拉特山地区浅层重大突破，随后钻探的哈浅 2、哈浅 4、哈浅 5、哈浅 6、哈浅 8 井均解释为油层，显示了较大勘探潜力，新发现了一个 5000×10^{4}t 级浅层稠油整装油田——春晖油田。2012 年加大了对新层系、新区域的勘探，部署钻探的哈浅 20、哈浅 21、哈浅 22 井在侏罗系西山窑组均见到了良好的油气显示，其中哈浅 20、哈浅 22 井在西山窑组注汽热试获得工业油流，从而发现了阿拉德油田。

通过集中攻关，准西、准西北探区浅层超剥带勘探取得了重要的成果，至 2012 年底，春光油田上报探明石油地质储量 2602×10^{4}t，控制石油地质储量 1602×10^{4}t，预测石油地质储量 3350×10^{4}t；春风油田上报探明石油地质储量 8209×10^{4}t，控制石油地质储量 271×10^{4}t；春晖油田上报控制石油地质储量 2557×10^{4}t，预测石油地质储量 686×10^{4}t；阿拉德油田上报控制石油地质储量 2593×10^{4}t。春光、春风油田先后投入规模开发。

3. 分类解剖，寻求大发现阶段（2013—2019 年）

西北缘超剥带突破后，为实现资源接替及全面发展，再次转向全盆各领域。针对地质和工程等关键问题，开展深入研究与部署，获得了新发现。

准西车排子凸起多层系勘探取得重要进展。按照"扩大沙湾组、解剖石炭系、探索新层系"的勘探思路开展部署，取得了丰硕的勘探成果。针对沙湾组近源沉积体系，2013 年在排 609 块部署了 4 口探井、10 口滚动井，其中排 634 井试油获得日产 8.06m^3 的工业油流，排 609 井试油获得日产 15.93m^3 的工业油流，上报控制石油地质储量 1117×10^{4}t。2014 年部署的排 629、排 685 等井均有较好发现，其中排 629 井试油日产油 5.27m^3，上报控制石油地质储量 707.62×10^{4}t。2015 年，排 691 井发现沙湾组一段 2 砂层组油藏，测井解释油层 9.8m/1 层，注汽泵抽，日产油 11.3t；2016—2017 年，排 693、排 694、排 695 等井进一步扩大。2018 年，排斜 645 井新近系沙湾组一段 1 砂层组测井解释油层 11.1m/1 层，近源体系含油面积进一步扩大。车排子东部地区石炭系呈现出含油连片的趋势。2013 年向排 66 块西扩大部署完钻 8 口井，解释油层井 7 口，其中排 665 井试油日产油达 21.6m^3；2014 年在石炭系完钻 6 口评价井，均见良好油气显示，其中排 673 井获日产 20t 高产油流，新增控制石油地质储量 4441.35×10⁴t，形成 6000 万吨级储量阵地；2018 年，排 687 井在排 61 断层以西发现石炭系凝灰岩油藏；2019 年，排 690 井在石炭系压裂泵抽日产油 5.46m³，凝灰岩稠油获得工业油流。2019 年，石炭系探明石油地质储量 2193.81×10⁴t。白垩系含油范围逐渐扩大。先后有 28 口井钻遇白垩系油层，K436-28H 井白垩系 4 砂层组 1337.6～1491.2m 注汽热采，最高日产油 23.4t，平均日产油 5.32t，新增石油控制地质储量 1046.89×10⁴t，形成了新的规模储量接替阵地。同时，春 50 井在古近系 1914～1918.3m 投产，获得初期日产油 35t 的高产工业油流，取得了古近系的重大突破。车排子凸起西翼多层系获得突破。2013 年，苏 3 井在白垩系试油日产油 4.56m³；2014 年，苏 1-2 井在新近系沙湾组获 24.3t/d 高产油气流，苏 101 井在古近系试油日产油 3.18m³；2016 年，苏 13 井在石炭系酸化压裂后获日产油 25.12m³，展现了车排子凸起西翼良好的勘探前景。

准西北哈特阿拉特山地区中深层获得突破。在浅层获得重大突破之后，积极向中深层拓展探索，通过强化深层构造建模与变形恢复的研究，取得了重要进展。在前缘冲断带和外来推覆系统钻探的哈山 1 井、哈深斜 1 井、哈深 2 井相继突破了出油关。其中，哈深斜 1 井在前缘冲断带二叠系风城组 4164～4168m 压裂日产油 3.35m³，佳木禾组 4292.3～4295.9m 压裂日产油 18.16m³；哈深 2 井在推覆体二叠系中见油斑凝灰岩、火山角砾岩，对 2020.82～2348.1m 中途测试，日产油 10.08m³。深层累计上报预测石油地质储量 6572×10⁴t，展现了广阔的勘探前景。

准中盆地腹部获得重要进展。强化了断裂输导与圈闭发育规律的研究，发现断裂的垂向输导控制着油气的富集。在这一思想指导下，在中 4 区块靠近断裂带附近部署了董 7 井。董 7 井于 2012 年 10 月 13 日开钻，2013 年 6 月 9 日完钻，完钻井深 5405m，完钻层位侏罗系八道湾组，在侏罗系头屯河组解释油层 28.8m/2 层，在三工河组解释油层 40.0m/6 层。2014 年部署了董 701 井，该井于 2014 年 11 月 6 日开钻，2015 年 4 月 13 日完钻，完钻井深 5332m，完钻层位侏罗系八道湾组。董 701 井在侏罗系头屯河组测井解释油层 14.27m/3 层，试油获得日产油 43.7m³、气 29664m³ 的高产工业油流，推动了中部区块侏罗系隐蔽油气藏的勘探进程。2017 年在莫西庄地区完钻的庄 109、庄 110 井在侏罗系三工河组二段均钻遇良好油气显示，其中庄 109 井试油日产峰值 4.92m³，累计产油 31.25m³，庄 110 井试油日产峰值 7.14t，验证了准中地区低序级断层的控藏认识，扩大了莫西庄地区的含油气规模。2019 年在永进地区部署的永 301 井，在侏罗系西山窑组 5541.60～5552.00 井段，2.385mm 油嘴试油，油压 40MPa，日产油 40t，气 9392m³，永进地区的勘探进一步展开。

准东北乌伦古坳陷石炭系获得发现。前期钻探的乌参 1 井证实了石炭系烃源岩的存在。为了进一步落实石炭系的生烃潜力，2015 年 5 月 30 日钻探了准北 1 井。该井于 2015 年 9 月 15 日完钻，完钻井深 4353m，完钻层位石炭系。准北 1 井在石炭系—侏罗系见到荧光显示 56.3m/19 层，其中三叠系解释气层 32m/1 层，压裂试油获最高日产气 24146m³、凝析油 0.8m³。准北 1 井的成功实现了乌伦古地区的重要突破，验证了该区石炭系烃源岩的生烃潜力。

准东南二叠系获得发现。为了了解木垒凹陷各层系地层、储层发育特征、含油气性及烃源岩发育情况，2013 年 5 月 3 日钻探木参 1 井，该井于 2013 年 9 月 2 日完钻，完钻井深 2085.53m，完钻层位石炭系。木参 1 井见到 20.6m/6 层油气显示，在侏罗系和二叠系共解释油层 1m/1 层，含油水层 37.2m/6 层，油源对比分析认为侏罗系油气来自石炭系烃源岩，二叠系平地泉原油来自平地泉组烃源岩；木垒 1、木垒 2 等井在平地泉组获得低产油气流。为了探索石钱滩凹陷各层系地层、储层、烃源岩发育特征，在 2013 年 7 月 21 日开始钻探钱 1 井，该井于 2014 年 9 月 15 日完钻，完钻井深 3050m，完钻层位石炭系石钱滩组。钱 1 井在二叠系见荧光显示 12.5m/6 层、油斑 6.2m/3 层，油源对比分析认为来自石炭系和二叠系。证明了准噶尔盆地残留凹陷具有较大的勘探潜力。

二、勘探成果

自 2000 年至 2019 年底，中国石化在准噶尔探区完成了大量的勘探工作。其中，地面化探 8477.5km^2，剖面 6 条 151km；1：5 万重力 7608km^2，重力剖面 17 条 871km；MT 电法测线 37 条 1661.3km，电法剖面 20 条 1817.5km；建场测深剖面 4 条 474.2km；1：5 万高精度地磁 35242km^2。完成二维地震采集 45965.71km，三维地震采集 10284.416km^2；完钻各类探井 318 口，进尺 71.0089×10^{4}m。

中国石化西部探区通过扎实工作、持续攻关、科学部署，取得了丰硕的成果。在准中探区盆地腹部先后发现莫西庄、永进两个油田，在准西车排子凸起、准西北哈特阿拉特山先后发现了春光、春风、春晖、阿拉德 4 个油田。上报三级石油地质储量 71180.91×10^{4}t，其中探明石油地质储量 17934.71×10^{4}t、控制石油地质储量 22306.84×10^{4}t、预测石油地质储量 30939.36×10^{4}t。春光、春风油田投入规模开发，2019 年产油 139.93×10^{4}t，累计产油 1396.73×10^{4}t。

第二章 地　层

准噶尔盆地在形成过程中经历了多期的构造、沉积环境变换，形成了复杂多样的充填建造。根据露头及钻井资料揭示，盆地及其周缘自下而上依次发育古生界、中生界和新生界，地层发育齐全、类型多、厚度大。

第一节　古生界

古生界主要包括奥陶系、志留系、泥盆系、石炭系和二叠系，缺失寒武系。奥陶系、志留系在盆地周缘山系零星出露，泥盆系在盆地周缘山系广泛出露，奥陶系、志留系、泥盆系在盆地内部未有钻井揭示；石炭系、二叠系在周围山系及盆地内部广泛发育。

一、奥陶系

奥陶系零星分布于北准噶尔及相邻地区，为碎屑岩、石灰岩夹火山碎屑沉积，产珊瑚类、腕足类及三叶虫等，属于哈萨克斯坦板块东部的活动带沉积。在北部地区发育中—上奥陶统，沙尔布尔提山地区出露中奥陶统的布鲁克其组和上奥陶统的布龙果尔组；西部托里地区出露下奥陶统的拉巴组、图龙果依组和中奥陶统的科克萨依组；富蕴、巴里坤等地出露中—上奥陶统的加波萨尔组及上奥陶统的乌列盖组、大柳沟组和庙尔沟组（表2-1）。

表2-1　准噶尔盆地及邻区奥陶系地层划分对比表

年代地层		准噶尔地层分区		
统	阶	沙尔布尔提山	托里	富蕴、巴里坤
上覆地层		布龙组	?	?
上奥陶统	钱塘江阶	布龙果尔组		庙尔沟组
				大柳沟组
				乌列盖组
	艾家山阶			加波萨尔组
中奥陶统	达瑞威尔阶	布鲁克其组	科克萨依组	
	大湾阶			
下奥陶统	道保湾阶		图龙果依组	
	新厂阶		拉巴组	
下伏地层		?	?	?

1. 下奥陶统

1）拉巴组（O_1l）

原系新疆区测队三分队 1961—1963 年在玛依力山进行 1∶5 万区域地质调查后命名。命名剖面在新疆托里县内玛依力山拉巴河下游、图龙果—夏坦河沿岸。

该组分布于准噶尔西缘成吉思汗山区的拉巴河下游、萨热卡姆斯和恰当苏河下游的山前地带。为一套变质较深的陆源碎屑岩，主要岩性包括黑云母石英片岩、绢云黑云石英片岩、变余泥灰质粉砂岩夹少量石英岩及角闪片岩。属浅海—滨海沉积，横向变化不明显，沉积物自下而上变细，砂质减少，泥质增多，反映沉积过程中海水有逐渐加深之趋势。

该组下未见底，上与图龙果依组整合接触，出露厚度 1613～3144m。

2）图龙果依组（O_1t）

图龙果依组分布范围同于拉巴组。为浅变质的、板状为主的碎屑岩，岩性包括暗绿色绢云母绿泥石千枚岩、硅质千枚岩和变余粉砂质泥岩，属浅海相碎屑岩沉积。

该组与上覆科克萨依组间呈整合接触，厚度 1180～3144m。

2. 中奥陶统

1）科克萨依组（O_2k）

1977 年新疆区测队与地质科学院地质所联合地层队创名，侯鸿飞等 1979 年发表，命名剖面在博罗科洛山南坡肯萨依斯山口西侧公路边。

该组分布于准噶尔西北缘沙尔布尔提山山区的科克沙依河、唐巴勒河、凯依阿恩山和塔尔巴哈台山以及托里县东南萨热卡姆斯山前地带，地层展布呈向南突出的弧形。

科克萨依组为深海环境中基性、中酸性火山喷发与陆缘碎屑交替堆积的产物，岩性复杂、相变剧烈，可划分为上、下两段，下段为杂色霏细岩、凝灰岩夹基性熔岩及凝灰粉砂岩、砂质灰岩和大量碧玉岩，产腹足类 *Macurites* cf. *orientalis*、*M. manitobensis* 等及头足类 *Nautiloidea*，海百合及三叶虫 *Illaenidae*、*Remopleurides* sp.，紫红色硅质岩中发现深海放射虫：*Lithapium* sp.、*Entactinia* cf. *unica*、*Stylosphaera* sp.、*Carposphaera* sp.，厚度大于 2187m；上段为细晶英安凝灰岩、凝灰角砾岩、中酸性凝灰岩、硅质岩、霏细岩（上部）以及玄武玢岩、安山岩、凝灰熔岩夹细碧岩（下部）。

该组与上覆下志留统恰勒尕也组间为整合接触，厚度 454m。

2）布鲁克其组（O_2b）

系新疆区测大队与地质科学院地质所联合地层队于 1973 年命名，为侯鸿飞等 1979 年引用发表。命名剖面在北疆和布克赛尔县沙布尔提山西南坡布鲁克其。

该组分布于准噶尔西北缘沙尔布尔提山地区，为一套未见顶底的黄褐色、灰色厚层块状灰岩、豹皮灰岩、钙质砂岩、岩屑晶屑凝灰岩、安山玢岩等。富含三叶虫 *Remopleurides bulukeqiensis*、*Illaenus* sp.；腕足类 *Cyclospira koboksariensis*、*Paramboni* sp.；腹足类 *Maclurites* sp. 和少量珊瑚 *Primitiphyllum*？sp.

该组呈断块出露于中基性及基性岩之中，与上覆及下伏地层接触关系未见，可见厚度大于 711m。

3）加波萨尔组（$O_{2-3}j$）

原系新疆区测队与地质科学院地质所于 1974 年命名，为侯鸿飞等 1979 年发表。命名剖面在富蕴县二台乌伦古河北加波萨尔。

该组分布于准噶尔东北缘加波萨尔以南的低山丘陵地带，出露面积小于 2km^2，为浅海相碳酸盐岩夹碎屑岩沉积，整体呈黄色、灰色、紫红色，岩性为厚层块状石灰岩、生物灰岩夹凝灰砂岩和杏仁状安山玢岩，产丰富珊瑚 *Plasmoporella convexotobula maxima*、*Taeniolites lacer*、*Agetolites mutiabulatus* 等；层孔虫 *Clifdenella fuyunensis*、*C. fervsiculata* 等；腕足类 *Triplesia fuyunensis*、*Parastrophinella jabosarensis*、*Oxoplecia holstonensis*、*Rhynchotreta cuneate*；三叶虫 *Parisocerauru*；腹足类、棘皮、藻类、层孔虫、苔藓虫等。

该组下未见底，上被乌列盖组不整合覆盖，厚度 74～348m。

3. 上奥陶统

1）布龙果尔组（O$_3$bl）

1959 年新疆区测队在布龙果尔县境内发现 *Plasmoporella* 等珊瑚，其后该队与中国地质科学院地质研究所（1973）研究这一含化石层位并命名。侯鸿飞等 1979 年发表，命名剖面在和什托洛盖镇北 24km 的公路边。

该组分布于和什托洛盖北部布龙果尔、塔尔巴哈台山西端的奥勒塔喀木斯特河上游和阿克乔克河西紧靠中哈国境线地段。岩性为黄绿色、黄褐色及灰色凝灰质砾岩、砂岩、粉砂岩夹硅质岩和生物灰岩。属滨海—浅海沉积。含大量珊瑚，可建立 *Agetolites-Plasmoporella-Taeniolites* 组合，伴生的壳相生物有三叶虫 *Scutellum romanovskyii*，腹足类 *Lesueurilla defileppii*、*Maclurites* 等。

该组下未见底，上与下志留统布龙组整合接触，厚度大于 295m。

2）乌列盖组（O$_3$w）

系《新疆维吾尔自治区岩石地层》（1995）中创名，创名地在巴里坤哈萨克自治县以东 10km 的乌列盖南侧。

该组分布于巴里坤塔黑尔巴斯套以东、伊吾县彦托达坂以及富蕴县加波萨尔等地。岩性为钙质粉砂岩和砂岩、条带状大理岩、火山碎屑岩、各种片岩、少量变粒岩、片麻岩和混合岩，底部见少量火山角砾岩，含腕足类和珊瑚化石。

该组下与加波萨尔组不整合接触或未见底，上被大柳沟组整合覆盖，厚度 275～1959m。

3）大柳沟组（O$_3$d）

系《新疆维吾尔自治区岩石地层》（1995）中创名，创名地在巴里坤哈萨克自治县以东 10km 的乌列盖南侧。

该组分布于富蕴县加波萨尔、巴里坤塔黑尔巴斯套及荒草坡、伊吾彦托达坂一带。岩性主要为中酸性火山岩，包括火山角砾岩、枕状玄武安山岩、杏仁状安山玢岩、英安斑岩、石英斑岩和霏细岩夹少量凝灰岩和粉砂质泥岩，粉砂质泥岩中富含钙质结核，产腕足类 *Strophonella* sp.、*Isorthis* sp. 等。属浅海陆源碎屑岩与火山喷发堆积的产物。

上与庙尔沟组、下与乌列盖组均为整合接触，厚度 882～2328m。

4）庙尔沟组（O$_3$m）

系《新疆维吾尔自治区岩石地层》（1995）中创名，创名地在新疆巴里坤哈萨克自治县东北庙儿沟。

该组分布于东准噶尔地区加波萨尔、巴里荒草坡及伊吾彦托达坂一带。岩性为千枚岩化凝灰质细砂岩、粉砂岩，局部地区见有大理岩薄层或透镜体，属正常浅海沉积。产三叶虫 *Encrinuroidae* sp.、*Asaphidae* sp.；腕足类 *Leptelloidea* sp. 等。

上被托让格库都克组、盖巴斯套组不整合或断层覆盖，下与大柳沟组整合或局部断层接触，厚度 614～1699m。

二、志留系

志留系在东、西准噶尔及三塘湖盆地均有分布，准噶尔西缘的志留系包括下志留统恰勒尕也组和中—顶志留统玛依拉山群，准噶尔盆地西北缘的志留系包括下志留统布龙组、中—上志留统沙尔布尔提山组以及顶志留统克克雄库都克组；准噶尔盆地东北缘的志留系包括上志留统白山包组和顶志留统红柳沟组（表 2-2）。

表 2-2 准噶尔盆地及邻区志留系地层划分对比表

年代地层		准噶尔地层分区		
统	阶	准噶尔东北缘	准噶尔西缘	准噶尔西北缘
上覆地层		平顶山组	中泥盆统	曼格尔组
顶志留统		红柳沟组	玛依拉山群	克克雄库都克组
上志留统		白山包组		沙尔布尔提山组
中志留统	安康阶			
下志留统	紫阳阶		恰勒尕也组	布龙组
	大中坝阶			
	龙马溪阶			
下伏地层		?	科克萨依组	布龙果尔组

1. 下志留统

1）恰勒尕也组（S_1q）

1972 年新疆地质局区测大队命名。1981 年新疆维吾尔自治区区域地层表编写小组发表。命名剖面位于新疆托里县东南玛依山南坡恰勒尕也河。

该组主要分布于艾比湖北部，向东北方向延入托里。岩性为紫红色、浅灰色、暗灰色、灰绿色薄—中厚层状凝灰质粉砂岩夹凝灰岩、凝灰角砾岩、硅质岩、砂岩及石灰岩夹层和透镜体，底部常见砾岩。属浅海沉积。含笔石 *Oktavites spiralis*、*Monograptus priodon*、*M. elongconcarus*、*Retiolites geinitizianus* var. *angustidens*、*R. stomatiferus* 等；三叶虫 *Encrinurus*、*Phacops*、*Otarion*；珊瑚 *Disphyllum*、*Pseudocystiphyllum*、*Ptychophyllum*、*Spongophyllum*、*Phaulactis*、*Angopora*、*Favosites*、*F.* cf. *gathlandicus*、*Mesofavosites*、*Palaeofavosites*、*Placocoenties*、*Taxopora*；腕足类 *Atrypa*、*Camarotoechia*、*Chonetes*、*Leptaena*、*Pentamerus* 等。

该组与上覆库吉尔台组及下伏科克萨依组间均为断层接触，厚度 999～1300m。

2）布龙组（S_1b）

1973 年新疆地质局区测大队和中国地质科学研究院联合地层分队命名，1979 年侯鸿飞等公开报道。命名剖面位于新疆和布克赛尔蒙古自治县南东布龙果尔两侧。出露于和什托洛盖以北布龙果尔西侧，出露面积不足 $1km^2$。为一套海相泥质页岩建造，岩性包括凝灰质粉砂岩、粉砂质页岩夹少量钙质凝灰质粉砂岩及硅质粉砂岩。该组富含笔石 *Monograpus sedgwickii*、*M. cf. distans*、*M. cf. halli*、*M.cf. orbatus*、*M. rucinatus*、*M.cf.intermedium*、*Demirastrites*（*Oktavies*）cf. *planus*、*Streptograptus* cf. *lobiferus*、*S. cf. becki*、*S. cf. runcinatus*、*S. cf. barrandei*、*S. marri*、*Dicyonema*、*Pristiograptus* exgr. *concinnus*、*Petalolithus* sp.、*Orthograptus*、*Glyptograptus*、*Rastites maximus*、*Spirograptus*。

该组下与上奥陶统整合接触，上界被下二叠统哈尔加乌组不整合覆盖，与中志留统接触关系不明，出露厚度 190m。

2. 中—上志留统

1）玛依拉山群（$S_{2-4}m$）

1959 年新疆地质局区测大队命名。1981 年新疆维吾尔自治区区域地层编写组引用该群名。创名地为准噶尔盆地西缘的玛依拉山地区。

该群主要以断块形式分布于塔克艾勒克、托里、博乐、艾比湖等地，区域变化不详。为一套正常海相沉积物与较少的火山喷发相间的互层。可进一步划分为分上、下两个亚群。下亚群厚度 3600～5042m，下部为薄—中层状凝灰质细砂岩夹玄武玢岩、细碧岩、粉砂质泥岩、泥质粉砂岩和少量砾岩；中部为中厚层状或层理不清的凝灰质细砂岩、凝灰岩夹大量杏仁状玄武岩、凝灰岩、硬砂岩、泥岩、砂砾岩；上部为粉砂岩、细砂岩及少量中粗粒砂岩和层凝灰岩夹凝灰岩、硬砂岩、泥岩、砂砾岩。产笔石 *Pristiograptus* cf. *colonus*、*Saetograptus* cf. *chimaera* var. *salweyi*；珊瑚 *Favosites* sp.、*Cladopora receilineata*、*Kyphophyllum toliensis*、*Pilophyllum toliense*。上亚群最大可见厚度 8786m，岩性为灰绿色、浅灰色、紫灰色千枚岩化、片理化凝灰粉砂岩、层凝灰岩、凝灰岩、硅质板岩、粉砂岩、泥岩夹砂砾岩、长石砂岩、安山玢岩、玄武岩、辉绿玢岩、碧玉岩及砾岩凸镜体。产珊瑚 *Favosite* sp.、*Heliolites* sp.、*Microplasma* sp.、*Cladopora* sp.、*Palaeofavosites moribunds*、*Mesofavositesobiquus* var. *secundus*、*Kyphophyllum* sp.、*Syringaxon* sp.；腕足类 *Atrypa*? sp.、*Chonetes*? sp.；笔石 *Saetograptus* cf. *chimaera* var. *salweyi*、*Pristiograptus colous* var. *compactus*；苔藓虫 *Fenestella* sp.。

该群与下伏恰勒孕也组未见直接接触，与上覆库鲁木提组平行或不整合接触。

2）沙尔布尔提山组（$S_{2-3}s$）

1960 年新疆地质局区测大队命名，1979 年侯鸿飞等发表。命名剖面位于新疆和布克赛尔蒙古自治县乌吐布拉克东南沙尔布尔提山东芒克鲁。

该组分布于沙尔布尔提山地区、额敏北东巴依木札以及塔城北乌拉斯台等地。岩性为灰绿色、暗紫色凝灰质砂岩、粉砂岩、安山质晶屑岩屑凝灰岩夹碳酸盐岩。自东向西火山物质减少，碳酸盐岩成分渐多，属浅海沉积。含丰富的珊瑚化石 *Squameofavosites immensus*、*Favosites gothlandicus*、*F. squamatus*、*Subalveolites porosus*、*Palaeofavisites septate* 等；腕足类 *Eospirifer tuvaensis* 等，属浅海沉积。

该组与上覆克克雄库都克组呈整合接触，与下伏下二叠统哈尔加乌组呈断层接触，厚度176～506m。

3. 上志留统

白山包组（S_3b）。1966年王景斌等命名，1981年新疆区域地层表编写组首次公开使用。命名剖面位于新疆奇台县平顶山南10km。

该组分布于准东克拉美丽山平顶山、苏吉泉、松喀尔苏以及巴里坤县以北红柳峡等地。为一套海相陆源碎屑沉积。岩性为灰绿色为主的粉砂岩、砂岩，夹少量钙质砂岩、砾岩，自下而上，所夹粗砂岩、含砾粗砂岩和砾岩渐多。化石以产 *Tuvaella* 动物群的 *Tuvaella gigantea* 腕足类组合为特色，在钙质砂岩中，还产有珊瑚 *Striatopora* sp.、*Syringaxon* aff. *salairica*、*Pleurodictyum* sp. 及头足类化石。厚度由西向东逐渐增大，西部平顶山该组厚度151m，东部红柳峡东该组厚度675.4m。

该组上与红柳沟组整合接触，与下伏地层接触关系未见。

4. 顶志留统

1）红柳沟组（S_4h）

1966年王景斌等命名。命名剖面位于新疆奇台县克拉美丽山南平顶山南10km。

该组主要分布于准东克拉美丽山区平顶山、苏吉泉等地。属浅海相陆源碎屑沉积，岩性为紫红色和灰绿色相间的薄—中厚层细砂岩、粉砂岩、泥质硅质岩和凝灰岩夹泥灰岩或石灰岩。产珊瑚，可建立 *Kodonophyllum-Chlamydophyllum* 组合和 *Thecia-Mesofavosites-Cladopora* 组合，此外，尚有三叶虫 *Encrinurus*；腕足类 *Spirigerina supramarginalis*、*Grayina* 及腹足类、苔藓虫、双壳类和海百合茎等。

与上覆平顶山组和下伏白山包组均为整合接触，厚度340～450m。

2）克克雄库都克组（S_4kk）

1973年新疆地质局区测大队和中国地质科学院联合地层分队命名。侯鸿飞等1979年发表。命名剖面位于新疆西准噶尔和布克赛尔蒙古自治县乌吐布拉克东南沙尔布尔山东芒克鲁。

该组分布于沙尔布尔提山南北坡及塔城北喀木斯特等地。为一套海相火山复理石建造，岩性为灰绿色、紫红色凝灰质砂岩、粉砂岩，灰色厚层—块状晶屑岩屑凝灰岩、钙质砂岩、粉砂岩等，其中下部具复理石韵律。含珊瑚 *Encrinurus*、*Favosites* sp.、*Mesofavosites* sp.、*Heliolites* sp.、*Stelliporella abnormis*、*Chlmydophyllum xinjiangense*，腕足类 *Leptostrophia*、*Atrypa*、*Ferganella*，三叶虫 *Encrinurus* sp. 及双壳类等。

上与曼格尔组或和布克赛尔组、下与沙尔布尔提山组整合接触，总厚度可达1360m。

三、泥盆系

泥盆系主要出露于依连哈比尔尕山、扎伊尔山、克拉美丽山及其以北地区，下泥盆统下部洛赫考夫阶缺失，中—上泥盆统发育齐全。主要为海相碎屑沉积，伴随大量中基性、中酸性火山喷发物，厚度1400～2600m，产丰富的三叶虫、珊瑚、腕足类及植物化石。地层相变剧烈，西准噶尔泥盆系可划分为下泥盆统曼格尔组和芒克鲁组、中泥盆统呼吉尔斯特组、上泥盆统朱鲁木特组和洪古勒楞组，而东准噶泥盆系可划分为下泥盆统塔黑尔巴斯套组和卓木巴斯套组、中泥盆统乌鲁苏巴斯套组以及上泥盆统克安库都克组（表2-3）。

表 2-3　准噶尔盆地及邻区泥盆系地层划分对比表

年代地层		准噶尔地层分区	
统	阶	西准噶尔	东准噶尔
上覆地层		下石炭统	下石炭统
上泥盆统	法门阶	洪古勒楞组	克安库都克组
	弗拉阶	朱鲁木特组	
中泥盆统	吉维特阶	呼吉尔斯特组	乌鲁苏巴斯套组
	艾菲尔阶		
下泥盆统	埃姆斯阶	芒克鲁组	卓木巴斯套组
	布拉格阶	曼格尔组	塔黑尔巴斯套组
	洛赫考夫阶	？	？
下伏地层		克克雄库都克组	红柳沟组

1. 下泥盆统

1）曼格尔组（D₁mg）

中国地质科学院和新疆区测大队合组的地层分队于 1973 年命名，侯鸿飞等 1979 年正式引用。命名剖面位于新疆和布克赛尔蒙古自治县以东沙尔布尔提山南麓芒克鲁沟。

该组分布于沙尔布尔提山一带。主要为灰绿色、黄绿色钙质页岩、凝灰质砂岩、钙质砂岩，上部夹泥质灰岩和石灰岩团块，属浅海碎屑岩沉积。含三叶虫 *Odontochile* (*Odontochile*) *sinensis*、*Calymenia* sp.、*Gravicalymene junggarensis*；腕足类 *Aulacella* sp.、*Resserella*？ sp. 等。

与下伏地层接触关系未见，与上覆芒克鲁组整合接触，厚度 267m。

2）芒克鲁组（D₁m）

中国地质科学院和新疆区测大队合组的地层分队于 1973 年命名，侯鸿飞等 1979 年正式引用。命名剖面位于沙尔布尔提山芒克鲁沟口。

该组分布于沙尔布尔提山南坡。为一套浅海碎屑岩沉积，岩性主要为黄褐色薄层砂质灰岩及生物灰岩夹黄褐色粉砂岩、钙质细砂岩、砂砾岩等。含腕足类 *Paraspirifer gigantea*、*Leptaenopyxis bouei*、*Gladostrophia knodoi*、*Coelospira* sp.、*Kazillowskiella* sp.；珊瑚 *Pteurodictyum* sp.、*Syringaxon* sp.、*Barrandeophyllum* sp.、*Pachyfavosites* sp.、*Squameofavosites* sp.；三叶虫 *Phacops mangkeluensis*、*Crotalocephalus* (*Crotalwcep-halina*) *hexaspinus*。

与上覆呼吉尔斯特组为不整合接触，与下伏曼格尔组整合接触，厚度 288m。

3）塔黑尔巴斯套组（D₁t）

新疆第一区调大队二分队于 1977 年命名，杨式溥等 1981 年正式引用。命名剖面位于东准噶尔纸房以北，克安库都克东南 18km。

该组分布于克拉美丽地区平顶山以南及巴里坤北部。岩性为紫红色与灰绿色薄—中层状细砂岩、粉砂岩、泥质硅质岩及凝灰岩夹石灰岩，底部夹火山岩，属浅海环境的沉积。该组含珊瑚 *Syringaxon* sp.、*Squameofavosites* sp.、*Pleurodictyum* sp.、*Barrandeophyllum* sp. ；腕足类 *Acrospirifer* sp. 等。

上与克拉美丽组或卓木巴斯套组整合接触，下与白山包组不整合接触，厚度 104m。

4）卓木巴斯套组（D_1z）

新疆区测大队二分队李天德等 1977 年命名，侯鸿飞等 1979 年正式引用。命名剖面位于新疆东准噶尔纸房以北，克安库都克东 1.8km。

该组分布于卡姆斯特、库普、乌通苏依泉、红柳峡及东泉一带，呈北西—南东向延伸。主要岩性为灰黄色、灰色中—厚层砂质灰岩与钙质砂岩互层，沿走向夹砂质灰岩透镜体。产丰富腕足类 *Paraspirifer* sp.、*Rhytistrophia beckii*、*Leptaenopyxis bouei*、*Megakozlowskiella* sp. ；珊瑚 *Thamnopora* sp.、*Syringaxon* sp. 等，局部富集呈介壳层。据岩性组合及化石特征，该组应属滨海—浅海沉积。

与下伏塔黑尔巴斯套组及上覆乌鲁苏巴斯套组均为整合接触，厚度 354.1～956.7m。

2. 中泥盆统

1）乌鲁苏巴斯套组（D_2w）

新疆区调大队二分队于 1977 年命名，侯鸿飞等 1979 年正式引用。命名剖面位于新疆纸房考克塞尔盖山。

该组分布范围同卓木巴斯套组。岩性为绿灰色长石砂岩、薄—中厚层凝灰岩、凝灰砂岩，顶部为含砾砂屑生物灰岩，沿走向变为含石灰岩团块的钙质砾岩。其下部产植物 *Lepidodendropsis* sp.、*Barrandeina* sp. ；顶部含珊瑚 *Endophyllum zhifangense*、*E.* sp.、*Tyrganolites* sp.、*Crassialveolites* sp.、*Pachyfavosites* sp.、*Keriophyllum* sp.、*Protomichelinia* sp. 等；腕足类 *Leptostrophia* sp.、*Fimbrispirifer* sp. 等。据岩性及化石特征，该组应形成于海陆交互环境。

与上覆克安库都克组呈整合、不整合或断层接触，厚度 90～1315.4m。

2）呼吉尔斯特组（D_2h）

中国地质科学院和新疆区测大队合组的地层分队于 1973 年命名，侯鸿飞等 1979 年正式引用。命名剖面位于沙尔布提山南坡。

该组分布于沙尔布尔提山南坡一带，在阿赫尔布拉克俄哈姆北坡亦有零星出露。为一套陆相磨拉石建造。上部为灰绿色、暗灰色粉砂岩、凝灰质砂岩，厚度 765m。含植物 *Protolepidodendron scharyanum*、*Lepidodendropsis theodori*、*Lepidosigillaria* sp. ；碳质页岩中含叶肢介 *Asmussia* cf. *vugaris*、*Ulugkemis minusensis*、*Pseudoesotheria simplex* 等及腕足类、珊瑚化石。下部为凝灰质砂砾岩、砂岩、砾岩，夹安山玢岩和石灰岩透镜体。

与下伏芒克鲁组平行不整合接触，与上覆朱鲁木特组为断层接触，厚度 438～3132m。

3. 上泥盆统

1）朱鲁木特组（$D_{2-3}z$）

中国地质科学院和新疆区测大队合组的地层分队于 1973 年命名，侯鸿飞等 1979 年正式引用。命名剖面位于洪古勒楞南的朱鲁木特。

该组主要分布于沙尔布尔提山南坡、西准噶尔白杨河凹地及塔尔巴哈台山—萨吾尔山一带。沙尔布尔提山该组为一套陆相磨拉石建造，岩性为灰色、灰绿色凝灰质砂岩、凝灰质细砂岩夹粗砂岩。产丰富的植物化石：*Lepidodendropsis theodori*、*L. hoboskarensis*、*Sublepidodendron wusinensis*、*Clopodexylon gracilentum*、*Cyclostigma cf. kiltorkense*、*Sublepidodendron mirabile*、*Lepidosigillaria acuminate*、*L.colamnaria*、*Leptophloeum rhombicum*。西准噶尔白杨河凹地以北和塔尔巴哈台山—萨吾尔山一带为海相中酸性火山岩、碳酸盐岩、硅质岩。

与下伏呼吉尔斯特组断层接触，与上覆洪古勒楞组为断层或平行不整合接触，厚度232～4886m。

2）洪古勒楞组（D_3h）

中国地质科学院和新疆区测大队合组的地层分队于1973年命名，侯鸿飞等1979年正式引用。命名剖面位于新疆和丰县和什托洛盖至乌吐布拉克之间，布龙果尔水库以西1.5km处。

该组广泛分布于东、西准噶尔地区。为一套滨浅海—海陆交互相杂色钙质砂岩、粉砂岩、灰色石灰岩、页岩夹硅质岩，下部为灰紫色安山玢岩、安山玄武岩、角砾熔岩、岩屑晶屑凝灰岩，底部多为砾岩。产腕足类 *Palaeospirifer sinicus*、*Centrorhynchus turanica*、*Mesoplica semiplicata*、*Aposiella quadratus*、*Cleiothyridina* sp.、*Nalivkinella profunda*、*Nexon*；珊瑚 *Amplexocarinia tenuiseptata*、*Tabulophyllum ponormale*；三叶虫 *Phacops accipitrinus mobiles*。

与上覆石炭系黑山头组整合接触，与下伏朱鲁木特组为不整合接触，厚度122～1952m。

3）克安库都克组（D_3k）

新疆第一区调大队二分队于1975年命名，杨式溥等1981年正式引用。命名剖面位于东准噶尔纸房以北考克塞尔盖山附近的克安库都克东南1.8km。

该组分布于卡姆斯特以北的拜尔库都克和红柳峡—东泉的考克赛尔盖山、干柴沟一带。上部为杂色层，主要为较粗粒的灰色、灰紫色、暗紫色凝灰岩、凝灰砾岩、凝灰砂岩为主。含植物 *Lepidophloeum rhombicum*、放射虫 *Spongentaclinia* 等及珊瑚、海百合、腕足类、双壳类等。下部为黄绿色、蓝绿色薄至中层凝灰质砂岩、砂砾岩，夹含放射虫硅质岩，含植物 *Lepidodehdropsis*、*Lepidosigillaria*。

该组与下伏乌鲁苏巴斯套组为整合或平行不整合接触，与上覆黑山头组整合或下石炭统姜巴斯套组、下侏罗统八道湾组不整合接触，厚度348～1417m。

四、石炭系

石炭系在北疆地区各山系广泛出露，准噶尔盆地内部主要在西部隆起、东部隆起、乌伦古坳陷及陆梁隆起的东部等埋藏较浅的地区有钻井揭示。北疆地区上石炭统、下石炭统发育齐全。各统均以火山岩、火山碎屑岩、复理石建造为主，少数为陆源碎屑岩、碳酸盐岩建造，厚度巨大。依据岩性、岩相及生物古地理特征，将北疆地区石炭系划分为阿尔泰山区、准噶尔区及天山区，准噶尔区又分为额尔齐斯分区、北准噶尔分区和南准噶尔分区（图2-1），准噶尔盆地及其周缘地区石炭系主要属于北准噶尔分区和南准噶尔分区。各分区石炭系岩石地层划分及发育程度差异很大（表2-4）。

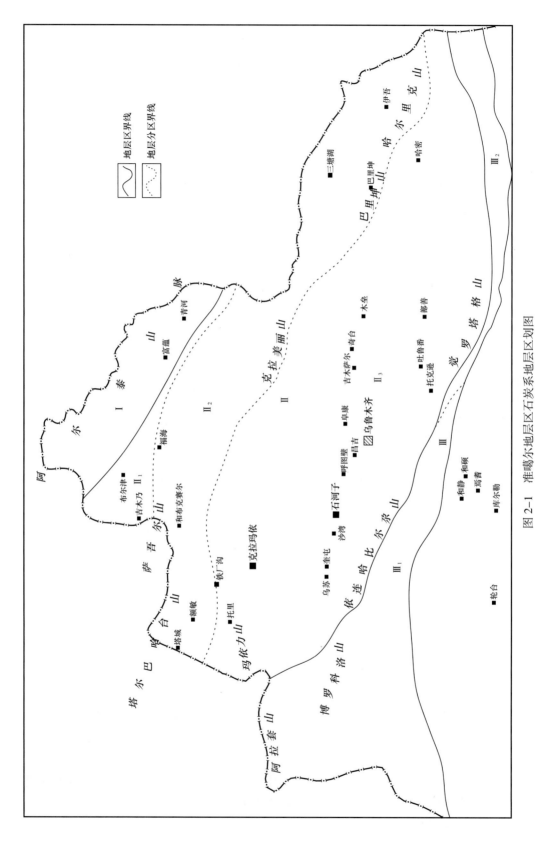

图 2-1 准噶尔地区石炭系地层区划图

I—阿尔泰山区；II—准噶尔区：II₁—额尔齐斯分区，II₂—北准噶尔分区，II₃—南准噶尔分区；III—天山区：III₁—伊犁分区，III₂—觉罗塔格分区

表 2-4　准噶尔地层区石炭系地层划分对比表

年代地层			准噶尔区					
系	统	阶	额尔齐斯分区	北准噶尔分区	南准噶尔分区			
					西准噶尔		东准噶尔	南准噶尔
			吉木乃—布尔津	二台—北塔山	克拉玛依	乌尔禾	克拉美丽	博格达山
上覆地层			下二叠统	?	?	?	下二叠统	下二叠统
石炭系	上统	格舍尔阶	喀腊额尔齐斯组				六棵树组	奥尔吐组
		卡西莫夫阶						
		莫斯科阶	恰其海组			阿腊德依克赛组	石钱滩组	祁家沟组
		巴什基尔阶	吉木乃组	巴塔玛依内山组	希贝库拉斯组	哈特阿拉特山组	巴塔玛依内山组	柳树沟组
	下统	谢尔普霍夫阶	那林卡拉组	姜巴斯套组	包古图组		山梁砾石组	齐尔古斯套组
		维宪阶	哈拉巴依组					
		杜内阶		黑山头组	太勒古拉组		塔木岗组	
泥盆系	上统							
下伏地层			上泥盆统	上泥盆统	?	?	中泥盆统	?

1. 北准噶尔分区

北准噶尔分区南部与南准噶尔分区以玛依力山北坡，经铁厂沟凹地、克拉美丽断裂至巴里坤山—哈尔里克山一线为界，北部与额尔齐斯分区以斋桑—额尔齐斯断裂为界。分区内下统发育较全，自下而上包括黑山头组和姜巴斯套组，以浅海相陆源碎屑岩及中、酸性火山岩为主，其次为碳酸盐岩，反映早石炭世岛弧区多变的古地理环境；上石炭统下部为巴塔玛依内山组，在大部分地区为陆内裂谷相火山岩夹河湖相碎屑岩，说明早石炭世末期该区大多数地区已褶皱隆起。上石炭统中上部仅见于克拉美丽山东部双井子一带，发育石钱滩组和六棵树组，其余地区均可见下二叠统陆相磨拉石及中基性、中酸性火山岩覆盖在石炭系不同层位之上，代表北准噶尔分区内石炭系与二叠系之间的区域不整合。

1）下石炭统

（1）黑山头组（C_1h）。新疆地质局第三区测大队三分队于 1960 年命名，1981 年《新疆地层表》正式引用。命名剖面在新疆布尔津南那林卡他乌。

该组广泛分布于北准噶尔地层分区，为一套海相暗色细碎屑岩、火山碎屑岩，上部多有中酸性、中基性火山岩。横向厚度及岩性组合变化较大，巴里坤纸房地区该组厚度 2221m，岩性主要为泥质粉砂岩、凝灰砂岩、钙质细砂岩、火山灰凝灰岩夹凝灰砂砾岩、凝灰砾岩，底部有砂屑灰岩。富腕足类 *Mucrospirifer* sp.、*Spirifer* sp.、*Dictyoclostus* sp.、*Fusella* sp.、*Rhipidomella* sp.、*Beechesia* sp.、*Marginatia* sp.；珊瑚 *Zaphrentoides* sp.、*Polycoelia* sp.、*Cyathaxia* sp.、*Amplexus* sp.、*Sochkineophyllum* sp.；植物 *Lepidod-endropsis* sp.。萨尔布拉克—阿拉土别库都克一带火山活动比较强烈，形成以火山岩为主的沉积建造。正常碎屑岩中产腕足类 *Dictyoclostus* sp.、*Productus* cf. *productus*、*Mucrospirifer*？sp.、*Lingula* sp.、*Reticularia* sp.、*Cyrtospirifer* sp.、*Syringothyris*？sp.、*Welleria* sp.；苔藓虫 *Penniretepora* sp.。卡姆斯特一带火山活动相对较弱，所发育的沉积物以火山碎屑岩为主，岩性主要为黄绿色、灰绿色、灰色、深灰色砂岩、粉砂岩、凝灰质粉砂岩，夹有粉砂质泥岩，厚度可达 2379m。萨吾尔山地区的黑山头组属正常的海陆交互沉积，岩性为灰色、浅灰色、灰绿色、灰黑色钙质砂岩、硅质泥质粉砂岩、凝灰岩、钙质凝灰质砂岩，上部时有石英斑岩、安山玢岩等，含植物 *Cardiopteridium karagandaense*、*Lepidodendron* sp.；腕足类 *Syringothyris* sp. 等及珊瑚。沙尔布尔提山地区，由于火山作用的影响，形成了一套海相火山岩、火山碎屑岩建造，产腕足类 *Chonetes chestereensis*、*Scherwienella bulingtonensis*、*Rhipidomella michelini*、*Athyris lamellosa*、*Productella* sp.、*Plicochonetes* sp.、*Syringothyris* sp.、*S. textus*；菊石 *Gattendorfia* sp.；植物 *Sublepi-dodendron wusinense*；苔藓虫 *Ptilopora bogdanovi*。

该组下与上泥盆统整合接触，上与姜巴斯套组整合接触。厚度变化较大（850～5198m），无明显规律。

（2）姜巴斯套组（C_1j）。李天德等 1977 年命名，1991 年在《新疆古生界》中正式引用。命名剖面位于新疆巴里坤向纸房以北姜巴斯套。

该组广泛分布于塔城、额敏、富蕴以及巴里坤地区。各地岩性组合差异较大。纸房北该组为一套滨浅海相灰绿色、灰色、黄绿色富含凝灰质的粗砂岩、细砂岩、粉砂岩，产丰富的植物 *Calamites* sp.、*Mesocalamites* sp.；腕足类 *Linoptoructus kokdscharensis*、*Athyris*、*Fluctuaria cancriniformis*、*Neospirifer*、*Syringothyris altaica*、*Dictyoclostus*？sp. 等，厚度 769.6m。东泉地区该组为灰褐色、黄绿色岩屑砂岩、凝灰质粉细砂岩、粉砂岩等，产丰富的底栖动物化石及芦木类化石，厚度 1072～4506m。二台散都克塔什该组为灰绿色、灰色、黄灰色岩屑长石砂岩、长石粗砂岩、砂岩、细砂岩、粉砂岩、砾岩等，产丰富化石 *Dictyoclostus* cf. *circumspinosus pieckelmann*、*Plicatifera* sp.、*Chonetes semicircularis* Chao、*Cancrinella* cf. *undata*（Defrance）、*Reticularia* sp.；珊瑚 *Bradyphyllum* sp.、*Michelinia* sp.、*Lophophyllidium* sp.、*Meniscophyllum* sp.、*Weberides* sp. 等，厚度 260.5～1985.5m。萨吾尔山地区火山活动比较强烈，发育火山角砾岩、凝灰质砾岩、凝灰质砂岩、凝灰质泥岩等，在火山活动的间歇期，发育正常的陆源碎屑沉积，厚度 357m。沙尔布尔提山该组主要为灰色、深灰色—灰黑色条带状沉凝灰岩，岩石中条带状构造极为发育，细微纹理非常清晰。在上部凝灰质生屑灰岩和凝灰质砂质灰岩中含有较丰富的浅—滨海相动物化石，厚度 2439m。

该组与下伏黑山头组整合接触，与上覆上石炭统巴塔玛依内山组为不整合接触。

2）上石炭统

巴塔玛依内山组（C_2b）。新疆区测大队于 1964 年命名，1981 年在《新疆地层表》中正式引用。命名剖面在新疆奇台县克拉美丽山东南部巴塔玛依内山。

该组广泛分布于北准噶尔地层分区，为一套陆相火山岩序列，岩性以基性、中性、酸性火山熔岩、凝灰岩、凝灰角砾岩为主。横向岩性组合及厚度变化较大。扎河坝—恰库尔特一带巴塔玛依内山组呈北西—南东向展布，为一套灰褐色、灰白色、灰绿色玄武玢岩、辉石安山玢岩、杏仁状安山玢岩、块状流纹岩、流纹斑岩，夹粗面岩、凝灰岩、凝灰质砂岩、粉砂岩及碳质页岩，局部地方夹酸性熔角砾岩，厚度4541m。与上覆苏都库都克组呈平行不整合接触，与下伏姜巴斯套组呈不整合接触；准西北缘米克烈底提山该组下部为灰绿色、暗灰色中基性火山岩、火山碎屑岩、砂砾岩及煤层，产植物，厚度2439m。上部为褐红色、灰绿色酸性、中酸性火山岩，厚度2060m。

该组与下伏地层多为超覆不整合接触，与上覆地层为不整合或平行不整合接触。

2. 南准噶尔分区

南准噶尔分区属准噶尔区最南、也是最大的一个地层分区，南以艾比湖—依连哈比尔尕山北坡、吐鲁番—哈密以南一线的深大断裂与天山地层区分界。该分区石炭系大部分为海相沉积，但各地区岩石地层及岩性组合差异较大。西准噶尔克拉玛依一带自下而上划分为下石炭统太勒古拉组、包古图组和上石炭统希贝库拉斯组；乌尔禾一带发育上石炭统哈特阿拉特山组和阿腊德依克赛组。东准噶尔克拉美丽山南坡自下而上发育下石炭统塔木岗组和山梁砾石组，上石炭统巴塔玛依内山组、石钱滩组及六棵树组。南准噶尔博格达山一带自下而上发育下石炭统齐尔古斯套组和上石炭统柳树沟组、祁家沟组、奥尔吐组。

1）下石炭统

（1）太勒古拉组（D_3—C_1t）。新疆地质局区测大队五分队张成经等1966年命名，命名剖面在新疆克拉玛依市太勒古拉南。

该组分布于达尔布特断裂南侧和柳树沟—太勒古拉一带。岩性较为复杂，灰色、灰绿色、紫红色薄层状凝灰岩、晶屑层凝灰岩、火山灰层凝灰岩、凝灰质粉砂岩、凝灰质粉砂质泥岩等不均匀互层，夹辉绿岩、玄武岩、细碧岩、安山玢岩及长石砂岩、粉砂岩，底部多有数百米厚的杂色玄武岩、安山岩、细碧岩等为分层标志。产 *Entactinia* spp.、*Entactinosphaera* spp. 两属为主的放射虫化石，年代为晚泥盆世—早石炭世；孢粉 *Limitisporites*、*Luecksporites*、*Gingocyclodophylus*，属中—晚石炭世；珊瑚 *Heliophyllum*、*Thamnopora*、*Pachyfavosites*、*Sguameofavosites*、*Diphyphyllum* 为中泥盆世；牙形刺 *Histiodella* sp. 属中奥陶世。因此，太勒古拉组的层位归属争议颇大。同位素年代学测定其年龄为328—357Ma。综合化石及同位素年代学的研究成果，本书将其置于晚泥盆世—早石炭世早期，作为泥盆—石炭系的过渡层位。与该组层位大体相当的地层在北准噶尔地层分区为黑山头组。

该组上未见顶，与下伏地层以断层接触，可见厚度2200～4500m。

（2）包古图组（C_1b）。新疆地质局区测大队五分队张成经等1966年命名，命名剖面在新疆克拉玛依市西南包古图河流域卡因特。

该组广泛分布于扎伊尔山区。包古图河流域出露最好，为一套浅海相细—极细的火山碎屑岩—陆源碎屑岩沉积，主要岩性为灰色—灰黑色薄层状凝灰质粉砂岩、凝灰质粉砂质泥岩与灰色、绿灰色、灰绿色薄层状细—较细层凝灰岩之不均匀互层，夹火山灰层凝灰岩、凝灰岩、凝灰质砂岩、硅质岩等。希贝库拉斯南一带，该组岩性较为单一，全为灰色—灰黑色薄—中厚层状细粒层凝灰岩及火山灰层凝灰岩，厚度875～3491m。南京地质古生物研究所（1985）于达尔布特断裂南柳树沟老公路的阿克库拉采石场该

组底部采获腕足类 *Giantoproductus* cf. *edelburgensis*，于上部砾状灰岩中采获腕足类 *Syringothyris* sp.、蜓类 *Eostaffela* sp.，该组同位素年龄为 345—332Ma。与包古图组层位相当的地层在北准噶尔地层分区为姜巴斯套组。

该组与上覆希贝库拉斯组和下伏太勒古拉组间均为整合接触。

（3）塔木岗组（C_1t）。新疆地质局区测大队一分队李启新等命名，命名剖面在克拉美丽山南麓松喀尔苏以东。

该组分布于克拉美丽山地区平顶山、塔木岗、松喀尔苏以及孔雀屏等地。平顶山南为一套海陆交互相的中—粗粒杂砂岩、长石砂岩、凝灰质砂岩夹含砾凝灰质粗砂岩，含丰富鳞木化石，底部产少量腕足类 *Camarotoechia* sp.，厚度 476m；塔木岗巴斯他乌泉主要为灰黑色（表面为灰绿色）泥质粉砂岩、灰色砂岩、含砾粗砂岩，夹砾岩、碳质页岩、煤线，含植物 *Lepidodendropsis* sp.、*Sublepidodendron* sp.、*Rhodea*？sp.、*Caenodendron* sp.、*Sphenophyllum* sp.，最厚达 1550m。松喀尔苏一带该组粒度变粗，主要由绿色砂岩、细砂岩组成，厚度 2735.6m。盆地内部陆梁—五彩湾地区钻遇下石炭统塔木岗组的探井数量较多，主要有滴西 17、陆南 1、莫深 1、石莫 1、彩参 1、彩深 1 等，钻遇塔木岗组的白云质泥岩、泥质砂岩、安山岩、凝灰质砂岩、火山角砾岩等。

该组与下伏中泥盆统为平行不整合或断层接触，与上覆山梁砾石组呈不整合接触。

（4）山梁砾石组（C_1s）。新疆石油管理局于 1958 年命名。命名剖面位于新疆双井子以东 2km 处。

该组广泛分布于克拉美丽山南坡，进一步划分为下段和上段。下段主要由中—酸性火山熔岩、凝灰岩夹大量的碎屑岩组成。岩相变化较大，自西向东，由中酸性变为中基性，即辉石安山玢岩、玄武玢岩增多，而且碎屑岩夹层也增加。上段下部为灰绿色—灰黑色凝灰质砂砾岩夹火山岩，分布较为广泛。上段中部为灰色—灰黑色粉砂岩、粉砂质泥岩、泥岩夹生物碎屑灰岩，分布于克拉美丽山西端滴水泉一带，与俗称的滴水泉组相当，产植物 *Sublepidodendron mirabile*.、*Lepidodendropsis* sp.。上段上部主要为紫红色砂泥岩。总厚度可达 3088m。北准噶尔地层分区与该组相当的地层为姜巴斯套组。

该组下与下石炭统塔木岗组或中泥盆统克拉美丽组为不整合接触，上与巴塔玛依内山组呈断层接触。

克拉美丽山区与山梁砾石组相当的岩石地层单位还包括滴水泉组、南明水组和松喀尔苏组等。《新疆维吾尔自治区岩石地层》（1995）在岩石地层清理过程中，已明确滴水泉组与塔木岗组属同物异名、南明水组已归入姜巴斯套组、松喀尔苏组与克安库都克组相当，故这些岩石地层单位未再采用。《中国地层典——石炭系》（2000）和《中国岩石地层辞典——全国地层多重划分对比研究》（2000）也将这些岩石地层单位废弃不用。

（5）齐尔古斯套组（C_1q）。由诺林（Norin）1935 年创名于乌鲁木齐南 50km 的齐尔古斯套山，称齐尔古斯套层。1999 年在《新疆维吾尔自治区岩石地层》中将其改称为齐尔古斯套组。

该组呈近东西向分布于乌鲁木齐以南齐尔古斯套山以及博格达山地区。乌鲁木齐地区该组为一套浅—中深海相的泥岩、粉砂岩（局部含凝灰物质）夹长石砂岩、砂砾岩、石灰岩及少量硅质岩，厚度 4016～4228m，产珊瑚 *Multithecopora* sp.、*Fenestella* sp.、*Nicklesopora* sp. 等。向东在木垒南地区该组下部为褐色辉石安山玢岩、杏仁状安山玢岩、英安斑岩、安山质凝灰角砾岩、安山质层凝灰岩，产腕足类 *Marginifera* sp.、*Spirifer* sp.、*Aviculopectea* sp.、*Echinoconchus* sp. 等，可见厚度 3400m。上部为灰褐色凝灰质砂岩、凝灰角砾岩、碳质泥质粉砂岩及玄武玢岩、玄武岩、辉石玢岩等，产全脐螺 *Euomphalus* sp.、苔藓虫 *Cyclocyclicus* sp. 等，可见厚度 1366m。

本书依据前人及近期研究成果，将该组层位厘定为下石炭统，与北准噶尔地层分区的黑山头组和姜巴斯套组对比。该组下未见底，上与柳树沟组呈断层接触。

2）上石炭统

（1）希贝库拉斯组（C_2x）。新疆地质局区测大队五分队于 1966 年命名。命名剖面位于新疆克拉玛依市希贝库拉斯南。

该组分布于扎伊尔山、玛依力山一带，岩性为灰色、青灰色厚层状细—粗粒凝灰质砂岩与层凝灰岩不均匀互层夹暗灰色—灰黑色凝灰质粉砂质泥岩、凝灰质粉砂岩、凝灰角砾岩，局部地段夹圆砾岩、硅质岩、生物碎屑灰岩及安山玢岩凸镜状夹层。该组底部含珊瑚 *Pachyfavosites*？sp.、*Australophyllum*？sp.、*Amplexus*？sp.、*Lonsdaleia* sp.、*Amplexocarinia* sp.；腕足类 *Balakhonia* sp.、*Goniophoria carinata*、*Productus* sp.、*Avonia* sp.、*Neospirifer* sp.、*Leptanela* sp.、*Dielasma* sp.、*Schuchertella*？sp.、*Rhipidomella*？sp.、*Buxtonia*？sp.、*Cancrinella* sp.；蜓：*Eostaffella tujmasensis*。庙尔沟北该组出露厚度 2700m，希贝库拉斯南厚度 3416m。与该组相当的地层在北准噶尔地层分区为巴塔玛依内山组。

该组上未见顶，下与包古图组呈整合接触。

（2）哈拉阿拉特组（C_2h）。郝服光等 1964 年命名，1991 年在《新疆古生界》中正式引用。命名剖面位于新疆哈特阿拉特山北坡。

该组集中分布于准噶尔盆地西北缘哈特阿拉特山。下未见底，上与阿腊德依克赛组呈断层接触或为渐变关系。国道 217 乌尔禾—克拉玛依段出露的哈特阿拉特山组划分为两段，下段底部为灰绿色凝灰质砾岩夹紫红色细砂岩，下部为灰绿色流纹岩与绿色安山质玄武岩夹薄层灰色凝灰岩，上部为灰紫色凝灰岩、沉凝灰岩，局部含角砾。上段下部为灰绿色—灰色火山角砾岩、凝灰质角砾岩与灰绿色安山岩、安山玄武岩，纵向上组成 10 余个喷发旋回，上部主要为一套灰绿色—黄绿色火山碎屑岩。可见厚度 1500～2200m。该组产腕足类、蜓、珊瑚、苔藓虫、牙形刺。该组分布范围较小，层位与北准噶尔地层分区的巴塔玛依内山组相当。

该组与上覆、下伏地层间均以断层接触。

（3）阿腊德依克赛组（C_2a）。金玉玕等 1985 年命名，1989 年由中国科学院地学部等正式引用。命名剖面位于新疆哈特阿拉特山之阿腊德依克赛沟。该组分布范围与哈特阿拉特山组相同。下部岩性为灰黑色—深灰色凝灰质细—粉砂岩、泥质粉砂岩、粉砂质泥岩夹中—细粒长石岩屑砂岩、岩屑砂岩。该套沉积岩层似为火山喷发旋回后期或火山间歇期的沉积类型。岩层沉积韵律发育，所夹砂岩多呈 10cm 以下单层，粒度细，分选好，常见其呈楔状体尖灭，个别砂岩单层厚度仅 1cm，发育低角度斜层理，表明沉积时水流冲刷轻微，初步认为系较深水还原环境沉积。上部以粗粒的碎屑岩为主夹火山岩、火山角砾岩。岩性为砾岩、凝灰质砂岩、凝灰质粉砂岩夹安山岩、玄武岩等。其中砾岩夹层横向延伸较为稳定，可以作为区域对比的标志层。厚度 2145m。该组含有䗴、腕足类、四射珊瑚、床板珊瑚、菊石、双壳类、腹足类和放射虫等海相石炭系化石；井下称车排子组，含孢粉组合 *Florinites-Endosporites-Striatoabicites* 组合。

该组与下伏哈特阿拉特山组整合或平行不整合接触，与上覆下二叠统角度不整合接触。

（4）巴塔玛依内山组（C_2b）。该组与北准噶尔地层分区的同名地层岩性组合相似，层位相当。

克拉美丽山南坡巴塔玛依内山组下部为中基性—中性—中酸性熔岩为主夹火山碎屑岩、细碎屑岩及碳泥质页岩、煤线沉积，横向上从北向南、从西向东，熔岩有从中基性向中酸性变化的趋势，火山角砾岩、玄武岩、安山岩组成数个爆发—喷溢韵律；中部为一套以湖相碳质泥岩为主的沉积，自西向东在五彩城、帐篷沟、双井子等地均有分布，且暗色泥岩极为发育，厚度 20～250m，再向东，则主要为一套浅灰绿色的粉细砂岩沉积，厚度急剧减小，向北则可以与北准噶尔地层区的拜尔库都克、塔克尔、扎河坝剖面巴塔玛依内山组的碎屑岩段比对（图 2-2）。克拉美丽山巴塔玛依内山组碎屑岩中产孢粉，可建立 *Remysporites-Striatolebachiites-Retusotriletes* 组合、*Angaridium-Mesocalamites-Noeggerathiopsis* 组合以及 *Remysporites varicus-Striatolebachiites junggarensis* 组合。上部由火山角砾岩、玄武岩、安山岩组成若干个爆发—喷溢韵律，局部夹凝灰质砾岩。顶部以凝灰质砂砾岩、泥岩为主。

该组与上、下层位间多呈超覆不整合或断层接触。厚度 1000～4318m，变化较大。

（5）石钱滩组（C_2sh）。袁复礼 1948 年命名，命名剖面位于新疆奇台县将军庙东侧石钱滩。

露头区石钱滩组见于奇台县六棵树、双井子、石钱滩以及老君庙北东孔雀屏等地。可划分为下部砾岩段、中部砂泥岩段和上部石灰岩段。下部砾岩段岩性以灰绿色、灰色砾岩、含砂砾岩等为主夹少量泥岩、岩屑细砂岩、粉砂岩等，可见厚度 40～230m；中部砂泥岩段岩性以碳泥质粉砂岩、粉砂质泥岩为主夹细砂岩及少量石灰岩，厚度 20～300m；上部石灰岩段岩性以灰色、浅灰色、灰白色薄层状生屑灰岩与同色泥岩不均匀互层为主，100～170m，双井子剖面缺失本段（图 2-3）。该组产出丰富的海百合及腕足类，可建立 *Choristites-Paramuirwoodia* 组合、*Muirwoodia quadrata* 组合带。

该组与下伏巴塔玛依内山组呈超覆不整合或角度不整合接触，与上覆六棵树组平行不整合，或与其他不同层位地层呈角度不整合接触。

（6）六棵树组（C_2lk）。1957 年新疆石油管理局在石钱滩地区开展 1：5 万地质调查时，首次创名平梁层，1981 年在《新疆地层表》中将其改名为六棵树组。命名剖面位于新疆东准噶尔克拉美丽山南麓石钱滩。

该组主要分布于克拉美丽山六棵树、石钱滩及孔雀屏等地，为一套海退环境下的碎屑岩夹火山碎屑岩。岩性为以绛紫色、灰紫色、粉红色为主，黄绿色、灰绿色、灰色为次的中厚层—块状杂砂岩、粗砂岩、钙质粗砂岩、细砂岩夹泥质粉砂岩、凝灰岩、凝灰质细砂岩，向东被火山岩取代。厚度 870m。

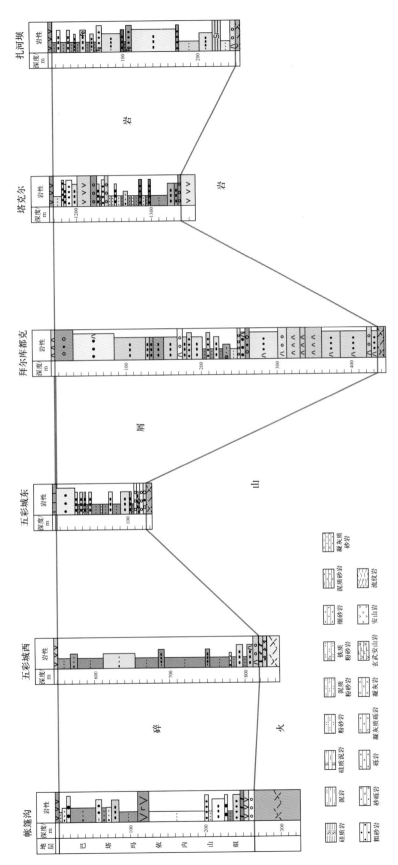

图 2-2 准噶尔盆地东北缘巴塔玛依内山组碎屑岩段横向对比剖面

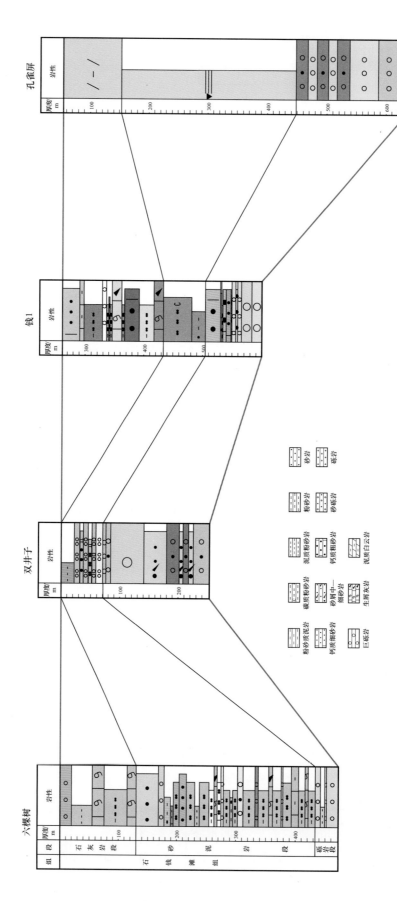

图 2-3　准噶尔盆地东缘上石炭统石钱滩组地层对比图

该组与上覆下二叠统呈不整合接触。

（7）柳树沟组（C_2l）。新疆地质局区测大队六分队谭德遥等1965年命名，1981年在《新疆地层表》中正式引用。命名剖面位于新疆乌鲁木齐—达西河地区的柳树沟。

该组分布于博格达山西端，呈北东—南西展布于祁家沟、井井子沟等地。乌鲁木齐祁家沟剖面该组整体呈现灰色、灰绿色、灰紫色。岩性主要为凝灰质砂砾岩、凝灰质粉细砂岩、生屑灰岩、生物灰岩、凝灰岩、火山角砾岩与安山岩等。在剖面中部及下部表现为由凝灰岩、凝灰质砂砾岩、石灰岩等组成一系列的爆发—沉积韵律，剖面顶部表现为由火山角砾岩与安山岩组成的数个爆发—喷溢韵律。可见厚度2108.5m。至阜康三工河一带，岩性为灰绿色晶屑凝灰岩、火山角砾岩、安山质晶屑凝灰岩，熔岩减少，出现较多黑色粉砂岩、石灰岩，厚度1181m。准东木垒凹陷总体呈灰色，局部紫红色，岩性以凝灰岩、玄武岩、凝灰质泥岩等为主，少量安山岩及火山角砾岩。垂向自下而上表现为由凝灰岩、玄武岩、凝灰质泥岩等组成一系列的爆发—喷溢—沉积韵律。该组产丰富的海相动物化石，包括腕足类 *Choristites* sp.、*Squamularia* sp.、*Cliathyridina* sp.、*Dictyoclostus* cf. *taiyuanfuensis*、*Neospirifer* sp.；腹足类 *Allorismia* cf. *barringtoni*。

该组与下伏地层接触关系未见，与上覆祁家沟组整合接触。

（8）祁家沟组（C_2q）。1954年王恒升从原白杨河组中划分出祁家沟石灰岩，新疆地质局区测大队六分队谭德遥等重新厘定祁家沟组。命名剖面位于新疆乌鲁木齐东南20km的祁家沟。

该组分布于乌鲁木齐石人子沟、郝家沟、干沟、柳树沟以及别依那满等地，为一套浅海相陆源碎屑岩、碳酸盐岩。岩性为灰紫色—黄绿色含砾杂砂岩、钙质砂岩、砂砾岩、砾岩、粉砂岩、灰色—深灰色灰岩、生物灰岩、结晶灰岩、砂质灰岩，夹少量安山玢岩、凝灰质砂岩—粉砂岩。产出丰富的有孔虫、蟆类、珊瑚、腕足类、双壳类、腹足类、苔藓虫、海绵、海百合、介形类、三叶虫等，可建立有孔虫 *Tolypammina rortis-Palaeospiroplectammina conspecta* 组合，蟆类 *Bradyina concinna-Plectogyra minuta* 组合及腕足类 *Choristites-Paramuirwoodia* 组合。

该组与东准噶尔的石钱滩组层位相当，岩石类型相似，但祁家沟组中石灰岩厚度明显较大，可作为矿产开采。

该组与上覆奥尔吐组呈整合接触，厚度795~1926m。

（9）奥尔吐组（C_2ao）。1977年，新疆地质局区测大队与中国地质科学院地质研究所、新疆工学院共同创名于新疆祁家沟。

该组分布范围同于祁家沟组，为一套浅海相陆架陆源细碎屑岩，主要岩性为黑色—灰绿色粉砂岩、粉砂质细砂岩、钙质砂岩，夹少量薄层砂质灰岩、透镜状灰岩，部分层位可见鲍马层序及包卷构造。产珊瑚 *Pseudosyrigaxon* sp.、*Protomichelinia* sp.、*Lophophyllidium pendulum*；腕足类 *Echinoconchus* sp.、*Marginifera pusilla*；菊石 *Glaphyrites parangulatus*、*G. qijiajingensis*、*Neopronorites carboniferous*、*Somoholites glomerosus*、*Prouddenites* cf. *primus*、*Eoasianites* sp.；植物 *Calamites* sp. 以及腹足类、瓣鳃类、苔藓虫等。

东准噶尔克拉美丽山南坡的六棵树与该组层位相当，岩性组合为褐色、灰褐色砂砾岩、砂岩、粉砂岩夹火山岩。

该组与上覆石人子沟组整合接触，厚度大于227m。

3.准噶尔盆地覆盖区内的石炭系

准噶尔盆地覆盖区有多口井钻遇石炭系，不同勘探区块所钻遇层位各不相同。钻遇的最下部层位为分布于陆东—五彩湾地区的下石炭统塔木岗组，如滴西17、陆南1、莫深1、石莫1、彩参1、彩深1等井，主要钻遇白云质泥岩、泥质砂岩、安山岩、凝灰质砂岩、火山角砾岩等，厚度数十米至数百米。乌伦古坳陷内多口井钻遇下石炭统姜巴斯套组，如滴北1、伦2、伦3、伦参1、伦5、伦6、乌参1等井，钻井揭示厚度255~2100m。其中乌参1井最具代表，姜巴斯套组整体呈灰色、灰黑色调，上部以凝灰角砾岩、凝灰岩为主，下部以泥岩为主夹粉砂质泥岩、凝灰质泥岩。陆梁隆起及东部隆起有多口井钻遇上石炭统巴塔玛依内山组，如英1、英2、准北1、准北2、吉15以及木垒1等井，岩性为中基性、中酸性火山熔岩夹碎屑岩沉积，钻井揭示厚度145~2128m。西缘车排子凸起石炭系发育齐全，希贝库拉斯组见于排66井区，岩性主要为凝灰岩、凝灰角砾岩夹凝灰质泥岩、安山岩，厚度300~2100m。包古图组广泛分布，岩性以凝灰质泥岩、凝灰质粉砂岩为主夹硅质岩薄层以及石灰岩透镜体，厚度200~600m。

五、二叠系

二叠系主要出露于博格达山周缘、克拉美丽山南部，依连哈比尔尕山西部、哈特阿拉特山局部有出露，盆地内部主要分布于西部隆起中北部、中央坳陷、东部隆起，西部隆起主体、乌伦古坳陷大部分缺失，陆梁隆起局部残留分布（图2-4至图2-6），其中中央坳陷的玛湖凹陷、东部隆起钻井揭示较多。

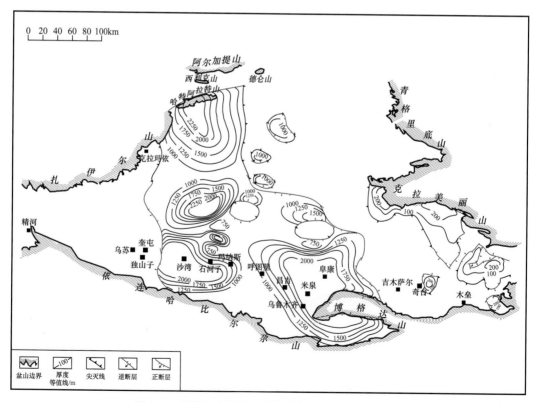

图2-4 准噶尔盆地下二叠统残余地层厚度等值线图

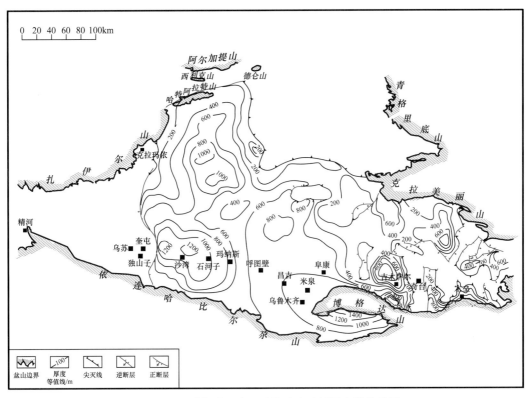

图 2-5　准噶尔盆地中二叠统残余地层厚度等值线图

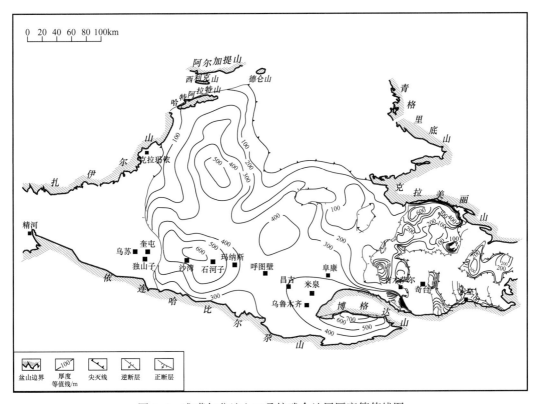

图 2-6　准噶尔盆地上二叠统残余地层厚度等值线图

根据地层差异性，可以划分为博格达山地区、克拉美丽山地区、盆地西北缘及腹部地区三个地层分区。其中，博格达山地区自下而上分别发育下二叠统石人子沟组、塔什库拉组，中二叠统乌拉泊组、井井子沟组、芦草沟组、红雁池组，上二叠统泉子街组、梧桐沟组、锅底坑组；克拉美丽山地区下二叠统为金沟组，中二叠统为将军庙组和平地泉组，上二叠统为泉子街组、梧桐沟组和锅底坑组；西北缘及腹部地区二叠系发育较齐全，自下而上分别为下二叠统佳木河组、风城组，中二叠统夏子街组、下乌尔禾组以及上二叠统上乌尔禾组（表2-5）。

表2-5 准噶尔盆地及周缘二叠系地层划分对比表

地层系统				地质年龄（底界）/Ma	博格达山地区	克拉美丽山地区	西北缘及腹部地区
系	统	阶（国际）	阶（中国）				
三叠系	下统	印度阶	印度阶	251.0±0.4	上仓房沟群	上仓房沟群	百口泉组
二叠系	乐平统	长兴阶	长兴阶	煤山亚阶 253.8±0.7	下仓房沟群	下仓房沟群	
				葆青亚阶		锅底坑组	锅底坑组	
		吴家坪阶	吴家坪阶	老山亚阶 260.4±0.7			梧桐沟组	梧桐沟组	上乌尔禾组
				来宾亚阶		泉子街组	泉子街组	
	阳新统	卡匹敦阶	冷坞阶	265.8±0.7	红雁池组	平地泉组	下乌尔禾组
		沃德阶	茅口阶	268.0±0.7	芦草沟组		
		罗德阶	祥播阶	270.6±0.7	井井子沟组	将军庙组	夏子街组
		空谷阶	栖霞阶	275.6±0.7	乌拉泊组		
	船山统	亚丁斯克阶	隆林阶	284.4±0.7	塔什库拉组	金沟组	风城组
		萨克马尔阶	紫松阶	294.6±0.8	石人子沟组		佳木河组
		阿瑟尔阶		299.0±0.8			
石炭系	上统	格舍尔阶	小独山阶	303.4±0.9	奥尔吐组	六棵树组	巴塔玛依内山组

1.博格达山地区

博格达山二叠系发育，剖面连续，厚度大（图2-7），周缘各凹陷地层发育有差异。

1）下二叠统

（1）石人子沟组（P_1s）。石人子沟组由新疆区测队1965年创名。命名剖面位于乌鲁木齐市东约12km的石人子沟。参考剖面采用新疆区测队和中国地质科学院地质所1977年测制的井井子沟上游东支沟剖面。1935年德日进将石炭纪与中生代陆相泥岩之间的一套地层划归到二叠纪。袁复礼将该套地层统称为芨芨槽子岩系，并将下部岩层定为P组，上部为P1组。1955年胡厚文将其归为石炭系—二叠系并称为东山岩系。1965年新疆区测队将该地层归为上石炭统，并分下部为石人子沟组，上部为塔什库拉组。1977年，新疆区测队与中国地质科学院地质所在石人子沟组发现植物化石 *Walchia*，因此将石人子沟组与塔什库拉组又划归到下二叠统下芨芨槽子群。

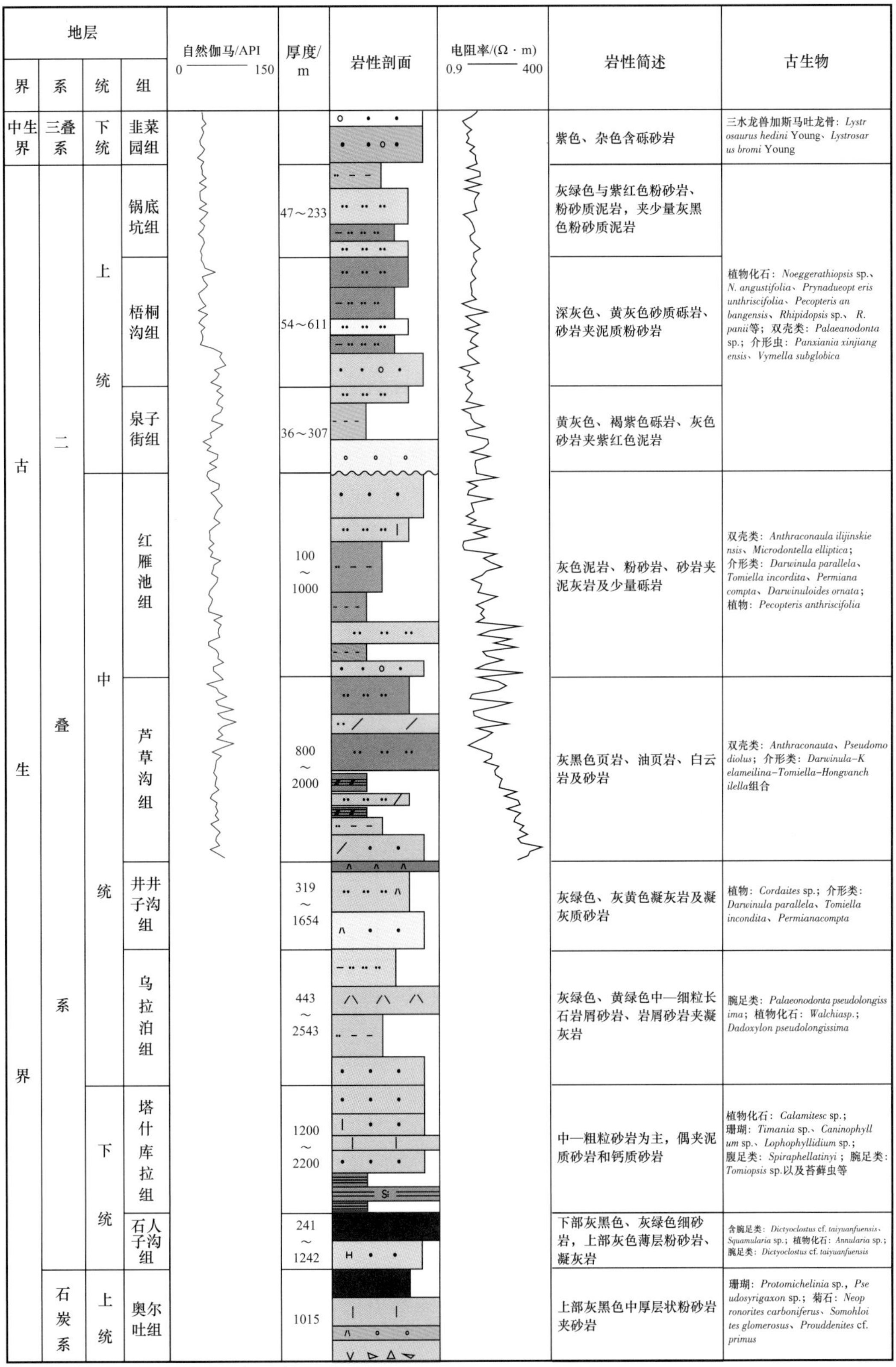

地层				自然伽马/API 0 ——— 150	厚度/ m	岩性剖面	电阻率/(Ω·m) 0.9 ——— 400	岩性简述	古生物
界	系	统	组						
中生界	三叠系	下统	韭菜园组					紫色、杂色含砾砂岩	三水龙兽加斯马吐龙骨：*Lystrosaurus hedini* Young、*Lystrosaurus bromi* Young
古生界	二叠系	上统	锅底坑组		47～233			灰绿色与紫红色粉砂岩、粉砂质泥岩，夹少量灰黑色粉砂质泥岩	
			梧桐沟组		54～611			深灰色、黄灰色砂质砾岩、砂岩夹泥质粉砂岩	植物化石：*Noeggerathiopsis* sp.、*N. angustifolia*、*Prynadueopt eris unthriscifolia*、*Pecopteris an bangensis*、*Rhipidopsis* sp.、*R. panii*等；双壳类：*Palaeanodonta* sp.；介形虫：*Panxiania xinjiangensis*、*Vymella subglobica*
			泉子街组		36～307			黄灰色、褐紫色砾岩、灰色砂岩夹紫红色泥岩	
		中统	红雁池组		100～1000			灰色泥岩、粉砂岩、砂岩夹泥灰岩及少量砾岩	双壳类：*Anthraconaula ilijinskiensis*、*Microdontella elliptica*；介形类：*Darwinula parallela*、*Tomiella incordita*、*Permiana compta*、*Darwinuloides ornata*；植物：*Pecopteris anthriscifolia*
			芦草沟组		800～2000			灰黑色页岩、油页岩、白云岩及砂岩	双壳类：*Anthraconauta*、*Pseudomodiolus*；介形类：*Darwinula-Kelameilina-Tomiella-Hongvanchilella*组合
		下统	井井子沟组		319～1654			灰绿色、灰黄色凝灰岩及凝灰质砂岩	植物：*Cordaites* sp.；介形类：*Darwinula parallela*、*Tomiella incordita*、*Permianacompta*
			乌拉泊组		443～2543			灰绿色、黄绿色中—细粒长石岩屑砂岩、岩屑砂岩夹凝灰岩	腕足类：*Palaeonodonta pseudolongissima*；植物化石：*Walchiasp.*；*Dadoxylon pseudolongissima*
			塔什库拉组		1200～2200			中—粗粒砂岩为主，偶夹泥质砂岩和钙质砂岩	植物化石：*Calamitesc* sp.；珊瑚：*Timania* sp.、*Caninophyllum* sp.、*Lophyllidium* sp.；腹足：*Spiraphellatinyi*；腕足类：*Tomiopsis* sp.以及苔藓虫等
			石人子沟组		241～1242			下部灰黑色、灰绿色细砂岩，上部灰色薄层粉砂岩、凝灰岩	含腕足类：*Dictyoclostus* cf. *taiyuanfuensis*、*Squamularia* sp.；植物化石：*Annularia* sp.；腕足类：*Dictyoclostus* cf. *taiyuanfuensis*
	石炭系	上统	奥尔吐组		1015			上部灰黑色中厚层状粉砂岩夹砂岩	珊瑚：*Protomichelinia* sp.、*Pseudosyrigaxon* sp.；菊石：*Neopronorites carboniferus*、*Somohloites glomerosus*、*Prouddenites* cf. *primus*

图 2-7 准噶尔盆地博格达山地区二叠系综合柱状图

该组主要分布于乌鲁木齐以东博格达山南北两侧，总厚度240～1200m。下部为灰黑色、灰绿色细砂岩、粉砂岩夹灰色厚层状砾岩、砂砾岩、粗砂岩和团块状灰岩（图2-8），含腕足类 *Dictyoclostus* cf. *taiyuanfuensis*、*Squamularia* sp.、*Choristites* sp.；上部为灰色薄层粉砂岩、细砂岩夹泥质粉砂岩及石灰岩团块，产植物化石 *Annularia* sp. 轮叶（未定种）、*Walchia* sp. 瓦契杉。石人子沟组在柴窝堡凹陷为浅海及海陆交互相的以碎屑岩为主夹少量石灰岩的沉积组合。在石人子沟一带下部为深灰色、灰黑色凝灰岩与灰黄色凝灰质砂岩不均匀互层夹砾岩及石灰岩；中部为灰黄色砂岩夹石灰岩、砂质泥岩、石灰岩，含腕足类化石；上部为深灰色、灰绿色砂质泥岩夹薄层灰岩，厚度264m。向西至红雁池一带厚度可达1242m。

下与上石炭统奥尔吐组，上与塔什库拉组整合接触。

（2）塔什库拉组（P_1t）。塔什库拉组由新疆区测队于1965年创名。命名剖面位于新疆乌鲁木齐东约12km的石人子沟。

该组分布于博格达山西北坡和南坡的芨芨槽子—白杨沟口一带。底部为黑色页岩夹硅质岩，硅质岩和石灰岩微层理显著，多卷曲构造和泥砾状构造；下部以粉砂岩、细砂岩和泥岩为主；中部为微层理很发育的砂岩、细砂岩，夹大量叠层石灰岩层、鲕状灰岩层；上部以中—粗粒砂岩为主，偶夹泥岩和钙质砂岩（图2-8），波痕发育，厚度达1500m。

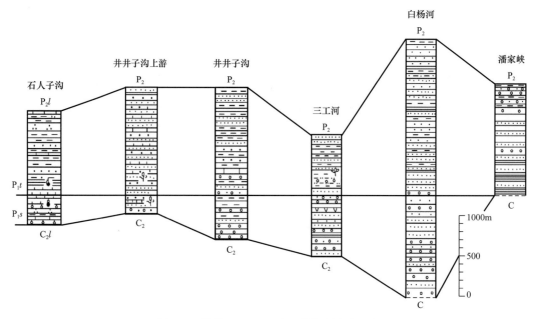

图2-8　博格达山地区下二叠统地层对比图

在井井子沟一带，塔什库拉组下部为灰色、灰黑色薄层粉砂岩与中厚层—块状细砂岩互层夹少量钙质砂岩、砂质灰岩、鲕状灰岩，底部有一层硅质岩，粉砂岩中含植物化石 *Calamites* sp. 及 *Noeggerathiopsis* sp.；上部为灰黑色薄层粉砂岩和黄灰色中厚层状砂岩、细砂岩不均一互层，中上部夹较多的砂质灰岩、钙质砂岩，含植物及腕足碎片，厚度1359m。向北至塔什库拉沟—葛家沟一带厚度1812.7m，向西南至红雁池东厚度1238m。

在乌鲁木齐一带，塔什库拉组下部为灰色薄层粉砂岩与细砂岩互层夹砂质灰岩、鲕粒灰岩，有些剖面夹沉凝灰岩，含丰富的海相化石，其中有珊瑚 *Timania* sp.、*Caninophyllum* sp.、*Lophophyllidium* sp.；腹足类 *Spiraphella tinyi*；腕足类 *Tomiopsis* sp. 以及苔藓虫等；上部为灰黑色薄层粉砂岩与灰色砂岩不等厚互层，总厚度 1200～2200m。

下与石人子沟组、上与中二叠统乌拉泊组整合接触。

2）中二叠统

（1）乌拉泊组（P_2w）。乌拉泊组由新疆石油局 672 队于 1957 年命名，命名时称乌拉泊岩系，命名剖面位于乌鲁木齐东南的井井子沟。1981 年新疆维吾尔自治区区域地层表编写组首次公开引用，并改名为乌拉泊组。

该组分布于博格达山东段南北两麓和柴窝堡地区，是一套以正常沉积碎屑岩为主体的岩石组合，主要岩性为灰绿色、黄绿色、紫红色中—细粒长石岩屑砂岩、岩屑砂岩夹粉砂岩，长石岩屑砂岩发育是其典型特征（图 2-9）。常见波痕、雨痕、龟裂等，粒度和颜色的横向变化都很大，厚度 1065～2543m，一般为 1300m 左右。泉子街—大黄山地区主要为灰色砾岩，见红色砂岩夹层；石人子沟一带块状砂岩不发育，凝灰岩和凝灰质增多。在红雁池地区主要是一套以灰绿色夹紫红色的粉砂岩、泥岩夹块状—细砂岩为主体的正常沉积组合，厚度大于 900m。乌拉泊地区则主要为灰白色块状交错层长石砂岩和长石岩屑砂岩。在达坂城锅底坑地区，下部为深灰色—灰绿色粉砂质泥岩夹中层状叠层石灰岩、鲕粒灰岩及钙粉砂岩和含砾砂岩；上部为紫灰色—深灰绿色粉砂质泥岩夹丘状交错层中粒不等粒砂岩，厚度 443.6m。

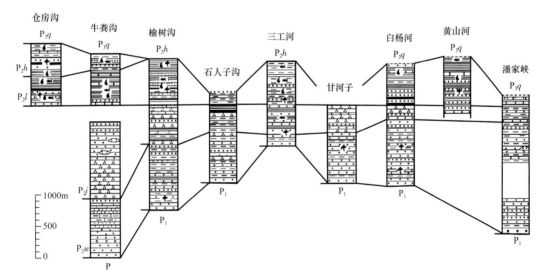

图 2-9　博格达山地区中二叠统地层对比图

乌拉泊组是一套由山麓洪积扇到扇三角洲的堆积物，化石仅含少量 *Palaeonodonta pseudolongissima* 假极长古无齿蚌和植物 *Walchia* sp. 瓦契杉（未定种）、*Dadoxylon pseudolongissima* 德式火炬木等。

与下伏下二叠统塔什库拉组和上覆中二叠统井井子沟组皆为整合接触。

（2）井井子沟组（P_2j）。井井子沟组由新疆地质局区测队于 1965 年创名，命名剖面位于新疆乌鲁木齐南东井井子沟，参考剖面位于乌鲁木齐南榆树沟。

井井子沟组分布于博格达山东段南北两麓，以凝灰岩广泛发育为典型特征的火山碎屑岩—碎屑岩的岩石组合。主要岩性为蓝灰色、灰绿色夹灰黄色凝灰岩，中厚层状凝灰质砂岩，少量长石砂岩、粉砂岩、暗灰色砂质泥岩不规则交互层，有时夹砾岩透镜体，厚度319~1654m，一般为500~900m。块状凝灰岩和蓝灰色层是该组的特点，凝灰岩单层厚度最大可达50m以上。凝灰岩主要发育在大龙口河以西地区，而以东如泉子街、吉木萨尔地区凝灰岩不发育，主要为河泛平原与浅湖沉积。

在乌鲁木齐至甘河子一带出露较全，其地层厚度由西向东总体呈减薄趋势；以凝灰岩广泛发育为特征，但凝灰岩横向分布不稳定，有时为主体岩性，有时呈少量夹层出现。在博格达山北麓地区的井井子沟、三工河、甘河子一带凝灰岩最为发育，向其他地区均有减少（图2-9）。化石见少量植物 *Cordaites* sp. 科达（未定种）和介形类 *Darwinula parallela* Ye（1977）平行达尔文介、*Tomiella incondita* 不规则托姆介、*Permiana compta* 美丽二叠介。

与下伏以长石砂岩为特征的乌拉泊组和与上覆以油页岩为主的芦草沟组均为整合接触。

（3）芦草沟组（P$_2$l）。新疆区域地层表编写组（1981）创名于乌鲁木齐附近。妖魔山比较发育，以灰黑色页岩、油页岩、白云岩及砂岩为主，含双壳类、介形类等化石，厚度90~1102m。芦草沟组首次由马夏庚于1952年在乌鲁木齐划出，称油页岩分层，隶属大西沟岩系。新疆地质局胡厚文对博格达山北部油页岩进行了详细研究。新疆石油管理局地调处106/57队、105/58队（1957，1958）对乌鲁木齐至吉木萨尔一线的油页岩进行了详细调查，将其年代定为晚二叠世。新疆地质局区测大队六分队（1965）将其创名为妖魔山组，之后一直沿用。新疆区域地层表编写组（1981）考虑到妖魔山一名与甘肃省奥陶系一组名重复而改称芦草沟组，之后一直沿用至今。

在博格达山北麓和南麓的岩性组合有较大差异，在博格达山北麓乌鲁木齐—吉木萨尔一带以普遍发育巨厚的油页岩为特点，而在南麓地区则缺乏油页岩，岩性明显较粗、厚度也锐减。锅底坑地区芦草沟组总厚度458.5m。在达坂城次凹内表现为北厚南薄，厚度800~2000m，永丰次凹厚度800~1200m。在乌鲁木齐南部下段岩性为灰黑色厚层块状白云质中—细粒砂岩、白云岩和粉砂质泥岩与油页岩互层，上段为灰黑色油页岩、粉砂质页岩夹砂质白云岩、白云质灰岩、粉砂岩。

在井井子沟剖面芦草沟组页岩中发现了古鳕鱼化石，在邻区芦草沟组野外露头及钻井当中也有发现（图2-7）。在地质历史当中，古鳕鱼类主要生活于陆缘近海湖泊，对水体的咸度要求比较高，一般为咸水—半咸水。此外，井井子沟剖面芦草沟组上部石灰岩夹层中还产有双壳类化石，以 *Anthraconauta*、*Pseudomodiolus* 等喜盐双壳类为主。文献当中还有在该剖面芦草沟组发现介形类 *Darwinula-Kelameilina-Tomiella-Hongvanchilella* 组合的记录，该组合也为非海相的喜盐类动物化石。

下与井井子沟组整合接触，以凝灰岩消失，油页岩出现为界；上与红雁池组整合过渡，以油页岩剧减为界。

（4）红雁池组（P$_2$h）。红雁池组由新疆地质局区测大队六分队谭德遥等（1965）创名于乌鲁木齐一带。原定义为分布于红雁池和妖魔山至芦草沟一带，主要岩性为灰绿色、暗灰色、黄绿色泥岩、粉砂岩、砂岩夹泥灰岩及少量砾岩。下与妖魔山组油页岩呈整合接触，上与仓房沟群整合或平行不整合接触，年代为中二叠世。新疆地质局马夏庚于1952

年最早将相当于该组的地层划出，称上灰绿色层；新疆石油管理局地调处（1957）称上绿灰色层。自新疆区测大队六分队（1965）创名红雁池组后，一直沿用至今。

红雁池组的分布范围同于芦草沟组，但岩性较芦草沟组明显变粗。在乌鲁木齐一带岩性为绿灰色、灰黑色泥岩、粉砂质碳质页岩夹灰绿色薄—厚层砂岩、粉砂岩、砾岩，薄层泥灰岩和紫红色泥岩条带。在柴窝堡凹陷北缘的锅底坑剖面，上部为深灰色—灰绿色粉砂质泥岩、灰色—灰绿色中层状砂质灰岩、钙质粉砂岩及厚层—块状砂砾岩和含砾砂岩透镜体，下部为灰绿色厚层—块状砾岩、砂砾岩、不等粒砂岩透镜体夹砂质泥岩，厚度730.9m。在达坂城次凹内厚度100～1000m，柴参1井和柴3井等钻遇，永丰次凹缺失。化石很丰富，代表有双壳类 *Anthraconaula ilijinskiensis* 伊犁津斯克炭蚌、*Microdontella elliptica* 椭圆微齿蚌；介形类 *Darwinula parallela* 平行达尔文介、*Tomiella incordita* 不规则托姆介、*Permiana compta* 美丽二叠介、*Darwinuloides ornata* 装饰似达尔文介；植物 *Pecopteris anthriscifolia* 峨参栉羊齿等。

下与以油页岩为特征的芦草沟组整合过渡，上与紫红色粗碎屑岩为特征的泉子街组平行不整合接触，局部整合接触。

3）上二叠统

上二叠统整体表现为灰紫色、紫红色中砾岩、细砾岩与紫红色泥岩、砂质泥岩、粉砂质泥岩的间互层，以紫红色砾岩的大量出现为特征，以河流沉积为主，间有冲积沉积。在达坂城次凹内表现为南厚北薄，厚度1000～3000m，永丰次凹厚度500～1000m（图2-6）。该套地层又称下仓房沟群，是1974年新疆石油管理局107—109队在唐文松、魏景明的研究基础上，将仓房沟群划分为上二叠统下仓房沟群和下三叠统上仓房沟群，其中下仓房沟群包括泉子街组、梧桐沟组和锅底坑组。这一划分结果在1981《新疆区域地层表》中得以采纳。

（1）泉子街组（P₃q）。泉子街组由唐祖奎于1957年创名于新疆吉木萨尔泉子街，新疆维吾尔自治区区域地层表1981年正式引用。

分布于乌鲁木齐附近，东延至吉木萨尔，向东南至吐鲁番盆地，在大黄山背斜东端尖灭。命名剖面该组中下部为深灰色、黄灰色、褐紫色砾岩、砂岩夹泥岩；上部为深灰色泥岩、细砂岩夹薄层泥灰岩，为河床、河漫滩及沼泽相堆积，厚度240m。含植物化石 *Calamites* sp.、*Iniopteris sibirica*、*Conia partita*、*Callipteris zeilleri*、*Noeggerathiopsis angustifolia* 等。

与下伏红雁池组和上覆梧桐沟组均呈整合接触。

（2）梧桐沟组（P₃wt）。梧桐沟组由唐祖奎于1957年创名于新疆吉木萨尔泉子街，新疆维吾尔自治区区域地层表1981年正式引用。

该组分布于新疆乌鲁木齐到吉木萨尔一线，向西至玛纳斯及沙湾以南均有出露，为灰绿色厚层块状细砾岩，棕红色、灰绿色中厚层状细粒砂岩、泥岩夹黑色碳质泥岩、团块状泥灰岩，厚度120～220m。含化石丰富，如含植物化石 *Noeggerathiopsis* sp.、*N. angustifolia*、*Prynadueopteris unthriscifolia*、*Pecopteris anbangensis*、*Rhipidopsis* sp.、*R. panii* 等。

与下伏泉子街组和上覆锅底坑组均呈整合接触。

（3）锅底坑组（P₃g—T₁）。锅底坑组由唐祖奎1957年创名于新疆吉木萨尔泉子街，中国地质科学院地质所与新疆地矿局科研所 1990 年正式引用。

锅底坑组分布于新疆乌鲁木齐附近，往东到吉木萨尔，向东南至吐鲁番盆地。下部为黄绿色、灰褐色、灰黑色粉砂岩、粉砂质泥岩夹褐色泥质粉砂岩、钙质泥岩、钙质团块及紫色条带粉砂岩、岩屑砂岩和泥质灰岩团块；上部为紫红色粉砂质泥岩。厚度 120~160m。产双壳类 *Palaeanodonta* sp.；介形虫 *Panxiania xinjiangensis*、*Vymella subglobica*、*Darwinula? Schwegeri*、*Darwinuloides bugnralanica*、*D. sibiricus*、*Bisulcocypris wutonggouensis*。

与下伏梧桐沟组和上覆下三叠统韭菜园组均呈整合接触。

2. 克拉美丽山地区

二叠系分布广，在克拉美丽山南坡均有发育（图 2-10）。

1）下二叠统

金沟组（P_1j）。"金沟组"系 1980 年彭希龄根据准噶尔盆地东北缘克拉美丽石钱滩东侧出露较好的金沟剖面而命名，该组沉积仅分布于石钱滩北侧及其以东地区。1982 年新疆石油管理局地质调查处 112 队在克拉美丽石钱滩—苦水沟一带进行地质详查后认为："金沟组"相当于 1964 年地调处勘探室所划分的胜利沟群和 1977 年在《西北区域地层表新疆维吾尔自治区分册》中所划分的上苁苁槽子群的将军庙组。

金沟组下段分布广泛，岩性、厚度变化较大。在石树沟、石钱滩凹陷内，为灰绿色凝灰质砾岩、砂岩夹褐红色、灰色砂质泥岩，厚度 671.4m。往东厚度增加到千米以上，发育多个岩性组合，或为块状凝灰质砾岩、偶夹石英正长斑岩透镜体，或为上部砾岩变为紫灰色凝灰质砂岩、粉砂岩夹翠绿色含铜砂岩，或为灰色厚层—块状凝灰质砂岩与灰黑色泥岩、粉砂岩互层。上段主要以褐红色泥岩为主夹灰绿色泥岩条带，灰色、灰褐色砾岩、砂岩、紫灰色凝灰岩、团块状泥灰岩、茶色燧石岩的透镜体及薄煤线，厚度 1102.5m（图 2-10）。

金沟组产双壳类、介形虫、古鳕鱼类、硅化木和孢粉等化石。双壳类化石仅见 *Microdontella subovata*，产于孔雀坪下部石灰岩中，丰度大，分异度小，化石个体不足 1mm；古鳕鱼类化石亦见于孔雀坪剖面，只发现一些鳞片外模，刘宪亭鉴定为古鳕鱼类；介形类化石很少，只在石钱滩剖面上发现保存欠佳的 *Darwinula* sp. 和其外模；孢粉化石产于孔雀坪剖面，建立 *Cordaitina-Protohaploxypinus-Striatoabietes-Hamiapollenites saccatus* 孢粉组合，其年代为早二叠世。

与下伏地层呈角度不整合接触关系，与上覆将军庙组呈整合接触。

2）中二叠统

（1）将军庙组（P_2j）。1957 年新疆石油管理局 114/57 队在新疆奇台县以北的胜利沟创立了"赤底统"，年代为早二叠世。1987 年《新疆维吾尔自治区区域地层表》编写组改称其为将军庙组，并划归中二叠统。

地表露头主要见于帐篷沟—石钱滩以东地区，老君庙以北的山间断陷内有少许露头，在五彩湾凹陷内有分布。该组为一套暗灰色—棕红色厚层砾岩夹粉砂岩、砂质泥岩及泥岩，在胜利沟最薄，往东西两侧增厚。在帐北地区的沙丘河—老山沟一带为当时沉降中心，沉积厚度大，达 1171~1271m，但岩性较粗，主要为冲积扇—河流相的粗碎屑沉积，上部为湖相泥质和泥灰质沉积。

地层				厚度/m	岩性剖面	岩性简述	古生物	沉积相
界	系	统	组					
中生界	三叠系	下统	上仓房沟群			灰色、褐色、红褐色、褐红色泥岩、砂质泥岩为主夹灰色细砂岩、泥质细砂岩、泥质粉砂岩	叶肢介: *Falsica beijianensis* 组合带；孢粉: *Limatulaspor ites-Lundbladispora-Taeniaspori tes-Equisetosporites*组合	河流
古生界	二叠系	上统	锅底坑组	200~600		灰黄绿色薄层状中细粒砂岩夹深灰色薄层状粉砂泥岩	植物化石: *Sphenopteris* cf. *firmata* Sze、*Sphenopteris* sp.、*Noeg gerathiopsis* sp.、*Lepeophyllum* sp.	扇三角洲
			梧桐沟组			灰色、褐色、红褐色、褐红色泥岩、砂质泥岩为主夹灰色细砂岩、泥质细砂岩、泥质粉砂岩	孢粉: *Cordaitina uralensis-Hamia pollenits parviextensisaccus*组合	
			泉子街组	150~300		棕红色砂泥岩，底部为灰绿色砾岩夹泥岩、碳质泥岩		
		中统	平地泉组	700~1000		灰色、深灰色、褐色、红褐色泥岩、砂质泥岩与细砂岩、灰质中砂岩、泥质细砂岩呈不等厚互层，夹薄层浅灰色泥质灰岩	植物化石: *Callipteris zeilleri*；双壳类: *Anthraco nauta karamielica*、*Microdontella elliptica*；介形类: *Darwinula elongata*、*Kelameili nasinensis*等；孢粉: *Cordaitina-Vitt atina-Striaoabieites-Hamiiapollenites*组合	滨浅湖—半深湖
			将军庙组	78~1271		上部主要岩性为紫红色、黄绿色、灰色砾岩夹砾砂岩；下部主要为褐色砂岩夹粉砂质泥岩，底部为砾岩	孢粉: *Cordaitina uralensis-Hamia pollenits parviextensisaccus*组合	辫状河三角洲
		下统	金沟组	671~1103		上部主要岩性以粉砂岩和细砂岩为主，夹灰色、灰黄色砾岩、砂岩；下部主要岩性为紫红色砂岩夹灰绿色粉砂岩，底部为紫红色泥岩	双壳类: *Microdontellasubovata*；孢粉: *Cordaitina-Protohaploxypinus-Striatoabieites-Hamiapollenites saccatus*组合	扇三角洲
	石炭系	上统	六棵树组			主要岩性为紫红色砂岩、粉砂岩夹凝灰岩、凝灰质砂岩、含砾砂岩等	腕足类: *Dictyoclostus* sp.、*Pugilus* sp.、*Choristites* sp.、双壳类: *Schizodus* sp.、*Nuculopsis* sp.、*Septomyalina* sp.、*Aviculopecten* sp.、*Sanguinolites* sp.、腹足类: *Pleurotomaria* sp.	河流

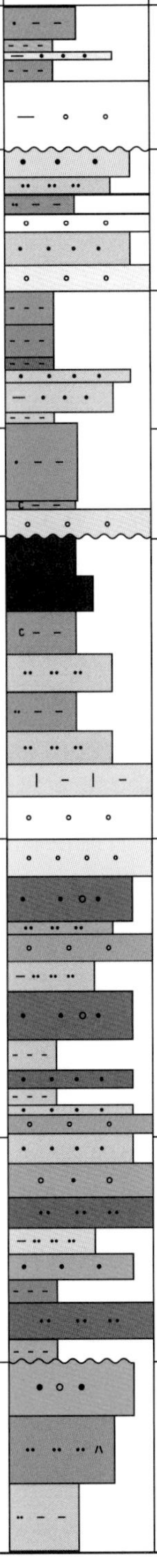

图 2-10　准噶尔盆地克拉美丽山地区二叠系综合柱状图

石钱滩凹陷将军庙东背斜高部位钱 1 井钻遇，岩性组合特征：上部为棕红色、灰紫色、紫灰色、绿灰色泥岩、砂质泥岩为主夹薄层灰色细砂岩、粉砂岩、泥质粉砂岩，下部为灰色细砾岩、砂砾岩、含砾粗砂岩、含砾中砂岩、含砾细砂岩、中砂岩、细砂岩、泥质中砂岩、泥质细砂岩，棕红色泥质细砂岩与灰色、紫灰色、暗紫色、褐灰色泥岩、砂质泥岩不等厚互层。电性特征：分界线上下高分辨率阵列感应电阻率曲线、自然电位曲线、自然伽马曲线呈明显上升台阶。该段孢粉化石以具肋双气囊花粉和科达粉等单气囊花粉发育为主要特征，反映的年代为中二叠世。

在石钱滩将军庙组以底砾岩假整合在金沟组之上，其余地区均不整合在石钱滩组或巴塔玛依内山组之上。

（2）平地泉组（P_2p）。新疆石油管理局 1957 年在新疆奇台县以北的胜利沟创立平地泉统，1964 年经杨文孝改称平地泉组，1981 年被《新疆维吾尔自治区区域地层表》正式引用。

平地泉组分布于准噶尔盆地东北缘克拉美丽山前的南带，主要为暗色湖沼相泥质沉积。可分三段：下部为紫红色、灰黄色、灰绿色砾岩、砂砾岩夹褐色、灰色泥岩、黑色碳质泥岩和煤线，仅见于六棵树附近，厚度 200～300m，在双井子和石钱滩地区沉积缺失；中部为灰绿色泥岩夹薄层—厚层砂岩、泥灰岩、菱铁矿、铁质砂岩薄层及碳质泥岩、劣煤，主要见于双井子地区，可直接不整合在将军庙组之上，厚度 268～360.7m，至石钱滩仅沉积上部 73.3m；上部为黄绿色砾岩、灰色砂岩、灰黑色泥岩的韵律互层夹碳质泥岩及煤线，顶部有红色风化壳，厚度 243.4～314m，但至六棵树变细，以泥岩为主，和中部很难划分。在六棵树西侧，下、中部全变为杂色，上部则变为杂色砾岩，并含由志留系硅质岩组成的飞来峰式的巨型漂砾。局部地区该组全变为紫灰色杂乱角砾岩夹煤线。岩性的巨变反映了近距离内沉积环境由山麓碎屑流洪积河道、河泛平原至湖沼区的迅速更迭（图 2-10）。

该组所含化石丰富，有植物、鱼类、双壳类、介形虫和孢粉等，年代为中二叠世。具代表性的有植物 *Callipteris zeilleri* 蔡耶美羊齿；双壳类 *Anthraconauta karamielica* 克拉美丽炭蚌、*Microdontella elliptica* 椭圆微齿蚌；介形类 *Darwinula elongata* 伸长达尔文介、*Kelameilina sinensisi* 中华克拉美丽介等；孢粉化石 *Cordaitina-Vittatina-Striaoabieites-Hamiiapollenites* 组合。

该组不整合于将军庙组之上，部分地区见假整合，与上覆泉子街组不整合接触。

3）上二叠统

克拉美丽山地区的下仓房沟群在岩石组合特征、生物群组合面貌及上、下接触关系等方面与博格达山地区的基本一致。

主要分布于西部的火烧山、帐篷沟地区，不整合或假整合于平地泉组之上，以灰绿色为主夹棕红色、紫色砾岩、砂岩、泥岩交互层，夹碳质泥岩和煤屑，横向变化较大，西大沟地区较粗，多砾岩，厚度 350m。

帐篷沟背斜轴部下仓房沟群较细，底部为灰绿色砾岩夹泥岩、碳质泥岩；下部为棕红色泥岩，大致相当于泉子街组，厚度约 150m；中部为灰绿色泥岩夹薄层砂岩、叠锥状石灰岩、介壳灰岩及碳质泥岩，大致相当于梧桐沟组；上部灰绿色夹紫色条带状泥岩顶部夹少量细砾岩，相当于锅底坑组；中上部厚度约 400m。至帐篷沟东翼又变为杂色砾岩与泥岩互层。将军戈壁地区缺失。

石钱滩凹陷井下梧桐沟组岩性为紫红色、灰紫色、绿灰色泥岩、砂质泥岩为主夹粉砂岩、泥质粉砂岩、灰质粉砂岩，顶部见薄层灰白色含膏泥岩，中部夹两薄层泥质灰岩，与下伏平地泉组和上覆三叠系均呈不整合接触。

3. 西北缘及腹部地区

西北缘及腹部地区二叠系自下向上发育下二叠统佳木河组、风城组，中二叠统夏子街组、下乌尔禾组，上二叠统上乌尔禾组（图2-11）。

1）下二叠统

（1）佳木河组（P₁j）。1964年新疆石油管理局在准噶尔盆地西北缘的哈特阿拉特山地区建立佳木河组，代表中—上石炭统，并分上下两部分。1987年中国科学院地学部与新疆石油管理局公开引用，并将其分为下部砾岩砂岩段和上部火山岩—碎屑岩段，将其年代定为二叠纪。

佳木河组主要分布于西北缘和中央坳陷部分区域。岩性横向变化较大，在扎伊尔山为紫灰色、棕灰色、灰绿色的凝灰质碎屑岩及安山岩、安山玄武岩等组成的混积岩系，露头剖面未见底。哈特阿拉特山地区下部为大套玄武岩、辉绿岩夹火山碎屑岩，上部为安山岩、流纹岩与火山碎屑岩互层。在玛湖凹陷主要为凝灰岩、凝灰质砂砾岩、泥岩、砂岩和火山岩。佳木河组自下向上可划分为三段，一段主要以火山岩、凝灰岩、泥岩和砂砾岩为主，二段主要为砂砾岩夹火山岩，三段主要为火山岩夹砂砾岩。佳木河组厚度变化较大，为1500～3000m。在钻井见孢粉化石 *Protohaploxypinus-Striatoabieites* 组合，其组合年代为早二叠世。

露头区佳木河组与下伏上石炭统阿腊德依克赛组为假整合或不整合接触，与上覆风城组呈不整合接触。

（2）风城组（P₁f）。风城组由雍天寿等1983年命名，1987年金玉玕等首次公开发表。命名剖面为克拉玛依北侧风城的井下综合剖面。

该组地层主要分布在中央坳陷。在西部隆起中北部、玛湖凹陷西部的克乌断裂带岩性主要为一套砂砾岩；在凹陷东部主要为扇三角洲沉积，局部发育厚度不等的熔结角砾凝灰岩、凝灰岩；玛湖凹陷大部分地区到哈特阿拉特山主要为深灰色、灰黑色凝灰质白云岩、白云质泥岩、泥岩夹砂岩、粉砂岩，自下而上可分为三段，一段以大套灰色、深灰色白云质泥岩夹白云质凝灰岩，底部为灰绿色凝灰岩夹流纹岩为主，二段以白云岩、白云质泥岩为主，三段以泥岩、砂岩、白云质砂泥岩为主。厚度300～1400m。风城组产出丰富的孢粉化石，其中裸子植物花粉占90%～100%，以具肋二囊粉、无肋纹具气囊花粉以及双囊类占优势，单囊类次之。前者又以无缝类居多，主要有 *Pityosporites* 小囊粉属，还有 *Abiespollenites* 拟冷杉粉属、*Limitisporites* 直缝二囊粉属等；单囊类花粉主要为 *Cordatina* 科达粉属，次为 *Florinites* 弗氏粉属、*Parasaccites* 侧囊粉属；蕨类植物孢子含量小于10%，主要分子为 *Grandisporites* 大腔孢属。总体来看，风城组孢粉化石中具肋花粉含量较高，都超过50%，二叠纪较盛的 *Hamiapollenites* 哈密粉属占全部孢粉含量的12%～53%，可以与博格达山地区石人子沟组对比。

该组与下伏佳木河组为不整合接触，与上覆夏子街组呈不整合接触。

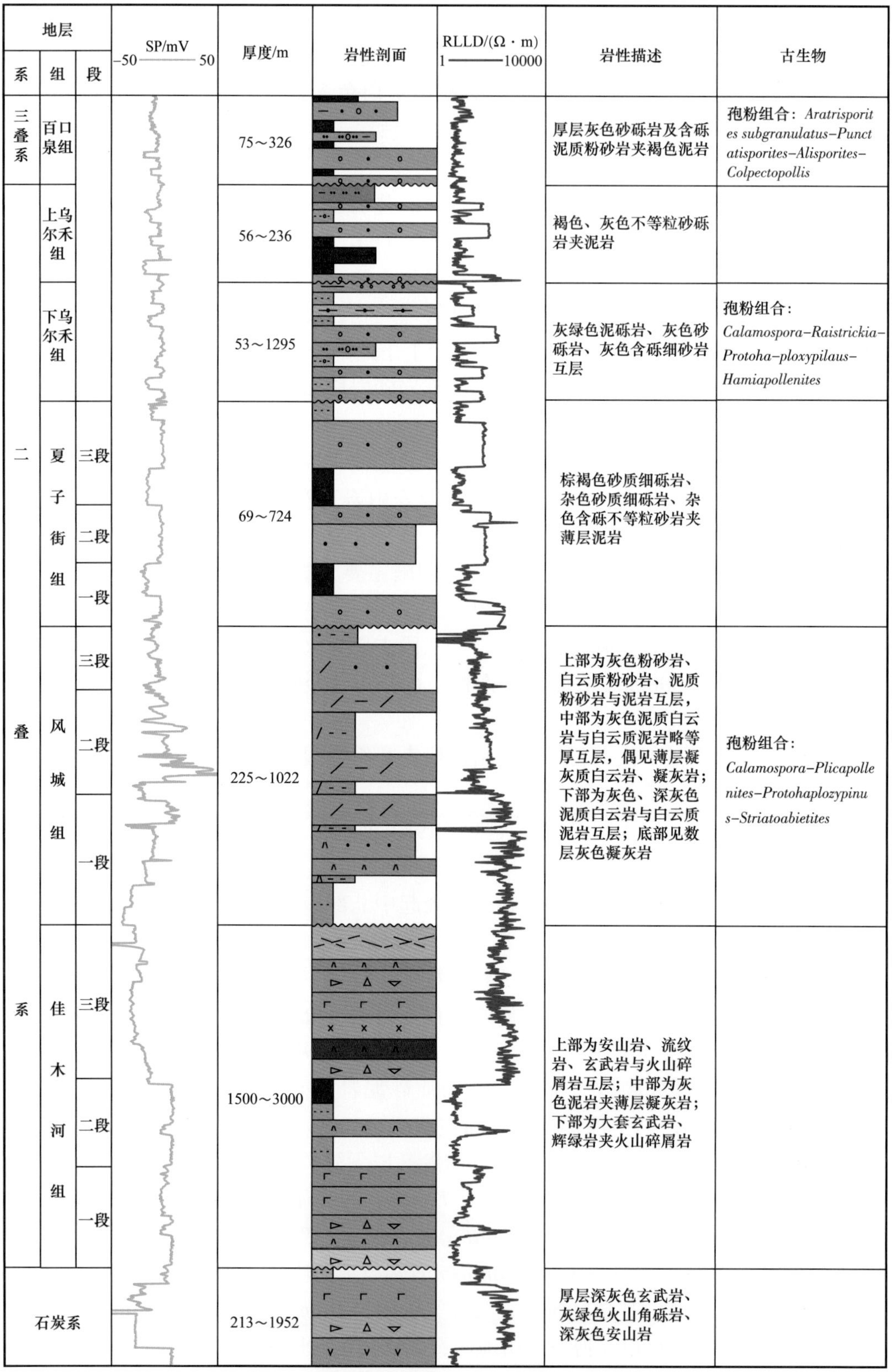

地层			SP/mV −50~50	厚度/m	岩性剖面	RLLD/(Ω·m) 1~10000	岩性描述	古生物
系	组	段						
三叠系	百口泉组			75~326			厚层灰色砂砾岩及含砾泥质粉砂岩夹褐色泥岩	孢粉组合：*Aratrisporites subgranulatus–Punctatisporites–Alisporites–Colpectopollis*
二叠系	上乌尔禾组			56~236			褐色、灰色不等粒砂砾岩夹泥岩	
	下乌尔禾组			53~1295			灰绿色泥砾岩、灰色砂砾岩、灰色含砾细砂岩互层	孢粉组合：*Calamospora–Raistrickia–Protoha–ploxypilaus–Hamiapollenites*
	夏子街组	三段 二段 一段		69~724			棕褐色砂质细砾岩、杂色砂质细砾岩、杂色含砾不等粒砂岩夹薄层泥岩	
	风城组	三段 二段 一段		225~1022			上部为灰色粉砂岩、白云质粉砂岩、泥质粉砂岩与泥岩互层，中部为灰色泥质白云岩与白云质泥岩略等厚互层，偶见薄层凝灰质白云岩、凝灰岩；下部为灰色、深灰色泥质白云岩与白云质泥岩互层；底部见数层灰色凝灰岩	孢粉组合：*Calamospora–Plicapollenites–Protohaplozypinus–Striatoabietites*
	佳木河组	三段 二段 一段		1500~3000			上部为安山岩、流纹岩、玄武岩与火山碎屑岩互层；中部为灰色泥岩夹薄层凝灰岩；下部为大套玄武岩、辉绿岩夹火山碎屑岩	
石炭系				213~1952			厚层深灰色玄武岩、灰绿色火山角砾岩、深灰色安山岩	

图2-11 准噶尔盆地西北缘乌夏冲断—推覆带二叠系综合柱状图

2）中二叠统

（1）夏子街组（P₂x）。1981年《新疆维吾尔自治区区域地层表》编写组将准噶尔盆地西北缘地区二叠系统称为乌尔禾群，并分为下部黄羊泉组和上部百口泉组。1984年新疆石油管理局将二叠系做了新的划分，将下二叠统称为夏子街组，上二叠统为下乌尔禾组和上乌尔禾组，将百口泉组划归三叠系。1985年中国科学院南京地质古生物所将该组置于中二叠统，相当于盆地南缘芦草沟组、红雁池组。张致民、吴绍祖（1991）认为该组与南缘乌拉泊组相当。

夏子街组主要为一套粗碎屑沉积，以灰褐色、棕色砾岩、砂砾岩为主，在夏子街地区变细，出现较多棕色泥质粉砂岩和粉砂质泥岩。盆地内部主要为灰褐色砂岩与灰色泥岩互层。从下向上可划分为2段。厚度一般为300～800m，最厚达1200m。

该组与下伏风城组假不整合接触，与上覆下乌尔禾组连续过渡。

（2）下乌尔禾组（P₂w）。下乌尔禾组原名乌尔禾群，1964年新疆石油管理局将乌尔禾群分成下红棕色层，灰绿色层和上红棕色层。1970年新疆石油局将上红棕色层归入克拉玛依系。1981年《新疆维吾尔自治区区域地层表》编写组将该区二叠系统称乌尔禾群，包括下部的黄羊泉组和上部的百口泉组。1984年，新疆石油管理局将乌尔禾群划分为上乌尔禾组和下乌尔禾组，将下乌尔禾组划为中二叠统、百口泉组划为三叠系。

该组在中央坳陷都有分布。在夏子街—乌尔禾地区主要岩性为灰绿色、灰色砂岩、砾岩与灰绿色、灰黑色泥岩互层，含碳化植物碎屑和薄煤层。自下向上可划分为四段，总体上岩性向上变细、泥岩增多。厚度53～1295m。产比较丰富的孢粉化石，其年代为中二叠世。

该组与下伏夏子街组为整合接触，与上覆上乌尔禾组为不整合接触。

3）上二叠统

上乌尔禾组（P₃w）。命名时称乌尔禾群，命名剖面位于克拉玛依东北80km的乌2井。

上乌尔禾组沉积范围超过下乌尔禾组沉积范围，主要为一套褐色、灰褐色不等粒砂砾岩夹泥岩，总体上该组岩性为向上变细。自下向上可划分为三段，一段主要以砾岩为主，向上变细，局部见泥岩；二段主要为砂砾岩，上部发育泥岩；三段主要为泥岩，夹细砂岩。地层厚度一般为200～500m，盆1井西凹陷—莫索湾地区中心厚度可达600m左右。

该组与下伏下乌尔禾组不整合接触，与上覆三叠系不整合接触。

第二节　中　生　界

从三叠纪开始，准噶尔盆地基本形成了统一的沉积盆地，发育了三叠系、侏罗系和白垩系多套内陆盆地沉积，地层齐全、分布广泛、厚度巨大。

一、三叠系

三叠系是准噶尔盆地分布最广的第一套层系，在盆地内及周缘露头广泛分布。三叠系与下伏二叠系及上覆侏罗系均为不整合接触，其内部地层为整合接触关系，地震资料及野外观察均未表现出沉积间断。下三叠统普遍由灰色、红色砾岩夹红色泥岩构成，中—上三叠统为灰色、灰黄色、灰绿色及灰黑色的砂岩、粉砂岩、泥岩夹砾岩和薄层石灰岩以及煤线、碳质页岩、菱铁矿层、叠锥灰岩等。

三叠系内部的划分方案及定名随年代变化较大（表2-6）。最早20世纪80年代由新疆维吾尔自治区区域地层表编写组在《西北地区区域地层表（新疆维吾尔自治区分册）》（1981）中将三叠系划分为下统的上仓房沟群、中上统的小泉沟群，并将小泉沟群细分为中统的克拉玛依组和上统的黄山街组及郝家沟组。新疆维吾尔自治区地质矿产局在《新疆维吾尔自治区区域地质志》（1982）中进一步将下统上仓房沟群划分为韭菜园组和烧房沟组。《中国石油地质志·新疆油气区准噶尔盆地》（1993）中按上述方案进行划分。《新疆维吾尔自治区岩石地层》（1999）认为上仓房沟群不符合创名规范而不再使用，用尖山沟组代替原上仓房沟群，其内部仍然划分为韭菜园组和烧房沟组；中—上三叠统仍然采用小泉沟群，内部仍将克拉玛依组划为中三叠统，上三叠统划分为黄山街组和郝家沟组。同时也提出白砾山组与小泉沟群有差异性，属于上三叠统。中国地层典（金玉轩等，2000）将上三叠统黄山街组和郝家沟组并称为白砾山组，而将下统改为尖山沟组。此外在西北缘油区范围内，一直是将黄山街组和郝家沟组合并使用，原称下黄灰色层，代号为"H_1"，后又另创用白碱滩组（T_3b）一名，郝家沟组相当其"白$_2$—白$_3$"。2006年中国石油新疆油田公司勘探开发研究院根据层位发育特点，为方便地层精细划分和对比，以及石油储层建模等的运用，将三叠系划分为百口泉组、克拉玛依组和白碱滩组。这也是近年来运用最多的一组划分方案，百口泉组相当于上仓房沟群的韭菜园组和烧房沟组，白碱滩组对应于小泉沟群的黄山街组和郝家沟组（图2-12、图2-13），本书统一采用该方案。

表2-6　准噶尔盆地三叠系不同年代地层划分及定名方案

年代地层		西北地区区域地层表（新疆维吾尔自治区分册）（1981）		新疆维吾尔自治区区域地质志（1982）		中国石油地质志·新疆油气区（1993）		中国地层典（2000）		新疆油田公司（2006）
侏罗系	下统	八道湾组		八道湾组		八道湾组		八道湾组		八道湾组
三叠系	上统	小泉沟群	郝家沟组	小泉沟群	郝家沟组	小泉沟群	郝家沟组	小泉沟群	白砾山组 郝家沟组	白碱滩组
			黄山街组		黄山街组		黄山街组		黄山街组	
	中统		克拉玛依组		克拉玛依组		克拉玛依组		克拉玛依组	克拉玛依组
	下统	上仓房沟群		上仓房沟群	烧房沟组	上仓房沟群	烧房沟组	尖山沟组		百口泉组
					韭菜园组		韭菜园组			

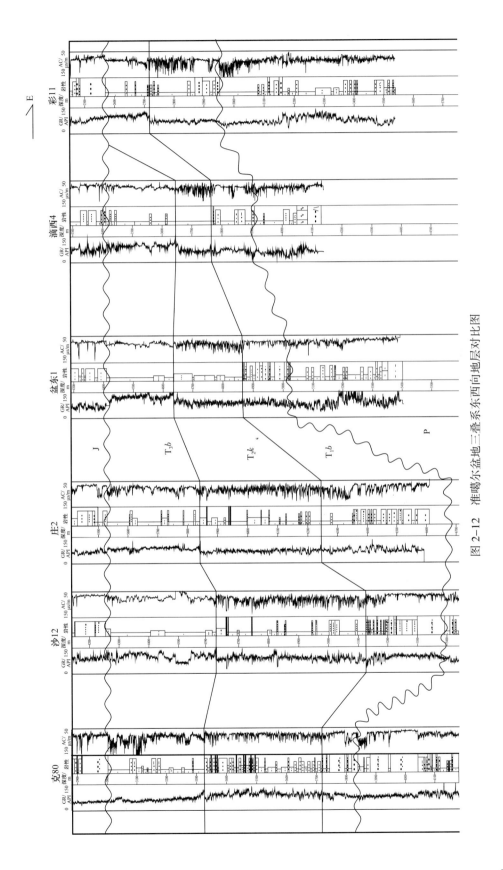

图 2-12　准噶尔盆地三叠系东西向地层对比图

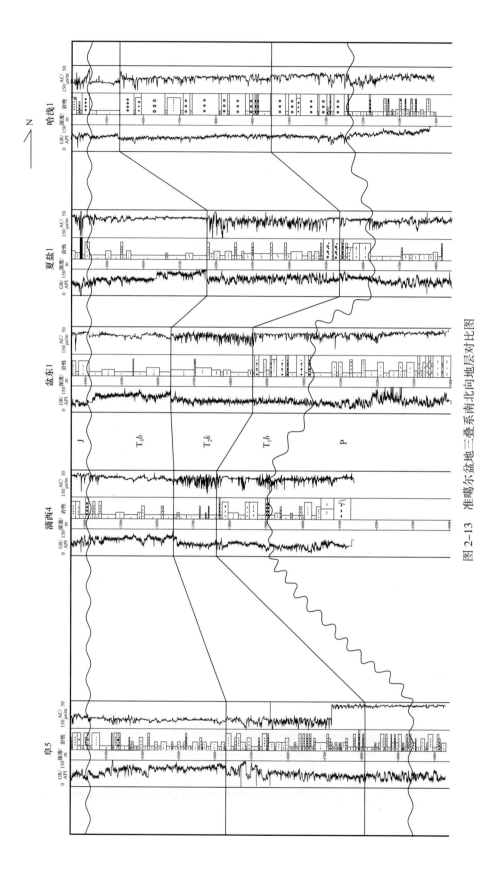

图 2-13 准噶尔盆地三叠系南北向地层对比图

1.下三叠统

下三叠统发育了百口泉组（T_1b），主要分布于中央坳陷、陆梁隆起及准东隆起，厚度一般为200~700m（图2-14）。主要为一套红色为主的杂色粗碎屑沉积，自下而上可划分为三段，一段以块状砂砾岩为主，二段以砂砾岩夹泥岩为主，三段主要为砂砾岩、砂岩、泥岩互层为主，在盆地东南部一段、二段对应韭菜园组，三段对应烧房沟组。

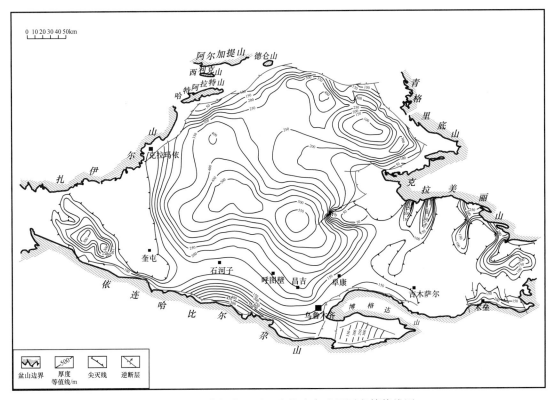

图2-14　准噶尔盆地下三叠统残余地层厚度等值线图

盆地西北部为洪积扇或扇三角洲沉积，岩性主要为灰色、灰褐色砂砾岩、粗砂岩、细砂岩夹褐色、红色、棕红色泥岩，厚度100~300m。盆地内部连片分布，厚度变大，岩性变细，盆1井西凹陷内下部岩性为厚层灰色砂砾岩夹薄层棕红色泥岩，中部为厚层棕褐色含砾泥质细砂岩、灰色含砾细砂岩、灰色含砾中砂岩、灰色砂砾岩等夹薄层棕红色泥岩，上部为棕褐色泥岩与灰色含砾中砂岩、棕褐色泥质细砂岩、砂砾岩互层。

盆地东南部三叠系广泛分布于博格达山山前至克拉美丽山南部。博格达山周缘下部岩性为灰绿色厚层块状砂岩、砂砾岩与灰绿色、暗红色泥岩、砂质泥岩的互层，中部岩性为砖红色、暗红色块状泥岩，砂质泥岩夹灰绿色、紫灰色细砂岩薄层和小砾岩透镜体，含大量放射状霰石晶簇团块，上部岩性从紫灰色、粉紫色块状交错层中—细粒砂岩、砂砾岩夹细砾岩、红色和少许灰绿色泥岩、砂质泥岩的薄透镜体，向上转变为棕红色泥岩、砂质泥岩夹灰绿色薄层细砂岩、粉紫色粉砂岩。在克拉美丽山前南坡百口泉组地层及岩性分布稳定，岩性为棕红色、砖红色砾砂质泥岩和砾岩、角砾岩的不规则互层。在克拉美丽山北麓，岩性为山麓相红色砾岩为主夹有红色泥岩及泥砾岩，与下伏泥盆系为断层接触。

百口泉组古生物化石丰富。在博格达山前百口泉组下部代表性化石有：爬行类 *Lystrosaurus hedini* 赫氏水龙兽、*Chasmatosaurus yuani* 袁氏加斯马吐龙、*Santaisaurus yuani* 袁氏三台龙；介形类 *Darwinula concina* 整齐达尔文介、*D. uniformis* 均一达尔文介等；上部化石稀少，仅有个别介形类 *Darwinula breva* 短达尔文介和少量爬行类的骨片。在克拉美丽山前南坡除孢粉外，尚无其他化石资料。

该组与下伏地层为不整合或平行不整合接触，与上覆克拉玛依组为整合接触。

2. 中三叠统

中二叠统发育克拉玛依组（T_2k），范成龙 1956 年命名。命名剖面位于新疆克拉玛依，参考剖面位于新疆克拉玛依深底沟。

该组在盆地内广泛分布，厚度 100～650m（图 2-15）。克拉玛依组为早三叠世的干旱山麓平原环境到晚三叠世的温湿河湖沼泽之间的过渡期中的沉积物，总体表现为一个由干旱到湿润的气候过程，自下而上可划分为三段，一段主要为杂色砂砾岩、砂岩、泥岩，二段主要为灰色砂岩、泥岩，三段主要为灰色泥岩夹薄层砂岩，局部夹碳质泥岩、煤线，由盆地边缘向中心方向，岩性逐渐由粗变细，红色层数量和厚度均减少或消失。

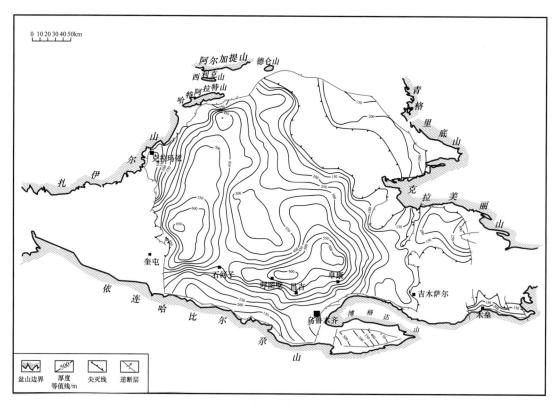

图 2-15 准噶尔盆地中三叠统残余地层厚度等值线图

盆地西北部，克拉玛依组下部发育红色砂砾岩，向上过渡为曲流河泛平原的砾岩、砂岩、泥岩、碳质泥岩互层，顶部发育一段湖相泥岩。盆地内部岩石粒度逐渐变细，砾岩减少，地层厚度增大，底部发育红色、棕褐色泥岩夹厚度不等的灰色细砂岩，中上部为灰色泥岩夹薄层细砂岩，砂体厚度薄，顶部发育碳质泥岩及煤层。

玛纳斯—紫泥泉子及西部托斯台一带出露范围较小，主要岩性为灰绿色砂岩、砾岩与灰绿色、灰黄色及棕色、杂色泥岩的互层。乌鲁木齐附近杂色层段厚度达235m，约为组厚度的一半，且以红色为主，底砾岩厚而发育，界面清晰。博格达山前地区，沉积物总体偏细，砾岩少，主要是砂泥岩，以曲流河泛平原和沼泽沉积为主。木垒凹陷下部为褐红色、灰色泥岩与薄层灰色细砂岩互层，上部为褐红色、灰色泥岩夹薄层灰色细砂岩，砂岩厚度不均。

克拉美丽山南坡岩性为灰绿色厚层块状中—细粒杂砂岩、含砾粗砂岩、砾岩和灰色泥岩、灰黑色碳质泥岩的韵律状交互层夹煤线、薄层叠锥状泥灰岩、铁质砂岩和砂质菱铁矿透镜体。底部为红绿相间的杂色条带状泥岩与灰色块状砂砾岩互层，杂色层段的厚度在横向上变化很大。克拉美丽山北坡，全为杂色层，砾岩发育占一半以上，应为辫状水流沉积。

该组化石丰富，是新疆地区延长植物群的集中分布层位，代表有 *Danaeopsis fecunda* 多实丹蕨、*Bernouillia zeilleri* 蔡耶贝蕨、*Lepidopteris ottonis* 奥托鳞羊齿，此外尚有双壳类 "*Vtschamiella*"*tunguseica* 通古斯乌恰姆蚌、*Ferganoconcha sibirica* 西北利亚费尔干蚌和介形类 *Darwinula breva* 短达尔文介。脊椎动物有两个层位：下部杂色层含爬行类 *Parakannemeyeria brevirostris* 短吻副肯氏兽和鱼 *Sinosemionotus urumuchi* 乌鲁木齐中华半椎鱼，是该组划分为中三叠统的依据；中部灰色层段的底含有 *Fukangichthys longidorsalis* 长背鳍阜康鱼、迷齿类 *Bogdania fragmenta* 破碎博格达鲵、假鳄类 *Fukangolepis barbaros* 异地阜康鳄。

该组与下伏百口泉组、上覆白碱滩组为整合接触。

3. 上三叠统

上三叠统发育白碱滩组（T_3b）。白碱滩组沉积范围远大于中—下三叠统，向西到四棵树凹陷，向北延伸到乌伦古坳陷，地层厚度可达600m以上（图2-16），推测南缘山前断褶带中部地层厚度可达1000m。

白碱滩组是一个岩性由细变粗的反旋回沉积系列，形成盆地第一套良好的区域性盖层。

下部岩性为灰色、风化后常呈灰黄色的泥岩、片状泥岩夹薄层状细砂岩、铁质砂岩、叠锥状泥灰岩以及灰褐色菱铁矿小透镜体。岩性十分稳定，为准噶尔三叠纪最大水进时期的较深水广湖沉积，局部夹有沼泽相的碳质泥岩薄层和薄煤线，如将军戈壁公路剖面。厚度15～442m。

上部主要为滨湖沼泽和三角洲相，由盆地边缘向盆地内部岩性逐渐变细。西北部为块状砂岩与泥岩互层，为曲流河道或三角洲分流河道砂体与河泛平原沼泽沉积，厚度大于200m。南缘地区岩性较粗，为曲流河泛平原和沼泽堆积的灰绿色、灰色砾岩、砂岩、泥岩的韵律状互层，夹碳质泥岩和薄煤，煤层一般无开采价值，河道砾岩不发育，主要是砂岩，乌鲁木齐附近砾岩较多，厚度217～370m。克拉美丽山南坡将军戈壁为三角洲相交错层砂岩夹泥岩，西部井下则为辫状水流环境沉积的砾岩、砂砾岩和粉砂岩，厚度80.5～83m。盆地内部岩性以灰色、深灰色、灰黑色泥岩、粉砂质泥岩为主，夹碳质泥岩，总体表现为一个深水沉积环境。

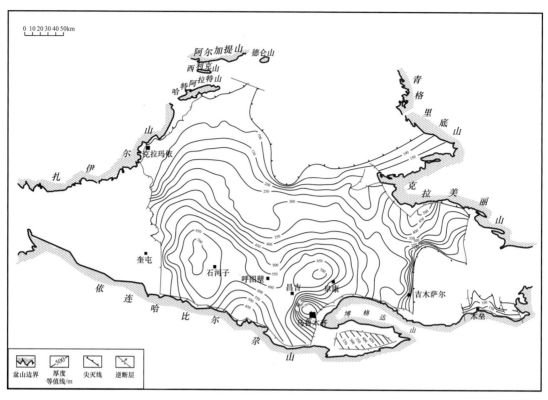

图 2-16　准噶尔盆地上三叠统残余地层厚度等值线图

白碱滩组化石丰富。下部主要为水生鱼类、双壳类、鲎虫，植物多为残片。代表性的有双壳类 *Ferganoconcha subcentralis* 近中费尔干蚌、*Sibiriconcha jenssiensis* 叶尼塞西北利亚蚌；鲎虫 *Ketminia karamaica* 克拉玛依克特敏鲎虫、*xinjiangerium meniscatum* 新月形新疆鲎虫；昆虫 *Subioblatta tongchuanensis* 铜川蜚蠊；叶肢介 *Mesolimnadiopsis karamaica* 克拉玛依中似渔乡叶肢介、*Euestheria jimsarensis* 吉木萨尔真叶肢介；植物 *Todites shensiensis* 陕西托弟蕨等。上部代表性的有双壳类 *Utschamiella yenchuanensis* 延川乌恰姆蚌、*Sibiriconcha shensiensis* 陕西西北利亚蚌；叶肢介 *Bairdestheria variabilis* 可变柏氏叶肢介；植物 *Danaeopsis* sp. 丹蕨未定种、*Todites shensiensis* 陕西托弟蕨、*Lepidopteris ottonis* 奥托鳞羊齿。

该组与下伏克拉玛依组整合接触，与上覆的侏罗系呈不整合接触。

二、侏罗系

侏罗系是准噶尔盆地最发育的地层单元之一，不仅遍布全盆地，相同的沉积还充填了毗邻的各个山间盆地。一般均以明显的角度不整合覆于下伏地层之上。自下而上发育了下侏罗统的八道湾组、三工河组，中侏罗统的西山窑组、头屯河组和上侏罗统的齐古组、喀拉扎组（图 2-17），盆地不同地区可对比性好（表 2-7）。

1. 下侏罗统

1）八道湾组（J_1b）

由新疆石油管理局地调处 1956 年创立，1962 年斯行健、周志炎首次公开引用。命名剖面位于乌鲁木齐以北八道湾东南 3～4km 处，参考剖面为玛纳斯河剖面。

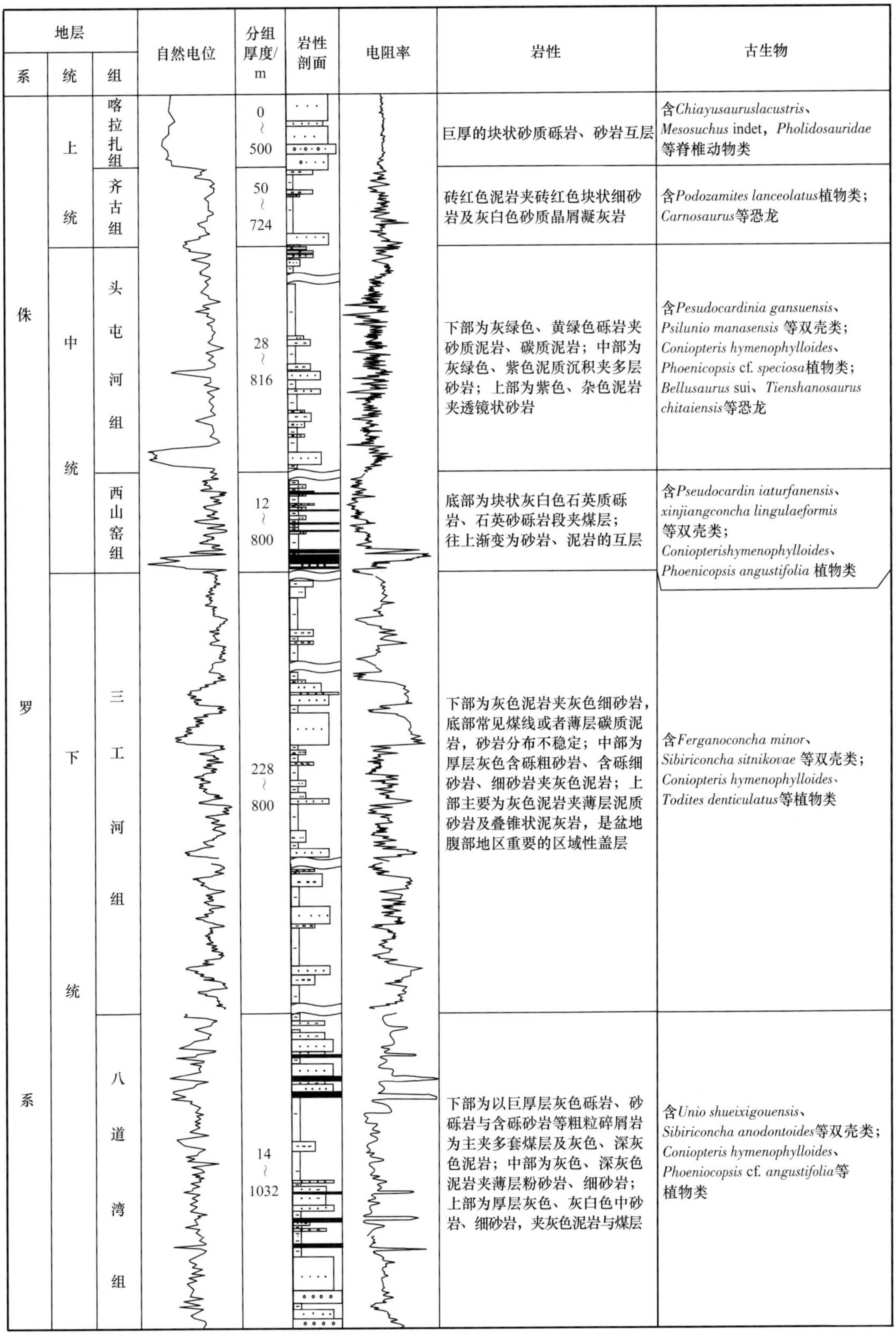

地层			自然电位	分组厚度/m	岩性剖面	电阻率	岩性	古生物
系	统	组						
侏	上统	喀拉扎组		0～500			巨厚的块状砂质砾岩、砂岩互层	含*Chiayusauruslacustris*、*Mesosuchus* indet、*Pholidosauridae*等脊椎动物类
		齐古组		50～724			砖红色泥岩夹砖红色块状细砂岩及灰白色砂质晶屑凝灰岩	含*Podozamites lanceolatus*植物类；*Carnosaurus*等恐龙
	中统	头屯河组		28～816			下部为灰绿色、黄绿色砾岩夹砂质泥岩、碳质泥岩；中部为灰绿色、紫色泥质沉积夹多层砂岩；上部为紫色、杂色泥岩夹透镜状砂岩	含*Pesudocardinia gansuensis*、*Psilunio manasensis* 等双壳类；*Coniopteris hymenophylloides*、*Phoenicopsis* cf. *speciosa*植物类；*Bellusaurus sui*、*Tienshanosaurus chitaiensis*等恐龙
罗		西山窑组		12～800			底部为块状灰白色石英质砾岩、石英砂砾岩段夹煤层；往上渐变为砂岩、泥岩的互层	含*Pseudocardin iaturfanensis*、*xinjiangconcha lingulaeformis*等双壳类；*Coniopterishymenophylloides*、*Phoenicopsis angustifolia* 植物类
	下统	三工河组		228～800			下部为灰色泥岩夹灰灰色细砂岩，底部常见煤线或者薄层碳质泥岩，砂岩分布不稳定；中部为厚层灰色含砾粗砂岩、含砾细砂岩、细砂岩夹灰色泥岩；上部主要为灰色泥岩夹薄层泥质砂岩及叠锥状泥灰岩，是盆地腹部地区重要的区域性盖层	含*Ferganoconcha minor*、*Sibiriconcha sitnikovae* 等双壳类；*Coniopteris hymenophylloides*、*Todites denticulatus*等植物类
系		八道湾组		14～1032			下部为以巨厚层灰色砾岩、砂砾岩与含砾砂岩等粗粒碎屑岩为主夹多套煤层及灰色、深灰色泥岩；中部为灰色、深灰色泥岩夹薄层粉砂岩、细砂岩；上部为厚层灰色、灰白色中砂岩、细砂岩，夹灰色泥岩与煤层	含*Unio shueixigouensis*、*Sibiriconcha anodontoides*等双壳类；*Coniopteris hymenophylloides*、*Phoeniocopsis* cf. *angustifolia*等植物类

图 2-17　准噶尔盆地侏罗系综合柱状图

表 2-7 准噶尔盆地侏罗系地层划分对比表

界	系	统	西北部	东北部		南部	
中生界	侏罗系	上统				艾维尔沟群	喀拉扎组
			齐古组	石树沟群	齐古组		齐古组
		中统	头屯河组		头屯河组		头屯河组
			西山窑组	西山窑组		西山窑组	
		下统	三工河组	三工河组		三工河组	
			八道湾组	八道湾组		八道湾组	

八道湾组遍布全盆地，地层厚度可达 700m（图 2-18）。在盆地周缘为河流、沼泽沉积，各地的差别仅是河道砂砾岩的多少和总厚度的大小而已。在盆地内部为辫状河三角洲及湖泊沉积。岩性较稳定，自下而上划分为三段。一段岩性主要以巨厚层灰色、灰白色砾岩、砂砾岩与含砾砂岩等粗粒碎屑岩为主夹多套煤层及灰色、深灰色泥岩，下以灰白色底砾岩的出现与三叠系分界；二段主要岩性为灰色、深灰色泥岩夹薄层粉砂岩、细砂岩，单套泥岩最大厚度可达 60m，是准噶尔盆地一套重要的烃源岩层系；三段主要岩性为厚层灰色、灰白色中砂岩、细砂岩，夹灰色泥岩与煤层，岩石粒度整体较一段偏细，煤层也相对不发育。其基本特征是"两砂夹一泥"，即下部和上部发育厚层砾岩或砂岩，中部发育厚层泥岩，该岩性组合特征在盆内大部分地区基本一致（图 2-19）。

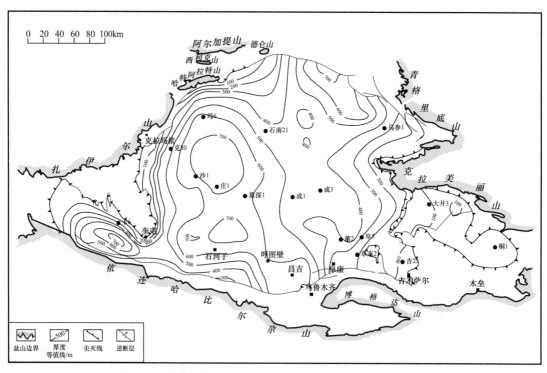

图 2-18 准噶尔盆地下侏罗统八道湾组残余地层厚度等值线图

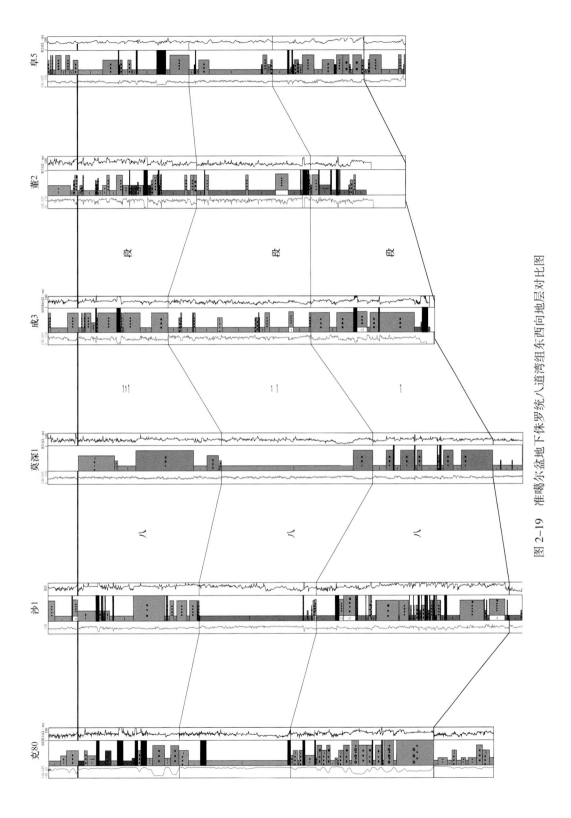

图 2-19 准噶尔盆地下侏罗统八道湾组东西向地层对比图

该组化石丰富，主要是双壳类和植物。代表性的有 *Unio shueixigouensis* 水溪沟珠蚌、*Sibiriconcha anodontoides* 无齿蚌状西北利亚蚌；植物 *Coniopteris hymenophylloides* 膜蕨型锥叶蕨；*Phoeniocopsis* cf. *angustifolia* 狭叶拟刺葵（相似种）等。

该组普遍以明显的角度不整合覆于下伏地层之上，盆地腹部或坳陷内为平行不整合，仅三台至乌鲁木齐市西区地段内与三叠系为整合接触关系。与上覆三工河组为整合接触。

2）三工河组（J₁s）

由新疆石油管理局地调处孙剑 1956 年创建三工河组，1962 年斯行健、周志炎首次公开引用。命名地位于新疆阜康市南三工河一带。

三工河组遍布全盆地，在盆地北部边缘局部超覆于下伏八道湾组或直接覆于更老地层之上，分布比八道湾组更广，厚度一般为 300～500m（图 2-20）。

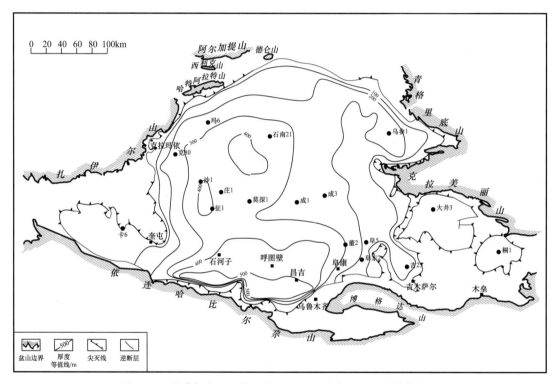

图 2-20　准噶尔盆地下侏罗统三工河组残余地层厚度等值线图

该组岩相、岩性较稳定（图 2-21），在盆地内绝大多数地区均为稳定的湖泊沉积，仅盆地南缘的某些地段有河沼沉积，代表侏罗纪最大水进时期的广湖阶段。三工河组岩性具有三分性，其基本特征是"两泥夹一砂"，即下部和上部主要发育泥岩、泥质岩等细粒沉积物，中部发育稳定的厚层砂岩，该岩性组合特征在盆地腹部及周缘的大多数地区适用，但在盆地边缘的局部地区由于地层缺失而发生变化；下部岩性主要为灰色泥岩夹灰色细砂岩，底部常见煤线或者薄层碳质泥岩，砂岩分布不稳定；中部岩性主要为厚层灰色含砾粗砂岩、含砾细砂岩、细砂岩夹灰色泥岩；上部主要为灰色泥岩夹薄层泥质砂岩及叠锥状泥灰岩，是盆地腹部地区重要的区域性盖层。在盆地周缘露头区整体呈现灰绿色，是野外识别的一个重要特征。

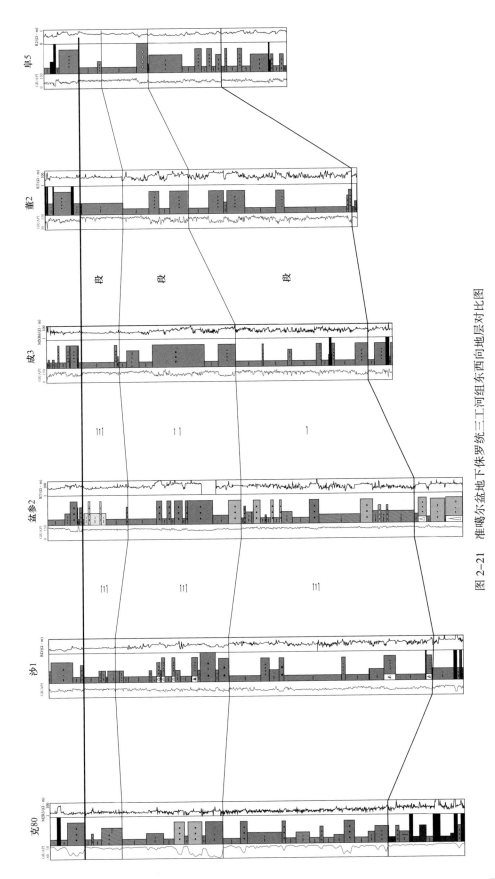

图 2-21 准噶尔盆地下侏罗统三工河组东西向地层对比图

该组化石丰富，主要是鱼类、双壳类和植物。代表性的有 *Ferganoconcha minor* 小费尔干蚌、*Sibiriconcha sitnikovae* 赛氏西北利亚蚌；*Coniopteris hymenophylloides* 膜蕨型锥叶蕨、*Todites denticulatus* 细齿托弟蕨等。

该组一般与八道湾组为连续过渡沉积，但在克拉美丽地区与八道湾组为明显的角度不整合。与上覆西山窑组大部分地区为整合接触，局部地区见不整合接触。

2. 中侏罗统

1）西山窑组（J₂x）

新疆石油管理局地调处于 1956 年命名西山窑层，1981 年新疆区域地层表编写组首次公开引用并改称西山窑组。命名地点位于新疆乌鲁木齐以西的西山窑。

西山窑组表现为残留分布的特征，厚度 300～500m（图 2-22）。该组底部为块状灰白色石英质砾岩，或为灰白色巨厚的石英砂砾岩段夹煤层；往上渐变为砂岩、泥岩的频繁交互沉积，相对变细，自成一个正旋回（图 2-23），根据岩性差异及煤层发育情况，自下而上可划分为四段。横向上的变化主要是沼泽化的程度和色泽变红。西北缘克拉玛依地表有时几无煤层，且全部变为红色，并有不少黄色、紫红色、粉红色、白色高岭土泥岩，厚度 110～150m。和什托洛盖盆地沉积和南缘山前区相近，煤层多，厚度大，顶部亦变红，煤层自燃现象普遍。克拉美丽山南坡厚度较小，粗碎屑层不发育，地表所见主要为灰白色高岭土质石英砂岩、泥岩和碳质泥岩，煤层发育，厚度 12～211m，井下最厚 296m。盆地南部沉积较厚，一般为 400～500m，表现为一个完整的正旋回，部分剖面以碳质、泥质沉积为主。

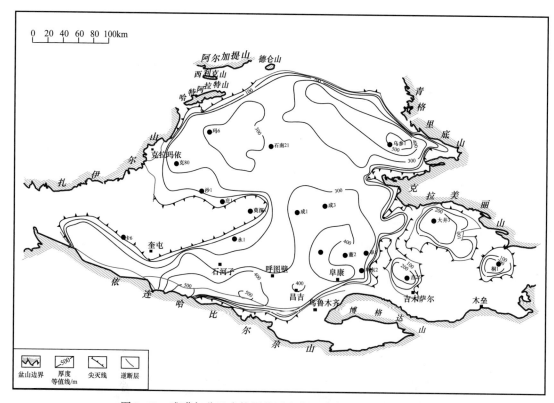

图 2-22 准噶尔盆地中侏罗统西山窑组残余地层厚度等值线图

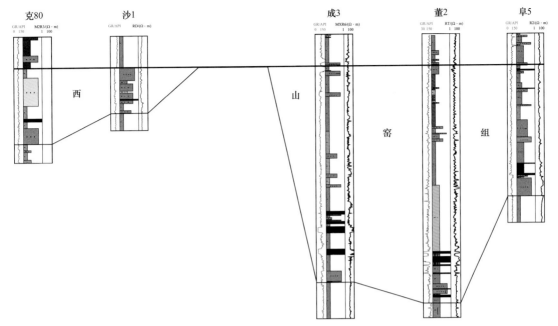

图 2-23　准噶尔盆地中侏罗统西山窑组东西向地层对比图

该组化石丰富，主要是双壳类、植物和少量介形类，代表分子有 *Pseudocar-diniatur-fanensis* 吐鲁番假铰蚌、*xinjiangconcha lingulaeformis* 海豆芽形新疆蚌、*Coniopterishy-menophylloides* 膜蕨型锥叶蕨、*Phoenicopsis angustifolia* 狭叶拟刺葵。

该组与下伏三工河组大部分地区为整合接触，局部地区见不整合接触。与上覆头屯河组为整合、平行不整合和不整合接触。

2）头屯河组（J_2t）

范成龙等（1956）命名头屯河层，命名剖面位于新疆乌鲁木齐以西的头屯河附近；玛纳斯河剖面为参考剖面。

头屯河组比西山窑组分布局限，盆地西北缘仅见于克拉玛依市区东西两侧公园附近和德仑山两地，盆地南缘主要见于三工河以西地区，盆地东部的克拉美丽山南北两麓分布较广，盆地内部自莫索湾以西的盆地西半部基本缺失，地层厚度可达800m（图 2-24）。

头屯河组沉积时经历了由初期的温湿气候转变到晚期的干旱气候的过程，岩性自下而上可分为三段（图 2-25）。下部以灰绿色为主，紫色、红色较少，岩性较粗，砂砾岩集中，为黄绿色砾岩夹砂质泥岩、碳质泥岩，也有全以巨厚（可达百米）块状砂岩为主的；中部主要为灰绿色、紫色互层，岩性变细，以泥质沉积为主，常夹多层砂岩；上部则以紫色、杂色泥岩为主，夹多层透镜状砂岩，横向变化迅速。同时，盆地边缘岩性较粗，在安集海河上游天山山麓地带全部为暗红色块状砾岩，五彩湾—滴水泉为暗红色角砾岩，克拉美丽山北坡也以红砾岩为主，南坡较细，在清真寺沟一带头屯河组底部也见杂色石英质砾岩，并有极多保存完好的松柏科硅化木巨大树干，三台地区井下全为灰绿色层，砾岩较少。在盆地内部岩性为黄绿色、灰绿色、紫色、杂色泥岩、砂质泥岩、灰绿色砂岩夹凝灰岩、碳质泥岩、煤线。

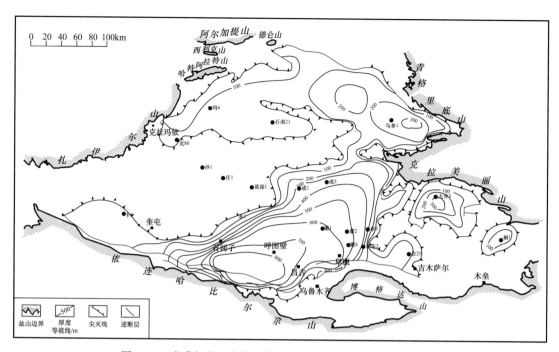

图 2-24 准噶尔盆地中侏罗统头屯河组残余地层厚度等值线图

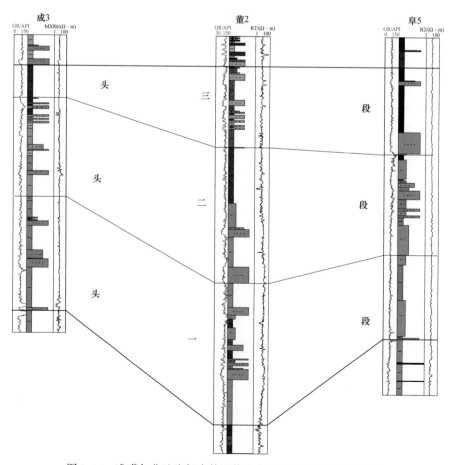

图 2-25 准噶尔盆地腹部中侏罗统头屯河组东西向地层对比图

该组化石丰富，主要是双壳类、腹足类、介形虫和植物，代表分子有 *Pesudocardinia gansuensis* 甘肃假铰蚌、*Psilunio manasensis* 玛纳斯裸珠蚌、*Lamprotula*（Eol）*turfanensis* 吐鲁番丽蚌（始丽蚌）、*Bithynia manasensis* 玛纳斯豆螺、*Darwinula impudica* 丑达尔文介、*D. sarytirmenensis* 萨雷提缅达尔文介、*Coniopteris hymenophylloides* 膜蕨型锥叶蕨、*Phoenicopsis* cf. *speciosa* 眩耀拟刺葵（相似种）、*Equisetites ferganensis* 费尔干似木蕨；此外还有大量代表性的爬行类、两栖类、古哺乳类等；有 *Bellusaurus sui* 苏氏巧龙、*Tienshanosaurus chitaiensis* 奇台大山龙、*Superstogyrinns ultimus* 末了子遗蜒、*Xinjiangchelys junggarensis* 准噶尔新疆龟、*Klamelia zhaopengi* 克拉美丽兽赵彭种、*Bienotheroides zigongensis* 自贡似下氏兽。

该组与下伏西山窑组为整合、平行不整合和不整合接触，与上覆齐古组为整合、不整合接触。

3. 上侏罗统

1）齐古组（J_3q）

М.И.沙依道夫（М.И.Саидов）1935年命名齐古岩系，命名地点位于新疆乌鲁木齐以西齐古村，参考剖面在新疆玛纳斯河。

由于早期燕山运动的影响，上侏罗统的分布远不及中—下侏罗统那么广泛，不少地区均被剥蚀或沉积不完整。齐古组地表主要见于盆地南缘三工河以西的地区、克拉美丽山南坡，西北缘仅在克拉玛依有出露。在盆地内部主要残留于中央坳陷的阜康凹陷—东道海子凹陷、乌伦古坳陷、东部隆起的石树沟凹陷，阜康凹陷最厚可达600m。

岩性为暗紫红色、粉紫色、砖红色泥岩，砂质泥岩夹砖红色块状中—细砂岩，粉红色、灰白色薄层凝灰质石英砂岩，砂质晶屑凝灰岩。下部色泽深暗，呈暗紫红色夹粉紫色的条带状，以泥岩为主；上部颜色鲜亮，呈砖红色，砂岩增多加厚，与泥岩呈交互层状。反映沉积环境由干燥炎热的浅水湖盆向河口三角洲和曲流河泛平原的退化。局部为山麓辫状水系洪积的黄绿色角砾岩夹砂质泥岩。地层厚度50～724m。自下而上划分为三段。

该组主要是爬行类的骨片、鱼、介形类、植物等化石。有 *Carnosaurus* 食肉龙、*Beleichithys chikuensis* 齐古贝莱鱼、*Darwinula impudica* 丑达尔文介、*D. sarytirmenensis* 萨雷提缅达尔文介、*Podozamites lanceolatus* 披针苏铁杉等。

该组整合、平行不整合或不整合在下伏头屯河组之上。盆地南部基本是整合关系，托斯台地区在断褶背斜带以南为角度不整合，直接与三工河组接触；盆地西北部为不整合，直接覆于古生界上；盆地东部井下有局部微角度不整合。

2）喀拉扎组（J_3k）

М.И.沙依道夫1935年命名喀拉扎岩系，命名地点位于新疆昌吉河东喀拉扎山，参考剖面在准噶尔盆地南缘的玛纳斯河。

喀拉扎组分布较齐古组更为局限，盆地南缘也仅分布于紫泥泉子—水磨河地区，盆地北部仅克拉美丽山前局部有保存。喀拉扎组为干旱气候背景下山麓辫状水系的洪积扇和扇三角洲堆积。洪积相为棕红色巨厚的块状交错层泥砂质砾岩，底部有少量泥岩、砂岩、砾岩交互的过渡层，厚度0～350m，见于紫泥泉子—头屯河上游及水磨河上游等地。头屯河西岸的喀拉扎山至乌鲁木齐北部为灰绿色块状粗—细粒砂质长石砂岩，夹细砾岩条及泥砾团块，最厚为520m。至乌鲁木齐北市区内已全为红色，厚度往东亦逐渐减小。在水磨河之南阜康向斜中心为棕红色砾岩，往北至古牧地背斜南翼为黄褐色含砾砂岩、砂岩和砾岩，背斜北翼为灰绿色交错层块状砂岩，厚度123～224m。

该组化石稀少，含有脊椎动物化石 *Chiayusauruslacustris*、*Mesosuchus* indet.、*Pholidosauridae* 等，甘氏四川龙可与欧洲、北美晚侏罗世的巨齿龙对比，年代为晚侏罗世。

该组整合于齐古组之上，与上覆地层为不整合接触。

三、白垩系

白垩系没有侏罗系分布广，呈平行或角度不整合覆盖于侏罗系之上。白垩纪沉积了盆地最厚的地层，沉积厚度可达4500m，由南向北、东、西逐渐减薄。下白垩统统称为吐谷鲁群，自下而上划分为清水河组、呼图壁河组、胜金口组、连木沁组；上白垩统发育东沟组。

1. 下白垩统

吐谷鲁群（K_1tg）由 М.И. 沙依道夫（1935）创名于准噶尔盆地南缘，最初称吐谷鲁岩系，原始定义为一套杂色条带状砂泥岩，其上覆地层称红色岩系，下伏地层为喀拉扎岩系，三者连续沉积。

现今认为吐谷鲁群顶部与以红色碎屑岩为特征的东沟组呈整合或平行不整合接触，底部整体不整合或平行不整合在侏罗系及更老地层上，局部地区（如紫泥泉子的红沟）间断很短暂，甚至有可能是连续或近于连续沉积。广布于全盆地，分布范围比侏罗系小。

在整个盆地腹部、南部，吐谷鲁群都可划分为清水河组、呼图壁河组、胜金口组、连木沁组四个组，但盆地北部和东部广大范围内差别不明显，无法细分。主要为以泥质岩为主的湖泊和湖沼沉积，在盆地内多为浅湖环境，岩性为灰绿色、棕红色、红色泥岩、灰色、棕红色砂质泥岩、灰色砂岩、灰色粉砂岩组成的不均匀互层，底部一般发育一套灰色细砂岩或杂色砾岩。沉降中心位于盆地南缘，沉积厚度达3500m，地层由南向西、北、东三个方向厚度快速减薄至尖灭。

在西北缘地表出露在红山嘴、克拉玛依至百口泉呈带状延伸，自乌尔禾向东至夏子街，在哈特阿拉特山南麓至艾里克湖见大面积出露，岩性主要为灰绿色、灰黄色砂岩夹褐红色、棕红色砂质泥岩、泥岩，出露厚度195～832m。在南缘广泛出露，岩性主要是褐红色、灰绿色砂质泥岩与灰绿色砂岩互层，底部为杂色砾岩，厚度170～1594m。在克拉美丽山南麓分布西自滴水泉、五彩湾至沙丘河延至将军庙，东部红山以东缺失，在北麓分布在德伦山东、砾碛山、红砾山等地。在盆地腹部（图2-26、图2-27），清水河组下部发育一套厚层灰色泥岩夹薄层灰色粉砂岩，底部在部分井发育一套厚度20m左右的灰色细砂岩，中上部发育褐色泥岩夹灰色粉砂岩。呼图壁河组整体发育褐色泥岩夹薄层浅灰色细砂岩、泥质粉砂岩。胜金口组厚度薄，为褐色、灰绿色泥岩夹浅灰色粉砂岩、泥质粉砂岩或互层。

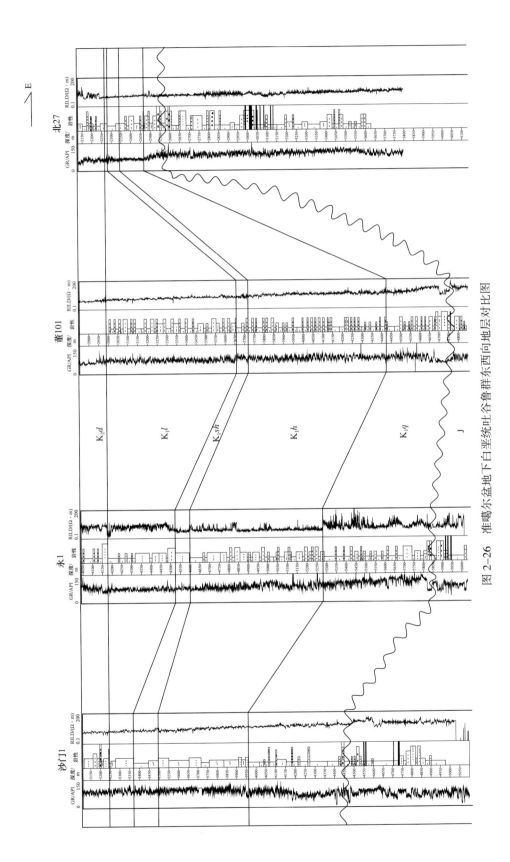

图 2-26　准噶尔盆地地下白垩统吐谷鲁群东西向地层对比图

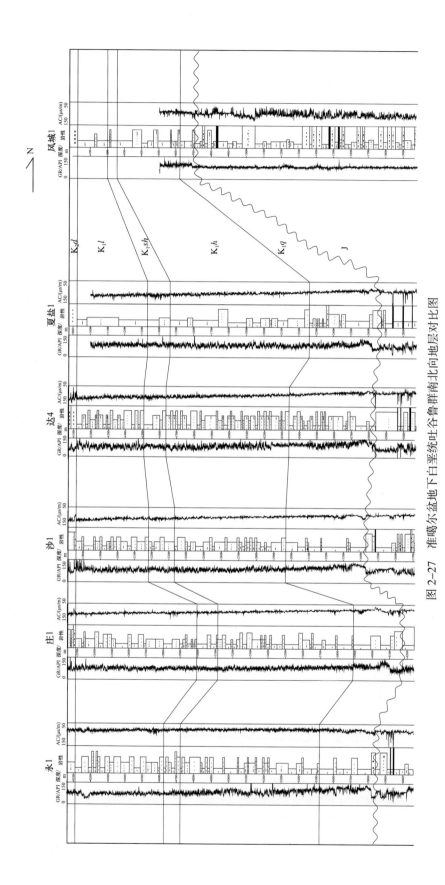

图 2-27 准噶尔盆地下白垩统吐谷鲁群南北向地层对比图

1）清水河组（K₁q）

王爱民 1975 年命名为清水河组，命名地点位于新疆准噶尔盆地南缘清水河，参考剖面位于新疆沙湾县紫泥泉子。

清水河组底部为厚薄不等的钙质砾岩或泥砂质角砾岩，中上部为灰绿色薄层中—细粒钙质砂岩与泥岩互层，静水波痕发育，一般在 200m 以上，自下而上可分为三段。横向上可逐渐变杂、变红。化石有爬行类、鳄类；双壳类 *Unio* sp. 珠蚌（未定种）；腹足类 *Valvata turgensis* 吐尔格盘螺；叶肢介 *Nestoria* sp. 尼斯托叶肢介（未定种）；介形类 *Cypridea koskulensis* 科斯库里女星介；*Rhinocypris echinata* 多刺刺星介；轮藻 *Sphaerochara verticillata* Peck 轮生球状轮藻等。

与下伏上侏罗统喀拉扎组平行不整合接触或不整合接触，与上覆呼图壁河组整合接触。

2）呼图壁河组（K₁h）

王爱民 1975 年命名为呼图壁河组，命名剖面位于准噶尔盆地南缘的呼图壁河，参考剖面位于新疆沙湾县紫泥泉子。

呼图壁河组岩性为灰绿色、暗紫红色、棕红色泥岩，砂质泥岩，少量页片状泥岩的条带状互层，夹细砂岩、粉砂岩和泥灰岩薄条，厚度 28～636m。横向上可逐渐变红或以灰绿色为主。化石丰富，有 *Dsungarichthys bilineatus* 双线准噶尔鱼、*Siyuichthys tuguluensis* 吐谷鲁西域鱼；双壳类 *Sphaerium selenginensis* 色愣格球蚬、*Solenaia mengyinensis* 蒙阴管蚌、*Inversidens* sp. 反饺蚌（未定种）；介形类 *Cypridea koskulensis* 科斯库里女星介、*C. unicostata* 单脊女星介、*Rhinocypris echinata* 多刺刺星介、*Lycopterocypris indigis* 原地狼星介；轮藻 *Minhechara columelaria* 柱状民和轮藻等。

呼图壁河组与上覆胜金口组及下伏清水河组均为整合接触。

3）胜金口组（K₁sh）

夏公君 1956 年命名为胜金口层，命名地点位于新疆吐鲁番盆地胜金口，参考剖面位于沙湾县紫泥泉子。

胜金口组为灰绿色、黄绿色的片状泥岩、砂质泥岩夹薄层细砂岩、片状泥质粉砂岩和灰白色钙质砂岩、泥灰岩薄层，厚度 27～139m。岩性稳定，横向变化小，由东向西粒度变粗、厚度变小。化石丰富，是有名的含鱼层，代表性有 *Uighuroniscus sinkiangensis* 新疆维吾尔鳄、*Bogdaichthys fukangensis* 阜康博格达鱼、*Siyuichthys tuguluensis* 吐谷鲁西域鱼；双壳类 *Sphaerium yanbianense* 延边球蚬、*S. inflatum* 膨凸球蚬；介形类 *Cypridea koskulensis* 科斯库里女星介、*Mongolianella palmosa* 优越蒙古介、*Rhinocypris cirrita* 卷须刺星介、*R.echinata* 多刺刺星介、*Djungarica saidovi* 沙氏准噶尔介；轮藻 *Wangichara tanshanensis* 天山王氏轮藻等。该组为湖相细碎屑砂质、泥质沉积，在准噶尔盆地南缘及吐鲁番盆地以绿色和含鱼化石为特征，其绿色含鱼层的存在是准南缘吐谷鲁群四分的基础。

胜金口组与上覆连木沁组及下伏呼图壁河组均为整合接触。

4）连木沁组（K₁l）

夏公君 1956 年命名为连木沁层，命名地点位于新疆吐鲁番盆地连木沁，参考剖面位于沙湾县紫泥泉子。

连木沁组岩性为灰绿色、紫红色、褐红色泥岩、砂质泥岩的互层，夹灰绿色、少量浅褐色薄层—中层状砂岩、粉砂岩，少量钙质砂岩，厚度22～509m。下部条带呈细窄高频状，色彩鲜艳；上部灰色减少，渐变成土红色，部分地区发育厚层块状灰色砾岩。化石丰富，主要为双壳类 *Nakamuranaia chingshanensis* 青山中村蚌、*Solenaia mengyinensis* 蒙阴管蚌、*Sphaerium pujiangensis* 浦江球蚬；介形类 *Darwinula contracta* 收缩达尔文介、*Cypridea koskulensis* 科斯库里女星介、*Mongolianella palmosa* 优越蒙古介、*Djungarica saidovi* 沙氏准噶尔介、*Rhinocypris cirrita* 卷须刺星介；轮藻 *Piriformachara gumudiensis* 古牧地梨形轮藻等。

连木沁组与上覆上白垩统及下伏胜金口组均为整合接触。

2. 上白垩统

上白垩统主要包括东沟组（K_2d）。新疆石油管理局地调处16队孙剑烺1956年命名东沟统，命名地点位于新疆呼图壁县雀儿沟东沟。原始定义为山麓河流相褐红色、砖红色砾岩夹红褐色砂质泥岩，富含钙质和少量钙质结核层。盆地北部上白垩统前人也曾命名为艾里克组，本书统一称为东沟组。

沉积中心位于盆地南缘山前断褶带石河子以南、昌吉以东的局部范围，沉积厚度可达900m，由南向西、北、东三个方向地层厚度逐渐减薄至尖灭。车排子凸起、四棵树凹陷和东部隆起区大部分地层缺失。

盆地南部地区上白垩统分布和吐谷鲁群相同，仅托斯台地区缺失，整合在吐谷鲁群之上，与上覆的紫泥泉子组整合或平行不整合接触。为一套山麓河流相的红色沉积，横向变化剧烈，主要是微相区的交替。一般为暗红色、棕红色泥岩、砂质泥岩与厚层—块状的透镜状砾岩、含砾砂岩、砂岩的不规则交互层，含钙质团块，应属河道与河漫沉积，厚度46～813m，一般为300～600m。有时则纯为山麓辫状水流的洪积锥体堆积物：黄红色角砾岩和砾岩，如紫泥泉子地区；有时则纯为红色泥岩、砂质泥岩，仅底部有一层黄褐色块状中—细粒石英砂岩，应为湖相和三角洲沉积，如安集海河两岸。

北部的上白垩统，地表仅见于艾里克湖东岸、玛纳斯湖东端北岸和德仑山—红砾山，井下仅见夏子街，也整合在吐谷鲁群之上，所属相带与南部相似，为河流相的浅灰白色中粗粒石英砂岩、含砾砂岩、砾岩与棕黄色、棕红色泥岩、砂质泥岩的互层。横向变化大，由艾里克湖向东在夏子街井下略变细，再向东至德仑山东又变粗。该组厚度基本稳定，总体厚度80～179m。

在盆地腹部，盆1井西凹陷主要发育灰色、杂色、浅灰黄色砂砾岩、含砾中砂岩、中砂岩、细砂岩夹薄层棕红色泥岩，砂体厚度均匀，多在10m左右，泥岩多在2～5m之间，地层厚度在400～500m之间。沙湾凹陷主要以灰色、红色、红灰色粉砂岩、泥质粉砂岩与褐红色泥岩、粉砂质泥岩互层为主，地层厚层在750m左右。阜康凹陷内中下部表现为紫红色粉砂岩夹薄层红色泥岩，上部表现为紫红色泥岩夹薄层粉砂岩，地层厚度在560m左右。

该组化石较少，盆地南部主要是介形类 *Ziziphocypris simakovi* 西氏枣星介、*Talicypridea amoena* 愉快类女星介、*Rhinocypris cirrita* 卷须刺星介、*Cypridea cavernosa* 多穴女星介、*Lycopterocypris deflecta* 歪斜狼星介；恐龙蛋皮 *Oolithes elongatus* 长形蛋；轮藻 *Wangichara changjiensis* 昌吉王氏轮藻等。盆地北部主要是鸭嘴龙、翼龙 *Dsungaripterus weii* 魏氏准噶尔翼龙；介形类 *Talicypridea amoena* 愉快类女星介、*Ziziphocypris simakovi* 西氏枣星介、轮藻 *Aclistochara ailikeensis* 艾里克开口轮藻等。

该组与下伏下白垩统以整合接触为主，与上覆新生界为不整合接触。

第三节 新生界

准噶尔盆地新生界主要为陆相红层，包括古近系、新近系和第四系。盆地南部沉积厚度大，粒度粗，层组间连续性强。盆地北部沉积厚度小，粒度细，层间不整合或间断沉积。

一、古近系

古近系在盆地分布广泛，自下而上可划分为古—始新统紫泥泉子组和始—渐新统安集海河组。在南缘昌吉—安集海一带呈近东西向的深凹，且由北向南地层厚度逐渐变大（图2-28），表现为层层超覆的特征（图2-29、图2-30）。

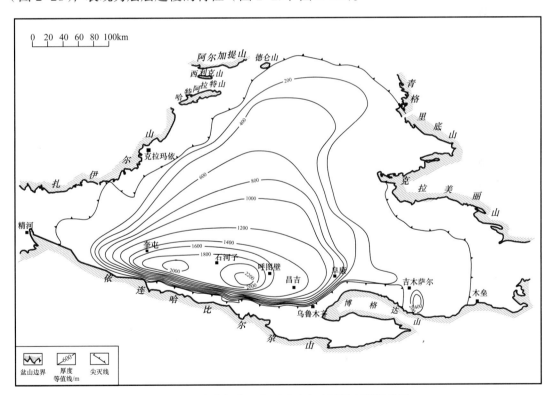

图 2-28　准噶尔盆地古近系残余地层厚度等值线图

1. 古新统—始新统

主要包括紫泥泉子组（$E_{1-2}z$），由新疆维吾尔自治区地层表编写组1981年命名。命名剖面位于新疆准噶尔盆地南缘玛纳斯县紫泥泉子附近。

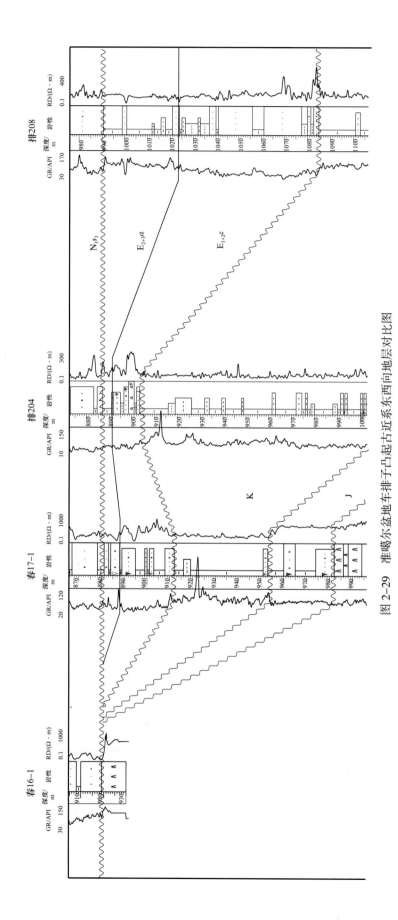

图 2-29　准噶尔盆地车排子凸起古近系东西向地层对比图

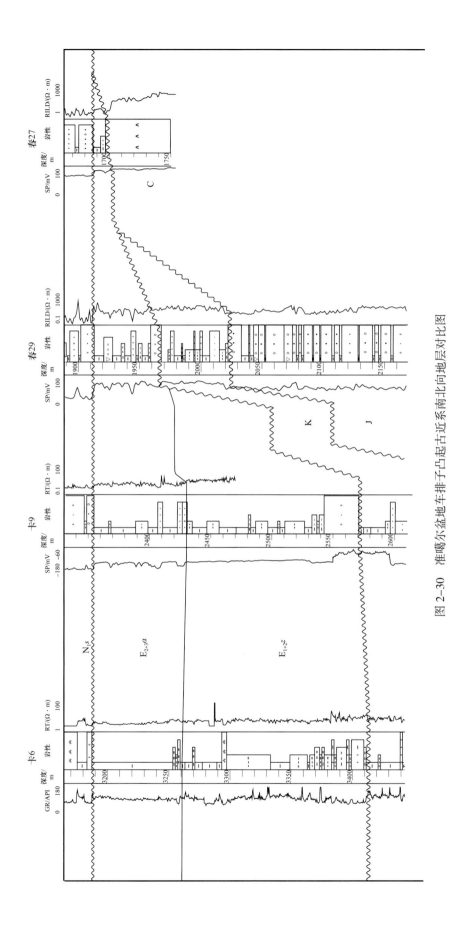

图 2-30　准噶尔盆地车排子凸起古近系南北向地层对比图

该组在昌吉河至玛纳斯河一带出露最好，厚度854m，岩性底部以一层钙质砾岩或含砾灰岩与下伏白垩系东沟组分界，下部为红色泥岩、砂岩和砾岩互层；中部为红色砂质泥岩夹绿色砾岩、泥灰岩及钙质结核；上部为红色泥岩与砂岩、粉砂岩互层，夹砾岩透镜体，有红层之称；顶部以紫色或褐紫色或灰绿色泥岩、粉砂岩与安集海河组分界。向东西两侧横向变化大，砂砾岩体此消彼长，表明为河道与河泛平原，局部为蒸发浅水湖沼沉积，安集海河剖面下部全部为砾岩。盆地内部紫泥泉子组下部发育多套厚层棕褐色砂砾岩、含砾砂岩及粗砂岩等粗碎屑沉积，上部逐渐过渡为薄层灰色粉砂岩、泥质粉砂岩互层。盆地北部乌伦古坳陷，发育一套河湖相红棕色、紫红色泥岩或泥质砂岩与灰绿色带灰白色石英砂岩的不等互层。自下而上可分为三段。

化石仅有少量介形类 *Eucypris ziniquazesis* 紫泥泉子真金星介、*Limnocythere arguta* 光明湖花介、*Cyprinotus inclinis* 下倾美星介；轮藻 *Obtusochara jianglingensis* 江陵钝头轮藻等和啮齿类的牙床骨片。

与下伏上白垩统东沟组为不整合接触，与上覆安集海河组为整合接触

2. 始新统—渐新统

主要包括安集海河组（$E_{2-3}a$），由新疆地层表编写组1981年命名。命名剖面位于准噶尔盆地沙湾县南安集海。

安集海河组与紫泥泉子组为连续过渡沉积。岩性为暗灰绿色片状泥岩夹薄层—厚层状砂质介壳层、介壳灰岩及少量钙质细砂岩。下部为灰绿色及紫红色相间的条带状杂色过渡层，为泥岩夹少许砂岩和介壳灰岩；上部介壳灰岩非常发育，与泥岩呈交互状，并偶夹不稳定的紫红色泥岩条带；中上部的泥岩风化后常呈烟黄色；顶部有数米条带状杂色层。厚度44～800m。该组为较稳定的浅—深湖沉积，沉积中心在盆地西南部。介壳层多由介形类壳体或双壳类壳体堆积而成。横向上红色条带层增加，砂岩增多，并夹不规则砾岩，介壳灰岩相应减少，变为滨岸的河口三角洲沉积，如玛纳斯河一带，厚度也稍小。阜康地区已为滨岸边缘相的浅棕灰色、少量棕红色砂质泥岩夹灰绿色、褐红色砾岩，厚度也减至132m。盆地内部，安集海河组底部发育一套灰色薄层粗砂岩、含砾砂岩，向上过渡为大套灰色、灰绿色、紫红色泥岩夹薄层灰色、灰绿色粉砂质泥岩、泥质粉砂岩，反应水体较深、物源不足、水动力较弱的沉积环境。乌伦古坳陷为滨浅湖沉积，底部多为浅灰色砾岩，其上为灰白色、褐黄色石英砂岩夹灰绿色、深灰色砂质泥岩，向上砂质泥岩逐渐增多。

古生物化石极其丰富，各种脊椎动物的骨片很多，代表性的有哺乳类 *Bothriodon* sp. 沟齿兽（未定种）、*Gobiohyus* sp. 戈壁猪（未定种）；爬行类 *Dzungarisuchus manasensis* 玛纳斯准噶尔鳄；鱼 *Teleostei* 真骨鱼、*Amia* sp. 弓鳍鱼（未定种）等。软体类有双壳类 *Acuucosia chinensis* 中国锐棱蚌、*Ensidens lanceolatus* 矛形剑齿蚌、*Pisidium amunicun* 河豆蚬、*Uino tuositaiensis* 托斯台珠蚌；腹足类 *Valvata tuajevi* 杜氏盘螺、*Bithynia cumulate* 堆集豆螺、*Viviparus kweilinensis* 桂林田螺；介形类主要有 *Eucypris* sp. 真星介（未定种）、*Cyprinotus* sp. 美星介（未定种）、*Cypridea cavernosa Galeeva* 网纹女星介、*Mongolocypris distributa Stankevitch* 分布蒙古星介等；轮藻主要有 *Grovesichara changzhouensis* Huang et S. Wang 常州原球轮藻、*Lychnothamnus* sp. 灯枝藻（未定种）、*Turbochara* cf. *specialis* Z. Wang 特殊陀罗轮藻比较种、*Grovesichara kielani* Karcz. et Ziemb. 基兰原球轮藻、*Sphaerochara nana* 矮小球状轮藻、*Lamprothamnium altanulaensis yansep—Romashkina* 阿尔泰滨海轮藻等；孢粉主要有 *Leiotriletes* 三角光面孢属、*Cyathidites* 桫椤孢属、*Laevigatosporites* 光面单缝孢属、*Pseudopicea* 假云杉粉属、*Abietineaepollenites* 单束松粉属等。介形类、轮藻类及孢粉类化石组合特征指示本层位年代为古近纪。

安集海河组与下伏紫泥泉子组为整合接触，与上覆新近系沙湾组为不整合接触。

二、新近系

新近系包括中新统的沙湾组、塔西河组和上新统的独山子组，是一套砂泥岩、砂砾岩组合，沙湾组有底砾岩，塔西河组泥岩成分增多，还夹有介壳灰岩层。与下伏地层呈角度不整合接触，地层厚度在南部山前坳陷内明显增厚（图 2-31）。

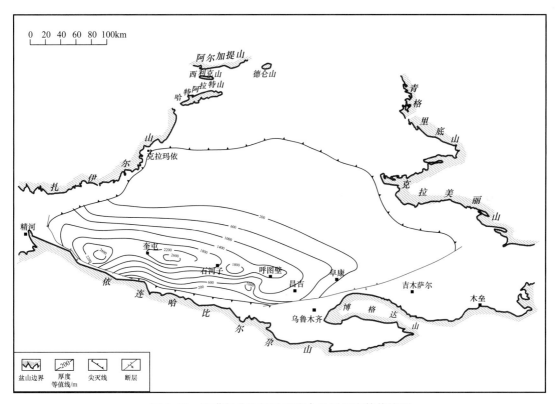

图 2-31　准噶尔盆地新近系残余地层厚度等值线图

1. 中新统

1）沙湾组（N_1s）

新疆区域地层表编写组 1981 年命名。命名剖面位于新疆沙湾县霍尔果斯河剖面。

沙湾组在盆地东南部广泛分布，在西南部可达 500m 以上，向西北、东北方向由厚变薄（图 2-32）。

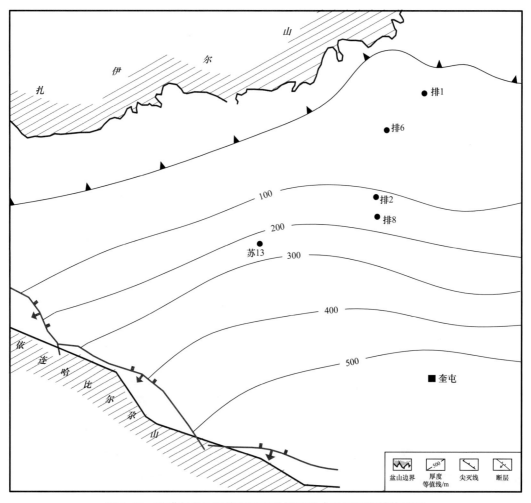

图 2-32　准噶尔盆地西缘新近系沙湾组残余地层厚度等值线图

沙湾组下部整体粒度较粗（粗碎屑段），为厚层状灰色砂砾岩、砾状砂岩和灰色泥质粉砂岩、含砾细砂岩夹薄层粉砂质泥岩；上部整体粒度较细（细碎屑段），为棕红色泥岩、棕红色粉砂质泥岩夹薄层灰色、棕红色泥质粉砂岩、粉砂岩。在西缘根据岩性特征自下而上可分为三段（图 2-33、图 2-34）。沙一段厚度 20～140m 不等，平均厚度 75m 左右，岩性以厚层浅灰色砾状砂岩、灰色砂砾岩、灰色含砾细砂岩夹薄层灰色、灰绿色泥岩为主。泥岩质纯，细腻，性软，成岩性较差，呈碎块状，吸水性好，可塑性好；砂岩岩屑呈颗粒状，泥质胶结，疏松。沙二段厚度 20～170m，岩性为红色泥岩夹红色泥质粉砂岩、灰色细砂岩及含砾细砂岩。沙三段岩性主要以巨厚层状棕红色泥岩、厚层状棕红色粉砂质泥岩夹薄层棕红色泥质粉砂岩为主，少数井区为灰色砂砾岩、含砾砂岩、中细砂岩夹灰色泥质岩。

沙湾组化石丰富，主要是哺乳类 *Dzungariotherium orgosensis* 霍尔果什准噶尔巨犀、*Lophiomeryx* sp. 脊齿鼷鹿；介形类 *Candoniella ignota* 陌生小玻璃介、*Cypris angulate* 角状金星介、*Kassinina reticulate* 网状卡星介、*Cyprinotus plenus* 丰满美星介；轮藻 *Sphaerochara shawuanensis* 沙湾球状轮藻等。

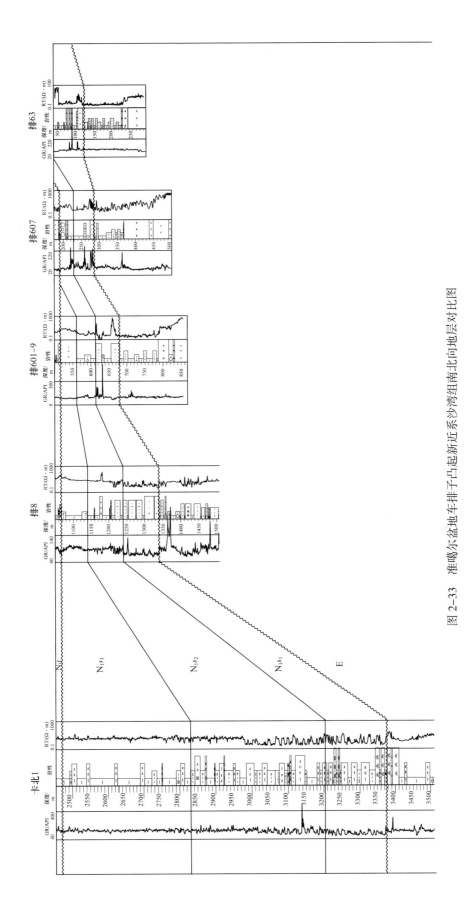

图 2-33　准噶尔盆地车排子凸起新近系沙湾组南北向地层对比图

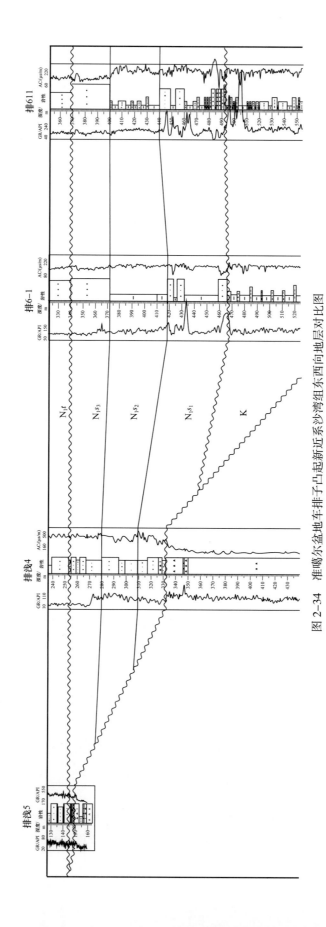

图 2-34 准噶尔盆地车排子排子凸起新近系沙湾组东西向地层对比图

沙湾组与下伏古近系在盆地边部为不整合接触，与上覆的塔西河组为不整合接触。

2）塔西河组（N₁t）

新疆维吾尔自治区区域地层表编写组 1981 年命名。命名剖面位于新疆准噶尔盆地玛纳斯县塔西河乡吐谷鲁背斜。

除山前地区外，山麓地带仅见于玛纳斯河—安集海河间地段。厚度 100～700m，以发育灰白色及灰色中厚层膏盐岩、泥质膏岩、灰色石膏质泥岩、紫红色、褐红色泥岩、灰绿色砂岩互层为特征。根据岩性特征将塔西河组自下而上分为三段。一段主要为土黄色泥岩与泥质粉砂岩互层；二段以细粒沉积为主，岩性主要为浅黄色泥岩、粉砂质泥岩与灰白色泥质粉砂岩的互层，局部层段夹红色泥岩；三段发育浅黄色泥岩、粉砂质泥岩与泥质粉砂岩互层，灰白色含砾细砂岩与灰色泥岩不等厚互层。

该组化石极为丰富，代表性的有哺乳类 *Trilophodon* sp. 三棱齿象（未定种）、*Mastodon* sp. 乳齿象（未定种）；双壳类 *Cristaria huoerguosica* 霍尔果什冠蚌、*Anodonta woodiana* 乌氏无齿蚌、*Lanceolaria convexa* 凸圆矛蚌、*Unio tianshanensis* 天山珠蚌；腹足类 *Bithynia pulchella* 美丽豆螺、*Viviparus sinensis* 中国田螺、*Valvata tuajewi* 杜氏盘螺；介形类 *Condona alta* 高玻璃介、*Cyprinotus orientalis* 东方美星介、*Cyclocypris tumida* 膨胀球星介、*Eucypris scita* 美观真金星介、*Ilyocypris conspicua* 显著土星介、*Cyprideis punctillata*（Brady）（斑点正星介）、*Cyprideis littoralis*（Brady）（滨岸正星介）、*Ilyocyprisbradyi* Sars（布氏土星介）、*Zonocypris membraneae*（?）、*Eucypris profundis*、*E.* sp.（?）、*Potamocypris plana* 扁平河星介；轮藻 *Charites convexa*、*C. mollassia*、*C. subglobula*、*C.conspicas*、*C. sadleri*、*C. biprotyasa*、*C. speciacis*、*C. Leei*、*Chara pappii* Soulie–Marsche（帕普轮藻）、*Chara gigantofusiformis* Yang（大纺垂形轮藻）、*Lamprothamnium nanlingqiuensis*（Tan et Di）*n.* comb.（南陵丘滨海轮藻）、*Chara beilingqiuensis* Tan et Di（北陵丘轮藻）、*Nitellopsis globula*（Madler）Lu et Luo（球形拟丽藻）、*Nitellopsis meriani*（Al. Braun ex Unger）Lu et Luo（梅里安拟丽藻）、*Lychnothamnus breviovatus* Lu et Luo（短卵形灯枝藻）、*Chara molassica kirgisensis*（Maslov）Tan et Di（吉尔吉斯形磨拉石轮藻）、*Chara conica*（Madler）S. Wang（锥形轮藻）；孢粉 *Pinuspollenites* spp.（双束松粉）、*Piceapollis* spp.（云杉粉）、*Polypodiisporites* sp.（瘤纹水龙骨单缝孢属）、*Piceaepollenites giganteus*（大云杉属）、*Cichoriaearupollenites mideus*（中等等莒菊粉）、*Chenopaillis*（藜粉属）、*Graminidites*（禾本粉属）、*Polypodiisporites* spp.（平瘤水龙骨单缝孢）、*Deltoidospora* spp.（三角孢）、*Cyathidites minor*（小杪椤孢）、*Osmundacidites* spp.（紫萁孢）、*Hymenophyllumsporites* sp.（膜叶蕨孢）、*Pterisisporites* sp.（凤尾蕨孢）、*Echitricolporites* spp.（刺三孔沟粉）和 *Chenopodipollis* spp.（藜粉）等。

塔西河组与上覆的独山子组、下伏沙湾组均呈不整合接触。

2. 上新统

包括独山子组（N₂d），由新疆区域地层表编写组 1981 年命名。命名剖面位于新疆乌苏市东南约 20km 处的独山子。

主要出露于准南断褶带，以独山子剖面最好。下部为浅褐色夹灰绿色的条带状泥岩、砂质泥岩夹薄层—厚层状灰绿色、黄绿色砂岩，为河泛平原和浅水湖沼沉积，厚度

100～350m，顶部无明显界限；又可分为上下两段，下部为棕红色、褐红色砂质泥岩夹灰绿色砂岩、砾状砂岩，基本上为河泛平原沉积；中部为灰绿色泥岩、褐黄色砂质泥岩夹灰绿色砂岩、介壳层的条带杂色层，为浅湖沉积；上部为褐黄色、黄褐色砂质泥岩与灰绿色厚层块状砂岩、含砾砂岩、砾岩的交互层；顶部为灰色、灰绿色块状砾岩夹砾状砂岩和土黄色砂质泥岩；上部、顶部为低弯度河和山麓辫状水流的堆积，横向变化大。总厚度 1458～1996m，一般为 1500～1800m。

化石比较丰富，有哺乳类 *Hipparion* sp. 三趾马（未定种）、*Gazella* sp. 河狸（未定种）；双壳类 *Unio* aff. *tellinoides* 似樱蛤珠蚌（相似种）、*Hyriopsis* sp. 帆蚌（未定种）；腹足类 *Planorbis keideli* 凯式扁卷螺、*Viviparus sinensis* 中国田螺、*Valvata piscinalis* 似鱼盘螺；介形类 *Candoniella subellipsoida* 近椭圆小玻璃介、*Candona arcina* 箱玻璃介、*Cyprnotus purus* 纯美星介、*Cyclocypris laevis* 光滑球星介、*Cyprideis punctillata* 斑点正星介、*Cyprideis littoralis*（*Brady*）（滨岸正星介）、*Cypris subglobosa* 近球状金星介、*Darwinula stevensoni* 史氏达尔文介；植物 *Salix intera* 中间柳树、*Acer semenovi* 斯氏槭树、*Ulmus carpinoides* 似鹅耳枥榆树、*Populus bachofenoides* 似巴乔风杨树；轮藻 *Charites subglobula*、*C.* sp.（？）、*Lychnothamnites dushanziensis* 独山子似松轮藻等。

独山子组与下伏新近系塔西河组不整合接触。

三、第四系

准噶尔盆地第四系发育，在盆地南部边缘广泛出露，为一套陆相粗碎屑沉积，具有前陆盆地磨拉石岩石组合特征，至盆地内部戈壁区域，较薄的现代风化层之下即可见到下伏地层。可分为四个层组。

1. 下更新统

包括西域组（Qp_1x），主要分布于盆地南部的山前地区，与独山子组为渐变过渡关系，岩性为灰色砾岩，有时夹少量黄灰色砂岩和砂质泥岩，厚度 350～2046m，一般在 1300m 以上，往北至平原覆盖区变细，以砂、泥岩为主，与古近系上部无法区分，化石有 *Equus sanmeniensis* 三门马。盆地北部地区尚未发现该组沉积。

2. 中更新统

包括乌苏群（Qp_2ws），主要分布于盆地四周边缘地区，为高于现代戈壁平原之上的山麓洪积平原或河谷阶地堆积，一般均具有二元结构，下部为灰色砾石层，上部为土黄色砂质黄土。大多数在砾石层的底部为灰色或灰黄色泥砂质和钙质胶结的砾石。各厚数米至数十米不等，可划分为 2～5 个组，均以清晰的角度不整合覆于西域砾岩及以下的所有老地层上。盆地南部山前地区可分为 5 个组，均已命名。盆地北部山区抬升幅度小，故只能分出 2～3 个组。在盆地北部的某些阶地上，保留有相应的湖泊沉积砂岩、泥岩，如干海组，含有介形类、瓣鳃类、腹足类等和植物化石。

在平原区井下，大部分表现为砂黏土层与砾石层的互层。

3. 上更新统

包括新疆群（Qp_3x），为广布各地的大戈壁滩和山前洪积扇群，不仅不整合在一切老地层上，在构造变动带上还可局部不整合在乌苏群砾石上。沉积物在山前为暗灰色、灰色戈壁砾石，平原区变细，除河流沉积外，也有湖沼沉积，井下常表现为大块状砾岩。最大厚度355m，在沙漠区常作为沙漠基底，表现为沙间低地的冲积沙壤土。

4. 全新统

全新统（Qh）主要是现在地表所见的各种成因类型沉积，其中占主导地位的是冲积、湖沼盐泽沉积等，厚度均不大。

第三章 构 造

准噶尔盆地是中国大型内陆盆地，夹持于北天山、扎伊尔山、阿勒泰山、青格里底山—克拉美丽山之中，呈不规则三角形轮廓的中间地块盆地。从沉积演化史和构造发育演化史来看，准噶尔盆地是一个大型的复合叠加盆地。

第一节 构造背景与盆地演化

准噶尔盆地位于准噶尔地块的核心稳定区，处于哈萨克斯坦古板块、西伯利亚古板块及塔里木古板块的交会部位，属于哈萨克斯坦古板块（图 3-1）。准噶尔盆地及周缘的形成演化经历了古陆（核）形成、板块演化及增生、板内演化 3 个大的阶段，现今是一个三面被古生代缝合线所包围的晚石炭世到第四纪发展起来的大型板内沉积盆地。

一、大地构造背景

新疆北部及邻区可能在太古宙末期开始发育了多个古陆核，如塔里木、哈萨克斯坦、西伯利亚地块等，其间被古大洋分割。最晚在新元古代早期形成了结晶基底，属于罗迪尼亚（Rodinia）超级古陆的一部分。

从震旦纪开始，至石炭纪早期，新疆北部进入了板块演化及增生阶段，主要表现为多个旋回的开合特征，经历了震旦纪—奥陶纪、志留纪—泥盆纪、早石炭世等"开合"叠合演化过程。自震旦纪开始，哈萨克斯坦板块拉张、分裂，形成规模不等的众多地块，间有规模不大的洋盆相隔。准噶尔地块就是为数甚多的古陆块之一；在此期间，中奥陶世时期，扎伊尔（西准噶尔）裂陷槽产生，将哈萨克斯坦板块一分为二，主体在西部称巴尔喀什地块，次体在东部称准噶尔—吐（吐鲁番）哈（哈密）地块；晚奥陶世各洋盆逐渐收缩、俯冲消减、部分闭合。志留纪又发生了广泛的裂陷作用，中—晚泥盆世时期，博格达—哈尔里裂陷槽产生，又将吐哈地块分出，准噶尔地块形成；进入晚泥盆世后，这些洋盆又逐渐收缩、俯冲，大陆地块逐渐靠近发生软碰撞，洋盆显著萎缩。早石炭世早期，受晚泥盆世盆地收缩碰撞应力松弛作用的影响，再次发生裂陷，火山岩大量发育；早石炭世晚期，聚敛—俯冲作用逐渐加强，发生陆—陆碰撞作用，产生了强烈的褶皱变形，准噶尔地块与西伯利亚古板块、塔里木古板块最终缝合在一起。发育了北部的额尔齐斯—阿尔曼太缝合带、东北和东缘的卡拉美丽缝合带、西北缘的达尔布特缝合带、南缘的中天山北缘—七角井缝合带等缝合带（图 3-1）。准噶尔盆地周缘发育偏碱性的火山岩带或富碱花岗岩侵位，均与深大断裂有关；火山岩具双峰式，表现为一种陆内软碰撞特性，陆壳、洋壳、碰撞带蛇绿岩套均非典型。

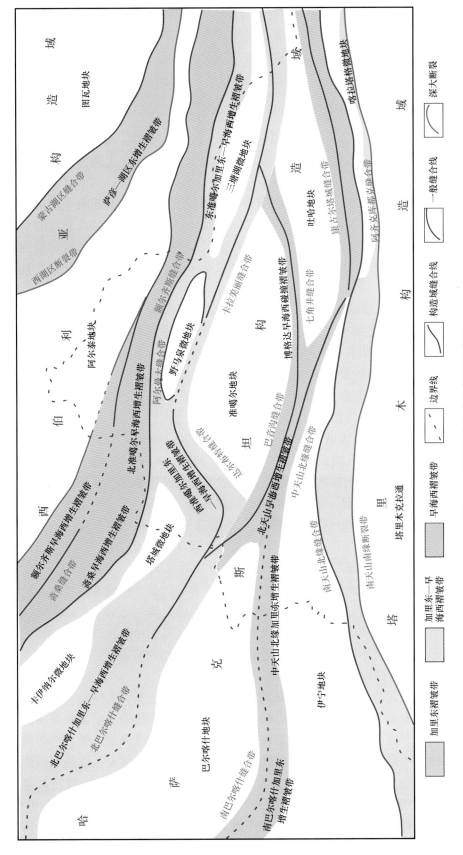

图 3-1　准噶尔盆地大地构造区位图

加里东褶皱带　　加里东一早海西褶皱带　　早海西褶皱带

边界线　　构造域缝合线　　一般缝合线

深大断裂

在多旋回的开合过程中，盆地周缘形成了多个增生造山褶皱带，包括北缘的额尔齐斯挤压增生杂岩带、东北缘的东准噶尔造山增生褶皱带、西北缘的西准噶尔造山增生褶皱带，南缘的依连哈比尔尕山造山增生褶皱带与哈尔里克造山增生褶皱带，其间被中晚海西期博格达裂陷槽分割。这些增生褶皱带影响控制了盆地后期的构造沉积演化。

二、盆地基底特征

1980 年以来，根据航空磁测、大地电磁测试、重力等资料，绝大部分地质学家承认准噶尔盆地基底具有"双层结构"：下部为前寒武纪结晶基底，上部为早海西期的褶皱基底，基底具有不均一性。

2001 年中国地震局地质研究所与中国石油新疆油田分公司联合进行了准噶尔盆地构造格架综合工程探测项目研究，验证了准噶尔盆地具有褶皱基底和结晶基底的双重地壳结构，褶皱基底由部分早古生代、晚古生代火山岩及沉积岩系组成的褶皱冲断构造层组成，且北厚南薄；结晶基底为前古生界变质岩和花岗质结晶岩系组成，证实了其陆壳基底属性。

2003 年同济大学对准噶尔盆地地面重、磁、MT（EMAP）和横贯准噶尔盆地的 9201、9202 两条近南北向 MT 剖面等综合地球物理资料重新解释后，对盆地的基底结构和构造分区进行了深入研究。重力二阶导数图显示盆地中央基底等深线呈北窄南宽的梨状，深度从北面 4km 急剧变化到盆地腹部附近的 16km；东北部乌伦古坳陷等深线呈北西走向，最深为 6km；盆地西北部玛湖凹陷等深线呈北东走向，最深为 8km；盆地西缘四棵树凹陷等深线呈北西西走向，最深为 8km；盆地南缘吉木萨尔凹陷等深线呈北西西走向，深度为 7km；达坂城次凹也为一个深度达 7km 的近东西走向的凹陷；永丰次凹西南侧有一范围接近达坂城次凹的闭合等值线，最深达 6km。

基底的磁性异常显示出盆地内磁性基底大致可分为北浅南深两块，北部为一个近椭圆状深度最浅为 8km 的隆起，它向东可延伸到将军庙、发发湖一带；南部为一个近北东东向的深坳，最深在呼图壁—昌吉一带，可达 18km；外围东北部乌伦古一带，其磁性基底为北西向深坳，深达 13km；西侧扎伊尔山一带为近南北走向，最深达 11km 的坳陷；南缘北天山一带磁性基底不深。

盆地的重磁特征显示出准噶尔盆地的基底并不单一，是整体具有稳定高电阻特征的结晶地块，加强了海西褶皱基底观点的认识。认为盆地北部基底简单，以剥蚀为主；南部基底复杂，可能以充填为主；在中部隆起带上，基底具有结晶块浅埋藏的特征。沿测线从南向北分出了 3 类不同电性特征的盆地基底，即分异为前震旦系结晶基底、岩浆岩或早海西褶皱基底和晚海西褶皱基底（图 3-2）。

盆地内部前寒武系结晶基底面的总趋势是东北高、西南低，总体走向北西西向。东西方向存在 3 个隆起带：盆地西边界隆起带、盆地东边界隆起带、中部北高南低的舌状隆起带。在南北方向上也有 3 个结晶基底隆起带：北部的索索泉隆起带、中部的陆梁隆起带和南部沙湾—阜康凹陷以南的前寒武系结晶基底面相对隆起带。盆地东西两侧的隆起带上前寒武系结晶基底面埋深最浅，为 5～6km，北部索索泉凹陷一带结晶基底面最浅在 6～7km，中部舌状隆起带埋深为 7～11km，南部近东西向隆起带最浅在 9～10km。前寒武系结晶基底面的上隆是由于挤压力作用下，产生一系列冲断层，那些拆离面埋藏

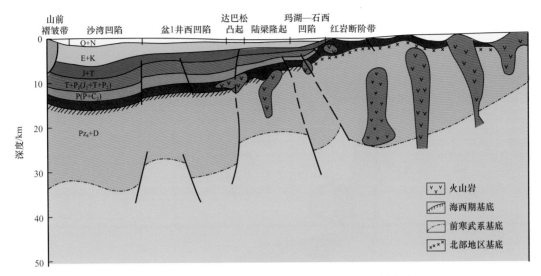

图 3-2 准噶尔盆地大地电磁测深（MT）一维反演剖面图

较深的逆冲推覆断层，能深切结晶基底面，迫使其上隆。近东西向埋深最大的结晶基底面在沙湾以北地区，近南北向凹陷带内，埋深可达 15km。

准噶尔盆地东侧、北侧和西侧褶皱基底面的埋深较浅，为 1～3km，中部褶皱基底面由北往南呈倾斜加深，由北侧的 3～5km，加深至南侧的 14～15km，与盆地的东侧、北侧和西侧组成褶皱基底面的深度变化陡变带。

褶皱基底面与前寒武系结晶基底面之间是褶皱基底厚度，盆地周围褶皱基底层较厚，达 6～12km，盆地内部相对较薄，二者之间存在较大的角度不整合。在古生代早期，准噶尔盆地的南北两个块体处于不同的地质构造环境中，北部处于槽型沉积环境，而南部处于台型沉积环境，北部块体沉没较深，接受较多的沉积，南部块体沉没相对较浅，接受较薄的台地沉积。至早古生代末期两块体拼合，然后准噶尔盆地的南部地区强烈上隆，使得南部的海西期沉积被剥蚀，然后南部地区又强烈下沉，形成现今的盆地底面，它与前寒武系结晶基底面有较大的角度不整合。

三、盆地构造演化

准噶尔盆地及周缘在早石炭世晚期与周缘板块基本形成了统一的陆块，晚石炭世受碰撞应力松弛作用的影响再次发生裂陷，进入了板内演化阶段，经历了晚古生代—中生代的稳定叠合演化，在新生代受喜马拉雅运动的影响，再次进入"闭合"阶段，形成了多旋回叠加复合的大型陆内叠合盆地。

1. 盆地周缘构造演化

准噶尔盆地周缘在早期的多次开合过程中形成了多个增生造山褶皱带，这些增生带在后期的演化过程中，逐步形成了西北缘的扎伊尔山—哈特阿拉特山、东北缘的青格里底山—克拉美丽山、南缘的依连哈比尔尕山—哈尔里克山以及哈尔里克山与克拉美丽山之间的博格达山，这些山系演化控制、影响、改造了盆地的构造沉积过程（图 3-3、图 3-4），形成了现今呈三角形形态的准噶尔盆地。

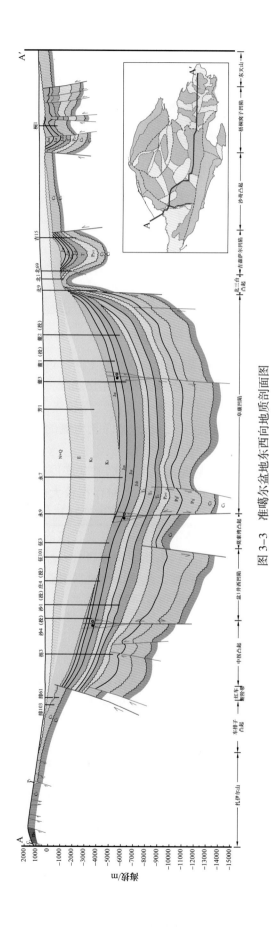

图 3-3　准噶尔盆地东西向地质剖面图

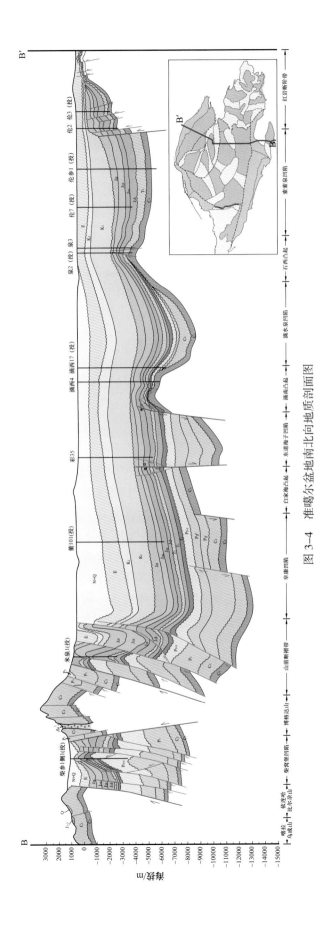

图 3-4 准噶尔盆地南北向地质剖面图

扎伊尔山—哈特阿拉特山处于盆地西北缘，主要出露石炭系，向盆地方向由中—新生界覆盖。该山系由达尔布特增生褶皱带演化形成，现今控制了西部隆起的分布（图3-3）。在早—中二叠世，部分地区发生断陷，影响了盆地的沉积。在中二叠世末期，形成了红车—乌夏断裂带，发生向盆地内的冲断推覆，西部隆起开始形成。上二叠统—白垩系沉积时期，发生多次隆升及冲断，成为重要的物源区，限制了沉积作用，并影响了地层分布。新生代以隆升为主，仅在达尔布特断裂带发生左行走滑，造成部分断裂活化，地层主要表现为超覆特征。尤其是哈特阿拉特山一带在晚海西期和印支期发生强烈逆冲，形成了推覆构造（图3-5）。

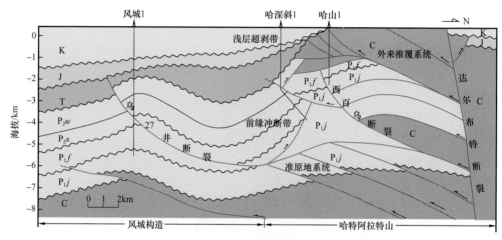

图3-5　准噶尔盆地西北缘哈特阿拉特山南北向地质剖面图

青格里底山—克拉美丽山处于盆地东北缘，主要出露泥盆系、石炭系，向盆地方向在克拉美丽山南部出露二叠系，其他地区主要为侏罗系、白垩系。该山系由克拉美丽增生褶皱带演化形成，现今演化为盆地的东北边界（图3-4）。石炭纪末期，受西伯利亚板块的影响，吐孜托依拉断裂带、克拉美丽断裂带开始发育，并持续到印支期末期。燕山早中期以平稳沉降为主，沉积了比较稳定的侏罗系—白垩系。燕山晚期构造活动强烈，持续向西南挤压—推覆，形成一系列高角度逆冲构造，断裂上盘二叠系、中生界被剥蚀殆尽。喜马拉雅期，该区整体抬升，新生界沉积较少。部分地区断裂带发生活化，新生界被改造（图3-6、图3-7）。

依连哈比尔尕山（北天山）位于盆地南缘，主要出露石炭系、侏罗系、白垩系及新生界，局部出露二叠系、三叠系，出露地层由山内向盆地逐步变新。依连哈比尔尕山增生褶皱带在晚海西期活动较弱，在中生代整体稳定，缓慢隆升，局部地区成为物源区。侏罗纪末期，依连哈比尔尕山整体隆升，山内发生高角度冲断，向盆地方向发生小规模冲断及低幅度褶皱，盆地沉积中心开始向南部迁移，影响了白垩系及新生界沉积。喜马拉雅运动中晚期，发生强烈构造活动，依连哈比尔尕山强烈隆升，向盆地内部强烈挤压，形成多排逆冲背斜带（图3-8）。

博格达山处于盆地东部克拉美丽山与依连哈比尔尕山之间，主要出露石炭系，周缘向盆地内部依次出露二叠系到新生界。博格达山在中晚海西期为博格达裂陷槽，在晚二叠世开始隆升，在中生代—新生代演化过程与依连哈比尔尕山类似（图3-4）。

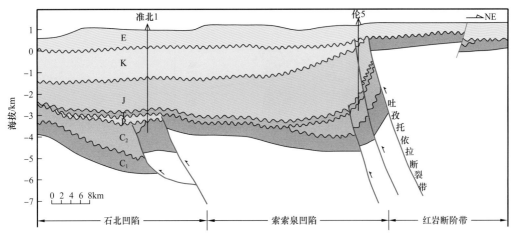

图 3-6 准噶尔盆地东北缘红岩断阶带南北向地质剖面图

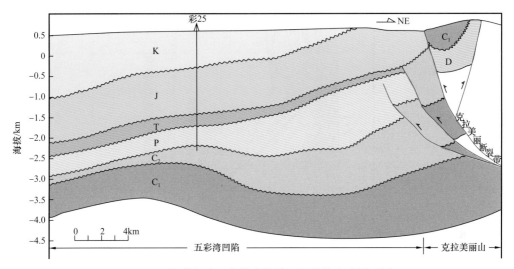

图 3-7 准噶尔盆地东缘克拉美丽山前带地质剖面图

2. 盆内构造层划分

准噶尔盆地在演化过程中经历了海西运动、印支运动、燕山运动和喜马拉雅运动 4 个大的构造运动期,形成了多个构造层序。根据地层接触关系的类型及规模,结合建造类型、岩相组合、地层展布、断裂发育等情况,把构造层系分成两级,即构造层、构造亚层。

构造层:以全盆地大规模的不整面为分界,构造格架、变形类型和变形强度明显不同,地层的沉积环境发生根本性的变化。

构造亚层:在同一个构造层内,以一定规模的构造运动所形成的区域性不整合面为分界,构造类型和沉积环境发生较大变化。在同一构造亚层内仍可能存在一些局部不整合接触关系,其特征是造成不整合的构造运动规模较小,沉积中心可能连续沉积或沉积间断较小。构造亚层对沉积环境和构造特征影响不大。

按上述划分原则,准噶尔盆地划分为 4 个构造层,9 个构造亚层(表 3-1、图 3-3、图 3-4)。

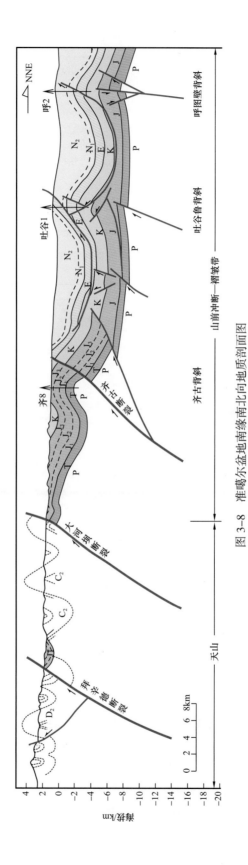

图 3-8 准噶尔盆地南缘南北向地质剖面图

表 3-1　准噶尔盆地构造层划分表

界	系	统	构造层	构造亚层	岩相特征
新生界（Kz）	第四系	全新统（Qh）	上构造层	上亚层	该层在盆地南部的山前坳陷内明显增厚，在盆地南部边缘有广泛出露，为一套从陆相碎屑岩到粗碎屑岩再到磨拉石的沉积建造；与下伏的古近系构造亚层呈微角度不整合接触关系
		更新统（Qp）			
	新近系	上新统（N₂）			
		中新统（N₁）			
	古近系	渐新统（E₃）		下亚层	以灰色、杂色砾状砂岩、砂岩、泥岩为主；在盆地南部厚度较大；盆地大部分区域，与下伏地层呈角度不整合接触，盆地南部局部区域与白垩系整合接触
		始新统（E₂）			
		古新统（E₁）			
中生界（Mz）	白垩系	上统（K₂）	中构造层	上亚层	底部区域性发育砂砾岩，具有泥质红层；顶、底皆为区域性不整合
		下统（K₁）			
	侏罗系	上统（J₃）		中亚层	总体上是一套碎屑岩相，中下部具有含煤建造，上部为红色砂泥岩互层；内部发育多期不整合，顶部地层在盆地的大部分区域遭受剥蚀
		中统（J₂）			
		下统（J₁）			
	三叠系	上统（T₃）		下亚层	总体上是一套粗碎屑岩相，特征岩相是灰绿色砂泥岩互层；其顶部在盆地的大部分区域遭受剥蚀，盆地南部相对遭受剥蚀程度稍小
		中统（T₂）			
		下统（T₁）			
古生界（Pz）	二叠系	上统（P₃）	下构造层	上亚层	海相到陆相碎屑岩沉积；中—下二叠统与上二叠统之间存在一个区域不整合面；中—下二叠统暗色泥岩发育，局部夹有化学岩、凝灰岩；上二叠统以陆相粗碎屑为主；顶部在盆地大部分区域遭受剥蚀，盆地南部相对遭受剥蚀程度稍小
		中统（P₂）		下亚层	
		下统（P₁）			
	石炭系	上统（C₂）	底构造层	上亚层	残留洋到海相再到陆相沉积，夹有较多的喷出岩和薄层石灰岩；残留分布，地层厚度变化较大；下石炭统与上石炭统之间存在一个区域不整合面
		下统（C₁）		下亚层	
	前石炭系				以岩浆岩系为主要母岩的浅变质岩系
	前寒武系				深变质结晶杂岩

1）底构造层

底构造层由石炭系沉积建造构成，与下伏的盆地基底呈角度不整合接触关系。是盆地发育早期众多盆、山相间到堑、垒相间分布的构造格局，是从残留洋沉积到海相沉积再到陆相沉积的过渡产物，并夹有较多的喷出岩。其特征岩相是火山岩相及火山沉积相发育。石炭系整体呈残留分布，不同区域地层厚度变化较大，平面展布的连续性较差，受构造及发育背景控制，形成多个残留厚度中心。下石炭统与上石炭统之间存在一个区域不整合面，可分为两个构造亚层。

2）下构造层

下构造层由二叠系沉积建造构成，与下伏构造层呈角度不整合接触关系。二叠系总体上是一套由海相沉积过渡到陆相沉积的碎屑岩。中—下二叠统暗色泥岩发育，局部夹有化学岩、凝灰岩，部分地区存在不整合接触。上二叠统以陆相粗碎屑沉积为主。

中二叠统与上二叠统之间为区域不整合接触，可分为两个构造亚层。

3）中构造层

中构造层由三叠系、侏罗系、白垩系沉积建造组成，是盆地发育中期大规模整体沉降至抬升的陆相沉积。总体上，自下而上碎屑岩具有粒度粗—细—粗的岩相特征。与下伏地层呈区域性角度不整合接触关系，内部发育多个不整合。中构造层内部又分成三叠系、侏罗系和白垩系3个构造亚层。

（1）三叠系构造亚层。与下伏层序呈角度不整合接触关系。该层下部总体上是一套红色粗碎屑岩相，上部为灰绿色泥岩、砂泥岩互层。其顶部在盆地的大部分区域遭受剥蚀，盆地南部相对遭受剥蚀程度稍小。

（2）侏罗系构造亚层。与下伏的三叠系构造亚层呈角度不整合接触关系，内部发育多期不整合。该层总体上是一套碎屑岩相，其特征岩相是中下部具有含煤建造、上部为红色砂泥岩互层。其顶部地层在盆地的大部分区域遭受剥蚀。

（3）白垩系构造亚层。与下伏的侏罗系构造亚层呈角度不整合接触关系。在盆地中，白垩系构造亚层厚度大，厚度保持在1200～1500m之间，其特征岩相是底部区域性发育砂砾岩，具有泥质红层。其构造形态像是平底锅内的厚饼状，并具有平缓南倾的大单斜形态。

4）上构造层

上构造层由新生界组成，与下伏的中构造层呈角度不整合接触关系，是盆地发育晚期大规模差异性坳陷的陆相沉积。总体上，自下而上碎屑岩具有粒度由细变粗的岩相特征。其内部又分成古近系、新近系—第四系两个构造亚层。

（1）古近系构造亚层。在盆地的大部分区域与下伏的白垩系构造亚层呈角度不整合接触关系，在盆地南部的局部区域呈整合接触关系。岩性以灰色、杂色砾状砂岩、砂岩、泥岩为主。该层在盆地南部厚度较大。

（2）新近系—第四系构造亚层。与下伏的古近系构造亚层呈微角度不整合接触关系。该层在盆地南部的山前坳陷内明显增厚，在盆地南部边缘有广泛出露，为一套从陆相碎屑岩到粗碎屑岩再到磨拉石的沉积建造。

3. 盆地演化阶段

准噶尔盆地在早石炭世末期即与周缘板块基本形成了统一的陆块，在中二叠世晚期开始形成了统一的陆内盆地，此后不同时期的盆地范围大致相当，并受周边山脉的升降影响导致沉积层序向周边超覆或退覆。考虑每一期盆地都经历了从发生、发展到衰老、消亡的完整过程，结合构造旋回的发展，将准噶尔盆地板内演化过程划分为3个阶段（表3-2）。

表 3-2 准噶尔盆地构造演化阶段划分表

代	纪	世	盆地演化阶段		构造演化特征
新生代	第四纪	全新世（Qh）	陆内前陆盆地发展阶段		北天山隆升，盆地基底沿南缘挠曲下沉形成前渊，山前地区形成逆冲褶皱带；在北部发育前隆，盆地呈楔形形态；盆地西、北、东缘发生走滑及块段隆升
新生代	第四纪	更新世（Qp）	陆内前陆盆地发展阶段		北天山隆升，盆地基底沿南缘挠曲下沉形成前渊，山前地区形成逆冲褶皱带；在北部发育前隆，盆地呈楔形形态；盆地西、北、东缘发生走滑及块段隆升
新生代	新近纪	上新世（N₂）	陆内前陆盆地发展阶段		北天山隆升，盆地基底沿南缘挠曲下沉形成前渊，山前地区形成逆冲褶皱带；在北部发育前隆，盆地呈楔形形态；盆地西、北、东缘发生走滑及块段隆升
新生代	新近纪	中新世（N₁）	陆内前陆盆地发展阶段		北天山隆升，盆地基底沿南缘挠曲下沉形成前渊，山前地区形成逆冲褶皱带；在北部发育前隆，盆地呈楔形形态；盆地西、北、东缘发生走滑及块段隆升
新生代	古近纪	渐新世（E₃）	统一坳陷	陆内坳陷盆地旋回叠加发展阶段	基底均衡沉降，盆地变形微弱，断层、褶皱作用不明显；盆地沉降沉积中心逐步向盆地南部迁移
新生代	古近纪	始新世（E₂）	统一坳陷	陆内坳陷盆地旋回叠加发展阶段	基底均衡沉降，盆地变形微弱，断层、褶皱作用不明显；盆地沉降沉积中心逐步向盆地南部迁移
新生代	古近纪	古新世（E₁）	统一坳陷	陆内坳陷盆地旋回叠加发展阶段	基底均衡沉降，盆地变形微弱，断层、褶皱作用不明显；盆地沉降沉积中心逐步向盆地南部迁移
中生代	白垩纪	晚白垩世（K₂）	统一坳陷	陆内坳陷盆地旋回叠加发展阶段	基底均衡沉降，盆地变形微弱，断层、褶皱作用不明显；盆地沉降沉积中心逐步向盆地南部迁移
中生代	白垩纪	早白垩世（K₁）	统一坳陷	陆内坳陷盆地旋回叠加发展阶段	基底均衡沉降，盆地变形微弱，断层、褶皱作用不明显；盆地沉降沉积中心逐步向盆地南部迁移
中生代	侏罗纪	晚侏罗世（J₃）	压扭坳陷	陆内坳陷盆地旋回叠加发展阶段	多期震荡演化，早期弱伸展环境，中晚期经历右旋压扭改造，盆地东西部发育南北向构造，盆地内部发育近北西西向构造；侏罗纪末期，隆升剥蚀，盆地周缘隆升较强
中生代	侏罗纪	中侏罗世（J₂）	弱伸展坳陷	陆内坳陷盆地旋回叠加发展阶段	多期震荡演化，早期弱伸展环境，中晚期经历右旋压扭改造，盆地东西部发育南北向构造，盆地内部发育近北西西向构造；侏罗纪末期，隆升剥蚀，盆地周缘隆升较强
中生代	侏罗纪	早侏罗世（J₁）	弱伸展坳陷	陆内坳陷盆地旋回叠加发展阶段	多期震荡演化，早期弱伸展环境，中晚期经历右旋压扭改造，盆地东西部发育南北向构造，盆地内部发育近北西西向构造；侏罗纪末期，隆升剥蚀，盆地周缘隆升较强
中生代	三叠纪	晚三叠世（T₃）	压性坳陷	陆内坳陷盆地旋回叠加发展阶段	弱挤压背景，盆地西缘、南缘发生压陷沉降作用；三叠纪末，盆地隆升，盆地周缘发生冲断作用
中生代	三叠纪	中三叠世（T₂）	压性坳陷	陆内坳陷盆地旋回叠加发展阶段	弱挤压背景，盆地西缘、南缘发生压陷沉降作用；三叠纪末，盆地隆升，盆地周缘发生冲断作用
中生代	三叠纪	早三叠世（T₁）	压性坳陷	陆内坳陷盆地旋回叠加发展阶段	弱挤压背景，盆地西缘、南缘发生压陷沉降作用；三叠纪末，盆地隆升，盆地周缘发生冲断作用
晚古生代	二叠纪	晚二叠世（P₃）	压性坳陷	断陷盆地发展阶段	盆地沉降，统一盆地形成；晚期隆升，周缘构造活动强烈
晚古生代	二叠纪	中二叠世（P₂）	断坳转换	断陷盆地发展阶段	中晚期盆地沉降，发生"泛盆"沉积，向坳陷转换；末期盆地隆升，西缘发生逆冲作用、北部强烈隆升，博格达山及盆地东部初始隆升
晚古生代	二叠纪	早二叠世（P₁）	断陷	断陷盆地发展阶段	断裂活动加强，发育了众多堑、垒相间的断陷盆地
晚古生代	石炭纪	晚石炭世（C₂）	残留海—裂陷	断陷盆地发展阶段	博格达山裂谷产生，盆地东北部发生裂陷，西南部有残留洋盆；晚期演变为陆内环境
晚古生代	石炭纪	早石炭世（C₁）	残留洋—岛弧	断陷盆地发展阶段	准噶尔古陆块经历拉张—聚敛过程，完成北与西伯利亚板块、南与塔里木板块、东与华北板块的拼合过程；早石炭世末遭受了强烈的褶皱变形

1）晚石炭世—中二叠世断陷盆地发展阶段

早石炭世时期，新疆北部发育了残留洋盆、残留海盆、滨浅海、岛弧以及弧前盆地、弧间盆地、弧后盆地等环境，火山活动强烈，新疆东部、北部整体属残留洋—岛弧体系，西部和南部属残留洋盆环境。早石炭世末，准噶尔古陆块完成北与西伯利亚板块、南与塔里木板块、东与华北板块的拼合过程，遭受了强烈的褶皱变形。上石炭统与下石炭统之间表现为区域性角度不整合。

晚石炭世，受"后造山伸展作用"影响，准噶尔盆地发生裂陷作用，进入断陷盆地发育阶段。晚石炭世巴什基尔期，博格达山裂谷发育，表现为裂谷与残留海并存、北陆南海的格局。盆地北部整体进入陆内演化阶段，主体为陆内湖盆环境，间列分布着一些北西—南东向展布的陆内裂谷火山岩带；东南部受博格达山裂谷影响，大部分地区处于滨浅海环境；盆地西南部仍然有残留洋盆存在。晚石炭世莫斯科期，达尔布特残余洋与北天山洋先后闭合，北疆地区整体海退。准噶尔西北缘、东北缘大部分地区均已隆起成陆，整个准噶尔地区演变为陆内环境，边缘发育河流湖泊环境。

早二叠世，断裂活动加强，发育了众多堑、垒相间的断陷盆地。这些众多彼此独立而又相互连通的大小不等的沉积凹陷组成为凹陷群体，凹陷间为剥蚀隆起区相隔。在凹陷的陡翼多生长性正断层，缓翼多进积超覆现象。凹陷开始接受沉积的时间也先后不等，各层序间均为不整合；博格达裂谷为连续沉积。盆地西北、东部伴随着广泛而剧烈的火山活动，普遍发育粗碎屑岩、火山碎屑岩和火山岩互层建造。

中二叠世早期，盆地沉积范围逐渐扩大，分隔的局面初步统一，普遍发育水体相对较深的细碎屑岩夹碳酸盐岩沉积，西北部山地仍较陡峭，以扇三角洲—滨浅湖沉积为主，南部和东北部以浅湖—半深湖沉积为主，沉积厚度仍以玛湖、昌吉、乌鲁木齐一带最大。中二叠世晚期，准噶尔盆地由断陷盆地逐步向坳陷盆地转化，由海陆过渡相沉积演变为陆相沉积。盆地西北部、东北部以扇三角洲、河流相、辫状河三角洲粗碎屑岩沉积为主，南部地势相对较低，以扇三角洲—滨浅湖沉积为主。

中二叠世末期，盆地遭受挤压作用，西缘发生逆冲作用、盆地东北部发生冲断作用，博格达山及盆地东部、北部初始隆升，断陷盆地演化结束。

晚石炭世至中二叠世早期断陷、晚期盆地边部冲断、隆升的演化过程基本奠定了准噶尔盆地的构造格局。盆地内部发育大型坳陷带，保留了大量早期构造变形特征，整体表现为一个凹凸相间的构造格局，长期接受沉积，地层分布广、厚度大、变形弱。盆地西部、东部及陆梁隆起构造活动强，长期处于隆起状态，主体二叠系及中—新生界发育不全。

2）晚二叠世—古近纪陆内坳陷盆地旋回叠加发展阶段

晚二叠世—古近纪，准噶尔盆地为坳陷盆地演化阶段。受印支、燕山运动的影响，盆地总体处于挤压—扭动的应力场背景下，具有震荡旋回叠加发展的特征，经历了晚二叠世、三叠纪、早—中侏罗世、晚侏罗世、白垩纪—古近纪五期坳陷湖盆演化阶段。主要为一套三角洲—湖泊沉积建造，各年代的沉积主要受控于重力的均衡作用，整体表现为以盆地腹部为中心的同心式向外减薄为特征。

（1）晚二叠世压性坳陷演化阶段。中二叠世末期，盆地隆升遭受剥蚀，中二叠统和上二叠统之间形成区域不整合面。上二叠统由盆地内部向隆起区逐层超覆，早期发育冲积扇、扇三角洲、辫状河三角洲砂砾岩沉积。中期湖盆进一步扩大，水体变深。晚期发育一套稳定的湖相泥岩沉积，末期抬升遭受剥蚀。二叠纪末期，盆地隆坳错落的格局基本夷平。

（2）三叠纪压性坳陷演化阶段。三叠纪，受特提斯由东向西封闭、塔城微陆块向南东向挤压作用的影响，准噶尔盆地总体上处于弱挤压背景，进入压性陆内坳陷发育阶段。在盆地西部边缘和南部边缘发生压陷沉降作用，盆地腹部表现为对海西晚期形成的北西向隆、坳相间格局的改造，出现了以东经86°为中心的镜像对称，西部为北东向构造，东部为北西向构造。早—中三叠世沉积范围分别由南向北、由西北向东南逐步扩大，西部主要为冲积扇—扇三角洲—滨浅湖沉积体系，东部主要为辫状河—辫状河三角洲沉积体系，车排子凸起、乌伦古坳陷缺少沉积。晚三叠世沉积范围达到最大，乌伦古坳陷和准噶尔盆地统一成一个沉积盆地，除盆地边部外，主要为湖相泥岩沉积。三叠纪末，受印支晚期挤压作用的影响，盆地回返，遭受剥蚀，形成了三叠系和侏罗系之间的区域性不整合，其中西北缘、东北缘抬升较高，克—夏冲断—推覆带基本定型。

（3）早—中侏罗世弱伸展坳陷演化阶段。侏罗纪初期，受印支晚期挤压后松弛作用的影响，盆地处于弱伸展应力环境下，盆地再次沉降，进入弱伸展坳陷盆地发展阶段。盆地为一个统一的大型坳陷湖盆，地形平缓，广泛发育湖沼相和大型浅水三角洲沉积，沉积中心位于中央坳陷及乌伦古坳陷。

（4）晚侏罗世压性坳陷演化阶段。中侏罗世末期，盆地再次进入挤压环境，盆地发生冲断、褶皱、隆升，上侏罗统与中侏罗统之间发育一套区域不整合面。上侏罗统主要为河流—湖泊沉积。

侏罗纪时期，受燕山多期震荡运动以及早中期弱伸展应力环境到中晚期挤压应力环境、晚期由近南北向挤压向近东西向挤压等转换作用的影响，盆地发生多次抬升、褶皱及断裂作用。侏罗系内部表现出多个局部性、区域性不整合，由于断裂的翘倾活动、褶皱作用的影响，使得各地区剥蚀程度有所差异。在此期间，盆地周缘开始隆升，盆地南部发育近东西向断裂，博格达山山前褶皱断裂开始发育；西部隆起南部、东缘隆起区发育大量近南北向断层，盆地腹部广大地区发育近北西西具走滑性质的断层。在车排子到莫索湾一带形成了大型的"车莫古隆起"，呈北西西—北东东走向，侏罗系遭受大面积剥蚀（图3-9）。该隆起在三工河组沉积时期开始发育，影响了侏罗系沉积，在侏罗纪末期达到顶峰，在白垩纪晚期受盆地南部沉降作用影响在盆地腹部消亡，车排子地区长期处于隆起状态。

直至侏罗纪末期盆地再次整体性上隆，侏罗系遭受剥蚀，除盆地南缘少量地区外，盆地大部分地区出现了白垩系与侏罗系不同层位接触的区域性不整合。

（5）白垩纪—古近纪时期为陆内统一坳陷阶段。白垩纪，盆地中南部发生剧烈沉降，进入新旋回坳陷盆地演化阶段，表现为基底均衡沉降，盆地变形微弱，断层、褶皱作用不明显，盆地内表现为以腹部为中心的整体同心式下沉，从盆地腹部向周缘超覆于下伏地层之上。

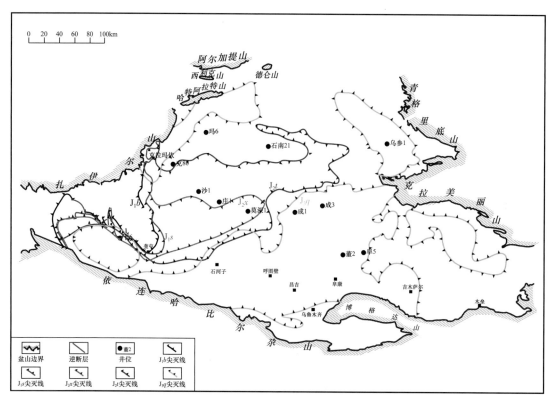

图 3-9　准噶尔盆地中西部侏罗系残余地层分布图

早白垩世盆地分布范围最广，沉降幅度最大。晚白垩世盆地开始萎缩，沉积与沉降作用减弱，整体呈北部斜坡、南部坳陷的格局。白垩纪末期，盆地再次隆升遭受剥蚀，周缘隆起进一步加强。

古近纪时期，早期盆地沉积中心开始向南缘转移，表现为多个孤立、浅而咸的小湖群；晚期古气候逐渐转为湿热，湖平面上升，滨浅湖范围明显增大。沉积中心在玛纳斯—安集海一带，厚度 1000～1500m。

从晚二叠纪到古近纪，准噶尔盆地虽经历了多期次构造运动的影响，但整体处于坳陷盆地的发展阶段，经历了从拓展进积到极度扩张，最后臻于成熟老化的完整过程。

3）新近纪—第四纪陆内前陆盆地发展阶段

印度板块在古近纪始新世初与欧亚板块碰撞，在始新世末青藏高原持续隆升，到新近纪中新世早期，其远程效应影响准噶尔盆地，准噶尔盆地进入陆内前陆盆地演化阶段。天山的大幅度冲断隆升始于新近纪上新世晚期，早更新世冲断隆升强度逐渐增大，中更新世冲断作用剧增，天山山地开始大幅度抬升。

这一时期，伴随天山越来越强的抬升，老化的准平原被破坏，剥蚀加强，山前区向磨拉石化快速堆积的方向发展，盆地以向南收缩、快速补偿的方式转化为南北强烈不对称的箕状再生坳陷——再生性前陆盆地。新近系在盆地的北部和南部差别很大，南部的沉积层序连续、厚度很大、磨拉石化早、横向变化剧烈、与古近系之间无间断，沉积厚度可达 6000m 以上；北部层序不全、分布局限、间断多。

准噶尔盆地总体上处于压扭背景，盆地中构造变动明显表现为南强北弱，盆地南缘留下了成排成带的背斜及断裂。早更新世后，盆地周边挤压收缩更为强烈，整体抬升，形成今日的景观，准噶尔盆地最终定型。

第二节　构造单元特征

构造单元主要是指在构造特征方面明显不同于周缘地区的地质单元。准噶尔盆地在复杂的区域构造背景下，经历了复杂的演化过程，形成了规模不等、特征差异的构造单元。

一、构造单元划分

含油气盆地构造单元边界的划分一般依据两个原则：一是依据盆地的沉积史，基底层系构造格局，中浅层构造组合的相似性、差异性进行划分，包括盆地内部的构造特征、基底的起伏、盖层的厚薄、构造变形特征和断层的分割作用；二是依据主力烃源岩层系分布、含油气层系的分布，从油气生产、运移、聚集的相似性及差异性出发进行划分。

含油气盆地构造单元级别的划分，通常分为一级单元、二级单元、三级单元3个级别。一级构造单元一般以大型的坳、隆为基本单元，同一级单元内有着深浅层构造组合、演化机制的共性及沉积建造、油气生、运、聚的共性，通常包括坳陷、隆起和斜坡。对于中国西部的含油气盆地来说，由于受强烈挤压产生了较大规模的变形区，因此可以增加冲断带或断褶带作为盆地中的一级构造单元。准噶尔盆地的一级构造单元有断褶带、隆起和坳陷。在一级构造单元内，考虑基底起伏、构造变形、盖层的发育程度及厚度与含油气有利地带的集散程度而划分出二级构造单元，一般都划分为凸起、凹陷、断裂带、断阶带等。在二级构造单元之内，还可以进一步划分出三级构造单元，一般包括突起、洼陷、背斜带、向斜带、斜坡带、断裂带等。

准噶尔盆地的构造格局是在晚石炭世—中二叠世断陷盆地演化过程形成的构造格局的基础上演化而来，本书以二叠纪古构造格局为基础，根据中—下二叠统主力烃源岩层系结合下侏罗统烃源岩分布将准噶尔盆地划分为6个一级和48个二级构造单元（图3-10、表3-3）。

二、构造单元基本特征

准噶尔盆地一级构造单元包括西部隆起、东部隆起、陆梁隆起、准南冲断—褶皱带和中央坳陷、乌伦古坳陷。

1.西部隆起

西部隆起位于准噶尔盆地西北部，曾称西北缘冲断带。其西为扎伊尔山、成吉思汗山，北以达尔布特断裂为界与和什托洛盖盆地相接，东北部与陆梁隆起相邻，东通过红车—乌夏断裂带与中央坳陷相接，南邻准南冲断—褶皱带。西部隆起北东向展布，长300km，宽20～100km，总面积约14000km²，呈西南宽东北窄的尖三角形。

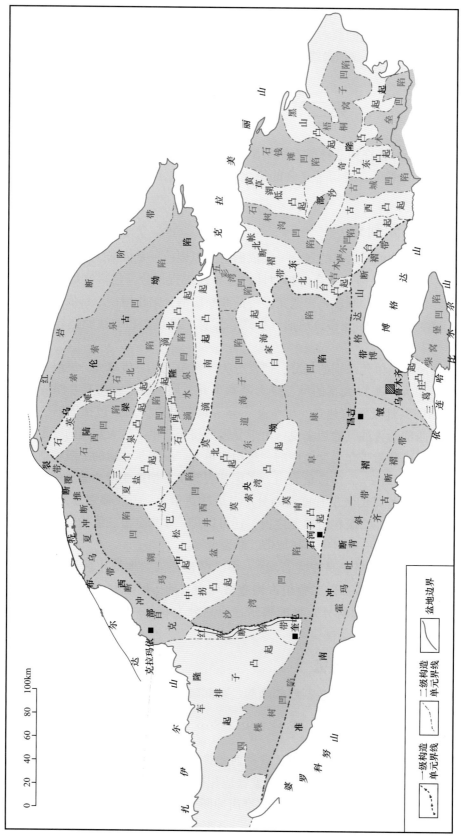

图 3-10 准噶尔盆地构造单元平面分布图

表 3-3　准噶尔盆地一、二级构造单元划分表

一级单元名称	二级单元名称	一级单元名称	二级单元名称
西部隆起	四棵树凹陷 车排子凸起 红车断阶带 克百冲断带 乌夏冲断—推覆带	陆梁隆起	石英滩凸起 三个泉凸起 滴北凸起 夏盐凸起 石西凸起 滴南凸起 石西凹陷 石北凹陷 三南凹陷 滴水泉凹陷
准南冲断—褶皱带	齐古断褶带 霍玛吐背斜带 博格达山褶皱带 三葛庄凸起 柴窝堡凹陷		
中央坳陷	中拐凸起 达巴松凸起 莫索湾凸起 莫北凸起 莫南凸起 白家海凸起 玛湖凹陷 盆 1 井西凹陷 沙湾凹陷 东道海子凹陷 五彩湾凹陷 阜康凹陷	东部隆起	帐北断褶带 北三台凸起 三台凸起 古西凸起 古东凸起 沙奇凸起 黄草湖低凸起 黑山凸起 石树沟凹陷 石钱滩凹陷 梧桐窝子凹陷 吉木萨尔凹陷
乌伦古坳陷	红岩断阶带 索索泉凹陷		古城凹陷 木垒凹陷

　　隆起东部边界为红车—克乌断裂带，断裂带南端与准南断褶带的沙湾断裂相交，北端到德伦山与吐孜托依拉断裂带相交，长约 370km，南段南北走向，称为红车断裂带，中北段南北—北北东走向，发育多条近平行的冲断断层，称为克乌断裂带。断裂带发育于二叠纪早期，从基底断至侏罗系，整体西倾，表现为逆冲断层特征，为深大断裂，控制了西部隆起的演化。受红车—克乌断裂带发育演化的影响，西部隆起整体表现为一个大型的冲断—推覆构造，主要是从二叠纪开始到白垩纪末期长期发育起来的，由一系列舌状滑脱体联合组成的冲断—推覆构造带。受调节断层的影响，在南北向上可分为 3 段。南段以高角度冲断为主，二叠系缺失，中生界残留分布于石炭系之上，晚期受准南压陷作用的影响沉积的古近系、新近系超覆于中生界、石炭系之上（图 3-3），向东通过红车断阶带与中央坳陷相接。中段具有逆掩特征，石炭系、二叠系逆掩于玛湖凹陷之上，三叠系、侏罗系整体表现为超覆于石炭系、二叠系之上。东北段表现为冲断—推覆特征，北部的哈特阿拉特山为一个大型逆冲推覆构造，南部的风城、乌尔禾、夏子街一带为冲断—褶皱构造，与玛湖凹陷渐变接触，主要发育二叠系及中生界（图 3-5）。

根据构造变形及残留地层特征，西部隆起可分为四棵树凹陷、车排子凸起、红车断阶带、克百冲断带、乌夏冲断—推覆带 5 个二级构造单元。

车排子凸起是一个继承性凸起，地层发育不全，石炭系之上发育了侏罗系、白垩系、古近系、新近系及第四系。石炭系表现为一个鼻状构造，平面上呈倒三角形，其主体走向为北西—南东至东西向。西北部扎伊尔山前隆起最高，向东部、南部及东南部隆起幅度逐渐降低，至东南部奎屯—安集海一带隐伏消失。侏罗系残留分布于凸起边部，其他层系从鼻状构造东翼、西翼超覆沉积，主体为新近系沉积。车排子凸起发育深浅两套断裂系统。深部石炭系—侏罗系以挤压构造为主，由一系列逆冲及逆掩断层组成，以南北走向早期逆冲断层为主构成的挤压构造系统和以北西走向晚期叠加构造变形为特征。浅层断裂体系主要是张性正断层，在白垩系至新近系发育。包括北西西走向为主的走滑断裂系统和南北走向为主的伸展断裂系统。

四棵树凹陷北以艾卡断裂带与车排子凸起相隔，东以红车断裂带与沙湾凹陷相隔，总体走向北西西—南东东向。四棵树凹陷是在石炭系之上发展起来的中—新生代沉积凹陷，自下而上主要发育石炭系、三叠系、侏罗系、白垩系、古近系、新近系及第四系。按构造及地层发育特征，其又可细分为南部斜坡带、中部洼陷带及北部斜坡带 3 个次级构造单元，其中中部洼陷带包括东、中、西三个向斜（次级洼陷），地层齐全，厚度可达近万米。四棵树凹陷主要发育深部断裂系统，呈北西走向，包括北斜坡的艾卡断裂带和艾卡西断裂带、南坡的固尔图断裂带，主要断开层系为石炭系—侏罗系，断裂主体活动在侏罗纪末期。四棵树凹陷南部卷入前陆冲断变形，发育固尔图背斜带等多排冲断褶皱构造带，断裂陡倾，变形复杂。

乌夏冲断—推覆带在二叠纪时期与玛湖凹陷为统一的湖盆沉积，沉积范围包括现今的和什托洛盖盆地。二叠纪晚期发生强烈的冲断推覆，三叠纪末期进一步加强，形成了一大型冲断—推覆构造带。构造带前端以冲断变形为主，二叠系、三叠系卷入变形，形成了风城、乌尔禾、夏子街等多个褶皱构造；后端以逆冲推覆为主，石炭系、二叠系、三叠系发生强烈的变形，侏罗系、白垩系超覆其上，晚期发生隆升，形成了现今哈特阿拉特山（简称哈山）和德伦山。其中，西段以推覆为主，石炭系叠置于二叠系、三叠系之上；中段推覆作用减弱，东段以冲断为主。

2. 陆梁隆起

陆梁隆起位于准噶尔盆地中北部，曾称三个泉隆起，为北西向横亘准噶尔盆地中央的一个低隆起带。陆梁隆起东、南部分别与中央坳陷相邻，北部与乌伦古坳陷相接，西北部与西部隆起的乌夏冲断—推覆带相接，东南延至克拉美丽山。陆梁隆起呈北西向延伸，长 150km，宽 20～100km，面积约 19000km²，总的形态为东南窄西北宽的喇叭形。

陆梁隆起南侧发育滴南断裂带，总体走向近东西，呈向南突出的弧形断裂，长约 200km；北侧发育陆北断裂带（石英滩—三个泉断裂），走向北西西，长约 210km；两条断裂带发育于海西晚期，终止于侏罗纪晚期，属深大断裂，控制影响了陆梁隆起的发育。陆梁隆起主要发育石炭系、上三叠统及侏罗系、白垩系，二叠系、中—下三叠统残留分布。陆梁隆起发育于海西晚期，二叠纪和三叠纪早中期整体处于隆起状态，隆起北部、东南部发育二叠系，周缘发育中—下三叠统。三叠纪晚期—侏罗纪，陆梁隆起逐渐下沉，接受沉积，但厚度较薄。侏罗纪末期再次隆升，中—上侏罗统遭受剥蚀，白垩系超覆沉积于隆起之上。

受二叠纪—三叠纪褶皱隆升及断裂活动差异性的影响，陆梁隆起形成了隆坳相间的格局，上石炭统、二叠系局部残留形成凹陷，后期得到加强（图3-4），可以划分为石英滩凸起、三个泉凸起、滴北凸起、夏盐凸起、石西凸起、滴南凸起、石西凹陷、石北凹陷、三南凹陷、滴水泉凹陷等10个二级构造单元。

石西、石北凹陷主要为上石炭统、中—下二叠统残留凹陷，石炭系构造复杂、断裂发育，形成了多个北西向构造带。石英滩凸起缺少上石炭统、二叠系。早—中三叠世整体处于隆升剥蚀状态，上三叠统、侏罗系、白垩系披覆于3个二级构造单元之上，构造特征相似，地层变形较弱，断裂不发育。

3. 东部隆起

东部隆起位于准噶尔盆地的东南部，是准噶尔盆地最大的一级正向构造单元，曾称沙奇隆起。东部隆起南、北分别受博格达山和克拉美丽山夹持，西部与中央坳陷呈斜坡过渡，呈东窄西宽、北西向展布，面积约26000km^2。

东部隆起主要发育石炭系、二叠系、中生界及新生界。二叠纪时期，该区受早期沙奇凸起的分割影响，二叠系分别从博格达山地区向北、克拉美丽山向南超覆沉积。中生界沉积较全，期间受北西西向沙奇凸起分割及燕山期东西向挤压作用的影响，发育了三台东、黑山、奇台东、奇台西等南北走向断裂，表现为由西向东的逆冲，断开石炭系—侏罗系，形成了多个南北走向凹、凸相间展布的棋盘格状构造格局。晚期，受博格达山、克拉美丽山冲断作用影响，叠加了近东西走向的构造变形，发育了老君庙、石树沟等近东西走向断裂，断开了白垩系；木垒凹陷发育大量近东西走向的逆冲断层，向上断至新近系底部（图3-3、图3-4、图3-7）。

根据东部隆起残留地层分布特征，可以划分为帐北断褶带、北三台凸起、三台凸起、古西凸起、古东凸起、沙奇凸起、黄草湖低凸起、黑山凸起、石树沟凹陷、石钱滩凹陷、梧桐窝子凹陷、吉木萨尔凹陷、古城凹陷、木垒凹陷等14个二级构造单元。

凹陷带表现为构造残留凹陷的特征，西深东浅，主要分布二叠系、三叠系、侏罗系，侏罗系遭受不同程度的剥蚀，古近系覆盖在不同层系之上，吉木萨尔凹陷、石树沟凹陷内发育白垩系；断裂较为发育，形成了多个构造带。凸起区主要为古近系、新近系披覆于石炭系之上，构造较为简单。

4. 准南冲断—褶皱带

准南冲断—褶皱带位于准噶尔盆地南部，曾称北天山山前褶皱带、北天山山前冲断带、乌鲁木齐山前坳陷，简称准南断褶带。其南为北天山的依连哈比尔尕山，其北分别为西部隆起南端、中央坳陷及东部隆起，博格达山嵌入其中。准南断褶带呈北西西向展布，东宽西窄，面积约24000km^2。

准南断褶带是喜马拉雅构造运动期所形成的陆内前陆盆地发育区，是一个以海西期、印支期、燕山期坳陷盆地为基础、喜马拉雅期强烈变形、长期发育多期叠合的大型构造带。向山内方向构造变形强烈，抬升较高。向盆地方向发育精河—独山子、沙湾、玛纳斯—呼图壁等大量近东西走向逆冲断裂带，形成了断层相关褶皱背斜带，构造带总体平行北天山造山带成排成带发育，表现为东西分段、南北分带的特征，向盆内逐渐过渡（图3-4、图3-8）。

根据准南断褶带变形特征，可分为齐古断褶带、霍玛吐背斜带、博格达山褶皱带、三葛庄凸起、柴窝堡凹陷等5个二级构造单元。

博格达山及其周缘地区在二叠纪处于伸展裂陷环境，早二叠世沉积具有一定的分割性，中二叠世时期基本形成了统一的湖盆。晚二叠世—侏罗纪整体处于沉降阶段，中间存在小幅度隆升。晚侏罗世，博格达山开始第一次强烈隆升。自喜马拉雅期开始，博格达山再次复活，表现为山体垂向强烈隆升，形成了现今的构造格局。齐古断褶带、博格达山断褶带的二叠系—侏罗系都卷入变形，发育了冲断叠瓦及逆冲推覆构造，形成了多个构造带。

三葛庄凸起总体为一个北东向延伸的南高北低的凸起，凸起的主体古近系直接覆盖于石炭系之上，凸起的两翼残留了二叠系和三叠系。柴窝堡凹陷夹持于博格达基底逆冲构造系与天山造山带之间，二叠系、三叠系、侏罗系沉积厚度可达6000m以上，具有"南北对冲、中间走滑"的地质结构特点，南部受北天山的影响主要以冲断构造样式为主，北部受博格达山隆升的影响，以推覆构造样式为主。

5. 中央坳陷

中央坳陷横贯准噶尔盆地腹部，是最大的负向一级构造单元，受西部隆起、陆梁隆起、东部隆起及准南断褶带围限，西缘以红车断裂带、克百断裂带与西部隆起分界，南部边界为霍玛吐断裂和阜康断裂，东部以沙丘北断裂、缓坡与东部隆起过渡，北部以滴南断裂等与陆梁隆起相接，整体呈NW走向，面积约39000km²。

中央坳陷是自石炭纪以来构造相对稳定、沉积层系齐全、沉积厚度较大的一个大型坳陷，二叠系及以上地层发育齐全，沉积总厚度8000～14000m。石炭纪末期，中央坳陷区表现为坳隆相间的构造格局，在准中地区形成了多个坳陷和多个隆起区。早—中二叠世发育大小不等的多个沉积中心；中—晚二叠世，沉积范围逐渐扩大，分割的局面初步统一。从三叠纪开始形成了统一的大型内陆湖盆，三叠纪—侏罗纪，构造沉积总体稳定。在早侏罗世晚期，受燕山运动的影响，在红车断裂带—莫索湾—滴南一带开始发育形成车排子—莫索湾古隆起，并影响了中—晚侏罗世的沉积，在侏罗纪末期达到高峰，在这一弧形构造带中—上侏罗统缺少。白垩纪晚期，受北部陆梁隆起隆升、南部压陷作用的影响，古隆起北部抬升，古隆起逐步消亡，逐步转换为南倾斜坡（图3-3、图3-4），古近系表现为由南向北的超覆特征。

受多期构造活动的影响，盆地发育具有走滑特征的深中浅三套断裂系统。深部断裂系统主要沿石炭系古隆起边界发育，断开石炭系、二叠系，部分断至侏罗系顶部。中部断裂系统主要发育于侏罗系，断层较多，规模差异较大，断面陡直，局部呈花状，走滑特征明显。浅部断裂系统主要发育白垩系—新近系，断层较少、规模较小。断层以北西西—北西向为主，北东、北东东向次之，均具有压扭走滑特征。

以石炭系顶面起伏及二叠系分布特征为依据，中央坳陷可划分为中拐凸起、达巴松凸起、莫索湾凸起、莫北凸起、莫南凸起、白家海凸起、玛湖凹陷、盆1井西凹陷、沙湾凹陷、东道海子凹陷、五彩湾凹陷、阜康凹陷等12个二级构造单元，凸起区二叠系发育不全，凹陷区二叠系发育较全。

6. 乌伦古坳陷

乌伦古坳陷位于准噶尔盆地的东北部，呈北西西向近菱形展布。北部与青格里底山呈渐变特征，东部以乌伦古东断层为界；西部以陆北断层、石北凹陷北断层为界与陆梁隆起的石英滩凸起、石北凹陷相邻；南部以喀拉萨依断层为界与陆梁隆起的滴北凸起相邻。整体呈北西走向，面积约 16000km^2。

乌伦古坳陷在中二叠世—中三叠世整体处于隆升剥蚀状态，局部残留分布上石炭统、下二叠统，主要在下石炭统之上沉积上三叠统、侏罗系—古近系，为一个以侏罗系沉积为主的大型坳陷。

乌伦古坳陷北部发育了近东西走向的吐孜托依拉断裂带，表现为由北向南的逆冲断裂，断开石炭系—古近系，断层上盘中生界残留分布、下盘中生界齐全。以该断裂为界可将乌伦古坳陷划分为红岩断阶带、索索泉凹陷两个二级构造单元。

索索泉凹陷主要发育下石炭统、上三叠统、侏罗系及白垩系，是一个中生界沉积凹陷。石炭系内断裂发育，上三叠统—侏罗系构造活动较弱，主要发育了喀拉萨依等多条北西走向断层，断层规模由北向南逐渐递减，形成依次降低的有序分布。红岩断阶带主要发育石炭系、上三叠统及侏罗系。西北段和东南段分别发育北西西和北北西向冲断断层，两组断层被伦 2 井、伦 3 井附近的"三角"褶皱区分割，发生弧形转弯。剖面上两组断层产状陡峻以至直立，基底地层冲断抬升，在西北段地层遭受强烈剥蚀，东南段在中生界形成冲断褶皱。

第三节　构造对沉积、成藏的控制作用

在盆地从形成、发展到消亡的整个演化过程中，构造运动除了完全控制盆地性质类型、形态格局和演化过程以外，还对盆地盖层的发育和油气成藏条件及运移聚集过程起着非常重要的控制作用。

一、构造对沉积的控制作用

1. 控制着沉降、沉积中心的变迁

准噶尔陆内大型叠合盆地经历了三个大的演化阶段。每个大的阶段盆地性质类型、形态格局都有较大差异，这也就使得盆地的沉降中心和沉积中心的变化较大。

在早期的断陷盆地发展阶段，造就了多个沉降中心和沉积中心。二叠系沉积中心位于玛湖凹陷、盆 1 井西凹陷、沙湾凹陷和阜康凹陷、博格达山周缘，在石南凹陷、石西凹陷、五彩湾凹陷、石钱滩凹陷、古城凹陷和梧桐窝子凹陷等均有小的沉积中心。在陆内坳陷旋回发展阶段，主要发育统一性的陆内坳陷盆地，使得沉降中心和沉积中心合并减少，并向盆地中心部位迁移。三叠系沉积中心主要位于中央坳陷，侏罗系沉积中心除中央坳陷外，其次是乌伦古坳陷和四棵树凹陷，白垩系沉积中心具有一定继承性。晚期的前陆盆地阶段，沉降中心和沉积中心进一步向南迁移，位于靠近北天山造山带的准南断褶带。

2. 控制着沉积体系、相带的发育

构造变动控制了每个地层层序从水进到水退的沉积旋回，形成了地层层序的主要界面，也决定了不同时期的主要沉积类型。

早石炭世主要为海相环境，岛弧带发育海相环境火山岩，残留洋盆、海盆发育海相火山碎屑岩沉积，岩相带展布明显受古洋盆蛇绿混杂岩深大断裂带的构造走向控制，呈现近于平行的带状分布格局。晚石炭世为裂陷环境，火山活动强烈，海相和滨海相尤其是海陆交互相的建造组合中都含有较大比例的火山岩建造，并以巴塔玛依内山组最为典型，主要发育基性、中性、酸性火山熔岩和火山碎屑岩组合，总体显示陆内裂谷环境下的火山活动特征。早—中二叠世为多断陷环境，沉积体系发育具有典型的断陷盆地的特征。晚二叠世，盆地进入坳陷阶段，冲积扇、河流、三角洲体系广泛发育，到古近系，形成了全盆分布、多层系的重要储集层系。

二、构造对油气成藏的控制作用

1. 构造演化控制了烃源岩及储层分布

准噶尔盆地早—中二叠世为多断陷环境，发育了广泛分布的烃源岩。晚二叠世—古近纪为震荡型坳陷盆地，发育了多个退覆式沉积旋回，地形平缓砂体展布范围大，形成了多套区域性储盖组合；同时，沉积中心主要位于中央坳陷，形成了纵向叠置的多套烃源岩。中央坳陷沉积相对稳定连续，沉积厚度大，成为重要的生烃中心。

2. 继承性正向构造及其周缘是油气聚集的重要单元

准噶尔盆地是中国西部主要的大型含油气盆地。勘探实践证明，油气主要聚集在正向构造单元之上及其周缘的断裂带、斜坡带。正向构造单元，特别是大型正向构造单元的长期继承性，具有长期的聚油背景，是油气聚集的主要指向。准噶尔盆地油气最为富集的是西部隆起的克夏断阶带、车排子凸起、红车断阶带，其次是陆梁隆起的多个凸起及其周缘。

准噶尔盆地晚石炭世至中二叠世早期断陷演化阶段形成的隆坳格局对盆地构造—沉积演化有明显的控制作用，早期形成的隆起构造长期继承发育，贯穿于主要油气生、排、运、聚过程，具有长期的聚油背景，是油气聚集的主要指向区。同时，这些正向构造单元周边往往发育长期活动的深大断裂，为油气运移提供了良好的输导通道。长期的隆起背景、良好的输导通道使正向构造单元及其周缘的断裂带、斜坡带成为油气主要聚集区。如西部隆起及红车—克乌断阶带、陆梁隆起及其周缘多个凸起、阜东斜坡带等。

3. 断裂带控制了坳陷带、冲断—褶皱带油气聚集及分布

坳陷带内正向构造发育较弱，但受多期构造应力的改造，发育了大量走滑断层，控制了坳陷带油气运聚。断裂的展布控制了油气聚集带的形成，断开层位控制了纵向分布。如盆地腹部发育深中浅三套走滑断裂体系，呈带状展布，形成了二叠系、三叠系、侏罗系及白垩系四套油气聚集层位及多个聚集区带；玛湖凹陷内部发育大量断至三叠系走滑断层，在二叠系、三叠系形成了大面积聚集；吉木萨尔凹陷内断层不发育，油气主要在芦草沟组烃源岩层系内及其上覆层系聚集。

准南断褶带在喜马拉雅期强烈变形，发育了大量逆冲断层，形成了平面上成排成带、纵向上多层叠置的断层相关褶皱，断层沟通不同层系油气源，形成了多层楼式油气聚集带。

4. 区域分布砂体及不整合面控制油气大面积聚集

准噶尔盆地经历了多期构造变动，在盆地内形成了大量区域性地层不整合，在不整

合面之上沉积了厚度大、分布广的砂体，这些砂体与油源断层沟通，对准噶尔盆地油气的横向运移、聚集和分布起到了重要的作用。如车排子凸起沙湾组、西北缘侏罗系、北三台凸起—三台凸起侏罗系，都形成了大规模聚集，油气聚集部位与油源断层之间最大距离达到 60km 以上。

盆地构造演化一方面控制了充填过程及特征，进而控制了烃源岩、储层分布及其演化；另一方面，盆地变动过程控制了油气运移通道、圈闭分布、聚集背景及油气成藏过程，进而控制了油气藏类型及分布。

第四章　沉积环境与相

准噶尔盆地的形成开始于石炭纪，从石炭纪至第四纪，盆地经历了多旋回的叠合演化过程、从海相到陆相的复杂古地理环境，发育了多种沉积建造类型。

第一节　沉积相类型

在石炭纪至第四纪，准噶尔盆地主要发育了冲积相、（扇）三角洲相、淡水湖相、咸化湖相、海相和火山岩等六种建造环境。其中，石炭纪—早二叠世早期主要为海相、三角洲相以及火山岩相建造，早—中二叠世主要为（扇）三角洲相、咸化湖盆建造，晚二叠世以来准噶尔盆地转为内陆湖盆，主要发育冲积相、（扇）三角洲、淡水湖泊等浅水陆相沉积体系。

一、冲积相

1. 冲积扇相

准噶尔盆地冲积扇相多发育于盆地周缘山前带，如博格达山前带、克拉美丽山前带及哈特阿拉特山—扎伊尔山前带等，为富粗碎屑、常有泥石流沉积的半圆锥状或扇形的沉积体。根据气候条件，冲积扇可分为干旱型和潮湿型两种类型。

在干旱气候条件下常形成干旱型冲积扇，亦称旱地扇。旱地扇扇面河道通常为间歇性洪水成因，河床变化频繁，泥石流沉积发育，沉积物常具红褐色，冲积层理发育，纵向上以反旋回居多。此类冲积扇在盆地东南部的上二叠统梧桐沟组、上二叠统泉子街组、下三叠统、上侏罗统喀拉扎组，克拉美丽山一带的上三叠统白碱滩组、侏罗系八道湾组底部以及盆地西北部的下二叠统佳木河组均有分布。

在潮湿气候条件下形成的冲积扇称为潮湿型冲积扇或湿地扇。与旱地扇相比，湿地扇具有以下鲜明特征：单个扇体大，分布范围广，表面积可以是旱地扇的数百倍，最大面积可达 16000km²（旱地扇扇体面积小于 100km²）；因气候湿润，沉积物常呈灰色、深灰色，缺乏红色调沉积，煤层多见，沉积物中常见炭屑及植物茎干分布；泥石流不发育，河流作用更为明显，以辫状河道发育为特征，主要为砂砾质辫状河道，河道固定，底部具有冲刷构造，与河流作用相关的各种大型槽状、板状交错层理等沉积构造多见；整个扇体及单旋回皆为自下向上变细的正旋回序列。盆地西北部哈特阿拉特山南侧春晖油田侏罗系八道湾组一段 1 砂层组即为湿地扇典型代表（图 4-1）。在盆地整体夷平准平原化以及暖湿气候的古地理环境下，八道湾组一段 1 砂层组在西北缘物源山系山前斜坡带形成了大面积分布的湿地扇沉积，扇体向盆地方向推进较远，在暖湿气候背景下，扇中辫状水道尤为发育。春晖油田多井岩心观察揭示，八道湾组一段 1 砂层组多为中砾岩、细砾岩、砾状砂及含砾砂岩构成的一套粗碎屑沉积，表现为具有一定磨圆度但分选较差，呈杂乱堆积，总体呈块状不明显向上变细特征（图 4-2a-d）；和什托洛盖盆地野外露头亦揭示八道湾组一段 1 砂层组为一套以中、细砾岩、砂砾岩及含砾砂岩为主的粗碎屑沉积，砾石堆积杂乱，分选极差，见有大型板状、楔状、槽状交错层理及砂砾互层平行层理（低角度斜层理）发育，水道冲刷特征明显，反映牵引流沉积特征。

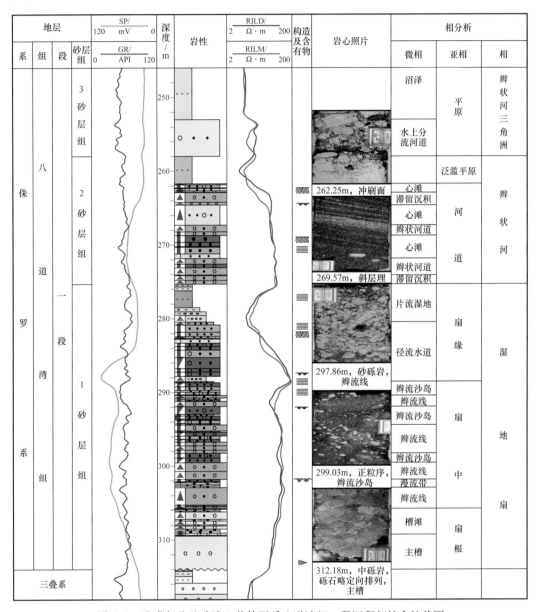

图 4-1　准噶尔盆地哈浅 1 井侏罗系八道湾组一段沉积相综合柱状图

　　空间上，冲积扇是从山口向外伸展的巨大锥形沉积体。在纵剖面上冲积扇常呈下凹的透镜状或楔形状，因此在地震上表现为楔形反射体。根据组成物质由粗变细、分选变好和泥岩含量增多等变化趋势以及相标志特征，可将冲积扇进一步划分为扇根、扇中、扇缘三个亚相。

图 4-2　准噶尔盆地冲积扇相典型相标志图版

a.哈山 3 井，595.5m，$J_1b_1^1$，杂乱堆积中砾岩，次圆状，湿地扇扇根主槽；b.哈浅 1 井，445.9m，$J_1b_1^1$，灰色细砾岩，分选一般，次圆状，湿地扇扇中辫流线；c.哈浅 1-1 井，$J_1b_1^1$，292.12m，砂砾岩，湿地扇扇中辫流沙岛；d.哈浅 1-1 井，$J_1b_1^1$，290.81m，含砾砂岩，砾石呈薄层状，湿地扇扇中漫流带；e.西大龙口剖面上二叠统泉子街组 P_3q，混杂堆积砾岩，棱角状，冲积扇扇根；f.达坂城次凹柴 3 井，下三叠统上仓房沟群 T_1cf，细砾岩，次圆状，分选差，冲积扇扇中辫流线

1）扇根亚相

其特点是沉积坡角最大，主要为泥石流沉积和河道充填沉积，沉积物主要是由分选极差的、无组构的混杂堆积砾岩或具叠瓦状的砾岩、砂砾岩组成，偶夹薄层棕红色砂岩，几无泥岩沉积。扇根沉积物一般呈块状构造，层理不发育，但有时也可见不明显的平行层理、交错层理及递变层理。扇根沉积物砾岩含量高，连续沉积厚度大，砾岩含量可达 90% 以上，单层连续沉积厚度可达 50m 以上。西大龙口剖面上二叠统泉子街组下部发育扇根亚相，岩性为棕红色中砾岩、砂砾岩，厚层块状，层理不发育，砾石成

分主要为硅质岩、凝灰岩、石英及花岗岩，大小混杂，分选差，次棱角状，砾石之间为黏土、粉砂和砂的杂基充填，显示了重力流就近堆积的特征，为扇根河道充填沉积（图4-2e）。

2）扇中亚相

其特点是具有中到较低的沉积坡角和发育辫状河道为特征。与扇根相比，扇中沉积物粒度相对变细，主要由砂岩、砾状砂岩及砾岩组成，砂与砾比率增加，分选磨圆有所改善但仍然较差，砾石碎屑多呈叠瓦状排列；在交错层中，它们的扁平面则顺倾斜的前积纹层分布。扇中亚相主要为辫状河道充填沉积、漫流沉积等沉积微相。达坂城次凹柴3井3040~3058m下仓房沟群为扇中亚相，岩性为灰色细砾岩，砾石成分以变质岩为主，砾径最大160mm，一般为10~20mm，分选较差，磨圆度次棱角—次圆状，砾间填隙物以粗砂为主，次为细砂及泥质。成分以岩屑为主，少量长石、石英；底部发育冲刷面，与下伏岩层突变接触，为辫状河道充填沉积（图4-2f）；上下与其相邻的棕色砂质泥岩、泥岩为漫流沉积。

3）扇缘亚相

位于冲积扇的最前端，主要为洪水漫流沉积的砂、粉砂及泥质沉积物，可见波状、水平及块状层理。扇体边缘与冲积平原的过渡带，地面几乎变平，主要为泥质沉积物，化石很少，可见零星的炭屑和植物化石。此类亚相见于西大龙口泉子街组上部，为紫红色、灰紫色泥质粉砂岩与粉砂岩互层。

2. 辫状河相

辫状河相主要发育于盆地边部的侏罗系（图4-1、图4-3）及白垩系，在盆地腹部白垩系清水河组广泛发育辫状河沉积（图4-4），分布于中央坳陷带。主要表现为河道宽而浅，弯曲度小，河道沙坝（心滩）发育，河道不固定，迁移迅速等特征。由于河流经常改道，河道沙坝位置不固定，故天然堤和河漫滩不发育。根据其发育特征，可将辫状河流相划分为河床亚相与河漫亚相，且以河床亚相为主。

1）河床亚相

河床亚相的岩性主要以砂岩为主，而且交错层理发育，底部见冲刷充填构造，常具冲刷面（图4-4a）。该亚相是研究区内辫状河流相一种最主要的亚相类型，分为心滩微相、河道充填微相和河床滞留微相。

心滩微相以深灰色、灰色、灰白色的含砾砂岩、粗砂岩、中砂岩、细砂岩沉积为主，粉砂岩沉积其次。成分成熟度和结构成熟度较低。沉积构造类型多样，常见大型的槽状交错层理、小型槽状交错层理、板状交错层理、楔状交错层理和平行层理等（图4-4c）。往往具下粗上细的沉积特征。自然电位响应特征明显，往往呈箱形、钟形、齿化箱形和齿化钟形，以齿化箱形和齿化钟形为主。

河道充填微相以深灰色、灰色、灰白色含砾砂岩、含砾不等粒砂岩、细砂岩和粉砂岩沉积为主，其次为砂砾岩，其中砂岩成分较复杂，一般以岩屑为主，石英和长石含量不高。结构成熟度和成分成熟度较低。该微相发育多种沉积构造类型，如槽状交错层理（图4-4f）、板状交错层理、楔状交错层理和平行层理。自然电位曲线负异常，但是异常幅度不如心滩沉积大，呈箱形、齿化箱形或钟形；电阻率中—低值，为齿化的钟形或者箱形，以齿化钟形常见。

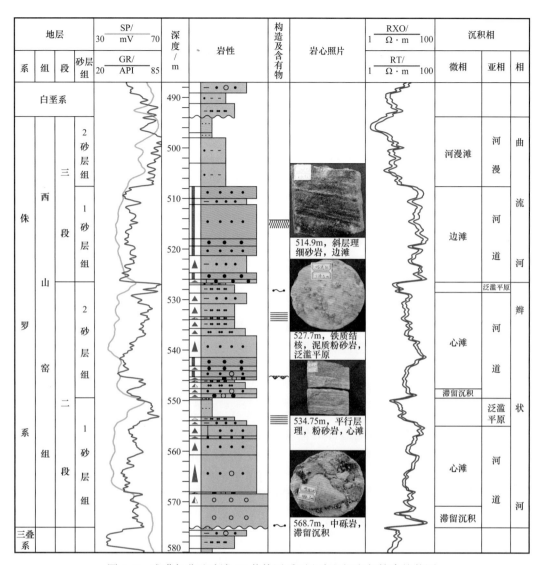

图 4-3　准噶尔盆地哈浅 20 井侏罗系西山窑组沉积相综合柱状图

河床滞留微相主要由灰色和灰白色不等粒砾岩、砂质不等粒砾岩或砂砾岩组成，单层厚度不大，通常位于辫状河道沉积的底部（图 4-4b）。一般不显层理，底部具冲刷面。

2）河漫亚相

河漫亚相的岩性以泥岩为主，泥岩的颜色有时带氧化色，如紫红色等。辫状河的河漫亚相不甚发育，在横向上也常不连续。河漫亚相主要发育河漫滩微相，且分布相对局限，河漫沼泽基本不发育。河漫泥微相由深灰色泥岩或碳质泥岩以及紫红色泥岩组成，单层厚度通常较小，横向连续性也较差（图 4-4d、e）。自然电位曲线呈光滑、平直或微齿状，电阻率曲线明显低值。

3. 曲流河相

曲流河相主要发育于侏罗系三工河组、西山窑组（图 4-3）、头屯河组、齐古组及白垩系呼图壁河组。其中以侏罗系齐古组特征最为典型，主要分布在中央坳陷带东部呼图壁—董家海子—阜东斜坡一带。根据环境和沉积物特征一般可将曲流河相进一步划分为河床亚相、堤岸亚相、河漫亚相和牛轭湖亚相四个亚相。在准噶尔盆地各层系，未见牛轭湖亚相发育。

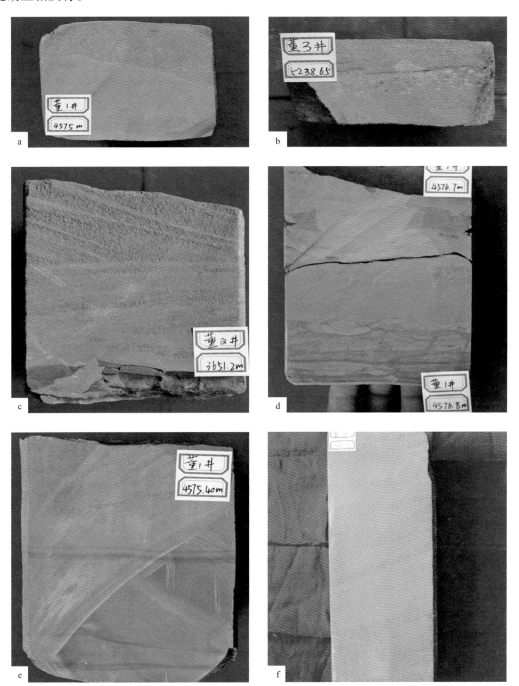

图 4-4　准噶尔盆地白垩系清水河组辫状河流相典型相标志图版

a. 董 1 井，4575m，K_1q，冲刷面，河床亚相；b. 董 3 井，5238.65m，K_1q，砾石定向排列，河床滞留微相；c. 董 2 井，K_1q，3651.2m，交错层理，心滩微相；d. 董 1 井，K_1q，4576.8m，粉砂质泥岩，可见沙球，河漫亚相；e. 董 1 井，4575.4m，K_1q，粉砂质泥岩，波状层理，河漫泥微相；f. 董 3 井，5232.2m，K_1q，槽状交错层理（部分），河床充填微相

1）河床亚相

河床亚相一般具有明显的冲刷界面，构成河流沉积单元的基底。其岩石类型以砂岩为主，次为砾岩、含砾砂岩，碎屑粒度是曲流河中最粗的，层理发育，类型多样化，缺少动植物化石。可进一步划分为河床滞留沉积与边滩沉积两个微相。图4-5为董701井侏罗系齐古组曲流河沉积，表现为多个下粗上细的间断性正韵律叠加沉积，每个旋回底部发育有明显的冲刷现象，见小型槽状交错层理，粒度概率曲线表现为两段式，为曲流河相河床亚相边滩微相。河床滞留微相主要由灰色不等粒砂砾岩、含砾砂岩组成，单层厚度小，通常位于曲流河河道沉积的底部，砾石排列往往具定向性（图4-6a）。边滩微相又称"点沙坝"或"内弯坝"，是曲流河中主要的沉积单元，是河床侧向迁移和沉积物侧向加积的结果。岩性主要以中—粗砂岩为主。垂向上，自下而上常出现由粗至细的粒度或岩性正韵律。层理类型主要为大中型槽状交错层理，局部为平行层理（图4-6b、c）。

2）堤岸亚相

堤岸沉积垂向上常发育在河床沉积上部，属河道"二元结构"顶层沉积。与河床亚相相比，其岩石类型简单，粒度较细，以小型交错层理为主，进一步可分为天然堤和决口扇两个沉积微相。天然堤微相主要由细砂岩、粉砂岩和泥岩组成，粒度较边滩沉积的细，比河漫滩沉积粗，垂向上突出的特点是砂泥岩组成的薄互层。层理以小型波状交错层理、槽状交错层理为特征（图4-6d）。决口扇微相岩性主要为细砂岩、粉砂岩，粒度比天然堤沉积物稍粗。具小型交错层理、波状层理及水平层理。

3）河漫亚相

河漫亚相沉积类型简单，岩性主要为粉砂岩和泥岩，粒度是曲流河相中最细的，层理类型单调，主要为波状层理和水平层理。根据环境和沉积特征，可进一步划分为河漫滩与河漫湖泊两种类型，由于形成的气候条件相对干旱，未见河漫沼泽微相。河漫滩微相岩性以粉砂岩、泥质粉砂岩、粉砂质泥岩和泥岩为主，发育波状层理，也可见水平层理（图4-6e）。河漫湖泊微相以泥岩沉积为主（图4-6f），是河流相中最细的沉积类型。层理一般不发育，有时可见薄的水平纹层。泥岩中泥裂、干缩裂缝常见。

二、（扇）三角洲相

三角洲相是准噶尔盆地二叠系—新近系的重要沉积类型，在平面分布上与湖泊沉积呈渐变关系。依据沉积特点，又可分为扇三角洲、辫状河三角洲和曲流河三角洲三种类型。

1. 扇三角洲相

扇三角洲是准噶尔盆地较为普遍的一种沉积相类型，在中—上二叠统、中—下三叠统、下侏罗统八道湾组、上侏罗统喀拉扎组、白垩系清水河组、古近系安集海河组、新近系沙湾组均有发育。扇三角洲沉积体系主要是由冲积扇直接入湖所形成，其形成的主要条件是湖平面靠近冲积扇前端以及具有地形陡变的斜坡背景，具有重力流与牵引流共存的特征，是一种特殊的三角洲类型。

三叠系百口泉组发育典型的扇三角洲相（图4-7），自下向上划分为扇三角洲平原亚相、扇三角洲前缘亚相和前扇三角洲亚相。

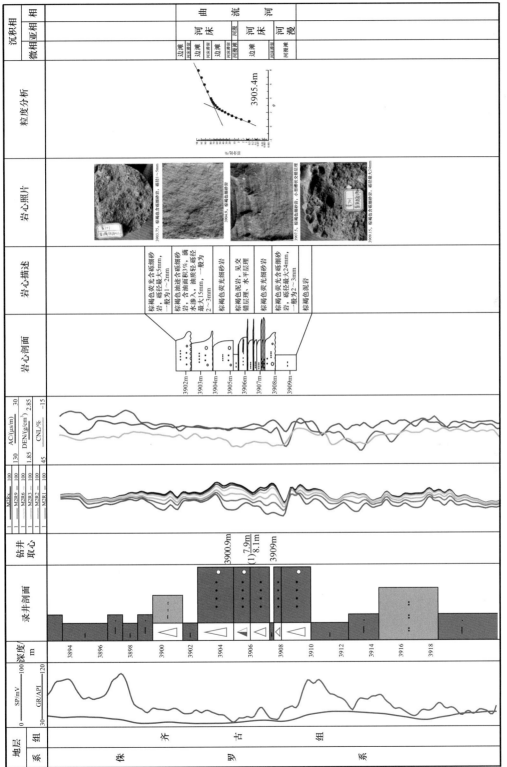

图 4-5 准噶尔盆地董 701 井侏罗系齐古组沉积相综合柱状图

图 4-6　准噶尔盆地侏罗系齐古组曲流河相典型相标志图版

a. 董 701 井，4575m，J_3q，砾石层，砾石具定向排列，河床滞留微相；b. 董 701 井，5238.65m，J_3q，平行层理，
边滩微相；c. 董 701 井，3651.2m，J_3q，交错层理，边滩微相；d. 董 701 井，4576.8m，J_3q，小型槽状交错层理，
天然堤微相；e. 董 701 井，4575.4m，J_3q，红色粉砂质泥岩，河漫滩微相；f. 董 701 井，5232.2m，J_3q，
灰绿色泥岩，河漫湖泊微相

1）扇三角洲平原亚相

三角洲平原具有冲积扇的特点，是由砾岩、砂砾岩、砂岩夹泥岩组成的正旋回。纵向厚度大、横向延伸距离近是扇三角洲的空间分布特点，在地震剖面上扇三角洲具有比较明显的楔状结构。岩性上，主要以中、粗粒碎屑岩为主，多为砾岩、砂砾岩、砾状砂岩、粗砂岩夹薄层粉细砂岩及泥岩，砾石成分复杂，为石英、长石、燧石、玄武岩、安山岩、变质岩及泥岩等，泥岩颜色以棕红色、紫红色、棕褐色、紫褐色为主，其次为棕黄色、灰黄色等。结构上，砾石成分复杂，分选较差—中等、磨圆度以次圆—次棱角状为主（图 4-8），混杂结构，碎屑（砂、砾）支撑，杂基支撑，颗粒多为次棱角状，无定向性，多见直立、高角度砾石，反映出重力流的典型特征。镜下观察砂岩中长石含量较

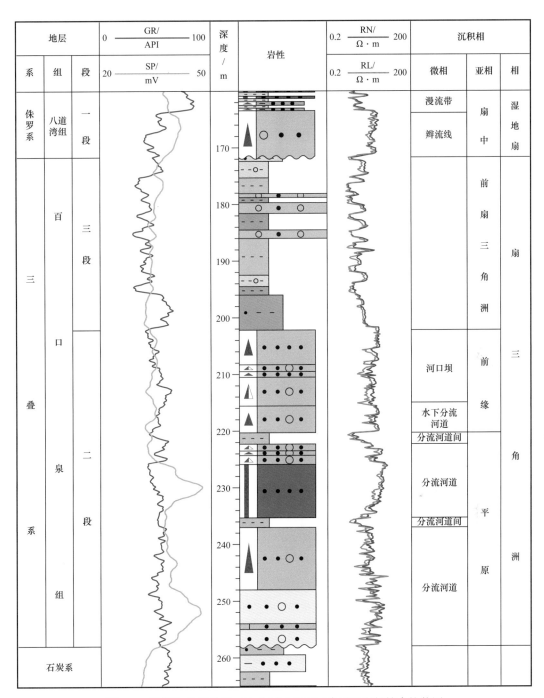

图4-7 准噶尔盆地哈浅101井三叠系百口泉组沉积相综合柱状图

高，以长石砂岩、岩屑长石砂岩为主，颗粒接触关系为点接触—线接触。沉积构造上，砂砾岩常见底部冲刷现象，冲刷面附近有泥砾和灰绿色砂砾，向上依次发育粒序层理、块状层理、大型交错层理、平行层理，并常见叠覆冲刷构造。粒度概率累计曲线上表现为多种类型的特征，单段式、两段式、复杂的三段式和多段式均可出现，反映了重力流与牵引流双重作用的特点。扇三角洲平原亚相的辫状河道沉积的电测曲线以宽幅钟形为主，个别箱形，微齿化。

图 4-8　准噶尔盆地侏罗系扇三角洲相典型相标志图版

a. 排 607 井，279.4m，J₁s，杂乱堆积中砾岩，分选差，棱角状，受限扇三角洲平原亚相；b. 排 607 井，274.8m，J₁s，灰色油迹含砾粗砂岩，受限扇三角洲平原分流水道微相；c. 沙 11 井，J₁b，4320.7m，砂砾岩，砾石分选差，无定向排列，扇三角洲前缘亚相分流河道微相；d. 沙 11 井，J₁b，4334.7m，含砾粗砂岩，高角度砾石，扇三角洲前缘水下分流河道微相

2）扇三角洲前缘亚相

主要发育水下辫状河道与河口坝微相，以砂岩沉积为主。水下辫状河道微相内部发育大套板状、槽状交错层理的灰色中—粗砂岩，底部发育滞留沉积，整体呈现自下而上逐渐变细的正粒序。自然电位曲线为高幅箱形、齿化箱形、钟形和高幅指形。河口坝微相发育粉砂岩，波状层理，含砂质团块；砂岩中可见板状交错层理和平行层理、脉状层理，见大量炭屑、植物屑以及滑塌变形造成的岩性搅混构造。自然电位曲线中—高幅漏斗形、略齿化的箱形，垂向上与水下辫状河道的箱形、钟形以及洪泛平原的平直基线相连。

3）前扇三角洲亚相

以一套灰色泥岩夹薄层浊积砂岩、砂质泥岩及快速堆积的块状泥岩及深灰色的较深湖相泥岩沉积为主，电测曲线呈现为低幅值特征。

在车排子凸起的东北部坡折带，受古沟谷地形的影响，新近系沙湾组发育了受限型和开放型两种扇三角洲。受限型扇三角洲为限制性沟道内发育的携带大量砾、砂、泥的高能湍流，顺流方向因沟道限制水流能量耗散较小，沉积物只需要经过短时间的运移就可以沉积下来，沉积分异作用弱。沉积物以泥石流沉积的杂基支撑砂砾岩为主，具有砾石粒径大、分选磨圆差、泥质含量高的特征，沉积物的粒度概率累计曲线呈现出多种多样的形式，电性上具 AC 值较低、RT 值较高特征，储集物性整体较差（图 4-9a）。开放型扇三角洲为地势相对开阔区发育的携带碎屑物质的片状水流，顺流方向因呈扇状散开，水流能量快速耗散，沉积分异作用相对较强，沉积物粒度相对偏细，沉积主体岩性以颗粒支撑含砾砂岩、砂岩为主，分选相对较好，电性上具有 AC 值较高、水层电阻率较低的特征，储集物性相对较好（图 4-9b）。

2. 辫状河三角洲相

辫状河三角洲是辫状河进入相对开阔和坡度较缓的湖泊水体中形成的富含砂和砾石的三角洲，它的粒度粗于曲流河三角洲沉积，是与冲积扇邻近发育的近源粗碎屑三角洲，可以分为辫状河三角洲平原、辫状河三角洲前缘和前辫状河三角洲。辫状河三角洲沉积体系主要发育于侏罗系八道湾组一段和三段、三工河组二段、白垩系清水河组、新近系沙湾组（图 4-10），在沙湾—阜康凹陷、盆 1 井西凹陷、盆地西缘广泛发育。

辫状河三角洲平面上呈鸟足状，剖面上呈不连续的凸镜体镶嵌在泥岩中。地层中含陆生与湖生动物化石，其中有鱼、蚌螺、昆虫、恐龙及植物枝叶化石，多沿层面分布、砂岩中有植物茎干。层间屡见冲刷，但规模小，泥砾仅见于砂岩底部。

1）辫状河三角洲平原亚相

辫状河三角洲平原亚相是辫状河流入湖形成三角洲的水上部分。具有辫状河沉积的一般特征：有冲刷面，冲刷面之上具有底部滞留沉积。由灰色块状、厚层状砾岩、含砾砂岩、中粗砂岩、不等粒砂岩、粉砂岩、粉砂质泥岩、薄层泥岩组成的若干套正韵律层。砾石次棱角—次圆状，分选差。发育平行层理、板状—槽状交错层理、冲刷—充填构造（图 4-11）。此外辫状水道底部常见内源泥砾砾石，部分泥砾具有一定的分选和磨圆，部分呈撕裂状悬浮在砂岩中。自然电位曲线表现为中高幅钟形和箱形。地震剖面见中—弱振幅、断续的前积反射层或丘状反射层。

2）辫状河三角洲前缘亚相

辫状河三角洲前缘亚相是平原亚相在水下的延伸部分，根据岩性特征及沉积环境可分为水下分流河道、分流河道间及河口坝、远沙坝微相。岩性多由厚层状砂砾岩、砾状砂岩、含砾砂岩和细砂岩组成，测井曲线上代表三角洲前缘分流河道沉积的箱形—钟形及前缘河口坝沉积的漏斗形多见。

3）前辫状河三角洲亚相

前辫状河三角洲亚相位于辫状河三角洲前缘带向湖的较深水区，由灰色、深灰色薄层—厚层泥岩组成，见水平层理。

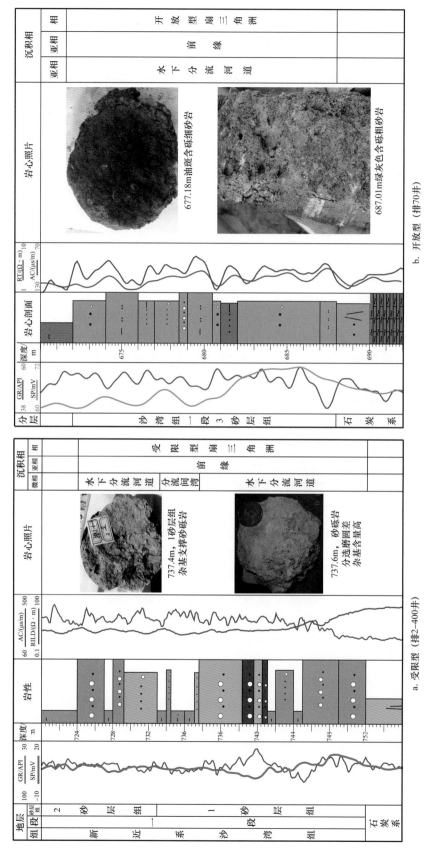

图 4-9 车排子凸起区新近系沙湾组受限型与开放型两类扇三角洲单井沉积相图

- 114 -

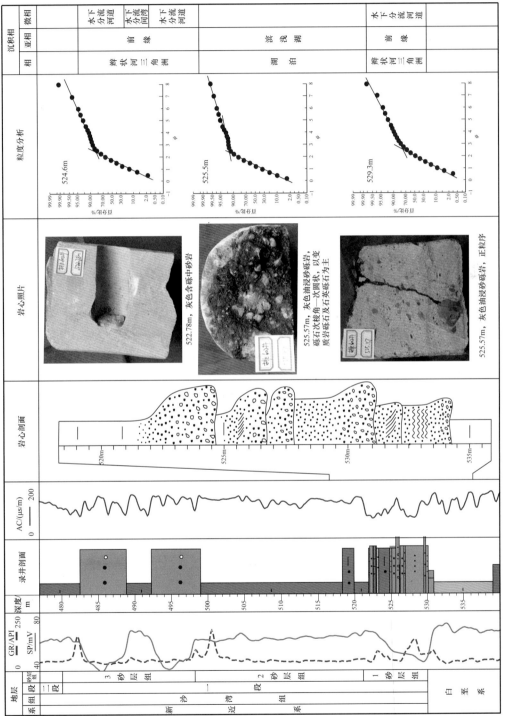

图 4-10　准噶尔盆地车排子排子凸起排 602 井新近系沙湾组辫状河三角洲沉积相图

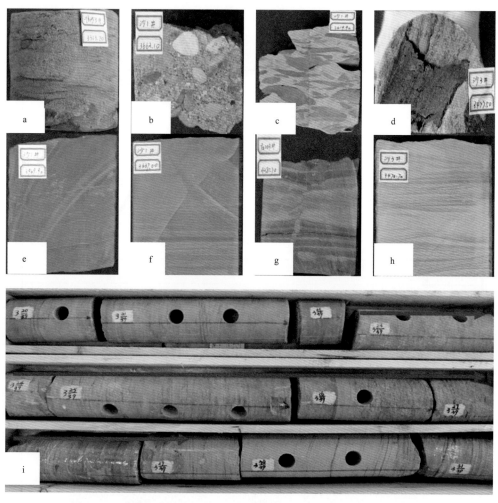

图 4-11　准噶尔盆地侏罗系三工河组辫状河三角洲相典型相标志图版

a. 准沙 5 井，$J_1s_2^1$，泥砾及泥岩撕裂屑，水下分流河道微相；b. 沙 1 井，$J_1s_2^1$，复成分砾岩（泥质、硅质、变质岩、火成岩），分选差，次圆—圆状，水下分流河道微相；c. 沙 1 井，$J_1s_2^1$，泥砾，具定向性，水下分流河道微相；d. 沙 3 井，$J_1s_2^1$，植物茎化石，煤化程度高，水下分流河道微相；e. 沙 1 井，$J_1s_2^1$，灰色泥岩，水平层理，发育沿层裂缝，方解石充填，河道间湾微相；f. 沙 1 井，$J_1s_2^1$，水平层理，河道间湾微相；g. 庄 103 井，$J_1s_2^1$，透镜状层理，生物钻孔，河道间湾微相；h. 沙 3 井，$J_1s_2^1$，波状交错层理，河道间湾微相；i. 沙 3 井，$J_1s_2^1$，植物茎化石，煤化程度高，河口坝微相

　　盆地腹部侏罗系三工河发育典型的浅水型辫状河三角洲（图 4-12），主要为辫状河三角洲前缘亚相，又可分为水下分流河道、河道间、河口坝等沉积微相。岩性以灰色砂岩、含砾砂岩为主夹薄层灰色砂砾岩及灰色泥岩，粒度相对较粗。岩石成分成熟度偏低，结构成熟偏高。砂体厚度大，一般在 40～70m 之间，平面分布连续，在腹部地区这套砂体均有发育，是一套泛连通的毯砂，空间上具有"砂包泥"的特征。

　　3. 曲流河三角洲相

　　曲流河三角洲是曲流河直接入湖（海）形成的水上、水下沉积体，相比辫状河三角洲沉积，粒度普遍偏细，水体能量中等偏弱。岩性主要以灰色、灰绿色砂、泥岩为主，反映较浅水环境，为浅湖沉积背景，包括曲流河三角洲平原、曲流河三角洲前缘和前曲流河三角洲。

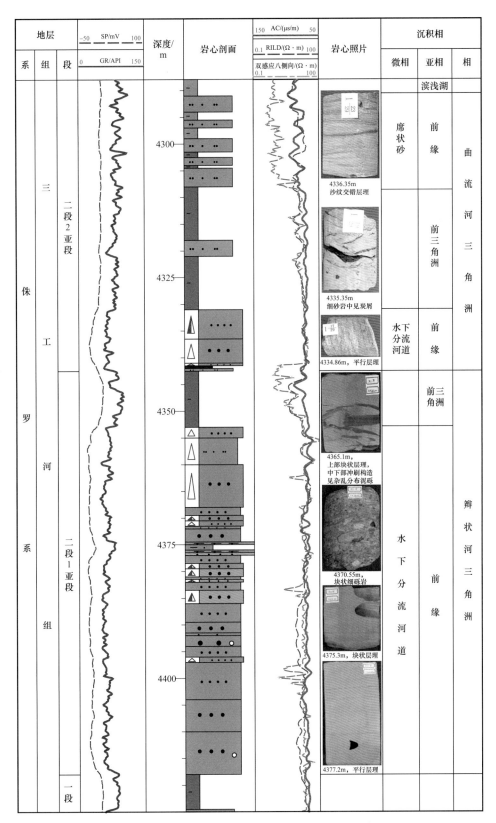

图 4-12　准噶尔盆地庄 1 井侏罗系三工河组沉积相综合柱状图

曲流河三角洲在准噶尔盆地中生界沉积时期广泛发育，在侏罗系三工河组一段、三工河组二段上亚段（图4-12）、西山窑组沉积早期和白垩系广泛分布。

1）曲流河三角洲平原亚相

曲流河三角洲平原亚相为曲流河三角洲沉积的陆上部分，发育分流河道沉积、天然堤沉积、决口扇沉积、沼泽沉积、河漫湖泊沉积，其中主要为分流河道沉积和沼泽沉积微相。

（1）水上分流河道微相。水上分流河道是曲流河三角洲平原亚相中最常见的沉积微相类型，它构成平原亚相沉积的骨架，沉积特征与曲流河沉积有许多相似之处，垂向上表现为向上变细的正旋回。岩石类型多以砂岩为主，底部见河床滞留沉积，具冲刷构造。单个河道砂体呈正粒序，多期河道垂向上相互叠置，发育小型交错层理和平行层理。自然电位与自然伽马曲线上常呈现箱形或齿化箱形，粒度概率曲线基本呈两段式，以跳跃总体为主，分选较好。由于平原区植被较为发育，河道沉积中植物碎片常见。

（2）天然堤微相。天然堤微相发育在分流河道两侧，岩性以细砂岩、粉砂岩、粉砂质泥岩为主，向远离分流河道方向逐渐变细。沉积构造以波状交错层理和流水波痕为主，植物碎片少见。

（3）河漫沼泽微相。河漫沼泽微相发育于分流河道的低洼地区，岩性以灰色、灰绿色泥质粉砂岩、粉砂质泥岩、泥岩为主，中间偶夹少量透镜状砂质条带，发育煤层，碳质含量较高，发育水平层理、块状层理，煤层发育是河漫沼泽沉积微相的典型识别标志。可见昆虫、藻类、介形虫、腹足类等化石。自然电位呈低幅平直状，自然伽马正高异常。

2）曲流河三角洲前缘亚相

曲流河三角洲前缘是三角洲中砂岩的集中发育带，位于最低水平面至浪基面之间的斜坡地带，或称下滨面至浅湖缓坡带，它是河湖或河海共同作用最具特色的地带。可分为水下分流河道、水下天然堤、分流间湾、河口坝、远沙坝、席状砂6个微相（图4-13）。

（1）水下分流河道微相。水上分流河道入湖后的水下延伸部分即水下分流河道，岩性以灰色中细砂岩为主，仅在洪水期可见分支河道底部滞留的复成分砾岩沉积。发育小型槽状交错层理、平行层理及底冲刷等沉积构造。单个河道表现为向上变细的正粒序，垂向上常见多个河道砂体叠置。自然电位表现为箱形或微齿化箱形，自然伽马值较低，负高异常，表明泥质含量低。

（2）水下天然堤微相。水下天然堤是陆上天然堤水下延伸部分，为水下分流河道两侧的沙脊。岩性以细砂岩、粉砂岩、粉砂质泥岩、泥岩为主。多见波状层理，有时可见植物碎片。

（3）分流间湾微相。为水下分流河道间相对凹陷的海湾或湖湾地区。主要岩性为砂质泥岩、泥岩。可见平行层理、透镜状层理，可见生物介壳和植物残体等。自然电位曲线表现为平直或齿状。

（4）河口坝微相。河口坝发育于水下分流河道的河口处，受到湖水和河水的交互作用不停地冲刷和筛选沉积物，沉积物的成分和结构成熟度明显提高，沉积物的分选性也变好。主要由细砂岩及粉砂岩组成，垂向上反旋回特征明显。自然电位和自然伽马曲线呈典型的漏斗形，具有反旋回特征。

图 4-13　准噶尔盆地侏罗系三工河组曲流河三角洲相典型相标志图版

a. 征 1-2 井，$J_1s_2^1$，交错层理，河道间湾微相；b. 沙 2 井，$J_1s_2^1$，平行层理，水下分流河道微相；c. 沙 3 井，$J_1s_2^1$，波状层理、槽状交错层理，水下分流河道微相；d. 庄 4 井，$J_1s_2^1$，块状中砂岩，水下分流河道微相；e. 庄 103 井，$J_1s_2^1$，底部泥砾定向排列，水下分流河道微相

（5）席状砂微相。主要特征为泥岩、粉砂质泥岩段夹薄层砂岩，粒序不明显，岩性主要为粉砂岩、泥质粉砂岩，自然电位曲线呈指形。

（6）远沙坝微相。远沙坝为灰色粉砂岩或粉砂质泥岩，上、下为深灰色或暗色页岩，发育沙纹层理，粒度向上变粗。

3）前曲流河三角洲亚相

前三角洲位于曲流河三角洲前缘的前方，即浪基面以下的部位，以暗色泥岩为主，夹薄粉砂岩，常常含有滑塌浊积岩透镜砂体。

三、湖相

湖相也是准噶尔盆地主要的沉积相类型，以正常海水的含盐度 3.5% 为界限，可将湖泊划分为淡水湖泊和咸水湖泊。

1. 淡水湖相

淡水湖相在三叠系—白垩系各个组均发育，特别是三叠系克拉玛依组、白碱滩组

（图 4-14）、侏罗系八道湾组二段、三工河组一段、三工河组三段、白垩系胜金口组中更为发育。以灰黑色粉砂质泥岩和泥岩为主，夹凸镜状粉砂岩、砂岩、泥灰岩、叠锥灰岩、菱铁矿凸镜状薄层。依据湖水深度和沉积物的特征，可将湖泊进一步划分为滨湖、浅湖、半深湖和深湖。

1）滨湖亚相

滨湖亚相实际为湖岸带沉积，是在最高湖水面和平均湖水面间形成的沉积物，由湖岸沙堤、湖岸泥坪、湖岸沼泽等微相组成。克拉玛依组顶部鱼化石标准层上部、白碱滩组下部和三工河组底部都是滨湖亚相的典型代表。

岩性以泥岩为主，并见凸镜状纹层（多由粒度、颜色、植物引起），成层性好。也见角状砂砾岩，如西北缘吐谷鲁群。泥岩中富含粗细不等、形状殊异的石英砂和大小不等半圆—浑圆状的石英岩与变质岩砾石，最大直径为 15cm，最小为 2～5cm。大砾石的顶底面附近，纹层呈向上或向下的弧形弯曲，砾石被纹层泥岩包围，呈星散状分布或集中成群出现。层面常见流痕、波痕、雨痕、龟裂、虫迹、搅动构造等。

地层中富含陆生植物碎屑，多沿层面分布，还见有完好的植物枝叶和茎干化石，并发现大量叶肢介、腹足类等水生动物化石。

2）浅湖亚相

浅湖沉积位于滨湖亚相内侧至浪基面之上的地带，水体比滨湖深，沉积物受波浪和湖流作用较强，白碱滩组下部和三工河组底部都是浅湖亚相的典型代表。

岩性以粉砂质泥岩为主，泥岩主要是灰绿色、灰黄绿色、深灰色，夹凸镜状粉砂岩、细砂岩，普遍夹有薄层凸镜状泥灰岩、叠锥灰岩和菱铁矿层。泥岩中纹层发育，由颜色、粒级、矿物和生物的变化而显示层理。其中以颜色和粒级变化的层理占优势，主要是水平和水平—波状层理，偶见凸镜层理和羽状层理，地层成层性很好，岩性稳定，层间岩性呈渐变。层面见有波痕、搅动层、生物痕迹等。

地层中有水生动植物化石，有腹足类、叶肢介、水甲虫及轮藻等，偶见保存完好的陆生植物枝叶化石和昆虫化石及植物残屑，如南缘安集海河组夹有多层泥质蚌、螺薄层和螺灰岩薄层。

常见菱铁矿结核，长轴平行层面，偶见黄铁矿微晶，尚见铁鲕粒。

3）半深湖—深湖亚相

深湖和半深湖亚相位于浪基面之下，水体较深，处于缺氧的还原环境。

岩性以灰黑色、深灰色、灰褐色泥页岩为特征，常见油页岩、薄层泥灰岩或白云岩夹层。发育水平层理及细波状层理。岩性横向分布稳定，垂向上常具有连续的完整韵律，沉积厚度大。

化石较丰富，以浮游生物为主，保存较好，底栖生物不发育，可见菱铁矿和黄铁矿等自生矿物。

2. 咸化湖相

准噶尔盆地在早—中二叠世处于残留海封闭后的咸化湖盆沉积环境，受沉积时期古地貌影响，发育了多个大型沉积沉降中心，如早二叠世的玛湖凹陷、中二叠世的博格达山及其周缘、沙帐—石树沟凹陷—克拉美丽山等。受后期构造活动影响，现今主要表现

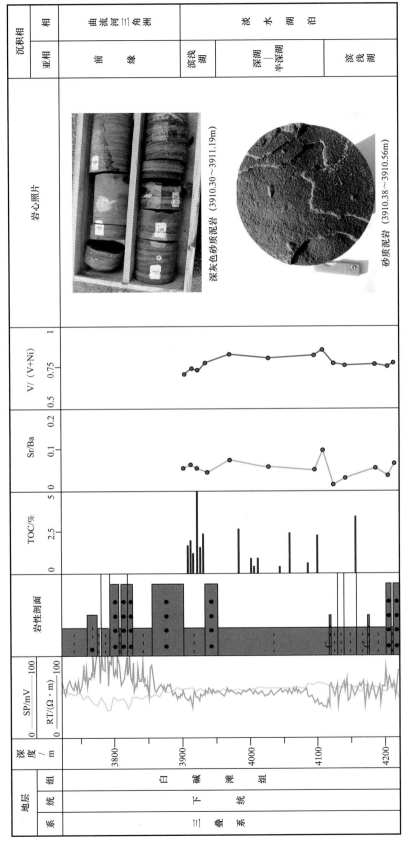

图 4-14 准噶尔盆地乌参 1 井三叠系白碱滩组沉积相综合柱状图

为玛湖凹陷二叠系风城组、博格达山前二叠系芦草沟组（图4-15）、吉木萨尔凹陷二叠系芦草沟组、沙帐—石树沟凹陷二叠系平地泉组4个深湖相暗色泥岩与云质岩混杂沉积规模分布区。云质岩形成于咸化湖盆沉积环境，发育盐类及碱性矿物富集层，如风南5井区风城组发育蒸发盐类组合，有苏打石、碳酸钠、碳酸钙等可溶盐类碱性矿物，证实沉积时处于咸化的碱性沉积环境。平地泉组、芦草沟组也存在大量咸化湖泊标志，如吉木萨尔凹陷芦草沟组云质岩中见膏盐假晶，平地泉组云质岩储层中见棒状石膏晶体，老山沟平地泉组剖面中见生活于咸水湖泊中的古鳕鱼与鱼鳞化石等。另外咸化湖泊水体与同矿化度的海水相比，大部分具有较高的 $d(SO_4^{2-})$。陆相咸化湖泊沉积物同海洋沉积物中的 $w(Sr)/w(Ba)$ 比值相似。$w(Sr)/w(Ba)$ 比值在沉积物中没有碳酸盐岩存在时，可以作为古盐度标志，但作为海陆相沉积区分标志是不全面的，它不能区分海洋和陆相咸化湖泊沉积物。平地泉组 B/Ga 值较高（5.7～21.9），也指示为明显的咸化湖盆沉积特征。

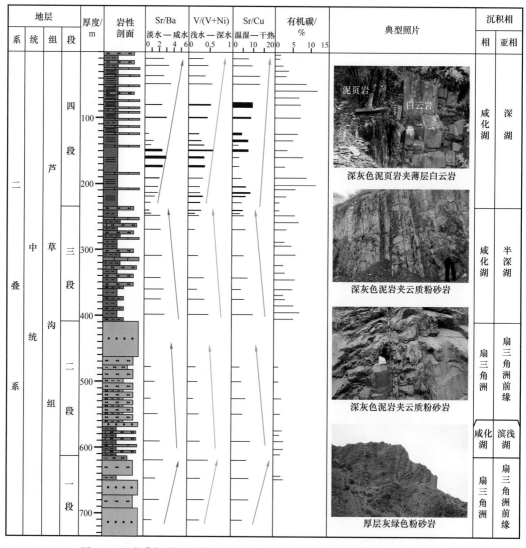

图4-15　准噶尔盆地井井子沟剖面二叠系芦草沟组咸湖湖盆综合柱状图

四、海相

准噶尔盆地在泥盆纪—石炭纪时期整体处于海相环境（图4-16），博格达山等部分地区在早二叠世仍为海相或残留海相环境，主要发育了岩浆岩与沉积岩交互或混杂堆积建造。依据海水深度和沉积物的特征，可将海相进一步划分为滨浅海、半深海相、深海相和局限海湾相。

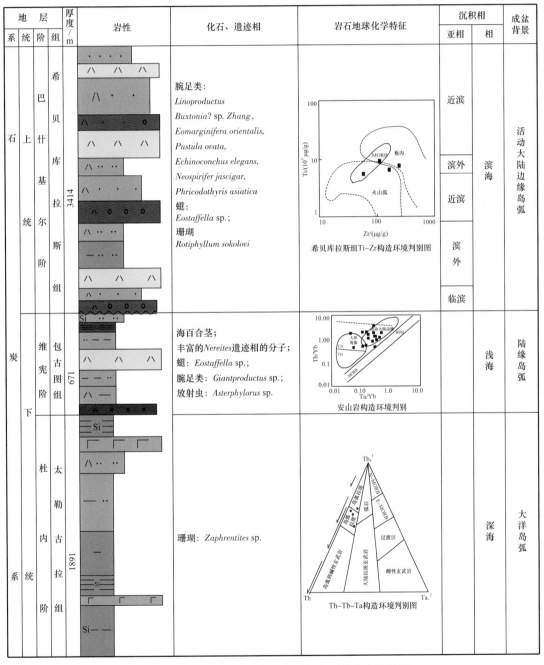

图 4-16　准噶尔盆地西部石炭系沉积环境综合柱状图

1. 深海相

深海沉积分布局限，主要见于准噶尔西缘、乌伦古地区下石炭统以及北天山上石炭统，均为混杂堆积。其下部蛇绿岩发育不完整，岩性包括橄榄岩、辉橄岩、玄武岩、花岗岩等，如北天山巴音沟沙大王组蛇绿岩、达尔布特蛇绿岩以及克拉美丽蛇绿岩等。上部为远洋沉积，一般为含放射虫硅质岩、泥岩、远洋碳酸盐岩，夹少量枕状玄武岩等。露头剖面以克拉玛依柳树沟剖面太勒古拉组、北天山巴音沟剖面巴音沟组下段为代表。

2. 半深海相

半深海沉积见于准噶尔西缘与北天山地区、乌伦古坳陷，与深海沉积相伴出现，剖面上为一套细碎屑的粉砂岩、凝灰质粉砂岩沉积，发育水平层理。露头剖面以克拉玛依柳树沟剖面下石炭统包古图组为代表，岩性为凝灰质粉砂岩与凝灰质泥岩交互，发育浊积层理以及碳酸盐岩透镜体。钻井以乌伦古坳陷乌参 1 井姜巴斯套组 5400～6250m 井段为代表（图 4-17）。

3. 滨浅海相

滨浅海沉积是北疆石炭系最为常见的沉积相类型，上统和下统均有发育。岩性主要为凝灰质细砂岩、粉砂岩、凝灰质泥岩、生屑灰岩等，珊瑚、腕足类、腹足类等浅海相生物发育。露头剖面以伦 6 井北 1 号姜巴斯套组、祁家沟剖面祁家沟组、白杨镇剖面巴塔玛依内山组、克拉美丽山石钱滩组为代表，钻井剖面以乌参 1 井姜巴斯套组 4930～5850m 井段为代表（图 4-17）。

4. 局限海湾相

局限海湾沉积分布极为局限，主要见于露头区滴水泉剖面（图 4-18），岩性主要为灰色—灰黑色泥岩、粉砂岩，发育水平层理、韵律层理。其硼元素含量为 8.90～66.21μg/g，反应为淡水—微咸水，Sr/Ba 为 15.3～113.4，反映海陆过渡环境，Rb/K 为 0.0025～0.0052，反映相对闭塞的水体，综合判定为局限海湾环境。

五、火山岩相

准噶尔盆地石炭系、下二叠统下部普遍发育火山岩岛弧及裂谷火山岩（图 4-19、图 4-20）。准西北缘石炭系火山岩形成于陆缘岛弧背景，洋壳向洋壳或陆壳下俯冲，在 70～100km 深处俯冲洋壳岩石脱水引起地幔橄榄岩熔融向上喷发形成亚碱性系列安山岩，微量元素具明显 TNT（铌、钽、钛）负异常，岛弧环境火山岩体以链状分布；下二叠统火山岩形成于大陆裂谷背景，由于热地幔或岩浆的上涌，岩石圈在伸展过程中变薄发生拱起作用，导致软流圈物质的上涌喷出地表形成大面积陆相碱性双峰式火山岩，Rb、Th、K、Pb、Hf、Zr 等多种元素富集，裂谷环境火山岩体常以厚层状分布。

火山岩岩相主要划分为爆发相、溢流相和火山沉积相三大相类型和六种亚相（表 4-1、图 4-21、图 4-22），另外还发育火山通道相及次火山岩相，但分布范围及规模较小。

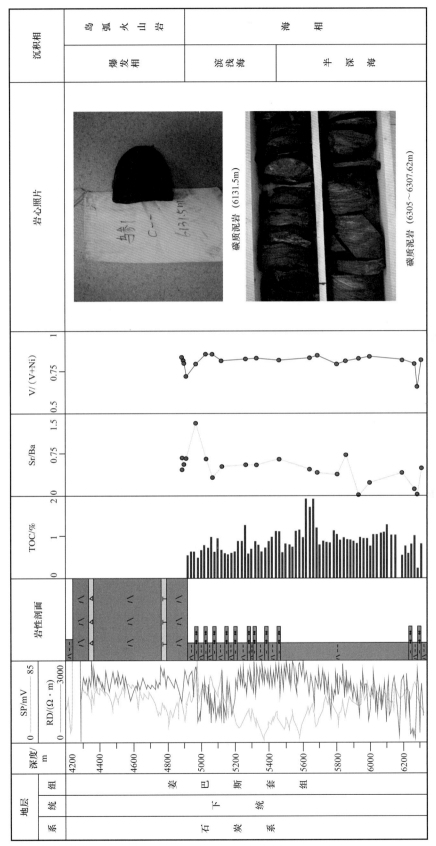

图 4-17 准噶尔盆地乌参 1 井石炭系姜巴斯套组沉积环境综合柱状图

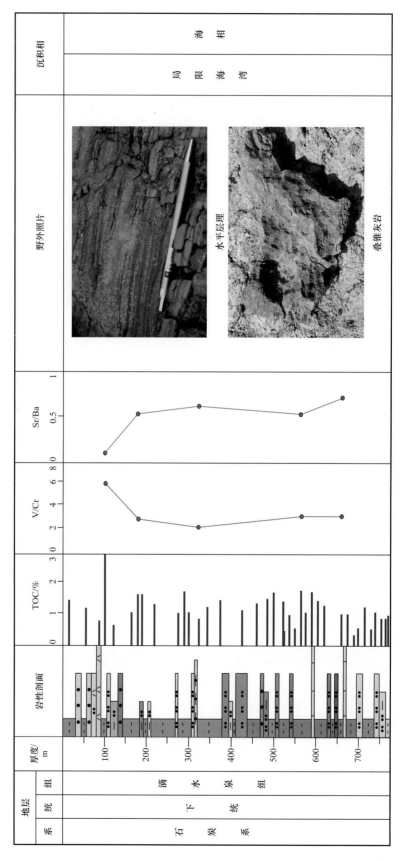

图 4-18　准噶尔盆地东部滴水泉剖面滴水泉组沉积相综合柱状图

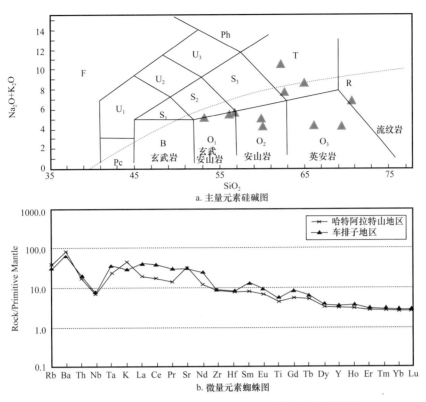

图 4-19 准噶尔盆地西北缘石炭系火山岩构造环境判别图

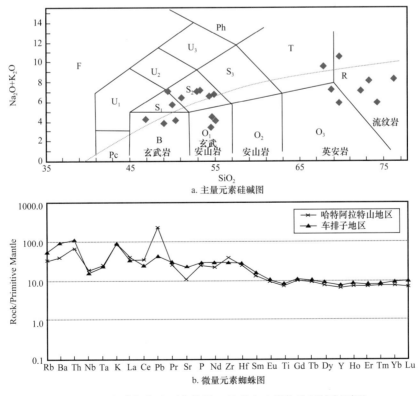

图 4-20 准噶尔盆地西北缘早二叠世火山岩构造环境判别图

表 4-1　准噶尔盆地火山岩岩相类型表

相	亚相	作用方式	岩石类型
爆发相	崩落堆积亚相	火山爆发作用	凝灰岩、火山角砾岩
	空落堆积亚相		
溢流相	单式岩流亚相	溢流作用为主，爆发作用为辅	玄武岩、安山岩、玄武安山岩夹火山碎屑岩
	复式岩流亚相		
火山沉积相	含外碎屑亚相	火山作用叠加水动力等沉积作用	沉凝灰岩、沉火山角砾岩
	再搬运亚相		

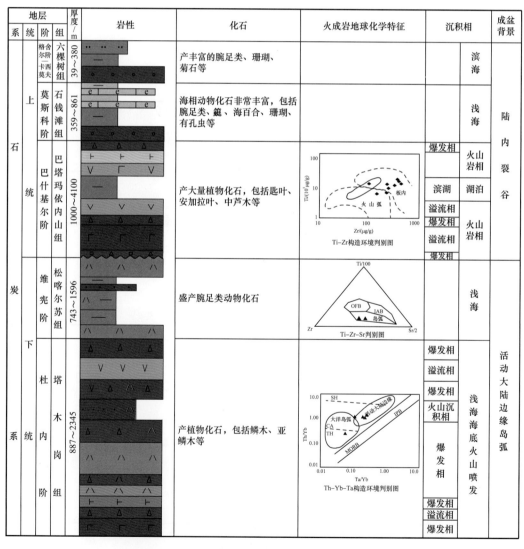

图 4-21　准噶尔盆地东部石炭系沉积环境综合柱状图

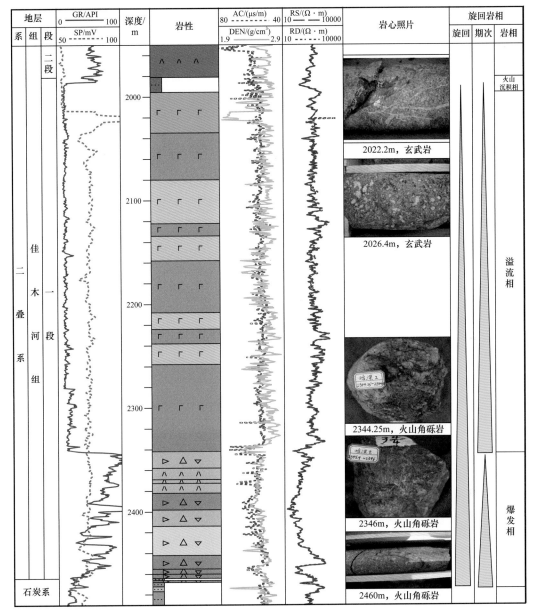

图4-22　准噶尔盆地哈深2井二叠系佳木河组火山岩相综合柱状图

爆发相形成于火山作用的早期和喷发强烈阶段，主要由较粗的火山碎屑岩组成。根据爆发相火山碎屑物类型及堆积方式的不同，可进一步划分为崩落堆积亚相和空落堆积亚相。崩落堆积亚相哈特阿拉特山西地区表现比较典型，表现为火山碎屑物从集块到凝灰同时存在，大小混杂，分选极差，火山碎屑（集块、角砾）呈不规则棱角状，主要以压实及熔结等方式成岩；空落堆积亚相的特点是火山碎屑为火山砂—火山灰，含少量同成分的角砾，在车排子地区较为发育。

溢流相形成于火山喷发旋回的中晚期，以熔岩流和熔岩被两种形式产出。由一次溢出的玄武岩、安山岩形成的熔岩称为单式岩流（岩被）相，而由间隔很多的多次涌出而形成的称为复式岩流（岩被）亚相。哈特阿拉特山地区主要以发育复式岩流亚相为主，在哈山3、哈山2及哈深2井区尤为发育，形成的复式流亚相往往厚度很大。

火山沉积相是与火山岩共生的一种岩相，可出现在火山活动的各个时期，在各个地区都有发育。火山沉积相地层中碎屑成分主要为大量粗粒火山岩岩屑，火山砾石多为混杂堆积，偶见粒序结构，为近源快速沉积，进一步分为含外碎屑亚相和再搬运亚相。车排子地区火山沉积相的典型岩性主要为厚度稳定的沉凝灰岩，西北缘主要岩性为沉火山角砾岩（砂砾岩）。

第二节　古地理环境及相带展布

一、石炭纪古地理环境

准噶尔地区在石炭纪大部分时期处于与相邻的西伯利亚板块、哈萨克斯坦板块以及塔里木板块的相互作用之中，其周缘为被动大陆边缘，残余洋盆、海盆、岛弧由南而北间列分布，后期改造强烈，岩性岩相复杂，可识别出深海—半深海相、滨浅海相、潟湖相、岛弧相、河流—三角洲相、扇三角洲相以及火山岩相等，受区域构造格局控制，在平面上呈北东—南西向展布。

从古地理演化来看，石炭纪早期为沟弧盆体系，晚期为海陆交互体系，整体经历了从残留洋盆、海盆、陆盆的演化过程，海水由北向南、由东向西逐步退出。

1. 早石炭世杜内期

新疆北部在早石炭世杜内期为新蒙海域当中的陆块——准吐微陆块的一部分。新疆东部、北部整体属残留洋—岛弧体系，西部和南部属残留洋盆环境。准噶尔以北阿勒泰地区、准噶尔南部阜康—玛纳斯的天山山前以及现今的依连哈比尔尕山、觉罗塔格山以南区域亦属古陆区；古陆边缘局部地区，如富蕴、塔城以及阜康等地，发育一些小型的河流三角洲；准噶尔微板块大部区域发育滨浅海环境，其周缘与西伯利亚板块、哈萨克斯坦板块以及塔里木板块接合部位，发育半深海—深海环境。该时期火山活动强烈，准噶尔微板块由北向南发育一系列北西—南东向展布的岛弧岩带，发育火山岩相及小型扇三角洲等沉积（图4-23）。

2. 早石炭世维宪期

维宪期继承了杜内期的古地理格局，东部和北部呈现多岛弧环境，西部和南部为残留洋盆—残留海盆环境。整体呈现北高南低，东浅西深，南海北陆的格局。北部邻近西伯利亚板块地区，处于海陆过渡环境，发育河流三角洲沉积；向南从滴水泉一带，发育活动大陆边缘沟—弧—盆沉积环境，维宪阶在岛弧区以火山岩、凝灰岩为主，弧间盆地区发育正常沉积的细碎屑岩。南部北天山地区处于残留洋盆环境，如宽沟、巴音沟等地发育中基性的火山岩、火山碎屑岩等。

从平面上来看，维宪期准噶尔微陆块南部相互分隔的隆起区连成一体，无残余沉积记录；北部处于滨浅海环境，但由于西伯利亚板块与准噶尔板块会聚作用，火山作用明显加强，形成北西—南东向陆缘岛弧与弧间盆地相间分布的格局；盆地周缘达尔布特地区、北天山地区以及克拉美丽山区，处于陆块周缘残余洋（海）盆浅海—半深海环境，在平面上呈"L"形分布。东北部与阿勒泰古陆相邻部位，发育河流湖泊环境（图4-24、图4-25）。

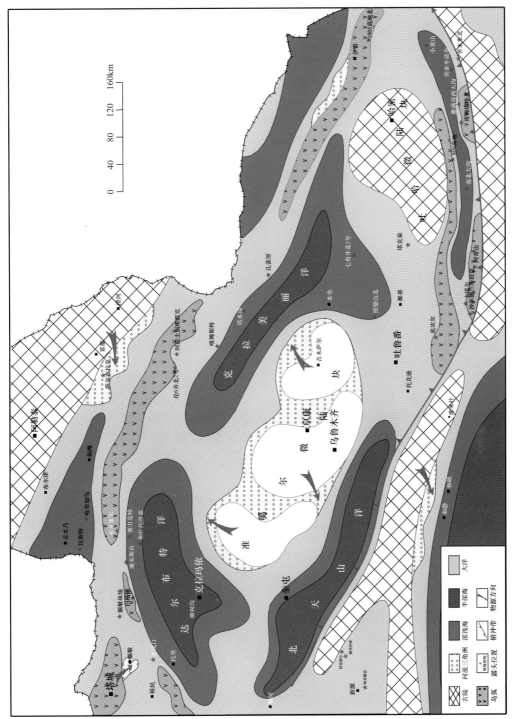

图 4-23 准噶尔盆地及周缘早石炭世维宪期杜内期岩相古地理图

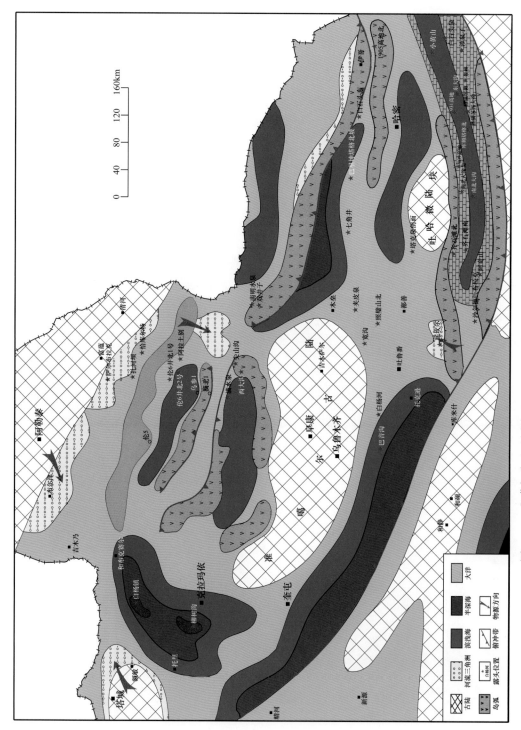

图 4-24　准噶尔盆地及周缘早石炭世维宪期—谢尔普霍夫期岩相古地理图

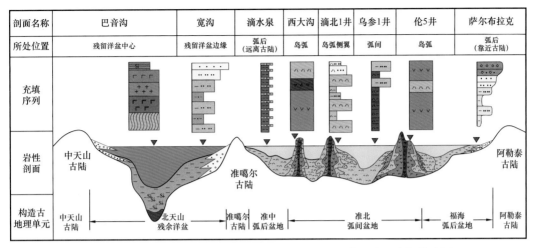

剖面名称	巴音沟		宽沟	滴水泉	西大沟	滴北1井	乌参1井	伦5井	萨尔布拉克
所处位置	残留洋盆中心		残留洋盆边缘	弧后 （远离古陆）	岛弧	岛弧侧翼	弧间	岛弧	弧后 （靠近古陆）
充填 序列									
岩性 剖面	中天山 古陆			准噶尔 古陆					阿勒泰 古陆
构造古 地理单元	中天山 古陆	北天山 残余洋盆	准噶尔 古陆	准中 弧后盆地		准北 弧间盆地		福海 弧后盆地	阿勒泰 古陆

图 4-25　准噶尔盆地及周缘早石炭世维宪阶姜巴斯套组南北向相模式图

3. 晚石炭世巴什基尔期

晚石炭世巴什基尔期，准噶尔古陆与西伯利亚板块最终拼合造山连为一体，进入陆内裂谷发育阶段，表现为裂谷与残留海并存，北陆南海的格局。

从巴什基尔期岩相古地理图可以看出（图 4-26），该时期沿塔城—石英滩—陆梁南部—克拉美丽山一带，发育一个呈反"S"形带状延伸的古陆，将准噶尔北缘大部分地区与西缘和南缘区分开来。古陆以北整体进入陆内演化阶段，主体为陆内湖盆环境，间列分布着一些北西—南东向展布的陆内裂谷火山岩带，上下段以火山岩为主，中段主要为陆源碎屑岩、湖盆沉积，局部夹碳质泥岩、煤线及劣质煤层。西缘以及北天山向东至吐哈的大部分地区，处于活动陆缘发育阶段，发育沟弧盆沉积体系，大部分地区处于滨浅海环境，局部如柳树沟、巴音沟处于深海环境（图 4-27）。

4. 晚石炭世莫斯科期

晚石炭世莫斯科期，由于哈萨克斯坦板块与塔里木板块向准噶尔微板块的相对运动，达尔布特残余洋与北天山洋的先后闭合，北疆地区整体海退。准噶尔西北缘、东北缘大部分地区均已隆起成陆，海域退缩至吉木乃地区、准噶尔西缘、北天山以及准东地区，主要为滨浅海、海陆过渡相及火山岩沉积，边缘发育河流湖泊环境。在博格达山、巴里坤以及吐哈南缘觉罗塔格等地发育碳酸盐岩台地（图 4-28）。

二、二叠系沉积特征

二叠纪在准噶尔盆地地质发展中，为承前启后的特殊时期，既是裂陷盆地发展的结束，又是陆相坳陷盆地发展的开始。

1. 下二叠统

下二叠统沉积时期，在继承晚石炭世古地貌的基础上，形成了现今准噶尔盆地雏形。早期，西北部、东北部受二叠纪大规模断裂活动影响，伴随着广泛而剧烈的火山活动，普遍发育粗碎屑岩、火山碎屑岩和火山岩互层建造，中部和南部为滨浅海相辫状河三角洲、扇三角洲沉积为主，东部则主要为冲积扇和河流沉积。晚期构造趋于稳定，

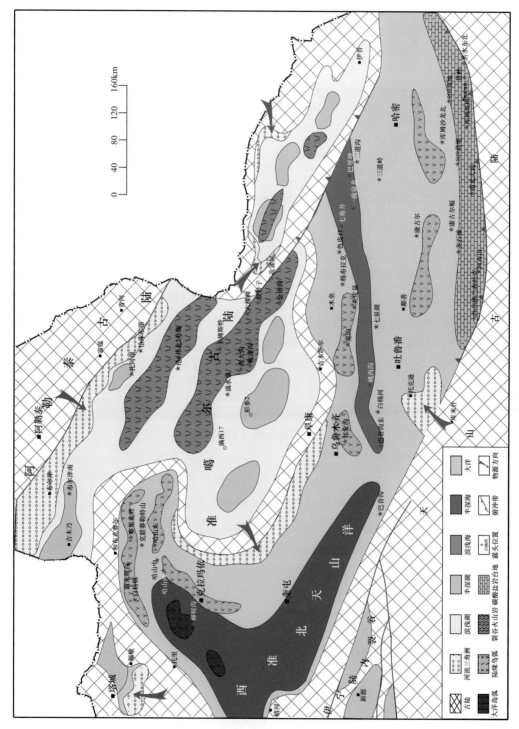

图 4-26 准噶尔盆地及周缘晚石炭世巴什基尔期岩相古地理图

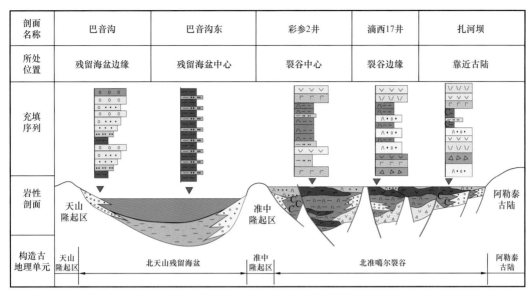

剖面名称	巴音沟	巴音沟东	彩参2井	滴西17井	扎河坝
所处位置	残留海盆边缘	残留海盆中心	裂谷中心	裂谷边缘	靠近古陆
充填序列					
岩性剖面	天山隆起区	北天山残留海盆	准中隆起区		阿勒泰古陆
构造古地理单元	天山隆起区	北天山残留海盆	准中隆起区	北准噶尔裂谷	阿勒泰古陆

图 4-27　准噶尔盆地及周缘上石炭统巴什基尔阶巴塔玛依内山组南北向相模式图

海水逐渐由西北往东南方向退出，扇三角洲相发育范围逐渐扩大，西北部以近海咸化湖相为主，腹部和南部普遍发育滨浅海沉积，东北部发育辫状河三角洲沉积（图 4-29），发育了盆地重要的烃源岩层。乌伦古坳陷、四棵树凹陷地区未发现下二叠统沉积地层。

盆地西北部在佳木河组沉积时期，地壳运动强烈，火山活动频繁，发育扇三角洲相、滨浅海相和火山岩相，岩性主要为灰绿色、褐红色、紫红色砾岩、砂岩、粉砂质泥岩及多层灰绿色中酸性熔岩、凝灰质砂岩、凝灰质角砾岩等，分选和磨圆均较差；砂砾岩中具粒序层理；砂岩成熟度低，一般不显层理；说明佳木河组的粗碎屑岩多为近源沉积，且物源区复杂。在风城组沉积期，主要以稳定的还原环境为主，发育暗色泥岩、凝灰质白云岩、白云质泥岩夹砂岩、粉砂岩及薄层石灰岩为主的近海咸化湖泊沉积，局部发育粗碎屑为主的扇三角洲沉积。在野外露头中见到一些苔藓虫化石，硅质岩中发现水螅化石，反映风城组沉积早期西北缘地区有部分海水的混入。井下获得丰富的孢粉化石，且全为裸子植物花粉。其中具肋双气囊花粉最为发育，单气囊花粉、多沟肋花粉以及无肋双气囊花粉在组合中也占有一定比例，个别或少量出现具单缝双气囊花粉和具肋三囊花粉。

盆地腹部早二叠世早期总体上为一套辫状河三角洲—滨浅海沉积，岩性主要为灰色、灰绿色砂岩、粉砂岩、粉砂质泥岩、泥岩；晚期以辫状河三角洲—滨浅海—半深海为主，沉积环境较为稳定，岩性主要表现为以灰色、灰绿色薄层粉砂岩与灰色、灰黑色泥岩互层为主。

盆地南部早期以扇三角洲和滨浅海沉积为主，岩性为灰黑色、灰绿色细砂岩、粉砂岩夹灰色厚层状砾岩、砂砾岩、粗砂岩和团块状石灰岩，砾石分选较差，反映近源快速堆积的特点；晚期沉积环境比较稳定，滨浅海—半深海区域发育扩大，以细碎屑岩夹碳酸盐岩沉积为主，表现为一套巨厚的灰黄色、灰绿色砂岩、粉砂岩、粉砂质泥岩不均匀互层，夹灰白色硅质岩、硅质条带和结核。

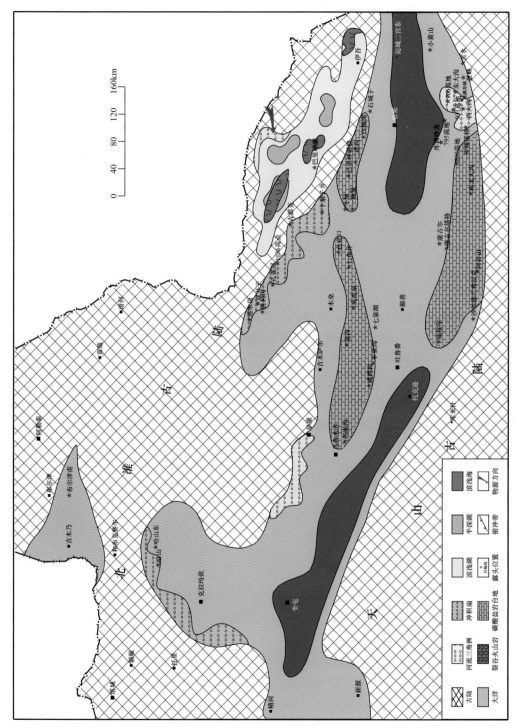

图 4-28　准噶尔盆地及周缘晚石炭世莫斯科期岩相古地理图

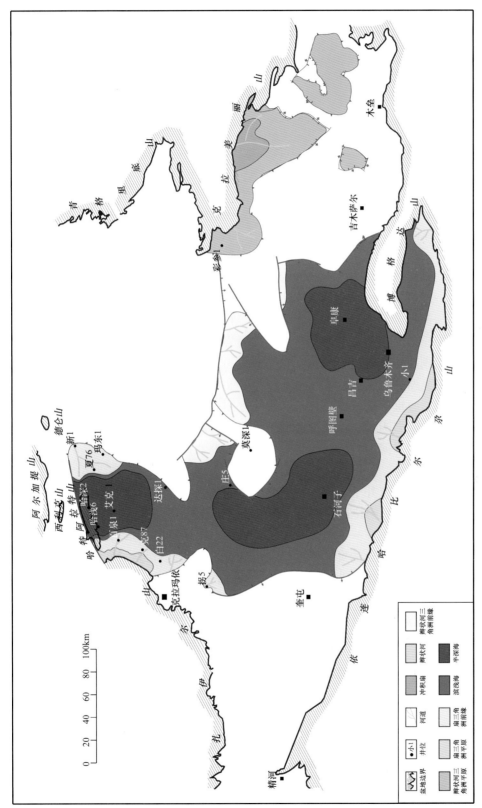

图 4-29 准噶尔盆地下二叠统亚丁斯克阶沉积相图

盆地东北部胜利沟组早期发育扇三角洲沉积，以灰绿色、黄绿色、杂色砾岩、砂砾岩、砂岩与褐红色、紫红色、灰色细砂岩、粉砂岩、砂质泥岩为主；晚期以辫状河三角洲沉积为主，岩性逐渐变细，泥岩增多，出现大量的凝灰岩、凝灰质砂岩夹层，局部有碳质泥岩或煤线。

2. 中二叠统

中二叠统沉积时期，准噶尔盆地总体表现为海水从盆地内基本退出，形成了统一陆相沉积盆地，由海陆过渡相沉积演变为陆相沉积。

中二叠世早期，盆地西北部、东北部以冲积扇、扇三角洲、河流相、辫状河三角洲粗碎屑岩沉积为主，腹部到博格达山一带以扇三角洲—滨浅湖沉积为主（图4-30）。中二叠世晚期构造趋于稳定，水域扩大、水体加深，普遍发育水体相对较深的细碎屑岩夹碳酸盐岩沉积（图4-31），西北部山地仍较陡峭，以粗碎屑岩的扇三角洲沉积—滨浅湖沉积为主，南部和东北部以较深水的浅湖—半深湖相咸化湖盆沉积为主，发育区域性烃源岩。

盆地西北部的玛湖凹陷是一个不对称的西北深而东南浅的咸水湖泊，在湖的西北缘形成一套冲积扇—扇三角洲相粗碎屑沉积夹滨湖—浅湖相的砂泥岩沉积。而在湖的东北部早期主要发育河流相、辫状河三角洲相及湖相等粗碎屑岩及少量暗色泥质岩沉积；晚期主要发育滨浅湖—半深湖相及沼泽相暗色细碎屑岩及煤层或煤线。在南部早期主要发育扇三角洲—滨浅湖相较粗碎屑岩沉积，常见波痕、雨痕、泥裂等沉积构造；晚期主要发育扇三角洲—滨浅湖—半深湖相暗色泥质岩夹碳酸盐岩。

盆地腹部在中二叠世早期，主要在石河子—呼图壁一带发育半深湖—深湖相，岩性主要以灰色、灰黑色泥岩为主，在其他区域主要以滨浅湖相为主，岩性主要以灰色、灰黑色粉砂质泥岩、泥岩夹薄层粉砂岩为主。晚期随着湖盆扩大，腹部主要以半深湖—深湖相为主，砂岩含量降低，主要以灰黑色泥岩为主。

盆地东北部石钱滩—双井子一带二叠系具明显的陆相特征，平地泉组沉积水体的盐度具明显的波动性，与古生物特征反映的古盐度吻合性较好。

盆地南部尤其是乌鲁木齐一带地壳发生快速沉降，水体迅速扩张加深，发育了大套暗色泥岩和页岩，芦草沟组含油页岩厚度最大可达百米，油页岩与各种碎屑岩、泥灰岩或白云岩交互频繁，反映为半深湖—深湖沉积。此外，大量发育的白云岩和白云质灰岩夹层表明，这些碳酸盐岩沉积时的水体盐度较高。南缘地区芦草沟组烃源岩的古盐度较高，Sr/Ba值的平均值超过1，B/Ga值平均达到6.65，说明整体盐度高。至红雁池组烃源岩沉积时盐度逐渐降低到淡水沉积环境。

3. 上二叠统

上二叠统沉积时期，盆地在继承中二叠世古地貌的基础上，进入陆相坳陷盆地发育阶段，气候趋于干旱，湖泊范围较中二叠世晚期大大缩小，沉积地层以红色为特征。主要发育一套粗碎屑的冲积扇—扇三角洲—滨浅湖沉积，水体动荡，生物贫乏。

早期，西北部以动荡的扇三角洲和冲积扇沉积为主，东北部主要发育扇三角洲—滨浅湖相的粗碎屑岩，南部主要发育一套扇三角洲沉积体系，腹部则以滨浅湖沉积体系为主。晚期构造运动趋于稳定，随着地壳沉降，整个盆地东部呈现为一种水进特征，主要以河流、沼泽、浅水湖沉积为主。

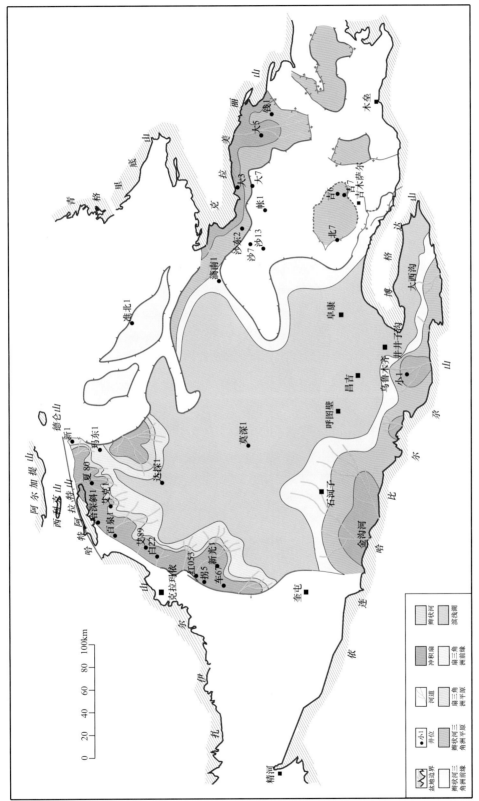

图 4-30 准噶尔盆地中二叠统空谷阶—罗德阶沉积相图

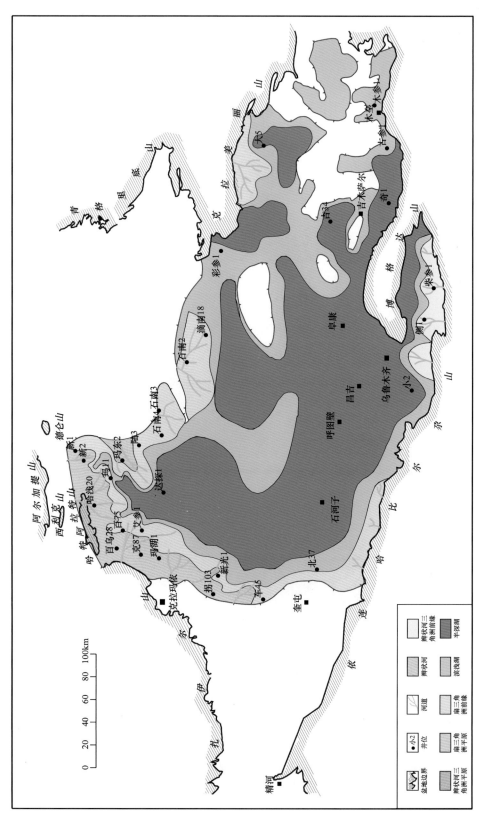

图 4-31 准噶尔盆地中二叠统沃德阶—卡匹敦阶沉积相图

三、三叠系沉积特征

三叠纪初，海西晚期形成的坳隆相间的格局遭受剥蚀、夷平，准噶尔盆地发展成为统一的内陆湖盆，三叠系广泛超覆在下伏地层之上。早三叠世沉积范围最小，主要为干旱条件下的扇三角洲沉积体系；中三叠世时周边地势普遍降低，湖盆扩大，乌伦古坳陷接受沉积，气候比早三叠世潮湿，主要为扇三角洲、辫状河三角洲和湖泊体系；晚三叠世早中期湖侵达到最大，变为潮湿条件下的湖沼沉积，晚期收缩。

1. 下三叠统

早三叠世，盆地整体上剥蚀夷平，盆地周围仍处于隆起区，在陆梁隆起南部—中央坳陷带发育了冲—洪积扇、扇三角洲—滨浅湖沉积（图4-32）。

盆地西北缘、北缘、东北缘、南缘东部都有冲—洪积扇、扇三角洲相粗碎屑沉积，扇体叠合连片，向盆内推进较远。砾岩比例较高，一般达60%～90%，磨圆度差，无分选性，均来自周围隆起的山地。向盆地内，玛湖凹陷、盆1井西凹陷钻井揭示百口泉组下部发育灰色厚层砾岩夹薄层棕红色粉砂质泥岩，中部发育灰色含砾砂岩、棕褐色含砾泥质砂岩夹薄层棕褐色泥岩，上部棕褐色泥岩夹灰色砾岩、含砾砂岩。说明盆地内部大部分地区仍以红色为主，发育粗碎屑沉积，古气候以干旱为主。

乌鲁木齐—吉木萨尔主要为扇三角洲—浅水湖沉积，沉积中心位于玛纳斯湖附近。根据早三叠世古水流分析，河流流向也是朝向玛纳斯湖方向，盆地中心为湖泊沉积，沉积物主要为细碎屑岩和碳质泥岩。木垒凹陷发育冲积扇—冲积平原沉积。

2. 中三叠统

中三叠世是由早三叠世的干旱山麓平原环境到晚三叠世的温湿河湖沼泽之间的过渡期，湖盆范围进一步扩大。总体来说，早期岩石颜色仍以红色为主，为干旱环境，中晚期变为温湿环境，植物繁盛，水生生物增多，但是局部地区如托斯台地区可以全为红色。

盆地西北缘、北缘、东北缘、南缘东部主要发育冲积扇、三角洲沉积（图4-33），扇体规模变小，如博格达山前地区发育辫状河三角洲沉积，克拉玛依地区下部发育冲积扇相，中上部发育辫状河三角洲相、湖相；南缘发育冲积扇相。中央为湖泊沉积，沿盆地边缘为浅湖沉积，韵律清楚，交错层理广泛发育，还见水平层理和底冲刷面。含植物化石与碎片、叶肢介、鱼、肯氏兽、双壳类、介形类、鲎虫类和孢粉化石。

3. 上三叠统

晚三叠世湖盆继续扩展，乌伦古坳陷、和什托洛盖盆地接受沉积。湖域普遍变深，气候温暖，生物更加繁盛。盆地主体为湖泊沉积，仅在盆地边缘发育零散的扇三角洲、辫状河三角洲沉积（图4-34）。

准噶尔盆地西北缘下部属于湖泊沉积，为稳定的黄色、黄灰色细碎屑岩，含黄铁矿，有时夹菱铁矿条带，产植物、鱼、双壳类和鲎虫，厚度不大；上部为湖沼沉积。玛纳斯湖一带晚三叠世沉积厚度变大，暗色泥岩成分增多，显示了玛纳斯湖晚三叠世既

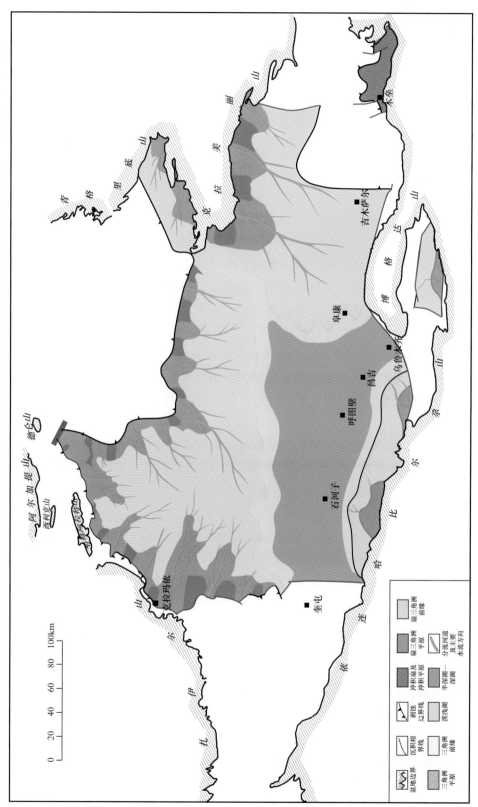

图 4-32 准噶尔盆地下三叠统百口泉组沉积相图

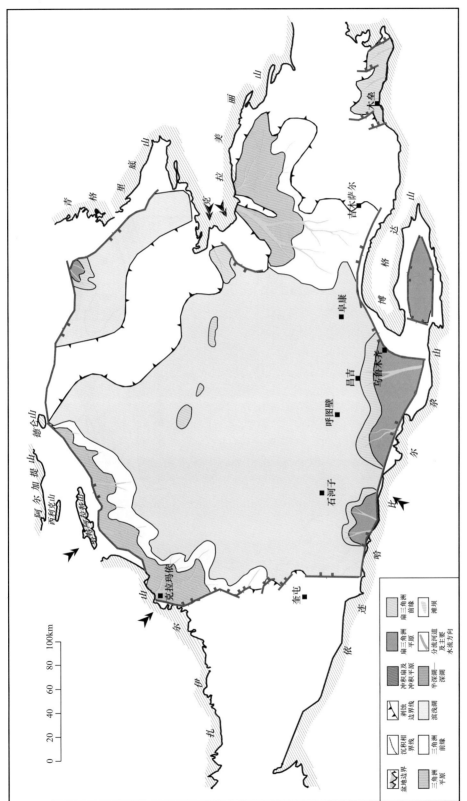

图 4-33　准噶尔盆地中三叠统克拉玛依组沉积相图

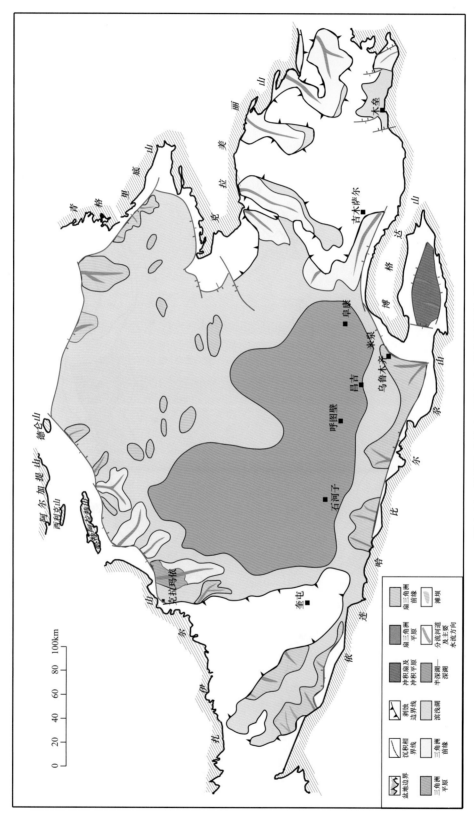

图 4-34 准噶尔盆地上三叠统白碱滩组沉积相图

是沉积中心又是沉降中心的特点。盆地南缘下部为湖相杂色细碎屑沉积，上部为湖沼相细碎屑沉积夹薄煤层及菱铁矿结核，产植物、双壳类、鲨虫和叶肢介。盆地东北缘气候由半潮湿向潮湿过渡，早中期发生湖侵，乌伦古湖与玛纳斯湖连成一片，整体处于滨浅湖—半深湖环境，岩性整体以灰色泥岩为主，发育少量细砂岩和泥质细砂岩等，产植物、鲨虫和腹足类化石。盆地中央为湖泊沉积，主要为灰色、灰黑色泥岩、粉砂质泥岩。

四、侏罗系沉积特征

侏罗纪时期，准噶尔盆地构造背景相对稳定，盆地范围进一步扩大，经历了多个旋回的沉积过程。八道湾期气候温暖潮湿、湖泽密布，沉积面貌具有相似性，发育三角洲—湖泊沉积体系，煤层和碳质泥岩发育，是准噶尔盆地最重要的成煤期。三工河期盆地进一步扩大变浅，发育辫状河、曲流河浅水三角洲沉积—湖泊沉积。西山窑期发育三角洲—湖泊—沼泽沉积，又出现大面积的泛滥平原沼泽环境。头屯河期以后，盆地抬升，湖盆萎缩，主要为冲积平原及三角洲平原环境。

1. 下侏罗统

1）八道湾组

该时期准噶尔盆地地处热带—亚热带，气候温暖，雨量充沛，河系、沼泽发育，植物茂盛。盆地边缘局部地区发育冲—洪积粗碎屑沉积，在盆地西北部及东北部大面积发育湿地扇、辫状河三角洲沉积，在盆地南缘及北缘局部发育扇三角洲沉积，在盆地中部是广阔的滨湖沼泽区，仅在四棵树、石河子—阜东一线有浅湖区及面积很小的半深湖区（图4-35），煤层和碳质泥岩发育。见鱼、龟和恐龙化石。从湖盆水体演化过程来看，整个八道湾组沉积期经历了初期的水退、中间水进、末期再一次水退的变化过程，对应的可以将八道湾组细分成三段。其中八道湾组二段沉积时期随着水体的进积，砂体大面积萎缩，盆地腹部主要以湖相的浅湖、半深湖和深湖沉积为主，发育厚层的灰黑色泥岩。八道湾组二段是盆地腹部地区一套重要的烃源岩层。

2）三工河组

由于气候湿热，降雨量增加，地表径流进一步发育，盆地进一步扩大变浅，整体表现为滨湖—浅湖环境。盆地西北缘、东北缘及南缘东部地区向盆地内发育了辫状河、曲流河浅水三角洲沉积，盆地腹部地势较缓，物源供给充足，东西两个物源体系交会于莫西庄—征沙村一带，砂体大面积展布。盆地周缘部分地区发育扇三角洲沉积，在呼图壁至芳草湖一带发育极为局限的半深湖区（图4-36）。

2. 中侏罗统

1）西山窑组

该时期古地理环境与八道湾期相似，气候温暖，雨量充沛，河流发育，植物茂盛，湖区范围由于车—莫古隆起的发育开始缩小，盆地周缘及腹部广泛发育沼泽，玛纳斯—呼图壁一线是半深湖相和三角洲相交会区，盆地西北部广泛发育辫状河三角洲，东北部广泛发育曲流河三角洲，盆地南部主要发育沼泽相—浅湖相，仅在东段发育规模较小的三角洲群（图4-37）。

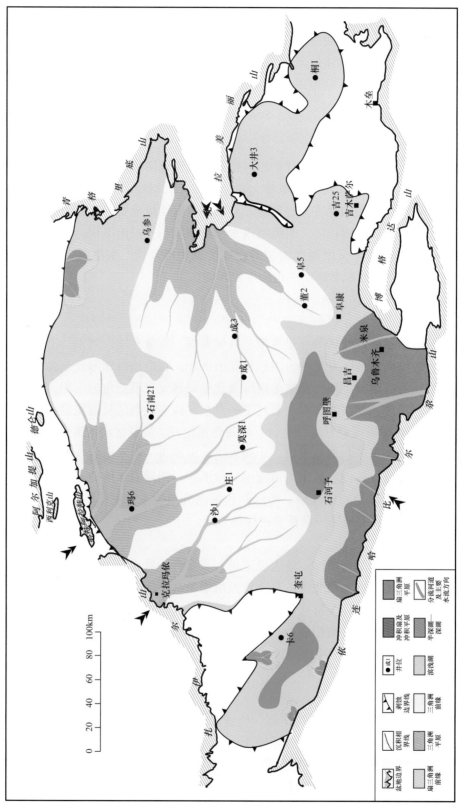

图 4-35　准噶尔盆地下侏罗统八道湾组沉积相图

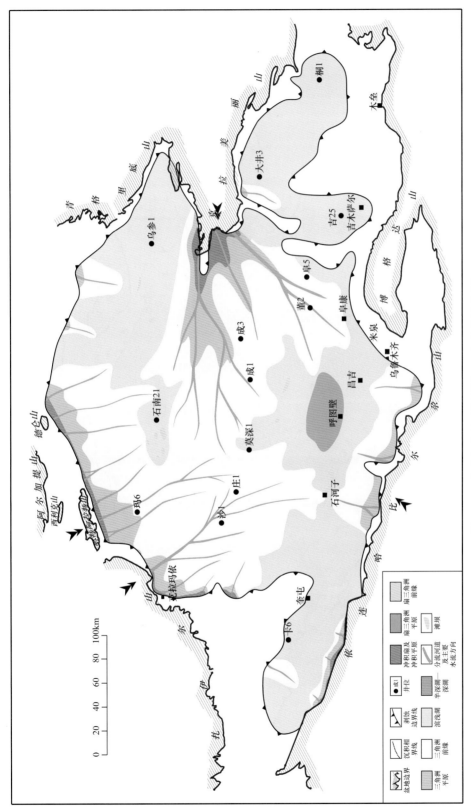

图 4-36 准噶尔盆地地下侏罗统三工河组沉积相图

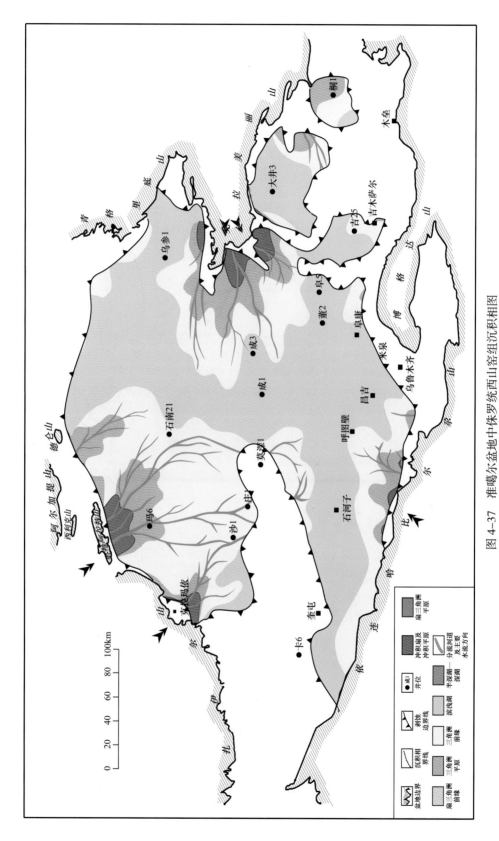

图 4-37 准噶尔盆地中侏罗统西山窑组沉积相图

2）头屯河组

湖域面积较西山窑期进一步缩小，该时期地形平坦，河流广布，多为冲积平原、三角洲平原，仅在南缘北部发育局限浅水湖泊。该时期克拉美丽物源最为发育，并且影响范围逐步向盆地西南部扩大，盆地南缘发育多个规模较小的冲积扇体，西北缘主要为浅湖沉积，局部地区发育小型三角洲。头屯河期早期古气候尚属湿热，盆地南部且具有一定的深水还原环境，湖中生物繁多，主要发育有瓣鳃类、叶肢介、腹足类浮游生物和藻类等。晚期由于盆地萎缩、气候干热，湖盆范围极为有限，主要为冲积平原及三角洲平原环境，陆上地层中见有较多红层、钙球层与龟裂等（图4-38）。

3. 上侏罗统

齐古组沉积时期，湖域面积进一步萎缩，仅在盆地南部山前发育局限性的小湖泊，盆地大部冲积平原化，从盆缘到盆地腹部发育冲积扇—辫状河—曲流河沉积（图4-39）。到晚期喀拉扎组沉积时期，主要发育了山麓冲积扇和扇三角洲堆积。

五、白垩系沉积特征

侏罗纪末期准噶尔盆地整体抬升遭受剥蚀。在白垩系沉积时，盆地周缘除天山地区以外整体处于隆起状态，盆地内部除陆梁隆起北部外都已准平原化。早白垩世盆地范围最广，沉降幅度最大，形成统一的坳陷，其沉积中心向南迁移，充填层序属于干旱气候条件下形成的河流—三角洲—滨浅湖沉积体系，由中心向盆地边缘厚度梯度变化均匀，并超覆于老地层之上。晚白垩世盆地开始收缩，分布范围减小，沉积与沉降幅度减弱，整体呈北部斜坡、南部凹陷的构造格局。

1. 下白垩统

下白垩统吐谷鲁群是在古地貌整体较为平坦的背景下发育的内陆湖泊沉积，气候干旱炎热，红色地层发育，仅在阜康凹陷和南缘玛纳斯—呼图壁连线以北为半深湖区。

其沉积相的横向分布为淡水湖相、河湖相及山麓相，主要发育冲积相、河流相、三角洲相和湖相。冲积扇主要分布于托斯台的托1井区，岩性较粗，多为砾岩及粗碎屑砂岩和含砾砂岩，扇缘和扇中亚相。三角洲相分布于南缘的玛纳斯河、呼图壁河、昌吉河、头屯河一带，主要为三角洲前缘、前三角洲亚相。河流相分布于西部的艾2井区、东部的台22井、台2井和吉5井区，分布范围较小，沉积较粗。滨浅湖亚相分布于盆地广大地区，除湖盆南缘分布的三角洲相和玛纳斯—昌吉为中心的半深湖亚相外，其余几乎全被滨浅湖亚相所占据。半深湖亚相分布于玛纳斯—昌吉一带，南起紫泥泉子附近，北到盆1井南20km，沉积物以泥岩为主（泥岩占80%～100%）（图4-40）。

生物群在湖区及其周围相对集中，水域中鱼类、双壳类、腹足类、介形类、叶肢介、藻类等均较发育，湖区边缘植物繁茂，具有恐龙生存的条件。

2. 上白垩统

该期气候变得炎热干燥，盆内及周缘的构造运动有所加强，湖泊逐步缩小变浅，盆地边部广泛发育氧化环境的粗粒冲积物，盆地内部整体泛滥平原化。其沉积以氧化色——棕红色的砂砾岩、含砾砂岩为主的辫状河和泛滥平原为主。辫状河在盆地内分布广泛，盆地四周基本分布着辫状河沉积，在西北缘哈特阿拉特山前、克拉美丽山前和青

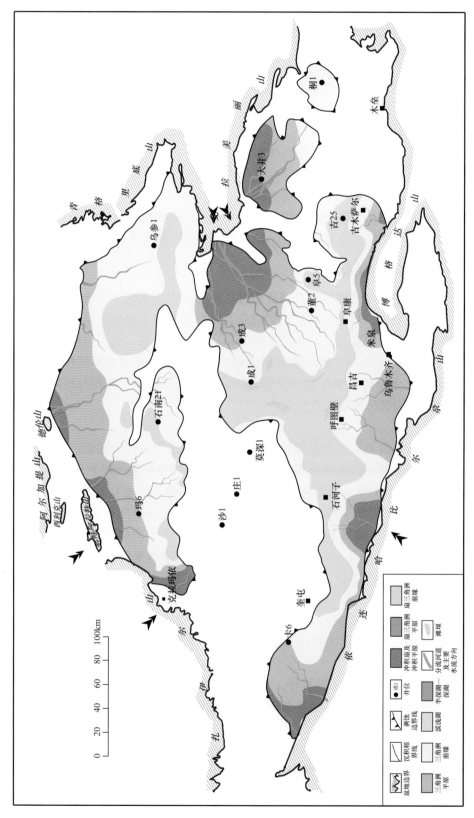

图 4-38　准噶尔盆地中侏罗统头屯河组沉积相图

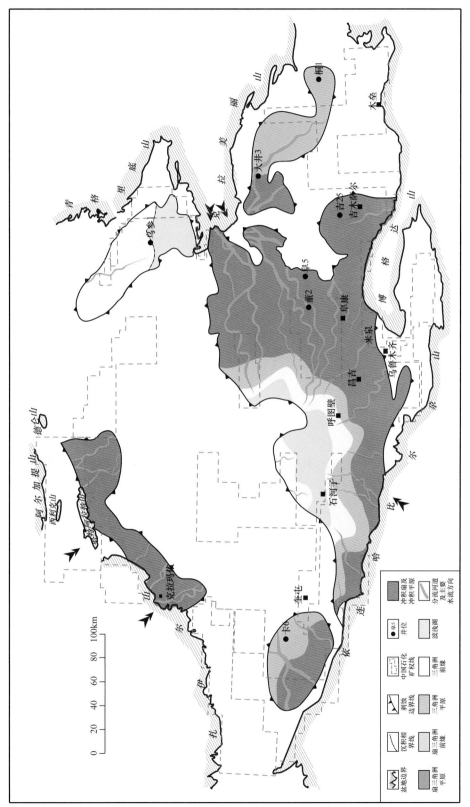

图 4-39 准噶尔盆地上侏罗统齐古组沉积相图

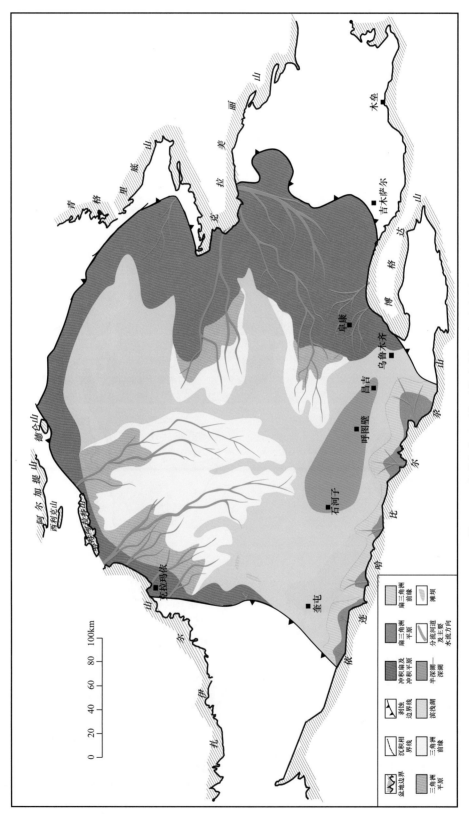

图 4-40　准噶尔盆地地下白垩统清水河组沉积相图

格里底山前辫状河流最为发育，尤其是哈特阿拉特山前延伸到了盆参 2 井附近。玛纳斯湖到陆梁—三个泉地区是河网区和滨湖区，具有水生和陆生生物生存和繁衍的环境。泛滥平原在该时期也发育，主要分布在盆地的中央斜坡带以及北斜坡、东斜坡。

六、古近系沉积特征

从古近纪开始，准噶尔盆地受北天山隆升的影响，沉降沉积中心主要集中在南部。地层整体表现为由南向北、向西、向东超覆的特征。

1. 古新统—始新统

紫泥泉子组沉积时期气候变得更加干热，湖水后退，准噶尔湖盆进一步向南收缩，以辫状河三角洲沉积为主，在盆地南部、北部残留多个孤立、浅而咸的小湖群，砂泥岩中夹石膏岩沉积。车排子地区主要在东南部较小的范围内接受沉积，发育扇三角洲相厚层砂砾岩、中细砂岩、粉砂岩夹泥质岩沉积，盆地北半部遭受剥蚀，发育不全。

2. 始新统—渐新统

安集海河组沉积时期古气候逐渐转为湿热，降水量增加，湖平面上升，河流发育，滨浅湖范围明显增大，在独山子—安集海—玛纳斯—呼图壁连线两侧出现了半深湖区，湖中有机质含量十分丰富。盆地边缘发育辫状河三角洲，在腹部盆 1 井和玛纳斯都伸入浅湖相区。车排子地区主要发育扇三角洲相，随着湖平面上升，前缘亚相明显萎缩，扇三角洲相带之间为滨岸平原到滨浅湖相的泥质岩夹砂岩的细碎屑岩沉积。

七、新近系沉积特征

新近纪时期，准噶尔盆地再次整体沉降接受沉积，盆地不断扩大，湖域也相应扩大，并具有由盆地腹部向四周超覆沉积的特点。沙湾组沉积特征表现为向上变粗进积型的沉积序列，主要发育扇三角洲—滨浅湖沉积组合，塔西河组沉积期湖盆范围进一步扩大，独山子期发育山麓—河流相，表现为向上变粗的沉积序列。

1. 中新统

1）沙湾组

沙湾组沉积时期，天山隆起较高，物源供给充足，发育冲积扇、扇三角洲及辫状河三角洲沉积；盆地中部地层平缓，以湖泊沉积为主，盆地周缘发育中小型冲积扇、扇三角洲沉积。

车排子地区沙湾组沉积范围广，基本全区覆盖，可进一步划分为三个沉积阶段。沙一段沉积早期，西南方向发育大型辫状河三角洲（图 4-41），横向展布范围广，分布面积大，主要发育厚层状砂砾岩、砂岩夹泥质岩等粗碎屑岩沉积，部分地区发育滨浅湖及滩坝沉积。西北方向沿扎伊尔山发育多个小型扇三角洲。沙一段沉积中期，湖平面有所下降，随着水动力及物源供给的减弱，西南部开始出现曲流河三角洲沉积，沉积了范围广大的曲流河水下分流河道砂体，局部地区出现河口坝砂体。沙一段沉积晚期湖平面继续扩张，物源供给开始增强，继续发育以辫状河三角洲为主的沉积体系。沙二段沉积早期，受天山的持续隆起影响，地层开始南倾。基准面迅速上升，湖泊开始扩张，西南物源以曲流河三角洲的形式注入湖盆，砂砾岩物源供应量减少；北部沿扎伊尔山一线的扇三角洲也开始萎缩，仅发育规模较小的扇三角洲；中部为滨浅湖沉积。沙二段沉积中期以后，湖平面迅速下降，西北扎伊尔山物源发育冲积扇相，车排子广大地区主要发育西南物源的曲流河沉积。沙湾组沉积末期，车排子地区存在短时间的抬升，在西北部可见沙湾组与塔西河组间的明显不整合接触。

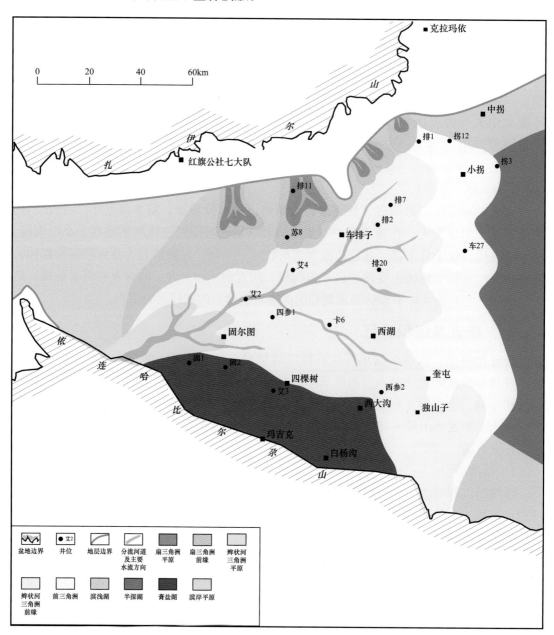

图 4-41　准噶尔盆地车排子地区新近系沙湾组沉积相图

　　在盆地腹部以湖相为主，在南部的安集海河、玛纳斯河一带发育河湖三角洲沉积；北部的盆 1 井以北主要是冲—洪积扇裙带和冲—洪积平原分布区，盆 1 井南、户 1 井东南有河湖相三角洲相分布。

2）塔西河组

塔西河组沉积时期，气候变为半潮湿，湖域进一步扩大，以三角洲—湖泊沉积为主。盆地边缘，如车排子地区主要发育冲积扇、滨岸平原相厚层角砾岩、砂砾岩、砂岩及泥质岩沉积。粗碎屑岩由于沉积速度快、分选性差、泥质含量高，储集性能差。

2. 上新统

独山子组沉积早期湖盆继续扩大，中期可能湖盆退缩、分割，晚期进一步分割成数个小的半咸水湖，呈串珠状分布于半荒漠—半草原的冲积—洪积平原上，主要为山麓相—河流沉积。四周的物源区仅北天山剧烈隆起成高—中山区。

第三节 沉积演化史

准噶尔盆地经历了晚石炭世—中二叠世断陷盆地、晚二叠世—古近纪震荡型坳陷盆地、新近纪—第四纪陆内前陆盆地构造演化过程，根据不同时期古地理特征，其建造过程可分为石炭纪、二叠纪、三叠纪—侏罗纪、白垩纪—古近纪、新近纪5个沉积演化阶段（图4-42至图4-44）。

一、石炭纪沉积演化

石炭纪时，现今意义上的准噶尔盆地尚未形成，与整个北疆地区处于统一的演化背景中，整体经历了从东北向西南逐渐闭合、海水由东北向西南逐步退出的过程，发育了一套火山岩、沉积岩混合建造。早石炭世为沟弧盆体系，主要为残余洋盆、海盆、岛弧环境，早石炭世末期经历了一次碰撞隆升过程；晚石炭世演化为海陆交互环境，主要为陆相裂谷、残留海环境。晚石炭世晚期，东、西准噶尔界山初步隆升。

二、二叠纪沉积演化

二叠纪在继承晚石炭世构造格局的基础上，经历了由断陷到坳陷、从海相到陆相的构造沉积转换过程，早二叠世盆地的分割局面，到晚二叠世基本得到统一，统一的盆地已经形成。

早二叠世初在继承晚石炭世古地貌的基础上，发生强烈的构造运动，它的主要表现形式是大规模的断裂活动，伴随着剧烈广泛和频繁的火山活动，形成了准噶尔盆地的雏形。在其分割孤立的山前和山间断陷中堆积了巨厚的火山磨拉石建造，近火山源区是以陆相中—酸性火山岩为主体的粗碎屑岩—火山岩建造，远离火山源则为以河湖相碎屑岩为主体的火山岩（火山碎屑岩）—碎屑岩建造。在博格达山和北天山坳陷区，则继承了石炭纪海域的特征，堆积了一套滨海—浅海相砂岩、砾岩、泥岩夹石灰岩和火山岩。

中二叠世时期，准噶尔盆地总体表现为海水从盆地内基本退出，形成了统一陆相沉积盆地，沉积范围逐步扩大，由海陆过渡相沉积演变为陆相沉积。

晚二叠世，盆地在继承中二叠世古地貌的基础上，进入陆相坳陷盆地发育阶段，湖泊范围较中二叠世晚期大大缩小，并逐步扩大，以退覆式沉积为主（图4-45）。沉积地层以红色为特征，主要发育一套粗碎屑的冲积扇—扇三角洲—滨浅湖沉积。

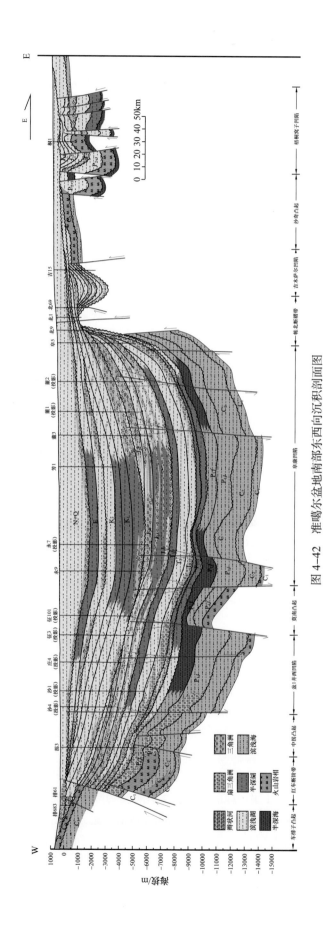

图 4-42 准噶尔盆地南部东西向沉积剖面图

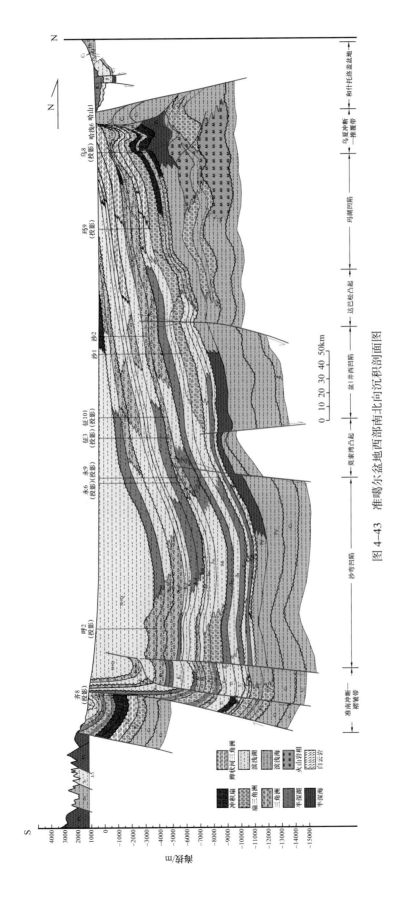

图 4-43　准噶尔盆地西部南北向沉积剖面图

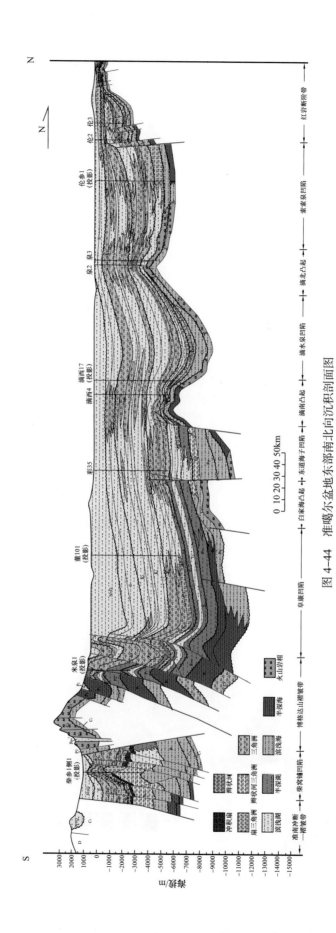

图 4-44　准噶尔盆地东部南北向沉积剖面图

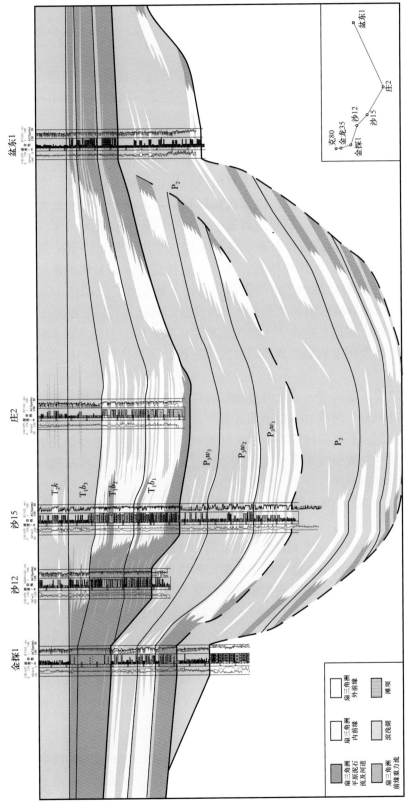

图 4-45 准噶尔盆地金探 1 井—庄 2 井—盆东 1 井中二叠统—下三叠统沉积相剖面图

二叠纪末期，盆地隆升，周缘山系夷平，地形起伏小，形成了宽广平缓的地貌形态，为中生代大型坳陷盆地的发育奠定了基础。

三、三叠纪—侏罗纪沉积演化

三叠纪—侏罗纪时期是准噶尔盆地统一内陆湖盆发育的重要时期，沉积范围广、地层分布相对稳定，沉积特征相似，主要为冲积—河流—湖泊沉积体系。期间，受多期构造活动的影响，又可以划分为多个旋回。

三叠纪经历了湖盆逐步扩大的沉积过程。早—中三叠世沉积范围由南向北逐步扩大，下三叠统为大范围展布的冲积扇—浅水扇三角洲体系，砂体较为发育。中三叠世经历了中期最大湖侵和晚期湖退的发育阶段，周边地势普遍降低，乌伦古一带开始接受沉积，气候比早三叠世潮湿，以滨浅湖沉积为主，发育玛湖、昌吉和乌伦古三个沉降中心。晚三叠世早中期，湖侵达到最大，三个沉降中心连为一体，湖水已浸漫了和什托洛盖盆地，主要为滨浅湖沉积。晚期收缩，变为潮湿条件下的湖沼沉积。三叠纪末，盆地遭受的压扭构造作用增强，再次发生构造抬升，盆地整体处于剥蚀状态，其中西北缘、东北缘和陆梁地区抬升较高，致使下侏罗统广泛超覆于三叠系或古生界之上。三叠纪期间虽有构造运动波及盆地，但没有影响统一沉积盆地的过程。

侏罗纪时期，盆地又进入了大范围的稳定沉积阶段，主要发育（扇）三角洲—湖泊沉积体系，整体经历了从湖扩到湖退的沉积过程，沉积具有阶段性和旋回性，可划分为四个阶段。

第一阶段为八道湾组—三工河组沉积时期，经历了三期进积—退积过程。八道湾组沉积早期以冲积扇、河流、三角洲和滨浅湖为主，发育沼泽相。八道湾组沉积中期发生湖侵，水体加深，主要为滨浅湖—半深湖沉积。八道湾组沉积晚期发生湖退，广泛发育三角洲沉积。三工河组沉积早期再次水体加深，发育三角洲、滨浅湖沉积，沉积范围应大于晚三叠世沉积范围。三工河组沉积中期，发育大型三角洲沉积，砂体厚度大、分布广（图4-46）。三工河组沉积晚期，又发生一次水进，主要发生湖相泥岩沉积。

第二阶段为西山窑组—头屯河组沉积时期，具有与第一阶段类似的沉积过程，经历了两期进积—退积过程。三工河组沉积末期，盆地遭受一次较弱的褶皱作用，前西山窑期地层形变，造成局部不整合。西山窑组沉积早中期，古地理景观又恢复到八道湾组沉积时期的情景，由河流、三角洲沉积逐步演化为滨浅湖、沼泽沉积，煤层广泛发育。西山窑组沉积中晚期，再次经历了进积—退积过程，沼泽相不发育。

第三阶段为头屯河组沉积时期。西山窑组沉积期末，构造运动波及准噶尔地区，造成了大范围的不整合接触。头屯河组自下而上为进积—退积的沉积序列。

第四阶段为齐古组—喀拉扎组沉积时期。晚侏罗世，准噶尔盆地沉积环境发生重大变化，气候干热，湖盆范围极为有限，主要为冲积平原及三角洲平原环境。

四、白垩纪—古近纪沉积演化

侏罗纪末期的构造运动使准噶尔盆地的构造面貌发生了较大的改变，除北天山外周围山系基本形成，沉降沉积中心开始向盆地南部迁移，白垩纪—古近纪时期为陆内统一坳陷阶段。

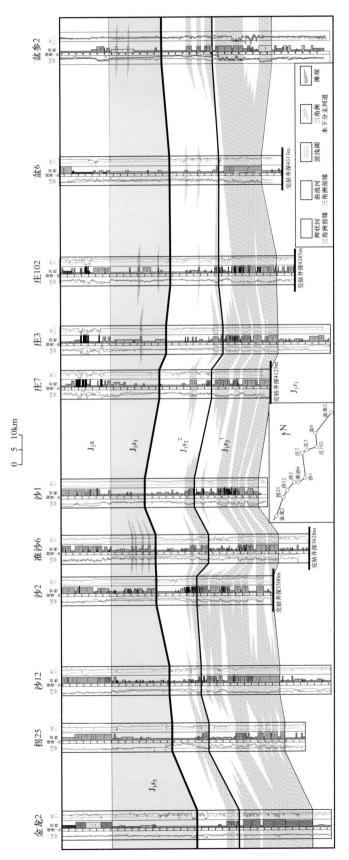

图 4-46　准噶尔盆地金龙 2 井—庄 3 井—盆参 2 井侏罗系三工河组 2—3 段沉积相剖面图

早白垩世沉积时整体表现为水进的特征，地层由盆内坳陷区向隆起区、盆地四周超覆沉积，沉积范围逐步扩大，在清水河组沉积时期盆地内广泛发育一套砂砾岩沉积，形成冲积扇—辫状河—冲积平原沉积体系，盆地腹部发育辫状河三角洲沉积。到晚期，湖域范围与晚三叠世湖域相近，但以浅水湖为主，盆地边部发育小型的扇三角洲、辫状河三角洲及滨浅湖沉积。

晚白垩世湖盆骤然缩小，沉积中心向南部、北部迁移，浅水湖区范围缩小，盆地大部分为冲—洪积平原与滨湖所占据。

白垩纪末，整个盆地进入强烈而明显的构造运动中，地层遭受大规模剥蚀。古近纪早期气候干热、湖盆较小，发育了多个沉降沉积中心，残留多个孤立、浅而咸的小湖群，砂泥岩中夹石膏沉积。古近纪晚期古气候逐渐转为湿热，湖平面上升，河流发育，滨浅湖范围明显增大，盆地南部出现半深湖沉积。

五、新近纪沉积演化

从新近纪开始，准噶尔盆地的沉积明显受到北天山隆升的影响。

中新统沉积时期，整个天山区开始剧烈隆起，河流发育，流程、流量、搬运量剧增，浅湖域扩大，沉积范围扩大到盆地北部，主要是冲—洪积相群分布区。

上新统沉积早期湖盆再次扩大，以浅水湖泊为主。中晚期，由于气候变干旱，降雨量减少，河流流量减少，湖盆变小、变浅，最后分裂成数个小而孤立的半咸水、浅水湖泊。

第五章 烃 源 岩

准噶尔盆地自石炭纪以来漫长的地质演化过程中经历了海相、海陆交互相和陆相沉积环境的演变，主要发育有石炭系、二叠系、三叠系、侏罗系、白垩系和古近系6套烃源岩层系，分布于盆地不同的凹陷或地区，具有丰富的生烃物质基础。近年来，在烃源岩研究中取得了新的进展和认识。

第一节　烃源岩发育特征

准噶尔盆地受沉积环境及盆地演化的影响，各层系烃源岩发育差异较大。下石炭统烃源岩岩性以泥岩、凝灰质泥岩、沉凝灰岩为主，分布较广；上石炭统烃源岩主要为泥岩和碳质泥岩，厚度变化大、分布不稳定，主要分布于盆地的东部，不同地区石炭系烃源岩有机质丰度、类型等指标差异大。二叠系烃源岩主要发育于中下统，分布广、厚度大、品质好，是盆地内最主要的烃源岩，尤其是下二叠统风城组碱湖、中二叠统芦草沟组—平地泉组咸化湖泊烃源岩是盆地内优质烃源岩。三叠系烃源岩集中发育于中—上三叠统，以泥岩为主，主要分布在中央坳陷及乌伦古坳陷，厚度有限。中—下侏罗统烃源岩以泥岩、碳质泥岩和煤为主，主要分布于四棵树—沙湾凹陷—阜康凹陷及乌伦古坳陷东部。白垩系及古近系烃源岩为湖相泥质岩，主要分布于盆地南部四棵树凹陷—呼图壁一带。

一、石炭系烃源岩

长期以来将石炭系作为准噶尔盆地的基底，对其研究认识程度整体较低。近期研究认为，石炭纪经历了洋盆转换、海陆交互的复杂构造—沉积演化过程，为烃源岩的发育创造了条件，形成了泥岩、碳质泥岩、凝灰质泥岩等多种类型的烃源岩。烃源岩主要发育于下石炭统姜巴斯套组（$C_1 j$），上石炭统巴塔玛依内山组（$C_2 b$）和石钱滩组（$C_2 sh$）以及同年代地层中（图 5-1）。

1. 烃源岩分布特征

1）下石炭统烃源岩

早石炭世维宪阶—谢尔普霍夫阶，准噶尔地区以多岛洋古地理环境为主，除腹部准噶尔古陆区外，均具有形成烃源岩的条件，滨浅海、半深海、局限海湾是烃源岩发育的有利相带。四棵树凹陷、滴水泉—五彩湾凹陷、乌伦古坳陷、木垒凹陷处于有利沉积环境，烃源岩广泛发育。在陆东—五彩湾、滴水泉及石北地区主要发育下石炭统滴水泉组（$C_1 d$），该区处于弧间盆地沉积背景，受滴西 17—滴 5、石南 1—滴中 1 和陆 6—泉 3 等多条岛弧带的分割，平面上形成多个条带状展布的烃源岩槽，钻井揭示烃源岩厚度在 60～200m 之间。在准东北缘乌伦古地区主要发育下石炭统姜巴斯套组（$C_1 j$），该区域

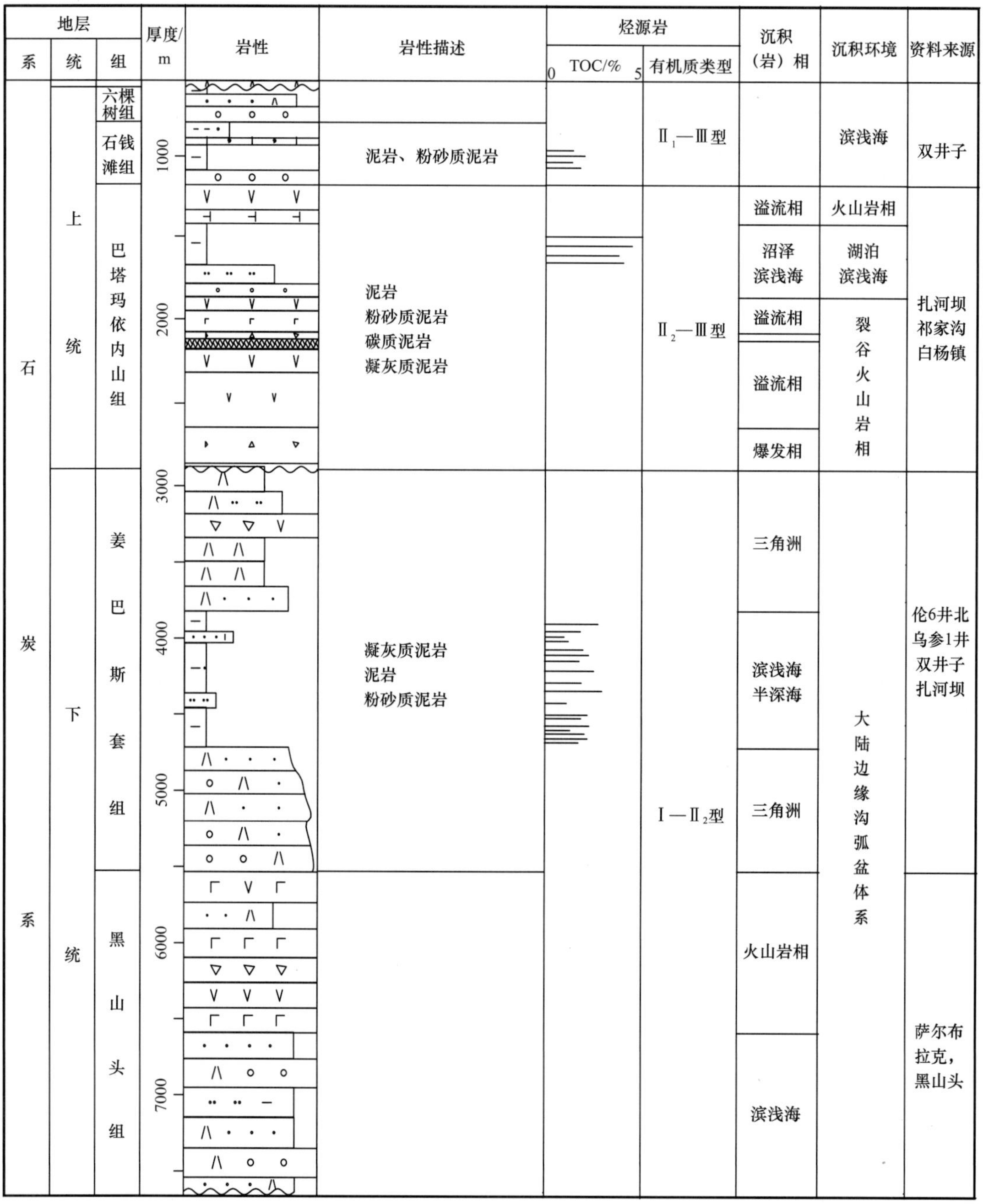

地层			厚度/m	岩性	岩性描述	烃源岩 TOC/%	有机质类型	沉积(岩)相	沉积环境	资料来源
系	统	组				0 ～ 5				
石炭系	上统	六棵树组 石钱滩组	1000		泥岩、粉砂质泥岩		II_1—III型		滨浅海	双井子
		巴塔玛依内山组	2000		泥岩 粉砂质泥岩 碳质泥岩 凝灰质泥岩		II_2—III型	溢流相 / 沼泽 滨浅海 / 溢流相 / 溢流相 / 爆发相	火山岩相 / 湖泊 滨浅海 / 裂谷火山岩相	扎河坝 祁家沟 白杨镇
	下统	姜巴斯套组	3000 4000 5000		凝灰质泥岩 泥岩 粉砂质泥岩		I—II_2型	三角洲 / 滨浅海 半深海 / 三角洲	大陆边缘沟弧盆体系	伦6井北 乌参1井 双井子 扎河坝
		黑山头组	6000 7000					火山岩相 / 滨浅海		萨尔布拉克, 黑山头

图 5-1 准噶尔盆地石炭系烃源岩发育特征综合柱状图

处于弧后盆地半深海—深海沉积环境，烃源岩广盆式发育，其中，萨尔布拉克、塔克尔巴斯套等剖面表现为近陆三角洲粗碎屑夹泥岩沉积；乌参1井处于弧后盆地中心区，为厚层泥质岩沉积；滴水泉剖面和滴北1、泉5井为近岛弧富含火山物质泥质岩沉积；滴中1、滴西17为岛弧带大套火山岩沉积。准东南缘该时期处于海相裂谷环境，处于滨浅海—半深海相环境，发育灰色—深灰色（凝灰质）泥岩，横向延伸稳定。从少量钻井及野外露头剖面来看，该套烃源岩厚度在 200～400m 之间。恰库尔图北、萨尔布拉克等不同剖面岩性组合及厚度差异较大（表5-1），烃源岩主要岩性为泥岩、碳质泥岩、凝灰质泥岩和粉砂质泥岩。从乌伦古坳陷电法剖面分析，石炭系存在两套地层结构，上部为高阻层，其由北向南逐渐减薄，在高阻层之下存在低阻层，向西北方向逐渐尖灭，滴北2、伦2等井揭示高阻层为凝灰岩、安山岩等火山岩，乌参1井揭示低阻层为凝灰质泥岩和泥岩，视厚度达1400多米。

表5-1　准噶尔盆地重点钻井及露头剖面石炭系烃源岩基本情况统计表

剖面（井）	层位	岩性	厚度/m
恰库尔图北	C_1j	深灰色、灰色粉砂质泥岩、泥质粉砂岩、泥岩	100
沙尔布拉克	C_1j	深灰色泥质粉砂岩	700
伦6井北	C_1j	深灰色、灰黑色泥岩	290
扎河坝	C_1j	深灰色泥岩	40～80
滴水泉	C_1d	深灰色泥岩、灰黑色含碳质泥岩	600
伦2井	C_1j	深灰色泥岩	200
乌参1井	C_1j	深灰色凝灰质泥岩、泥岩	1411
英西1井	C_2b	深灰色碳质泥岩、煤	72
城1井	C_2b	灰黑色泥岩、粉砂质泥岩	130
滴南凸起钻井	C_2b	深灰色泥岩、碳质泥岩	4.5～145
帐篷沟	C_2b	灰色、深灰色泥岩、粉砂质泥岩	115
尖山沟	C_2b	灰色泥岩	7
白碱沟	C_2b	深灰色泥岩、碳质泥岩	16
五彩城	C_2b	深灰色泥岩	14～187
拜尔库都克	C_2b	灰色、深灰色泥岩	15
塔克巴斯陶	C_2b	灰色、深灰色泥岩	63
扎河坝	C_2b	深灰色泥岩、灰黑色碳质泥岩	58

2）上石炭统烃源岩

晚石炭世巴什基尔阶，准噶尔盆地处于碰撞后陆内伸展裂陷演化阶段。该时期不同地区古地理格局存在差异：准西缘、准南缘地区仍发育西准噶尔残余洋和北天山洋环境，在克拉玛依附近半深海相烃源岩厚度可达400m以上；受石西—五彩湾岛弧带的分隔，陆梁隆起及其以北、以东地区主要发育陆相裂谷沉积环境，西部及南部则为残留海沉积环境。乌伦古坳陷受后期构造抬升剥蚀的影响，坳陷局部和红岩断阶带残留上石炭统巴塔玛依内山组（C_2b）。陆梁地区处于陆内裂谷环境，主要发育火山岩夹碎屑岩沉积，受后期构造运动的影响形成滴水泉和五彩湾等多个残留"凹陷"，分割性较强，烃源岩厚度变化大。在石北地区、滴水泉地区、五彩湾地区和大井地区烃源岩最为发育。受该时期火山活动影响，火山岩与烃源岩同期共生，烃源岩与火山岩呈侧翼共生"窝团式"分布特点。在准东古城—木垒地区，晚石炭世发育4期大的火山喷发旋回，早期以中酸性火山喷发为主，火山活动强烈，后期逐渐演变为中基性火山喷发，强度明显减弱，喷发间歇期发育一定厚度的暗色泥岩、凝灰质泥岩、碳质泥岩，分布较稳定，城1等井揭示暗色泥岩厚度在4.5～145m之间，火山活动间歇期，烃源岩与火山岩呈"夹层式"分布。在准东露头区克拉美丽山西大沟、帐篷沟、双井子一带也有出露，暗色泥岩厚度为7～187m（表5-1）。

2. 烃源岩地球化学特征

烃源岩有机质丰度、类型及成熟度研究是油气资源评价的基础。岩石中的有机质是油气生成的物质基础，只有当岩石中的有机质含量达到一定界限时，才能生成具有工业价值的油气，成为有效烃源岩。受古气候环境、水介质、水动力、生物组合及盆地沉积补偿条件等因素的影响，不同环境的烃源岩具有不同的有机质丰度、成烃母质类型及生物标志物特征。

1）烃源岩有机质丰度及类型

（1）下石炭统烃源岩。下石炭统烃源岩岩性主要为深灰色—灰黑色泥岩、碳质泥岩、凝灰质泥岩，在不同地区烃源岩有机质丰度及类型差异较大（表5-2）。滴水泉剖面为滴水泉组烃源岩典型剖面（图5-2），发育厚层泥岩、凝灰质泥岩，TOC含量

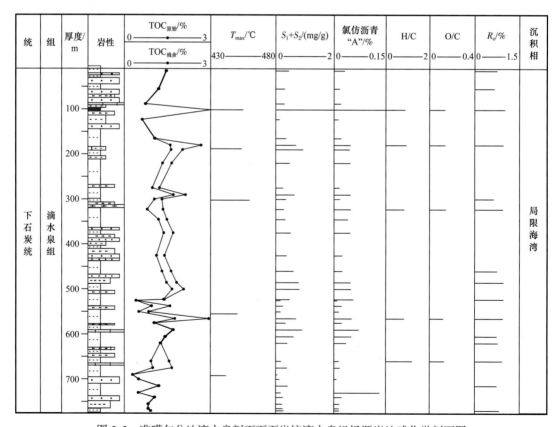

图5-2　准噶尔盆地滴水泉剖面下石炭统滴水泉组烃源岩地球化学剖面图

为 0.29%～7.6%，平均值为 1.24%；氯仿沥青"A"含量为 0.002%～0.132%，平均值为 0.0329%；生烃潜量为 0.06～0.94mg/g，平均值为 0.41mg/g，生烃模拟最大产烃率为 208mg/g（图 5-3）。乌参 1 井为姜巴斯套组烃源岩典型剖面（图 5-4），通过对该井 78 个样品的统计，暗色泥岩 TOC 含量为 0.43%～1.88%，平均值为 0.87%，且纵向上有机质丰度存在一定差异：下部的凝灰质泥岩段有机质丰度较高，TOC 含量为 0.55%～1.88%，平均值为 0.98%，氯仿沥青"A"含量为 0.0804%～0.1468%，平均值为 0.1142%，生烃模拟最大产烃率为 361mg/g（图 5-3）；上部的沉凝灰岩段有机碳含量相对较低，TOC 含量为 0.51%～1.24%，平均值为 0.70%，氯仿沥青"A"含量为 0.0136%～0.0546%，平均值为 0.0430%，最大产烃率为 168mg/g。由于烃源岩热演化程度较高所致，生烃潜量（S_1+S_2）偏低，为 0.01～3.59mg/g，平均值为 0.57mg/g。乌参 1 井烃源岩干酪根碳同位素值相对较轻，$\delta^{13}C_{干酪根}$值为 -22.4‰～-25.2‰，平均值为 -23.8‰，滴水泉剖面烃源岩 $\delta^{13}C_{干酪根}$值为 -23.2‰，有机质类型为 I 型、II$_1$ 型，其他地区的烃源岩 $\delta^{13}C_{干酪根}$ 值为 -22.4‰～-23.3‰，有机质类型以 II$_1$—III 型为主。

表 5-2 准噶尔盆地石炭系烃源岩有机质特征统计表

层位	剖面（井）	岩性	TOC/%	氯仿沥青"A"/%	生烃潜量 S_1+S_2/（mg/g）	干酪根 $\delta^{13}C$/‰	有机质类型
上石炭统	扎河坝	碳质泥岩	$\frac{4.04\sim8.59}{5.87（14）}$	$\frac{0.004\sim0.077}{0.0205}$	$\frac{0.11\sim2.96}{0.7657}$	—	III
	石英滩	泥岩	0.09～1.08	—	0.23～10.36	—	III
	彩 28 井	泥岩	1.4	0.012～0.189	1.29	-23.6	III
	彩参 2 井	碳质泥岩	14.51	0.572	15.83	-22.3	III
下石炭统	伦 6 井北	泥岩	$\frac{0.53\sim1.74}{1.34（8）}$	$\frac{0.035\sim0.10}{0.061}$	$\frac{0.03\sim0.05}{0.04（14）}$	-22.6	II$_1$—III
	南明水泉	泥岩	0.83（2）	0.045（2）	0.04（2）	—	II$_2$
	恰库尔特草原北	粉砂质泥岩、泥岩	$\frac{0.46\sim1.02}{0.72（5）}$	$\frac{0.020\sim0.066}{0.041（3）}$	$\frac{0.03\sim0.08}{0.05（5）}$	-22.4	II$_2$
	沙尔布拉克	泥岩、粉砂质泥岩	$\frac{0.63\sim0.96}{0.8（9）}$	$\frac{0.027\sim0.037}{0.032（2）}$	$\frac{0.01\sim0.05}{0.03（9）}$	-23.3	II$_1$—III
	扎河坝	泥岩	$\frac{0.7\sim1.18}{0.84（2）}$	0.024	$\frac{0.04\sim0.1}{0.07（2）}$	—	II$_2$
	乌参 1 井	凝灰质泥岩	$\frac{0.14\sim1.86}{0.84（85）}$	$\frac{0.014\sim0.147}{0.0867（77）}$	$\frac{0.04\sim3.59}{0.53（77）}$	-23.8	I—II$_1$
	滴水泉	泥岩	$\frac{0.29\sim7.6}{1.24（41）}$	$\frac{0.002\sim0.132}{0.0329（39）}$	$\frac{0.06\sim0.94}{0.41（41）}$	-23.2	I

注："—"表示无该项测试数据；4.04～8.59/5.87（14）表示区间值 / 平均值（样品数）。

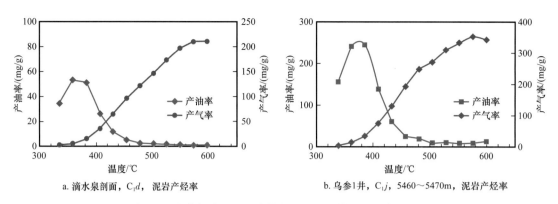

a. 滴水泉剖面，C_1d，泥岩产烃率

b. 乌参1井，C_1j，5460~5470m，泥岩产烃率

图 5-3　准噶尔盆地下石炭统烃源岩生烃模拟产烃率曲线图

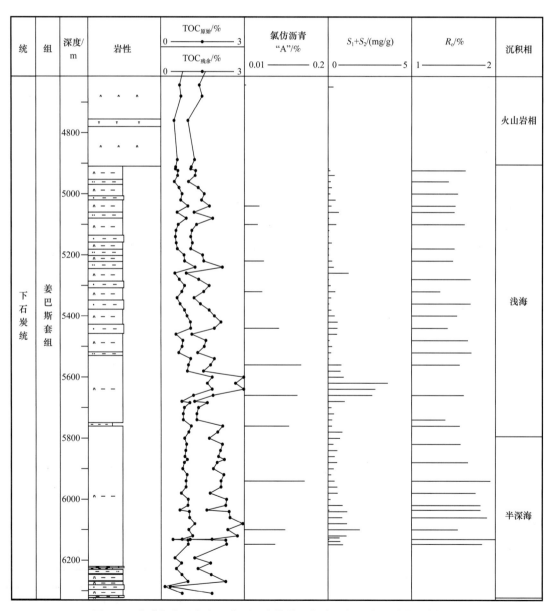

图 5-4　准噶尔盆地乌参 1 井下石炭统姜巴斯套组烃源岩地球化学剖面图

（2）上石炭统烃源岩。上石炭统烃源岩岩性复杂，在准东北缘扎河坝、白碱沟等剖面主要发育碳质泥岩，局部夹煤层，其他地区以泥岩、凝灰质泥岩为主。该套烃源岩有机质丰度高，但不同岩性差异大，煤和碳质泥岩有机质丰度最高，其次为泥岩。扎河坝剖面碳质泥岩有机碳含量为4.04%～8.59%，平均值为5.78%，氯仿沥青"A"含量平均值为0.0205%，生烃潜量为0.11～2.96mg/g，平均值为0.7657mg/g（表5-2），生烃模拟最大产烃率为35mg/g，以产气为主（图5-5、图5-6）。其中，下部烃源岩腐泥组分含量在5.7%～30.3%之间，类型指数为–68.6～–22.8，为典型的Ⅲ型干酪根；中部及顶部烃源岩腐泥组分含量最高可达68%，类型指数在23.4～43.6之间，为Ⅱ型干酪根。车排子地区该时期处于残留海环境，烃源岩以（凝灰质）泥岩为主，具有厚度大、分布广的特点，四棵树沟剖面、排67井、排66井烃源岩样品分析，TOC含量为0.6%～1.5%，平均值为1.2%，以Ⅱ型有机质为主，生烃模拟最大产烃率为140mg/g，扎河坝剖面烃源岩样品生烃模拟最大产烃率小于100mg/g（图5-6）。滴水泉—五彩湾地区钻井揭示的泥岩样品有机质丰度较高，TOC含量为0.40%～4.04%。石英滩地区有机质丰度较低，TOC含量为0.09%～1.08%，生烃潜量为0.23～10.36mg/g。与下石炭统烃源岩相比，上石炭统烃源岩干酪根碳同位素值偏重，δ¹³C_干酪根值为–26.32‰～–21.00‰；准东北缘地区发育一套火山岩夹湖沼相碳质泥岩沉积，烃源岩母源组成以高等植物输入为主，有机质类型较差，以Ⅱ₂—Ⅲ型为主；准西缘车排子、四棵树凹陷处于残留海环境，准东南缘地区处于海相裂谷环境，发育泥岩、凝灰质泥岩、粉砂质泥岩沉积，烃源岩母源以高等植物和藻类混合来源为主，有机质类型以Ⅱ型为主。

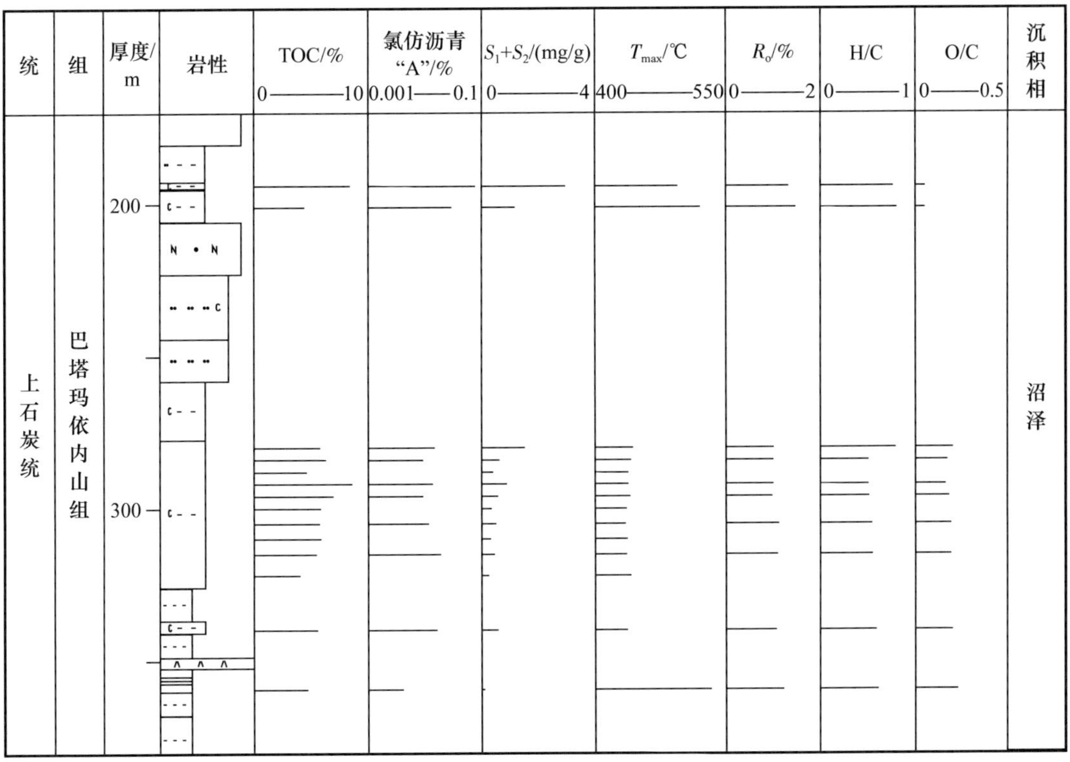

统	组	厚度/m	岩性	TOC/% 0——10	氯仿沥青"A"/% 0.001——0.1	S_1+S_2/(mg/g) 0——4	T_{max}/℃ 400——550	R_o/% 0——2	H/C 0——1	O/C 0——0.5	沉积相
上石炭统	巴塔玛依内山组	200 300									沼泽

图5-5　准噶尔盆地扎河坝剖面上石炭统巴塔玛依内山组烃源岩地球化学剖面图

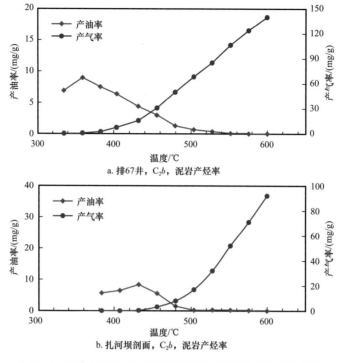

a. 排67井，C_2b，泥岩产烃率

b. 扎河坝剖面，C_2b，泥岩产烃率

图 5-6　准噶尔盆地上石炭统烃源岩生烃模拟产烃率曲线图

2）烃源岩生物标志物特征

根据烃源岩发育水体环境差异，下石炭统可划分出还原型和弱氧化型两种类型。还原型烃源岩以滴北1、乌参1井烃源岩为代表，饱和烃气相色谱正构烷烃呈单峰型分布，主峰碳为 C_{17} 或 C_{18}，植烷优势，Pr/Ph 为 0.25～0.94，伽马蜡烷含量较高，伽马蜡烷指数为 0.12～0.26，低 Ts/Tm、低重排甾烷含量，表明烃源岩形成于微咸水—半咸水还原沉积环境。规则甾烷中 C_{27}、C_{29} 甾烷含量相差不大，C_{27}、C_{28}、C_{29} 甾烷呈不对称 "V" 形分布，表明母质来源为低等水生生物和高等植物混合来源特征。氧化型烃源岩以滴水泉剖面滴水泉组烃源岩为代表，饱和烃气相色谱正构烷烃呈单峰型分布，主峰碳为 C_{19} 或 C_{20}，姥鲛烷优势，Pr/Ph 大于 1.0，伽马蜡烷含量较低，高 Ts/Tm、高重排甾烷含量，该类型烃源岩形成于淡水—微咸水、弱氧化沉积环境（图 5-7）。

上石炭统烃源岩饱和烃气相色谱正构烷烃呈后单峰型分布，主峰碳为 C_{23} 或 C_{25}，Pr/Ph 为 0.46～1.26，伽马蜡烷指数为 0.06～0.19，不含 $\beta-$ 胡萝卜烷，表明烃源岩发育于淡水—微咸水、弱氧化沉积环境；C_{29} 规则甾烷占优势，C_{27}、C_{28}、C_{29} 甾烷呈不对称 "V" 形分布，反映烃源岩母质以高等植物贡献为主（图 5-7）。

准噶尔盆地不同地区的烃源岩发育层位、岩性变化大，烃源岩品质差异也大。下石炭统姜巴斯套组（C_1j）、滴水泉组（C_1d）为弧后盆地和潟湖环境发育的烃源岩，有机质丰度高，干酪根类型以 I—II_1 型为主，区域上广泛分布，综合评价为一套好烃源岩。上石炭统巴塔玛依内山组（C_2b）在准东北缘乌伦古地区为陆内裂谷环境，在准西北缘哈特阿拉特山—车排子地区为残留海环境，平面分布分隔性强，烃源岩有机质丰度高，以 III 型为主，综合评价为一套较好的气源岩。姜巴斯套组（C_1j）、滴水泉组（C_1d）和巴塔玛依内山组（C_2b）为准噶尔盆地石炭系最具生烃潜力的烃源岩。

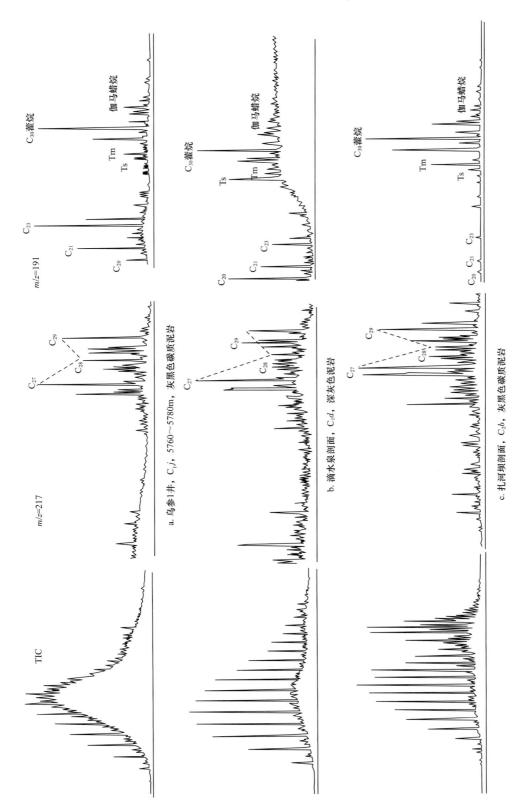

图 5-7　准噶尔盆地石炭系烃源岩生物标志物谱图

二、二叠系烃源岩

二叠系是准噶尔盆地最主要的烃源岩发育层系，目前发现的油气主要来源于二叠系烃源岩。二叠系下统、中统均发育烃源岩，盆地西北缘及腹部玛湖凹陷、沙湾凹陷、盆1井西凹陷发育下二叠统佳木河组、风城组烃源岩和中二叠统下乌尔禾组烃源岩；盆地东缘主要发育中二叠统平地泉组烃源岩；盆地南缘阜康凹陷及博格达山周缘主要发育中二叠统芦草沟组和红雁池组烃源岩。

1. 烃源岩分布特征

1）下二叠统烃源岩

（1）佳木河组烃源岩。佳木河组集中分布于中央坳陷内。西北缘克拉玛依油田五八区及其周围有钻井揭示，分上、中、下三段。上段主要为火山岩和火山碎屑岩，中段自上而下分别为砂砾岩段、火山岩段、火山岩与火山碎屑岩段，下段为凝灰岩与砂泥岩段。烃源岩主要发育在佳木河组下段。佳木河组在西北缘存在一个烃源岩厚度中心，厚度在200m以上，玛湖凹陷风城1井钻揭厚度178m的深灰色凝灰质泥岩，烃源岩的Sr/Ba值较低（平均值为0.5），表明以淡水沉积环境为主；盆1井西凹陷最大厚度在50m以上，东道海子北凹陷东段、沙湾凹陷西段和阜康凹陷烃源岩一般厚度50～100m。

（2）风城组烃源岩。风城组烃源岩集中于中央坳陷内，主要分布在玛湖凹陷、盆1井西凹陷、沙湾凹陷及阜康凹陷等地区，与之相邻的凸起上也有分布，如达巴松凸起、莫北凸起和莫索湾凸起均有不同程度的风城组发育，在博格达山冲断带下盘也有发育（图5-8）。

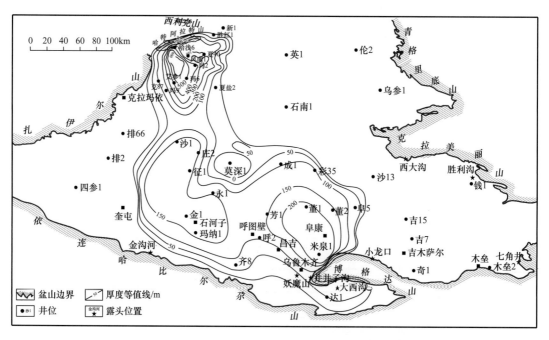

图 5-8　准噶尔盆地下二叠统风城组烃源岩厚度图

风城组沉积期玛湖凹陷主体为半深湖—深湖相，东部为滨浅湖相，在黄羊泉、百口泉和夏子街地区发育小规模扇三角洲沉积，局部地区（夏72井—夏40井区）存在一定规模的火山活动。该时期表现为火成岩、碳酸盐岩和碎屑岩混合碱湖沉积特点，岩性组合以深灰色、灰黑质白云质泥岩、泥岩、凝灰质泥岩、泥质白云岩、云质砂岩、膏质砂岩为主，该时期水体古盐度较高，Sr/Ba值最高可达5.0以上，反映咸化碱湖环境特征。发育大量的典型碱类矿物，主要有硅硼钠石、氯碳酸钠镁石、碳酸钠钙石、水硅硼钠石、碳镁钠石、碳氢钠石和苏打石等，还有丝硅镁石、淡钡钛石等特殊矿物，偶见骸晶状石盐。硅硼钠石和水硅硼钠石含量较高，出现在不同形态的含碱类矿物层中；碳酸钠钙石主要出现在溶蚀晶洞状以及斑点状的含碱类矿物层中；氯碳酸钠镁石一般分布在硅硼钠石周围，表面蚀变现象严重；碳镁钠石含量较少，出现在纹层状含碱类矿物层；碳氢钠石与苏打石普遍呈纯碱层出现，并且相伴而生。玛湖凹陷的风城组碱湖沉积区别于常见的盐湖（硫酸盐湖）沉积，发育碱类矿物，硫酸盐矿物不发育，其中碳酸盐矿物的含量及种类占了绝对优势。含碱类矿物层宏观形态上主要表现为浅色层和暗色层不等厚互层，根据互层方式、形态、层厚以及碱类矿物不同，可具体呈现溶蚀晶洞状、斑点状、云朵状、（薄）纹层状以及白色纯碱等类型。风城组烃源岩岩性以暗色泥岩、白云质泥岩及凝灰质白云岩为主，夹粉砂岩及薄层石灰岩。以盆1井西凹陷和玛湖凹陷暗色泥岩的厚度较大，整体具有由北西向南东逐渐减薄的特点。玛湖凹陷发育风城1、哈浅20井区两个厚度中心，厚度为200~400m。沙湾、阜康凹陷目前无井揭示风城组，推测发育两个烃源岩厚度中心，一个在奎屯—沙湾一线以北，另一个在阜康附近。准南缘米泉与柴窝堡地区露头剖面烃源岩广泛出露，井井子沟和大西沟等剖面烃源岩厚度为50~60m。

2）中二叠统烃源岩

中二叠统上部烃源岩在盆地内广泛发育，准西北缘、腹部地区为下乌尔禾组，准东缘为平地泉组，准南缘为芦草沟组和红雁池组。

（1）下乌尔禾组烃源岩。岩性为深灰色、灰黑泥岩、页岩夹灰色、灰绿色砂砾岩，含有煤层，暗色泥岩厚度一般为100~400m（图5-9）。玛湖凹陷该时期水体古盐度明显降低，为淡水—微咸水特征，岩性以深灰色、灰黑色泥岩为主，厚度为50~400m，旗2井暗色泥岩厚度达550m，玛东1、夏201、夏70等井的暗色泥岩厚度也在400m以上。烃源岩厚度向东急剧变薄，至陆3井区暗色泥岩厚度仅为15m，英西1井区缺失；向西可延伸至克87井、百泉1井区。沙湾凹陷、阜康凹陷烃源岩发育，厚度在150m以上，莫北凸起莫深1井钻揭暗色泥岩厚度近100m，向东西两侧逐渐减薄，向西延伸至红车断裂带，向东延伸至五彩湾凹陷彩36井区。

（2）平地泉组烃源岩。岩性为灰绿色、深灰色泥岩、粉砂质泥岩、灰黑色油页岩夹泥灰岩、鲕粒灰岩、叠锥灰岩及灰色、灰绿色砂岩，底部一般发育黄绿色砾岩、含砾粗砂岩，上部或顶部夹薄煤层或煤线，厚度约100m。

（3）芦草沟组烃源岩。岩性为灰黑色粉砂岩、砂质页岩、黑色油页岩夹白云岩、白云质灰岩。油页岩和白云岩富集于上部，下部砂、页岩较多，微细水平层理、水平或波纹状纹层发育，局部见毫米级纹层。从岩石碎屑含量来看，具有自东向西砂质成分增多的特点。芦草沟组沉积期古盐度较高，Sr/Ba平均值超过1.0，B/Ga平均值为6.65。烃源岩厚度一般在200~1000m之间，博格达山周缘剖面出露为一套油页岩，大龙口、妖魔山、井井子沟等剖面厚度在 400m 以上，向四周逐渐减薄，在柴窝堡、阿什里地区厚度在 100m 左右，阜康断裂带下盘奇台地区奇 1 井钻遇暗色泥岩、灰质泥页岩、油泥岩厚度为 478m。准东地区烃源岩展布受构造改造剥蚀作用控制，分割性较强，主要分布在石树沟凹陷、吉木萨尔凹陷、梧桐窝子凹陷、木垒凹陷等，吉木萨尔凹陷多口井钻揭该套烃源岩，厚度一般为 200～300m，其他地区为 20～250m。

（4）红雁池组烃源岩。沉积水体与芦草沟组相比明显变浅，水体盐度明显降低，演化为淡水沉积环境，下部多发育扇三角洲沉积，局部出现沼泽环境，总体具有滨浅湖沉积特征。红雁池组主要分布于乌鲁木齐附近，吉木萨尔以南大龙口、小龙口一带也有出露，为一套灰黑色、灰绿色泥岩、砂质泥岩夹黄绿色细砂岩、砾状砂岩及少量薄层透镜状石灰岩、泥灰岩、油页岩，局部夹有碳质泥岩，具水平层理。

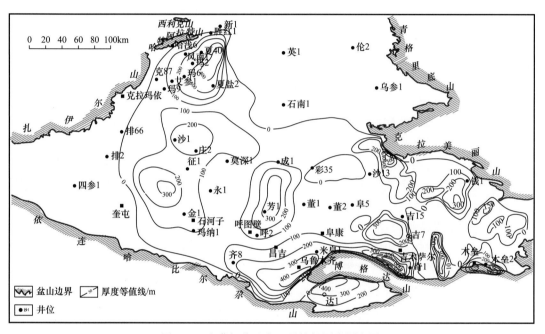

图 5-9 准噶尔盆地中二叠统烃源岩厚度图

2. 烃源岩地球化学特征

1）烃源岩有机质丰度及类型

（1）下二叠统烃源岩。下二叠统烃源岩包括佳木河组和风城组烃源岩，佳木河组烃源岩在局部发育有利烃源岩，风城组烃源岩是一套区域性的优质烃源岩。

佳木河组烃源岩主要在准西北缘，有钻井揭示，沉凝灰岩和泥岩样品分析，有机质丰度较低，有机碳含量为 0.08%～0.90%，平均值为 0.37%，氯仿沥青"A"含量为 0.014%～0.346%，平均值为 0.076%，总烃含量为 0.002%～0.199%，平均值为 0.041%，生烃潜量 S_1+S_2 为 0.13～6.60mg/g，平均值为 1.61mg/g。车排子—中拐地区烃源岩有机碳含量为 0.16%～2.19%，平均值为 1.09%，明显高于准西北缘。该套烃源岩干酪根碳同位素值较重，$\delta^{13}C$ 值为 -21.81‰～-23.10‰，平均值为 -22.23‰，有机质类型以Ⅲ型为主，个别为Ⅱ型。整体上，该套烃源岩有机质丰度与生烃潜量较低，为非—差烃源岩，部分样品达到好烃源岩标准。

风城组烃源岩有机质丰度和生烃潜量高值区主要分布在玛湖凹陷、沙湾凹陷和阜康凹陷（图5-10）。根据玛湖凹陷暗色泥岩样品统计，TOC含量为0.29%～5.35%，平均值为1.35%，氯仿沥青"A"含量为0.0178%～16.185%，平均值为3.804%，生烃潜量为1.29～17.7mg/g，平均值为5.60mg/g，氢指数主要分布在350～550mg/g之间，平均值为422.8mg/g，大部分样品的有机碳和生烃潜量均较高。哈特阿拉特山地区哈浅6井钻揭的风城组泥岩视厚度达1229m，有机质丰度高，TOC含量为0.29%～5.35%，平均值为1.35%，氯仿沥青"A"含量为0.0178%～0.7525%，平均值为0.226%，氯仿沥青"A"$\delta^{13}C$值分布在 $-33‰$～$-29‰$ 之间，平均值为 $-31.2‰$，S_1+S_2 为1.29～17.7mg/g，平均为5.60mg/g，氢指数（HI）主要在350～550mg/g之间，平均为422.8mg/g。烃源岩有机质显微组分中腐泥组占优势，壳质组发育、惰性组含量很低，热解氢指数为23～626mg/g。干酪根H/C值为1.0～1.4，平均为1.17，干酪根碳同位素值较轻，$\delta^{13}C$ 为 $-24.0‰$～$-31.95‰$，平均为 $-30.0‰$，干酪根类型以 I—II$_1$ 型为主。岩石热解 T_{max} 值为425～451℃，R_o 为0.75%～0.94%，平均为0.85%。风城组烃源岩从有机质丰度和类型上达到了中等—优质烃源岩标准。另外，该套烃源岩具有碱湖特色的生烃母质——以菌藻类为主，富含褶皱藻、沟鞭藻、底栖藻类红藻等；且具有多期高效生烃特征，热模拟实验存在早期成熟油、晚期高熟油和晚期天然气3期生烃高峰，高成熟油生成阶段总有机碳产烃率峰值达800mg/g，几乎是传统湖相优质烃源岩的2倍。

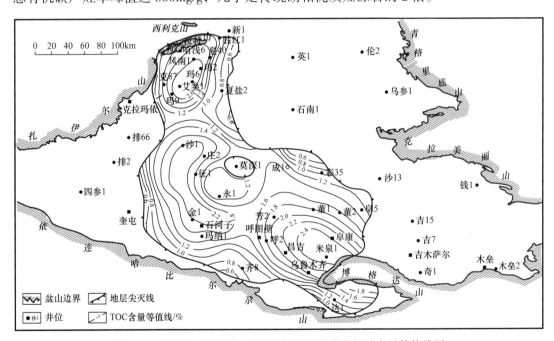

图5-10　准噶尔盆地下二叠统风城组烃源岩有机碳含量等值线图

（2）中二叠统烃源岩。该套烃源岩在盆地内广泛分布，不同地区的烃源岩丰度、生烃潜力及类型存在一定差异（表5-3）。整体上，博格达山及周缘地区有机质丰度最高，TOC平均值大于2.5%，五彩湾凹陷烃源岩有机质丰度次之，TOC平均值大于2.0%，玛湖凹陷、沙湾凹陷中部、盆1井西凹陷南部和东道海子北凹陷TOC平均值大于1.5%（图5-11）。

表 5-3 准噶尔盆地中二叠统烃源岩地球化学特征统计表

地区	层位	TOC/%	氯仿沥青"A"/%	S_1+S_2/mg/g	$\delta^{13}C_{氯仿沥青"A"}$/‰	$\delta^{13}C_{干酪根}$/‰	有机质类型
玛湖凹陷	P_2w	0.10～9.16/1.37（24）	0.027～0.57/0.283（12）	1.45～4.96/2.68（3）	—	−22.0～−20.0	Ⅲ、Ⅱ₂
阜康凹陷	P_2w	0.18～10.2/1.38	0.0014～0.6287/0.0526	1.6	−24.3～−33.4/−29.3	−23.5	Ⅰ、Ⅱ
东道海子北凹陷	P_2w	0.11～9.64/2.17	0.001～1.343/0.162	0.01～49.53/5.30	—	—	Ⅰ、Ⅱ
博格达山周缘	P_2l P_2p	0.6～8.91/2.91（382）	0.03～10.5/4.44（61）	0.83～45.36/11.04（88）	—	−28.3～−26.2	Ⅰ、Ⅱ

注："—"表示无测试数据；0.10～9.16/1.37（24）表示区间值 / 平均值（样品数）。

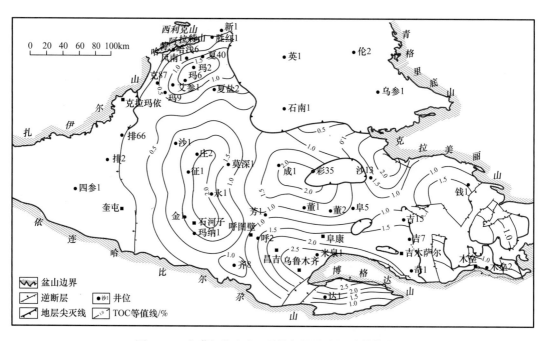

图 5-11 准噶尔盆地中二叠统烃源岩有机碳等值线图

玛湖凹陷下乌尔禾组沉积期为湖泊—河流沼泽相淡水—微咸水环境，与风城期相比，沉积和沉降中心向红旗坝地区迁移，在旗 2 井—旗 8 井区以浅湖—半深湖沉积为主。该套烃源岩主要岩性为深灰色、灰黑色泥岩和粉砂质泥岩，有机碳含量为 0.10%～9.16%，平均为 1.37%，热解生烃潜量 S_1+S_2 含量为 1.45～4.96mg/g，平均为 2.68mg/g，氯仿沥青"A"含量为 0.027%～0.570%，平均为 0.283%，总烃含量为 0.012‰～0.25‰，平均为 0.08‰。岩石热解烃指数较低，95% 的样品小于 100mg/g（TOC），干酪根碳同位素组成较风城组烃源岩明显偏重，干酪根 $\delta^{13}C$ 值分布在 −22.0‰～−20.0‰ 之间，以Ⅲ型干酪根为主，部分为Ⅱ₂型。岩石热解 T_{max} 为

450～474℃，R_0 为 0.54%～1.85%，处于低熟—成熟演化阶段。莫深 1 井下乌尔禾组烃源岩为一套灰色、褐灰色泥岩，有机碳含量为 0.18%～1.98%，平均值为 0.83%，生烃潜量为 0.29～4.88mg/g，平均值为 1.5mg/g。该套烃源岩为陆梁油田、石西油田、永进油田和沙窝地—莫西庄地区的重要供烃层系。

博格达山周缘芦草沟组沉积期处于咸化半深湖—深湖相环境，烃源岩发育，厚度大，具有高有机质丰度、高氯仿沥青"A"含量和高生烃潜量（S_1+S_2）特点。奇 1 井岩心及岩屑样品分析，TOC 含量为 0.84%～9.89%，平均值为 4.06%，生烃潜量（S_1+S_2）为 1.71～88.38mg/g，平均值为 29.14mg/g，氯仿沥青"A"含量为 0.111%～0.586%，平均值为 0.261%。露头剖面烃源岩岩性主要为深灰色、灰黑色、灰褐色泥岩、页岩、油页岩，实测样品有机质丰度非常高，大龙口剖面 TOC 含量为 1.16%～16%，平均值为 6.39%，生烃潜量为 4.32～26.66mg/g，平均值为 12.42mg/g，氯仿沥青"A"含量为 0.152%～0.601%，平均值为 0.341%；妖魔山剖面 TOC 含量为 2.88%～20.29%，平均值为 11.24%，生烃潜量为 36.4～65.1mg/g，平均值为 41.61mg/g，氯仿沥青"A"含量为 0.093%～0.568%，平均值为 0.344%；三工河剖面 TOC 含量为 3.13%～13.59%，平均值为 8.05%，生烃潜量为 39.6～144.4mg/g，平均值为 73.3mg/g，氯仿沥青"A"含量为 0.175%～1.829%，平均值为 0.653%；小龙口剖面 TOC 含量为 4.43%～6.65%，平均值为 5.27%，生烃潜量为 12.9～39.72mg/g，氯仿沥青"A"含量为 0.0789%～0.1252%，平均值为 0.102%。该套烃源岩生烃母质以咸化环境下的浮游绿藻及嗜盐古菌为主，显微组分中藻类和无定形体含量达 60%～93%，镜质组和惰质组含量很少，有机质类型以Ⅰ—Ⅱ$_1$ 型为主。博格达山北缘的奇 1 井显微组分以无定型有机质和结构藻类体为主，腐泥组分含量为 30%～88%，镜质组与惰质组含量较少，博格达山南缘锅底坑剖面烃源岩显微组分以镜质体和无定型为主，属于Ⅱ$_1$ 型干酪根，较博格达山北缘母质类型偏差。整体上，博格达山南缘烃源岩品质相对于博格达山北缘西段略低，但好于北缘东段木垒地区。

2）烃源岩生物标志物特征

（1）准西北缘地区。佳木河组烃源岩总离子流图环状生物标志物中，$\beta-$ 胡萝卜烷含量相对较高。三环二萜烷含量丰富，三环二萜烷相对于五环萜烷的含量也较高，其中许多样品中 C_{20} 三环二萜烷仅略低于 C_{30} 藿烷的含量。三环二萜烷的组成中，C_{19} 三环二萜烷含量很低，以 C_{20}、C_{21} 和 C_{23} 三环二萜烷为主，且呈下降形分布。Ts、C_{29}Ts 及 C_{30} 重排藿烷含量很低，但伽马蜡烷含量相对较高。甾烷组成中以规则甾烷为主，含有一定量的孕甾烷和升孕甾烷，几乎没有重排甾烷，C_{27} 甾烷含量最低，C_{28} 甾烷高于 C_{27} 甾烷，C_{29} 甾烷含量最高（图 5-12）。

风城组烃源岩无环类生物标志物类异戊二烯烷和 $\beta-$ 胡萝卜烷丰富，尤其是姥鲛烷、植烷及降姥鲛烷等十分丰富，其含量甚至超过相邻的正构烷烃，Pr/n-C_{17} 基本在 0.9 以上，Ph/n-C_{18} 基本在 1.0 以上，最高可达 2.0 以上，Pr/Ph 基本为 1.0～1.5。在萜烷分布中，C_{19} 三环二萜烷含量很低，C_{20}、C_{21} 和 C_{23} 三环二萜烷呈上升型分布，与佳木河组烃源岩的下降型分布特征相反，在五环萜烷组成中，以 C_{30} 藿烷为主峰，C_{29} 藿烷和 Tm 含量较高，C_{31} 以上藿烷的相对含量较低，Ts、C_{29}Ts 及 C_{30} 重排藿烷含量很低，Ts/Tm 值一般小于 0.2，只有少数样品略高，但一般也在 0.5 以下；伽马蜡烷含量较高，其含量一般高于

相邻的 C_{31} 藿烷，部分样品的伽马蜡烷含量与 C_{31} 藿烷或 C_{32} 藿烷的含量相当；在甾烷分布中，以 C_{27}、C_{28} 和 C_{29} 规则甾烷为主，C_{27} 甾烷含量低，C_{28} 甾烷和 C_{29} 甾烷含量相对较高，有一定含量的孕甾烷和升孕甾烷，重排甾烷的含量极低（图 5-13）。

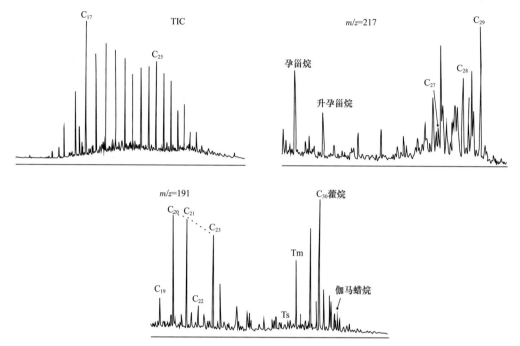

图 5-12　准噶尔盆地车 202 井下二叠统佳木河组砂质泥岩生物标志物谱图

下乌尔禾组烃源岩生物标志物特征与风城组烃源岩特征类似，饱和烃气相色谱类异戊间二烯烷烃类化合物丰度较低，具有姥鲛烷优势，Pr/Ph 一般为 1.0～2.5，个别样品高达 6.0 以上，$\beta-$ 胡萝卜烷含量较高，虽然低于风城组烃源岩，但高于准南缘地区的二叠系烃源岩。在三环二萜烷组成中，以 C_{23} 三环二萜烷为主，C_{19}—C_{21} 三环二萜烷含量均很低，C_{20}、C_{21} 和 C_{23} 三环二萜烷分布为上升型。五环萜烷分布中 Ts、C_{29}Ts 和 C_{30} 重排藿烷的含量均很低，可细分为两类：一类是以 C_{30} 藿烷为主，Tm、C_{29} 藿烷和 C_{31} 藿烷相对于 C_{30} 藿烷丰度较高，伽马蜡烷含量很低；另一类是以 C_{30} 藿烷为主，Tm、C_{29} 藿烷和 C_{31} 藿烷相对于 C_{30} 藿烷丰度较低，含有一定量的伽马蜡烷。甾烷分布特也可分为两类：一类以 C_{29} 甾烷和 C_{28} 甾烷为主，C_{27} 甾烷含量相对较低；另一类是以 C_{29} 甾烷为主，同时 C_{29} 重排甾烷含量也较高，而 C_{27}、C_{28} 甾烷含量均较低，规则甾烷呈反 "L" 形分布（图 5-13）。

（2）准南缘地区。该地区芦草沟组烃源岩根据生物标志物特征可分三类：第一类规则甾烷分布呈 "厂" 形或 "/" 形，第二类规则甾烷分布呈不对称 "V" 形，第三类规则甾烷分布呈反 "L" 形。萜烷类分布中最显著的特征是，伽马蜡烷含量较低，伽马蜡烷/C_{30} 藿烷比值一般小于 0.1。三环二萜烷的分布形式与准东地区平地泉组烃源岩类似，C_{19} 三环二萜烷含量很低，而 C_{20}、C_{21} 和 C_{23} 三环二萜烷含量较高，C_{19}/C_{21} 三环二萜烷比值一般小于 0.3。三环二萜烷分布既有下降型、山峰形，也有上升型。芦草沟组烃源岩甾烷分布特征与准东地区第二类烃源岩特征相似，且含有较丰富的 C_{21}、C_{22} 孕甾烷和 C_{27}—

C_{28} 重排甾烷，Pr/Ph 均小于 3.0，β- 胡萝卜烷含量变化较大，部分样品 β- 胡萝卜烷含量较高，部分样品相对较低，但均明显高于侏罗系与三叠系烃源岩的 β- 胡萝卜烷含量；含有较丰富的代表水生生物和菌藻类的三环二萜烷，伽马蜡烷含量较高，伽马蜡烷 /C_{30} 藿烷为 0.29，反映出芦草沟组烃源岩形成于咸化还原沉积水体环境，烃源岩母质以藻类为主，混有一定量的高等植物（图 5-13）。

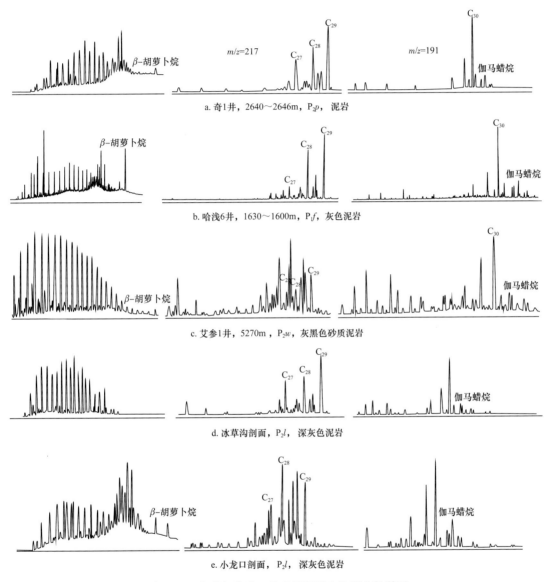

图 5-13　准噶尔盆地二叠系烃源岩生物标志物谱图

（3）准东缘地区。该地区平地泉组烃源岩抽提物饱和烃气相色谱 Pr/Ph 一般小于 2.0，β- 胡萝卜烷含量相对较高。根据规则甾烷分布特征分为三类：第一类是以 C_{29} 甾烷和 C_{28} 甾烷为主，C_{29} 甾烷和 C_{28} 甾烷含量相差较小，C_{27} 甾烷含量较低，规则甾烷呈"厂"形或"/"形分布，重排甾烷含量低或不含重排甾烷；第二类是以 C_{29} 甾烷为主，C_{27} 甾烷含量也较高，C_{28} 甾烷相对较低，规则甾烷呈不对称"V"形分布，含有一定量的重排甾烷；第三类以 C_{29} 甾烷为主，C_{27} 甾烷和 C_{28} 甾烷含量均较低，规则甾烷呈反"L"形分布。其中，第一类为最常见的类型，其次为第三类，第二类相对少见。萜烷类分布最显著特征是，伽马蜡烷含量普遍较高，与 C_{31} 萜烷含量相当，有时甚至略高，三环二萜烷分布中常以 C_{21} 三环二萜烷为最高，C_{20} 三环二萜烷和 C_{23} 三环二萜烷相当，或 C_{23} 三环二萜烷略低，与侏罗系、三叠系烃源岩的显著区别是 C_{19} 三环二萜烷的含量一般很低。五环萜烷的分布以 C_{30} 霍烷为主，其他霍烷含量相对较低，与侏罗系的霍烷相差较大，而与三叠系相似，但 Ts 和 C_{29}Ts 的含量比三叠系烃源岩含量要低，而伽马蜡烷含量较高（图 5-13）。

二叠系是准噶尔盆地的主力烃源岩发育层系。受该时期构造沉积演化控制，不同时期不同地区的烃源岩发育层段及厚度中心存在一定差异。下二叠统佳木河组烃源岩主要分布在准西北缘地区，为一套有利的气源岩；下二叠统风城组烃源岩主要分布在准西北缘玛湖凹陷，为一套重要的生油层系；中二叠统下乌尔禾组烃源岩主要分布在玛湖凹陷、沙湾凹陷、阜康凹陷，为准西缘车排子和腹部地区的重要油气源岩，中二叠统平地泉组烃源岩主要分布在准东缘石钱滩、大井和木垒地区，中二叠统芦草沟组、红雁池组烃源岩主要分布在准南缘环博格达山地区，为准东南地区的主力供烃层系。

三、三叠系烃源岩

三叠系是准东地区的有效烃源岩，其对彩南油田已发现原油的贡献率为 10%～30%。晚三叠世是准噶尔盆地发育过程中的最大湖泛期，是三叠系的有利烃源岩发育段。

1. 烃源岩分布特征

从盆地演化角度来看，从下三叠统向上三叠统过渡，暗色泥岩分布范围呈逐渐扩大的趋势。下三叠统暗色泥岩主要分布在中央坳陷区，呈北西—南东向展布。中三叠统暗色泥岩主要分布在中央坳陷和南部的断褶带，分布范围较下三叠统明显增大。上三叠统暗色泥岩分布范围最大，在南部断褶带、中央坳陷、陆梁隆起和乌伦古坳陷均有分布，发育索索泉凹陷、玛湖凹陷和阜康凹陷三个厚度中心（图 5-14）。乌伦古坳陷上三叠统白碱滩组为一套浅湖—半深湖沉积，有多口井钻揭该套地层，暗色泥岩厚度一般为42～458m，坳陷东南部的伦参 1 井—乌参 1 井一带厚度超过 400m。

2. 烃源岩地球化学特征

1）烃源岩有机质丰度及类型

三叠系不同层系的暗色泥岩有机碳含量存在明显差异。上三叠统烃源岩有机质丰度较高，存在 4 个有机质丰度高值区，分别在乌伦古坳陷、阜康凹陷、盆 1 井西凹陷和玛湖凹陷，其中乌伦古坳陷有机碳含量最高，可达 3.0%，其次为阜康凹陷，有机碳含量为2.5%，盆 1 井西凹陷和玛湖凹陷均较低（图 5-15）。拐 4 井有机碳含量平均值为 0.89%，盆 8 井有机碳含量介于 0.62%～1.70%，平均值为 1.09%，阜 10 井有机碳含量主要介于0.52%～0.89%，平均值为 0.72%，伦 5 井深灰色泥岩的有机碳含量平均值为 0.4%，伦参 1 井深灰色泥岩的有机碳含量平均值为 3.18%，伦 6 井有机碳含量平均值为 1.59%。下三叠统和中三叠统克拉玛依组下段有机碳含量低于 0.4% 的样品分别占 34% 和 39%，克拉玛依组上段相对高的有机碳含量的样品明显较多，低于 0.4% 的样品占 17.5%，大部分样品的有机碳含量大于 0.4%。中三叠统有机碳含量较高值主要沿玛湖凹陷、盆 1

井西凹陷、阜康凹陷分布，另一个高值区在乌伦古坳陷。下三叠统有机碳较高值主要分布在沙湾凹陷、盆1井西凹陷和阜康凹陷，明显低于中、上三叠统。综合分析认为，上三叠统有机质丰度高，为好烃源岩，中三叠统克拉玛依组次之，下三叠统属较差烃源岩。

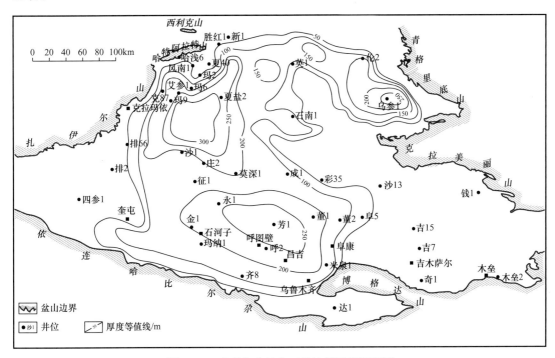

图 5-14　准噶尔盆地上三叠统烃源岩厚度图

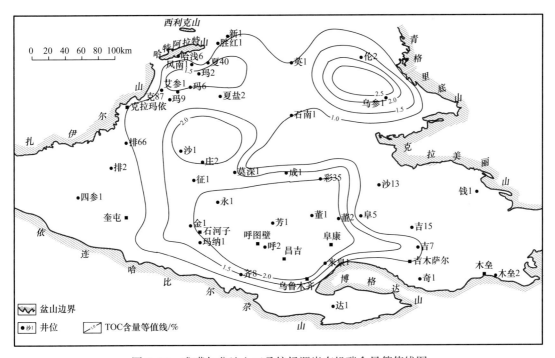

图 5-15　准噶尔盆地上三叠统烃源岩有机碳含量等值线图

三叠系烃源岩有机质显微组分组成中，多数样品的惰质组含量较低，镜质组与壳质组、腐泥组含量呈互补关系，反映出湖相烃源岩的有机质显微组分组成特点。干酪根 H/C 值普遍较低，一般小于 1.0，O/C 值主要介于 0.03～0.2，仅个别样品超过 0.2，干酪根碳同位素偏重，$\delta^{13}C$ 值为 $-22‰～-28‰$，有机质类型以Ⅲ和Ⅱ$_2$型为主。其中，中三叠统和中—上三叠统有机质类型主要为Ⅲ型和Ⅱ$_2$型，少量Ⅱ$_1$型和Ⅰ型；上三叠统以Ⅱ型为主，且Ⅱ$_2$型多于Ⅱ$_1$型，个别为Ⅰ型；下三叠统主要为Ⅲ型有机质。

从烃源岩有机质丰度和类型来看，上三叠统是准噶尔盆地三叠系的主要烃源岩发育段（表 5-4），烃源岩品质最好，评价为好烃源岩，中三叠统克拉玛依组次之，下三叠统属较差烃源岩。乌伦古坳陷目前有伦 5、伦 6、乌参 1 等多口井钻遇上三叠统烃源岩，暗色泥岩样品 TOC 含量为 0.04%～3.33%，平均值为 1.21%；氯仿沥青"A"含量为 0.0038%～0.2637%，平均值为 0.045%；生烃潜量 S_1+S_2 主要为 0.09～9.42mg/g，平均值为 1.72mg/g；总烃含量为 29.8～2232.3μg/g，平均值为 365.4μg/g。烃源岩显微组分以镜质组为主，腐泥组含量较低，显示出以高等植物为主的有机质特征（图 5-16）。干酪根有机元素 H/C 值为 0.5～1.05，平均值为 0.82，O/C 值为 0.05～0.25，平均值为 0.11，有机质类型为Ⅱ$_2$型—Ⅲ型（图 5-17）。干酪根碳同位素值较重，$\delta^{13}C$ 值为 $-27.36‰～-24.32‰$，反映有机质类型以Ⅲ型为主，部分为Ⅱ$_2$型。不同井烃源岩样品地球化学参数差异较大，整体评价为较好烃源岩。其中，乌参 1 井泥岩显微组分壳质组含量小于 0.5%，镜质组含量为 1.5%～12.6%，碳质泥岩镜质组呈块状和条带状分布，其含量可达 20%～31.5%，为Ⅱ$_2$—Ⅲ型有机质（图 5-18）；滴北 1 井泥岩样品藻类和孢粉体形态保存完好，发黄色荧光，镜质体呈条带状，镜质组含量小于 1.0%，壳质组含量一般为 1.0%（图 5-19）。

表 5-4 准噶尔盆地三叠系烃源岩地球化学特征统计表

层段	上三叠统	中三叠统	下三叠统
TOC/%	0.04～18.16/1.32	0.2～10.0/1.09	0.2～9.13/0.77
氯仿沥青"A"/%	0.0023～0.2981/0.0402	0.0012～0.1371/0.0266	0.0018～0.1350/0.0345
总烃/‰	0.0298～2.232/0.267	0.117～1.1996/0.1493	0.251～0.6584/0.251
S_1+S_2/（mg/g）	0.01～243.6/2.908	0.01～284.2/3.21	0.01～14.26/0.7487
有机质类型	Ⅱ、Ⅲ	Ⅲ、Ⅱ	Ⅲ
厚度/m	50～300 及以上	50～200 及以上	10～30
分布范围	乌伦古坳陷，玛湖、沙湾、阜康凹陷	玛湖、沙湾、阜康凹陷	玛湖、沙湾、阜康凹陷
综合评价	中等—较好烃源岩	较差—中等烃源岩	较差烃源岩

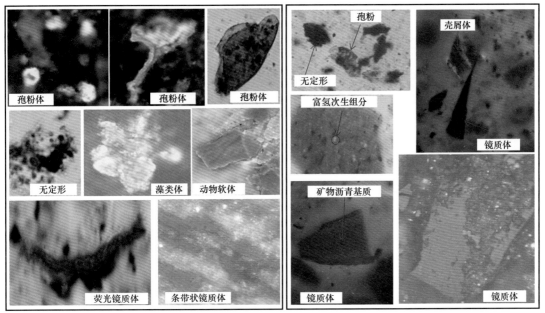

<table>
<tr><td>a. 滴北1井显微组分</td><td>b. 乌参1井显微组分</td></tr>
</table>

图 5-16 准噶尔盆地乌伦古坳陷上三叠统白碱滩组烃源岩全岩光片特征

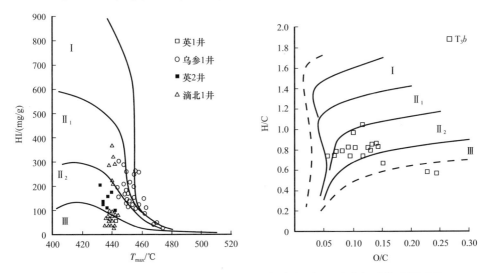

图 5-17 准噶尔盆地乌伦古坳陷上三叠统白碱滩组烃源岩有机质类型判识图

2）烃源岩生物标志物特征

三叠系烃源岩伽马蜡烷含量较低，明显低于二叠系烃源岩，与侏罗系烃源岩相似。平面上腹部地区烃源岩的伽马蜡烷含量相对较高，个别烃源岩伽马蜡烷含量甚至超过了相邻的 C_{31} 藿烷，这一特征与二叠系烃源岩相似。根据三环二萜烷 C_{20}、C_{21}、C_{23} 的相对含量划分为两类：第一类，三环二萜烷 C_{20}、C_{21}、C_{23} 呈下降型分布，此类样品在全盆地均有分布；第二类，三环二萜烷 C_{20}、C_{21}、C_{23} 相对含量非常少，主要见于准东、西北缘和乌伦古地区。少量腹部和西北缘地区的样品三环二萜烷 C_{20}、C_{21}、C_{23} 呈山峰形分布，腹部地区个别样品三环二萜烷 C_{20}、C_{21}、C_{23} 呈 "V" 形分布。根据规则甾烷 $\alpha\alpha\alpha$-

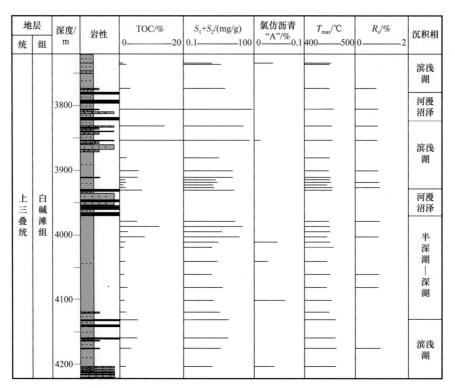

图 5-18　准噶尔盆地乌伦古坳陷乌参 1 井上三叠统白碱滩组烃源岩地球化学综合剖面图

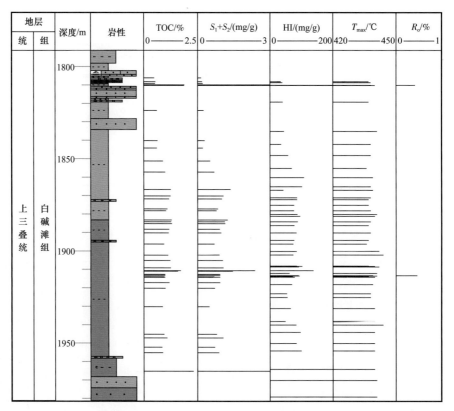

图 5-19　准噶尔盆地乌伦古坳陷滴北 1 井上三叠统白碱滩组烃源岩地球化学综合剖面图

$20RC_{27}$、$\alpha\alpha\alpha$-$20RC_{28}$ 和 $\alpha\alpha\alpha$-$20RC_{29}$ 相对含量划分为两种类型：第一类呈反 "L" 形分布，即规则甾烷 $\alpha\alpha\alpha$-$20RC_{29}$ 相对含量远高于甾烷 $\alpha\alpha\alpha$-$20RC_{27}$ 和 $\alpha\alpha\alpha$-$20RC_{28}$；第二类规则甾烷呈 "V" 形分布。

根据生物标志物特征可将乌伦古地区的烃源岩分为两类。第一类以伦参 1 井为代表，其饱和烃气相色谱中类异戊二烯烷烃含量较低，姥鲛烷占优势，Pr/Ph 大于 2.5，平均值为 2.65，正构烷烃呈单峰态前锋型分布，几乎不含 β- 胡萝卜烷。三环二萜烷含量中等，C_{19} 相对含量相对较高，三环二萜烷 C_{20}、C_{21}、C_{23} 呈下降形分布，三环二萜烷 C_{23}/C_{19} 平均值为 0.27，Ts 相对含量非常高，Ts/Tm 平均值为 4.86。伽马蜡烷相对含量较高，伽马蜡烷 /C_{30} 藿烷平均值为 0.41，富含 C_{29}Ts，C_{29}Ts/C_{29} 藿烷平均值为 1.7。孕甾烷和升孕甾烷相对含量中等，重排甾烷含量高，尤其是 C_{27} 重排甾烷含量非常高，规则甾烷 $\alpha\alpha\alpha$-$20RC_{27}$ 相对含量较高，$\alpha\alpha\alpha$-$20RC_{27}$>$\alpha\alpha\alpha$-$20RC_{28}$<$\alpha\alpha\alpha$-$20RC_{29}$，$\alpha\alpha\alpha$-$20RC_{27}$、$\alpha\alpha\alpha$-$20RC_{28}$、$\alpha\alpha\alpha$-$20RC_{29}$ 呈不对称 "V" 形分布。第二类以伦 5、伦 6 井为代表，其生物标志物特征是：三环二萜烷含量低，Ts 相对含量低，Ts/Tm 小于 0.1，伽马蜡烷相对含量低，C_{29}Ts 含量极低。孕甾烷和升孕甾烷相对含量低，重排甾烷含量低，规则甾烷 $\alpha\alpha\alpha$-$20RC_{29}$ 相对含量较高，$\alpha\alpha\alpha$-$20RC_{27}$、$\alpha\alpha\alpha$-$20RC_{28}$、$\alpha\alpha\alpha$-$20RC_{29}$ 呈反 "L" 形分布（图 5-20）。

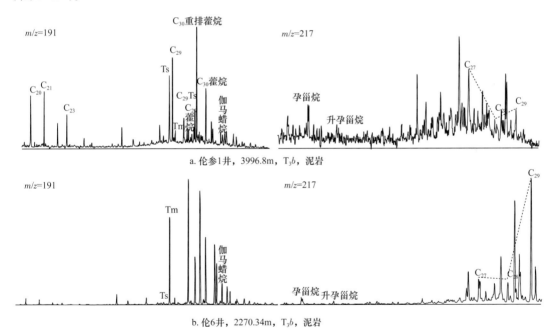

a. 伦参1井，3996.8m，T_3b，泥岩

b. 伦6井，2270.34m，T_3b，泥岩

图 5-20　准噶尔盆地乌伦古坳陷上三叠统烃源岩生物标志物谱图

准东地区三叠系烃源岩根据生物标志物特征分为三类。第一类烃源岩主要见于阜 9 井和阜 10 井（图 5-21），其典型生物标志物特征是 C_{29}Ts 相对含量很高，Ts 含量高，Ts/Tm 大于 1.0，三环二萜烷和伽马蜡烷相对含量低；孕甾烷和升孕甾烷相对含量中等，重排甾烷 C_{27} 和 C_{29} 相对含量非常高。$\alpha\alpha\alpha$-$20RC_{27}$、$\alpha\alpha\alpha$-$20RC_{28}$、$\alpha\alpha\alpha$-$20RC_{29}$ 规则甾烷呈不对称 "V" 形分布。第二类烃源岩见于北 81 井、北 82 井和阜 5 井，其生物标志物特征是三环二萜烷非常低，五环三萜烷相对高，C_{29}Ts 和 Ts 相对含量低，Ts/Tm 小于 0.5，

伽马蜡烷相对含量低；孕甾烷和升孕甾烷相对含量低，几乎不含重排甾烷。规则甾烷 $\alpha\alpha\alpha$-$20RC_{29}$ 相对含量很高，$\alpha\alpha\alpha$-$20RC_{27}$、$\alpha\alpha\alpha$-$20RC_{28}$、$\alpha\alpha\alpha$-$20RC_{29}$ 呈反"L"形分布。

第三类烃源岩见于彩 36 井、阜 5 井、阜 10 井和北 25 井，其生物标志物特征是正构烷烃分布呈单峰态前锋型或微弱双峰型，几乎不含 β- 胡萝卜烷，类异戊二烯烷烃丰度较高，姥鲛烷比植烷占优势，Pr/Ph 小于 2.0，平均为 1.83；C_{29}Ts 相对含量低，Ts 相对含量很低，Ts/Tm 小于 0.1，伽马蜡烷相对含量很低，伽马蜡烷 /C_{30} 藿烷小于 0.1；三环二萜烷相对含量低；孕甾烷、升孕甾烷和重排甾烷相对含量低，规则甾烷 $\alpha\alpha\alpha$-$20RC_{27}$、$\alpha\alpha\alpha$-$20RC_{28}$、$\alpha\alpha\alpha$-$20RC_{29}$ 呈不对称"V"形分布。

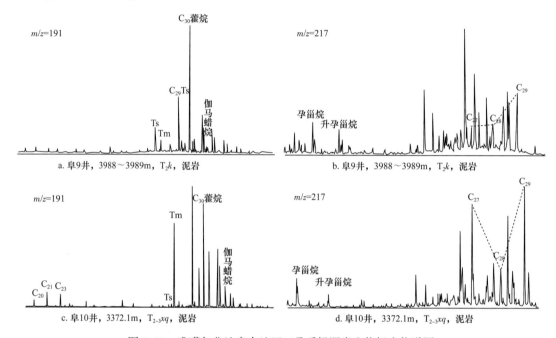

图 5-21　准噶尔盆地阜东地区三叠系烃源岩生物标志物谱图

西北缘三叠系烃源岩生物标志物最大的特点是，绝大部分烃源岩的三环二萜烷相对含量高，C_{20}、C_{21}、C_{23} 三环二萜烷呈下降形分布，具体可分为 4 类。第一类见于百 65 井和艾参 1 井（图 5-22a），其生物标志物特征是：正构烷烃分布呈双峰态，几乎不含 β- 胡萝卜烷，类异戊二烯烷烃丰度较高，姥鲛烷占优势，Pr/Ph 小于 2.0，平均值为 1.49；三环二萜烷含量中等，三环二萜烷 C_{20}、C_{21}、C_{23} 呈下降形分布，C_{19} 相对含量相对较高，三环二萜烷 C_{23}/C_{19} 平均值为 0.84，Ts 相对含量高，Ts/Tm 平均值为 1.41，伽马蜡烷相对含量低，伽马蜡烷 /C_{30} 藿烷平均值为 0.11，富含 C_{29}Ts，C_{29}Ts/C_{29} 藿烷平均值为 0.56；孕甾烷和升孕甾烷相对含量中等，重排甾烷含量高，$\alpha\alpha\alpha$-$20RC_{27}$、$\alpha\alpha\alpha$-$20RC_{28}$、$\alpha\alpha\alpha$-$20RC_{29}$ 呈"V"形分布。第二类见于百 65 井和艾参 1 井（图 5-22b），其生物标志物特征是：正构烷烃分布呈双峰态，几乎不含 β- 胡萝卜烷，类异戊二烯烷烃丰度较高，姥鲛烷占优势，Pr/Ph 小于 2.0，平均值为 1.78；三环二萜烷含量高，三环二萜烷 C_{20}、C_{21}、C_{23} 呈下降型分布，C_{19} 相对含量相对高，三环二萜烷 C_{23}/C_{19} 平均值为 0.62，Ts 含量低，Ts/Tm 平均值为 0.06，伽马蜡烷含量极低，伽马蜡烷 /C_{30} 藿烷平均值为 0.06，极少含量 C_{29}Ts，C_{29}Ts/C_{29} 藿烷平均值为 0.05；孕甾烷、升孕甾烷和重排甾烷含量低，规则甾烷

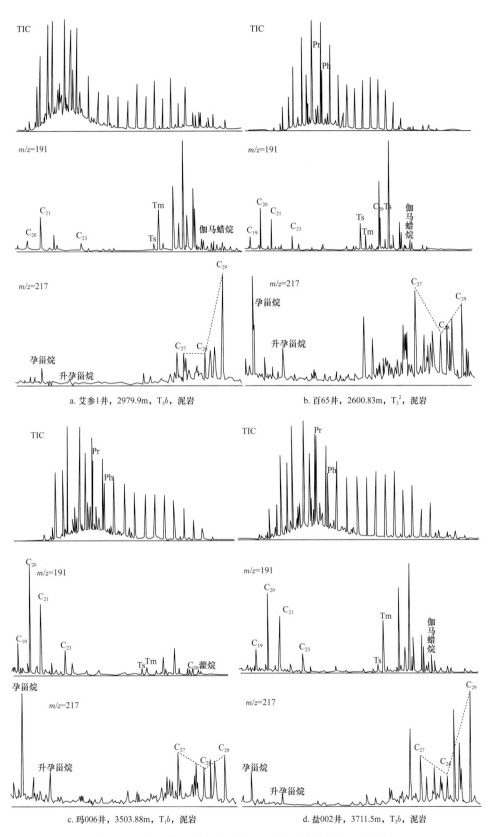

图 5-22 准噶尔盆地西北缘三叠系烃源岩生物标志物谱图

a. 艾参1井，2979.9m，T_3b，泥岩

b. 百65井，2600.83m，T_3^2，泥岩

c. 玛006井，3503.88m，T_1b，泥岩

d. 盐002井，3711.5m，T_3b，泥岩

$\alpha\alpha\alpha$-20RC_{29} 相对含量高，$\alpha\alpha\alpha$-20RC_{27}、$\alpha\alpha\alpha$-20RC_{28}、$\alpha\alpha\alpha$-20RC_{29} 呈反"L"形分布。第三类见于拐 4 井、玛 006 井、百 61 井、百 65 井、艾参 1 井和夏盐 1 井（图 5-22c），其生物标志物特征是：三环二萜烷含量远高于五环三萜烷含量，三环二萜烷 / 五环萜烷比值平均为 2.07，三环二萜烷 C_{20}、C_{21}、C_{23} 呈下降形分布，三环二萜烷 C_{20} 相对含量非常高，三环二萜烷 C_{23}/C_{19} 平均值为 2.36，Ts 相对含量中等，Ts/Tm 平均值为 0.37，含有一定量的伽马蜡烷，伽马蜡烷 /C_{30} 藿烷平均值为 0.11，缺少 C_{29}Ts，C_{29}Ts/C_{29} 藿烷平均值为 0.15；孕甾烷和升孕甾烷相对含量高，远高于规则甾烷含量，重排甾烷含量低，规则甾烷 $\alpha\alpha\alpha$-20RC_{27}、$\alpha\alpha\alpha$-20RC_{28}、$\alpha\alpha\alpha$-20RC_{29} 呈"V"形分布。第四类见于百 65 井、盐 002 井、夏 40 井和拐 4 井（图 5-22d），其生物标志物特征是：正构烷烃分布呈双峰态，几乎不含 β- 胡萝卜烷，类异戊二烯烷烃丰度较高，姥鲛烷占优势，Pr/Ph 小于 2.0，平均值为 1.59；三环二萜烷含量中等，三环二萜烷 / 五环萜烷比值平均为 0.34，三环二萜烷 C_{20}、C_{21}、C_{23} 呈下降形分布，C_{19} 相对含量低，三环二萜烷 C_{23}/C_{19} 平均值为 0.82，Ts 相对含量低，Ts/Tm 平均值为 0.08，伽马蜡烷相对含量低，伽马蜡烷 /C_{30} 藿烷平均值为 0.06，极少 C_{29}Ts，C_{29}Ts/C_{29} 藿烷平均值为 0.07；孕甾烷、升孕甾烷和重排甾烷相对含量低，规则甾烷 $\alpha\alpha\alpha$-20RC_{29} 相对含量高，$\alpha\alpha\alpha$-20RC_{27}、$\alpha\alpha\alpha$-20RC_{28}、$\alpha\alpha\alpha$-20RC_{29} 呈不对称"V"形分布。

根据生物标志物特征可将腹部地区的三叠系烃源岩分为三类（图 5-23）。第一类烃源岩在滴西 4 井中发现，其生物标志物特征是：正构烷烃分布呈双峰态，几乎不含 β- 胡萝卜烷，类异戊二烯烷烃丰度较高，姥鲛烷占优势，Pr/Ph 为 1.75；三环二萜烷含量中等，三环二萜烷 C_{20}、C_{21}、C_{23} 呈下降型分布，C_{19} 相对含量相对较高，三环二萜烷 C_{23}/C_{19} 比值 0.58，Ts 相对含量较高，Ts/Tm 为 0.88，伽马蜡烷相对含量低，伽马蜡烷 /C_{30} 藿烷为 0.11，富含 C_{29}Ts，C_{29}Ts/C_{29} 藿烷为 0.39；孕甾烷和升孕甾烷相对含量中等，重排甾烷含量高，规则甾烷 $\alpha\alpha\alpha$-20RC_{27}、$\alpha\alpha\alpha$-20RC_{28}、$\alpha\alpha\alpha$-20RC_{29} 呈"V"形分布。第二类烃源岩见于陆 3 井和滴西 4 井，其生物标志物特征是：正构烷烃分布呈单峰态或微弱双峰态，不含 β- 胡萝卜烷，类异戊二烯烷烃丰度较高，姥鲛烷占优势，Pr/Ph 小于 2.0，平均为 1.4；三环二萜烷含量中等，三环二萜烷 / 五环萜烷平均值为 0.15，三环二萜烷 C_{20}、C_{21} 和 C_{23} 呈下降型分布，C_{19} 相对含量相对较高，三环二萜烷 C_{23}/C_{19} 平均值为 0.63，Ts 相对含量低，Ts/Tm 平均值为 0.16，伽马蜡烷相对含量低，伽马蜡烷 /C_{30} 藿烷平均值为 0.09，含有一定量的 C_{29}Ts，C_{29}Ts/C_{29} 藿烷平均值为 0.12；孕甾烷和升孕甾烷相对含量中等，C_{27} 重排甾烷相对含量较高，规则甾烷 $\alpha\alpha\alpha$-20RC_{27}、$\alpha\alpha\alpha$-20RC_{28}、$\alpha\alpha\alpha$-20RC_{29} 呈"V"形分布。第三类烃源岩见于莫深 1、陆 2 井，其生物标志物特征是：正构烷烃分布呈单峰态前锋形，不含 β- 胡萝卜烷，类异戊二烯烷烃丰度较高，姥鲛烷占优势，Pr/Ph 小于 2.0，平均为 1.56；三环二萜烷含量非常高，三环二萜烷 C_{20}、C_{21}、C_{23} 呈下降型分布，C_{19} 相对含量相对较高，三环二萜烷 C_{23}/C_{19} 平均值为 0.95，五环三萜烷相对含量低，三环二萜烷 / 五环萜烷平均值为 0.93，Ts 含量低，Ts/Tm 平均值为 0.05，伽马蜡烷含量低，伽马蜡烷 /C_{30} 藿烷平均值为 0.07，极少量 C_{29}Ts，C_{29}Ts/C_{29} 藿烷平均值为 0.04；孕甾烷和升孕甾烷相对含量高，重排甾烷含量低，规则甾烷 $\alpha\alpha\alpha$-20RC_{29} 相对含量高，$\alpha\alpha\alpha$-20RC_{27}、$\alpha\alpha\alpha$-20RC_{28}、$\alpha\alpha\alpha$-20RC_{29} 呈反"L"形分布。

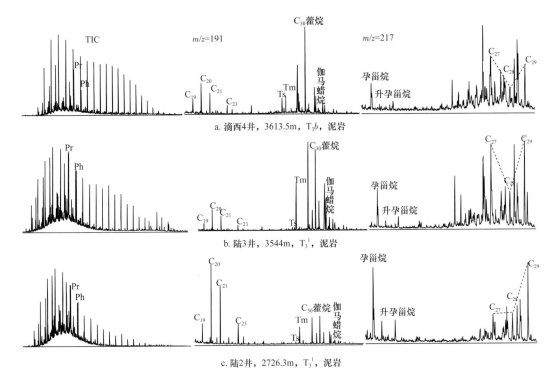

a. 滴西4井，3613.5m，T_3b，泥岩

b. 陆3井，3544m，T_3^1，泥岩

c. 陆2井，2726.3m，T_3^1，泥岩

图 5-23　准噶尔盆地腹部地区三叠系烃源岩生物标志物谱图

三叠系烃源岩为一套湖沼相烃源岩，母质来源以高等植物贡献为主，局部有低等生物贡献的腐殖型烃源岩。整体来看，烃源岩有机质丰度、类型由准东缘、腹部地区向乌伦古、准南缘地区依次变差，其中，乌伦古坳陷烃源岩为中等烃源岩。

四、侏罗系烃源岩

侏罗系烃源岩纵向厚度大，平面分布广，烃源岩集中在下侏罗统八道湾组、三工河组，中侏罗统西山窑组，其中八道湾组和西山窑组既发育暗色泥岩，又发育碳质泥岩和煤，三工河组主要发育暗色泥岩。

1. 烃源岩分布特征

（1）八道湾组烃源岩。早侏罗世八道湾期湖泊、河流、沼泽相广泛发育，形成了暗色泥岩和煤系两种类型的烃源岩。暗色泥岩主要有三个集中发育区：第一个位于中拐—莫索湾地区，最大厚度可达 500m；第二个位于阜康凹陷的东南部，最大厚度达700m；第三个位于四棵树凹陷，最大厚度可达 600m。煤系烃源岩几乎遍布全盆地，一般厚度在 5m 以上，其中在南缘昌吉—乌鲁木齐地区最厚可达 60m，西北缘地区厚度一般为 10～30m，东部阜康、五彩湾地区厚度为 10～20m。四棵树凹陷下侏罗统八道湾组暗色泥岩分布面积较大，具有东中西 3 个暗色泥岩次级厚度中心。东部暗色泥岩厚度中心面积最大，最大厚度可达 500m 以上，中部和西部泥岩最大厚度可达 350m 以上（图 5-24）。

（2）三工河组烃源岩。三工河期广泛发育浅湖—半深湖相稳定沉积，盆地周边多为滨浅湖相和河湖三角洲体系，暗色泥岩类烃源岩发育，厚度一般为 25～200m，其中沙湾凹陷最为发育，厚度 200～300m。

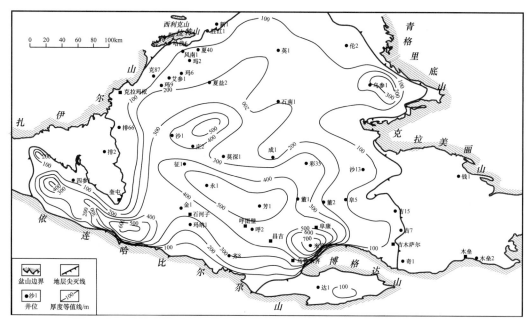

图 5-24　准噶尔盆地侏罗系八道湾组暗色泥岩厚度图

（3）西山窑组烃源岩。中侏罗世西山窑组沉积期湖泊水体开始收缩，成为侏罗纪又一主要的成煤期。泥质岩烃源岩主要分布于沙湾—阜康凹陷中部，厚度一般为25～200m，最厚可达250m；在南缘西部山前凹陷区厚度一般为25～150m。碳质泥岩与煤主要分布于盆地的西北缘、南缘及东缘地区。碳质泥岩厚度一般为5～10m，在乌伦古坳陷最大厚度可达20m以上；煤层主要分布在盆缘斜坡区，厚度一般为2～20m，最厚可达30m。

2. 烃源岩地球化学特征

侏罗系发育泥岩、碳质泥岩和煤三种类型的烃源岩。

（1）泥岩烃源岩。有机碳含量平均值为1.42%，生烃潜量平均值为2.37mg/g，氯仿沥青"A"含量为0.0007%～0.4916%，平均值为0.04%，总烃含量为2～2778μg/g，平均值为157μg/g（表5-5），总体上属于中等烃源岩。相对而言，八道湾组暗色泥岩的有机质丰度好于三工河组、西山窑组。泥岩样品热解氢指数总体上较低，Ⅲ型有机质占85%以上，$Ⅱ_2$型有机质占11%，$Ⅱ_1$型和Ⅰ型有机质不足3%。泥质烃源岩干酪根显微组分以镜质组分为主，含量大于60%，其次为壳质组，占12%～16%，且以角质体占优势，腐泥组在泥岩中占比大于13%，有机质类型为含腐泥的腐殖型。干酪根H/C普遍较低，均小于1.2，大多数样品为0.5～1.0，O/C主要为0.05～0.25。泥岩干酪根碳同位素（$δ^{13}C_{干酪根}$）值一般为-28‰～-22‰，其中，八道湾组烃源岩主要为-26‰～-23‰，三工河组烃源岩主要为-25‰～-23‰，西山窑组烃源岩主要为-24‰～-22‰，显示出有机质类型以Ⅲ型和$Ⅱ_2$型为主的特点。相对而言，八道湾组烃源岩的碳同位素值最轻，西山窑组烃源岩的碳同位素值最重。

（2）碳质泥岩烃源岩。有机碳含量平均值为19.45%（表5-5），其中西山窑组碳质泥岩约占32%，TOC含量平均值为18.19%；三工河组碳质泥岩的比例小于10%，有机碳含量平均为17.04%；八道湾组碳质泥岩占20%，TOC含量平均值为21.14%。碳质

泥岩生烃潜量 S_1+S_2 高，一般为 0.16～138.49mg/g，平均值为 35.89mg/g，氯仿沥青"A"含量为 0.0465%～1.4523%，平均值为 0.3965%；总烃含量为 96～6147μg/g，平均值为 1803μg/g。八道湾组碳质泥岩有机质含量最高，属于中等偏差的烃源岩。

（3）煤。有机碳含量为 40.58%～91.94%，平均值为 63.86%（表 5-5），热解生烃潜量为 11.88～327.78mg/g，平均值为 134.04mg/g。氯仿沥青"A"含量为 0.1323%～6.5833%，平均值为 1.646%；总烃含量为 591～15578μg/g，平均为 4007μg/g。八道湾组煤干酪根（$\delta^{13}C_{干酪根}$）值一般为 -26‰～-24‰，西山窑组一般为 -24.5‰～-23‰，氯仿沥青"A" $\delta^{13}C$ 值为 -28‰～-25‰；干酪根显微组分中腐泥组含量较低，壳质组含量较高，有机质以陆源高等植物输入为主，有机质类型为 Ⅲ 型。

表 5-5　准噶尔盆地中—下侏罗统烃源岩地球化学参数统计表

层位	烃源岩类型	TOC/%		S_1+S_2/（mg/g）		氯仿沥青"A"/%		总烃/（μg/g）	
		范围	平均值（样品数）	范围	平均值（样品数）	范围	平均值（样品数）	范围	平均值（样品数）
西山窑组	泥岩	0.40～5.87	1.42（84）	0.05～17.70	2.03（83）	0.0016～0.0918	0.0267（20）	2～290	99（16）
	碳质泥岩	6.23～37.4	18.19（40）	1.01～54.10	20.11（33）	0.0465～0.6446	0.2896（8）	1095～2426	1761（2）
	煤	40.56～81.03	62.01（57）	11.88～154.64	82.97（37）	0.1352～6.5833	1.112（20）	591～15578	3922（12）
三工河组	泥岩	0.40～3.51	1.04（128）	0.04～23.38	1.59（103）	0.0007～0.216	0.0344（48）	6～331	88（32）
	碳质泥岩	6.03～35.69	17.04（12）	0.16～55.72	22.02（7）	0.0536～0.3534	0.204（4）	246～1062	537（3）
	煤	43.0～83.09	71.04（10）	49.24～282.5	201.28（10）	0.9444～3.6236	2.299（10）	891～4721	2759（4）
八道湾组	泥岩	0.37～5.86	1.68（187）	0.08～30.86	3.03（168）	0.0025～0.4916	0.055（46）	16～2788	273（27）
	碳质泥岩	6.29～39.96	21.14（47）	1.23～138.49	48.49（49）	0.1034～1.4523	0.628（7）	96～6148	2289（8）
	煤	41.76～91.96	64.75（38）	29.64～327.78	158.87（49）	0.1323～3.7689	1.844（21）	662～10838	4383（16）
全盆地	泥岩	0.37～5.87	1.42（399）	0.04～29.67	2.37（354）	0.0007～0.4916	0.04（124）	2～2778	157（75）
	碳质泥岩	6.03～39.96	19.45（99）	0.16～138.49	35.89（89）	0.0465～1.4523	0.397（19）	96～6147	1803（13）
	煤	40.58～91.94	63.86（105）	11.88～327.78	134.04（96）	0.1323～6.5833	1.646（51）	591～15578	4007（32）

四棵树凹陷发育中—下侏罗统八道湾组和三工河组烃源岩（表5-6）。八道湾组烃源岩有机质丰度非均质性强，泥岩、碳质泥岩有机显微组分以壳质组和镜质组为主，有机质类型为II_2和III型；煤岩以III型干酪根为主，少量为II_2型。泥岩样品有机质丰度较高，有机碳含量为0.37%～2.76%，平均值为1.41%，大部分大于1.0%；生烃潜量S_1+S_2分布范围在0.05～33.43mg/g之间，平均值为3.83mg/g；氯仿沥青"A"含量为0.007%～0.32%，平均为0.041%；氢指数平均值为332mg/g；T_{max}平均为435℃。碳质泥岩有机质丰度含量为4.21%～11.52%，平均值为7.41%；生烃潜量S_1+S_2为2.36～7.9mg/g，平均为2.92mg/g；氯仿沥青"A"含量为0.012%～0.05%，平均为0.036%，为中—差烃源岩。煤有机碳含量平均值为63.7%，S_1+S_2平均值高达86.95mg/g，氯仿沥青"A"含量高达1.14%。四棵树凹陷固1井、固2井煤层有机碳含量41.6%～59.91%，平均值为52.3%；生烃潜量S_1+S_2为88.56～152.47mg/g，平均为116.5mg/g。三工河组烃源岩暗色泥岩有机质类型以III型为主，少量为II_2型，有机碳含量为0.45%～4.20%，平均为0.99%；生烃潜量S_1+S_2为0.02～1.29mg/g，平均为0.76mg/g；氯仿沥青"A"含量为0.012%～0.04%，平均为0.026%。

表5-6　准噶尔盆地四棵树凹陷及周缘与乌伦古坳陷下侏罗统烃源岩综合评价表

钻井/露头	层位	主要岩性	TOC/%	生烃潜量 S_1+S_2/mg/g	有机质类型
卡6井	J_1b	泥岩	0.37～0.98	0.09～1.07	II_2、III
四参1井	J_1b	泥岩	0.39～1.26	0.15～5.3	II_2
固1井	J_1b	煤	53.59～59.91	99.6～152.47	III型为主，少量II_2型
固1井	J_1b	碳质泥岩	5.88	2.36	II_2、III
固1井	J_1s	泥岩	1.66～2.35	0.14～1.29	III型为主，少量II_2型
固2井	J_1b	煤	41.6	88.56	III型为主，少量II_2型
固2井	J_1b	碳质泥岩	4.21～7.06	6.68～7.9	
固2井	J_1b	泥岩	0.60～1.60	0.11～1.12	
固2井	J_1s	泥岩	0.45～1.26	0.02～0.73	III
四棵树沟	J_1b	泥岩	0.92～2.76	0.05～5.28	III型为主，少量II_2型
四棵树沟	J_1b	碳质泥岩	6.48～11.52	5.62～6.98	III
四棵树沟	J_1s	泥岩	0.64～4.2	0.19	III型为主，少量II_1和II_2型
乌伦古坳陷	J_1b	泥岩	0.46～4.19/1.07	0.04～30.86/2.79	III型为主，少量II型
乌伦古坳陷	J_1b	碳质泥岩	6.23～32.8/12.97	7.24～112.9/31.78	III
乌伦古坳陷	J_1b	煤	50～79.18/65.4	82.7～282.2/172.32	III

乌伦古坳陷八道湾组也发育泥岩、碳质泥岩和煤 3 种类型的烃源岩（表 5-6）。乌参1 井碳质泥岩 TOC 含量为 12.4%～32.8%，平均为 22.87%，生烃潜量为 51.5～112.9mg/g，平均为 81.89mg/g；泥岩 TOC 含量为 1.7%～6.11%，平均值为 3.94%，生烃潜量为2.57～30.86mg/g，平均为 13.42mg/g，有机质显微组分以镜质体为主，镜质组呈条带状或块状，属Ⅲ型有机质（图 5-25）。

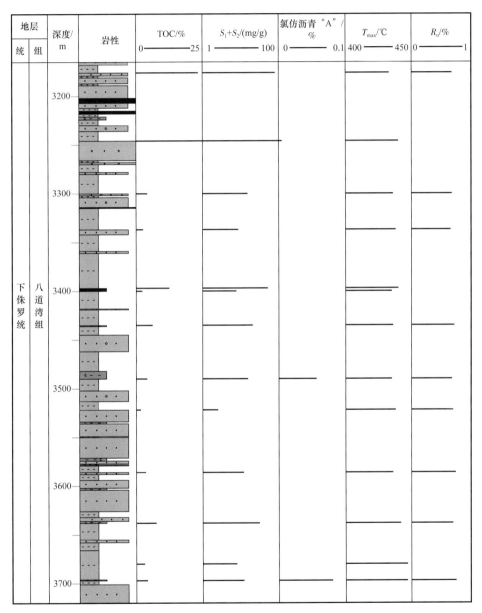

图 5-25　准噶尔盆地乌伦古坳陷乌参 1 井侏罗系八道湾组烃源岩地球化学剖面图

侏罗系烃源岩生物标志物特征为：煤与泥岩、碳质泥岩之间差异不明显，除个别样品外，Pr/Ph 在 2.0 以上，类异戊间二烯烷烃中姥鲛烷含量普遍偏高，β- 胡萝卜烷含量很低或基本检测不出，反映氧化环境陆源母源特征。在萜烷分布中，三环二萜烷含量较低，五环萜烷含量高，且四环萜烷也有一定丰度。C_{19}、C_{20} 和 C_{21} 三环二萜烷相对含量较高，尤其是 C_{19} 三环二萜烷的含量明显地高于二叠系烃源岩，而 C_{23} 和 C_{24} 三环二萜烷等相对含量较低。五环萜烷中 C_{27}、C_{29} 和 C_{31} 藿烷等相对含量均较高，部分样品的 C_{29} 藿烷含量甚至超过 C_{30} 藿烷，Ts、C_{29}Ts 含量一般很低，Ts/Tm 和 C_{29}Ts/C_{29} 藿烷一般小于 0.1。伽马蜡烷含量极低，伽马蜡烷/C_{30} 藿烷一般小于 0.1，反映烃源岩淡水湖沼沉积环境特征。根据规则甾烷分布特征可分为两类：第一类是以 C_{29} 甾烷为主，C_{27} 甾烷和 C_{28} 甾烷含量低，规则甾烷分布呈反"L"形，该类型是侏罗系烃源岩最常见的类型；第二类以 C_{29} 甾烷为主，C_{27} 甾烷含量也较高，C_{28} 甾烷含量相对较低，规则甾烷分布呈不对称"V"形，该类型较少见（图 5-26）。

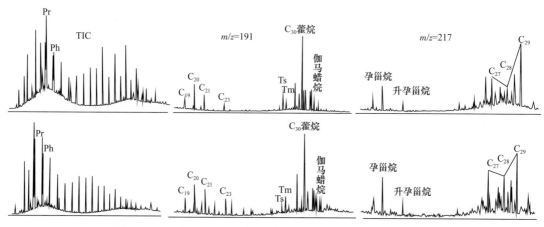

图 5-26　准噶尔盆地四棵树凹陷侏罗系烃源岩生物标志物谱图

五、白垩系

白垩系有利烃源岩主要发育在下白垩统清水河组。

1. 烃源岩分布特征

下白垩统清水河组为一套半深湖—深湖相泥质岩沉积，在全盆地大部分地区均有分布。在盆地内绝大部分地区白垩系烃源岩厚度均较小，为 100～150m（图 5-27）。呼图壁—玛纳斯—沙湾一带厚度最大，基本上在 200m 以上，暗色泥岩厚度向北急剧减小，至盆 1 井西凹陷时，烃源岩厚度在 100m 左右，盆参 2 井钻揭暗色泥岩厚度为 80m，盆 4 井钻揭厚度为 40m，玛湖凹陷几乎无白垩系烃源岩的分布，四棵树凹陷分布厚度也较小。

2. 烃源岩地球化学特征

清水河组暗色泥岩的有机质丰度存在较大差异，据 171 个样品统计，TOC 含量为 0.06%～1.81%，平均值为 0.43%，其中约 75% 的样品 TOC 含量小于 0.5%。108 个样品热解生烃潜量为 0.05～10.71mg/g，其中 79% 的样品小于 2.0mg/g。盆地内钻井揭示的烃源岩丰度明显高于露头剖面样品，如四参 1 井 TOC 含量为 0.27%～3.07%，平均值为 1.27%，盆参 1 井 TOC 含量为 0.49%～1.58%，平均值为 0.99%，盆参 2 井泥岩 TOC 含量在 0.52%～1.58%，平均值为 1.06%。岩石热解氢指数分布范围为 40～650mg/g。烃源岩有机显微组分以腐泥无定形体为主，其余为镜质体，有机质类型主要为 I 型和 II 型，部分为 III 型。全岩显微组分分析，有机质的质量分数变化较大，介于 0.40%～26.6%，

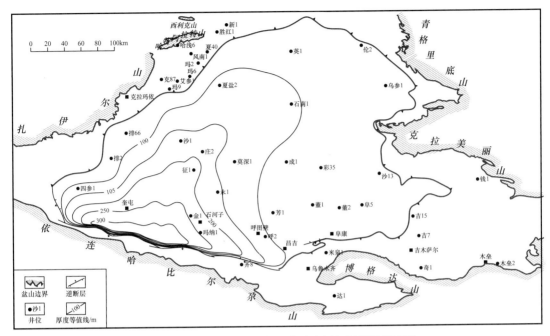

图 5-27　准噶尔盆地下白垩统清水河组烃源岩厚度图

平均值为 11.62%，其中镜质组相对质量分数分布范围为 0.80%～75.0%，平均值为 6.68%；壳质组相对质量分数分布范围为 1.20%～64.2%，平均值为 42.78%。壳质组主要为呈绿黄色、黄色荧光的孢子体，部分为角质体，见少量壳屑体；含有少量的暗黄色的矿物沥青基质，呈分散状。富氢组分主要为分散状的绿色壳屑体，生烃潜力较差。干酪根 H/C 一般为 0.95～1.6，O/C 为 0.04～0.14，反应有机质主要为 Ⅰ 型和 Ⅱ$_1$ 型，少数样品为 Ⅱ$_2$ 或 Ⅲ 型（图 5-28）。干酪根碳同位素组成相对较轻，$\delta^{13}C$ 值为 –32‰～–25‰，绝大多数样品为 –29.7‰～–26.3‰；四参 1 井烃源岩抽提物和干酪根碳同位素值平均值为 –30.4‰ 和 –30.6‰，反映了低等水生生物输入为主的特征，有机质类型 Ⅰ、Ⅱ、Ⅲ 型均有。南缘中部清水河剖面清水河组下部 50m 泥岩 TOC 含量基本在 1.0% 以上，平均值为 1.43%，热解生烃潜量平均值为 7.19mg/g；芳 2 井区 TOC 含量大于 1.0%，属中等—好烃源岩。推测沙湾—阜康凹陷烃源岩主要发育区，发育有机质丰度较高的优质烃源岩。

白垩系烃源岩生物标志物具有如下特征（图 5-29）：正构烷烃以单峰态前峰形分布为主，主峰碳为 n-C$_{17}$，Pr/Ph 为 0.90～1.81，平均值为 1.30，β- 胡萝卜烷的丰度中等至较高。三环二萜烷相对丰度呈山峰形分布；Ts 和 C$_{29}$Ts 的含量较高，而 C$_{30}$ 重排藿烷含量较低，Ts 与 Tm 含量接近，伽马蜡烷丰度中等至较高，伽马蜡烷 /C$_{30}$ 藿烷为 0.15～0.92，平均值为 0.63，升藿烷系列不发育。甾烷分布中，含孕甾烷与升孕甾烷，以 C$_{27}$ 甾烷和 C$_{29}$ 甾烷丰富，而 C$_{28}$ 甾烷相对贫乏为特征，大多数样品甾烷的分布呈不对称"V"形，一部分样品以 C$_{29}$ 甾烷占优势，而另一部分样品以 C$_{27}$ 甾烷占优势；重排甾烷的含量很低，C$_{29}$ 重排甾烷 /C$_{29}$ 规则甾烷一般小于 0.2。此外，白垩系烃源岩中含有较高的 C$_{30}$ 甾烷、4- 甲基甾烷和甲藻甾烷，表明其生源物质有沟鞭藻类，与侏罗系烃源岩的生源不同。

芳香烃化合物以菲的含量最高，其次为惹烯、萤蒽、芘和苯并［e］芘等，三芴系列中二苯并噻吩的含量略高。

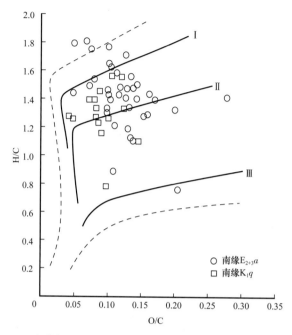

图 5-28　准噶尔盆地南缘白垩系与古近系烃源岩干酪根元素组成

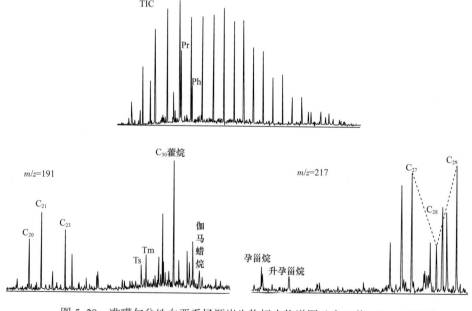

图 5-29　准噶尔盆地白垩系烃源岩生物标志物谱图（永 9 井，K_1q，泥岩）

六、古近系烃源岩

古近系主要为大套的红色砂泥岩组合，其中始新统—渐新统安集海河组为一套较稳定的浅湖—深湖沉积，为主要的烃源岩发育段。

1. 烃源岩分布特征

安集海河组烃源岩岩性为灰黑色、深灰色、灰色泥岩，主要分布于沙湾凹陷和四棵树凹陷，呈东西向分布，厚度一般为小于200m。在吐谷鲁—高泉一带最发育，厚度基本上大于150m，向西、北、东三个方向逐渐减薄至尖灭（图5-30）。四棵树凹陷井下揭示的暗色地层厚度为52~482m，其中暗色泥岩占68%~98%。在南安集海河剖面烃源岩厚度超过300m。

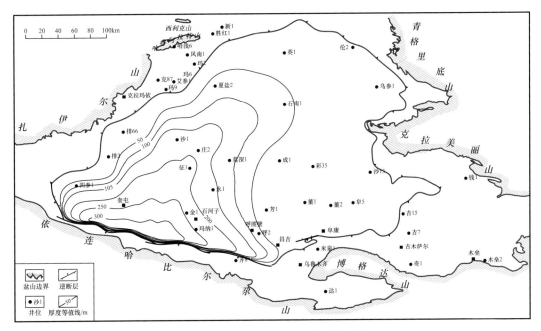

图5-30 准噶尔盆地古近系烃源岩厚度图

2. 烃源岩地球化学特征

古近系安集海河组烃源岩TOC含量变化较大，最小仅为0.06%，最高可达7.55%。经大量烃源岩样品统计，TOC含量大于0.5%的样品占83%以上，平均TOC为1.03%，除四参1、安4、芳1井区TOC含量大于1.0%外，其余地区小于1.0%。岩石热解生烃潜量为0.02~70.67mg/g，平均值为3.74mg/g，其中大于2.0mg/g的烃源岩占57%，6.0mg/g以上的烃源岩占17%。生烃潜量较高的地区分布在四参1井、屯1井—安1井附近，生烃潜量大于5mg/g，芳1井附近生烃潜量大于4.0mg/g，其他地区生烃潜量较低。热解氢指数一般为30~650mg/g，平均值为269.9mg/g。干酪根显微组分组成中腐泥组与壳质组含量一般在60%以上，H/C一般为0.48~1.8，平均值为1.17，O/C为0.04~0.38，平均值为0.21，有机质类型主要分布在Ⅰ型和Ⅱ型范围内。氯仿沥青"A"含量分布在0.0023%~0.9317%，平均值为0.1463%；总烃含量主要分布在7.99~5565.47μg/g之间，平均值为679.13μg/g。干酪根碳同位素主要分布在-27.70‰~-23.60‰之间，平均值为-25.88‰。

古近系烃源岩的有机质丰度、生烃潜量和有机质类型具有由西向东逐渐变差的特点，好烃源岩主要分布在西部。如西部四棵树凹陷四参1井至独山子烃源岩的平均有机碳含量与生烃潜量分别为1.41%和5.02mg/g，氢指数相对较高，以Ⅱ型有机质为主；中部安集海至玛纳斯地区烃源岩的有机碳含量与生烃潜量分别为 0.99％和 4.01mg/g，以 Ⅱ 型有机质为主；东部吐谷鲁、呼图壁地区只有少数样品的有机碳含量大于 0.5％，热解氢指数比较低，为 Ⅲ 型有机质，属非烃源岩。

古近系烃源岩类异戊间二烯烷烃姥鲛烷含量略高于或等于 $n\text{-}C_{17}$，而植烷则是 $n\text{-}C_{18}$ 含量的 2～3 倍，Pr/Ph 平均值小于 0.6，含有一定量的 $\beta\text{-}$ 胡萝卜烷，表明有机质形成于还原性沉积环境。三环二萜烷的分布比较复杂，除了正常的三环二萜烷即 13β（H），14α（H）结构的三环二萜烷外，还有丰富的 13α（H），14α（H）结构的三环二萜烷，反映烃源岩成熟度较低。C_{20}、C_{21}、C_{23} 三环二萜烷上升型、山峰型和下降型三种分布形式均存在，以山峰型为主，绝大多数以 C_{21} 三环二萜烷丰度最高，C_{21}/C_{23} 三环二萜烷一般为 1.0～3.0。C_{24} 四环萜烷 $/C_{26}$ 四环萜烷变化范围较大，一般为 0.5～2.0，部分样品大于 2.0，但总体上低于侏罗系烃源岩。南缘地区古近系烃源岩成熟度普遍较低，五环三萜烷除了常见的藿烷即 17α，21β 构型的藿烷外，莫烷（17β，21α 构型）及生物藿烷（17β，21β 构型）的丰度很高，有些甚至超过 17α，21β 构型藿烷的含量。伽马蜡烷含量较高，伽马蜡烷 $/C_{30}$ 藿烷比值为 0.18～0.21，有些样品伽马蜡烷含量高于 C_{31} 藿烷。甾烷分布中，以 C_{27} 甾烷和 C_{29} 甾烷丰富，而 C_{28} 甾烷相对贫乏为特征，呈不对称"V"形分布，一部分样品以 C_{29} 甾烷占优势，而另一部分样品以 C_{27} 甾烷占优势。部分样品含有丰富的 4- 甲基甾烷和甲藻甾烷，重排甾烷含量很低，与侏罗系和三叠系烃源岩明显不同。

第二节　烃源岩生烃演化

油气的形成过程可以看作一系列复杂化学反应过程，受到了有机质丰度、类型以及地下温度和压力条件的影响。准噶尔盆地是一个多旋回叠合盆地，经历了复杂的沉积充填及构造演化过程，除中央坳陷相对稳定以外，盆地其他地区构造沉积演化过程差异大，各套烃源岩经历了不同的生烃演化过程。

一、区域热流分布及地温场特征

1. 大地热流特征

油气生成研究表明，温度、时间、压力和有机质类型是有机质生烃演化的主要因素，而温度是核心。研究古地温场对评价含油气盆地的烃源岩热演化史和了解油气在盆地不同深度的分布规律有着重要的意义。地温的产生与地球内部的热源有关，如放射性衰变热、地球残余热、重力分异热以及化学反应热等，其中，放射性衰变热是地球内部热能的主要来源。

准噶尔盆地的大地热流介于 23.4～53.7mW/m²，平均值为 42.3mW/m² ± 7.7mW/m²，属于低热流盆地。从大地热流值与所处的构造位置来看，隆起或凸起处的热流值较大，如陆梁隆起上的热流最高，为 33.2～52.9mW/m²，平均值为 45.3mW/m² ± 7.9mW/m²（若扣除陆梁隆起中石南凹陷的热流，平均值高达 49.3mW/m² ± 3.8mW/m²）；中央隆起的热流次之，平均值为 45.2mW/m² ± 5.7mW/m²；西北断阶带（百口泉、红山嘴）的热流平均值为 43.9mW/m² ± 5.7mW/m²；东部隆起的大地热流平均值为 43.7mW/m² ± 8.6mW/m²；而坳陷或凹陷中的热流则较低，如位于乌伦古坳陷中的伦 5 井，热流为 43.2mW/m²；玛湖凹陷的玛 2 井和艾参 1 井，热流分别为 35.7mW/m² 和 37.8mW/m²；北天山山前的大地热流平均值为 34.4mW/m² ± 5.3mW/m²。其中，车排子地区的热流较低，平均值为 33.5mW/m² ± 3.5mW/m²，北天山山前的小 1 井热流最低，仅为 23.4mW/m²，这可能是由于古近纪以来的北天山山前的快速沉降，至今仍没有达到热平衡的原因。

盆地大地热流是盆地动力学成因与构造—热演化过程的客观反映。不同年代、不同动力学成因的盆地，其现今热状态存在明显差异。盆地演化史表明，准噶尔盆地经历了石炭纪—二叠纪拉张环境下的裂陷盆地，多次隆升和沉降的中生代陆内坳陷盆地，新生代挤压背景下的类前陆盆地三大动力学演化阶段。现今盆地的热流特点充分体现了准噶尔盆地类前陆盆地阶段的盆地构造属性。构造沉降分析显示，准噶尔盆地在古近纪为缓慢沉降阶段，新近纪—第四纪为盆地沉降最快的时期，尤以上新世—现代构造沉降量最大。此阶段的快速沉降不同于石炭纪—二叠纪由于盆地裂谷过程而导致的快速沉降，系印度板块向北强烈的碰撞挤压，使盆地南缘天山隆升并向盆地内冲断，导致盆地的快速挠曲沉降。快速挠曲沉降对应的是岩石圈的增厚与冷却，而区别于裂陷阶段的快速沉降对应的岩石圈减薄与加热过程。

2. 地温场演化特征

在地质历史过程中，地温梯度并不是恒定的。准噶尔盆地的地温演化与构造演化密切相关，对盆地的地温演化起着重要的控制作用。研究表明，准噶尔盆地晚古生代地温梯度较高，是典型的"热盆"，侏罗纪以后盆地热流值逐渐降低，演化为"冷盆"。石炭纪末盆地的地温梯度较高，大于 38℃/km，最高可达 45℃/km 以上，二叠纪地温梯度为 30～45℃/km，大部分在 36～38℃/km 之间。其中，地温梯度最高的地区在陆梁隆起的石西 1 井区和东部隆起的彩参 1 井区，其次为乌伦古坳陷，盆地南缘和西北缘地温梯度相对较低。印支—燕山运动时期盆地沉积基底较为平缓，形成统一的沉积盆地，沉降沉积中心位于中央坳陷。早三叠世地温分布与晚二叠世基本相同，地温梯度主要为 33～37℃/km。侏罗纪末地温梯度明显降低，为 24.5～33.5℃/km，其中，最高地温分布区仍在陆梁隆起南部和中央坳陷北部及东部地区，准南缘地区仅为 21.5～27.5℃/km。白垩纪末地温梯度为 19.5～28.5℃/km，其中，准南缘和乌伦古坳陷是全盆地地温梯度最低的地区，准东地区为高温区。古近纪与现今地温梯度相似，为 19.5～28℃/km（图 5-31）。

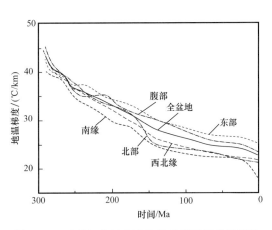

图 5-31 准噶尔盆地主要构造单元地温梯度演化图（据邱楠生等，2000）

二、烃源岩生烃演化特征

烃源岩在不同的热演化阶段，其烃类生成速率、烃类组成和数量存在明显的差异。烃源岩生烃演化史的研究是盆地油气勘探研究中的重要环节。烃源岩演化阶段划分和生烃门限确定主要是依据镜质组反射率 R_O、岩石热解 T_{max}、生物标志物等地球化学成熟度指标。

1. 石炭系

石炭系烃源岩目前在准噶尔盆地部分地区达到高成熟和过成熟演化阶段，局部地区处于成熟演化阶段，不同地区差异较大。

下石炭统烃源岩在盆地腹部地区埋深大，热演化程度最高，主体烃源岩处于高成熟演化阶段，部分达到过成熟演化阶段。在盆缘构造带热演化程度也相对较高，准西北缘克百断裂带、乌夏断裂带、哈特阿拉特山山前带等，R_O 也在 2.0% 以上；准西缘车排子凸起、四棵树凹陷、准东北缘乌伦古坳陷、准东缘木垒、大井地区成熟度较高，R_O 为 1.3%～2.0%，处于高成熟阶段；索索泉凹陷乌参 1 井烃源岩 R_O 为 1.44%～2.03%；滴南凸起为石炭纪末以来的继承性凸起，滴西 14 等井烃源岩 R_O 为 1.2%～1.4%，处于高成熟阶段；三个泉—滴北凸起为早石炭世末以来的继承性凸起，烃源岩热演化程度较低，滴北 1 井 R_O 为 0.55%～0.79%，目前处于低成熟—成熟演化阶段。

上石炭统烃源岩的热演化程度较下石炭统烃源岩低，R_O 主要分布在 0.7%～1.41% 之间，热演化程度分布特征与下石炭统相似，不同地区的烃源岩成熟度也差异较大：成熟度最高的地区也是主要分布在腹部地区，R_O 大于 2.0%，处于过成熟阶段；准西缘四棵树凹陷、准南缘柴窝堡凹陷和准东缘的五彩湾凹陷、石树沟凹陷的烃源岩 R_O 为 1.3%～2.0%，处于高成熟演化阶段；石英滩凸起、沙帐—北三台地区烃源岩 R_O 为 0.5%～0.61%，处于低成熟演化阶段。

受构造沉积演化控制，不同区带的石炭系烃源岩热演化过程存在明显差异。在盆地腹部地区烃源岩在晚石炭世即进入生烃门限，二叠纪达到主生烃期，三叠纪进入高—过成熟阶段；在准西缘车排子地区早石炭世进入生烃门限，石炭纪末期的构造抬升造成生烃停滞；乌伦古地区深洼带烃源岩存在两次生烃过程，如乌参 1 井下石炭统姜巴斯套组烃源岩在石炭纪末期已经成熟，其上部烃源岩 R_O 达到 0.6% 左右，进入早期生烃阶段，下部烃源岩进入高成熟演化阶段，海西期构造运动导致乌伦古坳陷主体部位缺失上石炭统和二叠系，烃源岩处于生烃停滞阶段，直至晚侏罗世，中生界对石炭系烃源岩地温进行补偿，发生二次生烃，中—晚侏罗世再次进入生烃高峰，白垩纪开始大量生气（图 5-32a）。另外，四棵树凹陷石炭系烃源岩也存在二次生烃演化过程。石北地区石炭系烃源岩在石炭纪末期进入生烃门限，由于石炭纪以后一直处于震荡沉积阶段，生烃有限；直到侏罗纪时期，烃源岩顶部进入成熟油—高熟油生烃阶段，下部进入生凝析油—湿气阶段；由于白垩纪持续埋深，烃源岩整体进入凝析油—湿气到干气的演化阶段（图 5-32b）。在准东南地区，山前残留凹陷石炭系烃源岩大量生烃期为早—中侏罗世，R_O 最大达到 1.0%～1.3%，早侏罗世以生油为主，晚侏罗世开始生成凝析油和湿气；白垩纪遭受大规模的抬升剥蚀，后期沉积厚度较薄，未能

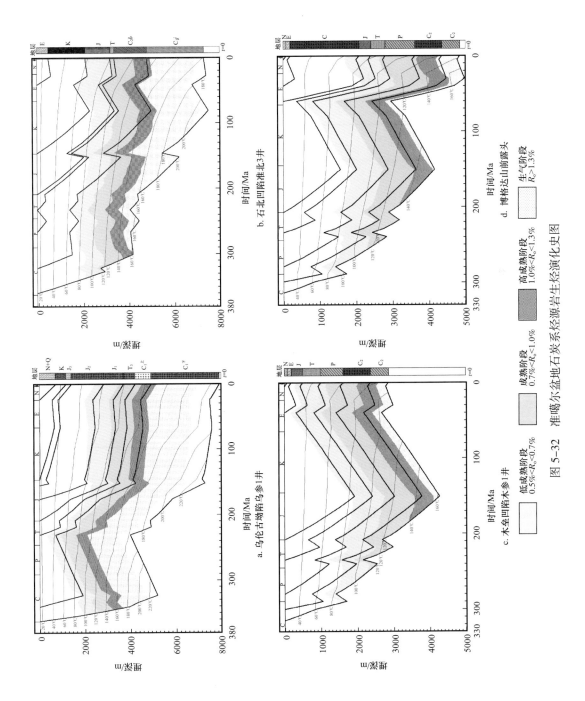

图 5-32　准噶尔盆地石炭系烃源岩生烃演化史图

补偿剥蚀厚度，处于生烃停滞阶段（图5-32c）。在博格达山前逆掩区的石炭系烃源岩，由于构造推覆作用，烃源岩快速埋深进入二次生烃，进入高成熟—过成熟演化阶段（图5-32d）。

2. 二叠系

下二叠统风城组烃源岩在中央坳陷成熟度最高，R_0 可达1.3%以上，深洼区 R_0 达到2.0%以上；玛湖凹陷的烃源岩成熟度较高，R_0 为1.3%～2.0%；陆梁隆起北部地区 R_0 仅为1.0%左右；准北缘哈特阿拉特山地区 R_0 为0.8%左右，整体向北和向东、向西成熟度逐渐降低（图5-33）。

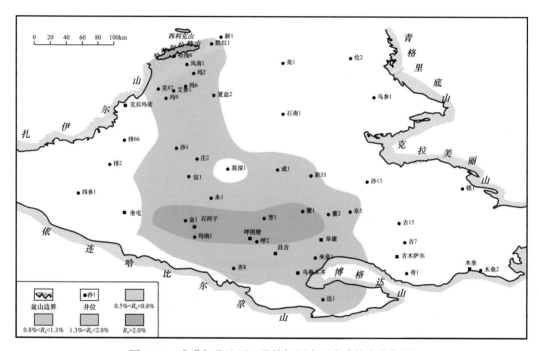

图5-33　准噶尔盆地下二叠统烃源岩现今成熟度分布图

中二叠统下乌尔禾组烃源岩热演化特征与风城组相似，也是在中央坳陷成熟度最高，R_0 在1.3%以上，处于高成熟—过成熟演化阶段。玛湖凹陷该套烃源岩成熟度较高，洼陷区的艾参1井 R_0 为1.17%～2.01%，平均值1.66%，玛北背斜 R_0 达1.7%以上，在夏子街—乌尔禾一带 R_0 为0.51%～1.86%，在乌夏断裂带 R_0 为0.86%，在玛北油田 R_0 为1.0%；准东缘梧桐窝子凹陷烃源岩热演化程度最低，R_0 小于0.5%，处于未成熟阶段；准东南博格达山周缘地区烃源岩 R_0 为0.54%～1.21%，处于成熟—高成熟阶段（图5-34）。

中央坳陷是中生界的沉积中心，盆地腹部和准南缘地区二叠系烃源岩热演化程度相对较高。腹部地区下二叠统烃源岩在晚二叠世进入生油门限，晚三叠世进入生油高峰，侏罗纪以来快速深埋，进入高成熟演化阶段，其中腹部达到过成熟生干气阶段。

构造变形恢复认为，哈特阿拉特山山前带"山下、山内"均发育风城组烃源岩，烃源岩生烃演化受推覆作用的影响，存在构造快速抬升生烃停滞型和构造快速"深埋"生烃型两种生烃演化模式（图 5-35）。受印支期推覆冲断作用的影响，风城组烃源岩被抬升至浅地表，侏罗纪及以后沉积地层厚度较薄，不能补偿构造抬升地温条件，烃源岩自三叠纪末期以来一直处于生烃停滞阶段。如哈浅 6 井风城组烃源岩在晚二叠世进入生烃门限，二叠纪末构造抬升之前埋深在 3000m 左右，R_o 达到 0.8% 左右，推覆冲断风城组烃源岩生烃停滞。印支期哈特阿拉特山发生大规模推覆造山，多期推覆体叠置使得其下伏的风城组烃源岩快速"深埋"，由成熟阶段快速演化至高成熟—过成熟阶段，R_o 达到 1.3%～2.6%。

沙湾凹陷下二叠统烃源岩在三叠纪初期达到生烃门限，三叠纪末期进入成熟演化阶段。准东南大部分地区下二叠统烃源岩在三叠纪进入高成熟—过成熟演化阶段，准西北缘和准东地区下二叠统烃源岩成熟度略低；吉木萨尔凹陷和石英滩地区石西凹陷主要处于未成熟—低成熟演化阶段。三叠纪末期，中二叠统底部烃源岩除在准东缘部分地区处于未成熟外，大部分地区都已进入成熟演化阶段，而中二叠统顶部烃源岩仍处于未成熟阶段。侏罗纪末期下二叠统烃源岩在大部分地区进入高—过成熟演化阶段，沙湾、阜康凹陷和盆 1 井西凹陷处于过成熟演化阶段，玛湖凹陷和东道海子北凹陷达到成熟阶段。侏罗纪末期，中二叠统主体烃源岩进入成熟阶段，其底部的烃源岩在沙湾凹陷、盆 1 井西凹陷和东道海子北凹陷进入高成熟和过成熟阶段。白垩纪末期下二叠统烃源岩处于高—过成熟阶段，成熟度相对较低的东道海子北凹陷下二叠统底部的烃源岩也进入生气阶段；中二叠统烃源岩在沙湾凹陷和东道海子北凹陷也均达到高—过成熟阶段。

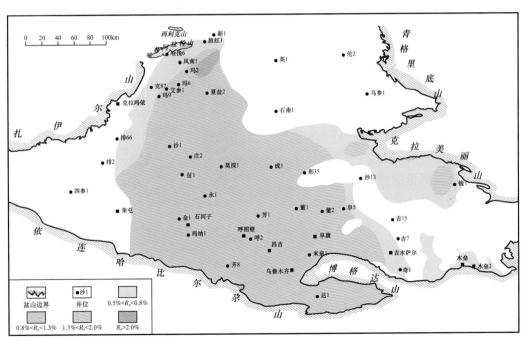

图 5-34　准噶尔盆地中二叠统烃源岩现今成熟度分布图

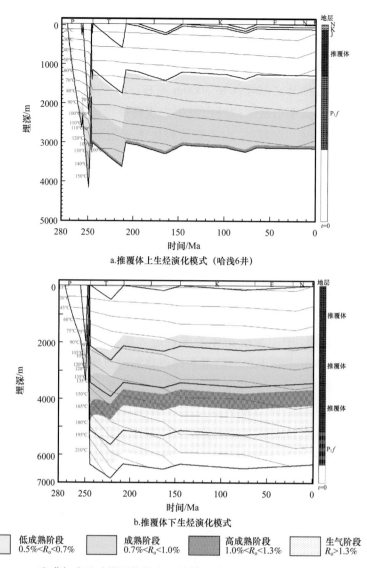

图 5-35 准噶尔盆地哈特阿拉特山山前带风城组烃源岩生烃演化模式图

准东南地区芦草沟组、平地泉组烃源岩受海西、燕山及喜马拉雅等构造运动的影响，不同区带或部位的烃源岩热演化差异较大，整体具有自博格达山山前向盆内逐渐降低的趋势。博格达山北缘西段大龙口、妖魔山剖面热演化程度低于博格达山北缘东段，在博格达山南缘的柴窝堡地区锅底坑等剖面烃源岩热演化程度低于盆地内的达 1 井区。根据烃源岩生烃演化特征，将博格达山山前带二叠系烃源岩划分为持续生烃型、二次生烃型和停滞生烃型 3 种类型。持续生烃型主要分布在柴窝堡凹陷、博格达山北缘西的米泉和大龙口冲断构造下盘（图 5-36a）；二次生烃型指烃源岩早期生烃过程停滞，后期由于沉积或构造作用造成其埋深增加，烃源岩二次生烃，白垩纪早期埋深达到 4500m 左右，R_o 为 1.0%～1.3%，以生油为主，主要分布在博格达山北缘东段及博格达山南缘柴窝堡山前带推覆体的下盘；生烃停滞型指早期（燕山运动之前）生烃，后期由于构造抬升导致生烃停滞，主要分布在博格达山北缘阜康断裂带上盘或柴窝堡凹陷北部冲断带（图 5-36b）。

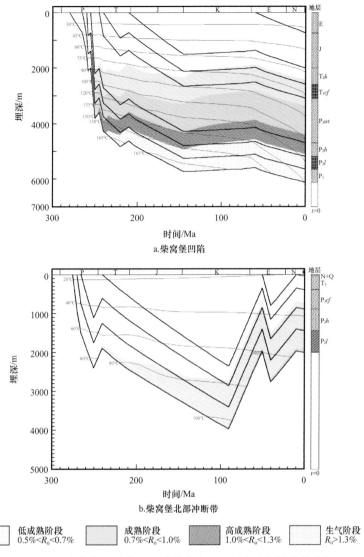

图 5-36　准噶尔盆地柴窝堡凹陷芦草沟组烃源岩生烃演化模式图

3. 三叠系

准噶尔盆地三叠系烃源岩镜质组反射率（R_o）主要分布在 0.5%～0.9% 范围内，个别大于 1%，平均值为 0.67%（表 5-7）。准东部地区 R_o 主要分布在 0.5%～0.9% 之间，主要处于低成熟—成熟阶段早期；准西北缘地区 R_o 主要分布在 0.5%～0.8% 之间，多处于低成熟阶段，部分处于成熟早期阶段；准中西南部地区 R_o 主要分布 0.5%～0.91% 之间，主要处于低成熟—成熟早期阶段；乌伦古地区烃源岩成熟度差异较大，成熟、低成熟、未成熟均有发育。65 个暗色泥岩样品热解 T_{max} 为 432～469℃，R_o 为 0.41%～0.95%，其中，坳陷深洼区的乌参 1 井和伦 8 井成熟度最高，T_{max} 为 445～469℃，R_o 为 0.8%～0.95%，C_{29} 甾烷 $20S/$（$20S+20R$）比值为 0.36～0.38，C_{29} 甾烷 $\beta\beta/$（$\beta\beta+\alpha\alpha$）比值为 0.4～0.43，为成熟烃源岩；其他井成熟度较乌参 1 井成熟度明显偏低，R_o 为 0.5%～0.6%，处于低成熟阶段；滴北斜坡区成熟度最低，滴北 1 井 R_o 小于 0.5%，为未成熟烃源岩。

表 5-7　准噶尔盆地乌伦古坳陷上三叠统白碱滩组烃源岩成熟度统计表

井号	R_O/%	T_{max}/℃	$C_{29}20S/（20S+20R）$	$C_{29}ββ/（ββ+αα）$	热演化阶段
滴北 1 井	0.41~0.47	435~441	0.14~0.28	0.22~0.27	未成熟
滴北 2 井	0.50~0.51	442~443	—	—	低成熟
乌参 1 井	0.80~0.95	444~469	0.36~0.38	0.40~0.43	成熟
伦 8 井	—	445~462	—	—	成熟
英 1 井	0.47~0.57	440~443	—	—	低成熟
英 2 井	0.46~0.61	432~442	—	—	低成熟

　　总体上，从盆地南部向北部上三叠统烃源岩成熟度逐渐降低，盆地南部深部位主要处于高成熟轻质油和湿气—过成熟干气阶段，中央坳陷中部—西北部—陆梁隆起南部主要处于成熟生油阶段，盆地西部、北部和东部靠近边缘部位主要处于未成熟—低成熟阶段，乌伦古坳陷主要处于低成熟—成熟早期阶段。乌伦古地区从三叠纪开始再次接受沉积，至白垩纪末以来，整体表现为连续沉积特征，虽然燕山期遭受一定程度的抬升剥蚀，但是地层剥蚀量不大，烃源岩生烃演化属于持续埋藏演化。晚白垩世末期该区发生大规模的抬升剥蚀，地层剥蚀厚度为 500~700m，烃源岩生烃演化模拟表明，从中—晚侏罗世进入生烃门限，白垩纪末期生烃停滞，主生烃期为中—晚侏罗世至早白垩世（图 5-37）。

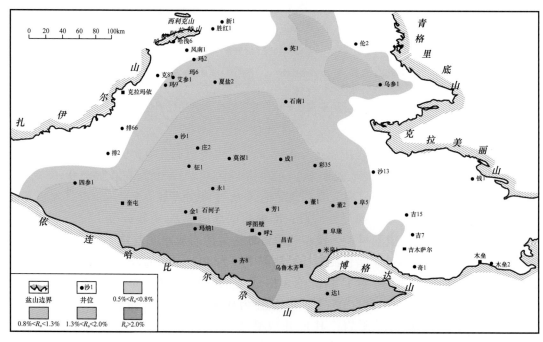

图 5-37　准噶尔盆地上三叠统烃源岩现今成熟度分布图

4. 侏罗系

侏罗系八道湾组烃源岩在盆地大部分地区已进入成熟演化阶段，从四棵树凹陷东南部到沙湾凹陷的西部由低成熟逐渐过渡为成熟阶段，沙湾凹陷中部地区甚至达到过成熟阶段，阜康凹陷成熟度最高，R_o 达到 2.2%，东道海子北凹陷和盆 1 井西凹陷处于主生油期（R_o 为 0.8%～1.3%），在玛湖凹陷西北部、准东地区处于未成熟—低成熟演化阶段，R_o 分布在 0.5%～0.8% 之间（图 5-38）。准东北缘乌伦古地区八道湾组烃源岩的 R_o 值一般小于 0.9%，在深洼陷区的伦参 1 井南和伦 5 井南存在两个烃源岩热演化程度较高的区域，R_o 达到 0.8% 左右，处于低成熟—成熟早期阶段，其余地区均小于 0.7%，甾烷异构化参数 $C_{29}\beta\beta/(\alpha\alpha+\beta\beta)$ 为 0.3～0.45，C_{29} 甾烷 $20S/(20S+20R)$ 为 0.25～0.40，显示出未成熟—低成熟特征，R_o 大于 0.8% 的有利烃源岩分布范围为 1060km²。

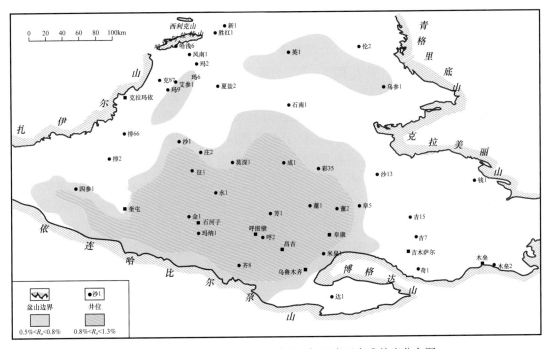

图 5-38 准噶尔盆地侏罗系八道湾组烃源岩现今成熟度分布图

侏罗系三工河组烃源岩在阜康凹陷热演化程度最高，R_o 达到 1.9%；东道海子北凹陷和盆 1 井西凹陷的烃源岩处在成熟阶段（R_o 为 0.7%～1.1%）；玛湖凹陷的烃源岩 R_o 在 0.5%～0.6% 之间，凹陷西南部达到成熟阶段；沙湾凹陷基本达到成熟阶段；四棵树凹陷 R_o 在 0.6%～0.8% 之间，其东南部达到成熟阶段；乌伦古坳陷和五彩湾凹陷的烃源岩则刚进入成熟生烃阶段，吉木萨尔凹陷的烃源岩处于未成熟—低成熟演化阶段。

侏罗系西山窑组烃源岩成熟度较高的区域主要分布在腹部和准南缘地区。阜康凹陷的烃源岩成熟度最高，R_o 达到 1.7%，沙湾凹陷的烃源岩达到成熟—高成熟阶段，东道海子北凹陷的烃源岩基本上处于成熟阶段，盆 1 井西凹陷的烃源岩处于低成熟阶段，R_o 为 0.6%～0.9%，四棵树凹陷的烃源岩 R_o 为 0.5%～0.8%，玛湖凹陷、乌伦古坳陷和准东地区的烃源岩成熟度相对偏低，乌伦古坳陷和五彩湾凹陷刚进入成熟阶段，吉木萨尔凹陷则处于未成熟阶段。

5. 白垩系

从白垩系烃源岩底界的热演化特征来看，在古近纪末期，烃源灶的分布相对局限，成熟油源灶主要在沙湾凹陷的东南侧、莫南凸起带的南侧及其东部地区，盆1井西凹陷及东部绝大部分地区处于低成熟油源灶的分布范围内。现今烃源灶的范围有所扩大，沙湾凹陷的南侧及东部的莫索湾凸起带的南侧处于成熟油源灶的范围，盆1井西凹陷和东道海子北凹陷的烃源岩处于低成熟阶段，R_0 为 0.6%～0.7%，局部地区进入高成熟阶段；四棵树凹陷的四参1井、卡6井和高泉1井的烃源岩 R_0 为 0.52%～0.73%，吐谷鲁背斜吐谷1井烃源岩 R_0 为 0.85%，达到了成熟阶段；乌伦古坳陷、玛湖凹陷和东部的五彩湾凹陷、吉木萨尔凹陷均未达到成熟阶段；高成熟油气源灶分布在靠近山前断褶带呈东西向展布的狭长区域，阜康凹陷和沙湾凹陷的成熟度最高，R_0 可达 1.4%。

6. 古近系

古近系安集海河组烃源岩 R_0 分布在 0.46%～1.33% 之间，平均值为 0.54%，反映主体处于低成熟—成熟热演化阶段。T_{max} 分布在 406～444℃ 之间，平均为 432℃，反映有机质已进入生油窗。烃源岩的成熟度分布与其埋藏深度密切相关，其顶部的烃源岩在整个盆地内均未达到成熟状态，而底部的烃源岩在四棵树凹陷南部和山前断褶带的西段达到了成熟状态，在其余地区处于未成熟阶段。南缘露头剖面安集海河组烃源岩 R_0 一般小于 0.5%，处于未成熟阶段，在凹陷中埋藏深度大，成熟度高于露头剖面，四参1井埋深 3100m 的样品 R_0 为 0.48%，高泉1井埋深 4300m 的样品 R_0 为 0.53%，岩石热解 T_{max} 为 433～440℃，处于未成熟—低成熟阶段；独深1井钻揭的推覆带上盘安集海河组烃源岩 R_0 为 0.83%，处于成熟阶段；霍尔果斯背斜霍10井、东湾背斜东湾1井和吐谷鲁背斜吐谷1等井钻遇的安集海河组烃源岩 R_0 在 0.53%～0.60% 之间，岩石热解 T_{max} 为 425～440℃，属低成熟演化阶段；玛纳斯背斜川玛1井 2020～2152m 井段 3 个样品的 R_0 为 0.68%～0.85%，平均值为 0.75%；呼图壁背斜呼002井 3636m 处两个样品的 R_0 为 0.73%。从目前钻井揭示的情况看，安集海河组烃源岩主要处于未成熟—成熟早期演化阶段。在四棵树凹陷东部—沙湾—阜康凹陷，该套烃源岩埋藏深度达 5000～6500m，进入低成熟—成熟生油阶段，如四棵树凹陷的西湖1井烃源岩在新近纪末才开始进入生烃门限，目前尚处于低成熟—成熟演化阶段。

第三节　油气源对比

准噶尔盆地发育多套烃源岩，空间上相互叠置，具有多层系含油、多性质油气共存的特点。来源于不同层系烃源岩的油气具有不同的地球化学特征，同时，烃源岩不同演化阶段生成的油气地球化学特征也具有一定的差异。另外，油气成藏后经历的一系列物理化学变化同样可以导致其地球化学特征的变化。系统开展原油与原油、原油与烃源岩对比，确定一个盆地中各个油藏是否来源于一个共同的母源，或是来自两个或几个不同时段的油源层系，对于评价烃源岩有效性、圈定可靠油源区、指导油气勘探具有重要意义。

国内石油工作者针对准噶尔盆地油气源对比开展了大量研究工作，取得了丰富的成果认识，有效指导了油气勘探。本节重点论述中国石化探区油气特征及来源。

一、车排子凸起原油特征及油源

车排子凸起位于西部隆起南部，主要发育石炭系、侏罗系、白垩系、古近系及新近系，各层系均取得重要发现。车排子凸起东邻沙湾凹陷，发育二叠系、侏罗系烃源岩，南接四棵树凹陷，发育侏罗系烃源岩。

1. 原油特征

车排子地区原油物性差异较大，原油密度为 $0.8142\sim0.988$g/cm^3，黏度在 $1.39\sim11188$mPa·s 之间，分为稀油、普通稠油和特稠油，胶质含量为 $1.21\%\sim35\%$，沥青质含量为 $1.0\%\sim1.85\%$，含硫量一般小于 2%，凝固点为 $-18\sim19$℃（表 5-8）。

表 5-8　准噶尔盆地车排子地区原油物性统计表

井号	层位	密度 / g/cm^3	黏度 / mPa·s	含蜡量 / %	含水量 / %	胶质含量 / %	凝固点 / ℃	含硫量 / %	初馏点 / ℃
排 6 井—平 21 井	$N_1s_1^1$	0.9662	4829	1.62	31	34.48	5	0.26	218
排 609 井	K	0.9802	3719	—	43.2	—	10	0.42	226
排 602 井	K	0.9717	11188	—	18.66	1.21	10	—	181.4
排 621 井	K	0.9732	8518	1.13	46	35.78	4	0.2	240
排 60C 井	C	0.9389	3079	1.04	44.44	—	12	—	210
春 2 井	$N_1s_1^1$	0.9087	20.14	5.17	微量	19.07	-18	—	120
排 2 井	N_1s_2	0.8009	1.39	7.12	—	6.95	2	0.16	59
春 32 井	$N_1s_1^1$	0.8166	3.1	26.85	微量	4.59	10	0.12	5.29
苏 1-2 井	$N_1s_1^1$	0.8274	3.9	4.05	—	1.91	18	0.21	105
苏 13 井	C	0.8255	4.08	—	—	—	19	—	66

根据原油物性及降解程度，车排子地区的原油可分为三类：第一类原油主要分布在车排子地区北部的春风油田，生物降解严重，为重质原油和特稠油，且具有从东北向西南方向油质逐渐变稠的特征；第二类原油主要分布在春风油田南部及春光油田东部，生物降解程度严重或中等，以中质原油为主；第三类原油主要分布在春光油田南部、西部，为轻质油，原油黏度仅为 $2\sim9$mPa·s，基本无生物降解或轻微生物降解（表 5-9）。

表 5-9　准噶尔盆地车排子地区不同类型原油对比表

项目	第一类原油	第二类原油	第三类原油
密度 / (g/cm³)	>0.95	0.85～0.95	0.8～0.9
黏度 / (mPa·s)	244～5879	3～3593	2～9
降解程度	生物严重降解	生物严重降解或中等降解	基本无降解或轻微降解
分布地区	车排子北部春风油田	春风油田南部及春光油田东部	春光油田南部西部

2. 原油成因类型及油源对比

车排子地区原油南北部存在明显差异。首先，碳同位素值分布整体具有"北轻南重"的特点：北部的春风油田稠油具有较轻的碳同位素值，全油碳同位素值（$\delta^{13}C$）主要分布在 –31‰～–30‰之间，且呈自南向北由重变轻的特征；南部的春光油田和四棵树凹陷原油具有较重的碳同位素值，全油碳同位素值（$\delta^{13}C$）主要分布在 –28.8‰～–26.6‰之间，且具有自东向西逐渐变重的特点，春光油田原油的碳同位素偏轻，四棵树凹陷原油的碳同位素值偏重。其次，北部原油正构烷烃不完整或缺失为后峰型或双峰型分布，遭受较强的生物降解（图 5-39）。南部的原油主要为轻质油，主要分布在新近系沙湾组，未遭受生物降解或生物降解微弱，正构烷烃分布完整，奇偶优势不明显，CPI平均值为 1.15，OEP 值平均为 1.05，Pr/Ph 平均为 2.25，$\beta-$ 胡萝卜烷很低或几乎不含（图 5-39）；三环二萜烷相对含量较低，$C_{29}-$ 降霍烷含量较高，C_{20}，C_{21}，C_{23} 三环二萜烷呈下降型分布，伽马蜡烷指数为 0.17～0.19；孕甾烷、升孕甾烷相对含量较低，C_{27}、C_{28}、C_{29} 规则甾烷呈"V"形和反"L"形分布，C_{29} 甾烷 $20S/$（$20S+20R$）、C_{29} 甾烷 $\beta\beta/$（$\alpha\alpha+\beta\beta$）分别为 0.42、0.44。

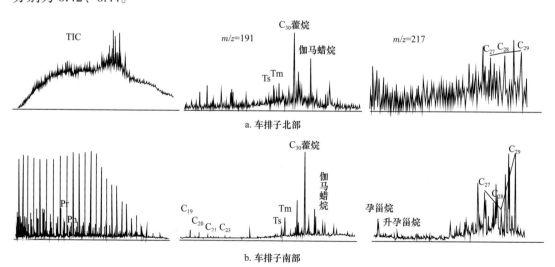

图 5-39　准噶尔盆地车排子地区原油生物标志物谱图

在车排子地区，侏罗系湖沼相高等植物烃源岩 C_{24} 四环萜烷（$C_{24}Tet$）含量较高，$C_{24}Tet/C_{26}TT$ 比值为 1.66～3.42，$\delta^{13}C_{氯仿沥青 "A"}$ 为 –27.9‰～–26.3‰。二叠系湖相低等

水生生物烃源岩的 C_{26} 三环二萜烷（C_{26}TT）含量较高，C_{24}Tet/C_{26}TT 比值为 0.2～0.81，$\delta^{13}C_{氯仿沥青\text{"}A\text{"}}$ 为 -32.6‰～-30.0‰。因此，利用 C_{24}Tet/C_{26}TT 比值和碳同位素值可以很好地区分侏罗系煤系烃源岩和二叠系湖相烃源岩生成的油气。

C_{24}Tet/C_{26}TT 与碳同位素交会图（图 5-40）表明，车排子北部第一类原油生物标志物特征与二叠系烃源岩特征相似，该类原油主要来源于沙湾凹陷二叠系烃源岩；车排子南部第二类原油生物标志物参数与侏罗系烃源岩特征相似。部分样品 C_{24}Tet/C_{26}TT 和碳同位素值介于侏罗系与二叠系烃源岩参数之间，表明原油为侏罗系和二叠系烃源岩生成油气形成的混源油。

在车排子地区，来自侏罗系烃源岩的原油往往具有较高含量的 C_{27} 重排甾烷，RC_{29}/RC_{27} 为 0.04～0.18，而来自二叠系烃源岩的原油具有较高含量的 C_{29} 重排甾烷特征，RC_{29}/RC_{27} 为 1.01～1.20。利用 RC_{27}/RC_{29} 和原油碳同位素值能够较好地区分来自侏罗系与二叠系烃源岩的油气。根据重排甾烷参数 RC_{27}/RC_{29} 比值与原油碳同位素值交会图（图 5-41）可将稀油分为两个亚类：第一亚类原油与侏罗系烃源岩特征相似，应为侏罗系烃源岩的贡献；第二亚类原油为二叠系烃源岩与侏罗系烃源岩生成原油的混合产物。结合原油空间分布特征认为，第一亚类原油来自四棵树凹陷侏罗系烃源岩，第二亚类原油来自四棵树凹陷侏罗系烃源岩与沙湾凹陷二叠系烃源岩。

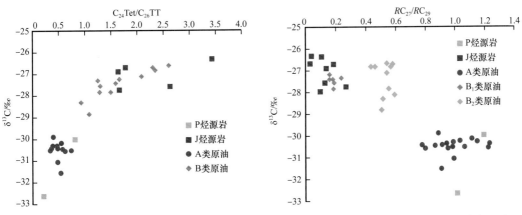

图 5-40　准噶尔盆地车排子地区烃源岩与原油　　　图 5-41　准噶尔盆地车排子地区烃源岩与原油
　　　　C_{24}Tet/C_{26}TT—碳同位素关系图　　　　　　　　　RC_{27}/RC_{29}—碳同位素散点图

车排子地区中生界发现原油具有不同的正构烷烃单体烃碳同位素特征。其中，在车排子西翼苏 3 井（K）、春 29 井（J）的原油表现为侏罗系湖相泥岩的单体烃同位素特征，与煤系烃源岩同位素特征存在明显差异。车排子中段排 602 井（K_1h）原油表现为整体碳同位素值中等，为 -32‰～-26‰，低碳数烷烃碳同位素值逐渐变重，高碳数烷烃碳同位素值变轻的"三段式"特点，表现为二叠系烃源岩与侏罗系湖相烃源岩的混合特征（图 5-42）。

根据原油物性、生物标志物和碳同位素值特征，车排子地区的原油可划分为侏罗系来源、二叠系来源与侏罗系和二叠系混源 3 种类型。不同类型油气的空间分布规律不同：车排子东翼北部原油为严重降解的成熟原油，混源特征不明显，碳同位素值较轻，以排 1、排 67 等井为代表，主要为沙湾凹陷二叠系烃源岩的贡献区；东翼向南原油降解

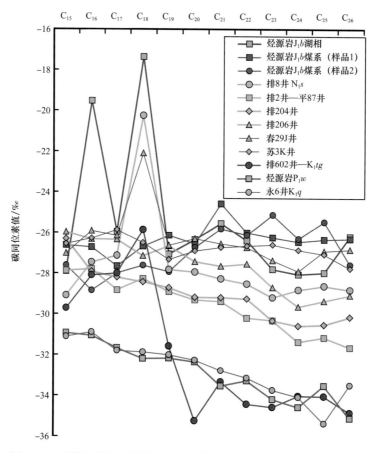

图 5-42 准噶尔盆地车排子地区烃源岩与原油单体烃碳同位素分布图

程度中等，碳同位素值中等，成熟原油，存在二次充注，以排 204、春 2-200 等井为代表，为二叠系与侏罗系烃源岩生成原油的混合贡献区；西翼以及四棵树凹陷原油为无降解或微弱降解的低成熟原油，碳同位素值较重，以春 29、苏 3、卡 6 等井为代表，为四棵树凹陷侏罗系烃源岩的供烃范围。

二、哈特阿拉特山构造带原油特征及油源

哈特阿拉特山构造带属于准噶尔盆地西部隆起北部乌夏冲断—推覆带的一部分，目前在石炭系、二叠系、三叠系、侏罗系、白垩系均已获得油气发现。哈特阿拉特山为一个大型逆冲推覆构造，向南叠置或与玛湖凹陷断层接触，玛湖凹陷发育下二叠统佳木河组、风城组及中二叠统下乌尔禾组烃源岩。

1. 原油特征

根据原油的密度、黏度特征，哈特阿拉特山地区的原油可划分为中质油、普通稠油、超稠油和特稠油（表 5-10）。侏罗系、白垩系油层埋深一般为 100～600m，以特稠油、超稠油为主。原油物性具有"三高两低"的特点，即高密度、高黏度、高凝固点、低含蜡量、低含硫量。推覆—冲断带二叠系、石炭系的油层埋深一般为 500～3500m，原油品质相对较好，主要为普通稠油和中质原油，属低含硫、低凝固

点原油。原油族组分具有"两低两高"的特点，即低饱和烃、芳香烃，高非烃和沥青质。原油（油砂）碳同位素分析，富集轻碳同位素（$\delta^{13}C$）。饱和烃 $\delta^{13}C$ 为 $-28.1‰\sim$ $-32.3‰$，平均为 $-30.28‰$；芳香烃 $\delta^{13}C$ 为 $-28.1‰\sim-31.0‰$，平均为 $-29.25‰$；非烃 $\delta^{13}C$ 为 $-27.4‰\sim-30.4‰$，平均为 $-28.94‰$；沥青质 $\delta^{13}C$ 为 $-27.4‰\sim-29.8‰$，平均为 $-28.65‰$，反映出腐泥型母源特征。

表 5-10　准噶尔盆地准西北缘哈特阿拉特山地区原油物性统计表

井号	层位	井段 /m	密度（20℃）/ g/cm³	黏度 / mPa·s	原油性质
哈浅 1 井	J_1b	438～445	0.9808	10150（80℃）	超稠油
哈浅 2 井	J_1b	335.5～355.9	0.9915	10606（80℃）	超稠油
哈浅 4 井	J_1b	547～562	0.9836	5639（80℃）	超稠油
哈浅 4 井	J_1b	547～562	0.9776	6879（80℃）	超稠油
哈浅 5 井	J_1b	578～595	0.9883	13617（80℃）	超稠油
哈浅 1-1 井	J_1b	290～303	0.9776	5688（80℃）	超稠油
哈浅 101 井	T	225.9～235.3	1.0062	7048（80℃）	超稠油
哈浅 20 井	J_2x	511～526	0.9741	3919（80℃）	超稠油
哈浅 22 井	J_2x	646～661	0.9555	5672（50℃）	超稠油
哈浅 101 井	T	225.9～235.3	1.0062	7048（80℃）	超稠油
哈浅 6 井	C	808～814	0.9828	17036（80℃）	超稠油
哈特阿拉特山 1 井	P_1j	2457～2463	0.9285	696（50℃）	普通稠油
哈深斜 1 井	P_1j	4164～4168	0.9236	379（50℃）	普通稠油
哈特阿拉特山 1 井	P_1f	2077～2205	0.8972	58.7（80℃）	中质油
哈深 2 井	P_1j	2342～2344	0.9084	102.5（50℃）	中质油
哈浅 6 井	P_1f	2084～2391	0.9070	314（50℃）	中质油

哈深 2 井在佳木河组 2342～2372m 井段试油获得工业油气流，其中，天然气组分中 C_1 含量为 90.33%～91.72%，C_2 为 2.03%～2.13%，C_3 为 0.29%～0.41%，C_4 为 1.62%～1.64%，C_{5+} 为 0.01%～0.09%，干燥系数为 95.6%～95.7%，属高成熟干气。

2. 原油成因类型及油源对比

根据哈特阿拉特山地区已发现原油（油砂）的生物标志物、碳同位素特征等，划分出 3 种成因类型的原油（表 5-11、图 5-43）。

表 5-11　准噶尔盆地哈特阿拉特山地区不同类型原油对比表

项目	第一类原油	第二类原油	第三类原油
密度 /（g/cm³）	0.9776～1.0062	0.8972～0.9285	0.9555～0.9741
黏度 /（mPa·s）	5639～17036	58.7～696	3919～5672
降解程度	严重生物降解	弱（未）生物降解	严重生物降解
主要分布地区	西部浅层 K、J_1b、T、C	中深层 P_1f、P_1j	中东部 J_2x

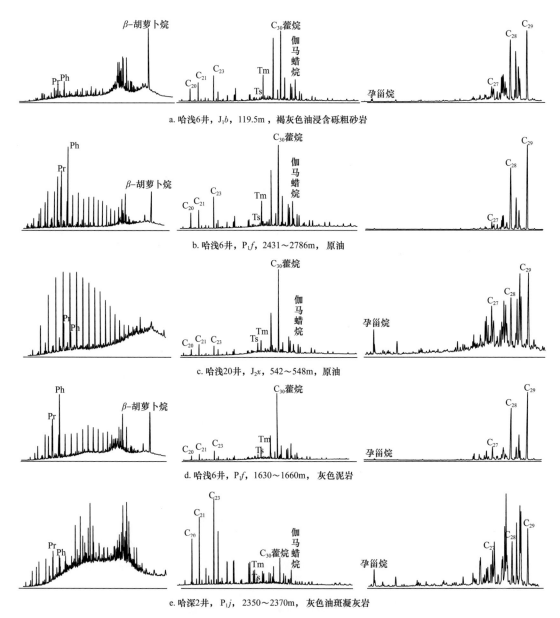

a. 哈浅6井，J_1b，119.5m，褐灰色油浸含砾粗砂岩

b. 哈浅6井，P_1f，2431～2786m，原油

c. 哈浅20井，J_2x，542～548m，原油

d. 哈浅6井，P_1f，1630～1660m，灰色泥岩

e. 哈深2井，P_1j，2350～2370m，灰色油斑凝灰岩

图 5-43　准噶尔盆地哈特阿拉特山地区原油与烃源岩生物标志物谱图

第一类原油以哈浅 6 井八道湾组褐灰色油浸含砾粗砂岩为代表，主要分布在浅层超剥带的三叠系、侏罗系和白垩系。该类原油正构烷烃碳数分布极不完整或缺失，饱和烃气相色谱图基线发生明显飘移，具生物降解现象，Pr/Ph 为 0.20～1.14，平均为 0.68，富含 β- 胡萝卜烷，部分样品受生物降解作用严重，β- 胡萝卜烷含量明显降低或缺失。甾烷组成以规则甾烷为主，$\alpha\alpha\alpha$-20RC_{27}—C_{28}—C_{29} 甾烷相对含量 $C_{27} \ll C_{28} < C_{29}$，呈上升型分布，$C_{29}$ 甾烷 20S/（20S+20R）为 0.30～0.56，平均为 0.40，C_{29} 甾烷 $\beta\beta$/（$\beta\beta+\alpha\alpha$）为 0.34～0.53，平均为 0.41，为低成熟—成熟原油。萜烷是抗生物降解能力较强的一类生物标志物，尤以三环二萜烷和伽马蜡烷抗生物降解能力最强。该区原油中富含 25- 降藿烷系列化合物，三环二萜烷系列保存相对较好，三环二萜烷 /17α- 藿烷为 0.24～3.47，平均为 0.90，C_{20}、C_{21} 和 C_{23} 三环二萜烷呈上升型分布；伽马蜡烷含量较高，伽马蜡烷 /C_{30} 藿烷为 0.25～1.76，平均为 0.80。Ts 相对于 Tm 丰度较低，Ts/Tm 为 0.04～0.45，平均为 0.12，C_{24} 断藿烷含量较高。此外，芳香烃中三芴系列相对含量可以很好地指示沉积环境的氧化还原性，该类原油硫芴 / 氧芴为 2.01～2.13。上述地球化学特征反映了该类原油母源为还原、半咸水—咸水沉积环境特征。

第二类原油以哈浅 6 井风城组、哈浅 101 井石炭系原油为代表，主要分布在逆冲推覆带中深部（图 5-43）。该类原油碳同位素（$\delta^{13}C$）为 –29.86‰～–31.22‰，平均为 –30.49‰，反映出腐泥型有机质母源特征。其地球化学特征与第一类原油相似，主要差异有两点：一是原油轻微（未）遭受生物降解，二是原油成熟度较低。该类原油饱和烃气相色谱基线平直，未发生明显的生物降解作用，正构烷烃序列组成完整，具有异常高丰度的姥鲛烷和植烷，其丰度分别高于相邻的 n-C_{17} 和 n-C_{18}，且植烷优势明显，Pr/Ph 为 0.30～0.64，β- 胡萝卜烷含量异常高。C_{29} 甾烷 20S/（20S+20R）为 0.19～0.28，平均为 0.23，C_{29} 甾烷 $\beta\beta$/（$\beta\beta+\alpha\alpha$）为 0.17～0.27，平均为 0.20，属未成熟—低成熟油。芳香烃中硫芴含量较高，硫芴 / 氧芴为 1.05。反映原油为还原—半咸水沉积环境母质未成熟—低成熟演化阶段的产物。

第三类原油以哈浅 20 井西山窑组原油为代表，主要分布在哈浅 20 井区超剥带西山窑组（图 5-43）。该类原油碳同位素（$\delta^{13}C$）值为 –28.97‰，相对前两类原油碳同位素明显偏重，且饱和烃、芳香烃、非烃和沥青质族组分碳同位素（$\delta^{13}C$）发生反转，呈 "N" 形分布，推测可能与原油发生混源作用有关。饱和烃气相色谱基线发生明显漂移，但正构烷烃碳数分布基本完整，呈前单峰型，表现为姥鲛烷优势，且 β- 胡萝卜烷含量甚低，指示母源处于弱还原—氧化性原始沉积环境。C_{29} 甾烷 20S/（20S+20R）为 0.37，C_{29} 甾烷 $\beta\beta$/（$\beta\beta+\alpha\alpha$）为 0.51，原油成熟度相对较高。萜烷分布特征与第一类原油存在明显差异，C_{20}、C_{21} 和 C_{23} 三环二萜烷呈山峰型分布，Ts 含量较高，Ts/Tm 为 0.75，伽马蜡烷含量相对较低，伽马蜡烷 /C_{30} 藿烷为 0.12，C_{24} 断藿烷含量较低。规则甾烷相对含量 C_{27} 甾烷 < C_{28} 甾烷 < C_{29} 甾烷。上述地球化学指标表明，该原油为两期油气充注的混源，且以第二期为主，主要来源于弱氧化—弱还原、微咸水—淡水沉积环境生烃母质。

研究认为，第一类原油为风城组烃源岩生成的成熟—高成熟油，第二类原油为风城组烃源岩生成的低成熟油，第三类原油主要来源于玛湖凹陷风城组烃源岩，混有部分下乌尔禾组烃源岩生成的原油。

三、盆地腹部原油特征及油源

盆地腹部处于中央坳陷东南部，位于陆梁隆起与准南断褶带之间的沙窝地、莫西庄、征沙村、永进到东道海子、白家海一带的广大区域，包括盆1井、沙湾、阜康及东道海子等凹陷及莫索湾、莫北、莫南等凸起区，主要发育了中—下二叠统、上三叠统及侏罗系烃源岩。目前，腹部地区已在侏罗系各层组、白垩系清水河组获得了油气发现，三叠系及中—上二叠统见到油气显示。

1. 原油特征

沙窝地—永进地区原油表现为低黏度、中低凝、低硫、低蜡、轻质原油特征（表5-12）。在莫西庄—沙窝地地区三工河组二段为主要的含油层系，20℃原油密度为0.761~0.899g/cm³，平均0.853g/cm³；黏度为0.85~226.89mPa·s，平均为12.063mPa·s；含蜡量为0.04%~32.22%，平均为10.147%；含硫量为0.01%~2%，平均为0.129%；凝固点为−28~20℃，平均为7.66℃；原油初馏点为40~160℃，平均为82.338℃。在征沙村—永进地区西山窑组为主要的含油层系，原油物性与莫西庄—沙窝地地区三工河组原油特征相似，密度为0.81~0.88g/cm³，平均0.85g/cm³；黏度为1.35~28.66mPa·s，平均为10.75mPa·s；含蜡量为1.2%~11%，平均为7.45%；含硫量为0.01%~0.23%，平均为0.08%；凝固点为0~20℃，平均为4.25℃。原油族组成饱和烃含量高，为65.23%~83.82%，芳香烃含量为7.67%~17.89%，非烃和沥青质含量低，为7.27%~16.45%，反映成熟原油特征。

东道海子—白家海凸起原油密度为0.7873~0.8635g/cm³，平均为0.8277g/cm³；黏度为1.09~11.24mPa·s，平均为4.422mPa·s；含蜡量为2.79%~28.02%，平均为9.808%；含硫量为0.01%~0.13%，平均为0.0525%；凝固点为−6~28℃，平均为15.3℃，属低密度、低黏度、低凝固点、低硫、含蜡—高蜡原油（图5-44）。

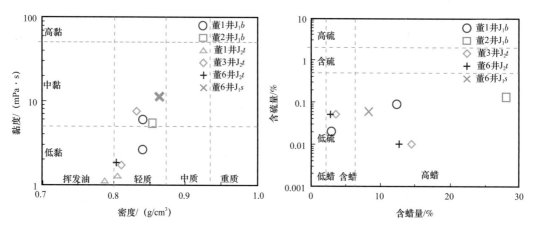

图5-44 准噶尔盆地腹部东道海子北—白家海地区原油物性散点图

2. 原油成因类型及油源对比

1）沙窝地—莫西庄三工河组原油

沙窝地—莫西庄地区J_1s_2原油碳同位素值较轻。全油碳同位素（$\delta^{13}C$）值为−30.5‰~−29.5‰，饱和烃碳同位素（$\delta^{13}C$）值相对轻（−31.7‰~−30.1‰），非烃碳同位素（$\delta^{13}C$）值相对较重（图5-45）。

表 5-12 准噶尔盆地腹部沙窝地—永进地区原油物性统计表

地区	井号	层位	密度（20℃）/ g/cm³	黏度（50℃）/ mPa·s	凝固点 / ℃	含硫量 / mg/L	含水量 / %	含蜡量 / %	初馏点 / ℃
莫西庄	庄 1 井	$J_1s_2^2$	0.8329	5.568	16	—	0.8	12.62	65
	庄 3 井	$J_1s_2^2$	0.8556	10.4	17.2	<0.07	38.07	9.46	86.5
	庄 5 井	$J_1s_2^2$	0.859	10.09	12	0.2	54.1	12.95	115
	庄 101 井	$J_1s_2^2$	0.8886	38	11	0.18	45.96	5.94	90
	庄 102 井	$J_1s_2^2$	0.8559	10.8	15.5	0.25	59.45	10.27	80
	庄 103 井	$J_1s_2^2$	0.8717	19.8	12.2	49.7	—	6.44	76.2
	庄 104H 井	$J_1s_2^2$	0.8943	42.75	2	7.03	0..06	6.44	80
	庄 105 井	$J_1s_2^2$	0.8351	3.86	—	0.06	39.5	—	90
	庄 106 井	$J_1s_2^2$	0.8913	40.44	−7	0.1	9.79	20.46	85
	庄 108 井	$J_1s_2^2$	0.8983	53.15	−10	15.61	0.16	7.74	100
	庄 5 井	$J_1s_2^1$	0.8651	10.58	4	0.13	37.34	11.04	81
	庄 101 井	$J_1s_2^1$	0.7941	1.78	−28	0.06	2.81	1.84	92.6
	庄 106 井	$J_1s_2^1$	0.8349	3.87	12	0.1	1.42	8.22	86
	庄 107 井	$J_1s_2^1$	0.7768	0.8502	−8	0.1	0.05	3.52	75
	庄 1 井	J_1s_2	0.8324	3.118	15	—	18.7	13.22	76
沙窝地	沙 1 井	$J_1s_2^2$	0.8962	53	−1	3.62	0.017	32.22	63.5
	沙 1 井	$J_1s_2^1$	0.8736	18.1	4.4	10.61	0.2	0.04	116.7
	沙 2 井	$J_1s_2^1$	0.8563	6.48	15	13.35	—	3	79
	沙 4 井	$J_1s_2^1$	0.8991	226.89	2	24.53	0.06	4.8	128.9
征沙村	征 1 井	J_2x	0.8648	16.6	12.2	—	0.4	8.12	70.7
	征 1 井	$J_1s_2^1$	0.8557	12.2	14.5	—	0.98	8.4	51.8
	征 3 井	$J_1s_2^1$	0.833	4.45	20	0.06	12.9	8.2	64
	征 101 井	J_1b_1	0.8482	7.35	16	8.23	0.03	4.16	99
永进	永 1 井	J_2x	0.8822	28.66	9	0.12	24.9	10.31	85
	永 1 井	$J_1s_2^2$	0.8463	4.42	20	0.11	6.47	11.11	130

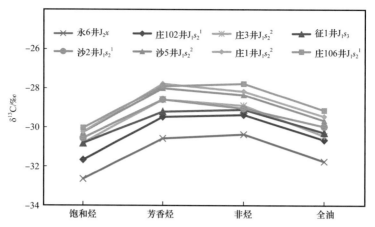

图 5-45　准噶尔盆地腹部沙窝地—永进地区侏罗系原油碳同位素值折线图

原油饱和烃气相色谱烷烃分布完整，主要分布在 $n\text{-}C_{17}$—$n\text{-}C_{23}$ 之间，呈单峰型分布，OEP 值为 0.94～1.14，CPI 值为 0.93～1.17，无明显的奇偶优势，（$n\text{-}C_{21}+n\text{-}C_{22}$）/（$n\text{-}C_{28}+n\text{-}C_{29}$）为 2.04～4.24，$n\text{-}C_{21-}/n\text{-}C_{22+}$ 为 0.39～2.25，以低等水生生物来源的低碳数正构烷烃为主，以高等植物输入为特征的重烃含量较低。类异戊间二烯烷烃具有弱的姥鲛烷优势，Pr/Ph 一般为 1.18～1.79，$Pr/n\text{-}C_{17}$ 为 0.26～0.64，$Ph/n\text{-}C_{18}$ 为 0.15～0.36，β- 胡萝卜烷含量较高，表明其母源形成于弱氧化—弱还原环境。甾烷分布中，孕甾烷和升孕甾烷含量较高，重排甾烷含量较低，C_{29} 甾烷相对含量为 9.4%～34.07%，C_{28} 甾烷含量为 7.16%～59.2%，C_{27} 甾烷含量为 8.9%～14.8%，C_{29} 甾烷具有明显的优势，规则甾烷呈上升型分布。萜类化合物以五环三萜类和三环二萜类化合物含量最为丰富，三环二萜烷以山峰型分布为主，部分为上升型，含有一定量的伽马蜡烷，反映了母源为菌藻类生源、咸化水体沉积环境特征（图 5-46）。

沙窝地—莫西庄三工河组原油来源复杂，根据原油三环二萜烷分布、孕甾烷、β- 胡萝卜烷和伽马蜡烷含量可将其划分为三类。第一类为风城组烃源岩生成的原油，如庄 3、庄 101 井三工河组油砂，典型特征是富含 β- 胡萝卜烷，伽马蜡烷指数较高，植烷优势，三环二萜烷 C_{20}、C_{21} 和 C_{23} 呈上升型分布，Tm 含量占优势，低含量 C_{21}—C_{22} 孕甾烷；第二类为下乌尔禾组烃源岩生成的原油，如征 1 井三工河组油砂，典型特征是 β- 胡萝卜烷和伽马蜡烷含量较低，高 C_{21}—C_{22} 孕甾烷，三环二萜烷 C_{20}、C_{21} 和 C_{23} 呈山峰型分布；第三类为风城组和下乌尔禾组烃源岩生成的混源油，如沙 1 井三工河组油砂，其地球化学特征介于上述两类原油之间。

2）永进地区西山窑组原油

永进地区 J_2x 原油碳同位素值较轻，全油 $\delta^{13}C$ 值为 –31.8‰～–30.3‰（图 5-46）。原油饱和烃气相色谱特征与沙窝地—莫西庄地区原油相似，具有姥鲛烷优势，Pr/Ph 为 1.5 左右，含有较丰富的 β- 胡萝卜烷；具有高含量的 C_{21} 孕甾烷和 C_{22} 升孕甾烷，C_{29} 规则甾烷具有明显的优势；三环二萜烷和伽马蜡烷含量较高，C_{20}、C_{21} 和 C_{23} 三环二萜烷分布以山峰型为主，存在 25- 降霍烷，表明原油遭受过较严重的生物降解。永进地区西山窑组原油主要来源于下乌尔禾组烃源岩，混有部分侏罗系烃源岩生成的油气。

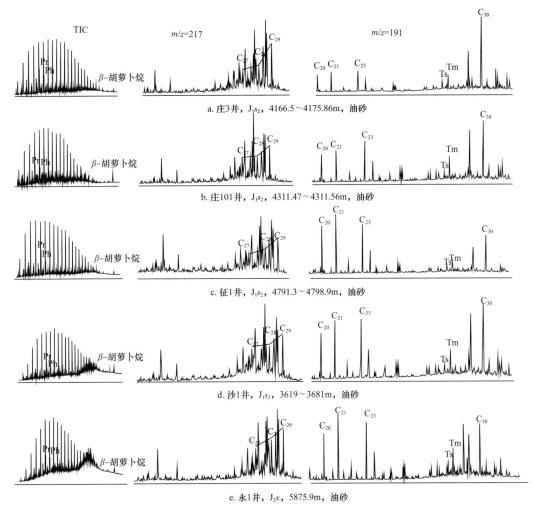

a. 庄3井，J₁s₂，4166.5～4175.86m，油砂

b. 庄101井，J₁s₂，4311.47～4311.56m，油砂

c. 征1井，J₁s₂，4791.3～4798.9m，油砂

d. 沙1井，J₁s₂，3619～3681m，油砂

e. 永1井，J₂x，5875.9m，油砂

图 5-46　准噶尔盆地腹部沙窝地—永进地区原油生物标志物谱图

3）白家海凸起南部头屯河组和清水河组原油

白家海凸起南部主要含油层系为侏罗系头屯河组、三工河组和白垩系吐谷鲁群清水河组。头屯河组和三工河组原油的全油 $\delta^{13}C$ 值主要分布在 –27.7‰～–26.3‰ 之间，清水河组原油碳同位素值相对较轻。

头屯河组原油和含油砂岩抽提物生物标志物特征为：三环二萜烷含量较低，在三环二萜烷分布段，C_{19} 三环二萜烷、C_{20} 三环二萜烷和 C_{24} 四环萜烷相对含量较高；Ts 相对 Tm 的含量很低，Ts/Tm 仅为 0.17，与其成熟度并不匹配，表明其母源环境对其具有一定的控制作用；伽马蜡烷含量非常低，伽马蜡烷 /C_{30} 藿烷为 0.05；规则甾烷以 $\alpha\alpha\alpha$-20RC_{29} 占绝对优势，$\alpha\alpha\alpha$-20RC_{27}、$\alpha\alpha\alpha$-20RC_{28}、$\alpha\alpha\alpha$-20RC_{29} 呈反 "L" 形分布；重排甾烷不发育，$C_{29}\beta\beta$/C_{29}（$\beta\beta+\alpha\alpha$）甾烷为 0.50～0.66，C_{29} 甾烷 20S/C_{29} 甾烷（20S+20R）为 0.44 左右，基菲指数（MPI1）为 0.42～0.84，对应原油成熟度 R_o 为 0.75%～0.9%，表明为成熟原油；饱和烃气相色谱呈单峰型分布，未检测到 β- 胡萝卜烷，具有姥鲛烷优势，Pr/Ph 大于 2.0，反映了弱氧化—偏酸性成烃环境，为煤系烃源岩典型特征。油源分析，头屯河组原油来自侏罗系烃源岩（图 5-47）。

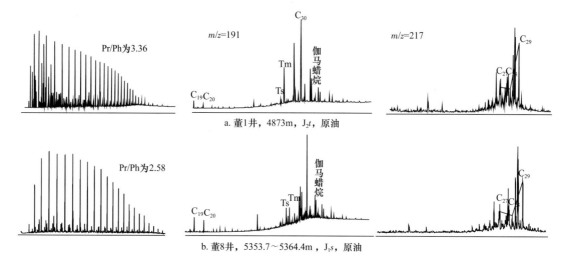

图 5-47　准噶尔盆地腹部白家海凸起南部原油生物标志物谱图

准噶尔盆地腹部发育下二叠统风城组、中二叠统下乌尔禾组和中—下侏罗统 3 套有效烃源岩，存在 4 种类型的原油（表 5-13）。

表 5-13　准噶尔盆地腹部不同类型原油对比表

项目	第一类原油	第二类原油	第三类原油	第四类原油
典型生物标志物特征	Pr/Ph 小于 1.0，富含 β- 胡萝卜烷，伽马蜡烷含量高，三环二萜烷 C_{20}、C_{21}、C_{23} 上升型分布，轻碳同位素	Pr/Ph 为 1.0~2.0，β- 胡萝卜烷含量低，伽马蜡烷含量较低，三环二萜烷 C_{20}、C_{21}、C_{23} 山峰型分布，轻碳同位素	Pr/Ph 为 1.5 左右，β- 胡萝卜烷含量低，伽马蜡烷含量中等，C_{19} 三环二萜烷含量较高，碳同位素中等	Pr/Ph 大于 2.0，β- 胡萝卜烷含量极低，伽马蜡烷含量低，C_{19} 三环二萜烷含量高，规则甾烷呈反 "L" 形或 "V" 形分布，重碳同位素
烃源岩	P_1f	P_2w	P_2w、J_{1-2}	J_{1-2}
分布地区	沙窝地、莫西庄	沙窝地、莫西庄	永进	白家海凸起南部

第一类原油来源于下二叠统风城组烃源岩，其生物标志物特征为：Pr/Ph 一般小于 0.8，β- 胡萝卜烷含量高；规则甾烷中 C_{27} 含量很低，C_{28}、C_{29} 含量高；三环二萜烷 C_{20}、C_{21} 和 C_{23} 以上升型分布为主，伽马蜡烷含量高，样品成熟度较低时缺乏 Ts，成熟度较高时存在 Ts。全油碳同位素偏轻，$\delta^{13}C$ 分布范围为 $-31.95‰$~$-28.72‰$，平均值为 $-30.00‰$，一般小于 $-30‰$。第二类原油来源于中二叠统下乌尔禾组烃源岩，其地球化学特征为：Pr/Ph 一般大于 1，β- 胡萝卜烷含量较低；规则甾烷中 C_{29} 含量较高，从 C_{29}、C_{28}、C_{27} 相对含量依次降低；三环二萜烷 C_{20}、C_{21} 和 C_{23} 以山峰型为主，部分呈 "V" 形或上升型分布，伽马蜡烷含量较高，伽马蜡烷 /C_{30} 霍烷为 0.1~0.5，Ts 含量较低。全油碳同位素值小于 $-27‰$，较风城组烃源岩生成原油偏重。第三类原油为来源于中二叠统下乌尔禾组和中—下侏罗统烃源岩的混源油，该类型的地球化学特征为：Pr/Ph 一般在 1.5 左右；规则甾烷中 C_{29} 相对含量占优，C_{29}、C_{28}、C_{27} 呈反 "L" 形或 "V" 形分布；萜烷分布中，三环二萜烷 C_{20}、C_{21} 和 C_{23} 特征不明显，C_{19} 三环二萜烷含量较二叠系烃源岩

高，伽马蜡烷含量中等。全油碳同位素中等，介于二叠系和侏罗系烃源岩之间。第四类原油为来源于中—下侏罗统煤系烃源岩的原油，其生物标志物特征为：Pr/Ph 大于 2.0，不含或微含 β- 胡萝卜烷；规则甾烷 C_{29}、C_{28}、C_{27} 呈反"L"形或"V"形分布，C_{29} 甾烷含量占明显优势，且重排甾烷含量较高，以 C_{29} 重排甾烷为主；贫三环二萜烷、四环萜烷背景下富含 C_{19}、C_{20} 三环二萜烷和和 C_{24} 四环萜烷，不含或微含伽马蜡烷，贫 Ts 而富 Tm。全油碳同位素偏重，一般大于 −27‰。

四、博格达山周缘原油特征及油源

博格达山周缘发育多个凹陷及凸起，主要发育二叠系芦草沟组烃源岩，已获得了众多的油气发现，其中木垒凹陷、柴窝堡凹陷主要在二叠系获得了油气发现。

1. 原油特征

木垒凹陷木参 1、木垒 1 等井原油，具有"三高一低"的特点，高密度（0.889~0.946g/cm³）、高凝固点（31℃）、高非烃和沥青质含量（30.35%）、低含硫量（基本不含硫），原油黏度变化较大（84.6~1773mPa·s），属于中质—重质稠油。柴窝堡凹陷达 1 井芦草沟组原油具"一高五低"的特点，即高饱和烃和芳香烃含量（84.58%）、低密度（0.8061~0.8088g/cm³）、低黏度（2.46~2.73mPa·s）、低含硫量、低凝固点（3~16℃）、低非烃和沥青质含量（2.12%），属轻质原油（表 5-14）。

表 5-14　博格达山周缘二叠系原油物性统计表

井名	层位	密度（20℃）/ g/cm³	黏度（50℃）/ mPa·s	含蜡量/ %	凝固点/ ℃	胶质 + 沥青质/ %	原油性质
木垒 1 井	P_2p	0.889	84.6	—	31	—	稠油
木参 1 井	P_2p	0.946	1774	16.6	—	30.35	重质稠油
吉 7 井	P_3wt	0.927	727.84	5.52	2	32	重质稠油
达 1 井	P_2l	0.8	2.46~2.73	—	3~16	2.12	轻质油

2. 原油成因类型及油源对比

1）木垒凹陷

木垒凹陷平地泉组原油胶质和沥青质组分含量较高，密度较高。饱和烃气相色谱中正构烷烃碳数分布范围为 n-C_{14-25}，主峰碳为 n-C_{23}，奇偶优势明显，CPI 为 1.23，OEP 为 1.17，异戊二烯类烷烃表现为一定的姥鲛烷优势，Pr/Ph 为 1.22~1.37（表 5-15）。萜烷分布中，伽马蜡烷含量较高，伽马蜡烷指数为 0.16~0.31，平均为 0.22，β- 胡萝卜烷指数为 0.25，反映生油岩发育于咸化—还原水体环境。C_{28} 和 C_{29} 规则甾烷相对含量高于 C_{27}，表明生源中细菌和高等植物均有一定贡献。C_{29} 甾烷 20S/（20S+20R）为 0.24~0.52，平均为 0.36，C_{29} 甾烷 $\beta\beta$/（$\beta\beta$+$\alpha\alpha$）为 0.25~0.62，平均为 0.42。萜烷中 Ts/（Ts+Tm）为 0.31~0.47，平均为 0.31，芳香烃甲基菲 MPI 指数值为 0.44~0.85，平均为 0.66，换算原油成熟度 R_0 为 0.66%~0.80%。上述生物标志物参数表明平地泉组原油为烃源岩低成熟阶段生成的原生稠油。

表 5-15 达 1 井、木参 1 井原油（油砂）饱和烃色谱参数表

井号	井深 /m	类型	层位	正构烷烃			异戊间二烯类烷烃		
				主峰碳	OEP	C_{21}/C_{22+}	Pr/Ph	$Pr/n-C_{17}$	$Ph/n-C_{18}$
达 1 井	2959.8	原油	P_2l	C_{17}	1.1	1.28	1.02	0.45	0.47
	2961.55	油砂	P_2l	C_{21}	1.04	0.85	0.78	0.53	0.51
	2965.08	油砂	P_2l	C_{20}	0.95	0.73	0.57	0.46	0.48
木参 1 井	1430.8	原油	P_2p	C_{23}	1.21	1.58	1.22	1.85	1.35

木参 1 井、木垒 2 井在侏罗系及推覆体石炭系石钱滩组也见到荧光和油浸显示。油砂抽提物饱和烃气相色谱正构烷烃碳数分布范围 $n-C_{15}$—$n-C_{37}$，主峰碳为 $n-C_{20}$，奇偶优势较弱，CPI 为 1.22，OEP 为 0.99，异戊二烯类烷烃具有一定的植烷优势，Pr/Ph 为 0.61～1.21，平均为 0.91，表明成油母岩形成于偏还原水体环境。伽马蜡烷指数较高，为 0.37～0.65，平均为 0.50，普遍含有 β- 胡萝卜烷，β- 胡萝卜烷指数为 0.56，反映原油应来源于咸水半深湖—深湖相还原环境形成的烃源岩。规则甾烷 C_{27}、C_{28}、C_{29} 呈反 "L" 形分布，C_{29} 甾烷 20S/（20S+20R）为 0.43～0.53，平均为 0.42，C_{29} 甾烷 ββ/（ββ+αα）为 0.67～0.81，平均为 0.73；Ts/（Ts+Tm）为 0.58～0.69，平均为 0.63；芳香烃甲基菲 MPI 指数为 0.66～0.93，平均为 0.81，换算原油成熟度 R_0 为 0.87%～0.96%，原油成熟度较高，与平地泉组原油热演化程度较低不同，其为烃源岩主生烃期生成的成熟原油（图 5-48）。

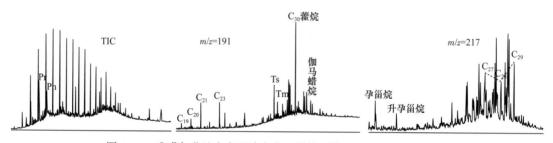

图 5-48 准噶尔盆地木垒凹陷木垒 2 井推覆体原油生物标志物谱图

上述原油地球化学特征与芦草沟组烃源岩的特征一致，说明油气来自芦草沟组烃源岩。凹陷区二叠系芦草沟组的原油为烃源岩早期形成的低熟重质组分含量较高的稠油，而侏罗系及推覆体石炭系的原油为深洼区主生油期生成的成熟原油。

2）柴窝堡凹陷

柴窝堡凹陷达 1 井芦草沟组原油正构烷烃主峰碳为 $n-C_{17}$，C_{12} 以前轻烃类组分含量较高，正构烷烃呈前单峰型分布，OEP 为 1.10，奇偶优势不明显，$\sum C_{21}$/ $\sum C_{22+}$ 为 1.28，异戊二烯类烷烃具有弱的姥鲛烷优势，Pr/Ph 为 0.57～1.02（表 5-15）。规则甾烷 C_{27}、C_{28}、C_{29} 呈反 "L" 形分布，反映其母源为腐殖—腐泥型有机质特征。C_{29} 甾烷 20S/（20S+20R）为 0.51，C_{29} 甾烷 ββ/（ββ+αα）为 0.49，表明原油成熟度较高。在萜烷分布

中，三环二萜烷相对含量较高，反映原油母源水生生物及菌藻类贡献较大，伽马蜡烷含量较高，伽马蜡烷指数为0.39。上述生物标志物表明原油来源于相对封闭的半咸水湖相环境烃源岩（表5-15）。

达1井芦草沟组原油与锅底坑剖面芦草沟组烃源岩生物标志物分布特征相似：含有较丰富的C_{21}、C_{22}孕甾烷和C_{27}—C_{28}重排甾烷，规则甾烷C_{27}、C_{28}和C_{29}呈反"L"形分布；在萜烷组成中，含有较丰富的代表水生生物和菌藻类来源的三环二萜烷，伽马蜡烷含量较高（图5-49）。上述指标表明，两者之间具有较好的亲缘关系。达1井芦草沟组原油来源于凹陷北部的芦草沟组成熟烃源岩。

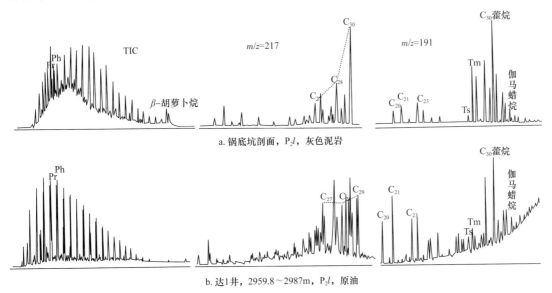

图5-49　准噶尔盆地柴窝堡凹陷达1井芦草沟组原油与锅底坑剖面烃源岩生物标志物谱图

五、乌伦古坳陷油气特征及油气源

乌伦古坳陷发育石炭系、上三叠统白碱滩组、下侏罗统八道湾组烃源岩，在准北1、准北101、泉1、泉002、泉6、泉8等多口井均有油气发现。其中，石北凹陷的准北1、准北101井在上三叠统白碱滩组试获油气流，以产气为主；滴北斜坡的滴北1井在下侏罗统八道湾组获得低产油流；三个泉构造带的泉1、泉002、泉6、泉8等井在下侏罗统三工河组获得油气流，以产气为主。

1. 油气特征

滴北1井八道湾组原油密度为$0.8181g/cm^3$，黏度为3.88mPa·s，含硫量为0.14%，含蜡量为16.4%，凝固点为28℃（表5-16）。准北1井白碱滩组原油密度为$0.8040g/cm^3$，黏度为2.62mPa·s，含硫量为0.03%，含蜡量为16.4%，-30℃时原油未凝，具有低黏度、低含硫量、低凝固点特征；天然气中CH_4含量54.53%～73.38%，C_2H_6含量6.24%～8.53%，N_2含量11.12%～32.72%，CO_2含量0.1%，相对密度0.8542，干燥系数0.83～0.84，为富氮湿气。泉6等井三工河组天然气具有碳同位素值重、含氮量高、甲烷含量相对较低的特点。

表 5-16　准噶尔盆地乌伦古坳陷原油物性统计表

井名	密度（20℃）/ g/cm³	黏度（20℃）/ mPa·s	凝固点 / ℃	含硫量 / %	含水量 / %	含蜡量 / %	初馏点 / ℃
准北 1 井	0.8040	2.62	−30	0.03	0	16.4	—
滴北 1 井	0.8181	3.88	28	0.14	20.43	16.43	138

2. 油气成因类型及油气源对比

1）原油成因及油源对比

滴北 1 井原油饱和烃气相色谱分布完整，正构烷烃碳数分布为 $n\text{-}C_9$—$n\text{-}C_{33}$，轻烃组分占优，呈前单峰型分布，具有显著的姥鲛烷优势，Pr/Ph 为 4.3，表现出原油母源形成于弱氧化—弱还原的沉积环境。C_{29} 规则甾烷占优势，C_{29} 甾烷 $20S/(20S+20R)$ 为 0.39，C_{29} 甾烷 $\beta\beta/(\beta\beta+\alpha\alpha)$ 为 0.61，为成熟原油。三环二萜烷相对含量较低，但 C_{19} 三环二萜烷相对含量较高，C_{19}、C_{20} 和 C_{21} 三环二萜烷呈下降型分布，C_{24} 四环萜烷含量高于 C_{26} 三环二萜烷含量。在萜烷分布中，Ts 与 Tm 含量大体相当，Ts/Tm 为 0.90 左右，伽马蜡烷含量较低，伽马蜡烷指数为 0.08，17α（H）- 重排藿烷 /C_{29}Ts 为 1.3～1.5，反映出原油母源处于富含黏土的弱氧化沉积水体环境。滴北 1 井油砂和沥青与滴水泉剖面下石炭统滴水泉组腐殖型烃源岩有相似之处：规则甾烷分布表现出以高等植物和低等水生生物混合贡献的特征；三环二萜烷中 C_{19}、C_{20} 和 C_{21} 含量较高，C_{24} 四环萜烷明显高于 C_{26} 三环二萜烷，17α（H）- 重排藿烷和 C_{29}Ts 含量相当（图 5-50）。

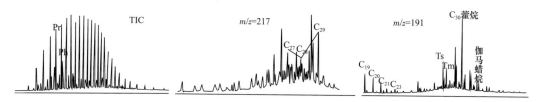

图 5-50　准噶尔盆地乌伦古坳陷滴北 1 井原油生物标志物谱图

准北 1 井原油饱和烃气相色谱具有明显的姥鲛烷优势，Pr/Ph 为 4.29，以轻碳组分为主，$\sum C_{21-}/\sum C_{22+}$ 为 11.0，C_{27}、C_{28}、C_{29} 规则甾烷呈 "L" 形分布，含有一定量的重排甾烷，伽马蜡烷 /C_{30} 藿烷为 0.06，Ts/Tm 为 1.22；芳香烃以菲系列化合物为主，甲基菲指数（MPI）为 0.58，二甲基菲指数（DPI）为 1.02，为高成熟轻质油。原油 $\delta^{13}C$ 值为 −24.90‰，具重碳同位素特征，与滴水泉—五彩湾凹陷来自石炭系腐殖型烃源岩的原油特征相似。

2）天然气成因及气源对比

准北 1 井天然气碳同位素值较重，$\delta^{13}C_1$ 值为 −32.70‰，$\delta^{13}C_2$ 值为 −26.04‰，$\delta^{13}C_3$ 值为 −25.94‰，表现为偏腐殖型来源的高—过成熟烃源岩产物的特征。另外，准北 1 井天然气正庚烷含量低，甲基环己烷含量高，二甲基环戊烷含量高，苯和甲苯含量较高，也反映出其母源以水生生物并混有高等植物来源的腐殖型烃源岩特征。准北 1 井凝析油碳同位素值较重，克拉美丽气田石炭系凝析油 $\delta^{13}C$ 值为 −27.9‰～−26.4‰，明显轻于准北 1 井的凝析油 $\delta^{13}C$ 值，五彩湾地区石炭系巴塔玛依内山组的凝析油 $\delta^{13}C$ 值

为 –25.5‰～–23.6‰，与准北 1 井凝析油 δ¹³C 值属于同一范围内，应具有同源性。五彩湾气田凝析油主要来自上石炭统巴塔玛依内山组腐殖型烃源岩。区域重磁及地震相分析，准北 1 井所处石北凹陷与五彩湾、滴水泉凹陷同属于陆梁隆起上的石炭系残留凹陷，其发育的巴塔玛依内山组烃源岩可作为准北 1 井凝析油的供烃层系。

乌伦古地区已发现天然气的 δ¹³C₁ 值与 δ¹³C₂ 值交会图显示，不同区带的天然气乙烷碳同位素存在一定差异，表明天然气母源不同（图 5-51）。准北 1 井天然气甲烷碳同位素相对较轻，轻烃组成中正庚烷含量低，甲基环己烷含量高，属于腐殖型煤型气，与滴北凸起泉 1、泉 002、泉 8 等井的天然气特征相似，明显区别于泉 6 井腐泥型天然气，其推测来源于巴塔玛依内山组烃源岩。另外，准北 1 井天然气富含氮气，为火山岩侵入有机质热成因气与岩浆脱气共同作用所形成的特殊类型天然气。

乌伦古地区目前发现的油气应是石炭系不同层段、不同环境、不同阶段的产物，上三叠统白碱滩组、下侏罗统八道湾组烃源岩成熟度较低，目前还未发现与之相关的油气。

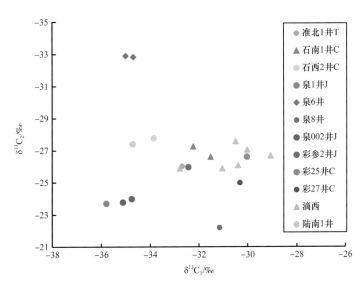

图 5-51　准噶尔盆地乌伦古地区天然气组分碳同位素散点图

由上述分析结合全盆地油气源对比可以看出，准噶尔盆地油气来源从盆地东北部向西南部具有层系由老变新、由单一来源向混源变化的特点。

盆地东北部，乌伦古坳陷到克拉美丽山南部的克拉美丽气田、五彩湾气田一带油气源来自石炭系烃源岩。

盆地中部，西部隆起、中央坳陷、陆梁隆起、东部隆起及准南断褶带东部—博格达山周缘广大区域内油气主要来自二叠系烃源岩，其南端的车排子凸起南部、中央坳陷的永进到东道海子—白家海—三台凸起一带侏罗系烃源岩具有重要贡献。

盆地西南部，由齐古油田到独山子油田油气来自下侏罗统八道湾组、下白垩统清水河组及古近系安集海河组，并具有由东向西迁移的特点。

这种分布特征与盆地演化过程中沉降沉积中心的迁移及其构造演化对烃源岩生烃演化过程的控制具有密切关系。

第四节　有效烃源岩分布

石炭纪以来，准噶尔盆地发育多套烃源岩，具有雄厚的生烃物质基础。油气源对比、烃源岩分布及演化过程表明，下石炭统姜巴斯套组、上石炭统巴塔玛依内山组、下二叠统佳木河组和风城组、中二叠统下乌尔禾组—芦草沟组—平地泉组、下侏罗统八道湾组、下白垩统清水河组及古近系安集海河组是准噶尔盆地有效烃源岩，为盆地提供了重要的油气来源。其中，中—下二叠统及下侏罗统八道湾组烃源岩是区域性重要烃源岩。

石炭纪经历了由伸展到聚敛的海相、海陆过渡相和陆相构造沉积发展旋回，残留洋盆、弧间盆地和弧后盆地等古地理环境发育的烃源岩以富含火山物质为特点，具有良好的生烃潜力，可作为乌伦古、克拉美丽、五彩湾地区的重要气源岩。

二叠纪伸展裂陷盆地咸化、还原沉积环境为古生产力的繁盛和有机质的保存创造了优越条件，形成的风城组、下乌尔禾组、芦草沟组和平地泉组烃源岩具有极强的生烃能力。其中，玛湖凹陷以风城组烃源岩为主，盆地腹部发育风城组及下乌尔禾组烃源岩，在沙湾凹陷见佳木河组烃源岩贡献，以生气为主；东部隆起及博格达山周缘发育芦草沟组—平地泉组烃源岩。二叠系烃源岩是准噶尔盆地最重要的烃源岩层系。

晚三叠世白碱滩组为湖泊沉积，目前发现来自该套烃源岩的油气分布较为局限，主要见于彩南油田，表现为二叠系、三叠系和侏罗系烃源岩生成的混源油；在乌伦古地区深坳区可以作为一定潜力的烃源岩。

侏罗纪表现为广盆湖泊沉积特点，发育湖相和煤系两种类型的烃源岩。其中，下侏罗统八道湾组烃源岩在盆地中南部深坳区具有供烃能力，是准噶尔盆地第二套重要烃源岩。

早白垩世、古近纪时期盆地发育湖泊沉积，发育了清水河组、安集海河组暗色泥岩烃源岩。现今在盆地南部深坳区局部供烃，为盆地局部烃源岩。

第六章 储 层

准噶尔盆地是一个叠加复合盆地，自石炭系到第四系均发育油气储层。除第四系外，其他层系目前均有油气流发现。储层岩石类型主要以碎屑岩、火山岩为主，部分地区发育云质岩及变质岩储层。

第一节 碎屑岩储层

准噶尔盆地二叠纪—新近纪发育了冲积扇、河流、三角洲、湖泊及沼泽等沉积体系，形成了砾岩、砂砾岩、砂岩等碎屑岩储层。其中，中—上二叠统至下三叠统主要为粗碎屑岩储层；中三叠统—新近系具有下部为粗碎屑岩、上部为细碎屑岩的特点，盆地边部以粗碎屑岩为主、盆地内部主要为细碎屑岩储层。储层厚度大、分布广，是盆地的主要储集类型。准噶尔盆地经历了复杂的沉积构造演化过程及强烈的成岩后生作用，不同层系、不同地区储层岩石类型多样、成分复杂，储层非均质性较强。

一、二叠系储层发育特征

二叠纪是准噶尔盆地晚古生代陆块碰撞造山拼合和中生代板块陆内山盆体制的重要转折时期，早期为典型的伸展盆地沉积特征，晚期逐渐向坳陷盆地过渡，整体为一套火山岩—云质岩—碎屑岩序列建造。中—晚二叠世时期物源供给充沛，盆地边缘为冲积扇、扇三角洲、辫状河粗碎屑沉积建造，盆地西部的风城组、东部的芦草沟组发育云质岩沉积。主要为砂岩、砂砾岩及砾岩类，厚度一般为 10～100m。在西部隆起的克百断裂带、克拉玛依油田八区及玛湖凹陷的风城地区和乌夏地区、吉木萨尔凹陷云质岩中已发现规模储量。

1. 储层岩性特征

准东地区二叠系储集体类型主要为辫状河三角洲、扇三角洲的砂砾岩体、细砂岩、粉砂岩，主要分布层位为二叠系金沟组、将军庙组、梧桐沟组；以及滨浅湖—半深湖—深湖的云质岩、云质砂岩、砂岩等，主要分布层位为芦草沟组/平地泉组。储层主要为岩屑砂岩类，其碎屑组分中，石英、长石含量普遍较低，两者加在一起平均小于 35%，而岩屑含量平均大于 65%，胶结物主要为泥质和方解石，有少量硅质，岩石胶结类型以接触式—孔隙式为主。

准南地区下二叠统塔什库拉组、石人子沟组为滨岸—浅海陆棚沉积，沉积了一套粉砂岩、泥质粉砂岩、泥岩、泥晶灰岩和含生物屑泥晶灰岩，其间夹有火山集块岩和典型的深水重力流沉积——滑塌角砾岩、碎屑流及浊流沉积。中二叠世早期乌拉泊组、井井子沟组沉积时期海水进一步退却，以发育潟湖、潮坪沉积为主，间有三角洲沉积的砾岩、砂岩、波状粉砂岩和纹层状泥岩。芦草沟组、红雁池组发育近源型扇三角洲砂体，在岩性上主要为砾岩、砂砾岩，其次为砾状砂岩、含砾砂岩等。上二叠统的梧桐沟组发育远源型辫状河河道砂体储层，岩性以中—粗砾岩夹细砂岩为主。储集岩主要为砾岩和砂岩两大类。砾岩中砾石粒径主要为2～10mm，以细砾岩为主，储层砂岩以岩屑砂岩为主，粒间主要为沸石、泥质和钙质胶结，杂基含量较高。砾岩分选中等，磨圆度多为次棱角状—次圆状，颗粒支撑，粒间线接触为主，部分凹凸接触，孔隙式胶结为主，胶结物主要为方沸石、伊/蒙混层及方解石，岩石总体表现为成分和结构成熟度均低的特点。

准西北哈特阿拉特山地区二叠系碎屑岩储层主要发育于上二叠统以及下二叠统风城组顶部，包括扇三角洲环境下形成的砂岩、砂砾岩及砾岩。夏子街组—乌尔禾组为陆相扇三角洲—湖泊沉积，扇三角洲相砂砾岩、砂岩储层发育。二叠系碎屑岩储层主要为灰色、棕色的长石岩屑砂岩和岩屑长石砂岩、砂砾岩、砾岩，少量长石石英砂岩；胶结物主要为钙质，泥质次之，硅质较少，黏土杂基含量较低，整体成分成熟度中等、结构成熟度中等。乌夏地区岩性以岩屑砂岩、长石岩屑砂岩为主，整体成分成熟度低、结构成熟度低—中等。不同层段岩石组分差异较大。

石英：准东南岩石碎屑成分中石英较少，石英颗粒主要为单晶石英，表面发育裂纹，见波状消光，芦草沟组储层中石英含量在2%～7%之间，平均4.2%，红雁池组中含量在0～15%之间，平均3.8%。哈特阿拉特山地区石英含量在25%～40%之间，平均为36.3%，粒度范围在0.1～0.3mm之间，以单晶石英为主，少量多晶石英，石英表面光洁，可见石英次生加大，具有波状消光，从层系上而言，自风城组到乌尔禾组石英含量变化较小（表6-1）。

表6-1 准噶尔盆地准东南和哈特阿拉特山地区二叠系储层岩屑类型表

地区	井号	层位	样品数/个	石英/%	长石/%	岩屑/%				总量/%
						沉积岩	岩浆岩	变质岩	总量	
准东南地区	达1井	P_2h	10	3.8	2.3	14.6	63.6	0	78.2	84.3
		P_2l	4	3.3	2.8	15.8	64.5	0	80.3	86.4
	柴参1侧1井	P_2h	14	4.6	1.8	6.8	74.3	1.4	82.5	88.9
		P_2l	9	3.6	1.2	5.3	77.6	3.8	86.7	91.5
	柴3井	P_2h	12	1.9	0.1	1.0	88.3	0	89.3	91.3
	平均值	P_2h	36	3.4	1.4	7.5	75.4	1.4	84.3	89.1
		P_2l	13	3.5	2.0	10.6	71.1	3.8	85.5	91.0
哈特阿拉特山地区	哈深斜1井	P_2w	4	36.5	19	7	11.5	13.5	32	87.5
		P_2x	7	35.8	17.4	3.6	9.8	10.8	24.2	77.4
		P_1f	4	35	13	2	3	4.5	10.5	57.5
	哈浅6井	P_1f	3	37	11	2	3	2	7	54.5
	平均值	P_2w	4	36.5	19	7	11.5	13.5	34	87.5
		P_2x	7	35.8	17.4	3.6	9.8	10.8	24.2	77.4
		P_1f	7	36	12	2	3	3.5	8.5	56.5

长石：准东南二叠系储层中长石主要为斜长石，少见钾长石，斜长石发育聚片双晶，常发生高岭土化。其中，芦草沟组长石含量在0～7%之间，平均2.1%，红雁池组中含量在0～5%之间，平均1.4%。哈特阿拉特山地区二叠系碎屑岩中长石含量较低，占岩石总含量的7%～30%，长石的粒度范围在0.1～0.5mm之间，一般在0.15～0.25mm之间，长石绢云母化现象明显，并可见到绿泥石化和轻微的高岭石化现象，风城组长石含量减少，平均12%。

岩屑：准东南岩石碎屑成分以岩屑为主，含量在60%～95%之间，平均79.4%，岩屑主要为岩浆岩岩屑，含量在50%～95%之间，平均69.6%，其中以凝灰岩岩屑为主。哈特阿拉特山地区二叠系碎屑岩岩屑含量在4%～41%之间，岩屑中以变质岩岩屑最多，岩浆岩岩屑次之，沉积岩岩屑最少，自风城组到乌尔禾组，岩屑含量增大，风城组岩屑平均含量11%，乌尔禾组岩屑含量高达32%。

杂基：准东南二叠系储层中杂基主要为泥质，芦草沟组杂基含量在1%～14%之间，平均7.3%，而红雁池组杂基含量在0～14%之间，平均8.2%。哈特阿拉特山地区碎屑岩杂基普遍较少，以泥质为主，其次为铁质，局部杂基含量较高，如哈浅6井风城组黏土杂基高达22%（表6-2）。

表6-2　准噶尔盆地准东南和哈特阿拉特山地区二叠系储层填隙物成分表

| 地区 | 井号 | 层位 | 样品数/个 | 胶结物/% | | | | | 杂基/% |
				泥质	钙质	沸石	铁质	总量	
准东南地区	达1井	P_2h	10	2.0	1.5	2.3	0.4	6.2	9.5
		P_2l	4	2.0	0	5.6	0	7.6	6.0
	柴参1侧1井	P_2h	14	2.5	1.2	0.6	0.5	4.8	6.3
		P_2l	9	1.6	1.5	1.0	0.3	4.4	4.1
	柴3井	P_2h	12	2.8	0.8	1.0	0	4.6	4.1
	平均值	合计	49	2.2	1.0	2.1	0.2	5.5	6.0
		P_2h	36	2.4	1.2	1.3	0.3		6.6
		P_2l	13	1.8	0.8	3.3	0.2		5.1
哈特阿拉特山地区	哈深斜1井	P_2w	4	2	5	1.5	1	9.5	2
		P_2x	7	4.75	10	0	1	15.75	5
		P_1f	4	2	24	0.1	0	26.1	18
	哈浅6井	P_1f	3	2.5	16	0	0	18.5	22
	平均值	P_2w	4	2	5	1.5	1	9.5	2
		P_2x	7	4.75	10	0	1	15.75	5
		P_1f	7	2.3	21.2	0	0	23.5	19.7

胶结物：准东南二叠系储层岩石的胶结物成分主要为泥质、钙质和沸石，铁质极少。泥质胶结物主要有伊/蒙混层和伊利石两种，含量一般在1%～5%之间，平均为2.7%；钙质胶结物含量一般在0～12%之间，平均为2.3%，成分主要为方解石，呈粒间胶结物、交代物或次生孔隙内填充物的形式出现，以微晶状或连晶状的形式产出；沸石胶结物含量一般在0～9%之间，平均为2.2%，多呈粒间胶结物的形式出现。哈特阿拉特山地区二叠系碎屑岩储层中的胶结物类型主要为碳酸盐胶结，平均含量14.7%，其次为泥质、硅质、重晶石、钠长石类胶结物少见，主要呈粒间胶结物、交代物或次生孔隙内填充物形式出现。风城组胶结物含量较高，含量达23.5%（表6-2）。

2. 储层储集空间特征

1）储集空间类型

准东南二叠系储层整体处于晚成岩期A亚期，该阶段有机质开始进入低成熟—成熟期，易溶组分被不同程度溶解，形成大量的次生孔隙，其储集空间类型以次生孔隙为主，同时残留少量的原生孔隙。原生孔隙主要为残余原生粒间孔，次生孔隙是储层最主要的储集空间，包括粒间溶孔、粒内溶孔、自生矿物晶间孔和微裂缝等四种类型（图6-1），其中粒间溶孔和微裂缝最为发育。粒间溶孔是二叠系发育的最重要的孔隙类型，是在剩余原生粒间孔的基础上进一步溶蚀扩大而成，溶解组分主要为胶结物、杂基

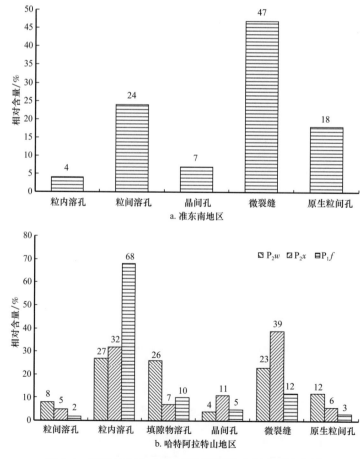

图6-1 准噶尔盆地二叠系碎屑岩储集空间类型直方图

等，形态不规则，外形呈港湾状，孔径大小和分布不均匀，一般在 0.01～0.50mm 之间，并被细小的溶蚀缝连通起来，此类孔隙也是二叠系储层中烃类富集的主要孔隙类型。粒间溶孔过度发育可以形成超大孔隙，超大孔隙明显地大于孔隙周围最大颗粒的孔隙，边部往往留有难溶的"漂浮"颗粒存在。在成岩过程中，二叠系储层岩石颗粒受上覆地层温压、流体性质的变化等影响，常发生局部溶解而形成粒内溶孔，粒内溶孔多沿着矿物解理缝、双晶缝、岩屑斑晶与基质的接触面发育，随着溶蚀作用的加强，粒内溶蚀孔逐渐变大。当颗粒全部或几乎全部被溶解而保留其原晶体假象时，则成为铸膜孔。通过普通薄片和扫描电镜观察分析，粒内溶孔多见于火山岩岩屑中，分布不均匀，岩屑中的长英质部分被溶蚀后形成蜂窝状粒内溶孔。

准南二叠系储层受构造活动影响，广泛发育裂隙，包括由于压实作用、收缩作用及各种构造应力作用形成的各种细小裂缝，部分已被胶结物充填。微裂缝可分为构造微裂缝、粒缘微裂缝、粒内微裂缝及岩石组分收缩缝 4 种类型。构造裂缝较细，常可切穿岩石颗粒、杂基等，缝内见油质沥青充填。

哈特阿拉特山地区二叠系碎屑岩储层的孔隙类型按成因可分为原生孔隙和次生孔隙两种孔隙空间类型。根据镜下薄片、扫描电镜统计，哈特阿拉特山地区二叠系碎屑岩储层储集空间类型以粒内溶孔、填隙物溶孔等次生溶孔为主，原生孔缝较少，表明储层受后期溶蚀改造作用较强。自风城组至下乌尔禾组，粒内溶孔含量减少，剩余粒间孔及填隙物溶孔含量增加，风城组粒内溶孔占总孔隙的 68%，夏子街组孔隙类型主要为粒内孔、成岩微裂缝，下乌尔禾组粒内溶孔、填隙物溶孔占总孔隙的一半以上。

2）孔隙结构特征

准东地区上二叠统梧桐沟组砂岩平均孔径为 14～100μm，面孔率为 0.12%～6.83%，中二叠统砂岩平均孔径为 13～70.2μm，面孔率为 0.02%～2.8%。上二叠统梧桐沟组储层的排驱压力为 0.035～0.4MPa，最大进汞饱和度为 34.4%～64.29%，退出效率为 7.3%～32.3%；平地泉组储层的排驱压力大于 3MPa，最大进汞饱和度为 18.2%～59.23%，退出效率为 14.3%～29.2%。从这些反映孔隙结构的参数来看，该区储层的孔隙结构复杂，孔喉较细，储层的非均质性较强，进汞和退汞都很困难。比较而言，梧桐沟组储层孔喉相对较粗，排驱压力小，储层性能相对较好。

根据铸体薄片图像分析（表 6-3），准南地区柴窝堡凹陷二叠系储层平均孔隙直径为 24.00μm，孔喉配位数平均为 0.05，孔喉比平均为 0.74，孔隙分选系数平均为 14.96，面孔率平均为 0.45%。其中，芦草沟组平均孔隙直径为 18.07μm，红雁池组平均孔隙直径为 26.12μm，均属于小孔。柴窝堡凹陷二叠系储层岩石的毛细管压力测定参数统计结果，可以看出储层岩石的喉道具有如下特征：二叠系储层的排驱压力在 0.18～5.52MPa 之间，平均 2.49MPa，反映岩石孔喉分布的不均匀。平均喉道半径分布范围为 0.04～0.86μm，平均 0.14μm，反映喉道半径普遍较小。喉道分选系数在 0.02～0.48 之间，平均 0.08，表明储层岩石的孔喉分选相对较好；喉道歪度在 2.78～4.58 之间，平均 3.55。最大进汞饱和度较低，在 15.86%～41.67% 之间，平均 25.25%，退汞效率较低，在 16.39%～24.00% 之间，平均 20.04%，说明储层岩石的喉道半径小，孔隙与喉道之间的连通性较差。柴窝堡凹陷芦草沟组、红雁池组储层岩石喉道以片状、弯片状为主，管束型喉道次之，孔隙缩小型和缩颈型喉道不发育。

表 6-3　准南地区柴窝堡凹陷二叠系储层孔隙特征参数表

数值参数		平均孔隙直径 /μm	平均配位数	平均孔喉比	分选系数	面孔率 /%	评价
最小		5.42	0	0.04	3.19	0.08	
最大		63.02	0.19	2.79	54.53	1.40	
平均值	二叠系	24.00	0.05	0.74	14.96	0.45	小孔
	红雁池组	26.12	0.07	0.90	16.48	0.50	
	芦草沟组	18.07	0.02	0.26	11.40	0.29	

哈特阿拉特山地区二叠系碎屑岩孔隙结构变化较大，最大孔喉半径分布跨度很大，但平均值小于 2.5μm，基本属于细喉—微喉。由于储集岩中裂缝发育，造成排驱压力变化范围较大，但平均值并不高。平均毛细管半径多小于 1μm，属微小孔隙—微孔隙。孔隙结构属微小孔细喉、微孔微细喉、微孔微喉，总体评价为差储层。纵向上，乌尔禾组与风城组好于夏子街组；平面上，山前冲断带与断裂带好于斜坡区。

3. 储集物性特征

准东地区上二叠统梧桐沟组储层的孔隙度介于 4.89%～28.06%，平均 19.62%，渗透率介于 0.01～2385.00mD，平均为 21.01mD，整体以中孔—中渗储层为主；中二叠统平地泉组储层孔隙度为 3.2%～11.9%，平均 5.88%，渗透率 0.007～11mD，平均 0.579mD，属低孔—低渗储层；下二叠统金沟组储层孔隙度介于 4.16%～12.7%，平均为 8.66%，渗透率为 0.0334～8.98mD，平均 0.74mD，属中低孔—低渗储层（表 6-4）。

表 6-4　准噶尔盆地准东南和哈特阿拉特山地区二叠系储层物性统计表

地区	层位	孔隙度 /%			渗透率 /mD		
		最小值	最大值	平均值	最小值	最大值	平均值
准东地区	P_3w	4.89	28.06	19.62	0.01	2385	21.01
	P_2p	3.2	11.9	5.88	0.007	11	0.579
	P_1j	4.16	12.7	8.66	0.0334	8.98	0.74
准南地区	P_3w	10	15	12.3	1	10	2.37
	P_2h	2	7.9	3.9	0.001	6.41	0.53
	P_2l	0.5	9.7	3.6	0.001	11	0.34
哈特阿拉特山地区	P_2w	4	13	9.11	0.16	160	3.99
	P_2x	3	11	7.69	0.02	20	1.11
	P_1f	2.8	9.7	5.49	0.02	10	0.89

准南地区二叠系储层非均质性强，孔隙度在 0.5%～9.7% 之间，平均 3.8%，分布区间主要在 2%～8% 之间，占 91%；渗透率 0.001～1.00mD，平均 0.47mD，分布区间主要在 0.001～1.0mD 之间，占 89%，二叠系储层主要为超低孔—超低渗储层。主力储层段芦草沟组的孔隙度在 0.5%～9.7% 之间，平均 3.6%，渗透率 0.001～11.00mD，平均 0.34mD，主要为超低孔—超低渗储层；红雁池组的孔隙度在 2.0%～7.9% 之间，平均 3.9%，渗透率 0.001～6.41mD，平均 0.53mD，主要为超低孔—超低渗储层；而上二叠统的梧桐沟组物性要明显好于中二叠统的储层，孔隙度主要在 10%～15% 之间，渗透率在 1～10mD，整体以中孔—低渗储层为主（表 6-4）。

哈特阿拉特山地区二叠系碎屑岩孔隙度分布较集中，渗透率分布比较分散。风城组碎屑岩孔隙度 2.8%～9.7%，平均 5.49%，渗透率 0.02～10mD，平均 0.89mD，属低孔—低渗储层；夏子街组孔隙度 3%～11%，平均 7.69%，渗透率 0.02～20mD，平均 1.11mD，属低孔—低渗储层；乌尔禾组储层孔隙度 4%～13%，平均 9.11%，渗透率 0.16～160mD，平均 3.99mD，属中低孔—低渗储层。总体来看，哈特阿拉特山地区二叠系碎屑岩储层为低孔—低渗储层（表 6-4）。

二、三叠系储层发育特征

三叠系沉积时期，准噶尔盆地已发展成为统一的内陆湖盆，主要发育了扇三角洲、辫状河三角洲、湖泊等沉积体系，在百口泉组、克拉玛依组及白碱滩组下段发育了大量的碎屑岩储层，百口泉组主要为粗碎屑岩储层，克拉玛依组、白碱滩组主要为细碎屑岩储层。目前已在玛湖凹陷、三台地区获得了规模发现。

受西北缘、东北缘、南缘物源体系的影响，在不同地区储层特征具有一定的差异性。

1. 储层岩石学特征

1）盆地东部

盆地东部三叠系碎屑岩储层主要为砂岩，在岩石学上总体表现为低和极低成分成熟度、低和极低胶结物含量，低—中等结构成熟度的特征（表 6-5）。

储层以成分成熟度低的岩屑砂岩或长石岩屑砂岩为主（表 6-5）。各层系砂岩碎屑组分石英含量一般小于 30%，平均含量在 2.6%～31.2% 间，其中白碱滩组、克拉玛依组石英含量稍高，平均含量分别为 31.2%、21.15%，百口泉组石英平均含量一般小于 10%。长石含量各层系差异较大，其中白碱滩组、克拉玛依组与三台—沙南地区百口泉组下段砂岩长石含量稍高，平均含量为 15.1%～28.5%，而百口泉组上段长石含量低，平均含量为 3.9%～7.6%。岩屑含量各层系均较高，平均含量一般大于 50%。岩屑组分主要为火山岩岩屑，且以凝灰岩岩屑为主，其次为前变质岩岩屑，如千枚岩和少量板岩与石英岩。三叠系除三台地区上三叠统砂岩的塑性岩屑（主要指低—中等变质泥页岩类，如千枚岩、板岩等）含量稍高，平均为 9.4%，其他层系的塑性岩屑含量均较低，平均含量一般小于 5%，因此塑性岩屑含量对东部碎屑岩储层的总体影响不大。砂岩岩石类型以岩屑砂岩为主，其次为长石岩屑砂岩。

从粒度上看，百口泉组上段砂岩粒径较粗，百口泉组下段、克拉玛依组与白碱滩组砂岩粒径总体较细。从泥质含量上看，百口泉组上段砂岩泥质含量普遍较高，平均

表6-5 准噶尔盆地东部三叠系碎屑岩储层岩矿特征表

地区	层位	主要粒级	陆源碎屑/% 石英	长石	岩屑	千枚岩/%	泥质/%	胶结物/% 铁方解石	高岭石	硅质	浊沸石	菱铁矿	其他	胶结物总量/%	分选性	磨圆度	接触方式	胶结类型
三台	T₃b	细粒—中粒	31.2	23.1	45.7	9.4	5.9	0.9	0.2			1.2		2.3	中	次棱角—棱角	点—线	孔隙
三台	T₂k	细粒—中粒	25.4	23.2	51.4	1.1	2.6	1.7	2.7	0.1		0.4		4.8	中—好	次棱角	点	孔隙
北三台		细粒—粗粒	16.9	15.1	67.9	4.2	3	3.4	2.3	0.1	0.1	0.3	0.1	6.2	中—好	次棱角	点—线	孔隙—镶嵌
三台	T₁b₂	细粒—中粒	3.9	3.9	92.3	7.1	5.9	5.4	0.4					5.8	中	次棱角—次圆	点	孔隙—接触
北三台		细粒—粗粒	5.9	7.6	86.1	0.2	11	3.8	0.1	0.1	0.2			4.1	中—好	次棱角—次圆	点	薄膜—孔隙
沙南		中粒—粗粒	2.6	6.8	90.6		12		0.8					0.8	差—中	次棱角—次圆	点	薄膜—孔隙
三台	T₁b₁	细粒	8.1	20.3	71.6	1.4	4.1	0.1	0.4		3.3			3.8	中—好	次棱角	点—线	薄膜—孔隙
北三台		细粒	6.9	15.2	77.9	4.8	2.9	1.1	0.6	0.1	2.6			4.3	中—好	次棱角—次圆	点—线	薄膜—孔隙
沙南		细粒—中粒	10.3	28.5	61.2	0.8	1	0.8			6.3		0.2	7.3	好	次棱角	点—线	孔隙
彩南—火烧山		中粒—砾	3.8	10.2	86	0.4	0.6	0.1			6.1		0.2	6.4	中—好	次棱角	点—线	薄膜—孔隙

含量为 5.9%～12.0%，且泥质分布以充填孔隙状为主，其次为薄膜状，部分重结晶呈蠕虫状等。高泥质含量虽然对砂岩的孔隙度影响较小，但堵塞了砂岩的孔隙喉道，极大影响砂岩的渗透性。其他层系砂岩的泥质含量中等至低，特别是百口泉组下段砂岩的泥质含量低，平均含量为 0.6%～4.1%，克拉玛依组与白碱滩组砂岩泥质含量平均为 2.6%～5.9%，泥质含量也较低。

砂岩自生矿物总量一般较低。砂岩自生矿物主要有（含铁）方解石、高岭石、菱铁矿，其次为浊沸石和钠长石等。但胶结物总量一般较低，平均含量一般为 0.8%～7.3%。含铁方解石主要发育于克拉玛依组、百口泉组上段，高岭石主要发育于克拉玛依组，浊沸石主要发育子百口泉组下段。

各层系砂岩黏土矿物组成中（表 6-6），（蒙皂石 + 伊利石）/ 蒙皂石混层含量普遍较高，是砂岩中主要的黏土矿物，其次为绿泥石（C）和伊利石（I），绿泥石 / 蒙皂石混层（C/S）含量普遍较低，在克拉玛依组和白碱滩组高岭石含量相对较高。混层比（S%）有分析数据层系普遍较高，为 21.4%～81.3%。

表 6-6　准噶尔盆地东部三叠系砂岩黏土矿物组成

地区	层位	(S+I) /S/%	I/%	K/%	C/%	C/S/%	S/%
三台	T_3b	47.6	11.7	30.1	10.3		
三台	T_2k	14.5	14	55.7	15		
北三台		65.3	8.5	19.1	7.1		
阜东		24.7	27.7	25.1	22.6		
三台	T_1b_2	76.7	4.3	13.4	5.5		
北三台		34	9.3	32.7	24		
彩南—滴西		47.5	5.5	21.2	15.3		46.3
三台	T_1b_1	88.1	5	17.4	9.4		
北三台		52.4	7.3	20.8	17.4	2.4	
沙南		48.9	2.5		31.7	16.9	81.3
阜东		45.9	21.7		32.4		
彩南—滴西		18.7	6.2	4.2	69.4	1.4	21.4

2）盆地西部

盆地西部三叠系储层主要在西部隆起、中央坳陷的玛湖凹陷—盆1井西凹陷一带有发现，主要储层为砂砾岩、砂岩。

砂砾岩储层主要发育在百口泉组，分布在从盆地边缘到腹部的广大范围内；其次为白碱滩组和克拉玛依组，主要发育在盆地边缘。砂砾岩中砾石多呈次圆状、次棱角状，分选较差，砾石成分较复杂，有安山岩、霏细岩、流纹岩、凝灰岩、花岗岩、玄武岩、硅质岩、砂岩、粉砂岩、泥岩、千枚岩等，其中以凝灰岩和火山岩砾石为主。砂砾岩中填隙物主要为砂质、泥质（泥质多发生水云母化）及沸石类，少量绿泥石、碳酸盐等，砂质也主要为凝灰质岩屑和火山岩碎屑，少量石英和长石碎屑。砂砾岩储层中的填隙物除陆源泥杂基外，其他自生矿物主要为高岭石和方解石，其次为菱铁矿和硅质。砂砾岩碎屑颗粒间主要为点—线接触，胶结类型为孔隙—压嵌式或基底—孔隙式。

盆地腹部—西北缘三叠系砂岩储层在岩石学上总体表现为低和极低成分成熟度、低—中等结构成熟度、低和极低胶结物含量的特征（表6-7）。克拉玛依组车排子—中拐—五八区成分成熟度较高，砂岩石英含量平均为45.7%，其次为克拉玛依组、百口泉组，沙窝地地区石英含量为35%、33%；其他层系砂岩成分成熟度极低，石英平均含量为9.5%～24.2%。长石含量整体高，平均含量在12.5%～22.2%。玛北地区白碱滩组砂岩的塑性岩屑含量稍高，平均为7.8%，其他层系的塑性岩屑含量均较低，平均含量一般小于4%，因此塑性岩屑含量对腹部与西北缘碎屑岩储层的总体影响不大。克拉玛依组岩性为岩屑砂岩、长石砂岩和次岩屑长石砂岩或次长石岩屑砂岩，其他层系则基本为岩屑砂岩。砂岩结构成熟度低—中等。三叠系砂岩普遍含泥质，这与其为沉积速率快、搬运距离短的扇三角洲沉积体系有关。其中下三叠统泥质含量较高，沙窝地地区泥质含量平均为18%，百口泉—乌尔禾—风城地区泥质含量平均为7.4%，其他地区差异较小，平均含量一般为1.9%～5.0%。泥质基本上为充填孔隙状，少量为薄膜状。砂岩中的泥质常蚀变为绿泥石，一些泥质被沸石类交代。砂岩自生矿物总量一般较低。砂岩自生矿物主要有方解石、高岭石、硅质、菱铁矿，但胶结物总量一般较低，平均含量一般为1.3%～8%（表6-7）。三叠系克拉玛依组上段与白碱滩组砂岩黏土矿物组成主要为高岭石，含量为32.3%～63.0%，其次为伊利石／蒙皂石混层和绿泥石与伊利石，黏土矿物组合主要为高岭石＋伊利石／蒙皂石组合，混层比（S%）较低，一般小于35%；三叠系百口泉组黏土矿物组成主要为伊利石／蒙皂石混层和高岭石与绿泥石，其次为伊利石，黏土矿物组合主要为伊利石／蒙皂石＋高岭石＋绿泥石组合，混层比在38.0%～70.7%（表6-8）。

2. 储集空间特征

1）储集空间类型

根据铸体薄片观察、扫描电镜的鉴定，三叠系孔隙类型主要分为6类。

剩余原生粒间孔隙，为各地区相对优质储层中的主要孔隙（表6-9、表6-10）。为原生孔隙经长石及石英的再生长或其他胶结作用充填后，没有明显受到后期溶蚀作用影响的剩余孔隙。盆地东部三台地区的克拉玛依组、百口泉组下段剩余原生孔隙相对较发育，平均剩余原生孔隙面孔率在1.56%～3.77%之间，这些层系均为东部相对优质储层。盆地西部车排子—中拐—五八区的白碱滩组、克拉玛依组剩余原生孔隙也相对发育，平均剩余原生孔隙面孔率分别为1.73%、1.67%～2.8%，这些层系亦为西北缘地区相对优质的孔隙型储层。

颗粒溶蚀孔隙，为次要孔隙类型。主要是长石和火山岩屑的选择性不均一溶蚀作用形成，包括颗粒边缘溶蚀，孤岛状粒内溶蚀孔隙，条纹条带状粒内溶蚀孔隙，铸模孔等。此类孔隙在各层系中发育较普遍，但各层系的发育程度有所差异，其中东部的百口泉组下段相对较发育，平均含量一般为0.04%～0.85%，而百口泉组上段、克拉玛依组与白碱滩组下段发育相对较差；西北缘地区的颗粒溶蚀孔隙也相对常见，但总量均较低。

表6-7 准噶尔盆地西北缘—腹部三叠系碎屑岩储层岩矿特征表

地区	层位	孔隙度/%	渗透率/mD	主要粒级	陆源碎屑/% 石英	长石	岩屑	千枚岩/%	泥质/%	胶结物/% 方解石	高岭石	硅质	片沸石	方沸石	菱铁矿	总量/%	分选性	磨圆度	接触方式	胶结类型
车排子—中拐—五八区	T₃b	14.4	12.1	中粒—砾	24.2	15.5	60.3	4.4	3.2	0.3	2.6	0.3			0.4	3.6	差—中	次棱角	点—线	孔隙—镶嵌
玛北		10.6	0.26	细粒—中粒	9.5	16.5	74	7.8	3.3		2.3	0.2				2.5	中—好	次棱角	点—线	孔隙—镶嵌
车排子—中拐—五八区	T₂k	13.2	64.2	中粒—砾	45.7	22.2	32.1	1.9	4	1.4	1.8	0.4			0.4	4	差—中	次棱角—次圆	点—线	孔隙—镶嵌
百口泉—乌尔禾		15.8	16.5	粉砂—砾	14.2	14	71.8	3.5	3	2.5	0.7	0.1	0.4	0.4	0.1	4.2	差—中	次棱角—次圆	点—线	孔隙—镶嵌
陆西—石西		9.8	0.13	细粒—砾	14.4	17.4	68.2	3	1.9	1.6	1.8	0.3	0.4			3.7	中	次棱角—次圆	点—线	孔隙—镶嵌
沙窝地		14.2	15	细粒	35	17	48		2	1	1					2	好	次圆	线	孔隙—镶嵌
玛北		9.23	0.4	中粒—砾	20	19.1	60.9	3.9	2.4	2.3	2.6	0.4			0.5	5.8	好	次棱角—次圆	点—线	孔隙—镶嵌
百口泉—乌尔禾	T₁b	13.8	14.5	砂砾	17.5	12.5	70	0	7.4	0.7					0.6	1.3	差	次棱角—次圆	点	基底孔隙
沙窝地		9.34	5.47	砂砾	33	22	45		18	1	7					8	差	次棱角	点	孔隙
玛北		7.8	1.12	中粒—砾	17.6	18.8	63.6	3	4.8	0.3	1.3	0.2				1.8	差—中	次棱角—次圆	点—线	孔隙—镶嵌

表 6-8　准噶尔盆地西北缘—腹部三叠系砂岩黏土矿物组成

地区	层位	S	I/S/%	I/%	K/%	C/%	C/S/%	S%
五八区			18.3	19	53	9.7	17.0	25.0
百口泉	T_3b		30.4	17.1	44.1	8.3	0	
陆西			20	9	63	8	0	
车排子—中拐			21.7	6.1	53.8	18.4	0	30.0
五八区			27.5	11.4	46.6	14.5	0	33.0
百口泉	T_2k		29	22.4	32.3	16.2	0	20.0
玛北			29.4	14	40	16.7	0	34.3
陆西			18.4	12.4	39.8	29.4	0	30.0
五八区			44.9	1.6	32.6	21	0	70.7
百口泉	T_1b		49.7	21.4	19.4	9.5	0	
玛北			43.4	14.5	20.5	21.8	0	62.6
陆西			41.9	12.8	9.7	35.6	0	38.0

表 6-9　准噶尔盆地东部三叠系碎屑岩储层孔隙发育特征

地区	层位	深度 / m	孔隙度 / %	渗透率 / mD	主要粒级	孔隙类型 /%				面孔率 / %	压实减孔量 / %
						剩余原生粒间孔	粒内溶孔	基质收缩孔	粒间溶孔		
三台	T_3b	1980~3117	17.18	16.7	细粒—中粒	0.87	0.1	0.24		1.28	16.62
三台	T_2k	2600~2800	1962	24.98	细粒—中粒	1.65	0.26		1.01	3	13.67
北三台		1842~3898	13.74	5.22	细粒—粗粒	0.6	0.06		0.04	0.69	16.9
三台		1980~2910	13.45	12.92	中粒—粗粒	0.33				0.33	22.36
北三台	T_1b_2	1978~2310	18.05	35.35	细粒—粗粒	0.81	0.15	0.55	0.01	1.59	13.33
沙南		1393~1452	15.28	2.35	中粒—粗粒	0.19	0.05		0.18	0.42	19.17
北三台		1851~2472	19.63	40.79	细粒	2.8	0.84		0.16	3.5	15.6
沙南	T_1b_1	1540~1592	22.46	27.26	细粒—中粒	3.77	0.85		0.33	4.95	9.23
彩南—火烧山		3168~3249	15.42	16.22	中粒—砾	1.56	0.04			1.6	16.24

表 6-10   准噶尔盆地西部三叠系碎屑岩储层孔隙发育特征

地区	层位	深度 / m	孔隙度 / %	渗透率 / mD	主要粒级	孔隙类型 /%				面孔率 / %	压实减 孔量 / %
						剩余原 生粒 间孔	粒内 溶孔	基质收 缩孔	粒间 溶孔		
车排子—中 拐—五八区	T₃b	1910~3571	14.4	12.12	中粒—砾	1.73	0.5		0.02	2.27	17.8
玛北		2662~3161	10.63	0.26	细粒— 中粒	0.25	0.4			0.65	23.3
车排子—中 拐—五八区	T₂k	1745~3814	13.24	64.15	中粒—砾	1.67	0.84		0.12	2.83	18.2
百口泉—乌 尔禾—风城		1089~2351	15.82	16.52	粉砂—砾	0.44	0.26	0.08	0.11	0.84	15.7
陆西—石西		3644~4242	9.8	0.13	细粒—砾	0.05	0.02			0.07	21.5
玛北		3012~3376	9.23	0.4	中粒—砾	0.18	0.09			0.29	21.4
沙窝地		5451~5457	14.2	15	细粒					5	
百口泉—乌 尔禾—风城	T₁b	731~1641	13.84	14.54	砂砾	0.18	0.1	0.07	0.1	0.52	25.1
沙窝地		5128~5133	9.34	5.47	砂砾	2.8			0.2	3	
玛北		3012~3377	7.8	1.12	中粒—砾	1.9			0.7	2.6	

粒间溶蚀孔隙，是粒间充填的胶结物如方解石、沸石类等受到明显溶蚀而形成的孔隙空间。此类孔隙主要发育于盆地东部三台地区克拉玛依组，主要是粒间方解石的溶蚀。其他层系虽也发育此类孔隙，但粒间溶蚀面孔率较低，对储层的储集性能贡献较小。粒间溶蚀孔隙的发育改善了储层的渗透性能，形成优质或潜在优质孔隙型储层。

基质收缩孔隙，与基质（主要是泥质和火山尘或细粒凝灰质）脱水、转化相伴出现的收缩作用而形成的孔隙。主要见于泥质或火山尘含量较高的百口泉组上段、白碱滩组下段、克拉玛依组等。

微孔隙或晶间孔，占据孔隙体积的绝大部分。包括高岭石晶间孔、黏土杂基微孔、粒间微孔和颗粒内微孔等，此类孔隙对渗透率的贡献甚小。

构造裂隙或微缝和贴砾（粒）缝，据镜下与钻井岩心观察，西北缘地区和盆地东部地区三叠系储层裂缝系统发育较差。贴砾（粒）缝主要发育于砂砾岩中，微缝沿颗粒周缘分布，构成微缝网络，此类微缝可能与收缩作用有关。

2）孔隙结构特征

盆地东部西泉地区，毛细管压力分析结果表明，三叠系整体孔喉大、喉道细、分选差（平均中值半径 0.47~1.92μm），百口泉组下段、百口泉组上段最大孔喉半径与中值半径差值较大，克拉玛依组稍好（分选系数 1.73），但排驱压力高，退汞效率也高。具体表现为百口泉组下段储集空间类型以剩余粒间孔和原生粒间孔为主，面孔率平均

2.04%，孔隙直径 9.87～135.5mm，喉道宽 5.13～18.3mm，平均孔喉比为 183.5，平均配位数 0.13；百口泉组上段孔隙类型多样，以剩余粒间孔和原生粒间孔为主，面孔率平均 0.79%，孔隙直径 7.14～130.5mm，喉道宽平均 11.18～26.8mm，平均孔喉比 200.0，平均配位数 0.58；克拉玛依组储层孔隙类型主要以粒内溶孔为主，面孔率平均 2.73%，孔隙直径 9.9～68.3mm，喉道宽 2.55～26.7mm，平均孔喉比 163.84，平均配位数 0.145。

盆地西部环玛湖斜坡区百口泉组储层孔隙结构为差—中等，具体为储层孔隙分选系数平均为 2.11，分选中等—较差；偏态为负偏态，歪度平均为 0.76；中值压力平均为 11.06MPa，中值半径平均为 0.14μm；排驱压力中等，平均为 0.58MPa；最大孔喉半径均值 1.59μm；毛细管半径均值为 0.41μm，以微细喉为主；退汞效率平均为 39.53%；毛细管压力曲线总体"平台"特征不明显，受沉积作用影响，泥质含量低的储层，相对"平台"特征更清晰。乌夏地区三叠系储集岩排驱压力一般在 1～4MPa，最大孔喉半径多在 0.4～4μm，基本属于细喉—微细喉，平均毛细管半径多小于 2μm，为小孔隙—微小孔隙。孔隙结构属小孔细喉—小孔微细喉、微小孔微细喉，评价为中上、中下、差。纵向上，克拉玛依组下段孔隙结构好于百口泉组，其次是克拉玛依组上段，但三个层位相差不大。平面上，断裂带最好，多为小孔细喉或小孔微细喉。山前冲断带稍好于斜坡区，两者多为小孔微细喉或微小孔微细喉。车排子—中拐地区三叠系储层的孔喉半径一般为 0.05～5.00μm，其中大于 2.50μm 的所占比例较小，一般为 5% 左右，平均孔喉半径 0.05～2.00μm。

总体来说，盆地西部三叠系储层孔隙小、喉道半径较小、孔喉连通性差，孔隙结构差—中等。

3. 储集物性特征

三叠系碎屑岩储层的储集性能变化较大，除与储层埋藏深度有关外，还与储层的物质组成、胶结程度和泥杂基含量、经历的埋藏历史和所处的构造变形强弱、古地温的高低等有关。

1）盆地东部

从层系上看，百口泉组上段和白碱滩组下段较差（表 6-11），而百口泉组下段砂岩的储集性质普遍较好。从区域上看，在吉木萨尔地区、三台和北三台地区及沙南地区储集性质较好，其次是火烧山地区、彩 31 井区和滴西地区，阜东斜坡区各层系储集性质最差，这是受埋藏深度逐渐增加的影响。

百口泉组下段砂岩的储集物性整体较优，其中北三台地区最好，平均孔隙度为 19.22%，平均渗透率为 153.92mD，其次是三台、沙南和火烧山地区，砂岩平均渗透率分别为 32.35mD、27.33mD、16.29mD，彩 31 井区和阜东斜坡区储集物性较差，渗透率分别为 9.85mD、0.53mD。

百口泉组上段砂岩储集性质整体较差，由于百口泉组上段普遍含泥质，且含量高，以充填孔隙和堵塞喉道为主，储集空间以基质收缩孔、基质微孔或晶间孔为主，因此应为区域性较差储层。

克拉玛依组主要分布于三台、北三台和阜东斜坡地区，三台、北三台地区砂岩储集物性较好，孔隙度平均分别为 17.12%、17.48%，渗透率平均分别为 29.28mD、24.65mD，阜东斜坡区由于埋藏深度较大、压实较强，物性较差，孔隙度平均为 6.46%，渗透率平均为 0.09mD。

白碱滩组下段主要分布于三台、北三台和阜东斜坡地区，由于砂岩粒级较细，泥质含量较高，储集物性较差。三台、北三台地区砂岩孔隙度平均分别为 12.59%、13.04%，渗透率平均分别为 9.95mD、1.68mD。

表 6-11 盆地东部不同地区三叠系储层物性统计表

地区	层位	深度 /m	岩性	孔隙度		渗透率	
				均值 / %	样品数 / 个	均值 / mD	样品数 / 个
三台地区	T_3b	1980~3119	中砂岩	19.9	26	21.1	11
			细砂岩	17.36	85	14.2	60
			粉砂岩	11.7	6	0.01	2
			总平均	12.59		9.95	
	T_2k	2634~3948	不等粒砂岩、砾岩	15.7	17	103.78	13
			粗砂岩	14.6	6	10.79	6
			中砂岩	19.8	40	62.32	40
			细砂岩	17	113	6.47	105
			粉砂岩	13.1	17	0.27	15
			总平均	17.1		29.28	
	T_1b_2	2355~2911	不等粒砂岩、砾岩	10.45	4	0.19	4
			中砂—粗砂岩	16.14	17	6.58	17
			细砂岩	12.24	17	4.89	15
			总平均	13.77		4.82	
	T_1b_1	1904~4218	粗砂岩	13.4	21	22.4	9
			细砂岩	19.3	59	34.58	42
			总平均	17.76		32.35	
北三台地区	T_3b	3054~3242	细砂岩	13.04	18	1.68	11
	T_2k	1684~3898	不等粒砂岩、砾岩	21.43	8	68.25	8
			粗砂岩	17.61	6	87.84	6
			细砂岩	17	43	19.58	37
			粉砂岩	18.95	34	29.14	13
			总平均	17.48		24.65	

地区	层位	深度 /m	岩性	孔隙度		渗透率	
				均值 /%	样品数 /个	均值 /mD	样品数 /个
北三台地区	T_1b_2	1632~4091	不等粒砂岩、砾岩	17	33	34.83	25
			中砂—粗砂岩	18.62	57	66.38	35
			粉砂—细砂岩	19.28	121	43.14	76
			总平均	18.75		17	
	T_1b_1	1851~2709	不等粒砂岩、砾岩	20.7	34	99.5	26
			粗砂岩	21.27	15	10.87	12
			中砂岩	19.43	35	559.53	29
			粉砂—细砂岩	18.5	119	56.18	91
			总平均	19.22		153.92	
沙南地区	T_1b_2	1311~1452	不等粒砂岩、砾岩	15.14	17	4.9	17
	T_1b_1	1540~1732	细砂岩	22.39	57	27.33	57
阜东地区	T_2k	3133~4643	砂岩—砾岩	6.46	21	0.09	21
	T_1b_2	3637~3639	细砂岩	10.5	9	0.04	9
	T_1b_1	3791~4992	不等粒砂岩、砾岩	10.94	22	0.53	8
火烧山地区	T_1b_2	957~1080	砂砾岩	12.76	7	15.4	7
	T_1b_1	1207~2036	粉砂岩—砾岩	11.6	7	16.29	7
彩31井区	T_1b_2	3011~3033	砂砾岩	10.36	11	1	10
	T_1b_1	3168~3249	砂岩—砾岩	13.79	9	9.8	9

2）盆地西部

盆地西部三叠系储层储集性质整体较好（表6-12），孔隙度平均在9.64%～19.12%间，渗透率平均在9.95～81.54mD之间，以砂砾岩储层为主。由于西北缘地区构造裂隙和微缝较发育，表现出一定的低孔隙度与相对高的渗透率，孔隙度与渗透率的相关性不明显。

百口泉组储层储集性质较好，孔隙度平均为7.48%～15.81%，渗透率平均为1.79～81.54mD；玛北、陆西、石西地区物性较差，孔隙度平均为7.48%～9.75%，渗透率平均为1.52～10.11mD。

表 6-12　西北缘—腹部不同地区三叠系储层物性统计表

地区	层位	深度 /m	岩性	孔隙度		渗透率	
				均值 /%	样品数 / 个	均值 /mD	样品数 / 个
车排子—中拐—五区	T_3b	1909～3668	不等粒砂岩、砾岩	13.11	22	10.3	20
			粗砂岩				
			中砂岩	13.27	11	8	11
			细砂岩	11.76	11	5	11
			粉砂岩	9.72	3	0.05	1
			总平均	12.59		9.95	
	T_2k	1745～3815	不等粒砂岩、砾岩	12.5	377	38.88	500
			粗砂岩	15.2	25	12.88	24
			中砂岩	13.4	62	3.58	58
			细砂岩	15.38	110	151.7	86
			粉砂岩	11.63	36	0.92	26
			总平均	13.17		80.97	
	T_1b	2556～3396	不等粒砂岩、砾岩	10.97	95	12	72
			粗砂岩				
			中砂岩				
			细砂岩	15.44	9	52.93	9
			粉砂岩				
			总平均	11.35		16.55	
百口泉地区	T_3b	1333～2716	不等粒砂岩、砾岩	12.95	155	64.42	129
			粗砂岩	17.6	47	113.9	46
			中砂岩	15.95	73	48.11	72
			细砂岩	11.9	44	1.5	42
			粉砂岩	10.36	9	0.21	6
			总平均	14.1		57.48	
	T_2k	1379～2690	不等粒砂岩、砾岩	11.8	1611	32.24	1276
			粗砂岩	12.19	80	13.2	77
			中砂岩	15.05	54	22.08	47
			细砂岩	11.6	108	1.09	71
			粉砂岩	11.75	30	1.78	19
			总平均	11.9		29.05	

地区	层位	深度 /m	岩性	孔隙度		渗透率	
				均值 /%	样品数 / 个	均值 /mD	样品数 / 个
百口泉地区	T₁b	1088～3387	不等粒砂岩、砾岩	11.3	494	69	307
			粗砂岩	12.05	29	12.33	29
			中砂岩	12.21	6	0.72	6
			细砂岩	11.4	23	4.98	20
			粉砂岩	10.65	10	2.12	8
			总平均	11.34		61.43	
乌尔禾地区	T₃b	1214～1236	不等粒砂岩、砾岩	19.12	10	20.92	10
	T₂k	819～1555	不等粒砂岩、砾岩	14.47	97	65.13	85
			粗砂岩	17.87	21	33.99	19
			中砂岩	19.77	24	211.4	23
			细砂岩	15.01	35	2.95	14
			粉砂岩	18.39	4	1.18	4
			总平均	15.78		77.12	
	T₁b	739～1970	不等粒砂岩、砾岩	14.35	174	81.54	148
风城地区	T₂k	1186～1831	不等粒砂岩、砾岩	17.67	5	43.71	5
			砂岩	12.21	8	0.48	8
			总平均	14.54		20.43	
	T₁b	618～1927	不等粒砂岩、砾岩	15.42	35	79.22	34
			砂岩	17.37	9	45.98	9
			总平均	15.81		73	
夏子街地区	T₂k	1135～2049	不等粒砂岩、砾岩	11.83	87	19.71	78
	T₁b	1539～2694	不等粒砂岩、砾岩	10.54	25	26.16	20
玛北地区	T₃b	2662～2982	细砂—中砂岩	7.63	8	0.81	8
	T₂k	3010～3469	不等粒砂岩、砾岩	9.46	37	0.78	37
			细砂—中砂岩	8.09	35	0.56	30
	T₁b	2897～3797	不等粒砂岩、砾岩	7.82	223	10.11	168
陆西地区	T₂k	3240～3792	不等粒砂岩、砾岩	10.1	20	1.27	19
	T₁b	3261～4496	不等粒砂岩、砾岩	9.4	100	1.52	95
			砂岩	10.1	14	0.28	13

地区	层位	深度 /m	岩性	孔隙度		渗透率	
				均值 /%	样品数 / 个	均值 /mD	样品数 / 个
石西地区	T_2k	4291~4293	不等粒砂岩、砾岩	8.85	11	1.45	11
			砂岩	9.66	20	0.16	20
	T_1b	4321~4455	不等粒砂岩、砾岩	7.48	37	1.79	37
沙窝地地区	T_2k	5451~5457	砂岩	14.2	14	15	12
	T_1b	5128~5133	砂砾岩	9.34	12	5.47	10

克拉玛依组储集性质也较好，孔隙度平均为 8.85%~15.78%，渗透率平均为 0.78~80.97mD；玛北、陆西、石西地区物性较差，孔隙度平均为 8.8%~10.10%，渗透率平均 0.67~1.27mD。

据物性分析数据，白碱滩组在百口泉和乌尔禾地区物性较优，平均孔隙度分别为 14.1% 和 19.12%，平均渗透率分别为 57.48mD 和 20.92mD，其次为车排子—中拐—五区，平均孔隙度为 12.59%，平均渗透率为 9.95mD，而玛北地区物性较差，平均孔隙度为 7.63%，平均渗透率为 0.81mD。

三、侏罗系储层发育特征

侏罗系是盆地分布最为广泛的一套层系，主要为一套三角洲、河流、湖泊沉积，各层系均发育有利储层。目前在西部隆起、陆梁隆起西部、盆地腹部的莫索湾凸起及其周缘、白家海凸起、阜康凹陷及东部隆起的三台地区获得油气发现。岩性主要为砂砾岩、含砾砂岩及砂岩，在盆缘地带各种岩性均可成为优质储层，在盆地腹部，优质储层主要为中砂岩—细砂岩，储层厚度一般为 5~20m，不同层系不同埋深储层物性变化大，非均质性较强。

1. 储层岩石学特征

侏罗系储层主要岩石类型为砂岩，在盆地边缘发育砂砾岩。储层在岩石学上表现为低成分成熟度、低胶结物含量和高结构成熟度的"两低一高"特征。八道湾组与西山窑组含煤地层砂岩具塑性岩屑和高岭石以及颗粒溶蚀压碎与压实作用较强的特征；头屯河组—齐古组具有由潮湿煤系地层向干旱气候地层砂岩过渡的岩石学特征。

侏罗系八道湾组、三工河组、西山窑组、头屯河组和齐古组砂岩的岩石矿物成分、含量和组合相似，均为长石岩屑砂岩和岩屑砂岩，除塑性岩屑含量和砂岩粒径外，其他特征在平面上的变化较小。

八道湾组、三工河组、西山窑组砂岩的粒级总体偏细，中粒和细粒砂岩约占砂质岩的 60% 以上，盆地边缘的车排子—中拐及哈特阿拉特山等地区的砂岩粒径偏粗。在层位上，三工河组、八道湾组砂岩的粒级较西山窑组要粗。西山窑组在靠近盆地边缘的车排子—中拐地区、盆地腹部的陆西地区粒级较粗，以砂砾岩、中—粗粒砂岩为主，约占砂质岩的 80%，其他地区粒径变细，中—粗砂岩约少于 50%；三工河组和八道湾组砂岩粒径普遍较粗，以中粒和粗粒砂岩为主，其次为砂砾岩和细砂岩。中—粗砂岩在盆地东部占 64%～81%，盆地西部占 85.6%，盆地腹部也高达 60%～75%。头屯河组和齐古组砂岩的粒级分布总体上较八道湾组—三工河组—西山窑组偏细。平面上的粒级分布特征与八道湾组类似，即车排子—中拐地区、陆西地区及南缘山前带粒级较粗，东部彩南地区、阜东斜坡及董家海子一带粒级要偏细些。

在碎屑颗粒组分上，砂岩中各组分含量为石英 22.8%～43.2%、长石 14.0%～26.5%、岩屑 39.6%～62.2%（图 6-2）。岩屑组成主要为火山岩岩屑，且以凝灰岩岩屑为主，其次为浅变质岩岩屑，如千枚岩和少量板岩与石英岩。具体而言，八道湾组各组分含量为石英 22.8%～40.5%，长石 14.0%～26.2%，岩屑 42.5%～62.2%；三工河组各组分含量为石英 24.8%～43.3%，长石 15.7%～23.5%，岩屑 39.6%～59.6%；西山窑组各组分含量为石英 27.0%～31.3%，长石 18.0%～26.5%，岩屑 40.7%～52.5%。

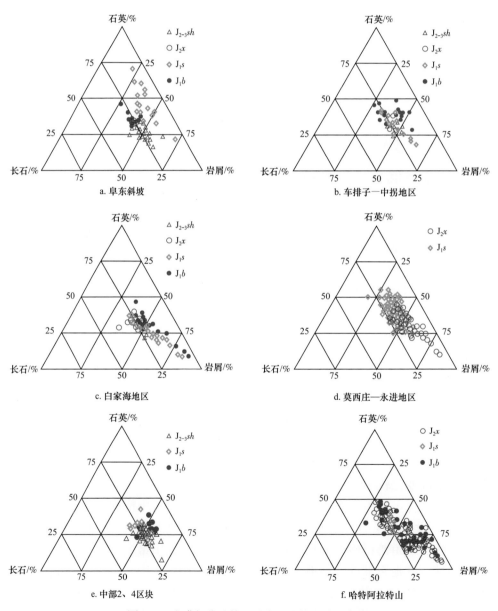

图 6-2　准噶尔盆地侏罗系岩石矿物组成三角图

与八道湾组—三工河组—西山窑组比较，头屯河组和齐古组的岩矿特点是石英含量偏低、岩屑含量偏高、粒级偏细、高岭石和硅质含量低。在碎屑颗粒组分上，石英含量15.0%～30.2%，长石含量17.0%～28.5%，岩屑含量48.8%～68.0%。岩屑组分与八道湾组—三工河组—西山窑组相似。在平面上，碎屑颗粒含量变化较大，东部的石英和长石含量明显偏低（17.0%～17.1%），而岩屑含量明显增加，达65.9%，比西部和盆地腹部约高16.9%和17.1%，这对于保存孔隙是不利的，西部和盆地腹部的碎屑颗粒含量基本相似。

砂岩碎屑颗粒组分和含量上变化较明显的是岩屑组分中的塑性岩屑含量的区域变化，总体呈现为西部低值区、盆地腹部高值区和东部居中的特点。其中，东部地区指阜东斜坡带的中南部及董家海子地区；西部地区指车排子至中拐一带；盆地腹部除莫索湾、莫北、石西和小陆梁等地区外，还包括阜东斜坡带的北部、东道海子及彩南地区。

东部地区八道湾组、三工河组、西山窑组砂岩的塑性岩屑含量平均值分别为5.4%、11.9%和4.8%。八道湾组砂岩的塑性岩屑含量变化较大，由北侧的6.6%～7.7%至南侧的3.8%～6.0%，即由北往南塑性岩屑含量逐渐降低，平均5.4%。三工河组砂岩的塑性岩屑含量的变化规律同于八道湾组，也由北侧的21.7%至南侧的9.1%～4.8%，平均11.9%。阜西南部的塑性岩屑含量很高，与该时期发育大量水化凝灰岩岩屑有关。西山窑组砂岩的塑性岩屑含量较低，其变化规律也不明显，区间为3.3%～6.3%，平均值为4.8%。西部地区八道湾组、三工河组、西山窑组砂岩的塑性岩屑含量平均值分别为3.6%、2.1%和4.0%，明显低于东部地区和盆地腹部。八道湾组砂岩的塑性岩屑含量为3.5%～3.8%，平均3.6%；三工河组砂岩的塑性岩屑含量为0～4.2%，平均2.1%；西山窑组砂岩的塑性岩屑含量为4.0%。腹部地区塑性岩屑含量平均值分别为9.3%、7.2%和10.5%。八道湾组的塑性岩屑含量7.7%～11.7%，平均9.3%；三工河组砂岩的塑性岩屑含量为5.1%～9.2%，平均7.2%；西山窑组砂岩的塑性岩屑含量7.8%～12.8%，平均10.5%。

砂岩中塑性岩屑含量的变化反映了沉积物的母岩性质和搬运距离。西部低值区可能对应于车排子—中拐沉积物源区和乌尔禾沉积物源区，沉积物的搬运距离约80km；东部中值区可能对应于博格达山和克拉美丽山沉积物源区，沉积物的搬运距离约120km；而盆地腹部高值区可能源于德仑山沉积物源区和伦3井—伦参1井沉积物源区的参与，沉积物的搬运距离约160km。八道湾组和西山窑组砂岩的塑性岩屑含量与沉积物搬运距离呈较好的正相关性；东部地区北三台三工河组砂岩塑性岩屑含量高于西部地区和盆地腹部主要受母岩性质控制所致。

八道湾组、三工河组、西山窑组砂岩的自生矿物含量、组合及填隙物总量相似且含量低。成岩自生矿物主要有（含铁）方解石、白云石、高岭石和硅质，总量一般在2.5%～4.5%之间。高岭石和硅质胶结物为八道湾组、三工河组和西山窑组砂岩中最普遍的自生成岩胶结物，每个组中高岭石的含量大部分在2.0%～3.0%之间，硅质含量大部分为5%～10%，表明其成岩环境基本相似。方解石除个别高钙质夹层外含量普遍较低，其次有菱铁矿、黄铁矿、沸石类和自生黏土矿物等。砂岩中填隙物总量一般为5.0%～8.0%。在层位上，八道湾组和三工河组砂岩填隙物含量相似，一般为3.5%～6.0%，西山窑组砂岩填隙物总量一般为6.0%～8.0%。头屯河组和齐古组砂岩的自生矿物含量、组合及填隙物总量相似。成岩自生矿物主要有（含铁）方解石、白云石、高岭石、方沸石和硅质，其总量一般小于3.0%，低于八道湾组—三工河组—西山窑组。高岭石仅见于陆西地区头屯河组，阜西南部零星见到。齐古组偶见高岭石。硅质在陆西地区少量出现（约0.5%），其他地区未见或微量。成岩自生矿物的组合特征是方沸石的出现，表明头屯河组和齐古组的成岩环境以中偏碱性水介质为主，而有别于八道湾组至西山窑组。填隙物总量小于5.0%，一般为1.5%～3.5%。

2. 储集空间特征

1）储集空间类型

准噶尔盆地侏罗系储集空间类型有原生粒间孔、粒内溶孔、铸模孔、胶结物内溶孔、颗粒缝等（图6-3），主要的储集空间类型为粒间孔隙。

粒间孔隙为侏罗系砂岩中显孔的主要孔隙类型，且基本为剩余原生粒间孔隙，微量或少量粒间溶蚀孔隙。粒间孔隙在侏罗系相对优质储层中均占优势，三工河组粒间孔占显孔比例大于80%的样品占了87.5%～97.6%。西部地区、陆西地区和彩南地区粒间孔占显孔的比例较高，基本在80%以上。在层位上，头屯河组和三工河组砂岩的粒间孔比例明显高于八道湾组和西山窑组。头屯河组—齐古组砂岩的粒间孔平均在81.3%～97.6%之间，三工河组为65.4%～90.1%；八道湾组和西山窑组在西区和陆西地区较高，为80.1%～90.0%，其他地区为37.2%～70.0%。粒间孔的发育程度与砂岩储集性呈较密切关系，砂岩渗透率小于0.9mD所对应的粒间孔占显孔的比例大部分小于65%。

颗粒溶蚀孔隙为侏罗系砂岩中显孔的次要孔隙类型。主要是长石和火山岩屑的选择性不均一溶蚀作用形成，包括颗粒边缘溶蚀、孤岛状粒内溶蚀孔隙、条纹条带状粒内溶蚀孔隙和铸模孔。此类孔隙在莫索湾和石西地区八道湾组、阜东斜坡西南部三工河组、永进地区西山窑组砂岩中为显孔中的优势孔隙类型，尤其盆参2井八道湾组颗粒溶孔面孔率平均为1.26%，占总面孔率的84.6%，其他地区的八道湾组和西山窑组颗粒溶孔也较发育，但颗粒溶孔的绝对量较低，一般小于1.0%；随着砂岩粒径变细和埋藏深度变大，颗粒溶蚀孔隙所占的比例显著增加。

微孔隙或晶间孔包括高岭石晶间孔、黏土杂基微孔、粒间微孔和颗粒内微孔等，但此类孔隙对渗透率的贡献非常小。与基质脱水、转化相伴出现的收缩作用而形成的孔隙，主要见于泥质含量较高的头屯河组和齐古组砂岩及车排子地区的八道湾组砂岩。这种孔隙类型所占比例很低。

胶结物溶孔主要有沸石溶孔、（铁）方解石溶孔和少量粒内溶孔，此类孔隙在准噶尔盆地主要见于腹部地区中—上侏罗统，在彩南及永进地区西山窑组、董家海子及阜东地区的头屯河组、齐古组较为发育。

在莫索湾、莫北地区三工河组与八道湾组刚性颗粒相对富集的中粗—粗砂岩中发育颗粒剪切裂纹，其他地区和层系无论是铸体薄片或是扫描电镜鉴定均未见或极少见到裂隙或微裂纹，岩心的宏观裂隙也仅见于致密的钙质夹层。

2）孔隙结构特征

侏罗系整体缺乏特粗喉道，孔喉分选较差，孔喉体积比较低，排驱压力较高，非饱和孔隙体积较高，迂曲度总体较低。其中八道湾组孔喉结构最差，多为微喉和细喉，三工河组孔隙结构相对较好，有粗喉和较细喉道。

图 6-3　准噶尔盆地腹部侏罗系主要储集空间类型

a. 征 11 井，4416.2m，J_1s_2，原生粒间孔，10×10（−）；b. 永 1 井，5879m，J_2x，铸模孔，40×10（−）；c. 沙 2 井，3389.85m，J_1s_2，粒间溶蚀扩大孔，10×10（−）；d. 沙 2 井，3389.85m，J_1s_2，粒内溶孔，20×10（−）；e. 征 1 井，4796.6m，J_1s_2，贴粒缝，10×10（−）；f. 庄 2 井，4368.84m，J_1s_2，颗粒压裂缝，10×10（−）；g. 庄 103 井，4379.01m，J_1s_2，高岭石胶结物晶间微孔，20×10（−）；h. 庄 2 井，4368.84m，J_1s_2，胶结物内溶孔，10×10（+）

喉道大小及分布。三工河组储层在滴西南凸起中粗孔喉和较细孔喉较多，平均达10.96μm，平均毛细管半径3.7μm；三个泉东平均孔喉半径9.48μm，平均毛细管半径3.9μm，与滴南凸起相比，非均性较强，中粗孔喉和微喉占的比例都较大，莫西庄地区平均孔喉半径0.1253～1.2409μm，平均0.5377μm，孔喉比在1.43～1.75之间，储层为大孔隙、细喉道。八道湾组储层孔喉结构较差，滴西南凸起平均孔喉半径0.9μm，平均毛细管半径0.32μm，主要为微喉和细喉，三个泉东也是同样如此，平均孔喉半径0.74μm，平均毛细管半径0.28μm。永进地区西山窑组孔喉结构最差，孔喉半径平均为0.108～0.153μm，最大孔喉半径为0.357～0.484μm，有28.27%～54.80%的孔隙喉道半径小于0.0248μm。对渗透率有贡献的喉道半径一般大于0.063μm，对于该区来讲，有30%～60%以上的孔隙喉道是属于无效的。

孔喉连通性。最大汞饱和度或非饱和孔隙体积百分数在一定程度上反映了砂体的孔喉连通情况。从统计结果看，随着层位的变新，连通性变好；车排子南段八道湾组最大汞饱和度平均为65.82%，三工河组最大汞饱和度平均为76.61%；三个泉东八道湾组最大汞饱和度平均为36.3%，三工河组最大汞饱和度平均为85.6%；卡因迪克地区最大汞饱和度平均为28.45%，连通性差。

结构系数总体表现了喉道的形态，即喉道的迂曲度，侏罗系储层结构系数均比较低。相同渗透率的储层，随着结构系数的增大，平均孔喉半径也随着增加；结构系数相同时，渗透率随平均孔喉半径的增大而增大；当平均孔喉半径相同时，渗透率随结构系数的增加而降低。总之，当渗透率较高时，结构系数对渗透率的影响较大，随着渗透率的减小，平均孔喉半径对渗透率的影响增大。一般情况下，孔喉较粗，分选性越好，储层的渗透性越好；平均毛细管半径、孔隙体积和最大孔喉半径与渗透率有良好的正相关关系。

3. 储集物性特征

侏罗系砂岩的储集物性变化较大。在平面上，盆地西部砂岩的储集物性整体上要优于东部和腹部（图6-4）。西部砂岩孔隙度分布区间为14.3%～19.7%，渗透率分布区间为39.8～297.9mD；东部砂岩孔隙度为11.9%～17.3%，渗透率为3.1～66.3mD；盆地腹部砂岩孔隙度为9.7%～15.9%，渗透率为2.3～51.7mD。

在层位上，三工河组的砂岩储集物性整体上要优于八道湾组和西山窑组，尤其显示在渗透率上（图6-4）。头屯河组—齐古组在埋藏深度较小地区保存了较好的储集物性，但在东部和西部仍差于三工河组，这是储层的岩性差异造成的。在相似埋深和岩性条件下，三工河组的储集物性最佳，其次为头屯河组—齐古组，再次为八道湾组和西山窑组。

1）八道湾组

八道湾组砂岩的储集性能除哈特阿拉特山、车排子等局部地区较好外，整体上属于特低孔特低渗储层范畴，砂岩的平均孔隙度仅为8.4%，平均渗透率为2.3mD。车排子地区砂岩平均孔隙度为14.1%，平均渗透率为68.8mD；乌伦古地区砂岩平均孔隙度为11.3%，平均渗透率为31.5mD；阜东地区储集性能较好，砂岩平均孔隙度13.6%，平均渗透率为49.8mD；董家海子储集性能较差，砂岩平均孔隙度为4.9%，平均渗透率为0.162mD，整体属于特低孔超低渗储层。

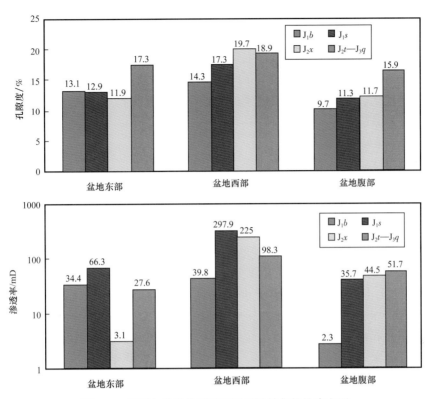

图 6-4　准噶尔盆地侏罗系不同组段储集物性直方图

2）三工河组

三工河组砂岩储集性能整体优于八道湾组，除阜东斜坡西南部和彩 35 井区由于砂岩粒级偏细储集性质较差外（孔隙度为 9.3%～13.1%，渗透率为 0.2～6.8mD），其余地区储集性质均较好。如准中地区孔隙度为 9.3%～25.1%，平均为 14.3%，渗透率达 1.9～802mD，平均为 74.96mD。即使砂岩孔隙度与八道湾组相近，其渗透率也明显偏高，这与三工河组砂岩的岩石结构有别于八道湾组有关。

3）西山窑组

西山窑组砂岩的储集性能平面上差异较大，盆地腹部的莫索湾地区和东部地区较差。彩南地区、阜东斜坡中部和西南部的砂岩平均孔隙度分别为 13.1%、13.1%、14.6%，平均渗透率分别为 2.7mD、9.2mD、0.9mD；莫北地区平均孔隙度仅 7.30%，平均渗透率仅 0.2mD；永进地区平均孔隙度为 6.7%，平均渗透率仅 0.37mD。储集性质比较好的地区见于西部和陆梁地区，中拐、陆西地区砂岩平均孔隙度分别达 19.7%、16.0%，平均渗透率为 225.0mD、88.9mD。这与中拐和陆西地区砂岩粒径变粗有很大关系。

4）头屯河组和齐古组

头屯河组和齐古组砂岩的储集性质整体较优，盆地西部储集性质较盆地东部稍好。车排子、中拐、陆西地区砂岩孔隙度平均分别为 16.9%、20.8%、15.9%，渗透率平均分别为 112.8mD、83.8mD、51.7mD；盆地东部的彩南地区、阜东地区及董家海子地区孔隙度平均分别为 16.04%、18.6%、12.4%，渗透率分别为 19.6mD、35.5mD、6.7mD。

四、白垩系储层发育特征

白垩系在准噶尔盆地广泛分布，主要发育河流—三角洲—湖泊沉积体系，地层厚度可达4500m。有利储层主要发育在下白垩统，在石西及陆梁地区取得较大规模油气发现，在车排子地区、哈特阿拉特山地区、永进及白家海凸起南部获得了油气发现。主要为砂砾岩储层，储层厚度3～20m。

1. 储层岩石学特征

白垩系储集体岩石类型可总体划分为三大类：砂岩类储集体，为主要储集体，以细砂岩、粉细砂岩为主，少量中砂岩，在车排子和陆梁地区广泛分布，莫索湾地区粒径偏粗，发育有中砂岩和粗砂岩；砂砾岩类储集体，主要分布于车排子南段清水河组底部及准噶尔盆地中部；灰（云）质砂（砾）岩类储集体，分布比较局限，多为夹层，见于卡因迪克地区和车排子凸起南部。

砂岩储层多为岩屑砂岩，砂岩成分成熟度总体较低，但不同地区纵向上的碎屑组分有一定变化（图6-5）。车排子南段不同层位碎屑组分变化不大，石英一般为29%～31%，平均30.34%，长石21%～23%，平均22.45%，岩屑42%～52%，平均47.21%。滴南凸起略有差异，随着层位的变新，有石英和长石含量均降低、岩屑含量升高的趋势，石英含量从38%降为15%，长石含量从33%降至15%，岩屑含量由36%升至65%。卡因迪克地区样品较少，代表性可能较差，岩矿特征总体变化不大，石英含量平均33.75%，长石含量30.75%，岩屑含量35.5%，岩屑成分中火山岩岩屑含量较高，千枚岩等塑性岩屑含量低，平均7.2%。车排子凸起中国石化探区春风油田清水河组样品集中在长石岩屑砂岩范围内；呼图壁组样品主要为岩屑长石砂岩，还有少量岩屑砂岩；胜金口组样品很少，为长石岩屑砂岩（图6-5）。石英含量为15%～48%，平均28.9%，长石含量19%～33%，平均24.5%，岩屑含量为31%～58%，平均47%，其中岩屑成分以火成岩岩屑和变质岩岩屑为主，沉积岩岩屑较少。准噶尔盆地腹部中国石化探区莫西庄地区石英含量为45%～75%，平均61.7%，长石含量为8%～40%，平均17%，岩屑含量为12%～40%，平均21.2%（图6-5）。

成熟度在平面上有一定变化，盆地腹部莫西庄地区成分成熟度总体相对较高（图6-6），其次为陆西地区，滴南凸起相对较低。除盆地腹部莫西庄地区外，清水河组在车排子南段成分成熟度最低；呼图壁河组陆南凸起稍高外，其他地区相差不大；连木沁组差异较大，滴南凸起最低，这主要与各地区物源及沉积环境差异有关。

砂岩结构成熟度较高、胶结物含量较低，各层系中泥质杂基含量普遍较少（图6-7），一般在1%左右；分选也多为好，少量中、差，均表明砂岩的结构成熟度较高。胶结物含量低，铁方解石或方解石含量相对较高，除车排子地区呼图壁组和连木沁组方解石含量超过20%外，其他地区清水河组和呼图壁河组较高，可达3%～5%，连木沁组最低，一般小于2%；普遍含方沸石也是白垩系的一大特点，车排子南段较高，卡因迪克地区清水河组最高，可达10%，一般为1.5%～2%，陆东地区较低，均小于0.5%；普遍含硅质，但一般不超过0.5%；除车排子南段清水河组砂岩中含少量高岭石外，其他地区基本上不含高岭石。另外，还含有少量黄铁矿胶结物，量非常少，一般小于0.3%。白垩系砂岩中自生黏土矿物虽然含量不大，但除了莫索湾以外，其他地区黏土

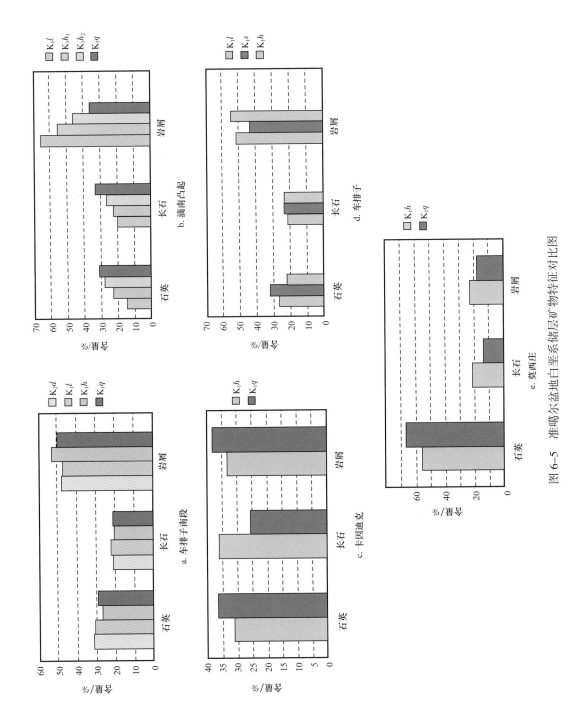

图 6-5 准噶尔盆地白垩系储层矿物特征对比图

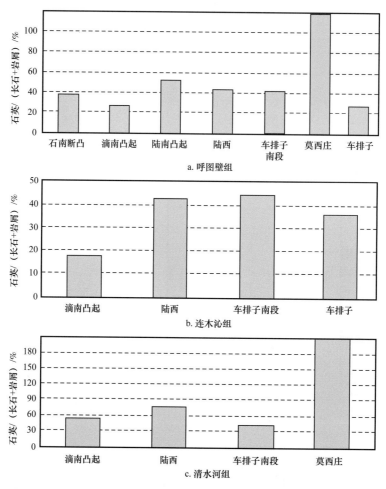

图 6-6　准噶尔盆地白垩系各组砂岩成分成熟度对比图

膜非常发育，成为白垩系砂岩储层独有的特征。莫索湾地区主要是由于发育强烈的石英加大，而取代了黏土膜，有的可隐约见到石英加大边包含有残余的黏土膜。由于黏土膜吸附较多的束缚水，对储层的电性和含油性解释有较大影响，这也是造成白垩系低阻油层的主要成因。

2. 储集空间特征

1）储集空间类型

准噶尔盆白垩系储集空间类型主要有粒间孔、颗粒溶蚀孔和胶结物溶孔，主要的储集空间类型为粒间孔隙。

粒间孔隙是白垩系砂岩中显孔的主要孔隙类型，且基本为剩余原生粒间孔隙，微量或少量粒间溶蚀孔隙。剩余原生粒间孔隙指原生粒间孔在机械压实、长石及石英的再生长或其他胶结作用充填后剩余的原生粒间孔隙，颗粒边缘无明显溶蚀现象。粒间孔的发育程度与砂岩储集性呈较密切关系。

颗粒溶蚀孔隙，为白垩系砂岩中显孔的次要孔隙类型。主要是长石和火山岩屑的选择性不均一溶蚀作用形成，包括颗粒边缘溶蚀，孤岛状粒内溶蚀孔隙，条纹条带状粒内溶蚀孔隙和铸模孔。

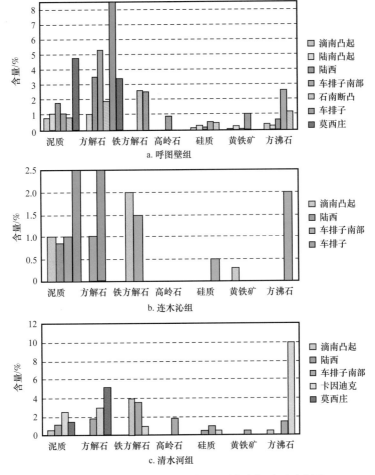

图 6-7 准噶尔盆地白垩系各地区填隙物平面对比图

胶结物溶孔，主要有沸石溶孔、（铁）方解石溶孔和少量粒内溶孔，主要见于白垩系底部粗岩性储层中。

2）孔隙结构特征

白垩系整体缺乏特粗喉道，孔喉分选较差，孔喉体积比较低，排驱压力较高，非饱和孔隙体积较高，迂曲度总体较低。

车排子南段多为细喉和较细喉，少量中粗喉道，平均孔喉半径 8.42μm，平均毛细管半径 2.63μm，同样显示孔喉较细；从层位上看，呼图壁河组孔喉最粗，连木沁组次之，清水河组最差。滴南凸起平均孔喉半径 7.87μm，平均毛细管半径 3.5μm；同样是呼图壁河组孔喉最好，发育有较多的中粗喉道，连木沁组次之，多为细喉和较细喉。清水河组均为细喉。卡因迪克地区喉道整体差，平均孔喉半径 0.31μm，平均毛细管半径 0.09μm。

最大汞饱和度或非饱和孔隙体积百分数在一定程度上反映了砂体的孔喉连通情况。从统计结果看，随着层位的变新，连通性变好；车排子南段白垩系最大汞饱和度平均 84.02%；滴南凸起白垩系最大汞饱和度平均 82.75%；三个泉东白垩系最大汞饱和度平均 86.41%。车排子南段和陆东地区白垩系孔喉配位数可达 4，一般 1～3，孔喉连通性较高，卡因迪克地区配位数低。

3. 储集物性特征

除卡因迪克地区外，白垩系储层储集物性普遍较好。车排子地区孔隙度平均20.94%，渗透率平均314.716mD，滴西南凸起孔隙度平均21.72%，渗透率平均260.09mD；三个泉地区孔隙度平均18.51%，渗透率平均5.57mD；卡因迪克地区为特低孔特低渗储层，孔隙度平均6.18%，渗透率平均5.35mD（表6-13）。

表6-13　准噶尔盆地不同地区白垩系物性统计表

地区	K₂d		K₁l		K₁s		K₁h		K₁q	
	孔隙度/%	渗透率/mD	孔隙度/%	渗透率/mD	孔隙度/%	渗透率/mD	孔隙度/%	渗透率/mD	孔隙度/%	渗透率/mD
滴西南凸起			28.16	529.84			21.81	258.3	16.43	2.08
陆南凸起							24.25	591.9	13.05	5.51
三个泉凸起东部							23.3	9.68		
石南断凸							25.38	584.1	13.72	1.47
陆西			29.62	460.43	31	727.6	26.75	607.5	21.58	369.8
车排子南段	22.25	110.4	20.17	166.22	27.68	1076	18.27	44.71	16.34	176.6
卡因迪克			5.5	0.126			9.47	0.229	2.9	8.47
准中2									16.86	45.86
准中4									13.2	23
莫西庄地区									12.9	99
车排子东段（扇三角洲）							28.2	163.2		
车排子东段（滩坝）							22.7	122.4		

清水河组在车排子南段为中孔中渗型储层，其他地区为低孔低渗型储层，平均孔隙度在13%～16.5%之间；渗透率相差明显，车排子南段可平均达176.59mD，其他地区基本上小于5mD。

呼图壁河组主要为中孔中渗型储层，夹有少量中高孔中高渗储层，石南断凸最好，车排子南段稍差。孔隙度一般大于20%，渗透率由十几毫达西到几百毫达西。

胜金口组在车排子南段物性较优，为中高孔中高渗储层，其他地区无样品。

连木沁组在滴南凸起为中高孔中高渗储层，孔隙度平均28.16%，渗透率平均529.84mD。车排子南段为中孔中渗储层，孔隙度平均20.17%，渗透率平均166.22mD。

东沟组在车排子南段为中孔中渗储层，孔隙度平均22.25%，渗透率平均110.38mD。

中国石化探区储层也同样发育，但是腹部地区储层主要发育在清水河组底部，储层物性以莫西庄地区最为有利，孔隙度为12%，渗透率平均99mD；其次为东道海子地区，孔隙度为16.86%，渗透率平均45.86mD；董家海子地区孔隙度为13.2%，渗透率平均23mD。车排子地区白垩系主要发育在东部，缺失清水河组，有效储层主要发育在呼图壁河组，由扇三角洲和滩坝沉积形成，扇三角洲沉积的储层孔隙度为28.2%，渗透率平均163.2mD，滩坝沉积的储层孔隙度为22.7%，渗透率平均122.4mD。

五、古近系储层发育特征

准噶尔盆地在古近系的油气发现主要分布于盆地西南缘的霍尔果斯、南安集海河、车排子凸起南端等地区。储层主要发育于安集海河组和紫泥泉子组，主要为扇三角洲—滨浅湖滩坝沉积。

1. 储层岩石学特征

从沉积组构上来讲，车排子地区古近系储层中石英含量较低，岩屑含量很高，而长石含量最低。石英含量一般在5%～20%之间，平均10.3%，其中砾质砂岩储层石英含量最低，细砂岩中石英含量较高，但一般低于40%。长石含量一般在0～15%之间，平均6.2%；长石类型以斜长石为主，次为钾长石。岩屑含量一般为65%～95%，平均83.5%，其成分主要为酸性喷出岩、凝灰岩，其次为硅质岩、泥岩及粉砂岩，可见石灰岩与白云岩岩屑。岩石薄片鉴定结果表明，储层主要为岩屑砂岩、长石岩屑砂岩（图6-8）。其中中粗粒砂岩或含砾砂岩、不等粒砂岩的岩屑含量最高，而细砂岩中长石含量一般较高。

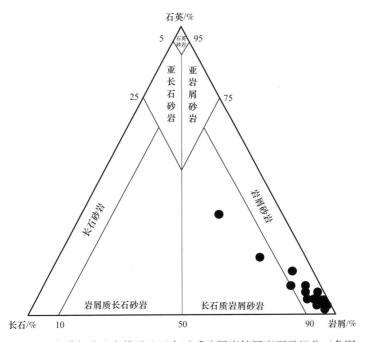

图6-8　准噶尔盆地车排子地区古近系碎屑岩储层岩石学组分三角图

不同岩类储层成分成熟度相似，成熟度指数（Cm）一般小于1，平均值为0.28，其中成熟度指数小于0.1的砂岩所占比例超过57%。一般岩石粒度越细成熟度越高。

砂岩填隙物组分一般为18%～40%，平均含量为26.3%。其中，泥质等杂基含量一般为 7%～28%，平均含量为 13.4%；胶结物成分以方解石为主，一般含量为 0～25%，平均为 12.9%。岩心描述发现泥质等填隙物分布普遍，特别是砂砾岩等储层。胶结物垂向分布不连续，仅在局部很发育，高杂基与强烈胶结是储层致密的主要原因。

胜利探区内储层具有多杂基、富岩屑的低成分成熟度特征。较低的成分成熟度不利于原生孔隙的形成和保存，另外，岩石中不稳定组分溶解可产生大量次生孔隙，在有些地区可形成有利的储层发育区。

2. 储集空间特征

1）储集空间类型

在盆地西缘车排子地区，砂岩储层储集空间分为原生剩余粒间孔和溶蚀作用形成的粒间溶孔、粒内溶孔及各种裂缝等类型。其中粒间溶孔是有效储层的主要储集空间。裂缝主要为成岩缝、溶蚀缝等。从大小上看，孔径一般为 15～100μm，以中孔为主；缝宽一般小于 30μm。

原生孔隙：本区主要为原生剩余粒间孔。原生剩余粒间孔有时被方解石、方沸石等早期胶结物充填。这类孔隙的颗粒边缘比较光滑，分布零星，常出现在分选较好的中粒砂岩储层中（图 6-9a）。

次生孔隙：主要由溶蚀作用产生的各种溶蚀孔隙，如粒间溶孔、粒内溶孔、填隙物内溶孔等。其中，粒间溶孔是本区储层的主要类型，其特点是孔隙不受边界限制，形状多样且不规则。被溶组分主要为岩屑、长石，此外有方解石、方沸石或白云石胶结物等，粒间溶孔较大，且孔隙连通性好，分布较广，是有效储层的主要孔隙类型（图 6-9b、c）。其次为粒内溶孔，表现为碎屑颗粒内部所含可溶矿物被溶解，或沿颗粒解理缝等易溶部位发生溶解形成的孔隙（图 6-9d、e、f）。多见于岩屑和长石粒内的溶蚀，岩屑粒内溶孔较为发育。粒内溶孔常与粒间溶孔伴生，但分布很不均匀。

微裂缝：碎屑岩裂缝整体发育较差（图 6-9g、h、i），主要见于春 50-9 井、苏 102 井等储层中。微裂缝包括溶蚀缝、成岩收缩缝、压碎缝等。前两者是主要的微裂缝，溶蚀裂缝一般沿颗粒边缘分布，对于孔隙的连通具有很重要的作用；此外，还有收缩缝和压碎缝，收缩缝多出现在杂基粉砂岩中，压碎缝出现在岩屑或长石的压碎（图 6-9i）。这些微缝隙宽度一般小于 30μm，但由于它们在本研究区分布局限，因此对粒间孔隙与粒内孔隙的连通起到的作用很小，但裂缝的存在会使得地下流体活动增强，进而为溶蚀孔隙的形成提供有利条件。总体看来，砂岩裂缝不甚发育，且分布具有很强的非均质性。

2）孔隙结构特征

在盆地西缘车排子地区，喉道类型可划分为 5 类。

Ⅰ类喉道：典型压汞曲线排驱压力一般小于 0.05MPa，最大进汞饱和度在 90% 以上，中值半径大于 5μm，饱和中值压力小于 0.5MPa，表现为喉道较粗、分选好、储集性能好的特征。

Ⅱ类喉道：压汞曲线排驱压力介于 0.05～0.2MPa，最大进汞饱和度在 80%～90%，饱和中值压力介于 0.5～2MPa，中值半径 0.5～5μm，表现为喉道较粗、分选较好、储集性能较好的特征。

Ⅲ类喉道：该类压汞曲线为负偏态中等孔喉型，物性中等，主要表现为中孔中渗或

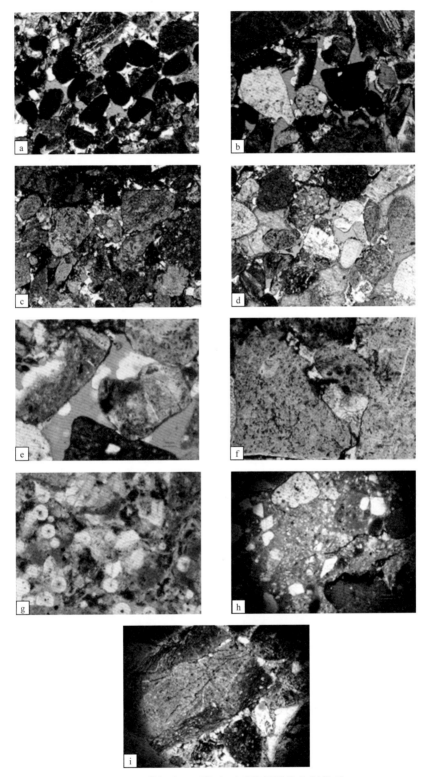

图 6-9　准噶尔盆地西缘古近系储层储集空间类型

a. 原生剩余孔，苏 102 井，2114.47m；b. 粒间溶孔，苏 101 井，2079.55m；c. 粒间溶孔，苏 103 井，2009.05m；d. 岩屑粒内溶孔，苏 102 井，2114.47m；e. 长石粒内溶孔，苏 101 井，2079.55m；f. 喷出岩长石斑晶粒内溶孔，苏 103 井，2009.05m；g. 溶蚀缝，春 50-9 井，1932.25m；h. 成岩缝，苏 102 井，2113.68m；i. 岩屑压碎缝，苏 101 井，2093.85m

中孔低渗特征，最大进汞饱和度在 70%～80%，排驱压力为 0.2～0.5MPa，饱和中值压力为 2～5MPa，饱和中值半径为 0.2～0.5μm。

Ⅳ类喉道：该类压汞曲线为负偏态细孔喉型，孔隙度较低，渗透率较差，排驱压力为 0.5～1.3MPa，最大进汞饱和度在 50%～60%，饱和中值压力为 5～10MPa，中值半径 0.05～0.2μm，表现为喉道很细、储集性能较差的特征。

Ⅴ类喉道：该类压汞曲线为负偏态微孔喉型，物性很差，排驱压力普遍大于 1.3MPa，最大进汞饱和度小于 50%，饱和中值压力大于 10MPa，中值半径小于 0.05μm。

3. 储集物性特征

车排子地区古近系储层具有良好的储集性能（图 6-10）。孔隙度介于 15%～20% 的占 26.53%，大于 20% 的为 55.68%，总体为特高孔储层；渗透率小于 50mD 的占 28.73%，介于 50～500mD 的占 43.73%，大于 500mD 的占 27.54%，总体表现为高渗储层。

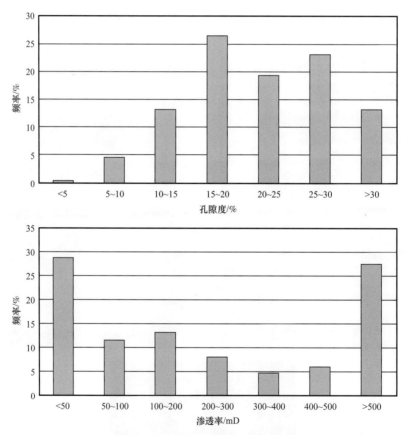

图 6-10　准噶尔盆地车排子地区古近系储集物性直方图

六、新近系储层发育特征

新近系储层主要发育于沙湾组，已在车排子凸起获得了规模发现。车排子地区钻井揭示新近系埋藏深度为 60～2075m，沉积厚度 83～252m，其中主力层系沙湾组一段沉积厚度 20～140m，平均厚度 75m 左右，储层厚度 10～120m。

1. 储层岩石学特征

储层岩石类型主要有砾岩、含砾砂岩、粗砂岩、中砂岩、细砂岩及粉砂岩。砾岩主要见于沙一段，呈块状，灰色，砾石磨圆呈次圆—次棱角状；沙二段也可见部分砾岩，多为重力流所形成，灰黑色或杂色，磨圆呈次棱角状。砂岩的颜色主要为灰绿色和灰色，砂岩类型主要为长石砂岩，此外还有岩屑砂岩及少量的石英砂岩，其磨圆主要为次棱角状—次圆状，分选中等到差，呈基底式胶结。

车排子地区新近系沙湾组岩石类型主要为岩屑长石砂岩，其次为亚岩屑砂岩（图6-11），砂岩碎屑颗粒分选、磨圆程度较差，成分成熟度介于0.54~3.17，平均为0.82，分选系数介于1.439~2.851，平均为1.84。碎屑颗粒中主要矿物类型为石英、钾长石、斜长石，其中石英含量33%~69%，钾长石含量5%~22%，斜长石含量8%~29%。岩屑以变质岩岩屑为主，含量15%~25%，沉积岩岩屑次之，含量3%~5%，部分样品云母含量高，达到10%，一般为1%~3%。杂基类型主要是泥质，含量3%~10%。胶结物类型以钙质胶结为主，其次为泥质胶结。其中方解石含量一般为2%~8%，白云石含量小于4%。黏土矿物含量为2%~10%，类型主要有高岭石、蒙脱石、绿泥石和伊利石，高岭石相对含量11%~24%，绿泥石相对含量11%~30%，伊利石相对含量12%~39%，伊/蒙混层相对含量22%~68%。

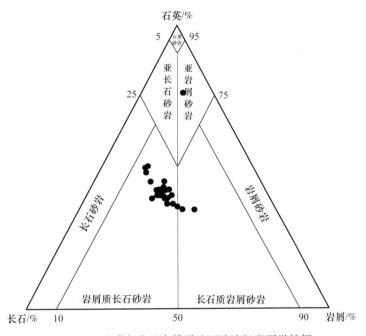

图6-11 准噶尔盆地车排子地区沙湾组岩石学特征

2. 储集空间特征

1）储集空间类型

沙湾组储集空间类型主要有原生粒间孔隙、次生粒间溶蚀孔、粒内溶蚀孔及微裂缝等（图6-12），其中原生粒间孔为主要的储集空间类型。

原生粒间孔，主要为残余原生粒间孔，该类孔隙占主导地位，未被充填的粒间孔多呈三角形或多边形，边缘整齐平直，常与次生粒间溶孔组合构成超大孔。

图 6-12　准噶尔盆地车排子地区沙湾组储集空间类型

a. 原生孔，排 202 井，1055.89m，×100（−），缩颈型以及片状弯片状喉道；b. 粒间溶蚀扩大孔，以原生粒间孔为主，排 202 井，1055.89m，×100（−）；c. 残余粒间溶蚀扩大孔，排 26 井，1425.56m，×50（−）；d. 原生粒间孔，局部可见溶蚀现象，排 607 井，277.4m，×100；e. 压裂缝及粒间溶蚀扩大孔，排 601-21 井，490.5m，×100（−）；f 粒内溶蚀孔，排 602 井，526.1m，×100（−）

　　次生孔隙，主要有粒间溶孔、粒内溶孔、胶结物溶孔及晶间孔隙，可见铸模孔，该区溶蚀作用相对较弱，次生孔隙总体较少，主要发育粒间溶孔和粒内溶孔，其中粒间溶蚀孔隙是较为发育的一种孔隙类型，被溶蚀碎屑颗粒组分主要为长石和岩屑。被溶蚀颗粒边缘极不规则，呈现港湾状，在一定程度上可增大原生粒间孔径；粒内溶蚀孔隙是碎屑颗粒内部成分被不同程度溶蚀后所形成的一种次生溶蚀孔，常见的粒内溶孔有长石溶孔和岩屑溶孔，粒内溶孔很少与粒间溶孔连通，对储集性能影响较小。

微裂缝，主要存在成岩收缩缝和颗粒内压裂缝，裂缝宽度一般较小，成岩收缩缝在成岩过程中形成，形状不规则，在缝内充填的方解石溶解而形成，压裂缝分布于碎屑颗粒内部，多见于粗砂岩及砾岩中。大部分不切穿颗粒，不同碎屑颗粒内压裂缝没有统一的方向，但主裂缝的延伸方向却存在一定的规律性。

2）孔隙结构特征

沙湾组储层孔径一般为 4.27～205.49μm，平均孔径 66.05μm，喉道宽度一般为 2.18～58.71μm，平均喉道宽度 15.96μm，孔喉比平均 4.13。沙湾组储层孔喉组合类型以中孔中喉型为主，具有良好渗流能力。沙湾组储层粒间孔隙按照结构又可分为大孔粗喉型、中孔中喉型和小孔细喉型（图 6-13）。大孔粗喉型孔隙度高，渗透率高，最大进汞饱和度可达 97.98%，毛细管压力曲线中间平缓段较长，位置靠下，孔喉分选较好，排驱压力小，储集物性好，是最优质孔隙类型，岩性以细砂岩为主。中孔中喉型孔隙度较高，渗透率较高，毛细管压力曲线排驱压力和中值压力都较大孔粗喉型高很多，最大进汞饱和度 68.47%～88.92%，岩性以细砂岩—含砾粗砂岩为主。小孔细喉型孔隙度一般为 5.7%～10.86%，渗透率低。毛细管压力曲线的排驱压力和中值压力都很高，储层物性差，主要由于灰质胶结所致。

图 6-13　准噶尔盆地车排子地区沙湾组铸体薄片下的孔喉分布特征

a. 排 602 井，526.4m，大孔粗喉型，单偏光，×100；b. 排 611 井，491.0m，大孔中喉型，单偏光，×25；c. 排 601 井—平 1 井，487.0m，中孔中喉型，单偏光，×25；d. 排 601-4 井，510.0m，小孔细喉型，单偏光，×100

3.储集物性特征

沙湾组平均孔隙度 30%～35.6%，渗透率 1206～9202mD，属于特高孔、特高渗储层（表 6-14）。

表 6-14　准噶尔盆地西缘新近系储集物性统计表

井区	孔隙度 /%	渗透率 /mD
排 612 井区	31.6	1000～2000
排 625 井区	32.1	1000～1500
排 602 井区	33.9	1000～1500
排 601-20 井区	35.6	2255～9202
排 609 井区	33.9	>1000
克拉玛依九区	30	1997

第二节　火山岩储层

火山岩储层是准噶尔盆地的重要储层，已在西部隆起、东部隆起、陆梁隆起发现了多个油气田（藏），主要以溢流相的火山熔岩及爆发相的火山碎屑岩为主。

火山岩储层主要发育在石炭系—下二叠统佳木河组。其中石炭系为一套火山岩—沉积岩混合建造，火山岩是主要储集类型，上、下石炭统均有发育；二叠系佳木河组沉积期处于裂陷初期，在西部隆起、东部隆起及玛湖凹陷均发育火山岩储层。目前，探区内主要在西部隆起的车排子凸起、哈特阿拉特山一带钻遇火山岩储层。

一、储层岩性岩相特征

准噶尔盆地火山岩岩性复杂多样，火山熔岩、火山碎屑岩、碎屑岩均有发育，主要发育熔岩类流纹岩、安山岩、玄武岩和火山碎屑岩类火山角砾岩、凝灰岩 5 种岩石类型，以流纹岩、安山岩、火山角砾岩为优质储层。

准噶尔盆地石炭纪—早二叠世火山喷发机制、不同地区构造环境差异大，不同层系、不同地区岩性组成具有一定差异性。通常，处于火山喷发中心部位能量强，岩性组合相对复杂，而距火山喷发中心距离稍远部位能量偏弱，岩性组合相对较为简单。

早石炭世杜内期整体属残留洋—岛弧体系，是下石炭统火山岩储层的主要发育时期，主要发育玄武岩—安山岩及其火山碎屑岩；在哈特阿拉特山一带见火山角砾岩—凝灰岩组合、火山碎屑岩—玄武岩组合、玄武岩—安山岩夹薄层沉凝灰岩组合三种岩石组合类型。晚石炭世巴什基尔期进入陆内裂谷发育阶段，表现为裂谷与残留海并存、北陆南海的格局，是上石炭统火山岩储层的主要发育时期，主要发育玄武岩—安山岩及火山碎屑岩，局部见流纹岩；在车排子凸起见安山岩—爆发相与凝灰岩组合、厚层凝灰岩夹薄层沉凝灰岩组合、厚层沉凝灰岩—凝灰质泥岩夹薄层凝灰岩组合等三种岩石组合类型；在木垒凹陷发育厚层玄武岩—安山岩。早二叠世处于陆内裂谷环境，以大面积陆相碱性双峰式火山岩发育为典型特征，主要发育了玄武岩—流纹岩及爆发相。

二、储集空间特征

1. 储集空间类型

准噶尔盆地火山岩储集空间类型按其形成阶段分为原生和次生储集空间类型两大类，前者形成于火山岩固化成岩阶段前，后者形成于火山岩成岩之后。据其成因、分布和特征具体划分出原生孔隙4种、原生裂缝2种、次生孔隙5种和次生裂缝3种（图6-14）。

1）原生孔隙及原生裂缝

原生孔隙包括气孔、晶间孔、粒间孔及冷凝收缩孔。气孔是准噶尔盆地火山熔岩的主要储集空间类型，呈圆形、椭圆形、葫芦形及不规则形态，大小不均，直径最大可达4～5mm，玄武岩中气孔最发育，安山岩、玄武安山岩次之，一般发育于溢流相上部，下部气孔发育程度降低；常被绿泥石、方解石、沸石、玉髓等矿物充填而形成杏仁体。晶间孔形状普遍不规则，多发育于斑晶、微晶间，大小不等，孔径一般小于0.2mm。粒间孔主要发育于火山角砾岩中，是火山角砾堆积以后形成并保存的角砾间孔隙，孔径较大，一般0.2～0.8mm，连通程度较差。冷凝收缩孔分布于斑晶外侧，总体数量少，孔径较小。以上四种原生孔隙，如果没有裂缝的进一步沟通或与其他孔缝相连，一般为无效储集空间。

原生裂缝细分为冷凝收缩缝、收缩节理缝。准噶尔盆地石炭系火山岩喷发时的环境为海相环境，有利于冷凝收缩缝的形成，多呈同心圆形、相平行的弧状；在厚层状玄武岩、安山岩中常可见三边形、四边形、六边形或多边形柱状节理，多被泥晶方解石、泥质和绿泥石充填，整体而言有效性较差。收缩节理缝为岩浆喷溢至地表而成，常发育于熔岩的顶部。

2）次生孔隙及次生裂缝

由岩石的成岩和成岩后阶段的溶解、溶蚀作用形成的次生孔隙是准噶尔盆地火山岩储层中分布较广和较为重要的一类储集空间，主要包括斑晶溶孔、杏仁溶孔、基质溶孔、粒内溶孔和粒间溶孔等5种类型，其中基质溶孔、粒内溶孔、粒间溶孔最发育。基质溶孔既见于玄武岩、凝灰岩玻璃基质中，又见于角砾熔岩和火山角砾岩的细火山碎屑物之中，孔径一般在0.01～0.2mm之间；粒内溶孔在溢流熔岩顶部和爆发相的火山角砾岩和凝灰岩最为发育，常见的粒内溶孔有长石晶屑内溶孔、长石斑晶内溶孔、岩屑粒内溶孔，多发育于喷发间断面及裂缝附近；粒间溶孔通常较大，常形成溶蚀扩大孔、伸长状孔隙等，孔径0.1～0.3mm，多发育于火山岩建造顶面不整合面之下、喷发旋回间断面之下以及断裂带中，受长时间风化淋滤作用以及在断层沟通带内有机酸溶蚀作用，溶蚀掉斑晶、火山角砾及晶间粒间基质，致使孔缝相连通，从而形成超大溶孔，形态一般不规则，孔径3～20mm。

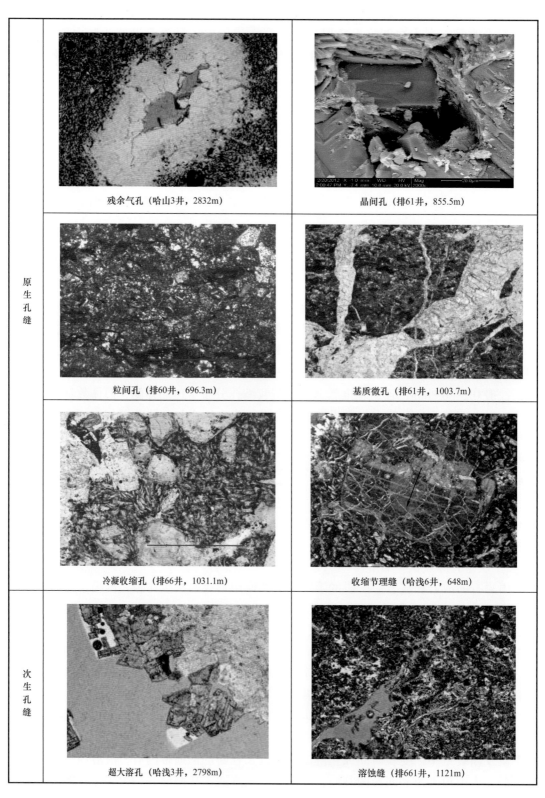

原
生
孔
缝

残余气孔（哈山3井，2832m）

晶间孔（排61井，855.5m）

粒间孔（排60井，696.3m）

基质微孔（排61井，1003.7m）

冷凝收缩孔（排66井，1031.1m）

收缩节理缝（哈浅6井，648m）

次
生
孔
缝

超大溶孔（哈浅3井，2798m）

溶蚀缝（排661井，1121m）

图6-14　准噶尔盆地火山岩储集空间特征

次生裂缝据其成因分为构造缝、溶蚀缝和风化缝。构造缝广泛发育，由不同构造级别和不同构造运动期次所产生，裂缝叠加效应明显，表现形式也十分复杂和多样，在准西北缘哈特阿拉特山地区极为发育。溶蚀缝包括在原来构造裂缝的基础上进一步溶蚀扩大形成的溶蚀缝、火山角砾岩中基质被溶蚀形成网状缝及火山角砾粒间被溶蚀形成次生裂缝等，这些裂缝比较宽，有效性也较好；风化缝主要集中发育于火山岩建造顶部不整合面附近，常与溶蚀孔、缝和构造裂缝交错相连，为后期构造裂缝复杂化或进入深埋后再受到热液溶蚀作用创造了有利条件。裂缝形成以后，在后期成岩作用过程中，被方解石、有机质（沥青、油迹）、黄铁矿、硅质、绿泥石等充填，受成岩环境影响，不同地区具有裂缝充填物类型多样、充填期次多样、组合形式多种的特点。哈特阿拉特山地区经历了多期构造逆冲推覆活动，构造缝是该区主要作用的裂缝类型，早期形成的构造缝，裂缝开度较大，局部可见原岩角砾，裂缝充填严重，固结致密，晚期构造缝部分开启宽度相对较小，延伸长度有限，部分晚期裂缝油气充填程度高。火山岩原生裂缝和早期构造缝受到后期热液作用及地表溶蚀作用的改造发生溶蚀可形成溶蚀缝。在近地表的环境下，在地表水、氧气等作用下，可形成风化缝。

不同的岩性其储集空间类型有差异，在富气的玄武岩顶部气孔发育，后期被方解石、碳酸盐、绿泥石充填和半充填后，形成半充填气孔，有时形成杏仁体；安山岩储集空间以杏仁溶孔、粒间溶孔、斑晶溶孔为主，见少量晶间孔、气孔；火山角砾岩储集空间类型主要包括基质溶孔、粒间溶孔、溶蚀缝和少量气孔；凝灰岩由于颗粒细小，仅发育各种微孔，主要是粒间孔，还有一些岩石蚀变形成的溶蚀孔等。

3）储集空间组合特征

火山岩储层储集空间类型多样，并且往往是以某种组合形式出现，而不是单独的存在。按照其构成要素，可划分为孔隙型、裂缝型和孔隙—裂缝型三类组合形式，其中以孔隙—裂缝型为主，其次为孔隙型。

裂缝—孔隙型：富含气孔或未完全充填的杏仁体的熔岩和富含粒间孔的火山碎屑岩受旋回面、期次面风化淋滤作用形成大量溶蚀孔、溶蚀缝，储层物性得到一定的改善，后期在褶皱或断裂等构造作用下形成大量的裂缝，使原本孤立的、互不连通的原生及次生孔缝相互连通，形成有效的储集空间。此类储层一般发育在火山角砾岩和流纹岩中，以溶蚀孔隙为主，裂缝相对较发育，孔隙度一般分布在2.15%～11.59%，平均为5.64%，渗透率一般分布在0.01～16.72mD，平均为3.87mD，综合评价为较好储层。

孔隙型：以溶蚀孔隙为主，在风化壳、旋回面、期次面附近，遭受强烈的风化淋滤作用形成大量的溶蚀孔缝，孔隙度增大，储层物性得到较大的改善，形成有效的储集空间。此类储层一般发育在流纹岩和凝灰岩中，岩心及薄片显示溶蚀孔隙非常发育，成像测井上孔隙结构明显，孔隙度一般分布在2.3%～10.1%，平均为5.18%，渗透率一般分布在0.1～12.28mD，平均为2.83mD，综合评价为较好储层。

哈特阿拉特山地区二叠系佳木河组火山岩储层储集空间类型以基质溶孔、溶蚀裂缝等次生孔隙为主，构造裂缝其次，原生孔缝较少（图6-15），表明本区储层受后期构造作用及溶蚀改造较强。

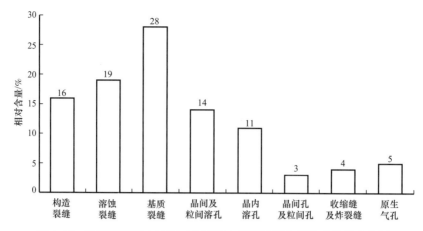

图 6-15　哈特阿拉特山地区二叠系佳木河组储集空间类型统计直方图

2. 孔隙结构特征

火山岩储层孔喉分布差异较大，共划分出三类火山岩储层孔喉类型。

I 类（粗态型）：该类储层孔隙度多在 15% 以上，渗透率大于 5mD，排驱压力较低，最大汞饱和度较高，平均孔喉半径在 0.63μm 之上，曲线整体呈向左下凸出，表明歪度较粗（图 6-16a）。该类孔隙结构主要发育在爆发相的岩性中，原生孔隙、次生孔隙都十分发育，裂缝较发育，且连通孔隙。

II 类（偏细态型）：此类储层孔隙度在 10%～15% 之间，渗透率大于 1mD，排驱压力较低，最大汞饱和度中等，平均孔喉半径大于 0.63μm。曲线整体向右上方靠拢，表明歪度偏细（图 6-16b），主要发育于火山角砾岩和各类熔岩中。

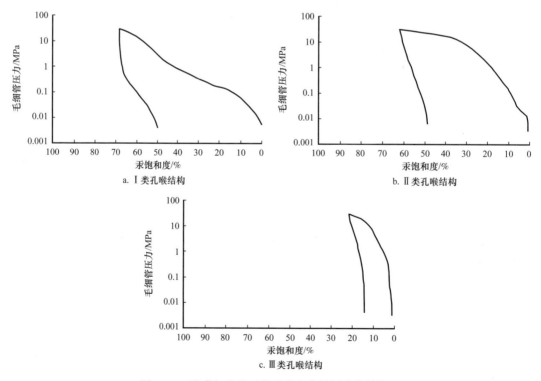

a. I 类孔喉结构

b. II 类孔喉结构

c. III 类孔喉结构

图 6-16　准噶尔盆地石炭系火山岩储层孔喉结构图

Ⅲ类（细态型）：这类孔隙结构孔隙度、渗透率都较低，最大汞饱和度小于40%，且排驱压力较大。表明样品的孔隙度低、连通性差（图6-16c）。这类储层主要发育在致密熔岩和熔结凝灰岩中，发育少量或基本不含基质溶孔，裂缝也欠发育。

三、储集物性特征

火山岩储层物性受岩性岩相影响较大。准噶尔盆地石炭系火山岩进一步可细分为火山熔岩、火山碎屑岩及沉火山碎屑岩三大类七种岩性，不同岩性物性差异较大。整体上属于特低孔—特低渗、低孔—低渗储层，其中火山角砾岩、安山岩、流纹岩储层物性较好。

1. 火山熔岩

玄武岩：基性火山熔岩，主要分布于哈特阿拉特山西地区，一般为灰黑色—棕黑色，多具粗玄结构，具斑状结构及微粒嵌晶结构，斑晶多为斜长石、橄榄石、辉石，基质多由小于0.25mm的针状—柱状斜长石组成，橄榄石多伊丁石化，辉石强烈褐铁矿化，基质中长石大多具有碳酸盐化、绢云母化和轻微硅化现象。石炭系储层有效孔隙度1.15%～6.5%，空气渗透率0.08～2.31mD；二叠系储层有效孔隙度1.7%～4.5%，空气渗透率0.01～2.45mD，整体较致密，在裂缝发育部位储层物性有所改善。

安山岩：中性火山熔岩，在准噶尔盆地哈特阿拉特山地区及车排子地区石炭系火山岩中所占比例较大，整体呈现灰色、灰白色、灰褐色、暗红等颜色，以发育斑状结构或交织结构为主，见块状构造及杏仁构造。斑晶为斜长石，含量45%～85%，受强烈的熔蚀作用影响，致使斑晶形态差异较大。石炭系有效孔隙度2.5%～11.7%，空气渗透率0.08～25.6mD，二叠系效孔隙度2.1%～7.6%，空气渗透率0.01～3.38mD，经后生改造作用物性有所改善，如哈特阿拉特山西前缘冲断带、推覆体前翼及车排子风化淋滤层附近的安山岩。

流纹岩：酸性火山熔岩，发育于哈特阿拉特山中段，呈灰白色、浅肉红色。斑状结构，斑晶成分主要为透长石和石英，其次为酸性斜长石，偶见暗色黑云母、角闪石斑晶，辉石少见；基质为霏细结构、球粒结构或玻璃质结构；常具流纹构造，优势发育气孔、杏仁构造。石炭系有效孔隙度0.7%～5.5%，空气渗透率0.01～2.38mD，二叠系有效孔隙度3.7%～14.5%，空气渗透率0.1～52.38mD，最高可达118mD。

2. 火山碎屑岩

火山碎屑物质含量在50%～90%，主要包括熔结火山碎屑岩及普通火山碎屑岩两类，前者包括熔结角砾岩及熔结凝灰岩，后者包括火山角砾岩及凝灰岩。

石炭系：熔结火山碎屑岩常形成假流纹构造，角砾间或凝灰物质间多充填细粒火山碎屑物质或火山玻璃，而普通火山碎屑岩偶尔可混入陆源物质，偶见粒序层理构造。火山角砾岩有效孔隙度5.8%～15.3%，空气渗透率0.5～20.3mD，属于Ⅰ—Ⅱ类储层；凝灰岩有效孔隙度1.3%～5.1%，空气渗透率0.05～10.3mD，整体属于Ⅲ类储层。

二叠系：火山角砾岩多为灰色、褐灰色，角砾含量一般大于50%，粒度介于2～64mm。岩石多具有典型的火山角砾结构，火山角砾交错搭成格架，格架间充填火山灰等物质，在后期地质作用下被酸性流体溶蚀，角砾棱角也被流体溶蚀呈次棱角—次圆状，裂隙、边缘充填方解石。有效孔隙度3.2%～9.5%，空气渗透率0.1～28.18mD。凝灰岩岩石通常为灰绿色，致密质脆，含有少量的岩屑、玻屑等。常具假流纹构造，偶具层理。有效孔隙度 1.9%～5.8%，空气渗透率 0.01～11.96mD。

3. 沉火山碎屑岩

该类岩性介于火山岩与沉积岩之间，在车排子凸起广泛发育。主要形成于远离火山喷发中心区，受到一定陆源物质的影响，往往与火山碎屑沉积岩呈互层产出，火山碎屑物质所占比例要达到 50% 以上，发育沉火山碎屑结构，块状构造。按照火山碎屑物质粒径大小，划分为沉火山角砾岩及沉凝灰岩，物性普遍偏差，有效孔隙度 1.8%～3.3%，空气渗透率 0.01～5.3mD，属于较差储层，沉凝灰岩局部地区可作为盖层。

四、储层分布特征

从准噶尔盆地岩相古地理、区域重磁、钻井揭示来看，火山岩储层主要分布于西部隆起—乌伦古坳陷—陆梁隆起东部—东部隆起一线，盆地腹部可能不发育火山岩储层。

下石炭统火山岩主要发育于杜内期的黑山头组—泰勒古拉组，姜巴斯套组底部局部地区有发育，主要为陆缘岛弧火山岩，以中基性火山岩为主。区域上广泛分布，在乌伦古坳陷主要呈带状分布。

上石炭统火山岩主要发育于巴什基尔期的巴塔玛依内山组，主要为陆内裂谷火山岩。受剥蚀作用影响，主要表现为残留分布的特征。在西部隆起、克拉美丽山西部及南部主要为安山岩及角砾岩；在博格达山周缘以厚层基性岩为主，具有板内大陆玄武岩的地球化学特点。

下二叠统火山岩分布较石炭系明显减少，主要发育于佳木河组，具陆相火山岩的特点，岩石组合以基性和酸性火山岩为主。主要分布于中拐凸起—玛湖凹陷—哈特阿拉特山一带，主要发育了玄武岩—流纹岩及爆发相；下二叠统风城组局部见火山岩发育。东部隆起到三塘湖盆地二叠系火山岩发育，盆内主要为爆发相。

单套火山岩储层厚度变化较大，一般为 10～300m。

第三节　储层发育控制因素

准噶尔盆地经历了长期的复杂构造沉积过程，储层发育层系、岩石类型、物性及空间分布等差异较大，有利储层的发育受到了多种因素的影响与控制。

一、碎屑岩发育控制因素

控制碎屑岩有利储层发育的因素很多，主要包括沉积环境、沉积后的成岩作用（如压实作用、胶结作用、溶解作用等）、快速沉积或异常超压、油气充注等。这些因素之间也是互相作用、互相制约，关系错综复杂，共同控制影响了储层发育。

1. 沉积环境

沉积环境是指沉积物（岩）形成时的特定的物理、化学和生物背景。沉积环境不但控制了储层的空间分布，同时由于不同沉积环境下形成的沉积物其沉积水动力条件及距离物源区的远近不同，所形成的砂体在骨架颗粒类型、分选、磨圆、粒度、粒径等方面具有显著差异性，进而影响了其储集物性的差异性，并对后期的成岩改造产生重要影响，这也是沉积环境控制碎屑岩储层物性好坏的主要原因。准噶尔盆地碎屑岩沉积环境主要有冲积扇、河流、三角洲—湖泊和扇三角洲—湖泊四大类，不同环境下储层发育具有明显的差异性。冲积扇、扇三角洲主要发育砾岩、砂砾岩储层，而河流、三角洲在盆内则主要发育砂岩储层。

1）冲积扇环境

冲积扇是组成山麓—洪积相的主体，广泛发育于准噶尔盆地盆缘古生界、中生界多个层系，与油气显示关系密切。露头及钻井揭示，准噶尔盆地发育两种类型冲积扇：旱地扇和湿地扇。

旱地扇在盆地周缘多个层系均有发育，如准西北缘下二叠统佳木河组、上二叠统上乌尔禾组及准东南中二叠统红雁池组、上二叠统泉子街组—梧桐沟组（下仓房沟群）、下三叠统韭菜园子组—烧房沟组（上仓房沟群）等，是盆地最常见的冲积扇类型。旱地扇形成于干旱—半干旱气候，主要发育暂时性（季节性）水流形成的具牵引流特征的水携沉积物及重力流作用形成的泥石流沉积物，总体具有沉积物粒度粗、岩性变化大、颜色驳杂、分选差—极差、成层性差、沉积构造不明显或块状构造发育等特点。泥石流沉积是旱地扇的重要组成部分，其次是河道、漫流沉积，筛滤沉积物较少。旱地扇主要发育砾岩、砂砾岩等粗粒碎屑岩，由于没有稳定的水道及湖水的淘洗作用，砂砾岩中泥质杂基含量一般较高，只有扇中和扇缘的部分沉积物物性条件相对较好，可以形成厚层块状叠置的低孔低渗的砂砾岩储层，大部分砂砾岩很难成为有效储层。如准东南柴窝铺凹陷红雁池组—下仓房沟群为一套火山岩屑为主的杂色砾岩与泥岩间互层，属洪积成因的山前磨拉石—类磨拉石建造，沉积物近源性强，成熟度低，储集性差。其中红雁池组多为块状砾岩，大小混杂，分选极差，填隙物发育，因而物性极低，实测平均孔隙度2.4%，渗透率小于0.05mD。坂参1井下仓房沟群厚度1128m，剖面呈下粗上细正旋回，以砾岩、砂砾岩为主，碎屑含量较红雁池组低，粒级亦相对偏细，填隙物仍较发育，平均孔隙度5.8%，渗透率2.01mD，较下伏红雁池组有一定改善，但依旧属极低孔—极低渗储层。上述分析表明，柴窝铺凹陷红雁池组—下仓房沟群旱地扇沉积物基本不具备储集条件。

湿地扇发育于潮湿气候区，其分布区年降雨量通常达1500～2500mm。发育常年性河流，河道固定，河流作用明显，以砂砾质辫状河道发育为特征，整个扇体及单旋回皆为自下向上变细的正旋回序列，单个扇体大，表面积可以是旱地扇的数百倍；湿地扇辫状河道发育，泥石流不发育，各种牵引流沉积构造发育，沉积物呈灰色、深灰色，缺乏红色沉积，常富含煤、碳质泥岩和灰黑色泥岩，植物化石常见；由于河流作用明显，湿地扇砾岩、砂砾岩结构及成分成熟度整体较旱地扇好，储集条件亦明显优于旱地扇。

与自然界中广泛分布的旱地扇相比，湿地扇相对少见，目前准噶尔盆地仅在西北缘哈特阿拉特山地区春晖油田侏罗系八道湾组一段1砂层组有发育。春晖油田八道湾组一段沉积期，哈特阿拉特山地区地形相对起伏大，气候温暖潮湿，雨量充沛，携带了大量的粗粒沉积物，在山前乌尔禾及百口泉一带沉积了大量的砂砾岩体，多期扇体错叠连片分布形成规模较大的湿地扇扇群。其中，湿地扇扇根分布范围小，呈孤立零星状分布于山前，扇中为主要的沉积亚相类型，扇缘呈细长的条带状，分布面积小。

春晖油田勘探实践表明，湿地扇沉积微相对储层物性及含油气性具有明显控制作用。八道湾组一段 1 砂层组沉积相、岩相、储层物性及含油气综合分析表明，湿地扇扇中亚相辫状水道及辫流沙岛微相砂砾岩、含砾砂岩及砂岩储集物性及含油性好，是油气富集的有利相带。扇中亚相（辫状水道、辫流沙岛）以强牵引流冲刷沉积为主，发育板状、槽状层理细砾岩、砂砾岩、砾状砂岩及砂岩岩相，储层孔隙度介于 22%～33%，平均孔隙度为 28.9%，渗透率介于 320～575mD，平均渗透率为 393.3mD（图 6-17），整体为高孔、中高渗储层，储层含油性普遍较好，多为油斑及油浸含油级别，富含油亦常见（图 6-18）。湿地扇扇根亚相为近源碎屑流成因快速堆积混杂块状巨、中砾岩岩相，其孔隙度介于 5%～17%，渗透率介于 34～180mD（图 6-17），整体为低孔、中低渗储层，储层含油性一般，多为荧光、油迹及油斑级别，以油斑和油迹为主，最高为油浸级别，但出现概率较低（图 6-18）。扇缘亚相发育片流—牵引流沉积的泥岩、泥质砂岩夹薄层砂砾岩，孔隙度介于 6%～23%，渗透率介于 10～103mD（图 6-17），整体为低孔低渗—特低孔特低渗储层，储层含油性差，荧光—油浸级别均有分布，但整体含油概率低（图 6-18）。例如，春晖油田哈浅 1 井侏罗系八道湾组一段 1 砂层组为扇中辫状水道沉积，储层岩性主要为灰褐色油斑含砾粗砂岩、棕褐色油浸长石细砂岩及灰褐色油斑细砾岩，荧光薄片分析揭示孔隙类型以粒间孔为主，孔隙连通成片，荧光下颜色主要为棕褐色，少量为亮黄色—黄绿色，强度暗，色差明显，含油量中等，填隙物主要为泥质和沥青，评价该套储层属于高孔、中渗储层。

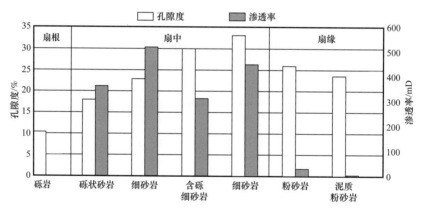

图 6-17　春晖油田侏罗系八道湾组一段 1 砂层组湿地扇不同相带储层岩性与储集物性关系图

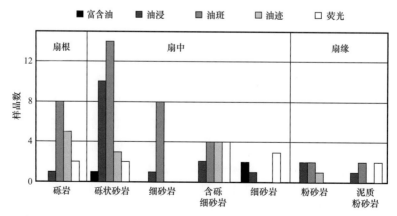

图 6-18　春晖油田侏罗系八道湾组一段 1 砂层组湿地扇不同相带储层岩性与含油性关系图

2）河流相环境

河流沉积广泛发育于准噶尔盆地古生界、中生界及新生界，主要发育辫状河及曲流河两种河流相类型。辫状河水动力条件强、迁移迅速、河道宽，砂体粒度粗（砂砾岩—细砂岩）、厚度大（50～100m）、分布广，有利储层主要为心滩沉积；曲流河水动力条件弱、弯曲度高、河道窄，砂体粒度细（细砂岩—粉砂岩）、厚度薄（5～30m）、分布局限，有利储层主要为边滩沉积。河流相储层是准噶尔盆地重要的储层类型，其中较为典型的是下白垩统清水河组辫状河储层及上侏罗统齐古组曲流河储层。

（1）辫状河流相。准噶尔盆地在早白垩世早期广泛发育典型的辫状河流沉积，特别是盆地腹部石南、石东、董家海子及阜东地区，在下白垩统清水河组底部沉积了厚度不等的以细砂岩、含砾细砂岩为主的较为稳定的砂岩层。董家海子白垩系清水河组底部广泛发育辫状河心滩沉积，砂岩层累计厚度在90～120m之间，为砂包泥地层结构，整体表现为下粗上细的正旋回沉积，心滩砂岩磨圆好、分选好、泥质含量低。其中，中下部为含砾细砂岩、细砂岩，单层厚度在10～20m之间，物性好，孔隙度在16.5%～25.6%之间，平均19.7%，渗透率在22.6～3320mD之间，平均1012mD；顶部为粉砂岩、泥质粉砂岩，单层厚度在2～8m之间，物性差，孔隙度在4.3%～13.4%，平均10.3%，渗透率在0.14～14.4mD，平均3.2mD。辫状河河道心滩微相的主体位置砂体岩性粗、单层厚度大，储层物性最好。

（2）曲流河相。晚侏罗世齐古组沉积期，准噶尔盆地腹部广泛发育曲流河沉积。曲流河边滩砂岩储层厚度一般在10～30m之间，单层厚度5～10m，表现为下粗上细的正旋回沉积。底部发育10～20cm含砾砂岩，为河道底部滞留沉积，向上逐渐过渡为细砂岩，为边滩沉积的主体，储层物性好，如董家海子地区孔隙度在12%～18%之间，平均15.9%，渗透率在2.06～466mD，平均118mD；顶部为粉砂岩及泥质粉砂岩，为天然堤与废弃河道，储层物性差。

3）三角洲—湖泊沉积环境

在准噶尔盆地内广泛发育多种类型的三角洲沉积。辫状河三角洲发育在准西地区的沙湾组、三工河组，莫西庄—永进地区三工河组二段一亚段；曲流河三角洲发育在莫西庄—永进地区三工河组一段、三工河组二段二亚段、八道湾组一段和三段，董家海子、东道海子地区的头屯河组。

曲流河三角洲河道较为稳定，不易发生迁移，沉积形成岩性较细，主要发育细砂岩、粉砂岩等；辫状河三角洲以（水下）分流河道砂为骨架砂体，分流河道多支并行，改道频繁，存在河道相互切割及叠加现象，导致砂体内发育夹层增多，储层非均质性增强，沉积形成粒度较粗，发育粗砂岩、含砾砂岩等。不同地区的同一沉积类型的储层受沉积母岩的影响较大，另外同一地区不同沉积微相的储层也有差别。

莫西庄—永进地区三工河组二段划分为上、下亚段，上亚段（$J_1s_2^2$）发育曲流河三角洲沉积，砂体主要发育在上亚段底部，平均厚度12m左右，整体表现为"泥包砂"的特征；下亚段（$J_1s_2^1$）发育辫状河三角洲，砂体厚度大，平均厚度60m左右，表现为"砂包泥"的特征。$J_1s_2^1$的辫状河三角洲储层孔隙度主体分布在2%～18%之间，渗透率主体分布在0.1～500mD之间（图6-19）；$J_1s_2^2$的曲流河三角洲储层孔隙度主体分布在2%～16%之间，渗透率主体分布在0.1～50mD之间。说明在同一地区由辫状河三角洲

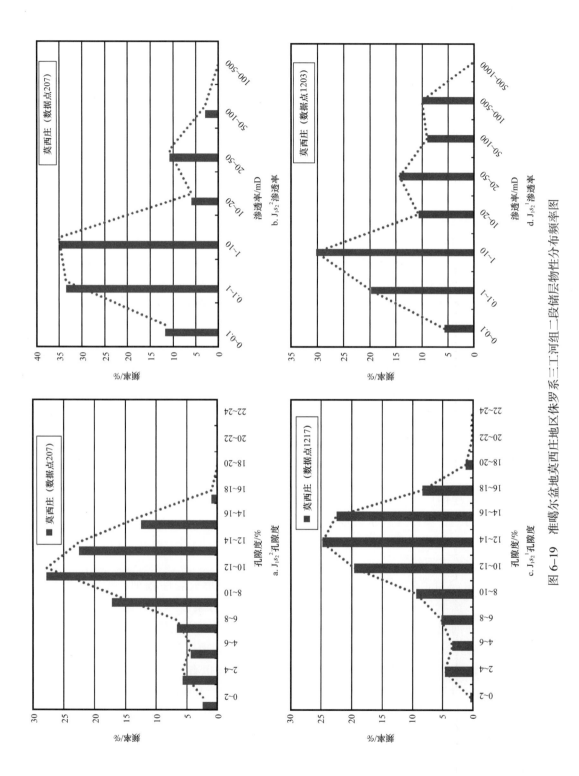

图 6-19 准噶尔盆地莫西庄地区侏罗系三工河组二段储层物性分布频率图

沉积形成的储层物性整体要好于曲流河三角洲沉积形成的储层，说明储层的厚度与物性关系，$J_1s_2^1$ 厚层砂岩储层物性明显好于 $J_1s_2^2$ 薄层砂岩储层。同时也间接反映物性与沉积相带的关系。

同一种沉积相内部不同沉积微相沉积形成的储层，其物性也是有差异的。沉积微相对储层储集性能具有较大的的影响主要表现在对煤系地层的发育、砂岩成分和结构成熟度、砂岩粒级的控制作用。莫西庄—永进地区 J_1s_2 主要发育曲流河（辫状河）三角洲前缘亚相，并细分为水下分支河道、河道间、河口坝、席状砂等 4 种沉积微相类型。水下分支河道微相岩性主要以含砾砂岩、平行层理粗砂岩、中砂岩、细砂岩等岩性为主，河道间微相岩性主要以粉砂质泥岩、泥岩为主，河口坝微相岩性主要以块状中砂岩、细砂岩为主，席状砂微相岩性主要以粉砂岩、泥质粉砂岩为主。因此，不同微相所控制储层的储集物性必然有所差别。水下分支河道与河口坝的储层物性较好，孔隙度大于 10% 或渗透率大于 3mD；而河道间、席状砂的储层物性较差，孔隙度小于 10% 且渗透率小于 3mD（图 6-20）。

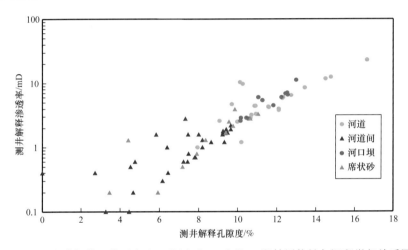

图 6-20　准噶尔盆地莫西庄地区侏罗系三工河组二段储层物性与沉积微相关系图

4）扇三角洲—湖泊沉积环境

扇三角洲主要发育在准西地区的八道湾组一段、八道湾组三段和三工河组、白垩系，莫西庄—永进地区北部盆 1 井西凹陷范围内的三叠系百口泉组、二叠系上乌尔禾组。此外在准西地区还发育一类特殊的受限扇三角洲。扇三角洲主要沿古沟道运移，在古沟道前端形成朵叶体沉积，主要发育砾岩、粗砂岩等。

沉积相带对储层物性具有一定的控制作用。百口泉组和上乌尔禾组均发育浅水扇三角洲沉积。三角洲平原亚相泥质含量高，储层物性差，前缘亚相储层泥质含量低，储层物性较好。玛湖凹陷的百口泉组平原亚相以砂砾岩为主，平均孔隙度 5.18%，平均渗透率 0.145mD；前缘亚相以细砾岩、含砾砂岩为主，平均孔隙度 12.2%，平均渗透率 2.87mD。中拐地区上乌尔禾组扇三角洲平原亚相发育砂砾岩砂体，厚度大，呈块状，物性较差，平均孔隙度 8.4%，渗透率 1mD；前缘亚相发育砾岩、砂岩，砂体厚度 10～20m，呈砂泥互层状，物性较好，平均孔隙度 10.0%，渗透率 2.4mD。盆 1 井西凹陷的沙 12 井百口泉组一段、百口泉组二段主要发育平原亚相，储层物性相对较差，泥质含量高，平均孔隙度 7.9%，平均渗透率 0.97mD，平均泥质含量为 23.4%；百口泉组三段发育平原亚相、前缘亚相、前三角洲亚相，前缘亚相平均孔隙度 13.4%；平均渗透率 7.57mD，平均泥质含量为 14.7%。

2. 成岩作用

砂岩储层物性变化受成岩作用的影响随埋深的增大而增大，主要表现为压实作用、胶结作用、溶解作用等对储层物性的影响。储层沉积后，随埋藏深度增加，在温度、压力、烃类充注等作用下，在压实作用的同时，流体性质也在不断发生变化，沉积物组分之间，沉积物组分与孔隙水之间，经历一系列水岩反应，对储层物性产生重要影响。但是在不同地区，以上各因素对储层影响的程度具有差异性。从准噶尔盆地腹部成岩阶段划分来看（图 6-21），侏罗系埋深 3500m 以浅处于早成岩期，储层储集空间类型主要为原生孔隙，成岩作用主要表现为压实作用，而胶结作用和溶解作用相对较弱。埋深 3500～5000m 处于中成岩 A_1 阶段，各成岩作用均较为强烈，储层物性受成岩改造较为明显。埋深大于 5000m 则基本处于中成岩 A_2—B 阶段，此时，储层压实已较为强烈，基本处于不可压实状态，主要表现为各种胶结作用和溶解作用对储层的改造。

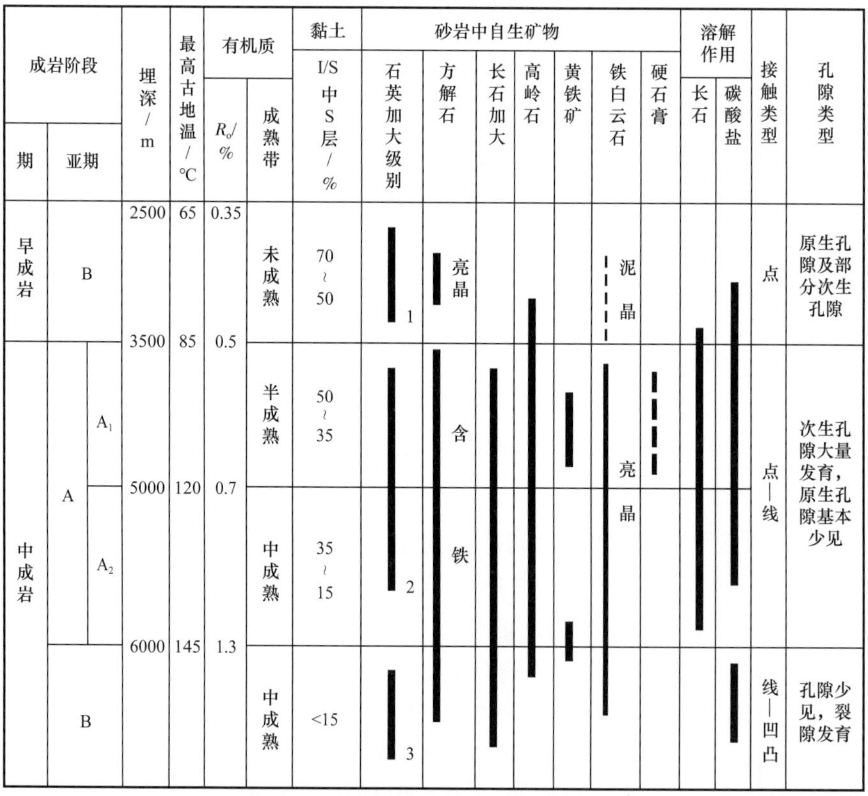

成岩阶段		埋深/m	最高古地温/℃	有机质		黏土	砂岩中自生矿物							溶解作用		接触类型	孔隙类型
期	亚期			R_o/%	成熟带	I/S中S层/%	石英加大级别	方解石	长石加大	高岭石	黄铁矿	铁白云石	硬石膏	长石	碳酸盐		
早成岩	B	2500 3500	65 85	0.35 0.5	未成熟	70～50	1	亮晶				泥晶				点	原生孔隙及部分次生孔隙
中成岩	A	A₁				半成熟	50～35		含			亮晶				点—线	次生孔隙大量发育，原生孔隙基本少见
		A₂	5000 6000	120 145	0.7 1.3	中成熟	35～15	2 铁									
	B					中成熟	<15	3								线—凹凸	孔隙少见，裂隙发育

图 6-21 准噶尔盆地成岩阶段划分图

1）压实作用

碎屑沉积物进入准同生期以后，随着埋藏深度的加大，上覆沉积地层加厚，负载压力加大，刚性颗粒相互挤压、旋转、错动，软碎屑（包括沉积岩屑、低变质岩屑和云母等）发生形变，使颗粒间的接触程度提高，孔隙度降低。压实作用的强弱主要受到两大因素控制，一是砂岩自身岩石学特征，如成分成熟度、结构成熟度和粒径等，二是砂岩所处的地质背景或盆地动力学特征，诸如埋藏深度、盆地的地热场、构造演化和构造形变作用等。

随埋藏深度的增加，砂岩压实作用也逐渐增强，砂岩压实损孔量也逐渐增大（图6-22）。浅层如车排子地区古近系和新近系储层，压实作用相对较弱，储层内骨架颗粒以点接触和呈漂浮状为主，储集空间以原生粒间孔为主，压实减孔量一般小于

图 6-22　准噶尔盆地压实作用特征

a. 排 202 井，1055.9m，N₁s，辫状河三角洲，颗粒呈漂浮状，压实作用较弱；b. 排 611 井，491m，N₁s，辫状河三角洲，颗粒呈点接触，方解石胶结抑制了部分压实；c. 排 20 井，1736.65m，N₁s，辫状河三角洲前缘，点—线接触，可见颗粒压实碎裂；d. 沙 1 井，3679m，J₁s，辫状河三角洲前缘，颗粒间呈线接触为主，反应较为强烈的压实；e. 征 1 井，4807m，J₁s，辫状河三角洲前缘，颗粒间呈线—凹凸接触，并定向排列，反应强烈的压实；f. 永 2 井，5999m，J₂x，压溶，刚性颗粒局部嵌入塑性颗粒中，反应强烈的压实作用

7%，而中—深层储层如侏罗系，压实作用相对较强，储层内骨架颗粒以线接触—凹凸接触为主，储集空间类型以原生粒间孔和次生溶蚀孔为主，压实减孔量一般可达到14%～25.6%。同时，同一地区不同层系压实减孔量具有规律性变化。如准噶尔盆地腹部地区侏罗系，砂岩压实减孔量总体规律为由八道湾组至头屯河组砂岩的压实减孔量逐渐减小（图6-23），其中八道湾组减孔量为18.9%～26%，平均为22.39%，莫西庄地区及莫索湾—莫北地区最大，车排子—中拐地区次之，而陆西和阜东斜坡带的中南部最小；三工河组砂岩的平均压实减孔量分布区间为17.6%～23%，平均18.83%，莫西庄地区及莫索湾—莫北地区最大，车排子—中拐地区次之，阜东斜坡带的中南部和陆西最小。西山窑组砂岩的平均压实减孔量分布区间为14%～20%，平均16.7%，莫西庄地区、阜东斜坡中部和彩31井区较大，陆西和中拐地区的压实减孔量偏低，主要与这两地区砂岩粒径较粗和埋藏较浅有关。头屯河组砂岩平均压实减孔量分布区间为13.8%～16.4%，平均15.1%。可以看出，自下而上，从八道湾组（22.39%）、三工河组（18.83%）、西山窑组（16.7%）到头屯河组（15.1%）储层压实减孔量逐渐减小。清水河组滴南凸起压实减孔量一般为6.4%～15.6%，而车排子南部地区白垩系各组压实减孔量为10%～15%（图6-24）。

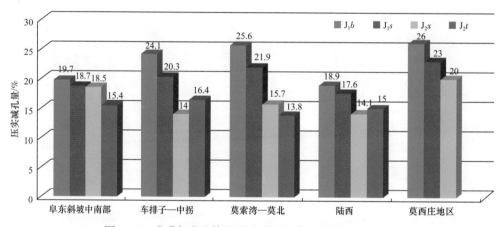

图6-23　准噶尔盆地侏罗系砂岩压实减孔量时空分布特征

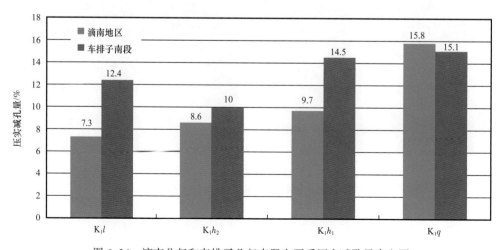

图6-24　滴南凸起和车排子凸起南段白垩系压实减孔量直方图

地温场对砂岩的成岩作用和孔隙演化产生显著影响，它不仅表现在提高水—岩反应速率，更主要的是显著加快了砂岩的机械压实作用。统计分析表明，在等深度上砂岩压实减孔量在东区最大，对应于较高古地温梯度区，如埋深 3000m 处东区砂岩减孔量为 24.1%，莫索湾和莫北地区为 18.7%，西区为 16.2%~19.0%，东区和莫索湾—莫北地区相差达 5.4%，其中除了东部砂岩中塑性颗粒岩屑含量较高使压实减孔量增加 1.5%~2.5%（平均为 2.0%）以外，其余 3.4% 的压实减孔量主要是由古地温梯度不同造成的（图 6-25、图 6-26）。

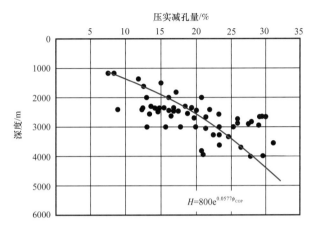

图 6-25　阜东斜坡区细砂—中砂岩压实减孔量与深度关系图

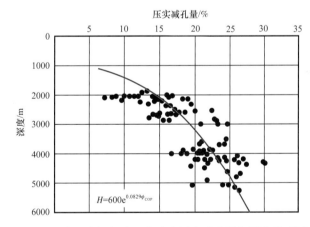

图 6-26　盆地腹部细砂—中砂岩压实减孔量与深度关系图

储层中塑性成分含量对砂岩的成岩作用和孔隙演化产生显著影响。沙窝地和莫西庄地区侏罗系物性较好的砂岩由于刚性颗粒含量高，在压实过程中多表现为刚性颗粒的旋转、错动、压断等变形行为（图 6-22c、d、e）。碎屑颗粒中刚性颗粒含量高，刚性颗粒间基本为点—线接触并伴随旋转错动后的似定向结构，常见长石颗粒的压断现象，压实后仍见大量残留孔隙。但在软岩屑含量较高的部分，同一地区的压实作用虽在强度上相似，但其表现形式和效果却大相径庭。由于软岩屑极易发生塑性变形，在较小力的作用下即可发生压扁压弯的现象，因而在埋深到一定程度时，其多与刚性颗粒间呈线—凹凸接触，部分凝灰岩屑等呈假杂基状充填在孔隙中。因此，塑性物质含量高的储层，在埋藏过程中因塑性岩屑发生假杂基化作用，粒间孔隙被假杂基强烈充填，使储集性能明显变差（图6-27）。

a. 庄2井，4361.05m，J₁s₂¹，10×10，正交光　　　　b. 征1井，4361.05m，J₁s₂¹，10×10，正交光

图 6-27　软岩屑含量不同的砂岩压实变形行为差异

砂岩在不同成岩水介质中的压实减孔量具有一定差异性。侏罗系八道湾组、西山窑组煤岩和碳质泥岩较发育，沉积水体主要为封闭、半封闭弱还原或还原环境，水体中富含有机质，水介质呈酸性，砂岩储层在岩石学上表现为低成分成熟度、低填隙物含量、高结构成熟度和普遍含有塑性岩屑"两低一高一普遍"特征，在基本相似的条件下，煤系地层中砂岩的压实减孔量大于非煤系地层（图6-28）。但不同粒级砂岩情况下，其变化特征有差异，随砂岩粒级变粗，煤系与非煤系砂岩的压实减孔量差值增大。如细砂岩与中砂岩两者之间的差值约2.8%，粗砂岩与中砂岩两者之间约差6.1%。煤系砂岩的减孔量的增大与煤系地层在同生期和成岩早期生成的油气或者有机酸并形成酸性成岩介质环境有关，这种水介质下，使储层一方面发生溶蚀，进一步减弱抗压能力，另一方面导致碳酸盐胶结物难以沉淀，从而不能进一步增强储层的抗压能力，使得煤系砂岩抗压能力整体较差，主要为低孔、特低渗致密储层。

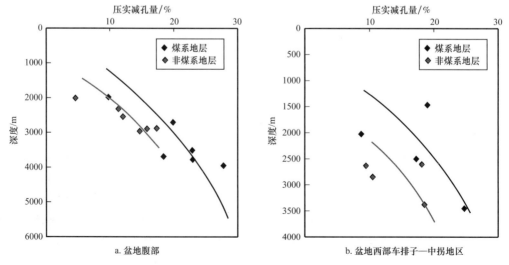

图 6-28　准噶尔盆地煤系和非煤系砂岩压实减孔量与深度关系图

根据准中地区碎屑岩储层孔隙度—埋深关系分布分析，埋深超过 4500m，储层基本处于不可压状态，在该深度段以下，储层物性分布范围较宽（图 6-29），孔隙度减小趋势明显变缓，有利储层受差异胶结和溶解作用的控制较为明显。

此外，对于山前带，不仅存在垂向压实作用，同时也存在构造挤压形成的侧向压实作用，即存在双向压实作用。准东南地区由于处于山前带，构造挤压活动强烈，储层除了垂向压实作用，侧向压实作用也不容忽视。在顺层切片的镜下薄片见碎屑颗粒定向排列、颗粒受挤压垂直线接触等（图 6-30）。侧向挤压力与距离山前的距离呈反比，如柴窝堡凹陷由于受依连哈比尔尕山及博格达山双向对冲，侧向挤压最强，吉木萨尔凹陷远离造山带，侧向压实最弱，远离造山带点及线接触增多，而凹凸接触关系减少；越古老储层经历构造挤压次数越多、时间越长，孔隙度越小，且山前带的孔隙度要比凹陷带的孔隙度都要小。

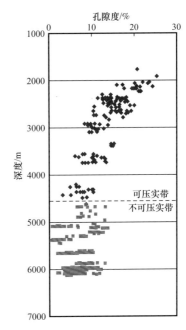

图 6-29　准噶尔盆地腹部地区碎屑岩储层孔隙度—埋深关系分布图

图 6-30　博格达山侧向挤压薄片特征（顺层切片）

2）胶结作用

准噶尔盆地储层胶结作用类型主要为碳酸盐胶结、硅质胶结、泥质胶结、硫酸盐胶结和铁质胶结等几种主要胶结类型（图 6-31）。其中碳酸盐胶结物主要以方解石胶结物为主，可见白云石胶结物和菱铁矿胶结物，硅质胶结主要表现为石英次生加大、长石次生加大及自生石英等，泥质胶结主要为各类黏土矿物胶结，硫酸盐胶结主要为石膏和硬石膏胶结，铁质胶结主要为黄铁矿胶结。整体而言主要以碳酸盐类胶结物为主。胶结作用对储层物性影响是双面的，一方面，早期适当的胶结可以增强骨架的抗压能力，并为后期溶解提供物质基础，有利于储层物性的保存和次生孔隙的形成；另一方面，后期的胶结作用会直接充填储层的储集空间，导致物性的降低。如果早期胶结严重，孔隙大量损失，后期地层流体难以进入，也不利于后期溶蚀作用的进行，导致储层变为非储层或

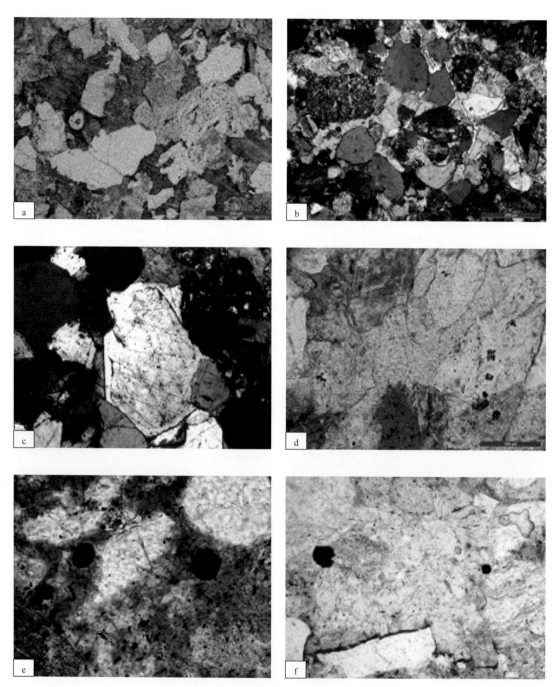

图 6-31　准噶尔盆地主要胶结物类型

a.沙 1 井，3620.5m，$J_1s_2^2$，方解石胶结；b.征 1 井，4791.7m，石膏、硬石膏胶结；c.庄 2 井，4368.84m，方解石及石英加大；d.庄 103 井，4379m，$J_1s_2^1$，粒间自生高岭石；e.排 1 井，766.31m，黄铁矿胶结物；f.排 1 井，766.31m，高岭石胶结

者差储层。

准噶尔盆地不同埋深、不同地区及不同层系的储层胶结作用差异悬殊，胶结程度在同一地区也常具有较大的差异性。胶结作用的强度在深度和平面上分布规律性较差，难以把握，其宏观评价难度较大，差异压实作用造成局部地层水介质封闭是胶结物差异性沉淀的一个主要原因。在埋深2500m以上的新生界，虽然胶结作用整体较弱，但也发育强烈胶结的致密层，在埋深大于3000m的中深层，也普遍存在胶结相对偏弱的储层，且胶结物含量与储层物性呈现明显的负相关（图6-32）。

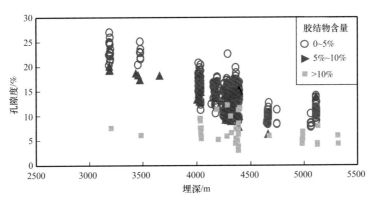

图6-32　沙窝地—莫西庄—征沙村地区三工河组不同胶结物含量下的储层孔隙度—深度关系图

3）溶蚀作用

溶蚀作用主要是砂岩中不稳定组分在地层水介质作用下发生溶解，主要表现为骨架颗粒（如长石、石英、易溶岩屑等）及胶结物（如方解石胶结物等）的溶蚀，颗粒边缘被溶成港湾状粒间扩大孔、颗粒内溶孔，有些颗粒可以被完全溶蚀成铸模孔。对于中深层而言，溶解作用是储层物性改善的重要因素。根据准中地区侏罗系铸体薄片镜下观察来看，溶解作用主要表现为长石颗粒及碳酸盐胶结物的溶解，也可见少量石英颗粒及其加大边的溶解（图6-33）。

溶蚀作用与地层沉积后被暴露侵蚀的时间以及埋藏阶段地层流体的开放程度有很大关系。以永进地区为例，溶蚀作用对侏罗系—白垩系储层质量的改善起到了至关重要的作用。被溶蚀的组分包括碎屑长石、岩屑、泥质杂基等多种易溶组分，并形成了大量的次生孔隙，较大程度地改善了储层的储集条件。据镜下对永进地区侏罗系—白垩系100多个砂岩铸体薄片的观察发现，永进地区侏罗系—白垩系砂岩储层的储集空间几乎全为孔隙，基本见不到裂缝或仅偶见裂缝。该区储层孔隙主要为原生粒间孔和粒间溶蚀扩大孔，且溶蚀孔隙占了较大部分，达53%以上，溶蚀作用相当强烈（图6-34）。准中地区庄1井侏罗系三工河组面孔率统计显示，溶蚀孔隙占到了整个砂岩面孔率的20%～40%，而在溶蚀作用普遍发育之前，砂岩在压实、胶结作用下，原生孔隙已大部分损失，只留下了6%～7%的面孔率。溶蚀孔隙的增加，提高了砂岩面孔率，最高可达10%～12%。

准噶尔盆地腹部地区次生溶蚀孔隙主要形成于早期成岩阶段的大气淡水溶蚀，部分与晚期酸性成岩水有关。由于区域构造运动，莫西庄—永进地区缺失了中侏罗统头屯河组和上侏罗统，在侏罗系西山窑组与白垩系底部清水河组之间形成角度不整合面。不整

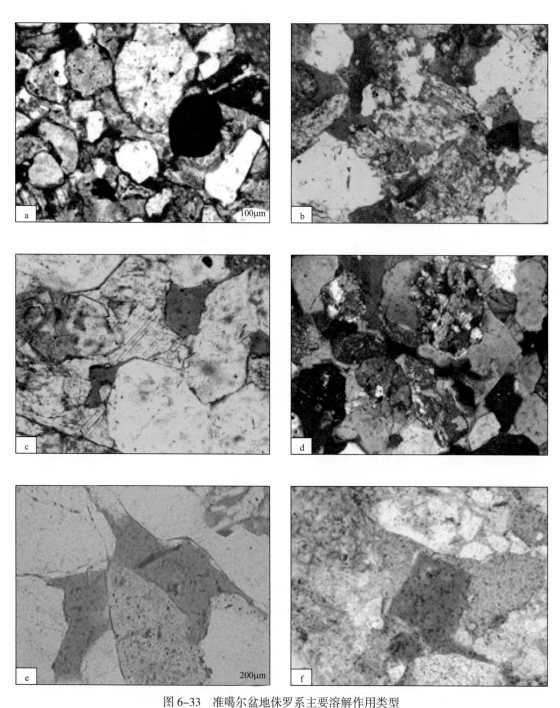

图 6-33　准噶尔盆地侏罗系主要溶解作用类型

a. 董 3 井，5239.45m，J_2t，颗粒强烈溶解；b. 庄 2 井，4351.38m，J_1s_2，长石强烈溶解；c. 庄 2 井，4368.88m，J_1s_2，方解石胶结物溶解，单偏光；d. 庄 2 井，4368.84m，J_1s_2，方解石胶结物溶解；e. 庄 101 井，4344.9m，石英颗粒及其加大边发生溶解；f. 排 61 井，75.65m，长石颗粒完全溶蚀形成的铸模孔合面以下储层发生以淡水溶蚀为主的成岩作用，溶蚀矿物包括长石、岩屑、泥质和方解石等，形成了较多的次生孔隙，如永8、永2井在J/K不整合面以下100m的范围内，孔隙度明显出现正异常（图6-35），这说明淡水溶蚀作用改善了侏罗系储层的孔渗性。

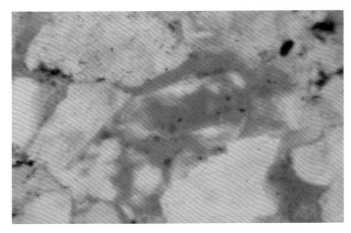

图6-34　永进地区永1井5882m（J_2x）长石强烈溶解

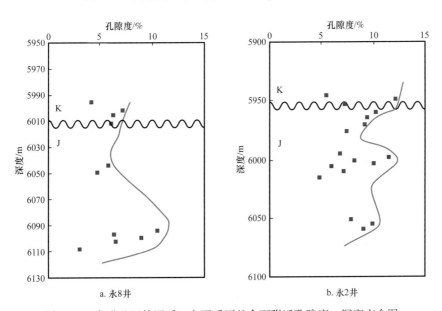

图6-35　永进地区侏罗系—白垩系不整合面附近孔隙度—深度交会图

3. 其他因素

1）超压

异常超压的存在，降低了储层的压实强度，可使异常超压层段保存较高的孔隙度。准中探区莫西庄—永进地区在超压段普遍发育了较高孔隙度的储层。根据正常压力段孔隙度随深度的变化趋势，储层砂岩应随深度增大而减小，而在超压发育带呈现异常高孔隙度带（图6-36），超压段孔隙度为20%~25%。永进地区侏罗系西山窑组虽然埋深近6000m，仍保留了大量的原生粒间孔（图6-37），与超压的发育有直接的关系。值得注意的是，在正常压力段孔隙度与渗透率之间具有较好的相关性，而在异常超压段孔隙度与渗透率之间相关性不明显，说明在异常超压段影响渗透率的因素比较复杂，比如塑性

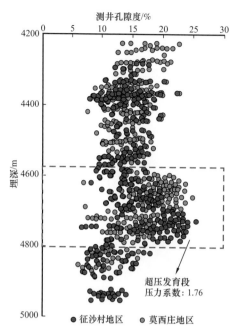

图 6-36 准噶尔盆地莫西庄—征沙村地区
侏罗系储层孔隙度纵向分布特征

岩屑在超压作用下堵塞孔隙喉道。

2）油气充注

深层往往存在多期成藏，早期油气充注后减缓或者阻止了水岩反应的继续进行，导致胶结物沉淀减缓或停止，同时有机酸的进入增强了酸性溶蚀作用，从而导致深部异常高孔隙度和渗透率层段的存在。准中地区普遍发生过多期油气充注。以征沙村地区为例（图 6-38），该区主要有三期油气充注，主要成岩过程在第一和第二期，其第一期规模成岩期末，充注大量原油后演化成现今的孔隙沥青。后期原油的充注受早期破坏的碳质沥青影响较大，在孔隙边缘与颗粒接触的狭窄处，存在荧光下呈黑色的碳质沥青残余，整个孔隙内有显黄白色荧光的油质沥青存在，且在长石解理缝内可见少量黄色荧光的充填。早期油气充注不但能够影响成岩作用、占据孔隙，且能够改变储层润湿性，降低晚期低孔渗条件下的充注动力。

图 6-37 永进地区永 1 井埋深 5876m（J_2x）超压
段储层微观特征

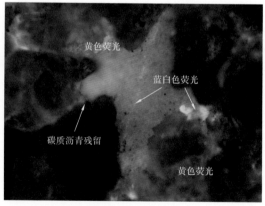

图 6-38 征沙村地区征 1-1 井三工河组二段储层
油质沥青荧光特征

二、火山岩储层发育控制因素

火山岩储层受多种因素共同控制。准西北缘石炭系火山岩有利储层主要受岩性岩相、构造作用和淋滤溶蚀作用的共同控制。其中岩相是储层形成的基础，构造作用促进了裂缝的形成与风化壳储层的发育，淋滤溶蚀作用制约了储层的纵向发育及展布。

1. 岩性岩相

1）火山喷发环境及火山机构类型

准噶尔盆地火山岩主要形成于岛弧及裂谷两种构造背景。准西北缘石炭系火山岩形成于陆缘岛弧背景，形成亚碱性系列安山岩，岛弧环境火山岩体以链状分布；下二叠统火山岩形成于大陆裂谷背景，形成陆相碱性双峰式火山岩，裂谷环境火山岩体常以厚层状分布。

按火山活动时沉积水体环境，可将火山岩分为陆上喷发火山岩和水下喷发火山岩。车排子地区发育典型淬火作用下火山产物，为水下喷发火山岩；哈特阿拉特山地区火山岩则发育典型陆上环境喷发产物特征，如岩石整体呈现氧化色、发生橄榄石氧化环境下伊丁石化蚀变以及发育大规模的气孔杏仁构造。陆上喷发环境原生气孔较为发育，后期溶蚀改造较为强烈，而水下喷发火山岩裂缝性储集空间较为发育，但总体比较认为陆上喷发环境储集性能可能优于水下喷发环境。

准噶尔盆地发育两种火山机构类型：中心式喷发火山机构和裂隙式喷发火山机构。哈特阿拉特山地区石炭系火山岩为岛弧背景下中心式喷发火山机构类型，发育爆发—溢流—火山沉积相组合；车排子地区石炭系火山岩为裂隙式喷发火山机构类型，发育溢流—火山沉积相组合。

2）不同岩性岩相火山岩储层物性特征

火山岩岩相主要可划分为爆发相、溢流相和火山沉积相三大相类型和六种亚相，另外还发育火山通道相及次火山岩相，但分布范围及规模较小。

岩性岩相作用是优质储层发育的基础，不同的岩性岩相在地质条件类似的情况下，储层的成储概率和物性条件不尽相同（图6-39）。爆发相火山角砾岩及溢流相流纹岩可供溶解的组分（长石晶屑、玻屑、火山灰、长石斑晶和玻璃基质）种类多，数量也多，形成的次生孔隙也多，物性明显改善，孔隙度平均5.4%，渗透率平均2.7mD；溢流相玄武岩可供溶解的组分（主要是长石斑晶、玻璃基质）种类少，数量也少，形成的次生孔隙也少。

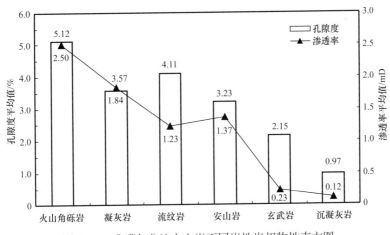

图6-39 准噶尔盆地火山岩不同岩性岩相物性直方图

同一岩相中，不同喷发部位其气孔、裂缝发育程度差异较大。溢流相中上部气孔、杏仁较为发育，且气孔、杏仁体自下而上具有密度逐渐变大、半径逐渐增大以及形状从圆形向椭圆形转变的特点，溢流相下部气孔杏仁体不发育。在气孔杏仁玄武岩发育段由于杏仁体中含有大量如沸石、方解石等塑性矿物而致使抗风化能力较弱，形成大量的溶蚀孔隙，而在中部致密玄武岩段，其岩性较为致密，抗风化能力较强，难以形成优质储层（图6-40）。

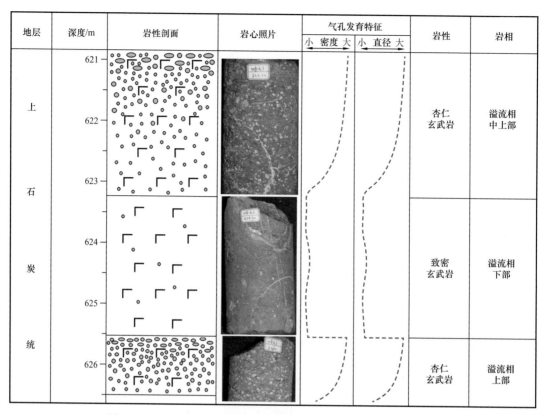

地层	深度/m	岩性剖面	岩心照片	气孔发育特征		岩性	岩相
				小 密度 大	小 直径 大		
上 石 炭 统	621 622 623					杏仁 玄武岩	溢流相 中上部
	624 625					致密 玄武岩	溢流相 下部
	626					杏仁 玄武岩	溢流相 上部

图 6-40 哈特阿拉特山地区上石炭统取心段岩性岩相综合柱状图

此外，火山岩岩性控制了裂缝密度，在相同的构造应力场作用下，裂缝的发育程度在不同岩性中明显不同。火山岩抗压强度从大到小顺序依次为：玄武岩＞安山岩＞凝灰岩＞火山角砾岩。在相同的应力条件下，火山碎屑岩比火山熔岩显然更易造缝，裂缝发育密度会更大，更易形成优质储层（图 6-41）。

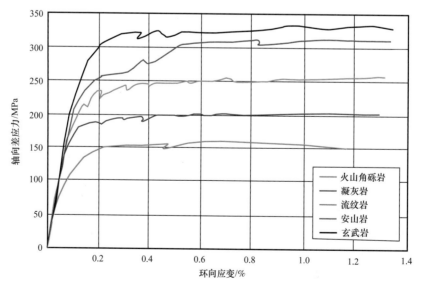

图 6-41 准噶尔盆地火山岩应力—应变关系图

2. 构造作用

构造作用对火山岩储层的影响主要表现在控制构造缝的发育期次及规模。准西北缘哈特阿拉特山及车排子地区主要发育 3 期构造裂缝,哈特阿拉特山地区第一期裂缝主要为近东西向裂缝,形成于晚二叠世末期,受晚海西期区域 NW—SE 方向的强烈挤压控制;第二期裂缝主要为北东东向、北东向裂缝,形成于晚三叠世末期,受印支运动 NNE—SSW 方向的挤压应力控制;第三期主要为 NNE—SWW 方向裂缝,形成于晚侏罗世晚期,受燕山运动近 SN 方向的挤压应力控制。车排子地区,晚海西期主要形成近东西向裂缝,印支期主要形成北东东向、北东向裂缝,燕山期主要形成近南北向裂缝,其主要应力方向及裂缝发育方向、期次基本与哈特阿拉特山地区相类似。受构造应力的影响,哈特阿拉特山地区外来推覆系统断层发育带主要分布于转折褶皱区、双重构造区、断裂交会区、叠瓦逆冲区、大型冲断底板等位置,而逆冲断层活动伴生的断层相关褶皱对裂缝的发育也具有一定的控制作用,表现在褶皱的核部断层相对翼部也更为发育。

断层对裂缝的控制作用表现在断层附近,由于断层活动造成的应力扰动作用,沿断裂带具有明显的应力集中现象,其裂缝明显更发育。通过统计各个点裂缝密度与距断裂距离的关系,可以得出断层与裂缝发育的关系,距断裂越近,裂缝越发育,且裂缝主要集中发育在主要断层 2km 以内范围(图 6-42)。同时,断裂的存在也利于风化淋滤溶蚀作用的发生。

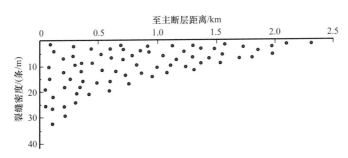

图 6-42 准噶尔盆地哈特阿拉特山地区裂缝发育程度与断裂距离关系图

3. 淋滤溶蚀作用

火山岩储层储集空间以次生孔、缝为主,溶蚀裂缝、基质溶孔、晶间及粒间溶孔达72%,溶蚀成分多为造岩矿物长石、成岩矿物碳酸盐岩及沸石。在酸性环境下,长石溶解性增强,有利于向高岭石及石英转化,体积缩小,产生大量孔隙;碳酸盐岩、沸石在酸性介质条件下极易发生元素迁移,形成溶蚀孔隙。依据酸性流体来源,将溶蚀作用划分为地表风化淋滤作用和地层流体溶蚀作用两类。

1)地表风化淋滤作用

火山在喷发过程中及雷电作用下形成酸雨,沿断裂和裂缝下渗,火山岩遭受大气水风化淋滤作用,不整合面发育。一个完整的风化壳结构可划分为黏土层、水解层、淋滤层及母岩带 4 层结构(图 6-43)。黏土层岩石结构基本完全被破坏,以次生矿物为主,黏土化、褐铁矿化蚀变严重,孔渗条件差,储层不发育。水解层以泥岩和破碎岩为主,多数风化分解破碎为黏土,以蚀变作用为主,常规测井特征与黏土层较为相似,扩径明显,电阻变低,密度变小,在成像测井上,与黏土层相比,在整体低阻暗色背景上有高阻亮色团块为其典型特征。淋滤层岩石半破碎，溶蚀孔及裂缝发育，风化淋滤作用强，电阻率和密度略微有所增大，在成像测井上表现为暗黄色背景下蜂窝状暗色低阻斑点。母岩带岩石致密，结构完整，井径变小，电阻和密度均突然增大至正常火山岩值范围，在成像测井上为块状高亮白颜色。

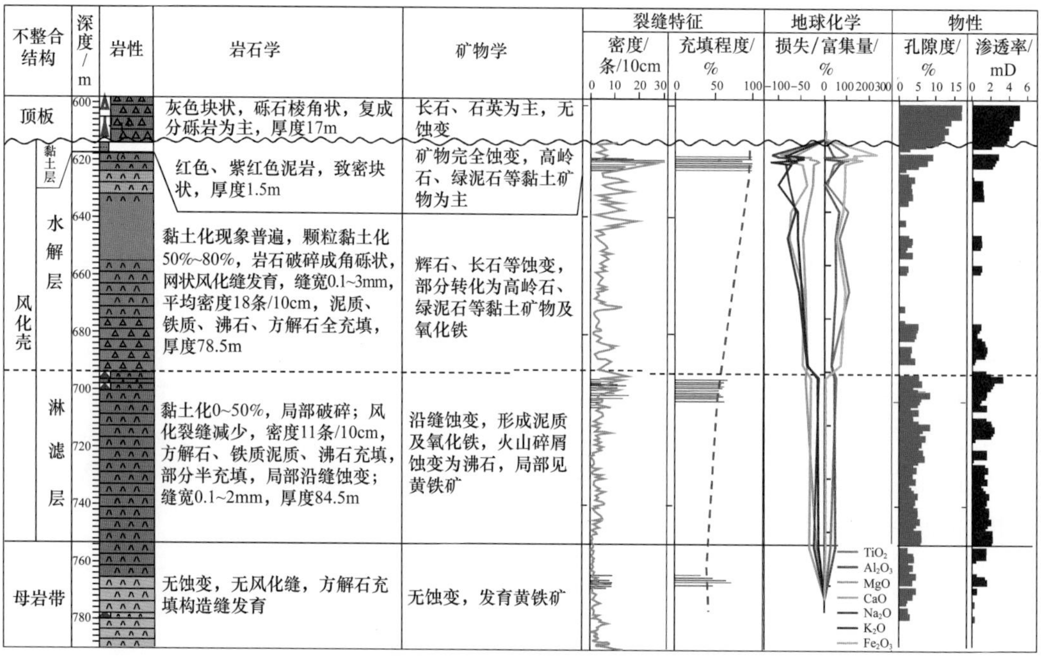

不整合结构	深度/m	岩性	岩石学	矿物学	裂缝特征 密度/条/10cm	裂缝特征 充填程度/%	地球化学 损失/富集量/%	物性 孔隙度/%	物性 渗透率/mD
顶板	600		灰色块状，砾石棱角状，复成分砾岩为主，厚度17m	长石、石英为主，无蚀变					
黏土层	620		红色、紫红色泥岩，致密块状，厚度1.5m	矿物完全蚀变，高岭石、绿泥石等黏土矿物为主					
风化壳 水解层	640 660 680		黏土化现象普遍，颗粒黏土化50%~80%，岩石破碎成角砾状，网状风化缝发育，缝宽0.1~3mm，平均密度18条/10cm，泥质、铁质、沸石、方解石全充填，厚度78.5m	辉石、长石等蚀变，部分转化为高岭石、绿泥石等黏土矿物及氧化铁					
风化壳 淋滤层	700 720 740		黏土化0~50%，局部破碎；风化裂缝减少，密度11条/10cm，方解石、铁质泥质、沸石充填，部分半充填，局部沿缝蚀变；缝宽0.1~2mm，厚度84.5m	沿缝蚀变，形成泥质及氧化铁，火山碎屑蚀变为沸石，局部见黄铁矿					
母岩带	760 780		无蚀变，无风化缝，方解石充填构造缝发育	无蚀变，发育黄铁矿					

图例：TiO_2、Al_2O_3、MgO、CaO、Na_2O、K_2O、Fe_2O_3

图 6-43　准噶尔盆地西北缘火山岩风化壳结构识别综合图

由于受到风化淋滤时间、下伏岩性岩相、古气候、古地貌及上覆层的沉积环境等地质因素的综合影响，风化壳的结构及厚度在不同地区不同位置具有差异性，这同时也控制了风化壳储层的发育部位和厚度。风化壳对储层物性影响的纵向深度约为450m，随着距离石炭系顶界面深度的增加，风化作用对储层改造的程度降低，孔隙度也随之有降低趋势，断层作为淋滤通道，其发育区增大了风化壳的溶蚀范围，纵向影响深度可达850m（图6-44）。

2）地层流体溶蚀作用

火山岩储层进入晚成岩阶段，在酸性流体作用下火山岩中的部分物质发生溶解，形成一些深部溶蚀孔、洞、缝，同时一些化学物质也可能发生沉淀充填作用。深大断裂沟通富含二氧化碳、硫化氢的酸性流体上升至浅层，形成酸性流体，此外，有机质热演化会产生有机酸，干酪根裂解也会形成大量的有机酸，它们具有较强的络合能力，而由干酪根演化不断释放、放出的CO_2，形成大量碳酸，为长石、碳酸盐岩的溶解提供了大量的H^+，靠近烃源岩区，易形成有机酸溶蚀孔缝。

石炭纪时期，多岛洋俯冲碰撞，火山岩建造形成，发育原生孔缝。二叠纪末期，准噶尔盆地大部地区均发生大规模逆冲推覆作用，断层对储层改造作用十分强烈，断裂作用是主要成岩作用之一；另外，二叠纪末期形成的断裂很快被高温热液流体所充填，如红车断裂带及哈特阿拉特山地区发育的深大断裂沟通幔源高温流体，构造作用形成的裂缝及原生孔缝中充填硅质、绿泥石和沸石等酸性成岩环境下的矿物。三叠纪晚期是准噶

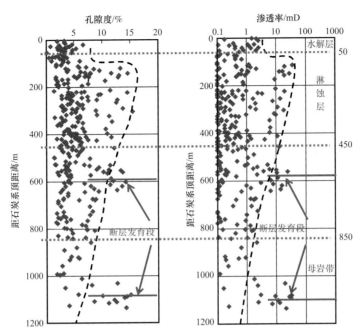

图 6-44　准噶尔盆地西北缘火山岩储层物性与距风化壳距离关系图

尔盆地逆冲推覆构造定型期，为第二次大规模逆冲推覆构造发育阶段，大断裂及裂缝发育，沟通幔源及盆源流体，形成石英脉、方解石脉，裂缝被充填。侏罗纪—白垩纪时期区域构造运动场发生较大变化，在前期基础上，侏罗纪晚期构造运动进一步对火山岩建造进行改造，形成了新一期次裂缝，所形成的裂缝多为有效缝，切割前两期裂缝作用较为明显，该时期为烃源岩大规模生排烃期，对早期易溶物质进行了溶蚀作用改造，或溶蚀早期方解石脉体形成有效孔隙。

　　准噶尔盆地主要为上古生界中基性火山岩，火山岩储层非均质性严重，同一个地区储层岩性比较复杂。通常火山岩的储集能力要低于沉积岩，但由于火山岩的骨架较坚硬，抗压实能力强，加之火山岩成岩作用多以冷凝固结方式为主，因此其孔隙度受压实埋深影响较小，当埋深大于一定深度后或相应的老地层中，火山岩的储集能力往往会优于沉积岩而成为主要储层。

第七章　油气藏形成与分布

准噶尔盆地是一个经历了多旋回演化的叠加复合盆地，发育形成了特征差异的多套烃源岩层系、多套储盖组合、多种类型圈闭及多种构造区带，为油气藏形成创造了良好的条件。形成了丰富多彩的油气藏类型、油气聚集层位、油气富集区带，展现了风格不同的石油地质特征。

第一节　油气藏类型

油气藏是油气聚集的基本单元，是油气在单一圈闭中的聚集，具有统一的压力系统和油气水界面。圈闭是决定油气藏形成的基本条件。油气藏分类的主要依据应当是圈闭的成因，在不同的构造、沉积条件下，圈闭的成因不同，油气藏的特点及成因类型也不同。因此，根据圈闭成因的异同来划分类型，既可清楚地反映油气藏的基本面貌与形态，又可显现出油气藏类型之间的区别与联系，同时亦可预示着相同或不同的构造单元将会出现哪种油气藏类型，有利于油气勘探部署方案与勘探方法的选择。

一、油气藏分类

准噶尔盆地经历多期变形与叠合演化，油气藏类型既多样又复杂。中国石化探区主要位于盆缘隆起带、复杂山前构造带、盆内深坳带，发育褶皱、断裂等构造形式以及火山岩相、冲积扇、河流、三角洲、湖相等沉积建造，形成了构造型、地层型、岩性型及复合型四大类八小类油气藏。

二、油气藏特征

1. 构造油气藏

构造油气藏系指因地壳运动使地层发生变形或变位而形成的构造圈闭中的油气聚集。构造运动可以形成各种各样的圈闭，但其共同的特点是圈闭的形成均为构造运动的结果。中国石化探区的构造油气藏主要有两类：背斜油气藏、断块油气藏。

1）背斜油气藏

在挤压或压扭应力下，地层发生弯曲变形，形成向周围倾伏的背斜，称背斜圈闭，背斜圈闭中聚集形成的油气藏称为背斜油气藏。背斜形态和闭合高度控制油气的分布范围、具有统一的油水界面、统一的压力系统。

这类油气藏常出现于盆地山前冲断带，由于构造活动强烈，发育大量断层相关褶皱，形成大型背斜、断背斜构造油气藏。

以西部隆起乌夏冲断推覆构造哈深 2 井区二叠系背斜油藏为典型（图 7-1、图 7-2）。哈深 2 井油藏整体呈现背斜形态，两翼地层倾角陡，呈不对称状，圈闭闭合高度大、面积大。由于地层变形比较剧烈，伴生断裂比较发育，与一般的背斜构造圈闭不同，哈特阿拉特山地区构造控制下的背斜圈闭顶面为推覆断层的断面遮挡，因此，该类型背斜圈闭高点附近的断面封堵性对于圈闭成藏至关重要。哈深 2 井区虽然钻遇多个背斜圈闭，但仅在 F7-1 断层形成的背斜圈闭中有油气聚集，形成背斜油藏。

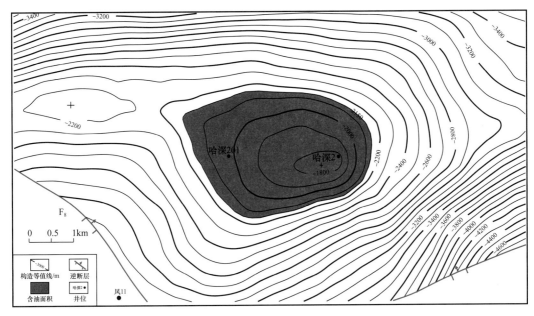

图 7-1　哈深 2 井二叠系背斜油藏含油面积图

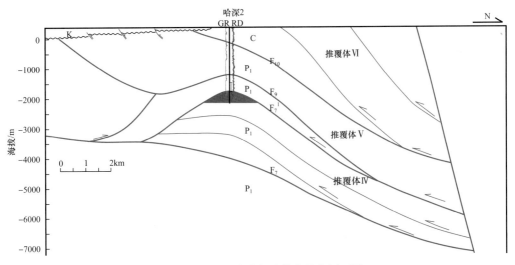

图 7-2　哈深 2 井背斜油藏南北向剖面图

2）断块油气藏

储层被多条断层相互切割可以形成各种形状的断块圈闭，其中聚集了油气就是断块油气藏。油气分布主要决定于断层侧向封堵和圈闭的闭合度，油气藏受储层厚度影响呈层状或块状；通常成群成带分布，各断块之间的油气水系统复杂，油（气）水界面变化大，流体性质也不一致。

断块油气藏在西部隆起、北三台凸起—帐北断褶带广泛分布，陆梁隆起、中央坳陷内凸起部位断块油气藏也较为发育。西部隆起被东西向和北西—南东向高角度断层分割复杂化，在不同层系都形成了大量断块油气藏。

西部隆起车排子凸起石炭系发育大量断块油气藏。车排子凸起石炭系油藏处于石炭系风化壳内，风化壳顶部黏土层或不整合面上沉积泥岩等形成封盖，一般来说，应属于地层相关油气藏，但从油气藏本身来说，壳内油气藏被石炭系广泛发育的断层分割成块状，侧向严格受断层封堵，形成断块油气藏特征，各块体之间无统一油水界面，如排66井、排61井、排60井石炭系断块油藏（图7-3、图7-4）。

2. 地层油气藏

地层油气藏主要是在构造运动引起的沉积间断、削蚀和超覆沉积作用下，储集体沿地层不整合面或侵蚀面上、下被非渗透岩层围限或遮挡所形成的油气藏。含油范围受地层不整合线与构造等高线相交的闭合面积所控制，并以层状为主，往往呈环带状分布。根据储层与不整合面的关系，地层油气藏可分为两类：地层削截油气藏和地层超覆油气藏，两类油气藏在探区都有分布。

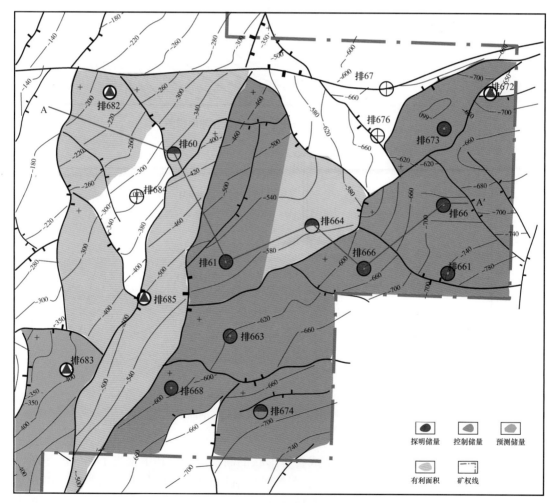

图7-3　车排子凸起石炭系断块油藏含油面积图

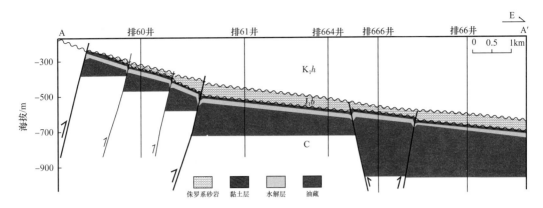

图 7-4　车排子凸起石炭系断块油藏剖面图（剖面位置参见图 7-3）

1）地层削截油气藏

位于地层不整合面之下，并以地层不整合面之上的非渗透性地层作为遮挡条件形成的圈闭即地层削截圈闭。在地层削截圈闭中有油气聚集，称为地层削截油气藏。

地层削截油气藏主要分布于盆缘继承性隆起及其斜坡区、盆内古隆起及其周缘，准噶尔盆地西北缘、腹部和东部都发育地层削截油气藏。

中央坳陷永进地区永 1 井西山窑组油气藏为典型的地层削截油气藏。中—晚侏罗世车莫古隆起形成，侏罗系与白垩系之间为角度不整合接触，白垩纪构造调整并再次沉降，白垩系与下伏西山窑组砂夹泥结构的地层配置，形成很好的地层削截圈闭，后期油气充注，形成地层削截油藏（图 7-5）。

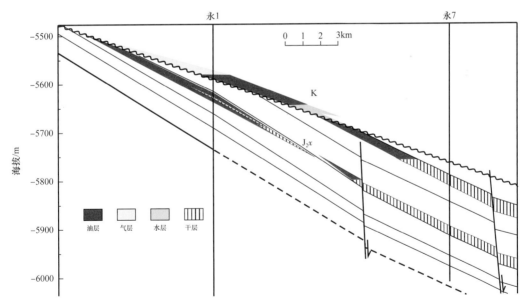

图 7-5　永进地区 J_2x 地层削截油藏、K_1q 地层超覆油藏剖面图

2）地层超覆油气藏

指因构造变动所造成的沉积间断，使下伏地层遭受剥蚀，后被沉积所覆盖，在不整合面上形成超覆圈闭，油气聚集其中就形成地层超覆油气藏。不整合之下岩性侧向变化造成遮挡，而储集体之上不渗透泥岩作为盖层。油气分布受地层超覆面和下伏不渗透

层所控制，含油范围受地层超覆线与构造等高线交切的闭合面积控制，油气藏主要呈层状。

准噶尔盆地在晚二叠世经历了多个沉积旋回，各层序以退积为主，在不整合面之上及盆地边缘形成了大量超覆不整合圈闭。

车排子凸起新近系沙湾组一段砂岩超覆在白垩系、石炭系不整合面上，形成了多个地层超覆油气藏，如排 625 井沙一段 1 砂层组的地层超覆油藏（图 7-6）。盆地内部，地层超覆油气藏在沙湾凹陷、阜康凹陷发育较广泛，规模较大的地层超覆油气藏主要分布在白垩系清水河组底部，例如永进地区永 1 井的白垩系油藏（图 7-5）。

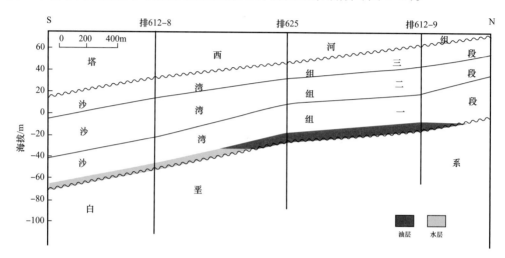

图 7-6　春风油田排 612-8 井—排 612-9 井沙湾组一段南北向地层超覆油藏剖面图

3. 岩性油气藏

岩性圈闭主要是指沉积变化所引起的储层岩性变化、孔渗变化所形成的圈闭，其中聚集了油气就成为岩性油气藏。

岩性油气藏主要发育于滨浅湖各扇体前缘尖灭带、滩坝砂岩中，可以形成上倾尖灭型和透镜体型岩性油气藏。石炭系火山岩体也可形成岩性油气藏。

岩性油气藏在车排子凸起新近系塔西河组、沙湾组以及白垩系中较为发育，并以上倾尖灭型为主，如排 2 井区新近系沙湾组二段 1 砂层组储层沿上倾方向尖灭，周围被泥质所包围，形成上倾尖灭岩性油气藏（图 7-7、图 7-8）。透镜体圈闭在砂岩相对不发育层段或地区出现，如白垩系滩坝。在中央坳陷盆 1 井西凹陷、阜康凹陷侏罗系也发育大量的岩性油气藏。

4. 复合油气藏

储油圈闭往往受多种因素的控制。当多种因素共同起大体相当的作用时，就成为复合圈闭，即如果储层由构造、地层、岩性和水动力等因素中两种或两种以上因素共同封闭而形成圈闭，可称之为复合圈闭，在其中形成的油气藏称为复合油气藏。主要包括地层—岩性油气藏、构造—岩性油气藏、构造—地层油气藏等。复合油气藏是盆地隆起带、坳陷区主要的油气藏类型。

按照构造、地层、岩性、水动力等圈闭条件所构成的组合，中国石化探区主要发育了构造—地层油气藏、构造—岩性油气藏两类复合油气藏。

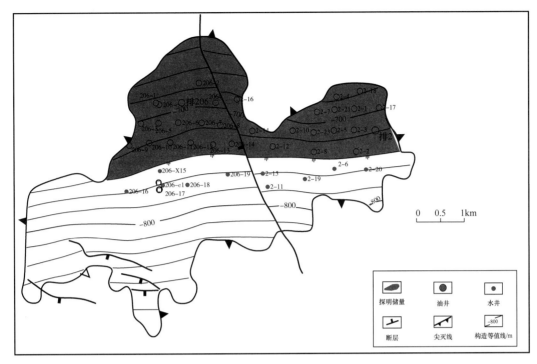

图 7-7　春光油田排 2 井区新近系沙湾组油藏含油面积图

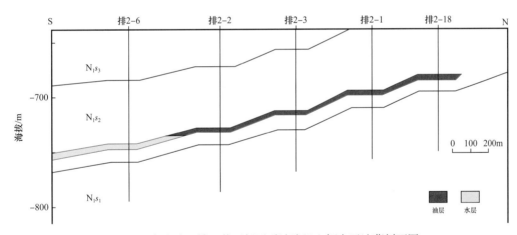

图 7-8　春光油田排 2 井区新近系沙湾组上倾尖灭油藏剖面图

1）构造—地层油气藏

储层上方和上倾方向由任一种构造和地层因素联合封闭所形成的油气藏称为构造—地层油气藏。

盆地西北缘哈特阿拉特山构造带的春晖油田、阿拉德油田侏罗系油藏是该类油藏的典型代表。该构造带侏罗系经历了多期构造升降和抬升剥蚀作用，断层、不整合界面、沉积体系互相耦合形成了构造—地层类圈闭。春晖油田三叠系遭遇抬升削蚀后，侏罗系八道湾组砂体超覆沉积，储层顶部为白垩系不整合直接遮挡，侧向断层遮挡，下倾方向油（气）水界面多与构造等高线平行，形成构造—地层油气藏。如哈浅 1 井区侏罗系八道湾组一段 1 砂层组油藏（图 7-9）。

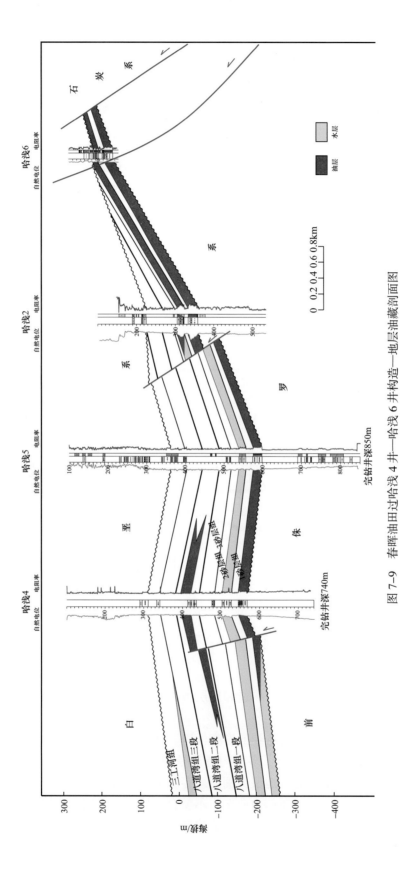

图 7-9 春晖油田过哈浅 4 井—哈浅 6 井构造—地层油藏剖面图

2）构造—岩性油气藏

受构造—岩性双重因素控制形成的圈闭即为构造—岩性圈闭，其中聚集了油气即为构造—岩性油气藏，如莫索湾地区莫西庄油田侏罗系三工河组油气藏（图7-10）。

莫西庄地区三工河组二段下亚段储层为辫状河三角洲前缘河道砂体，砂岩厚度大、横向连续稳定分布，不具备整体尖灭的条件，侧向主要依靠断层遮挡，部分含油边界受岩性、物性变化控制，将油藏分隔形成多个独立的构造—岩性油气藏，无统一的油水界面，不同块内试采产能明显不同，反映出构造—岩性油藏典型特点。

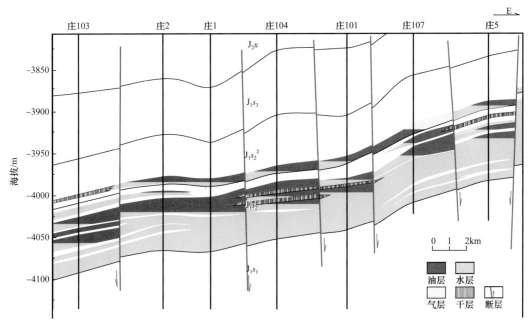

图7-10　莫西庄地区庄103井—庄5井油藏剖面图

第二节　油气藏分布特征

准噶尔盆地已发现油气田40个，纵向上自石炭系至新近系中均有发现，平面上在西部隆起、陆梁隆起、东部隆起、中央坳陷和南缘断褶带均有不同程度发育（图7-11）。根据成藏条件及油气藏特征差异性，可以划分为西部断隆带、隆—坳斜坡带、坳陷带及"盆山"转换构造带4大类油气聚集模式（图7-12、图7-13）。中国石化探区主要分布于盆地西部断隆带、"盆山"转换构造带和盆地腹部坳陷带，其油气藏形成分布既受盆地成藏大规律的控制又具有独有的特征。

一、西部断隆带

西部隆起位于准噶尔盆地西北部，为一个大型冲断构造。隆起东部边界红车—克乌断裂带发育于二叠纪早期，从基底断至侏罗系，南部断至新近系，整体西倾，表现为逆冲断层特征，为深大断裂，控制了西部隆起的演化。断裂带与玛湖—沙湾凹陷二叠系、侏罗系烃源岩对接，长期活动，为隆起区提供了丰富的油源。断裂带上盘二叠系—新近

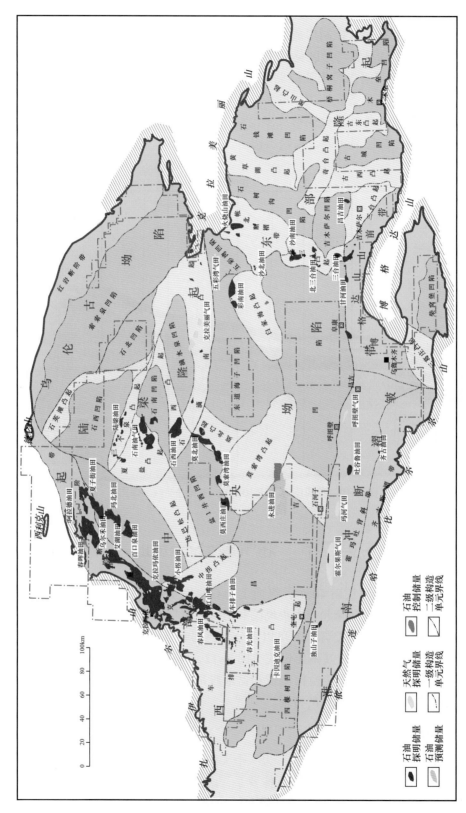

图 7-11　准噶尔盆地主要油气田（藏）分布图

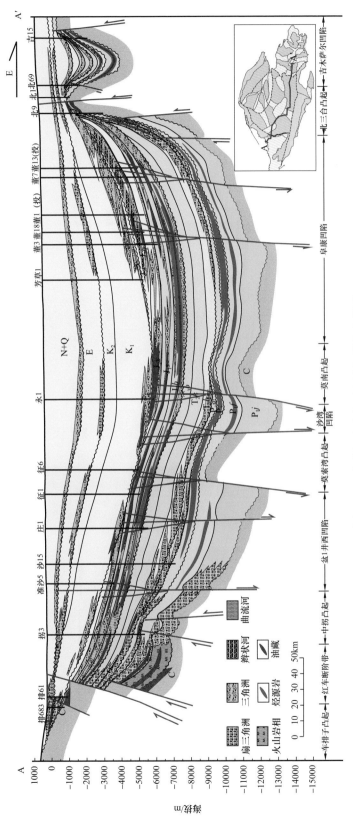

图 7-12　准噶尔盆地东西向油气藏分布简图

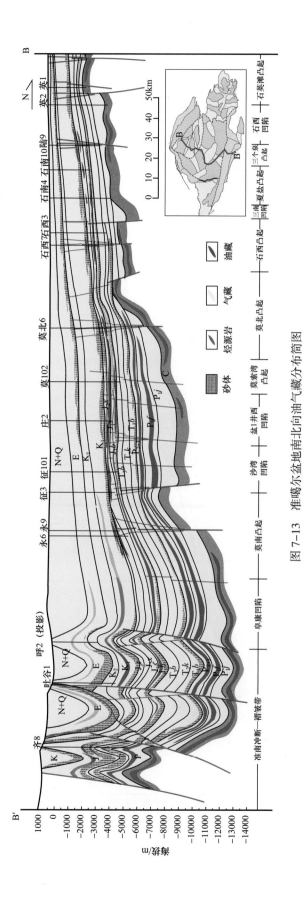

图 7-13　准噶尔盆地南北向油气藏分布简图

系超覆于石炭系之上，形成了多种类型圈闭，断裂带内部发育大量构造圈闭，在各个层系均获得了规模油气发现。西部断隆带是准噶尔盆地目前最为富集的油气聚集区，发现了克拉玛依、百口泉、春光等油气田。可分为南部和中北部两个聚集带。

1. 南部油气聚集带

西部隆起南部油气聚集带主要指红车断阶带及其上盘的车排子凸起。车排子凸起是一个长期隆起区，主要发育石炭系、侏罗系、白垩系、古近系、新近系。在石炭系、新近系沙湾组获得了重要的油气发现，侏罗系、白垩系、古近系也获得了众多的油气显示，发现了春光、春风大型油田。

车排子地区石炭系自晚海西期以来，长期处于隆起状态，虽然受印支、燕山及喜马拉雅等多期构造作用影响，但构造面貌相对较为简单，整体上呈三角形鼻凸构造，主体走向为北西－南东向。石炭系之上残留分布了侏罗系、白垩系，古近系、新近系超覆沉积，整体呈南东倾的单斜。凸起东部以长期活动的红车断阶带与沙湾凹陷相接（图7-14），南部以艾卡断裂带与四棵树凹陷相接。

石炭系经长期风化淋滤及断裂改造，形成了具有较好物性的淋滤层，与断层配合形成大量断块圈闭，并具有一定的横向输导能力。侏罗系—新近系砂体发育、多期超剥，形成了大量地层、岩性圈闭。多套骨架砂体，尤其是新近系沙湾组一段发育的毯状砂体，可作为油气横向运移通道。

沙湾凹陷发育中二叠统下乌尔禾组与侏罗系两套主要烃源岩，四棵树凹陷发育侏罗系八道湾组烃源岩，两个凹陷的3套烃源岩目前均已进入大量生排烃阶段。车排子凸起是两个生烃中心油气运移的长期有利指向区，具有"双向"供烃的特点。

红车断裂发育持续时期长，断开了石炭系到新近系，运移通道长期有效，为沙湾凹陷生成的油气向车排子凸起运移提供了良好的纵向运移通道。艾卡断裂带在印支末期开始发育，燕山期活动最强，至喜马拉雅早期仍有活动，是四棵树凹陷油气向车排子凸起运移的重要垂向通道。油源断裂与风化壳淋滤层、毯状砂体相匹配，形成"断层—风化壳、断层—毯砂"复合输导体系，为油气运移创造了良好的条件。

沙湾凹陷二叠系、侏罗系烃源岩生成的油气沿红车断裂带垂向运移，在风化壳淋滤层毯砂与断层有效配置的地区，沿淋滤层局部横向运移，在断裂带形成石炭系断块油藏群。在毯砂与断层有效配置的地区，沿毯砂大规模横向运移，在毯缘聚集，形成新近系沙湾组的地层、岩性及构造—岩性油藏。四棵树凹陷侏罗系烃源岩生成的油气沿艾卡断裂带垂向运移，在新近系沙湾组、侏罗系、白垩系等骨架砂体及石炭系淋滤层横向输导，毯缘或壳内聚集，形成车排子凸起西翼晚期稀油油藏。

2. 中北部油气聚集带

西部隆起中北部油气聚集带主要指克乌断裂带及其上盘隆起带。该带以克乌断裂与玛湖凹陷的风城组烃源岩对接，在隆起带的石炭系—侏罗系地层、岩性、断块及复合圈闭中聚集成藏，储层厚度大、分布广，是西部断裂带油气藏分布的主体。

二、隆—坳斜坡带

陆梁隆起西部、南部及东部隆起的北三台凸起—帐北断褶带主要以斜坡、鼻隆带的形式向中央坳陷过渡，是油气侧向运移的指向区。中央坳陷多个生烃凹陷的油气以断

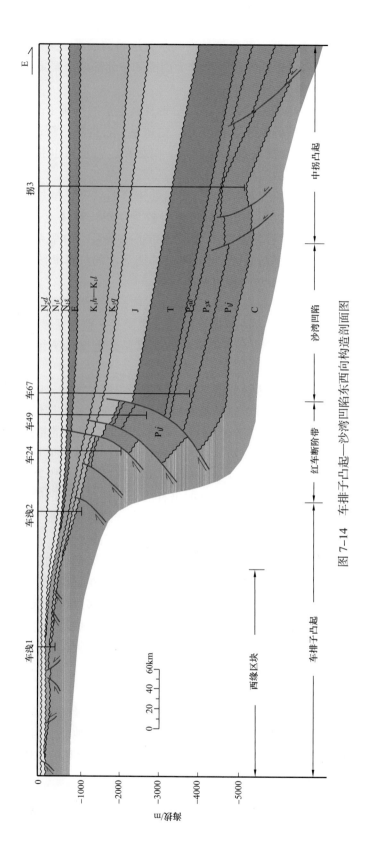

图 7-14 车排子凸起—沙湾凹陷东西向构造剖面图

裂、不整合面、砂体为运移通道，在斜坡部位的构造、地层、岩性等圈闭中聚集成藏。

陆梁隆起西部、南部发育夏盐、基东、石南等多个鼻隆带；侏罗纪早期发育多个坡折，为地层岩性圈闭发育创造了良好的条件；中—上侏罗统—白垩系披覆在隆起之上，砂体发育；发育了深浅多套断裂系统，毯状砂体与断层形成阶梯状输导体系。玛湖凹陷、盆1井西凹陷、东道海子凹陷二叠系烃源岩生成的油气通过深、浅断裂大规模垂向运移至浅层后，继续沿侏罗系多套横向连通性较强的毯状砂体进行大规模侧向运移，在侏罗系、白垩系呈阶梯状聚集成藏，形成了石西、石南、陆梁、莫北、滴水泉等油气田。

北三台凸起—帐北断褶带整体呈近南北向展布，东以断裂与东部隆起的吉木萨尔凹陷、石树沟凹陷相接，西以断裂（沙丘断裂）或斜坡向中央坳陷过渡。北三台凸起—帐北断褶带经历了多期的隆升与沉降，二叠系—侏罗系发育多个超覆、剥蚀不整合，形成了大量地层岩性圈闭。石炭系、二叠系、三叠系—侏罗系发育大量的断裂，形成了大量断层类复合圈闭。中央坳陷阜康凹陷二叠系、侏罗系烃源岩、东道海子凹陷二叠系烃源岩、五彩湾凹陷石炭系烃源岩生成的油气沿斜坡运移，在石炭系、二叠系中聚集成藏，沿断裂向上运移，在三叠系、侏罗系不同类型圈闭中聚集成藏，先后发现了三台、北三台、沙南、沙北等油气田，形成了构造、岩性、地层及复合油气藏多类型聚集，从石炭系—白垩系多层系含油的规模油气聚集带。

三、坳陷带

准噶尔盆地发育了中央坳陷、乌伦古坳陷两个大型负向构造单元，在陆梁隆起、东部隆起也发育了多个构造残留凹陷。这些坳陷（凹陷）内烃源岩发育，向周缘隆起构造提供了丰富油气源，同时受古构造、断层等的控制也可以发生规模油气聚集。

中央坳陷是一个自二叠纪以来的继承性坳陷，地层发育齐全、厚度大，现今呈负向构造特征。坳陷内二叠系烃源岩发育，盆地腹部还发育侏罗系烃源岩，烃源岩条件优越；上二叠统—白垩系发育多期浅水三角洲，上二叠统顶部、上三叠统、下白垩统中上部发育区域性泥岩盖层，形成了多套良好的储盖组合；受多期构造运动的影响，发育大量走滑断层，具有良好的纵向运移条件；同时形成了大量的地层、岩性及断层—岩性复合圈闭。目前已发现了风城、玛湖、玛北、金龙、莫索湾、莫西庄、永进、彩南、五彩湾等油气田，在阜康凹陷侏罗系发现了董1、董7井等油气藏。

东部隆起在中二叠世为大型湖泊沉积，发育了芦草沟组优质烃源岩，在侏罗纪末期受构造改造影响形成了凹凸相间的构造格局，发育了多个二叠系—中生界残留凹陷，凹陷内芦草沟组烃源岩发育，断层发育较少。在吉木萨尔凹陷发现了昌吉油田，在木垒凹陷、石钱滩凹陷获得油气发现。

乌伦古坳陷在石炭系沉积后长期处于隆起剥蚀状态，在晚三叠世再次沉降。发育石炭系烃源岩，但落实程度较低；上三叠统、侏罗系八道湾组烃源岩成熟度较低，油气发现较少。

陆梁隆起发育滴水泉、石北、石西等多个以石炭系为烃源岩的残留凹陷，上覆二叠系、三叠系—白垩系。发现了克拉美丽气田、石北凹陷的准北1井三叠系气藏等油气田（藏）。

根据古构造、断层与烃源岩的关系，可以划分为源内、源上及古构造等3类油气藏。

1. 源内油气藏

准噶尔盆地在早—中二叠世为断陷咸化湖盆沉积，形成了区域性优质烃源岩。盆地边部发育小型扇三角洲、辫状河三角洲；盆地内部沉积环境稳定、体系较为封闭，咸化环境 Mg^{2+}、Ca^{2+} 含量高，拉张环境利于热液侵入，局部发生火山活动，为云质岩、石灰岩发育创造了条件，形成了大规模细粒类储层。优质烃源岩、储集体一体可以形成大规模的源内连续分布油气藏。

目前，已在玛湖凹陷下二叠统风城组、吉木萨尔凹陷中二叠统芦草沟组获得了发现。储层主要为云质岩，分布广，规模大。

五彩湾气田也属于源内油气藏。该气田以上石炭统为烃源岩、上石炭统火山岩为储层，形成了自生自储自盖的岩性气藏。

2. 源上油气藏

断层沟通油源可以在源上各层系储集体聚集成藏，油源断层断开层位及区域盖层控制了油气聚集层位，可以形成邻层近源、跨层远源两种运聚模式（图7-15）。

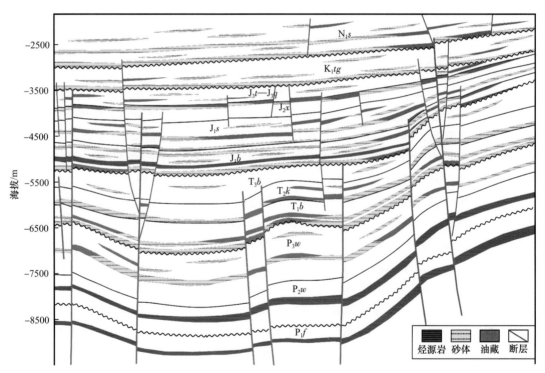

图7-15 坳陷带源上油气藏成藏模式示意图

1）邻层近源油气藏

玛湖凹陷玛湖、玛北、艾湖油田的上二叠统—下三叠统油气藏属于邻层近源油气藏。玛湖凹陷上二叠系上乌尔禾组、下三叠统百口泉组发育了大型的扇三角洲砂砾岩体，叠置在二叠系烃源岩之上；受早期盆地西部冲断作用的影响，在二叠系—三叠系发育了大量走滑断层，受中—上三叠统区域泥岩盖层的控制，在上二叠统—下三叠统形成了连片分布的断层—岩性、岩性油气藏。

2）跨层远源油气藏

中央坳陷南部地区处于盆地腹部，整体表现为深洼负向构造的特征，呈现南倾斜坡的特征。石炭系到第四系发育较齐全，形成多套生储盖组合。在远离二叠系烃源岩的侏罗系三工河组、西山窑组、头屯河组获得重要的油气发现，在侏罗系八道湾组、齐古组及三叠系、白垩系等储盖组合中均获油气发现，如莫西庄、永进、莫索湾、彩南等油气田。具有下源供烃、走滑断裂输导，构造—岩性或岩性圈闭聚集的特征。

盆地腹部发育下二叠统风城组、中二叠统下乌尔禾组及侏罗系八道湾组等3套烃源岩。主力烃源岩层在成熟过程中虽有短期抬升停滞，但各凹陷三套烃源岩层基本上保持了继承性凹陷持续生烃特征，具有"下生上储"的成藏背景。

该区在晚二叠世、三叠纪—白垩纪为多旋回陆内坳陷演化阶段，形成了多套储盖组合，并在侏罗系三工河组形成了分布广泛的毯砂。侏罗纪中后期遭受旋转挤压，莫西庄—征沙村中—上侏罗统不同程度缺失，从白垩纪晚期开始转换为南倾斜坡。

该区在二叠纪早中期时期为整体张性应力背景，具有凹凸相间的构造格局，在凸凹转换带分别发育北东向、北西向及近东西向控凹断裂。经印支—燕山期挤压，尤其是侏罗纪晚期挤压作用的影响，形成了众多的走滑断层带，断层大多断开二叠系、三叠系、侏罗系，部分主要发育在侏罗系，为油气的垂向输导提供了有效的通道，并形成了众多的构造—岩性圈闭。

众多的深大走滑断裂沟通了深部烃源岩和浅部砂体，为油气的垂向运移提供了高效输导通道，形成了"多断联合"输导体系，在浅部，油源断裂沟通毯砂，形成"断层—毯砂"输导体系，油气发生大规模横向运移。在运移路径上的构造—岩性或岩性圈闭形成充注，毯砂发育层系油藏规模大。

3. "古"构造近源油气藏

准噶尔盆地早—中二叠世断陷阶段，东部隆起及陆梁隆起在侏罗纪晚期形成了凹凸相间的格局，古凸起在后期的演化过程中保持稳定或得到加强，边部发育深大断裂与凹陷带烃源岩直接对接，具有良好的油源条件，可以形成规模油气聚集，如金龙油田、克拉美丽气田等。

金龙油田位于中拐凸起之上，石炭系、二叠系构造、岩性圈闭发育，北与玛湖凹陷、南与沙湾凹陷二叠系烃源岩对接，具有近源成藏的优势，形成了大量构造、构造—岩性油气藏。

克拉美丽气田位于滴南凸起带。滴南凸起带是一个石炭系断裂凸起带，上覆上二叠统—白垩系，凸起南北两侧断层断至侏罗系。凸起南北两侧分别以断层与滴水泉、五彩湾石炭系生烃凹陷、东道海子石炭系—二叠系生烃凹陷相接，石炭系烃源岩以生气为主，生成的油气沿断层运移至石炭系火山岩体、二叠系—侏罗系砂岩储层中聚集成藏。

四、"盆山"转换构造带

"盆山"转换带是指盆地边部复杂逆冲构造带，主要包括准南断褶带、西北缘乌夏冲断—推覆带、克拉美丽山冲断带、东北缘红岩断阶带。目前在准南断褶带、西北缘乌夏冲断—推覆带获得了规模发现，油气藏类型以构造类的背斜、断背斜、断块、断鼻油气藏为主。根据构造变形特征及油气藏分布特征，可以划分为多层叠置成藏和立体成藏两类聚集带。

1. 多层叠置成藏聚集带

此类油气聚集带以北天山山前冲断带为主。受喜马拉雅运动的影响，在北天山山前依次形成了三排挤压背斜构造带，受不同层段泥岩、煤层等塑性层的影响，这些构造带往往具有分层变形、纵向叠置的特征，总体上可划分为上、中、下、底四个变形层。各变形层构造形态受断层控制，卷入了不同的烃源岩层系，同时下部烃源岩可以通过部分断层向上输导油气，形成了四个成藏组合，其中上组合主要发育于新近系—古近系之中，中组合主要发育于古近系—白垩系之中，下组合主要发育于白垩系—侏罗系之中，底组合主要发育于侏罗系—二叠系之中。中上部组合以背斜构造为主，褶皱幅度大，圈闭面积小，以白垩系、古近系烃源岩为主，油气藏规模较小。下组合及底组合以冲断构造为主，构造面积大，侏罗系、二叠系烃源岩条件优越。目前主要在中上组合先后发现了独山子、齐古、甘河、呼图壁、玛河等油气田和吐谷鲁、霍尔果斯、安集海等含油气构造。

2. 立体成藏聚集带

准噶尔盆地西北缘哈特阿拉特山一带、东南缘的博格达山周缘以及克拉美丽山山前，在二叠系烃源岩发育以后发生了逆冲推覆变形，形成了大型的逆冲推覆构造并叠置在二叠系烃源岩之上。推覆构造之下的二叠系形成冲断叠瓦构造，二叠系自生自储，具有优越的成藏条件；同时，二叠系烃源岩生成的油气可以通过大量冲断断层向推覆构造运移成藏，具有立体成藏的特征。

哈特阿拉特山即为一个大型的立体成藏聚集带（图7-16）。哈特阿拉特山山前带位于西部隆起的乌夏冲断—推覆带北部，是一个大型逆冲推覆构造带，地面为哈特阿拉特山。主要发育石炭系、二叠系、三叠系、侏罗系、白垩系，在侏罗系八道湾组、西山窑组及石炭系获得了重要的油气发现，在二叠系、三叠系获得了油流，在白垩系见到了丰富的油气显示，发现了春晖、阿拉德油田。

哈特阿拉特山地区在二叠纪时期与玛湖凹陷为统一的湖盆沉积，发育了风城组烃源岩。在二叠纪末发生强烈的冲断、推覆变形，在三叠纪末得到加强，侏罗纪末基本定型，形成了大型的山前构造变形带，可以划分浅层前缘超剥带、前缘冲断带、外来推覆系统、准原地叠加系统4类构造单元。

准原地系统以冲断叠瓦变形为主，二叠系、石炭系卷入变形，二叠系烃源岩发育，可以形成自生自储的油气藏。前缘冲断带二叠系变形较强，三叠系发生轻微变形，与准原地系统渐变或发生叠加；外来推覆系统主要为石炭系、二叠系卷入变形，多期推覆体纵向叠置，叠加的准原地系统二叠系烃源岩之上具有"下源上储"的配置特征。前缘冲断带、外来推覆系统断裂发育，形成了"多断联合"输导体系，多条断层向下连接二叠系烃源岩，垂向输导油气，在不同的构造圈闭中聚集成藏。哈特阿拉特山地区已在最浅推覆体石炭系、中部推覆体二叠系、前缘冲断带二叠系及三叠系中获得了油气发现，邻区已在乌尔禾、夏子街等前缘冲断构造的二叠系、三叠系发现了风城、乌尔禾、夏子街等油田，油气沿油源断裂带富集。

前缘超剥带具有远源供烃成藏的特点。侏罗系、白垩系超覆沉积于推覆体之上，宽

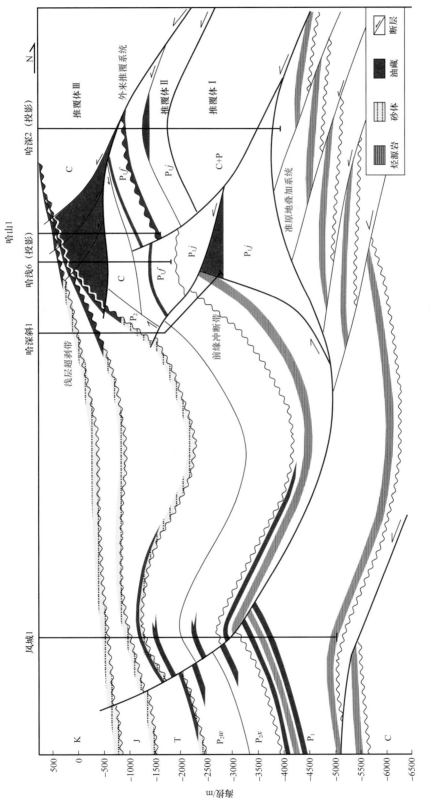

图 7-16 哈特阿拉特山地区南北向构造及油藏剖面图

缓斜坡构造背景为低位体系域广泛分布的毯状砂岩及地层圈闭发育创造了条件。八道湾组一段、西山窑组二段、清水河组毯砂与南部的油源断层构成超剥带"断层—毯砂"输导格架。玛湖凹陷风城组烃源岩生成的油气沿油源断层垂向运移至毯砂后长距离横向运移，在毯缘构造—地层圈闭聚集成藏。

哈特阿拉特山山前带复杂的变形过程及空间上的叠置关系，形成了"下源上圈""旁源侧圈"的源圈配置关系，形成了多层楼式立体含油的格局。浅层超剥带油气成藏必须经过断层、砂体及不整合长距离横向输导，前缘冲断带、外来推覆系统源圈分离，变形强烈，油气垂向运移过程及通道复杂，输导体系是哈特阿拉特山前带油气成藏及富集的重要控制因素。

第三节 油气分布控制因素

准噶尔盆地自形成以来经历了多旋回构造演化叠加，油气经历了多期生烃、多次成藏和多次调整，部分油气藏甚至遭受了严重的破坏。油气的分布既有明显的规律性又有显著的差异性，从整个盆地的油气分布特征来看，油气藏的形成及其分布主要受到6个方面因素的影响和控制。总体上，油气的宏观分布受生烃中心的控制，平面上分布主要受到构造背景及横向输导体系，尤其是毯状砂体分布的控制；而纵向的分布则主要受到了油源断层及盖层，尤其是区域盖层的控制。

一、生烃中心控制油气基本分布格局

准噶尔盆地发育了石炭系、二叠系、三叠系、侏罗系、白垩系、古近系6套烃源岩层系，油气分布明显受到了不同烃源岩生烃中心的控制，目前发现的油气田都在这些生烃中心内部或围绕生烃中心分布。

油气主要围绕生烃凹陷呈环带状分布。盆地石炭系、二叠系及侏罗系等主力烃源岩的生烃中心不断迁移，形成了多个生烃凹陷，如乌伦古坳陷—滴水泉凹陷的巴塔玛依内山组烃源岩、玛湖—盆1井西凹陷的风城组烃源岩、盆1井西—沙湾—阜康—吉木萨尔凹陷的下乌尔禾组烃源岩、四棵树—沙湾—阜康凹陷的八道湾组烃源岩等。虽然生烃中心的游移性、生烃母质的差异性、热演化的不同步性、运移通道的不一致性，导致生烃凹陷周缘环带上油气丰度不一、分布复杂，但整体上，油气自形成后向四周运移，构成油气分布的环带状模式，现今油气主要位于上述生烃中心的周缘环带上。

车排子凸起整体属于沙湾凹陷西环带和四棵树凹陷北环带上，哈特阿拉特山构造带处于玛湖凹陷西北环带，整个西部隆起处于玛湖—沙湾生烃凹陷的西侧环带，准中莫西庄—征沙村—莫北油气田位于盆1井西凹陷东环带上，三台油气区处于阜康凹陷东环带，陆梁南部油气区处于玛湖凹陷东环带、盆1井西—东道海子凹陷北环带上。上述区带有可能处于多个生烃中心周缘环带上，如车排子凸起区。同时，同一生烃中心周缘环带的成藏地质结构差异，造成各环带上油气丰度大小及分布集中度等差异较大，表明油气藏分布复杂。

油气分布的另一个重要区带是生烃中心内部。受盖层及垂向输导体系的影响，烃源岩内部、紧邻烃源岩上覆层系或油源断层直接沟通的层系也是重要的油气分布区域。如永进油田位于沙湾凹陷二叠系、侏罗系烃源岩之上，石北凹陷准北 1 井区处于石炭系烃源岩之上，木垒凹陷木参 1 等井油气发现主要在烃源岩之内。玛湖凹陷近期在上二叠统、下三叠统的发现也属于这类油气藏。吉木萨尔凹陷的昌吉油田主要发育于芦草沟组烃源岩内部。

二、宏观生储盖组合控制油气纵向聚集层位

目前，准噶尔盆地勘探发现 6 套烃源岩、8 套储层及 11 套区域及局部盖层（图 7-17）。区域性盖层有中二叠统乌尔禾组泥岩、上三叠统白碱滩组泥岩、上白垩统泥岩及古近系安集海河组泥岩 4 套，其泥岩厚度均在百米以上，为良好的区域性盖层。局部性盖层有 7 套，分别是石炭系顶部风化黏土层与水解层、下二叠统风城组白云质泥岩、下侏罗统八道湾组上部泥岩、下侏罗统三工河组上部泥岩、中侏罗统西山窑组上部泥岩及层间煤层，中—上侏罗统头屯河组与齐古组层间泥岩，新近系沙湾组中上部与塔西河组层间泥岩等。

烃源岩层、储层及盖层形成了石炭系—三叠系、二叠系—三叠系、侏罗系—下白垩统、下白垩统—古近系、古近系—新近系 5 套大的生储盖组合，不同组合内或者组合之间依据生储盖的空间配置关系，划分出自生自储自盖配置、旁生侧储顶盖配置、下生上储顶盖配置等 3 类基本配置类型，控制了油气的分布。在盆地范围或区带范围内，盖层对下源油气聚集起到了分层控制作用。未被油源断层断穿时，油气被严格地限制在区域盖层之下，如西北缘玛北油田百口泉组油藏、阜东斜坡区阜 5 井小泉沟群油藏，均处于区域性白碱滩组泥岩盖层之下。即使被断层断穿时，油气也呈多层状展布格局，即依然受区域性或局部盖层控制，如石西油田三工河组上部盖层之下的三工河组油藏、白碱滩组盖层之下的石炭系油藏，莫西庄—莫北三工河组油藏也于三工河组上部盖层之下聚集成藏。在缺乏有效盖层的地区，则油气藏破坏，如西北缘的稠油及沥青砂等。在深大断裂发育区，油气可以跨组合运移聚集，如盆地西北缘红车—乌夏断裂带、盆地腹部等。

三、输导体系控制油气差异分布

运移通道在油气成藏过程中起着重要的作用。断层、砂体及风化壳是油气主要的运移通道。油气运移路径往往是多种运移通道相互组合而构成的复合输导体系，不同的配置样式对油气的运聚起着不同的控制作用。

1. 断裂

准噶尔盆地经历了海西、印支、燕山及喜马拉雅等构造运动叠加影响，发育形成了多期、多类型、多组断裂体系，并普遍具有压扭性质，在挤压应力松弛期，发育小规模的层控正断层。

从盆缘到盆内，断裂变形程度减弱，如在盆地西北缘等强烈挤压区，形成大规模逆掩推覆断裂体系，以发育冲断断裂体系为特征，主断裂均为大规模的基底断裂，部分断至地表，如红车、克百及乌夏断裂体系。向盆地方向，随应力衰减，断裂活性减弱，盆地腹部形成与盆缘大断裂走向有一定夹角的、位于凸凹转化带的压扭性走滑断裂体系，如莫西庄、永进等地区的走滑断裂体系。

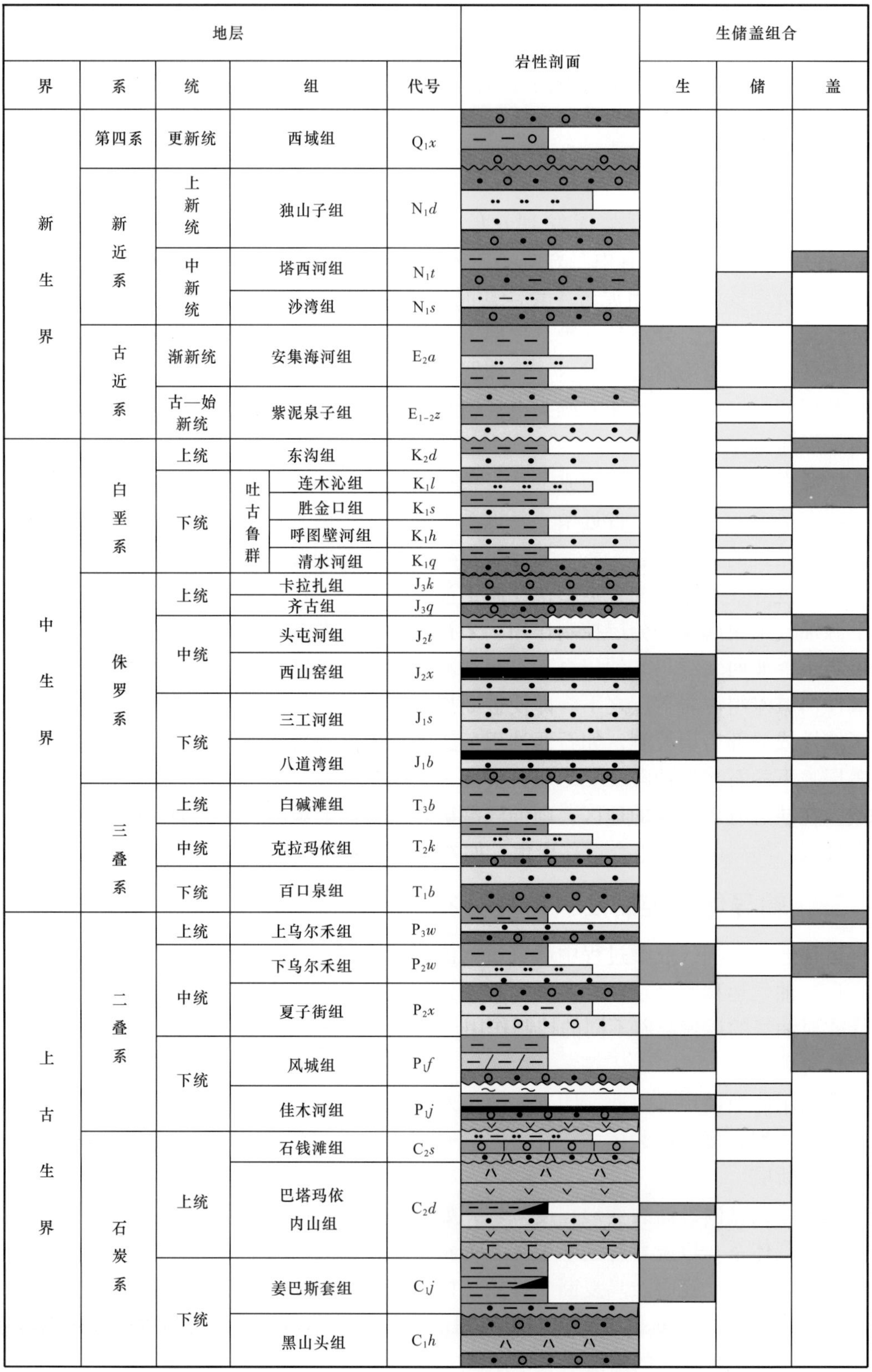

地层					岩性剖面	生储盖组合		
界	系	统	组	代号		生	储	盖
新生界	第四系	更新统	西域组	Q_1x				
	新近系	上新统	独山子组	N_1d				
		中新统	塔西河组	N_1t				
			沙湾组	N_1s				
	古近系	渐新统	安集海河组	E_2a				
		古—始新统	紫泥泉子组	$E_{1-2}z$				
中生界	白垩系	上统	东沟组	K_2d				
		下统 吐古鲁群	连木沁组	K_1l				
			胜金口组	K_1s				
			呼图壁河组	K_1h				
			清水河组	K_1q				
	侏罗系	上统	卡拉扎组	J_3k				
			齐古组	J_3q				
		中统	头屯河组	J_2t				
			西山窑组	J_2x				
		下统	三工河组	J_1s				
			八道湾组	J_1b				
	三叠系	上统	白碱滩组	T_3b				
		中统	克拉玛依组	T_2k				
		下统	百口泉组	T_1b				
上古生界	二叠系	上统	上乌尔禾组	P_3w				
		中统	下乌尔禾组	P_2w				
			夏子街组	P_2x				
		下统	风城组	P_1f				
			佳木河组	P_1j				
	石炭系	上统	石钱滩组	C_2s				
			巴塔玛依内山组	C_2d				
		下统	姜巴斯套组	C_1j				
			黑山头组	C_1h				

图 7-17 准噶尔盆地生储盖组合柱状图

1）逆掩推覆断裂体系

西部隆起的乌夏构造带是一个大型逆冲推覆构造带，发育逆掩推覆断层、走滑断层和正断层等。该地区发育的逆掩推覆断裂体系，决定了该区基本的构造格局，并对油气分布具有重要的控制作用（图7-18）。该套断裂系统断开层位主要为石炭系—三叠系，断距较大，平面延伸距离较远，且由下往上断裂倾角呈现逐渐变陡的趋势，下部多发育低角度的逆掩断层，上部变为高角度的逆冲断层，部分断至侏罗系，构成了主要的油源断裂，多断联合构成复合断裂输导体系。

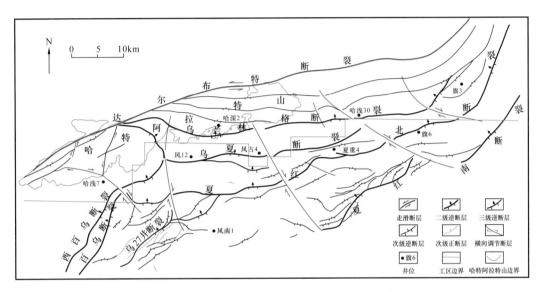

图 7-18   乌夏冲断—推覆构造带断裂体系平面分布图

在百乌断裂、夏红南断裂及旗2井南断裂之间发育3条较大规模的走滑断层，将哈特阿拉特山构造带区分为西、中、东三个次级断裂带，各次级断裂带断裂发育程度有所差异。除了逆掩断层或逆断层之外，乌2井等地区发育张性正断层，主要形成于燕山运动时期，是中生界主要的控藏断层。

2）逆冲断裂体系

该类型断裂体系以车排子凸起为典型，从构造演化来看，车排子长期隆起抬升，石炭系基底上仅残留较薄的中—新生界。海西晚期，近南北向的红车断层开始发育，印支期形成一组北西向断裂体系，切割早期南北向断裂。燕山早中期，该区断层活动最为强烈，红车等早期断层持续活动，形成典型的基底卷入型逆冲断裂。燕山晚期—喜马拉雅早期，应力松弛，局部伸展，浅层白垩系、新近系沙湾组等层内的小型正断层形成。另外，红车等部分深部逆冲断层在喜马拉雅期活化反转为正断层。喜马拉雅中晚期，南北向挤压，该区发育一组近东西向断裂体系，切割早期断裂。总体上，车排子断裂体系经历五期构造运动，形成了车排子凸起逆冲断裂体系（图7-19）。

深部逆冲断裂体系主要断开石炭系—白垩系，以逆断层为主，倾角较缓，一般30°～45°；浅部断裂体系指新近系发育的张扭性断裂，倾角较大，一般60°～80°，部分断层近直立。浅部断裂体系与深部断裂体系存在着紧密的联系，深浅断裂体系组合起来，在剖面上表现为下缓上陡，对油气的纵向运移极为有利，尤其是车排子东翼的

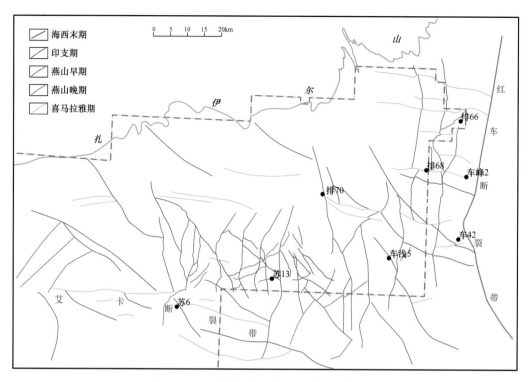

图 7-19 车排子凸起石炭系断裂平面分布图

红车断层和西翼艾卡断层，纵向上沟通二叠系烃源岩和新近系沙湾组等储层，活动持续时间长，是油气运移的重要垂向输导体系。而印支和海西期断层，活动性时间早且与成藏期不匹配，基本起封堵作用；另外，近东西向喜马拉雅期断裂的输导性还有待证实。

3）走滑断裂体系

该类型断裂体系以盆地腹部最为典型，盆地腹部在早期先存深大断裂的基础上，经印支。燕山期挤压应力影响，在凸凹转换带发育一系列压扭性走滑断层，断层大多断开二叠系、三叠系、侏罗系，部分主要发育在侏罗系，平面上呈雁列式、平行式、帚状、多字形等特征，如莫西庄侏罗系三工河组底界的帚状断裂体系，永进和征沙村的平行式断裂体系，沙窝地区的雁列式断裂体系和董1井区的多字形断裂体系（图 7-20）。

剖面上，该类型走滑断裂体系是由主断层和多条伴生断层组成的花状断裂体系，走滑量从 220m 至 2100m 不等，一般在千米以内，断层产状较陡，大多在 60° 以上，主断层倾角甚至可达 80° 以上。主断层切割石炭系、二叠系，断穿三叠系，断至侏罗系顶或白垩系底，沟通源储。走滑断层主应力平行于走向，且主断面陡，断面应力小，故主断层起重要的垂向输导作用，分支断层倾角较小，断距小，则以遮挡为主。

目前已发现油气主要与该类型断裂带有关，如莫西庄走滑断裂带内的莫西庄油田、永进走滑断裂带内的永进油田和董7井走滑断裂带内的董701井等油气分布层位上，几乎断层断在哪里，油气就分布在哪里。沿主断裂，油气显示较大，油层也多，而离开主断裂，分支断层起到封堵作用，形成断层—岩性油气藏，显示层或油层也减少。

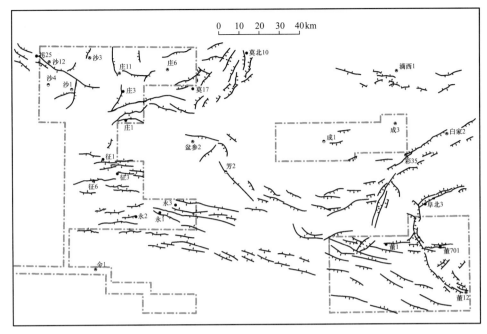

图 7-20　准噶尔盆地腹部断裂体系平面分布图

2. 毯状砂体

盆地内发育了多期、多种类型的砂体，其中低位体系域粗碎屑岩相分布广、砂体厚度大、物性好，平面上叠合连片、呈毯状稳定分布（简称毯砂），与上覆泥岩形成良好的储盖组合，构成了油气横向运移的重要输导通道，同时也是目前油气主要的赋存层位。

侏罗系八道湾组一段毯砂。以哈特阿拉特山地区最为典型。主体为湿地扇—辫状河—辫状河三角洲沉积，砂体发育，分布稳定，横向对比性好，纵向上多期砂体叠合连片，单砂层厚度 22～42m，平均 28.8m，向盆内方向呈逐渐增厚。岩性以中—细砂岩和砂砾岩为主，平均孔隙度为 26.4%，平均渗透率为 1576mD，属于特高孔中渗输导层（图 7-21）。

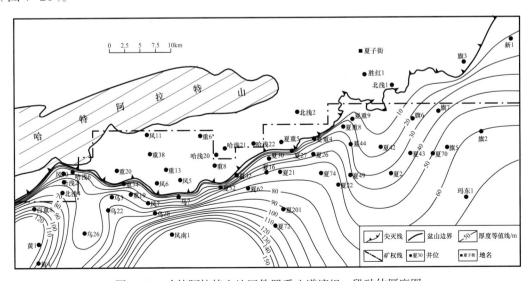

图 7-21　哈特阿拉特山地区侏罗系八道湾组一段砂体厚度图

侏罗系三工河组二段毯砂。以盆地腹部最为典型。属于辫状河三角洲前缘沉积体系，以水下分流河道砂体为主，岩性为灰色岩屑及长石砂岩、细砂岩等，砂体厚度10～90m，沿主河道砂体厚度达90m。孔隙度为7.4%～27.1%，平均14.2%，渗透率1.7～119mD，平均69.5mD。整体为一套中孔中渗储层和输导层，层内油气显示活跃，也是腹部主要含油气层（图7-22）。

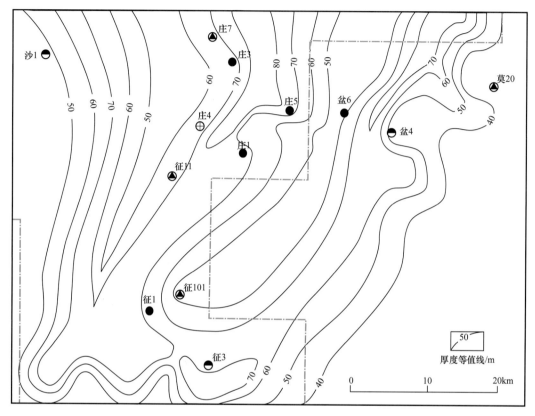

图 7-22　莫西庄—征沙村地区三工河组二段砂体厚度图

侏罗系西山窑组二段毯砂。以哈特阿拉特山地区和盆地腹部永进地区最为典型。哈特阿拉特山地区主要为扇三角洲沉积体系，砂体以水下分流河道砂为主，多期砂体叠合连片，横向稳定。岩性为粗砂岩、含粒砂岩等，累计厚度20～60m，平均孔隙度为28.89%，平均渗透率为1752mD，属于特高孔中渗储层（图7-23）。永进地区以辫状河三角洲沉积为主，砂体以水下分流河道砂为主，砂体叠合连片。岩性为中细砂岩，储层孔隙度8.9%～13.1%，渗透率0.48～26.7mD，为一套中低孔中低渗输导和储层。整体上，三角洲前缘席状砂体发育，横向展布广，面积大，构成了重要的横向输导层。

新近系沙湾组一段毯砂。以车排子凸起最为典型。沙湾组一段沉积期具有双物源体系，其中，西南向物源发育辫状河三角洲前缘沉积体系，前缘席状砂体发育，横向展布广，面积大，主要发育厚层状砂砾岩、砂岩夹泥质岩等粗碎屑岩沉积，厚度在17～77m之间。岩性为中细砂岩、砂砾岩等，分选和磨圆中—好，孔隙度30%～35.6%、渗透率1206～9202mD，属于特高—高孔渗输导层，是油气的长距离输导通道。西北物源体系主要发育多个来自西北方向的小型扇三角洲，展布范围较小（图7-24）。

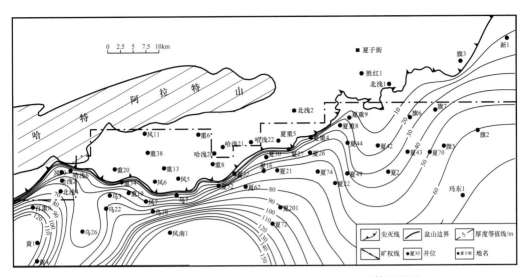

图 7-23 哈特阿拉特山地区侏罗系西山窑组二段砂体厚度图

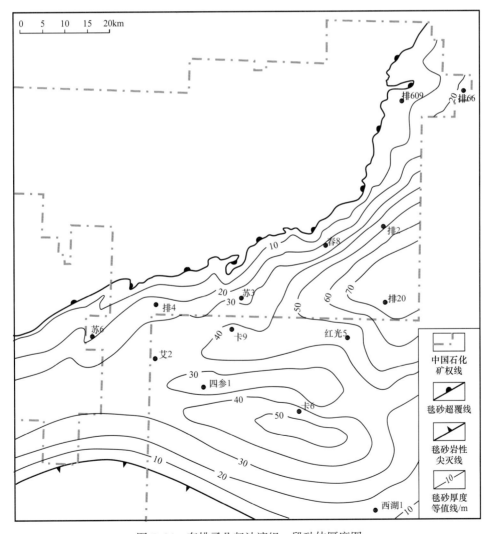

图 7-24 车排子凸起沙湾组一段砂体厚度图

3. 火山岩风化壳

石炭系火山岩经物理、化学、生物长期风化作用，形成了由风化产物组成、具有层状结构、分布于基岩面上的不连续薄壳。以车排子凸起排60井区最为典型，从顶到底，风化壳依次发育风化黏土层、水解层、淋滤层。

风化黏土层的黏土化程度达80%～100%，零散分布，厚度一般为0.8～4m，平均厚约1.5m，孔隙度和渗透率极低，平均孔隙度在6%以下，是良好的封盖层。水解层黏土化程度在50%～80%之间，网状风化裂缝发育，但被泥质、铁质、沸石和方解石完全充填，孔渗性较差，孔隙度在2%～8%之间，渗透率小于0.10mD。水解层分布上较风化黏土层范围大，在古凸起上缺失，斜坡区局部连片，厚度4～75m，是良好的遮盖层。淋滤层风化裂缝发育，溶蚀作用强，孔渗性好，孔隙度6%～14%，渗透率1～10mD，全区广泛分布，厚度变化大，是良好的输导层和储层，石炭系油气基本都位于该层内。

虽然淋滤层广泛分布且物性有所改善，但由于火山岩岩性复杂、不同岩性物性差异大、横向变化快，如淋滤层内泥岩、凝灰岩的物性依然较差，故风化壳难以作为长距离输导通道，仅局部横向输导。

4. 复合输导体系

断裂、毯砂和风化壳三者配置构成4类复合输导体系，控制了不同成藏地质背景下的油气运移和分布。

"多断联合"输导体系。"多断联合"输导体系主要表现为纵向运聚。如哈特阿拉特山深层逆冲推覆断裂带、准南山前带冲断断裂带、中央坳陷走滑断裂带等，多断体系向下连接二叠系烃源岩、向上连接不同储层，垂向输导油气，具有"下源上储"的配置特征，油气呈多层状分布特征。

"断层—毯砂"输导体系。"断层—毯砂"输导体系主要表现为远源运移。如车排子春光油田的红车断裂—沙湾组一段毯砂"断—毯"输导体系，哈特阿拉特山阿拉德油田的乌夏断裂—侏罗系西山窑组一段毯砂"断—毯"输导体系，盆地腹部走滑断裂—侏罗系三工河组毯砂"断—毯"输导体系。断层连接下伏源层、上接毯砂输导层，油气横向运移，具有"旁源侧储"配置特征，油气在毯砂边部或毯上砂体中聚集。

"断层—风化壳"输导体系。主要发育在车排子凸起石炭系风化壳发育区，红车断裂与石炭系淋滤层直接对接配置，沙湾凹陷二叠系等油气沿断层垂向输导，进入风化壳后，局部横向输导，壳内聚集成藏。

"断层—毯砂—风化壳"输导体系。主要发育于盆地边缘或内部隆起区。如车排子石炭系风化壳发育区。油源断层—毯砂对接、毯砂末端与石炭系淋滤层对接，构成"断—毯—壳"输导体系，即油气首先经过断—毯输导，再进入风化壳淋滤层局部横向输导，油气于壳内聚集。

四、超压影响了油气运聚

准噶尔盆地发育常压和超压两类成藏动力环境。中央坳陷带普遍存在超压系统，其他地区以常压为主，油气基本处于以浮力流为主的运移动力环境，成藏动力环境较复杂。

1. 超压特征

盆1井西凹陷的沙窝地、莫西庄和征沙村地区超压发育在三工河组及以下地层，主力含油层系三工河组二段及以上地层实测压力为正常压力，仅征1-2井压力系数为1.21（图7-25）。沙湾凹陷目的层压力普遍高于盆1井西凹陷的压力，下白垩统清水河组、中侏罗统西山窑组和三工河组均发育超压，永1井实测压力系数1.48～1.89之间，清水河组以上地层缺少实测压力数据，超压的分布特征尚不清楚，但依据测井特征推断，超压带从白垩系呼图壁河组顶部开始出现，即在5000m左右沙湾凹陷普遍存在超压。

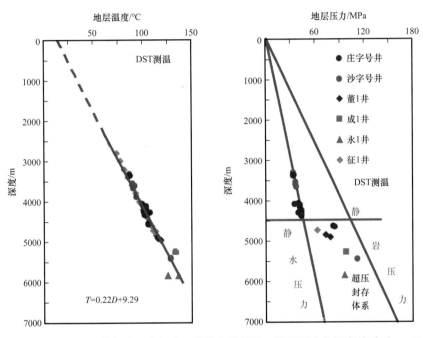

图7-25 准噶尔盆地腹部地区钻井实测地温、地层压力与深度关系图

阜康凹陷和东道海子凹陷对应的超压地层埋藏深度在4571.85～5484.52m之间，从实测压力和压力系数与深度关系图上看均显示为超压（图7-25），实测压力系数均在1.4以上，最大可达2.07。东道海子凹陷成1井3个实测压力系数相似，大约在1.8左右。阜康凹陷董1、董2、董3及董6这4口井实测压力系数在1.46～2.07之间，也显示出明显的超压特征。

整体上，中生界形成现今近似一个南倾的穿层超压曲面（压力系数大于1.2），埋深在3800～5900m之间，以此为界，上为正常温压体系，下为超压系统。各超压界面埋深不同，盆1井西凹陷超压顶界面分布在4200～5000m，东道海子北凹陷超压顶界面分布在4000～5500m，昌吉坳陷超压顶界面分布在5000～6000m。

2. 超压控藏作用

超压的控藏作用主要体现在以下方面：

异常高压对生烃存在抑制作用。准中探区的永进地区、董1等井区异常压力段的R_o较正常温压环境下R_o低0.1%～0.3%，莫深1井二叠系实测R_o较正常温压下模拟的R_o低0.6%。虽然较缓慢的成熟度演化使得二叠系烃源岩生排烃高峰期滞后，对早期成藏不利，但较长的生排烃时间利于晚期成藏，较少遭受构造破坏。

异常高压的穿层传导为油气垂向运移提供了强大驱动力。如莫西庄等油藏，包裹体压力测试证实充注期处于超压状态，油源断裂带包裹体具有明显的高温、高压异常，强大的超压促使油气沿深源断裂跨层运移，穿越了上千米的沉积盖层，现今油气位于超压顶界面附近。另一例如车排子凸起的新近系沙湾组排609井区常压油藏，来自沙湾凹陷二叠系油气突破古近系安集海河组与侏罗系八道湾组两个超压层，并在其上常压沙湾组储层中成藏。

非生烃的泥岩盖层构成重要的超压封盖层。超压层界面压降快，流体活跃，形成大量的碳酸盐岩胶结，使得超压界面致密化，有效封盖油气。如车排子凸起的车80井白垩系常压油藏则位于安集海河组超压层下、侏罗系八道湾组超压层之上，油气突破了第一个超压层，而被封隔在第二个超压层下。四棵树凹陷的卡6井古近系安集海河组超压油藏，油气在超压层内部砂岩储集体中成藏，超压不但封盖了地层水，也有效封盖了油气。

五、正向构造背景控制了油气运聚

盆内早期坳隆格局对盆地构造沉积演化有明显的控制作用，且演化有一定的继承性，导致正向构造单元及其斜坡长期位于油气运移的有利指向区，形成了自生自储、旁生侧储、下生上储等多种配置关系。在不同生储盖组合及配置下，断层、砂体、风化壳等输导要素构成的复合输导体系及泥岩等盖层是油气运、聚、散的重要控制因素，对油气差异聚集的控制作用十分明显。

在横向上，形成了从生烃凹陷到盆缘凸起区油气的有序分布。如西缘车排子凸起区是一个长期、多期发育的凸起构造，晚期超剥频繁，但构造变形较弱，发育了毯砂、风化壳淋滤层等良好的横向输导体系，在旁源侧储配置下，"断—毯"或"断—壳"输导体系利于油气远源成藏，尤其对于石炭系风化壳而言，"断—毯—壳"的联合输导使得壳内油气能在更远范围内聚集。向沙湾凹陷方向，过渡为下源上储配置，盆山转换带的多断输导体系利于红车等冲断带成藏。在盆内，凹凸转换带的走滑断裂带或与油源断裂配置的鼻凸带等，则形成油气运移的有利聚集区，如莫西庄油田、董701井区等。即使是在盆内，古隆起控油气分布作用依然显著，其继承性越好，油气越富集。如在盆1井西凹陷周缘环带上，油气主要分布于莫北—莫索湾古隆起明显的东环带和北环带，该古隆起向北与陆梁古隆起融合，致使盆1井西凹陷二叠系烃源岩生成的油气沿盆1井西凹陷北东环带，即陆梁隆起南西斜坡形成石西、石南及陆梁等一系列油田。

六、不同区带地质特征控制了油气藏类型分布

受复杂的构造沉积演化过程的影响，各类区带具有不同的地质特征，发育了不同的储盖组合及圈闭类型，形成了差异分布的油气藏类型。

盆缘凸起带。盆缘凸起带往往具有继承性发育的特点，早期构造活动强烈，断裂发育，可以形成构造类圈闭。晚期以超覆沉积为主，超剥频繁，可以形成岩性、地层及构造－岩性、构造—地层类圈闭。如车排子凸起区，下部石炭系主要为断块圈闭，上部中生界及新生界主要为地层、岩性类圈闭。盆缘凸起带烃源岩不发育，形成"旁生侧储"的配置关系，油源断层与毯砂或风化壳淋滤层横向输导体系的配置是油气运聚成藏的

关键。

"盆山"转换构造带。"盆山"转换构造带构造活动时期长、变形强烈，以发育构造类圈闭为主。如红车断阶带多条断层长期活动形成了大量断块圈闭，乌夏冲断—推覆带在二叠纪末－侏罗纪末、准南断褶带在新生代发生强烈冲断作用，形成大型背斜、断背斜、断块等断层相关褶皱。"盆山"转换构造带往往具有"下生上储"的配置关系，油源断裂的开启性及与圈闭的配置关系是成藏的关键。

盆内隆起带或鼻隆带。盆内隆起带或鼻隆带早期构造活动较强，可以形成构造类圈闭，晚期发生超覆、断裂活动或褶皱作用，可以形成地层、岩性圈闭及断层—岩性、断层—地层等复合圈闭。盆内隆起带或鼻隆带大多具有"旁生侧储"的配置关系，处于烃源岩包围中，油源条件较好，但晚期构造活动往往较弱，油源断裂的开启性及圈闭与生排烃期的配置关系是成藏的关键。

凹陷内部及其断裂带。凹陷内往往连续沉积或短期间断，构造活动弱，主要形成岩性及少量地层圈闭，若发育断层则可形成构造—岩性圈闭。具有"自生自储、下生上储"的配置关系。在断层不发育的地区，在烃源岩层内部或紧邻烃源岩的储层形成自生自储的岩性类油气藏；在断层发育区，油气向上运移，可以在不同层系形成构造—岩性、构造—地层及岩性、地层类油气藏。因此，油气成藏的关键是盖层发育情况及断层的开启性。

第八章 油气田各论

中国石化自 2000 年介入准噶尔盆地油气勘探以来，先后发现了莫西庄、永进、春风、春光、春晖、阿拉德等 6 个油田。其中，春光、春风、莫西庄油田已上报探明储量，其他油田还未上报探明储量。

第一节 春光、春风油田

春光、春风油田均位于准噶尔盆地西部隆起南部的车排子凸起之上，两者在含油层位、油藏类型等方面具有相似性，目前均已投入有效开发，勘探开发效果显著。属于盆缘隆起区大型复式油气聚集带。

一、油田概况

春光、春风油田位于新疆维吾尔自治区克拉玛依市前山涝坝镇。该区地势比较平坦，地面主要为农田，大部分地区土质松软，长有植被，地面海拔 290m 左右。该区处于新疆北疆西部文化、经济较繁华地带，217 国道从其东面经过，区内公路主干线基本形成，交通较为便利。

春光、春风油田在构造上都处于车排子凸起区，二者在含油层系、油气藏类型及成藏规律上都具有相似性。春光油田是中国石化在该区发现的第一个油田，发现井为排 2 井，该井 2005 年 1 月 9 日开钻，2 月 20 日完钻，完钻井深 1515.30m，层位石炭系，沙湾组二段 1013.4~1017.3m 完井试油，折算日产油 62.79m³，原油密度为 0.7892~0.8184g/cm³，平均 0.8059g/cm³，车排子地区勘探取得了重大突破，发现了春光油田。2005 年在排 2 井北约 15km 部署了排 6 井。该井在新近系沙湾组解释油层 1 层 2.1m（429.7~431.8m），日产油 0.5m³，结论为低产稠油层。2010 年，在排 6 井区展开部署，发现大型岩性稠油油藏，从而发现了春风油田。

截至 2019 年底，春光、春风油田已发现石炭系、侏罗系、白垩系、古近系和新近系等含油气层系，其中新近系沙湾组和石炭系是主力含油气层系，主要油藏类型包括岩性、地层、构造和构造—岩性油气藏等。累计探明石油地质储量 15875.71×10⁴t，控制石油地质储量 12220×10⁴t，预测石油地质储量 10156×10⁴t，合计三级石油地质储量 38251.71×10⁴t。其中，春光油田探明含油面积 52.67km²、石油地质储量 3659.79×10⁴t，春风油田探明含油面积 93.66km²、石油地质储量 12215.92×10⁴t（图 8-1）。

二、地质特征

1. 地层特征

车排子凸起发育石炭系、侏罗系八道湾组及三工河组、白垩系呼图壁河组、古近系紫泥泉子组及安集海河组、新近系沙湾组及塔西河组。石炭系全区分布,主要为火山岩—沉积岩混合建造。中—上侏罗统剥蚀殆尽,下白垩统清水河组在区外超覆尖灭,下白垩统顶部及上白垩统遭受剥蚀,古近系超覆于白垩系之上。新近系分布范围最广,超覆于下伏各套地层之上。

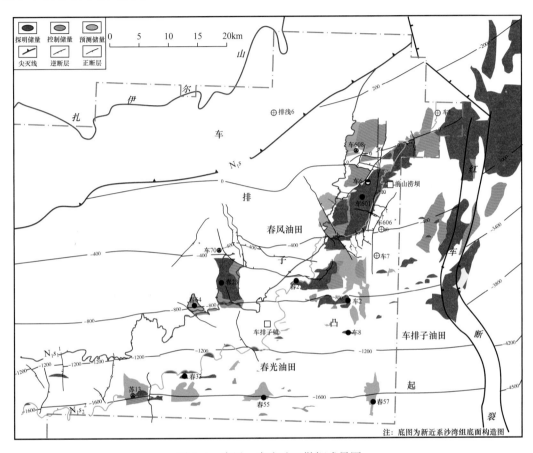

图 8-1　春风、春光油田勘探成果图

2. 构造特征

春光、春风油田构造上属于车排子凸起,构造面貌相对较为简单。车排子地区石炭系现今呈复背斜构造形态,整体上受多期构造叠加改造,发育复杂的断裂体系(图 7-19),断裂多呈南北走向,与红—车断裂近似平行。其中Ⅰ级断裂 1 条,为红车断裂,南北走向;Ⅱ级断裂 30 条,如排 61 断裂等,南北向为主;Ⅲ级断裂 110 条,如排 60 断层等,走向主要为南北向和北西向;Ⅳ级断裂 289 条,以北东向和北西向为主。这些断裂控制了二级构造带的展布方向,形成了石炭系南北成带、西高东低的断阶式构造。南北向的应力场使构造格局复杂化,一方面使主应力场控制下发育的一系列近南北向断层发生扭转,另一方面又发育多条近东西向断层,这些断层与控带断裂组合形成了断块构造格局。

车排子石炭系顶面及以上沉积盖层均为区域性单斜地层。侏罗系—古近系残留分布于凸起东西两侧,各组间为超剥关系。春光油田沙湾组南倾,倾角在 1°～2° 之间,在排 26 井区、排 21 井区、排 22 井区等发育小型鼻状构造,略具沟谷相间的特征。春风油田位于距春光油田北东向 20km 处，在排 601 井区，沙湾组南东倾，地层倾角在 1° 左右，基本不发育鼻状构造。

侏罗系—新近系内断层均为小型正断层，走向以南北、东西、北东—南西向为主。其中，南北走向的断层平面延伸较长，约 10km，倾向南东向，倾角 70° 左右，断开层位为白垩系—新近系，断距最大约 9m；北东—南西走向的断层较少，倾向南东向，延伸长度 1.1～11.1km，断距 3～8m；近东西走向断层平面延伸在 1.4～3.6km 之间，倾角在 60°～70° 之间，断距总体较小，在 1.3～3.5m 之间。侏罗系—古近系受地层、岩性、断层共同控制，发育地层、岩性、构造—地层、构造—岩性圈闭；新近系受岩性、断层控制，发育岩性、构造—岩性圈闭。

3. 沉积特征

车排子凸起在石炭系之上沉积了侏罗系、白垩系、古近系及新近系。其中，石炭系与新近系沙湾组是主力含油层系。

石炭系自下而上分为太勒古拉组、包古图组和希贝库拉斯组 3 个组，主要为两套火山岩夹一套火山沉积岩。太勒古拉组为大洋岛弧背景，岩性以玄武岩、玄武安山岩、安山岩等火山熔岩为主，局部见凝灰岩、花岗岩和火山角砾岩。包古图组为火山活动间歇期产物，普遍发育一套沉积岩，岩性包括硅质泥岩、碳质泥岩、凝灰质泥岩、粉砂质泥岩、泥质粉砂岩、凝灰质粉砂岩、细砂岩、凝灰质砂岩、岩屑砂岩和含砾砂岩。由于沉积相带的差异，不同区带的岩性特征略有不同。希贝库拉斯组为陆缘岛弧背景，普遍发育一套火山岩组合，以中基性火山岩为主夹火山沉积岩。岩性种类多样，火山碎屑岩类、火山熔岩类、侵入岩类均有出现，也是春风油田石炭系主要的含油层段。

侏罗系主要为冲积扇—扇三角洲沉积，砂砾岩广泛发育，局部发育滩坝沉积，沉积早期受古地貌影响发育了大量角砾岩。白垩系、古近系为小型扇三角洲、滩坝沉积，砂体厚度薄、规模小。

沙湾组呈现南厚北薄、东厚西薄的特点，地层由南向北、由东到西尖灭，呈现区域性南倾的单斜，发育北部、西南两个方向的物源体系，沙湾组自下而上分为三段。

沙湾组一段沉积期，剥蚀区与沉积区高差较大，碎屑物源供应充足，物源来自西南部及北部隆起区。其中，西南部物源区搬运距离长，主要为一套缓坡型的辫状河三角洲沉积，前缘最为发育，砂体呈北东东向展布，底部为一套底砾岩，中部和顶部为含砾砂岩、砂岩、灰质砂岩、泥质粉砂岩和泥岩的不等厚互层。北部近源物源体系以扇三角洲沉积体系为主，仅沿山边沉积相对孤立的粗碎屑沉积。

沙湾组二段沉积期，处于水进体系域时期，分布范围最大。此时基准面快速上升，可容空间增大，地层沉积特征以上超为主，湖水面积变大，发生退积式沉积。同时，物源供给作用减弱，北部物源分布小范围的扇三角洲沉积及滩坝沉积体系，岩性为红色、灰绿色、浅灰色的泥岩和粉砂质泥岩互层；而西南物源沉积体系在此时也同样发生退积式沉积，砂体分布范围有所减少，岩性为泥岩夹薄层细砂岩、含砾细砂岩。

沙湾组三段沉积期，处于高位体系域时期，由于气候干旱，湖水减退，地层表现为削蚀，沉积范围较小，与上覆地层呈顶削接触。西南物源以冲积平原相为主，岩性主要为棕红色泥岩及粉砂质泥岩，西北方向的物源供应大套砾岩，厚度较大，在 10～50m 之间。

4. 储层特征

春光、春风油田已发现石炭系、侏罗系、白垩系、古近系和新近系等含油气层系，其中新近系沙湾组和石炭系是主力含油层系。

1）储层岩石学特征

石炭系岩石类型可分为火山碎屑岩类、火山熔岩类、沉积岩类和侵入岩类4大类。其中，火山碎屑岩类包括凝灰岩和火山角砾岩，火山熔岩类包括安山岩和玄武岩，沉积岩类包括泥岩、细砂岩等，侵入岩类包括花岗岩和花岗斑岩。储层主要岩石类型为火山角砾岩、安山岩、凝灰岩和玄武岩。沉凝灰岩、凝灰质泥岩和泥岩类仅发育裂缝，且多被充填，储层基本不发育。

沙湾组储层岩性以含砾砂岩、砂岩为主，主要的矿物类型为石英、钾长石、斜长石、方解石、白云石，石英含量占31%～35%，钾长石含量占13%～19%，斜长石含量占20%～30%。黏土矿物类型主要有高岭石、蒙脱石、绿泥石和伊利石，高岭石相对含量2%～3%，绿泥石相对含量3%～6%，伊利石相对含量14%～21%，伊/蒙混层相对含量70%～80%。胶结物类型以钙质胶结和泥质胶结为主，方解石含量在2%～8%，白云石含量小于4%。

2）储层物性特征

石炭系受风化淋滤作用的影响，顶部500m内的储层物性普遍较好，孔隙度分布于3%～17%之间，平均10%，渗透率分布于0.1～50mD之间，平均25mD。随着距离石炭系顶面的距离变大，储层物性逐渐变差，当距离超过500m后，储层物性明显变差，孔隙度分布于2%～12%之间，平均7%，渗透率分布于0.1～8mD之间，平均4mD（断层发育段除外）。

沙湾组储层成岩差，岩石疏松，岩心收获率低。据春风油田42块岩石物性分析资料统计，孔隙度分布在22.9%～39.7%之间，平均为33.6%；渗透率在54.1～9490mD之间，平均为3436.8mD；碳酸盐含量较低，平均为5.1%。据春光油田排2等井23块岩石物性分析资料统计，孔隙度分布在26.8%～42.2%之间，平均为38.1%；渗透率在19.0～9880mD之间，平均为3667.0mD；碳酸盐含量较低，平均为4.4%。沙湾组储层物性极好，属特高孔特高渗储层。

3）储层平面分布规律

车排子地区石炭系各类岩性都能形成储层。其中，火山碎屑岩中火山角砾岩较好，火山熔岩中角砾熔岩最好，安山岩明显好于玄武岩。石炭系火山岩储层发育3类15种储集空间类型，以裂缝型和孔—缝复合型为主要的储集空间类型。东翼斜坡区主要发育缝—壳改造型储层，纵向上主要分布于希贝库拉斯组第三、第四期火山岩淋滤层中，以爆发相火山角砾岩、溢流相角砾熔岩、安山岩为储层发育的优势岩性岩相，储集空间以溶蚀孔缝及构造裂缝为主。西翼斜坡区主要发育岩—缝主导改造型储层，储层主要以包古图组凝灰质砂岩、凝灰岩为主，储集空间类型以构造成因裂缝、溶蚀裂缝为主，受断裂改造作用强。南北断裂和东西向断裂交会处附近构造裂缝密度大，充填度低，是有利储层主要分布区。

沙湾组储层主要集中发育于沙湾组一段，自下而上划分为3个砂层组。沙湾组一段1砂层组砂体总体上具有南北厚、中间薄的特征。南物源储层较厚，在25～45m之间，平面为一套"毯状"砂体，内部未见泥岩相变区。北物源源砂体主要分布于排614井区、排629井区、排609井区及排63井区，沿西北部低凸起自南向北呈扇面状分布，但并非连片分布，局部地区被泥岩相变带所分隔。沙湾组一段2砂层组砂体平面分布相对1砂层组砂体整体向东迁移，工区内西南物源砂体分布范围变小，主要分布在排614和排7—排612—排612-16—排685—排66井区。排63井区、排614井区和排22井区分布来自西北物源的砂体。沙湾组一段3砂层组砂体平面分布与2砂层组有一定的相似性，但远源砂体分布范围变大，近源砂体分布范围变小。

5. 圈闭特征

车排子地区侏罗纪—白垩纪及新生代具有盆缘水浅、缓坡多期掀斜、构造不发育的特点。车排子地区新近系沙湾组发育了近源小规模扇三角洲与远源大规模浅水辫状河三角洲两套沉积体系，整体表现为水进退积的特征，早期超覆可以形成地层圈闭，晚期退积可以形成上倾尖灭岩性圈闭，"正序叠加"形成多套良好的储盖组合，具备发育大型、大规模地层岩性圈闭的条件。多期抬升形成了地层削蚀不整合圈闭，地层剥蚀线、超覆线、砂体尖灭线控制了圈闭的发育及分布，不整合结构、断层倾角、构造倾伏特征控制了圈闭的有效性。

车排子凸起区在晚海西期以来区域性抬升使得古生界火山岩长期暴露地表遭受风化淋滤，石炭系顶面遭受到了150～250Ma的强烈风化淋滤作用，其影响厚度可达石炭系顶面以下500m。这种作用形成了车排子凸起区石炭系有利储层横向连片分布的特点。石炭系内发育大量断层，南北向断层与大量呈东西走向的调节性断层匹配形成网格状的断块圈闭。石炭系风化壳顶部黏土层及水解层物性差，可以形成有效封盖。

三、油气成藏

车排子凸起埋藏浅，不具备生烃条件。其油气成藏具有"双源供烃、断裂—毯砂输导、毯缘聚集"成藏特征（图8-2）。

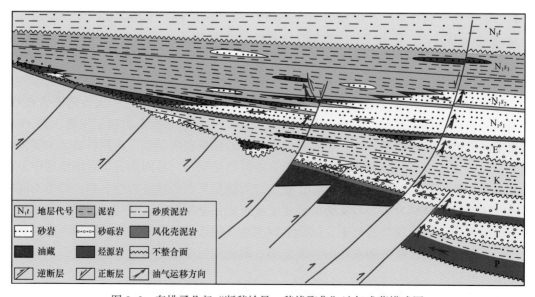

图8-2　车排子凸起"断毯输导、毯缘聚集"油气成藏模式图

凸起东部的红车断裂带向下沟通沙湾凹陷的二叠系、侏罗系烃源岩，向上可断至新近系，是重要的油源断层。新近系沙湾组发育大型的浅水辫状河三角洲，沙一段发育厚度大、分布广、物性好的毯状砂体，可以成为重要的横向输导层（图7-24）。凸起南部四棵树凹陷发育侏罗系烃源岩、侏罗系毯砂及石炭系风化壳淋滤层横向输导层。油源断层断穿层位控制了油气的垂向聚集层位，车排子凸起侏罗系、白垩系、新近系沙湾组砂体及石炭系火山岩风化壳等与红车断裂直接对接，造就了沙湾组、侏罗系、白垩系及石炭系等4个油气显示层位。横向输导层分布控制了油气的平面分布，油气主要分布在新近系沙湾组一段毯砂及石炭系风化壳淋滤层范围之内。"毯缘"控制富集，沙湾组毯砂及石炭系淋滤构成的宏观优势油气横向输导路径，决定沙湾组和石炭系是探区主要油气富集层位。

四、油气藏特征

1. 油气藏类型

春风、春光油田石炭系主要为断块油藏，侏罗系—古近系主要发育地层、岩性及复合油藏，沙湾组发育地层超覆、岩性及构造—岩性油藏（图8-3、图7-3、图7-4、图7-6）。

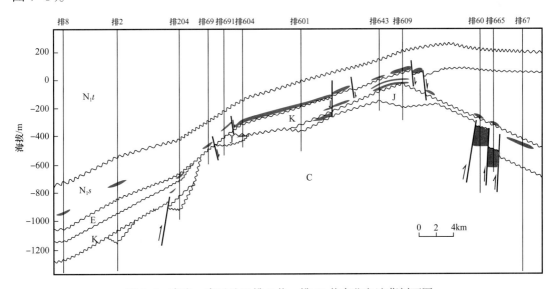

图8-3 春光、春风油田排8井—排67井南北向油藏剖面图

沙湾组主要为南倾的单斜。沙湾组一段超覆于下伏白垩系、古近系之上，形成地层超覆油藏，春风油田主要为沙湾组一段超覆油藏。沙湾组二段及其以上层系砂体呈上倾尖灭特征，形成岩性油藏，春光油田主要为岩性油藏，如排2井区油藏。沙湾组局部地区被断层切割，可以形成构造—岩性油藏，如排602井油藏。该油藏高部位受断层封堵成藏，断层以北的排610井钻遇油水同层，证实了断层具有分隔油气的作用；油藏的东西两侧受砂体尖灭控制。

石炭系风化壳被广泛发育的断层分割成块状，各块体之间无统一油水界面，原油物性也有差异，侧向严格受断层封堵，具有断块油气藏特征。如排66井、排61井、排60井、苏1-5等油藏。

2. 流体性质

1）原油性质

春光、春风油田总体上原油性质差异较大，由北向南由稠油逐渐变为稀油。

春风油田北部为稠油，原油性质较差。地面原油密度一般为 $0.9418\sim1.0154g/cm^3$ 之间，平均为 $0.963g/cm^3$，地面原油 50℃黏度一般为 $2384\sim14697mPa\cdot s$ 之间，平均为 $5821mPa\cdot s$；凝固点在 $-7\sim38℃$ 之间，平均为 10.1℃。

春风油田南部及春光油田主体为稀油，具有低密度、低黏度、低凝固点的特点，地面原油密度一般为 $0.7838\sim0.91g/cm^3$，平均为 $0.7991g/cm^3$，原油黏度一般为 $1.42\sim2.62mPa\cdot s$，平均为 $1.64mPa\cdot s$，凝固点为 $-4\sim4℃$，含硫0.11%，含蜡6.14%，含胶质、沥青质5.54%。

2）天然气性质

春风油田沙湾组稀油油藏的溶解气量很低，且溶解气中氮气含量较高，缺少甲烷、乙烷等轻烃组分。天然气相对密度为1.4466，氮气含量43.34%，甲烷含量仅为0.45%，乙烷0.71%。春风油田为稠油油藏，少见天然气。

3）地层水性质

沙湾组地层水性质在平面上存在一定的变化。地层水总矿化度在 $65327\sim136652mg/L$ 之间，氯离子含量为 $39656\sim75892mg/L$，水型均为 $CaCl_2$。

3. 温压系统

沙湾组与石炭系油藏的地层压力在 $4.33\sim10.3MPa$ 之间，压力系数为 $0.98\sim1.04$。地层温度为 $23\sim46℃$，地温梯度平均为 $2.27℃/100m$，为正常的温度、压力系统。

4. 油气藏分布

春光、春风油田含油层系为石炭系、侏罗系、白垩系、古近系及新近系沙湾组，主要含油层系为新近系沙湾组和石炭系。

春光、春风油田油气藏平面分布具有较强的规律。石炭系油藏主要发育于大型断裂带附近，车排子凸起东翼主要位于红车断裂带附近，西翼主要位于苏13井断裂带。侏罗系、白垩系及古近系油藏主要受地层分布控制。新近系沙湾组油藏分布受地层尖灭带控制，由北向南层系逐渐变新、油藏规模逐渐变小。春风油田油藏主要位于沙湾组一段1砂层组，以地层超覆油藏为主，规模大，如排601油藏，长度约11.8km，宽度最大约4.7km，含油高度290m，面积达 $40.92km^2$；春光油田油气藏主要位于沙湾组一段2砂层组，主要为岩性油藏，油藏规模小。油性由北向南逐渐变好，北部的春风油田主要为稠油，南部的春光油田主要为稀油。

五、开发简况

春光油田2005年发现，2005年投入开发，新近系沙湾组为稀油油藏，白垩系—古近系为稠油油藏。针对沙湾组二段强边水岩性稀油油藏，采取"少井高产"的开发方式和立体井网控边水技术；针对白垩系—古近系中深薄层稠油形成了水平井排状正对井网蒸汽吞吐后期转蒸汽驱的水平井热采整体动用技术，实现了高效稳产，2015年原油产量达到了 85.7×10^4t，为历史最高水平。截至2019年底，春光油田动用探明含油面积 $35.57km^2$，动用石油地质储量 2957.73×10^4t，累计产油 686.62×10^4t，采出程度

23.08%。

春风油田2010年发现，2010年投入开发，为稠油油藏。目前主要针对沙湾组一段浅薄层超稠油油藏采用"HDNS"（水平井、油溶性复合降黏剂、氮气和蒸汽）联合开发技术进行开发。截至2019年底，春风油田动用探明含油面积7.67km²，动用石油地质储量4931.06×10⁴t，2019年年产量达到了105.22×10⁴t，累计产油695.53×10⁴t，采出程度14.11%。

第二节　春晖、阿拉德油田

春晖、阿拉德油田均位于准噶尔盆地西部隆起西北部的乌夏冲断—推覆带之上，邻近新疆油田的风城油田，两者在含油层位、油藏类型等方面具有相似性，目前还未投入开发。为盆地边部复杂逆冲构造带油气立体成藏聚集带。

一、油田概况

春晖油田位于新疆维吾尔自治区克拉玛依市乌尔禾区北部，地表主要为山地、戈壁及农田。阿拉德油田位于春晖油田东部，相距约22km，行政上隶属于塔城地区和布克赛尔县夏孜盖乡，地表主要为山地、戈壁。217国道从两个油田中间经过，探区内公路主干线基本形成，交通较为便利。

春晖、阿拉德油田构造上同位于准噶尔盆地西北缘乌夏冲断—推覆带的哈特阿拉特山逆冲推覆构造带，两个油田具有相似的油藏特征及成藏规律。春晖油田发现于2011年，发现井为哈浅1井，该井在侏罗系、白垩系见到了丰富的油气显示，侏罗系八道湾组438～445m井段注汽热试获日产14.5m³的油流，实现了哈特阿拉特山地区油气勘探的重大突破，发现了春晖油田；春晖油田含油层系包括石炭系、二叠系、三叠系、侏罗系和白垩系，其中三叠系—白垩系油藏类型主要为构造—地层油藏，石炭系—二叠系油藏类型以构造油藏为主。阿拉德油田发现于2012年，发现井为哈浅22井，该井在侏罗系西山窑组一段646～661m井段注汽热试获峰值日产油17.24m³，平均日产油12.65m³，西山窑组二段511～526m井段注汽热试获峰值日产油4.72m³，平均日产油2.53m³，从而发现阿拉德油田。已发现含油层系主要为侏罗系，油藏类型为构造—地层油藏，二叠系为构造油藏。

截至2019年底，春晖、阿拉德油田全部三维覆盖，累计控制石油地质储量5149.78×10⁴t，预测石油地质储量9480.11×10⁴t（图8-4）。其中，春晖油田控制石油地质储量2557.03×10⁴t、预测石油地质储量7360.19×10⁴t，阿拉德油田控制石油地质储量2592.75×10⁴t、预测石油地质储量2119.92×10⁴t。

由于哈特阿拉特山发现的原油油性较稠，目前正处于开发攻关阶段。

二、地质特征

1. 地层特征

哈特阿拉特山地区发育了石炭系到白垩系。石炭系主要为火山岩建造，全区分布，哈特阿拉特山出露石炭系。二叠系分布于哈特阿拉特山之下到玛湖凹陷，区内受构造作

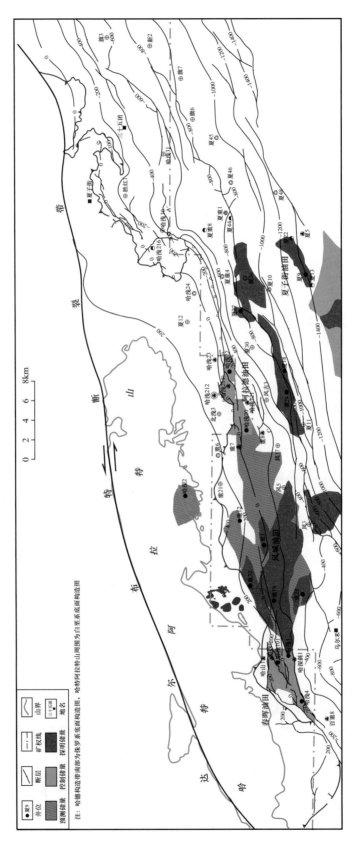

图 8-4 春晖、阿拉德油田勘探成果图

注：哈德构造带南部为侏罗系底面构造图，哈特阿拉特山周围为白垩系底面构造图

用影响主要发育中—下二叠统，上二叠统局部地区残留分布，下二叠统佳木河组主要为火山岩建造。三叠系、侏罗系、白垩系受构造活动的影响残留分布于南部，其中，三叠系遭受剥蚀分布范围较小，侏罗系超覆于三叠系之上，顶部遭受剥蚀；白垩系超覆于下伏地层之上，出露于哈特阿拉特山周围。

2. 构造特征

哈特阿拉特山地区自晚石炭世以来，经历了海西期、印支期、燕山期和喜马拉雅期等多期构造运动的叠加改造，构造极其复杂。现今表现为一个大型的逆冲推覆山前构造带，可划分为前缘超剥带、前缘冲断带、外来推覆系统和准原地叠加系统等4个系统（图7-16），在东西方向上可以分为西段、中段、东段3段（图7-18）。

前缘超剥带由中生界构成，变形较弱，地层呈底超顶剥的特征，整体呈东南倾的斜坡，发育逆断层及少量正断层。三叠系在中西部不发育，在东部变形强烈。侏罗系北部边界在中西部受断层及剥蚀线控制，在东部主要超覆于下伏的三叠系等地层之上。白垩系以超覆为主要特征，分布范围最广。

前缘冲断带、外来推覆系统和准原地系统变形强烈，形成了复杂构造带。在西段变形差异大，向东逐步转变为较为一致的叠瓦冲断构造。其中，前缘冲断带主要为二叠系卷入变形，受逆冲断层及其相关褶皱控制，地层倾角大，主要发育断块构造。外来推覆系统主要为石炭系、二叠系卷入变形，发育多期推覆叠加，哈特阿拉特山东、西段构造差异大，西段表现为多期推覆体低角度垂向叠加，东段则为多期推覆体呈高角度横向排列，发育背斜（图7-1、图7-2）、断块等构造。准原地系统受北东向3排深大断裂控制，形成3个构造群，夏子街断褶带、乌尔禾断褶带和准原地后缘断褶带，主要是二叠系多期逆冲叠加构造变形。

3. 沉积特征

哈特阿拉特山地区自下而上主要发育石炭系、二叠系、三叠系、侏罗系和白垩系。

石炭系在哈特阿拉特山地区受断层控制呈北东向带状分布，地表大面积出露。岩性主要为与岛弧相关的火山岩（玄武岩、安山岩、火山碎屑岩）、近物源沉积物（砾岩、长石砂岩）、浅海与半深海沉积物（细砂岩、泥岩、粉砂质泥岩、石灰岩），横向变化快。

哈特阿拉特山地区在二叠纪时期为沉积区。早—中二叠世处于伸展环境，早二叠世火山喷发，以火山岩夹沉积岩为特征。晚二叠世受北部边缘隆升作用的影响，主要发育冲积扇、扇三角洲和湖泊沉积。二叠纪末期，挤压作用增强，地层发生褶皱、冲断推覆、隆升剥蚀。

三叠系主要发育扇三角洲平原—前缘沉积，深湖沉积分布于玛湖地区，并且发育有浊积扇沉积，在哈特阿拉特山地区超覆于二叠系不同层组之上。三叠纪晚期，受印支期构造运动的影响，哈特阿拉特山地区进一步推覆、变形、隆升，盆地内部乌夏地区变形较弱，乌夏冲断—推覆构造带基本定型。强烈的构造活动，造成了侏罗系与下伏地层之间的区域角度不整合。

侏罗系是在三叠纪末期统一沉积盆地背景上发育的一套河湖沉积，地层总体呈北高南低、向盆内增厚的单斜。八道湾组以明显的角度不整合覆盖于三叠纪侵蚀面之上。区域上为冲积扇、沼泽相含砾砂岩、砂岩的块状层与灰色泥岩、砂质泥岩、粉砂岩、碳质泥岩的不等厚韵律状交互层沉积建造，划分为4～5个向上变细的正旋回，总体上具有"两砂夹一泥"的特征。八道湾组一段为春晖油田浅层的主力含油层系，底部发育湿地扇扇中辫状水道沉积，岩性以粗碎屑的中细砾岩、砾状砂岩为主；向上随着沉积基准面的上升以及物源供给能力的萎缩，沉积物粒度明显变细，为辫状河沉积。三工河组沉积期是侏罗纪最大湖侵期，水体漫过克—夏断裂带上盘，形成一套滨湖—浅湖沉积，岩性为浅灰黄色、浅灰色砂泥岩互层，区域上分布较为稳定，煤层不发育，具有"两泥夹一砂"的特点。西山窑组沉积期湖盆范围略有收缩，水体相对较浅，主要发育辫状河、辫状河三角洲、扇三角洲和湖泊沉积环境。西山窑组是阿拉德油田的主力含油层系，其一段是在三工河组晚期广泛湖侵后湖泊震荡萎缩、物源供给能力增强背景下沉积的一套扇三角洲、辫状河三角洲及滨浅湖沉积体系，物源来自西北方向；二、三段为典型的辫状河沉积，"砂包泥"特征明显。

白垩系主要为一套小型辫状河三角洲、滨浅湖沉积。

4. 储层特征

春晖、阿拉德油田从石炭系到白垩系均见油气显示，主要含油层系及岩性包括石炭系、二叠系佳木河组火成岩、侏罗系八道湾组及西山窑组碎屑岩储层。

1）储层岩石学特征

石炭系岩石类型主要有：熔岩类的玄武岩、安山岩、流纹岩、粗面岩、响岩等；火山碎屑岩类的凝灰岩、火山角砾岩等。凝灰岩、火山角砾岩元素含量复杂，玄武质、安山质、流纹质等均发育。

二叠系佳木河组主要以中酸性火山岩为主，岩石类型复杂，熔岩、火山碎屑岩、碎屑岩均有发育；熔岩以流纹岩、安山岩为主，火山碎屑岩以（沉）凝灰岩和火山角砾岩为主，碎屑岩以砂砾岩为主。

八道湾组一段为春晖油田的主力出油层，主要为湿地扇扇中辫状水道沉积，岩性以粗碎屑的中细砾岩、砾状砂岩为主，磨圆度为次棱角—次圆状，支撑方式主要为杂基支撑、颗粒支撑，接触关系以点式为主。胶结类型以基底式胶结和孔隙式胶结为主，孔隙中约10%的泥质和5%的沥青质充填，胶结物为泥质和少量沥青质。岩石碎屑具不等粒结构，分选差，主要粒级为粗砂级，最大粒径0.6mm。砾石成分为火成岩、硅质岩。

西山窑组为春晖油田主力油层。西山窑组一段砂岩储层疏松，岩性主要以灰色、棕褐色泥质粉砂岩、粉砂岩、含砾泥质砂岩为主，夹薄层褐灰色细砂岩、细砾岩。颗粒呈次棱角—次圆状，支撑方式主要为杂基支撑，接触关系以点式为主。胶结类型以基底式胶结和孔隙式胶结为主，胶结物为泥质和少量沥青质。岩石碎屑具不等粒结构，分选差，主要粒级为粉砂级，砂粒成分以石英、长石为主，岩屑次之，砾石成分为火成岩岩块和泥岩岩块，砾径一般3～4mm。西山窑组二、三段砂岩储层疏松，岩性主要以灰色、灰褐色细砂岩为主，夹薄层灰质细砂岩。颗粒呈棱角—次棱角状，支撑方式主要为杂基支撑，接触关系以点式为主。胶结类型以孔隙式胶结为主，胶结物多为泥质与原油，偶见灰质胶结。岩石碎屑具不等粒结构，分选中等，主要粒级为细砂级，砂粒成分以石英为主，长石次之。

2）储层物性特征

石炭系成岩后生作用强烈，经风化、淋滤、蚀变形成次生溶孔，且裂缝发育，起到较好的沟通作用，为一套以裂缝—孔隙型双重介质为主的中孔低渗非均质储层。根据测井和核磁等资料分析，孔隙度 5.3%～16.0%，平均 9.4%，渗透率 0.1～41.2mD，平均 7.13mD，属于中孔低渗致密储层。石炭系火山岩发育多期裂缝，倾向杂乱，倾角 0°～90°，裂缝充填程度不一，裂缝见油。哈特阿拉特山 1 井 114～1336m 井段，裂缝长度小于 3.2m/m^2，平均 1.9m/m^2；裂缝水动力宽度小于 140μm，平均 96μm；裂缝视孔隙度小于 0.005%，平均 0.00195%。哈浅 6 井裂缝长度小于 6m/m^2，平均 2.35m/m^2；裂缝水动力宽度小于 250μm，平均 100μm；裂缝视孔隙度小于 0.006%，平均 0.001%。火山岩由于成岩后生作用，经风化、淋滤、蚀变等产生次生溶孔，部分溶孔未被充填，且含油性较好。

下二叠统佳木河组流纹岩储层发育，哈深 2、哈深 201、哈浅 3 等多口井钻遇。储集空间以溶蚀孔为主，孔隙度一般分布在 2.3%～14.1%，平均 5.18%，渗透率一般分布在 0.1～68.28mD，平均 3.83mD。

八道湾组一段储层孔隙度为 20.9%～33.3%，平均孔隙度为 28.0%，平均渗透率为 393.3mD，平均碳酸盐含量为 8.16%，属于高孔中渗储层。

西山窑组一段孔隙类型以粒间孔为主，荧光镜下孔隙连通成片，荧光呈弥漫状亮黄色、橙色，在泥质部分偶有断续分布的絮状荧光，基质不发光。孔隙度 25%～34.5%，平均 30.3%，渗透率 84.76～316.42mD，平均 200.6mD，属于特高孔中渗储层。西山窑组二、三段孔隙类型以粒间孔为主，荧光镜下孔隙连通成片，发褐橙色、黄色荧光，发光强度亮，分布均匀。孔隙度 26.2%～33.3%，平均 30.3%，渗透率 22.28～375.93mD，平均 202.38mD，属于特高孔中渗储层。

3）储层平面分布规律

石炭系储层主要发育于推覆体中，分布于哈特阿拉特山西部到中部。推覆体Ⅲ整体含油，有利储层厚度在 20.0～75.4m 之间，哈浅 6 井和哈特阿拉特山 1 井附近有效厚度最大，向北、向西厚度逐渐减薄。

下二叠统佳木河组储层以中酸性火山岩为主，分布于哈特阿拉特山西部到中部。哈特阿拉特山西段主要发育于冲断带中，向东各推覆体中均有发育，有利储层厚度几十米至几百米，变化较大。

八道湾储层主要发育于哈特阿拉特山西段及东段，中段缺失。在哈特阿拉特山西段春晖油田储层主要发育于八道湾组一段，岩性以中—细砂岩和砂砾岩为主，单井砂层厚度 8～42m，平均 25m，分布稳定，横向对比性好，纵向上多期砂体叠合连片，呈席状展布，存在两个厚度中心，位于北浅 4、风重 042 井区。哈特阿拉特山东段有利储层主要发育在八道湾组三段，岩性以砾状砂岩、砂砾岩为主，单井砂层厚度 4～12m，横向变化小，砂体连通，区域上分布广泛。

西山窑组储层主要发育在哈特阿拉特山中段阿拉德油田及哈特阿拉特山东段。其中西山窑组一段储层在哈浅 22 井区厚度 5～30m，在风南 1 井、夏 30 井和夏 26 井连线一带，呈近东西向条带状分布，钻井揭示储层厚度在 8～51m 之间，厚度中心在风南 2 井和夏 26 井。西山窑组二、三段储层厚度由南向北逐渐变薄，储层连片分布，钻井揭示厚度12～103m，厚度中心在风南1和夏72井一带，区内主要发育在哈浅20—哈浅22井一带，厚度为0～60m。

5. 圈闭特征

哈特阿拉特山地区为一个大型的逆冲推覆山前构造带。前缘冲断带、外来推覆系统和准原地叠加系统变形强烈，主要发育背斜、断背斜、断块等构造圈闭；前缘超剥带的三叠系、侏罗系遭受剥蚀，以地层圈闭为主，局部地区边部受断层控制，形成断层—地层圈闭；白垩系以超覆为主，形成地层超覆圈闭。

三、油气成藏

哈特阿拉特山一带在二叠纪时期与玛湖凹陷为统一的湖盆沉积，发育了风城组优质烃源岩。二叠纪末期发生了逆冲推覆变形，形成了大型的逆冲推覆构造并叠置在二叠系烃源岩之上，具有优越的油气源条件，具有立体成藏的特征（图7-16）。

推覆构造之下的二叠系形成冲断叠瓦构造，二叠系自生自储，具有优越的成藏条件；同时，二叠系烃源岩生成的油气可以通过大量冲断断层向推覆构造运移成藏，具有立体成藏的特征。前缘超剥带八道湾组一段、西山窑组二段（图7-21、图7-23）、清水河组毯砂与南部的油源断层构成超剥带"断层—毯砂"输导格架，具有远源供烃成藏的特点。

四、油气藏特征

1. 油气藏类型

春晖、阿拉德油田主要存在两类油藏，即中生界碎屑岩中的构造—地层油藏和复杂构造带中的背斜、断块等构造油藏。

推覆体、冲断带、准原地系统受强烈变形的影响，各类构造圈闭发育。哈深2井区推覆体Ⅳ二叠系佳木河组为背斜油藏，油藏埋深2291.4～2779m，哈浅6井区推覆体Ⅲ石炭系油藏为断块油藏，油藏埋深50～1700m。

前缘超剥带中生界表现为由南向北的层层超覆，后期抬升遭受剥蚀或断层切割，顶部受风化泥岩遮挡、北部受断层遮挡，形成构造—地层油藏。春晖油田哈浅1井侏罗系八道湾组油藏（图7-9）、阿拉德油田哈浅20井西山窑组油藏均为单斜构造背景下的断层遮挡的构造—地层油藏。

2. 流体性质

1）原油性质

春晖、阿拉德油田的原油主要为重质稠油，具有随埋深增大油质变好的特征。

春晖油田：哈浅6井区推覆体Ⅲ石炭系油藏原油密度0.9806g/cm³，黏度（80℃）11413mPa·s，凝固点38℃，原油含硫平均0.41%，含蜡平均2.11%。哈浅1井区侏罗系油藏原油密度0.9682～0.996g/cm³，黏度（80℃）8228～68485mPa·s，凝固点26～38℃，平均33.1℃，原油含硫0.42%～0.50%，平均0.45%，含蜡1.83%～4.23%，平均3.13%。

阿拉德油田：哈浅20—哈浅22井区侏罗系原油密度0.956～0.974g/cm³，黏度（50℃）5672～5720mPa·s，凝固点22～34℃，原油含硫0.22%～0.60%，属于低—中

含硫重质稠油；哈深 2 井区二叠系地面原油密度 0.910g/cm³，黏度 119mPa·s，为中质稠油。

2）地层水性质

春晖油田八道湾组一段地层水总矿化度 2014～3685mg/L，碳酸氢根离子为 322～645mg/L，水型为 NaHCO₃。

阿拉德油田西山窑组二段 3 砂层组地层水总矿化度 2777～3371mg/L，氯离子含量为 540～1282mg/L，水型为 NaHCO₃。

3. 温压系统

春晖油田油藏地层压力为 2.89～5.38MPa，压力系数为 0.96～0.99，为正常压力系统。地层中部温度为 21.68～24.49℃，温度梯度 2～3.1℃/100m，为正常温度系统。

阿拉德油田油藏地层压力为 4.546～4.614MPa，压力系数为 0.99～1.01，为正常压力系统。地层中部温度为 23℃，温度梯度 3.18℃/100m，为正常温度系统。哈深 2 井区二叠系地层压力为 21.05MPa，计算压力系数为 0.98，为常压系统；测点温度 42℃，测温深度 1897.03m，计算地温梯度 1.63℃/100m，地层中部温度 47℃（地层中部深度 2184.46m），属低温异常系统。

4. 油气藏分布

哈特阿拉特山地区多个层系均有油气发现，目前的油气发现主要位于哈特阿拉特山逆冲推覆构造带南部，处于推覆带、冲断带及超剥带叠置部位，具有复式立体含油的格局。哈深 2 井油藏处于整个构造带的中部。

浅层超剥带中生界构造—地层油藏是春晖、阿拉德油田的主体。油藏高部位严格受到地层尖灭线控制，包括地层超覆剥蚀尖灭线、断层断缺线。纵向上主要分布于毯砂内部，毯上油藏规模小。春晖油田侏罗系八道湾组一段 1 砂层组为一套毯砂，油藏西侧发育一组羽状断裂，断层走向北东向，哈浅 6 井北发育东西向逆冲断层，两组断裂在西北部相交，形成一个半封闭的断块，其内部发育次级断层，这些断层控制了油藏的分布。油藏高点埋深 48m，油藏高度约为 550m，油藏面积为 15.62km²。八道湾组一段 2 砂层组为毯上砂体，油藏受断层控制形成两个油水系统。阿拉德油田西山窑组一段油藏高部位及西部受断层遮挡，西山窑组二段为毯状砂体，油藏高部位受断层遮挡、局部被削蚀。

冲断带、推覆体中油藏明显受油源断层及构造控制，同时储层的非均质性也影响了油层的分布。春晖油田石炭系油藏主要发育于哈特阿拉特山西段推覆体Ⅲ中，其北部和西部为低角度逆冲断层遮挡，东南部为地层尖灭线，平面上哈浅 6 和哈特阿拉特山 1 井油层有效厚度最大，向北、向西逐渐变薄。哈深 2 井油藏位于多个推覆体中部，受油源断层控制。

第三节　莫西庄油田

莫西庄油田处于盆地腹部沙漠区，邻近新疆油田的莫索湾、莫北油田，目前还未投入开发，为坳陷带深层跨层油气藏。

一、油田概况

莫西庄油田位于新疆维吾尔自治区玛纳斯县莫索湾镇境内，南距石河子市约100km。地面平均海拔400m左右，大部分地区为沙漠和农田覆盖。

构造上处于中央坳陷盆1井西凹陷南部、莫索湾凸起北侧。发现于2002年9月，发现井为庄1井，是中国石化在准噶尔盆地发现最早的油田。庄1井于2001年12月25日开钻，于2002年5月23日完钻，对侏罗系三工河组4353.0～4367.5m试油，6mm油嘴自喷求产，日产油20.5t，日产气4712m³，从而发现了莫西庄油田。油田呈北东东—南西西向展布，东西宽约15km，南北长7～10km，油藏类型为构造—岩性油藏，主要含油层位为下侏罗统三工河组。

截至2019年底，莫西庄油田已全部被三维地震覆盖。探明石油地质储量2059×10⁴t，控制石油地质储量1734×10⁴t，预测石油地质储量6059.31×10⁴t（图8-5）。

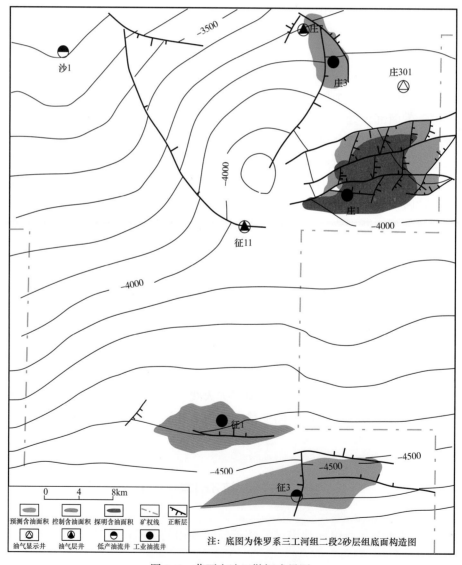

图8-5　莫西庄油田勘探成果图

二、地质特征

1. 地层特征

盆地腹部地层发育齐全，厚度巨大。莫西庄地区除中侏罗统头屯河组及上侏罗统缺少外，其他地层均发育，主要目的层侏罗系三工河组埋深在4000m以下。

2. 构造特征

莫西庄油田位于莫索湾凸起西北端，为受断裂切割的低幅度鼻梁构造，地层整体呈北西向南东倾的单斜，倾角一般为2°～3°。主断裂为近东西向展布的走滑断层，断距一般在0～20m，主断裂带内发育多条北东、南北向层间小断裂，多与主断裂平行或呈锐角相交，又形成多个断块，使油田形成了多个由东向西逐级下降的断块构造。

3. 沉积特征

莫西庄油田主力含油层系为侏罗系三工河组。三工河组沉积时期，来自北东方向的克拉美丽沉积体系和北西方向的乌尔禾沉积体系进入盆地腹部地区并在莫西庄地区交会，形成分布广泛的浅水三角洲沉积。

三工河组二段下亚段为大型辫状河三角洲交会的前缘相带，发育分支河道、河口坝、河道间三种微相类型。岩石中平行层理和低角度交错层理发育，见多次冲刷；局部为块状，岩心中见大量炭屑。砂体厚度50～80m，北部砂体较厚，受多支水下分流河道的控制，砂体发育主要集中在庄103井区、庄110—庄104—庄105井区及庄5—庄109井区，而庄4井区、庄106井区、庄108井区砂体厚度相对较小。三工河组二段上亚段为曲流河三角洲前缘相带，发育三角洲前缘分支河道、席状砂、远沙坝三种微相类型。细砂岩中平行层理、低角度交错层理发育，粉砂岩和泥质粉砂岩中多见砂纹交错层理和波状层理，灰色泥岩中水平层理发育，岩心中炭屑含量丰富。砂体厚度3～20m，西北部砂体相对较厚，砂体发育主要集中在庄106—庄2—庄104井区和庄107井区，而庄102井区厚度相对较小，庄4井区、庄105井区砂体厚度在5m左右。

4. 储层特征

三工河组二段下亚段由浅灰色粗砂岩、中砂岩和细砂岩组成，间夹多层浅灰色砂砾岩、含砾粗砂岩和薄层深灰色泥岩、泥质粉砂岩、泥砾岩。石英含量12%～47%，岩屑含量15%～77%，长石含量5%～34%，为长石岩屑砂岩和岩屑砂岩，少量长石砂岩；碎屑颗粒磨圆较好，以次圆、次棱角—次圆为主；颗粒分选中—好。颗粒间主要为线接触、点—线接触，泥质杂基含量0～20%。胶结物含量0～28%，胶结物成分以泥质为主，胶结类型以孔隙—接触式为主，部分灰质胶结。储层孔隙度为2.1%～22.6%，渗透率为0.01～568.1mD，以低孔低渗储层为主。储集空间为原生粒间孔和剩余粒间溶孔，片状、弯片状喉道是主要的喉道类型，面孔率为3.32%～15.72%，平均孔隙半径40.5～85.9μm，平均孔喉比2.02～3.55。内有多层致密的隔夹层发育。砂体厚度50～75m，由北东向南西逐渐减薄。莫西庄—莫北一带砂岩厚度相对稳定，厚度为60m左右，向南至盆参2井—征1井一线砂岩逐渐变为30m左右。

三工河组二段上亚段为浅灰色细砂岩、粉砂岩与深灰色泥岩不等厚互层，局部含深灰色泥砾岩。石英含量12%～65%，岩屑含量15%～67%，长石含量9%～32%；碎屑颗粒磨圆较好，以次棱—次圆为主，颗粒分选中—好；颗粒间主要为线接触、点—

线接触，填隙物类型多样，杂基以泥质为主，含量0～15%，砂岩的胶结物含量稍高，以高岭石为主，次为灰质。胶结类型以孔隙式胶结为主。储层主要岩石类型为中砂细砂岩和细砂中砂岩，孔隙度为1%～19%，渗透率为0.01～163mD，主要为低孔低渗和低孔特低渗储层。主要的储集空间为原生粒间孔和剩余粒间溶孔。储层面孔率为3.03%～12.68%，平均8%～9%，平均孔隙半径40.6～60.6μm，平均孔喉比2.02～3.41。砂体厚度3～20m，由庄106—庄5井一线向两侧逐渐变薄。

5. 圈闭特征

莫西庄地区三工河组为浅水三角洲沉积，砂体厚度大、分布广，但内部非均质性较强。发育众多的低级序走滑断层，断层断距较小、平面延伸距离较短，与非均质砂体形成构造—岩性圈闭。

三、油气成藏

莫西庄地区构造较为简单，主要发育了众多的走滑断裂（图7-20）。部分断层沟通二叠系烃源岩，向上终止于侏罗系顶部，形成了"多断联合"输导体系，为油气的垂向运移提供了高效输导通道；在浅部，油源断裂沟通砂体，受断层遮挡形成构造—岩性油藏（图7-15）。沿主断裂，油气显示层厚度较大，油层也多，而离开主断裂，显示层或油层减少。

四、油气藏特征

1. 油气藏类型

莫西庄油田主要含油层系为侏罗系三工河组。三工河二段下亚段为辫状河三角洲前缘沉积，沉积时地貌平缓，水道变换频繁，相互切割，砂体叠置交错，其间发育泥质、钙质等隔夹层，连通性变差，非均质性强，油气水分异变差。莫西庄发育众多的低级序走滑断层，虽然断距较小，但断层与非均质砂体相配合，对油藏分布具有影响，形成了鼻状构造背景上的断层—岩性油藏，各断块间不具有统一油水界面，含油程度又受到砂体发育的影响。同时，该区在古近纪以前处于"车莫古隆起"北翼，在古近纪以来发生掀斜成为现今的南倾斜坡，对早期形成的油气藏具有一定的破坏作用，形成了现今的低饱和度断层—岩性油藏（图7-10）。

2. 流体性质

莫西庄油藏原油性质属中—低密度、低黏度、中等凝固点的轻质原油，地面原油密度（20℃）为0.7616～0.8990g/cm³，黏度（50℃）为1.2～69.0mPa·s，凝固点为10～19℃，含蜡5.9%～13.22%。天然气甲烷含量在73%～87%，相对密度为0.65～0.94kg/m³。

地层水型以$NaHCO_3$型为主，氯离子含量5317.5～16396mg/L，总矿化度11361～28325mg/L。

3. 温压系统

莫西庄油田地层中部压力为39.62～43.32MPa，压力系数为0.979～1.03，属于正常压力系统。地层中部温度为100～107℃，地温梯度为2.37～2.49℃/100m，属于偏低温系统。

4.油气分布

莫西庄油田位于莫索湾凸起鼻状构造的西倾末端，呈现鼻状构造背景，油气主要分布于现今鼻状构造梁之上。鼻梁向北向东抬升，富集程度增强，向南、向西低部位含水增加。同时，内部受低级序断层影响，各油藏含油程度有差异。

第四节　永　进　油　田

永进油田处于盆地腹部沙漠区，目前还未投入开发。为坳陷带超深层跨层油气藏。

一、油田概况

永进油田位于新疆维吾尔自治区昌吉回族自治州玛纳斯县，南距石河子市约70km。地面为农田、盐碱地覆盖，北部有零星的沙漠，海拔330～410m。工区内年平均降水量80mm，主要有玛纳斯河、莫索湾干渠等水利设施。

永进油田构造上处于中央坳陷南部，位于莫索湾凸起南侧、沙湾凹陷与莫南凸起、阜康凹陷交接部位。油井油田发现于2004年8月，发现井为永1井。永1井于2003年11月5日开钻，2004年10月6日钻至井深6400m完钻，完钻层位侏罗系西山窑组，在白垩系、侏罗系见到多层油气显示，其中西山窑组5873.40～5888.10m中途测试，折算日产油72.07m³、日产气10562m³，发现了永进油田。油田呈东西向展布，南北长3～10km，东西宽约30km，油藏类型为岩性—地层油气藏。含油层系包括侏罗系的三工河组、西山窑组及白垩系的清水河组，其中西山窑组是主力含油层系。

截至2019年底，该区已全部被三维地震覆盖。控制石油地质储量3203.06×10^4t，预测石油地质储量5243.94×10^4t（图8-6）。

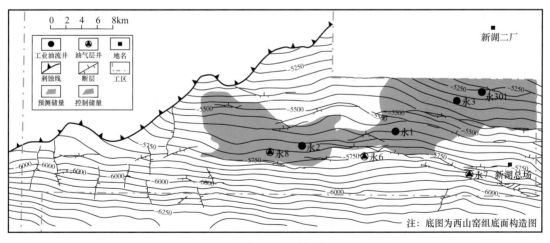

图8-6　永进油田勘探成果图

二、地质特征

1.地层特征

永进地区除中侏罗统头屯河组及上侏罗统缺少外，其他地层均发育，主要目的层侏罗系西山窑组埋深在 5800～6500m。

2. 构造特征

永进油田位于车莫古隆起的南翼，呈东北高西南低的单斜形态，倾角 4°～8°。侏罗系发育多条上下断开二叠系和侏罗系的高角度走滑断裂，垂向断距较小，断层呈东西向展布，平面延伸距离 5～20km，分支断层平面延伸距离较短，多与主断裂呈锐角斜交，呈雁列状、帚状分布。

3. 沉积特征

永进地区西山窑组以煤层集中发育段为界可分为上下两段。下段为辫状河三角洲前缘及滨湖沼泽沉积，砂岩、粉砂岩、灰色泥岩与煤层不等厚互层。煤层在东部分布稳定，向西北方向逐渐尖灭。砂体厚度 10～30m，自然电位曲线呈钟形。永 2 井区属于三角洲水下分支河道沉积，向东在永 1、永 6 井区相变为泥质岩夹薄层细砂岩。上段下部为三角洲前缘沉积环境，物源供给充分，灰色砂岩、含砾砂岩与红色泥岩互层，砂体厚度与规模均较大；向上逐渐过渡为三角洲平原相的沉积环境，物源供给量逐渐不足，主要发育三角洲平原分支河道砂体。

4. 储层特征

西山窑组下段储层的岩性主要为细砂岩、中砂岩、粗砂岩以及含砾砂岩；孔隙度 3.7%～14.16%，平均 6.3%，渗透率 0.038～12.04mD，平均 0.26mD；储层厚度 3～20m。西山窑组上段主要为细砂岩、砂砾岩与泥岩的薄互层组合，砂岩主要为不等粒—细粒长石岩屑砂岩；分选中等—差，次棱角状；储层厚度 10～60m；孔隙度 6.3%～13.1%，平均 9.4%，渗透率 0.38～2.82mD，平均 0.92mD；砂体厚度 10～48m，自西北向东南砂岩厚度增加。西山窑组砂岩孔隙类型以粒间孔、粒内溶孔为主，次为胶结物内溶孔、裂缝。永 1 井扫描电镜分析，可见填隙物微孔发育，一般为 7～15μm；粒间孔一般为 10～70μm，铸体薄片原生孔一般为 2%～3%；喉道 2～9μm。永 6 井多数薄片可见 2%～4% 次生孔，个别达 6%。西山窑组储层主要为低—特低孔特低渗较差储层。平面上分布稳定。

三、油气成藏

永进地区构造较为简单，呈现南倾斜坡，发育了众多的走滑断裂（图 7-20）。部分断层沟通二叠系烃源岩，向上终止于侏罗系顶部，形成了"多断联合"输导体系，为油气的垂向运移提供了高效输导通道；油气在西山窑组岩性—地层圈闭中聚集成藏。

四、油气藏特征

1. 油气藏类型

永进油田主要含油层系为侏罗系西山窑组，西山窑组向车莫古隆起方向逐层被剥蚀，后期白垩系整体覆盖其上，形成区域性的不整合。上倾方向受地层、岩性遮挡，中间受断层切割，形成岩性—地层油藏（图 7-5）。

2. 流体性质

永进油田原油密度（20℃）为 0.8500～0.8673g/cm³，凝固点 7.3～10.0℃，含硫量 0.04%～0.14%，含蜡量 4.4%～5.5%，胶质含量 12.1%～13.9%。天然气甲烷含量

81.11%，相对密度 0.6791。

地层水主要为 $NaHCO_3$，总矿化度 5720mg/L，氯离子含量 1512mg/L，硫酸根离子含量 303mg/L。

3. 温压系统

永进油田地层压力为 97.45MPa，压力系数 1.69，属异常高压系统。地层温度为 135.6℃，地温梯度为 2.31℃/100m，属正常温度系统。

4. 油气分布

永进地区西山窑组纵向上发育多个砂层组，均见到丰富的油气显示，储层物性控制了油气富集程度。永1、永2、永3井含油砂层组获得工业油流。平面上油藏既受到地层剥蚀线的控制，也受到砂体边界的控制，总体呈北东向条带状展布。

第九章 典型油气勘探案例

中国石化自 2000 年介入准噶尔盆地油气勘探以来，系统总结前人勘探经验，加强基础研究，转变找油观念，创新找油思路，攻关关键技术，先后在盆地深坳带、盆缘隆起区、复杂构造带等不同领域获得了勘探突破，取得了规模发现。总结这些不同类型案例的发现历程和成功经验，对推动类似地质条件地区的油气勘探不断取得新发现，重新思考和认识中国广大的经历多次勘探未果的地区，具有指导和借鉴意义。

第一节 车排子凸起油气勘探

一、概况

车排子凸起位于盆地西部隆起南端，是一个继承性凸起，石炭系之上发育了侏罗系、白垩系、古近系、新近系及第四系。石炭系表现为一个鼻状构造，由 NNW 向 SSE 逐步倾覆，侏罗系残留分布于凸起边部，其他层系从鼻状构造东翼、西翼超覆沉积，主体为新近系沉积，勘探面积约 5500km²。先后发现了春光、春风两个油田，已发现石炭系、侏罗系、白垩系、古近系和新近系等含油气层系，主要油藏类型包括岩性、地层、构造和构造—岩性油气藏等，为盆缘隆起区大型复式油气聚集带（图 9-1 至图 9-3）。

二、油气发现过程

车排子凸起的油气勘探始于 20 世纪 50 年代，勘探发现过程可分为早期探索、勘探突破、展开扩大 3 个阶段。

1. 早期探索阶段（1950—1999 年）

车排子凸起的油气勘探始于 20 世纪 50 年代。区内有 20 世纪 80—90 年代施工的二维地震测线 1900 余千米，南部地震测网密度为 2km×2km，北部地震测网不规则，测网密度为 2km×6km 或 4km×6km，局部地区不成网，地震资料品质欠佳。至 20 世纪末，区内共有 8 口探井，自南向北分别是艾 4、户 2、户 3、车浅 5、车浅 1、车 13、车 8、车浅 15，其中车浅 5、车浅 1、车 13、车 8 和车浅 15 井在钻探过程中见油气显示。认为车排子凸起"油气成藏早，富集度低，油质稠，采出困难，没有勘探价值"，凸起主体研究及勘探工作长期处于停滞状态。

2. 勘探突破阶段（2000—2008 年）

2000 年，中国石化进入准噶尔盆地开展地质研究与油气勘探。以四棵树凹陷构造圈闭为目标，2002 年先后钻探了固 1 井、固 2 井，均失利。此后，对车排子地区的成藏条件进行评价研究，认为车排子凸起处于四棵树和沙湾凹陷两个生油凹陷长期的运移指向区，应是有利勘探方向。2003 年利用老二维地震资料部署排 1、排 103 和排 2 三口探井。排 1、排 103 井在新近系沙湾组见到丰富的油气显示，排 2 井获得高产工业油气流，4mm 油嘴放喷求产，油压 2.3MPa，日产轻质油 60.35m^3，实现了车排子凸起油气勘探的重大突破，发现了春光油田。

排 2 井突破后，根据地震资料及其他相关资料综合分析，认为排 2 井以北沙湾组超覆尖灭带可形成大型的地层—岩性圈闭，为进一步扩大新近系沙湾组的勘探成果，在排 2 井、排 6 井等地区进行三维地震采集，开展了更为精细的地质研究，利用"油亮点"技术钻探的排 8、排 206 等多口探井在新近系沙湾组获高产工业油流。至 2008 年底，上报探明石油地质储量 933.06$\times 10^4$t，控制石油地质储量 2030.06$\times 10^4$t，预测石油地质储量 3722.19$\times 10^4$t。

3. 展开扩大阶段（2009 年至今）

2009 年底，按中国石化统一部署和战略调整，春光油田移交中国石化河南油田分公司负责勘探开发，车排子凸起北部和西部的油气勘探开发工作由中国石化胜利油田分公司负责。

胜利油田接手以后，加大基础地质与油气成藏规律的研究，认为探区具有远源"断层—毯砂"输导的基本地质条件，应加强砂尖或毯尖勘探部署工作，加快部署三维地震资料。

2009 年底，排 605、车浅 1–5 等井在新近系沙湾组发现砂尖大型稠油油藏，打开勘探新局面。之后快速展开、落实了储量规模，形成了车排子亿吨级含油气区，2010 年命名为"春风油田"。2010 年钻探的排 60 井在石炭系见油流，2011 年钻探的排 61 井获工业油流，日产油 4.28t，石炭系取得突破。

2012 年以来，深化侏罗系、白垩系、古近系成藏条件研究，逐步展开探索，不断取得新发现，实现了多类型、多层系、多领域的全面突破。2014 年，车排子凸起西翼的苏 101 井在古近系试油获日产油 3.18m^3；2016 年，苏 13 井在石炭系酸化压裂后获日产油 33.72m^3，展现了车排子凸起西翼良好的勘探前景。

至 2019 年底，车排子凸起区累计探明石油地质储量 15875.71$\times 10^4$t、累计产油 1393.89$\times 10^4$t。

三、勘探启示

车排子凸起是一个远离油源的长期隆起区，构造不发育。针对早期久攻不克，坚定信心，建立正确的油气运聚模式、正确认识目标类型、配套关键技术，是该区取得规模发现的关键，对盆缘隆起区、源外远离油源区油气勘探具有指导借鉴意义。

1. 深入分析"远源供烃"条件是盆缘凸起油气发现的前提

车排子凸起处于盆地边缘、埋藏较浅，不具备生烃条件，以往评价认为勘探价值不大。中国石化登记矿权之初，不拘束于以往认识，充分利用区内外各种地质资料，在区域构造、沉积及烃源岩对比等研究基础上，认为车排子凸起具有"两凹供烃、长期聚集"的成藏背景。凸起东部的沙湾凹陷在二叠纪—侏罗纪时期处于湖盆中心，发育了下乌尔禾组暗色泥岩、八道湾组暗色泥岩烃源岩，厚度可达 200～800m、200～600m；南部的四棵树凹陷发育八道湾组烃源岩，厚度 100～500m，均达到成熟阶段，生、排烃强度较大，车排子地区具有双源双向供烃条件。车排子凸起自晚海西期以来一直处于隆起状态，是油气运移的长期有利指向区，为周围深洼区生成的油气提供了有利"聚油背景"（图 7-14），大大提升了车排子地区油气资源潜力认识，坚定了盆缘隆起远离油源区勘探的信心。

2. 强化远源油气输导体系研究是盆缘凸起油气发现的关键

车排子凸起与生烃凹陷相距较远，油气如何实现远距离运移是成藏的关键。

通过区域层序地层学、沉积体系等研究，揭示了盆缘隆起带中—新生界经历"整体水进、正序叠加、振荡升降"的沉积演化过程。低位体系域沉积时具有"盆广水浅、宽缓低平"的斜坡背景，新近系沙湾组底部、侏罗系底部发育厚度大、分布广、横向连通的毯状分布砂砾岩（图 7-24），通过物性特征、运移指数、荧光定量分析，这些毯砂是相对稳定的区域性高效毯状横向输导层。毯砂横向输导体系的发现，改变了盆缘隆起带远源输导体系不佳的认识。通过断层形成演化及结构分析，指出坳隆接合部、隆旁坳陷区发育大量长期活动的断层，具有"下连烃源岩、上接毯砂"的特征，利于油气大规模垂向运移；后期发育的次级小断裂沟通了下部毯状砂体和上部的孤立砂体，形成了油气垂向运移的调整网。油源断层、调整断层与底板砂砾岩"输导毯"组合形成了"断层—毯砂"输导体系，成为油气长距离运移的主通道。进而建立了"双源供烃、断裂—毯砂输导、多类型圈闭聚集"的油气运聚模式（图 8-2），即两凹陷烃源岩生成的油气，首先沿油源断裂垂向运移，再进入毯状砂体横向运移至车排子凸起，并在毯状砂体上倾尖灭带、或与毯砂形成良好侧向对接的石炭系圈闭、或与调节断层沟通的毯砂上方孤立砂岩圈闭中成藏，解决了盆地边缘隆起带，特别是远距离油气运聚成藏的难题。以该规律性认识为指导，实现了勘探的快速突破与持续高效展开。

3. 正确认识复杂隐蔽圈闭形成机制是盆缘凸起油气发现的基础

车排子地区侏罗纪—白垩纪及新生代具有盆缘水浅、缓坡多期掀斜、构造不发育的特点，侏罗系、白垩系以剥蚀为主、残留分布，而古近系、新近系则以超覆为主、大面积分布。石炭系主要发育火山岩，岩性纵横向变化快，储层及圈闭描述难度大，能否发育有效圈闭是油气勘探的关键。

通过沉积特征研究，明确了车排子地区新近系沙湾组发育了扎伊尔山来源的近源小规模扇三角洲与北天山来源的远源大规模浅水辫状河三角洲两套沉积体系，整体表现为水进退积的特征，早期超覆可以形成地层圈闭，晚期退积可以形成上倾尖灭岩性圈闭，"正序叠加"形成多套良好的储盖组合，具备发育大型、大规模地层岩性圈闭的条件（图 7-6、图 7-8）。多期抬升形成了地层削蚀不整合圈闭，地层剥蚀线、超覆线、砂体尖灭线控制了圈闭的发育及分布，不整合结构、断层倾角、构造倾伏特征控制了圈闭的有效性。

通过构造演化及火山岩储层发育控制因素研究，认为车排子凸起区在晚海西期以来区域性抬升使得古生界火山岩长期暴露地表遭受风化淋滤，石炭系顶面遭受到了150～250Ma 的强烈风化淋滤作用，其影响厚度可达石炭系顶面以下 500m。这种作用形成了车排子凸起区石炭系有利储层横向连片分布的特点。石炭系内发育大量断层，南北向断层与大量呈东西走向的调节性断层匹配形成网格状的断块圈闭（图 7-3、图 7-4）。石炭系风化壳顶部黏土层及水解层物性差，可以形成有效封盖。

这些认识，明确了车排子凸起的主要勘探层系及区带，大幅拓展了勘探空间，打破了盆缘区物源发育只能发育构造圈闭的传统认识，为油气不断高效发现提供了基本保障。

4. 相适应的勘探技术是盆缘凸起油气高效发现的重要支撑

由于车排子凸起碎屑岩地层埋藏浅、超剥关系复杂、砂体纵横向变化复杂、稀油区砂体疏松低速、稠油区砂岩高速，单一技术难以有效支撑油气持续发现。针对车排子凸起圈闭识别描述及含油性检测中存在的一些技术问题，通过持续攻关，相继配套形成了基于模型的不整合地层、砂岩岩性圈闭识别和描述技术、"油亮点"描述技术、振幅属性结合波阻抗反演联合确定圈闭边界的描述技术、基于地震资料拓频的超覆边界外推技术等一系列针对性技术，在中—新生界较精确地发现了大量地层、岩性和复合圈闭，以及一些含油气目标，大大提高了目标钻探成功率。针对石炭系火山岩地层，形成了重磁电震联合识别火山岩岩相岩性、叠前纵波方位各向异性裂缝检测等技术，为该地区油气持续发现提供了重要支撑。

第二节　哈特阿拉特山逆冲推覆带油气勘探

一、概况

哈特阿拉特山构造带位于盆地西北缘乌夏冲断—推覆带的北部，为一个大型逆冲推覆构造带，发育了浅层超剥带、前缘冲断带、外来推覆系统及准原地系统 4 个系统。浅层超剥带发育中生界，其他系统以石炭系、二叠系为主，勘探面积约 2000km²。先后发现了春晖、阿拉德两个油田（图 8-4），含油层系包括石炭系、二叠系、三叠系、侏罗系和白垩系，其中三叠系—白垩系油藏类型主要为构造—地层油藏，石炭系—二叠系油藏类型以构造油藏为主。具有立体含油的特征（图 7-16）。

二、油气发现过程

哈特阿拉特山逆冲推覆构造带的勘探及发现过程可划分为区域侦查阶段、早期探索阶段、突破发现阶段及展开勘探阶段 4 个阶段。

1. 区域侦查阶段（1950—1999 年）

哈特阿拉特山地区油气勘探始于 20 世纪 50 年代。西北地质局在准噶尔盆地西北缘及和什托洛盖盆地一带进行了地质、地球物理调查。后来新疆石油管理局陆续开展了地面磁法、电法、重力、地震等地球物理勘探，新疆地质局区调大队对本区进行了 1：20万的区域地质填图。截至 1999 年底，该地区完成二维地震测网密度为 4km×4km 至14km×17km，钻井 8 口，进尺 21673m，见到了一定的油气显示，但未获得突破。

2. 早期探索阶段（2000—2008 年）

2000 年，中国石化介入准噶尔盆地北缘油气勘探，部署实施二维地震测线3495.19km/64 条，测网密度达到 2km×2km 至 2km×4km；2004 年部署实施重力、电法勘探项目，共计 252km/4 条。2004—2008 年，先后钻探 6 口探井（北浅 1 井、北浅 2 井、北浅 3 井、北浅 4 井、胜红 1 井、新 1 井），探索浅层超覆尖灭带地层圈闭以及中深层构造圈闭的含油气性，进尺共计 6742.3m，仅见零星沥青质显示。

3. 突破发现阶段（2009—2012 年）

2009 年，中国石化胜利油田分公司接手该区勘探研究与部署工作。2010—2012 年在哈特阿拉特山地区部署实施 3 块三维地震，满次覆盖面积 954.84km²；同时针对整个盆地北部部署了 1∶5 万高精度地磁 31000km²。

2011 年，在哈特阿拉特山西段部署钻探了哈浅 1 井，该井在侏罗系、白垩系见到了丰富的油气显示，侏罗系八道湾组 438～445m 井段注汽热试获日产 14.5m³ 的油流，实现了哈特阿拉特山地区油气勘探的重大突破，发现了春晖油田；随后钻探的哈浅 2、哈浅 4、哈浅 5、哈浅 6、哈浅 8 井均解释为油层，落实了八道湾组油藏规模。2012 年，在哈特阿拉特山中段部署钻探了哈浅 20、哈浅 21、哈浅 22 井均见到丰富的油气显示，哈浅 22 井在侏罗系西山窑组一段 646～661m 井段注汽热试获峰值日产油 17.24m³，平均日产油 12.65m³；哈浅 20 井西山窑组二段 511～526m 井段注汽热试获峰值日产油 4.72m³，平均日产油 2.53m³，从而发现阿拉德油田。

4. 展开勘探阶段（2013 年至今）

春晖、阿拉德油田的发现证实该区为富含油气区带。在浅层积极扩大的同时，积极向中深层拓展探索，针对前缘冲断带和外来推覆系统钻探的哈深斜 1 井、哈山 1 井、哈深 2 井也相继获得突破。哈深斜 1 井在前缘冲断带二叠系佳木河组油斑凝灰岩中压裂试油，峰值日产油 18.16m³，实现了前缘冲断带的大突破；哈深 2 井在推覆体Ⅳ二叠系中见油斑凝灰岩、火山角砾岩，中途测试日产油 10.08m³，实现了外来推覆系统的突破，含油气规模进一步扩大，形成了哈特阿拉特山复式立体勘探的格局。

截至 2019 年底，哈特阿拉特山逆冲推覆构造带控制石油地质储量 5149.78×10⁴t，预测石油地质储量 9480.11×10⁴t。目前，正在向埋藏深、钻探难度大的准原地系统及页岩油进行探索。

三、勘探启示

哈特阿拉特山构造带是一个复杂的山前逆冲推覆构造带，正确建立地质模型、落实构造特征、明确潜力方向是该区取得突破的关键，对山前带等复杂构造带油气勘探具有借鉴意义。

1. 超前实施三维地震勘探是哈特阿拉特山地区油气发现的前提

以往认为哈特阿拉特山地区地表出露石炭系、白垩系，紧邻达尔布特大型走滑断裂，早期认为是一个浅层超覆的老山。胜利油田分公司接手之后，通过对区域构造背景、盆地构造沉积演化过程及前期成果的分析，认为哈特阿拉特山地区应为复杂山前构造带。其中，浅层为中生代地层超剥带，主要发育地层超覆圈闭；中深层主要为石炭纪—二叠纪地层复杂构造带，发育各类构造圈闭。浅层圈闭不落实、深层构造特征认识不清是制约该区突破的关键。

以往该区主要是二维地震测线，物探资料不适应制约了对勘探方向的选择、勘探目标的落实。为此，直接、连续实施了三维地震及大面积地磁勘探，打破了以往只有探井出油才部署实施三维的惯例。2010—2012 年在哈特阿拉特山地区部署实施 3 块三维地震，满次覆盖面积 954.84km²；同时针对整个盆地北部部署了 1∶5 万高精度地磁 31000km²。三维地震、高精度地磁资料的获得，奠定了可靠适用的资料基础，使哈特阿拉特山地区深部复杂构造、浅部频繁超剥地层的较准确认识成为可能，成为哈特阿拉特山地区油气发现的重要前提。以三块三维为基础部署的第一批探井（哈浅1、哈深2、哈浅22井）均直接获得了突破。

2. 精确的地质模型是哈特阿拉特山地区油气发现的关键

早期认为哈特阿拉特山是一个浅层超覆的老山，控制了中—古生界的沉积，烃源岩不发育，勘探价值不大。通过研究认为哈特阿拉特山地区应为复杂山前构造带，但该区经历多期复杂构造运动，构造样式复杂多样，建立准确的、精细的地质模型是勘探潜力评价、勘探方向确定与勘探目标落实的关键。

胜利油田分公司研究人员综合利用地质、地震、重磁电资料，形成了以地质分析为基础、重磁电震联合为核心内容的复杂山前带精细地质建模技术，并建立了哈特阿拉特山地区较精细的构造地质模型，明确了形成演化过程。认为哈特阿拉特山地区在早—中二叠世是玛湖凹陷的一部分，沉积范围可达现今的谢米斯台山一带，为湖盆中心，在晚二叠世发生强烈的逆冲推覆，石炭系、二叠系推覆叠加在中—下二叠统之上，在三叠纪末定型，侏罗纪以后以隆升为主，形成了大型逆冲推覆构造带，发育了浅层超剥带、前缘冲断带、外来推覆系统和准原地叠加系统4个领域。在准原地系统、前缘冲断带、外来推覆系统"山下、山内"均发育风城组优质有效烃源岩，并经哈浅6等井钻井揭示证实，改变了前人认为烃源岩主要发育在玛湖凹陷的观点，极大提高了该区油气资源潜力。

以精细地质模型为指导，在浅层精确识别描述出了大量中生界超覆地层圈闭，在中深层前缘冲断带、外来推覆系统识别出多个大型构造圈闭，对浅层与中深层开展探井部署，多口探井相继钻探成功。复杂山前带精确地质模型的建立，成为哈特阿拉特山地区油气发现并得以持续发展的关键。

3. 建立差异油气成藏模式是哈特阿拉特山油气发现的重要条件

哈特阿拉特山地区具有浅层超剥带、前缘冲断带、外来推覆系统和准原地叠加系统4个勘探领域，各领域地质特征与成藏特征差异明显，油气成藏复杂多样，单一油气成藏模式难以全面指导勘探部署。为提高油气成藏模式的针对性与适用性，建立了相应4大领域的差异油气成藏模式。不同勘探领域成藏模式的建立，为明确不同领域的勘探方向及油气的发现提供了重要指导。

针对浅层超剥带，建立了"断层—毯砂输导、毯缘富集"油气成藏模式。认为复杂构造带自侏罗纪以来断裂活动较弱，难以为浅层超剥带提供垂向运移通道。区外的乌尔禾、夏子街等构造在侏罗纪、白垩纪发育断层，与早期冲断断层可以形成"接力"输导通道（图7-18）。侏罗系八道湾组一段（图7-21）、西山窑组（图7-23）发育毯状砂体，砂体分布广、厚度大、物性好，与盆内油源断裂形成了浅层斜坡带高效的"断—毯"输导体系。油气沿乌27井断层、夏红南断层等油源断层垂向输导、沿毯砂横向运移、在毯缘构造—地层圈闭中聚集成藏。指导部署的哈浅1、哈浅20等多口探井在侏罗系—白垩系发现规模地层超覆油藏储量。

针对前缘冲断带、外来推覆系统，建立了"多断联合输导、断圈配置控聚集"油气成藏模式。认为前缘冲断带表现为高角度叠瓦冲断构造及其伴生的断层相关褶皱，发育多条近平行展布的高角度冲断断层；外来推覆系统发育多个推覆体，推覆断裂纵向叠置，内部发育调节断层（图 7-18）。这些断层向下断穿或消失于风城组烃源岩中，成为良好的纵向运移通道。由于前缘冲断带、外来推覆系统变形强烈，油气主要沿断层向上运移，在受油源断裂或调节断裂控制的圈闭中聚集成藏。另外，哈特阿拉特山西部推覆体中以火山岩为主，断层及其伴生裂缝非常发育，并且抬升遭受风化淋滤改造，形成复杂的孔—洞—缝系统，可以形成"断—缝"网状输导通道。在外来推覆系统指导部署的哈浅 6、哈深 2 等井，在前缘冲断带部署的哈深斜 1、哈山 101 等井分别在相应领域发现油气，并提交了规模储量。

针对准原地叠加系统，建立了"近源成藏、储层控富集"油气成藏模式。认为准原地叠加系统以冲断叠瓦变形为主，下二叠统风城组烃源岩卷入变形，发育背斜、断背斜和断鼻圈闭，叠瓦片体叠置，源储一体，具有自生自储、近源成藏的特点，优质储层发育程度控制了油气的富集；烃源岩规模大、近源成藏，勘探潜力巨大。由于该领域埋藏较深，目前通过积极评价，正在展开部署。

第三节　深坳带隐蔽油气藏勘探

一、概况

准噶尔盆地腹部地区自二叠纪以来持续稳定沉积，地层发育齐全、厚度大、构造简单，整体表现为一个大型的坳陷盆地。新疆油田在莫北凸起发现了莫索湾、莫北油田，中国石化先后在盆 1 井西凹陷发现了莫西庄油田，在沙湾凹陷发现了永进油田，在阜康凹陷发现董 1 井及董 701 井油气藏，含油层系包括侏罗系的三工河组、西山窑组、头屯河组、齐古组及白垩系的清水河组，油藏类型以断层—岩性、岩性—地层等隐蔽油藏为主，埋藏深度 4000～6500m，属于深层、超深层远源跨层成藏油气藏（图 8-5、图 8-6、图 7-5）。

二、油气发现过程

深坳带隐蔽油气藏的发现及勘探过程可划分为快速突破阶段、持续探索阶段、攻关发展阶段 3 个勘探阶段。

1. 快速突破阶段（2001—2005 年）

2000 年以前，区内只进行零星的二维勘探工作。中国石化从 2001 年起将准中探区作为重点领域开展系统的勘探工作。

2001 年，在莫西庄地区完成 2088.92km 的二维地震勘探，发现了莫西庄低幅度背斜圈闭。认为该区紧邻盆 1 井西生烃凹陷，成藏条件有利，并部署了庄 1 井。该井于 2001 年 12 月 25 日开钻，2002 年 5 月 23 日完钻，完钻井深 4906m，完钻地层为侏罗系八道湾组（未穿）。8 月，对侏罗系三工河组二段下亚段 4353～4367.5m 井段试油，8mm 油嘴自喷日产油 25.2t、日产气 5972m^3、日产水 4.1m^3，由此发现了莫西庄油田。2004 年，在庄 1 井突破的基础上，进行大规模的三维地震勘查与钻井部署，完成三维地震 228km^2，钻探井 10 口。到 2005 年在莫西庄构造主体区探明含油面积 52.24km^2、石油地质储量 2059×10^4t。

2003年，在阜康凹陷董1井断裂带部署的董1井在侏罗系头屯河组4498～4880m井段中途测试，折算日产油66.26t、日产气47261m³，是中国石化西部新区的第一口油气当量百吨井，发现了董1井高产气藏。

2003年，研究认为莫西庄—永进地区在侏罗纪发育了车莫古隆起，隆起南部应发育大型地层岩性圈闭，部署了永1井。永1井于2004年10月6日钻至井深6400m完钻，完钻层位侏罗系西山窑组。该井在白垩系、侏罗系见到多层油气显示，西山窑组5873.40～5888.10m井段中途测试，获高产工业油气流，折算日产油72.07m³、日产气10562m³，从而发现了永进油田。永1井突破后，开展了三维地震勘查与钻井部署，部署三维地震517.29km²。2005年9月，对永6井白垩系清水河组测试，获日产14.17m³的油流，证实永进油田含油层系多、含油面积广。

2.持续探索阶段（2007—2013年）

随着莫西庄地区钻探的深入，发现油水关系复杂、油气产量变化大，重点对外围地区、侏罗系八道湾组进行了探索，但未取得实质性突破，勘探效果不理想。永进地区受到地层埋深大（5500m以上）、地层压力高（压力系数1.69～1.87）等不利因素的影响，造成钻井工程复杂，井壁失稳垮塌、井径扩径与卡钻事故频发，同时油层出砂严重，试油工艺不过关，勘探工作滞缓，重点开展了工程工艺攻关、油气成藏综合研究。

3.攻关发展阶段（2014年至今）

2014年以来，对莫西庄、永进地区的前期勘探进展、存在问题进行了系统分析，制定了地质研究、地震技术及钻井技术攻关方案，勘探进入了攻关发展阶段。通过系统攻关，取得了多项进展。在地质研究方面，进一步揭示了二叠纪—侏罗纪盆地构造沉积演化过程，明确了二叠系、侏罗系烃源岩发育及生烃演化、储层、圈闭发育特征；形成了低级序断层识别技术，发现了走滑断裂体系；明确了油气藏类型及成藏控制因素。在物探勘探技术方面，开展了针对深层岩性、构造—岩性目标的大沙漠高精度地震勘探技术攻关，取得了重要进展。在钻井等工程工艺技术方面，从地质特点、工程工艺设计、针对性技术等方面开展了超深层、超高压钻井、储层保护及测试等工艺技术攻关，形成了相适应的优快钻井、储层改造及保护技术。

上述地质新认识与勘探关键技术的形成，进一步坚定了深坳带发育大中型油气田的信心。展开部署，在多个地区获得了新的发现，新增控制石油地质储量3394×10⁴t、预测石油地质储量4959×10⁴t，迎来了第二个储量增长高峰。2015年，在阜康凹陷董7井断裂带部署的董701井在侏罗系齐古组3898.8～3910m试油，5mm油嘴放喷，折算日产油43.7m³、日产气29664m³，原油密度0.7672g/cm³，黏度1.77mPa·s，实现了新层系的突破。2017年在莫西庄地区完钻的庄109、庄110井在侏罗系三工河组二段均钻遇良好油气显示，其中庄109井试油峰值日产油4.92m³，累计产油31.25m³，庄110井试油峰值日产油7.14t，验证了准中地区低序级断层的控藏认识，扩大了莫西庄地区的含油气规模。2019年在永进地区部署的永301井，在侏罗系西山窑组5541.60～5552.00m井段，2.385mm油嘴试油，油压40MPa，日产油40t，日产气9392m³，永进地区的勘探进一步展开，目前有多口井正钻，有望尽快发现超深层亿吨级整装大油田。

截至2019年底，深坳带发现三级石油地质储量20055.76×10⁴t，其中探明石油地质储量2059×10⁴t、控制石油地质储量5128.38×10⁴t、预测石油地质储量12868.38×10⁴t。

三、勘探启示

深坳带隐蔽油气藏勘探是中国石化在准噶尔盆地最先突破的地区，并实现了快速发现。面对勘探中的挫折，坚定信心，抓住制约勘探的关键问题进行深化攻关，不断调整勘探思路，建立正确的油藏模式，逐步配套勘探技术，大胆实践带来了新的发展，对进凹勘探及类似勘探现状的地区具有借鉴指导意义。

1. 进凹找油、坚定信心是深坳带快速突破、再次发展的根本

中国石化在进入准噶尔盆地勘探伊始，通过区域研究，认为中央坳陷带长期稳定沉积，烃源岩条件优越，应是寻找大中型油气田的重要方向，并迅速展开规模勘探，快速发现了莫西庄、永进油田，进凹找油是实现大突破、大发现的基本勘探思路。

面对勘探过程中遇到的挫折，广大勘探人员始终坚定该区油源条件优越、肯定能发现规模富集大中型油气田的信心，对前期勘探现状进行系统分析，明确了地质认识不适应、物探资料及工程工艺不配套是制约勘探展开的关键，制定了攻关方案，反复认识、持续攻关，最终带来了探区的再次发展，迎来了第二个储量增长高峰。

2. 构建深坳带隐蔽油气藏成藏新模式是勘探再次发展的关键

针对前期地质认识不适应、勘探方向不明确的难题，系统开展了基础地质条件、成藏控制因素及富集规律等研究，构建深坳带隐蔽油气藏成藏新模式，实现了勘探思路的转变、勘探目标的转变，为油气勘探再次发展提供了重要的支撑。

一是沟通油源的深大断层发育区是有利勘探区带。

盆地腹部二叠系主力烃源岩层与侏罗系目的层在垂向上相隔数千米，具有"圈源纵向分离、下生上储"的成藏背景。明确油气能否及如何跨层运移是落实勘探方向及目标的关键。

通过攻关研究，揭示出准中地区在二叠纪早中期处于拉张环境，三叠纪—白垩纪处于挤压环境，在新生代处于压扭环境，经历了多期动力机制的转换。受早期古地貌及多方向应力的影响，发生多种应力性质叠加，形成复杂的走滑断裂系统。通过攻关形成了一套以"走滑断层形成理论指导，应力—应变分析约束，多地震解释方法综合，物模—数模辅证"为手段的深洼带压扭走滑断层识别技术，在盆地腹部新刻画出大量压扭走滑断层。在中—下二叠统凹凸结合部位发育大量深大断裂，这些断层绝大多数向下断开二叠系、向上终止于侏罗系顶部，少量断层断开白垩系（图7-20）；而在凹陷内部主要以层间走滑断裂为主。这些深大走滑断裂沟通了深部烃源岩，为油气垂向运移提供了良好的通道，虽然断层断距较小，但广泛存在的异常压力可作为油气垂向运移的"动力源"，油气沿高角度断裂运移，至浅部砂体聚集成藏，油源断层直接沟通的圈闭油气规模大。

二是勘探目标由构造油气藏为主转变为以岩性地层隐蔽油气藏为主。

通过研究，发现在侏罗系沉积时盆地腹部地貌平缓，以大型浅水三角洲为主，砂体厚度大。一方面，厚层砂体中水道变换频繁，相互切割，砂体叠置交错，储层非均质性强，含油性差异大；另一方面，走滑断层垂向断距小，厚层砂体难以形成规模有效圈闭。而厚度适中砂体尖灭带、外前缘孤立砂体水体环境变化小，可以形成有效圈闭，应是主要勘探目标。

在上述认识的基础上，建立了"下源供烃、多断联合输导、多层系岩性地层圈闭聚

集"的成藏新模式（图7-15），部署的多口探井获得成功，相继发现了一批含油气区块，实现了油气勘探的再次发展。

3.攻关形成深层—超深层碎屑岩储层预测技术是深洼带油气发现的基本保障

针对准中地区深层—超深层致密油气藏储层相变复杂、非均质性强、甜点预测难度大等难点，通过地震—地质相结合，采用"有利相带预测、河道砂体预测、储层物性预测＋裂缝预测"逐级控制方法，有针对性地进行不同致密油气藏储层有利"甜点"的描述，形成了一套适合不同区带、不同致密油气藏储层有利"甜点"描述和预测技术，准中深洼带侏罗系有利储层预测准确率达到70％以上，保障了莫西庄、永进油田的发现与储量持续扩大。

4.持续开展地震与钻井工程技术攻关为超深层勘探提供了支撑

针对深坳带隐蔽油气藏勘探需求，持续开展大沙漠高精度地震勘探技术攻关。在查清巨厚低降速带沙漠区近地表结构基础上，通过正演分析和地震数值模拟、试验，优化地震观测系统设计及激发接收因素，形成了适合大沙漠区的采集技术；建立了菲涅尔层析反演高精度静校正技术、波动方程波场延拓近地表吸收补偿技术，开发了一套科学的地震资料处理过程及成果资料的保幅分析评价系统，促进了处理技术的保幅全过程评价，实现了地震资料保幅性处理。针对重点区带，开展二次高精度采集，为低级序走滑断层识别、隐蔽圈闭描述等提供了较高品质的资料保障。

针对准中地区致密油气藏埋藏深、储集性能复杂、非均质性强以及处于高温、高压、高应力复杂地质环境等特点，深入开展了深层—超深层致密储层岩石力学特性、构造应力场、裂缝量化预测及渗流特性等研究，攻关形成了以"暂堵转向压裂技术、蓄能压裂技术、超低浓度速溶瓜尔胶压裂液体系、高施工压力下大规模压裂技术"为核心内容的全过程储层保护技术和超深井压裂改造技术。该技术的应用，使探井平均机械钻速由4.54m/h提高至6.63m/h，同比提高45.93％；平均钻井周期由213.88天缩短至78.32天，同比缩短63.42％。致密碎屑岩储层日增液能力提高10倍，施工成功率提高30％，为深层超深层优快钻井提供了重要支撑。

第十章 油气资源潜力与勘探方向

油气资源认识和勘探方向预测是油气勘探的重要基础工作。石油与天然气资源评价是贯穿整个油气勘探过程的综合性预测工作，利用盆地内大量基础地质资料与油气藏数据，以合理的评价方法估算探区内石油与天然气资源数量和潜力分布，预测探区内有利勘探方向，为合理制定勘探工作部署方案提供可靠依据。

第一节 油气资源评价

准噶尔盆地的油气资源评价始于20世纪80年代，随着盆地勘探程度的不断提高、地质资料的逐渐丰富，石油与天然气资源潜力评价应依据最新地质认识与勘探发现，修改完善前期资源评价结果，提高资源预测可靠程度。

一、历次油气资源评价结果

准噶尔盆地先后经历了多轮次油气资源评价，自1978年以来，多家单位和研究人员采用不同的方法，对盆地不同凹陷和层位进行过油气资源的预测（表10-1）。1981年至1987年，国家开展了第一次油气资源评价，主要采用成因法计算，认为盆地原油资源量为 $43.61 \times 10^8 t$、天然气资源为 $3.73 \times 10^{12} m^3$。1991年至1994年，利用盆地模拟法开展了第二次资源评价，评价认为，原油资源量为 $69.37 \times 10^8 t$，天然气资源量为 $1.23 \times 10^{12} m^3$。

2000年，中国石油新疆石油管理局以准噶尔盆地为研究对象，开展了第三次油气资源评价。在研究过程中，首先对盆地的构造、沉积储层、有机地球化学、地温场、油气运聚等进行了详细的综合分析，并对盆地进行了油气系统和亚油气系统的划分，在此基础上，应用盆地模拟技术对盆地进行了地史、热史、生排烃史和油气运聚史等的模拟，得到了盆地各烃源层在各个地质时期的生排烃量；通过建立油气运聚的概念模型和数学模型、进行运聚史模拟及分析各主要运烃层系的流体势演化与分布规律，完成了各油气运聚系统、油气（亚）系统、盆地及各构造单元的油气资源量计算。评价认为，全盆地生油量为 $3041 \times 10^8 t$、排油量为 $1738.06 \times 10^8 t$，生气量为 $287.55 \times 10^{12} m^3$、排气量为 $186.52 \times 10^{12} m^3$。准噶尔盆地油气资源量为 $106 \times 10^8 t$ 油当量，其中石油资源量为 $85.87 \times 10^8 t$，主要分布在西北缘断阶带、马桥凸起、南缘山前断褶带、帐北断褶带、陆南凸起、三个泉凸起、中拐凸起、白家海凸起等8个二级构造单元。天然气资源量为 $2.09 \times 10^{12} m^3$，主要分布于南缘山前断褶带、莫索湾凸起、西北缘断阶带、玛湖凹陷、达巴松凸起、白家海凸起、中拐凸起、帐北断褶带等8个构造单元。

2005年，为明确准噶尔盆地内中国石化探区内资源潜力，中国石化股份公司无锡石油地质研究所遵循新登记区块需计算油气资源量的原则，在中国石油新疆油田分公司对盆地油气资源评价结果的基础上，通过对登记区块各构造单元地质因素综合评价，进行有利性综合评价系数、覆盖区油气资源丰度系数的确定，开展了新登记区块油气资源量的计算，评价准噶尔盆地中国石化探区油气资源量 24.00×10^8t 油当量，其中原油 18.37×10^8t，天然气 5.63×10^8t 油当量。

表 10-1　准噶尔盆地历次油气资源预测情况表

评价年份	评价人员/单位	计算方法	评价对象	层位	计算结果
1978 年	王爱民	氯仿沥青"A"法	全盆地	E、J、P	118×10^8t
1980 年	王爱民	体积法	全盆地	E、J、P	近 100×10^8t
1980 年	彭希龄	氯仿沥青"A"法 体积速度法	全盆地	E、J、P	数十亿吨
1981 年	杨斌	氯仿沥青"A"法	全盆地	E、J、T、P、C	50×10^8t 以上
1982 年	范光华	氯仿沥青"A"法	全盆地	E、J、T、P、C	近 100×10^8t
1984 年	范光华	氯仿沥青"A"法	全盆地	E、J、T、P、C	近 100×10^8t
1985 年	李慧芬、程克明	氯仿沥青"A"法	全盆地	E、J、T、P、C	50×10^8t 以上
1985 年	范光华等	成因法	全盆地	E、J、T、P	近 100×10^8t
1987 年	第一次资源评价	成因法	全盆地	E、J、T、P、C	油 $43 \times 10^8 \sim 61 \times 10^8$t 气 3.73×10^{12}m³
1994 年	第二次资源评价	盆地模拟法	全盆地	E、J、T、P、C	油 69.37×10^8t 气 1.23×10^{12}m³
2000 年	第三次资源评价	盆地模拟法	全盆地	E、J、T、P、C	油 85.87×10^8t 气 2.09×10^{12}m³
2005 年	中国石化石油勘探开发研究院无锡石油地质研究所	类比法	中国石化探区	E、J、T、P、C	油 18.37×10^8t 天然气 5.63×10^8t 油当量

二、资源量计算

自 2005 年以来，中国石化探区在基本石油地质条件、烃源岩生烃特征、成藏规律研究与油气勘探方面都取得了较大的进展。本次根据最新钻井资料、野外地质调查及勘探研究进展，针对石炭系、二叠系、侏罗系等重点烃源岩层系，重新梳理烃源岩展布及生烃特征，利用盆地模拟法，在盆地生排烃史研究基础上，基于刻度区确定各区带聚集系数，对探区的油气资源潜力进行评价，准噶尔盆地中国石化探区资源量共 44.17×10^8t。

1. 计算方法

在油气资源评价的方法中，有定性评价与定量评价之分，定性评价是定量评价的基础，而定量评价又是定性评价发展的必然趋势。目前在世界上油气资源评价的方法种类较多，根据评价方法的基本原理，所有方法均可归纳为成因法、类比法和统计法三大类。使用这些方法可以对任何勘探程度和资料级别的盆地进行资源量估算，但是各种方法都有一定的局限性和适用范围，评价中必须根据评价区的具体条件，选用合适的评价方法。

1）地质类比法

一个低勘探程度区的油气资源量与控制该盆地的各种地质因素有着一定的内在联系。如果一个处于初期勘探阶段的 A 区的各种地质条件与另一个已成熟的勘探区 B 的地质条件相似，那么 A 区就应当具备与 B 区相似的油气资源量，这是地质类比法的基本原理。在 20 世纪 30 年代末期，原苏联著名的石油地质学家首次应用地质类比法，将俄罗斯陆台与北美陆台进行了类比，发现了第二巴库油田。从此，地质类比法经历了从定性到定量的发展过程，大多数油气资源评价的方法中，均包含着地质类比的思路。

应用地质类比法进行油气资源评价的一般步骤是：通过区域地质调查和地球物理勘探，对研究区的一系列控制油气聚集的地质因素进行评价和测定；广泛而全面地收集世界各地较高勘探程度的油气盆地、产油区或油田的各种地质资料与油藏资料、油气生产历史资料以及油气资源评价资料；依据若干个与油气产出关系密切的地质因素或成藏要素，将待评价区与已探明的含油气区进行分类类比，从中选择与待评价区最为相似的一个或几个刻度区；根据刻度区的单位体积的油气资源量，利用类比体积公式，估算待评价区的油气资源量。

地质类比法的优点是把石油勘探者的经验与高勘探程度区的实践相结合，充分考虑到同油气产出关系密切的各种地质因素与油气资源量的内在联系。尽管评价过程中，某些参数的取得采取了定量测定，但对地质数据的分析、评价对比手段受一些资料条件的限制，地质类比法的评价结果较为粗略，因此多用于早期勘探阶段。

2）成因法

成因法是从石油天然气的成因机理出发进行油气资源量估算的一类方法，也称作体积生成法或地球化学物质平衡法。即通过对烃源岩中烃类的生成量、排出量和吸附量、运移量以及散失损耗量等进行计算，确定油气藏中的油气运聚量。其准确性和可靠性主要依赖于对生烃、运移和聚集等主要石油地质问题的全面理解以及对地球化学参数的正确选取。成因法包括盆地模拟法、氯仿沥青"A"法、氢指数质量平衡法等。目前成因法已在盆地、区带以及圈闭等资源量评价中发挥了重要的作用，是我国前两次油气资源评价所采用的主要方法。

盆地模拟法是应用最为广泛的一种成因法。主要思路是模拟盆地的地史、热史、成岩演化史，分析含油气系统的生烃、排烃和运聚成藏过程，得到烃源岩的生烃量、排烃量，直至聚集的资源量。该方法主要取决于几个关键参数的选取，主要包括有效烃源岩的厚度、地温演化、烃源岩的烃产率图版或化学动力学参数、运聚系数或排聚系数等参数。

3）统计法

统计法是一类基于油气勘探历史经验的趋势推断法，即利用历史勘探成果资料，通过数学统计分析方法，按趋势拟合资源储量的增长曲线，根据过去的勘探与发现状况有效外推至未来状态，以此对资源总量进行求和计算。统计法中主要有发现率趋势预测法、地质模型与统计模型综合法、油藏规模序列法等方法。由于受评价对象勘探成果资料的制约，同时也受经济技术和人为因素的影响，统计法通常适用于成熟或较成熟勘探地区的中后期评价阶段，不宜直接运用于早期的未勘探或未开发阶段。

2.计算参数的确定

本次油气资源评价采用盆地模拟法，旨在空间上再现盆地埋藏史、热史、生烃史、排烃史，以发展的、动态的、主体的角度认识油气的生成、运移和聚集规律。主要参数包括地温、生烃参数、运聚系数等。

1）古地温参数

（1）地温梯度。随地质历史的演化，准噶尔盆地地温梯度变化较大，总体呈现为逐渐降低的趋势。石炭纪末地温梯度较高，大于38℃/km，该时期乌伦古地区地温梯度较高，最高可达45℃/km以上；二叠纪地温梯度在30~45℃/km，大部分在36~38℃/km之间；早三叠世地温梯度与晚二叠世地温梯度基本相同，晚三叠世地温梯度为31~39℃/km，主要在33~37℃/km；侏罗纪末地温梯度为24.5~33.5℃/km；白垩纪后，地温梯度下降，在19.5~28.5℃/km之间；古近纪平均地温梯度为19.5~28℃/km；古近纪以后，地温梯度较低，与现今地温梯度接近。根据周中毅、邱楠生等研究数据，盆地西北缘地区现今平均地温梯度为20℃/km，东北缘为25℃/km，南缘为17~21℃/km，整体表现为坳陷区较低，隆起区较高的特征。

（2）岩石热导率。岩石热导率对大地热流参数起到至关重要的作用，本书主要采用了2000年王社教对岩石热导率的研究成果：泥岩岩石热导率为1.878W/mK；粉砂岩岩石热导率为1.841~1.878W/mK；砂岩岩石热导率为2.166W/mK；砾岩岩石热导率为1.976W/mK；石灰岩岩石热导率为1.847W/mK；煤岩岩石热导率为0.169W/mK；白云岩岩石热导率为3.636W/mK。

（3）古水体温度。古水体温度的依据主要参考1988年Wygrala的研究成果，结合准噶尔盆地所处纬度，明确各时期古水体表面温度特征（图10-1）。

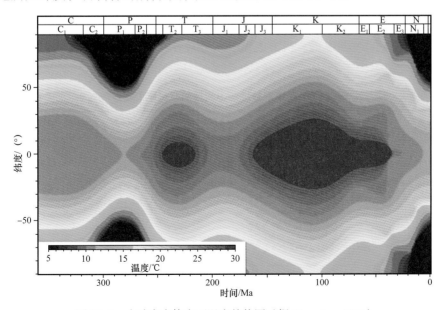

图10-1　全球古水体表面温度趋势图（据Wygrala，1988）

2）生烃参数

生烃史模拟过程中的关键是确定岩石中的有机质数量和有机质在成烃转化过程中的产率或转化率，需考虑不同热演化程度的原始有机质丰度和多种烃源岩类型的成烃能力，以更准确的描述烃源岩特征和计算盆地的生烃量。

（1）高—过成熟烃源岩原始有机碳恢复。准噶尔盆地石炭系、二叠系烃源岩部分样品成熟度较高，普遍达到高成熟—过成熟演化阶段。在高—过成熟条件下烃源岩品质往往发生明显的变化，比如残余有机碳含量、生烃潜量、氯仿沥青"A"含量等有机质丰度参数明显变低，还伴随着有机质类型变差。因此，针对高—过成熟烃源岩，为了客观评价其生烃潜力，需要进行烃源岩原始有机碳的恢复。

① 常规岩性烃源岩原始有机碳恢复。利用准噶尔盆地低成熟烃源岩样品的生烃实验结果，应用降解率法和元素法开展了高—过成熟烃源岩原始有机碳的恢复。

降解率法由物质平衡推出原始有机碳、残余有机碳和残余生烃潜量之间存在量的关系，忽略干酪根降解产生 CO_2 的量。根据残余有机碳和残余生烃潜量恢复系数之间相关性并利用降解率，可得到如下公式：

$$K_c = \frac{1 - D_r}{1 - D_o} \qquad\qquad K_s = K_c \frac{D_o}{D_r}$$

式中 K_c——有机碳恢复系数；

K_s——生烃潜量恢复系数；

D_o——原始降解率；

D_r——残余降解率。

根据有机质类型确定 D_o，Ⅰ 型干酪根为 70%，Ⅱ$_1$ 型干酪根为 50%，Ⅱ$_2$ 型干酪根为 30%，Ⅲ 型干酪根为 10%。

元素法基于化学反应物质守恒，根据残余有机质的 H/C 和 O/C 原子比以及干酪根演化过程中以 H_2O 和 CO_2 形式脱出的氧原子量基本相等来计算。

两种方法得到的原始有机碳恢复系数比较接近（表 10–2）。降解率法未考虑成熟度的影响，而元素法同时考虑了有机质类型和成熟度不同造成的恢复系数差异，其实用性更强。

表 10–2　准噶尔盆地烃源岩原始有机碳恢复系数

原始丰度恢复方法	热演化阶段	原始有机碳恢复系数 K_c		
		Ⅰ 型	Ⅱ 型	Ⅲ 型
元素法	成熟阶段（0.7%<R_o<1.3%）	2.05	1.40	1.10
	高成熟阶段（1.3%<R_o<2.0%）	2.50	1.55	1.21
	过成熟阶段（R_o>2.0%）	—	1.65	1.18
降解率法	—	2.40	1.41	1.05

② 含火山物质的烃源岩原始有机碳恢复。由于石炭系、二叠系烃源岩富含火山物质，凝灰质成分含量高，本次利用热模拟实验技术，开展了火山成分对原始有机质丰度

影响的定量分析。选取了富含火山物质（长石、石英、橄榄岩等凝灰物质）的烃源岩样品，通过显微镜下观察以及薄片鉴定，确定烃源岩样品火山物质百分含量；利用金管封闭体系模拟实验手段，根据烃源岩生排烃前后的岩石物理模型计算有机碳恢复系数 K_c；进而拟合含火山物质烃源岩有机碳恢复系数 K_c 与烃源岩中火山物质百分含量 Z 的相关图，获得相关曲线 $K_c=f(Z)$（图10-2）。

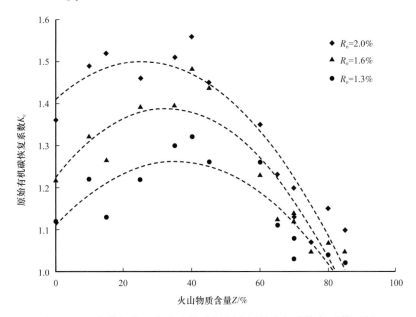

图10-2　准噶尔盆地含火山物质烃源岩原始有机碳恢复系数图版

研究认为，烃源岩火山物质含量不同，其原始有机碳恢复系数不同。其中，烃源岩火山物质含量在10%～60%时，对烃源岩原始有机碳恢复系数影响较大；且烃源岩成熟度越高，有机碳恢复系数越大。有机碳恢复系数与烃源岩热演化程度及火山物质含量密切相关，有机碳恢复系数介于1.02～1.6。

（2）烃产率与生烃动力学特征。主要包括不同有机质类型烃产率特征和不同岩性的生烃动力学特征。

① 不同有机质类型烃产率特征。烃产率代表单位体积烃源岩可以生成的烃类，是生烃量计算的关键参数。该参数常通过模拟实验测定，主要受有机质类型、生源环境、烃源岩岩性等因素的影响。利用密封金管条件下的高温热模拟实验，测定低成熟烃源岩烃产率。根据盆地大龙口剖面二叠系不同有机质类型的暗色泥岩样品烃产率特征（图10-3），Ⅰ型有机质烃产率相对较高，累计烃产率可达到700mg/g以上，Ⅱ₁型有机质的累计烃产率为400～500mg/g，Ⅱ₂型与Ⅲ型有机质烃源岩累计烃产率相对较低。石炭系、侏罗系等层系各有机质类型泥岩的烃产率与二叠系烃源岩特征基本相似。

② 不同岩性生烃动力学特征。有机质生烃是一定温压条件下的化学反应过程，可由化学动力学方程来定量、动态描述油气的生成过程。烃源岩热解生烃动力学模型正是反映随温度和时间变化干酪根的转化率关系描述。干酪根转化为油气，必须要越过一个能阶（E），该能阶 E 即为活化能，E 越大，反应所需的能量越高，转化的速率越慢。反应速度与活化能的关系如下：

$$\frac{\mathrm{d}x_i}{\mathrm{d}t} = -k_i x_i = -A\mathrm{e}^{\left(-\frac{E_i}{RT}\right)}x_i$$

式中　x_i——干酪根组分；

　　　t——时间；

　　　A——前因子；

　　　T——反应温度；

　　　R——气体常数；

　　　E_i——干酪根某组分的活化能。

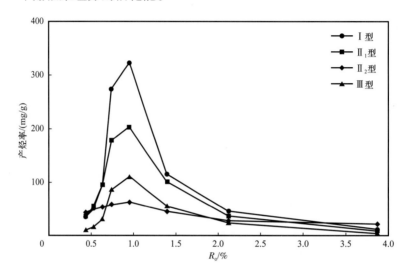

图 10-3　大龙口剖面二叠系不同有机质类型产烃率特征

准噶尔盆地烃源岩岩性多样。为区分不同岩性烃源岩生烃过程的差异，选取了较高有机质丰度且低热演化程度的石炭系、二叠系、侏罗系共计 23 块次样品，包括乌参 1、滴北 1、哈浅 6 等 5 口井岩心，滴水泉、恰库尔图、双井子、红雁池、大龙口等 7 条剖面的露头样品，测定各烃源岩生烃活化能（图 10-4）。

生烃动力学结果显示，滴北 1 井石炭系凝灰质泥岩的生烃反应中，活化能分布于242～322kJ/mol，主频活化能相对较高，为 259～265kJ/mol（图 10-4a）。Ⅰ型暗色泥岩活化能分布于 213～280kJ/mol，主频活化能较凝灰质泥岩相对集中，为 226～230kJ/mol（图 10-4b），石炭系、二叠系等 4 块次相同有机质类型样品测试结果均表现为此特征。取自哈特阿拉特山地区下二叠统风城组的云质泥岩（Ⅰ型），活化能分布相对较集中，介于 220～230kJ/mol，主频活化能为 222～223kJ/mol（图 10-4c）。大龙口浅孔的中二叠统油页岩（Ⅰ型）活化能分布较泥岩略窄，主频活化能 227～228kJ/mol，较泥岩略低（图10-4d）。侏罗系的碳质泥岩生烃活化能整体分布较宽，从 125～750kJ/mol，主频活化能在 350～400kJ/mol，平均活化能相对较高，为 370～390kJ/mol（图 10-4e）。

活化能分布特征反映了不同岩性的烃源岩在具有相同有机质类型和相近有机质丰度条件下，具有不同的生烃动力学特征。在相同岩性的烃源岩中，不同有机质类型活化能分布存在差异，如云质泥岩的烃源岩中，Ⅱ₁型有机质活化能分布区间与Ⅰ型基本一致，主频活化能为 224.09kJ/mol，略高于Ⅰ型。因此，对烃产率起决定作用的是有机质类型，在有机质类型相同的烃源岩中,岩性对生烃动力学有一定影响,在生烃早期与后期较为明显。

3)聚集系数

聚集系数为油气聚集资源量与排烃量之比。影响油气聚集系数的因素包括圈源位置与距离、断层条件、盖层厚度、生储盖配置关系、后期保存条件等。由于油气的运移、聚集和成藏遵循从烃源岩到圈闭的原则,油气运聚单元按油气运移的路径和方向进行划分,以流体势高势面作为运聚单元的边界。根据准噶尔盆地各烃源岩层系关键生排烃期的古构造特征计算流体势,将石炭系划分了哈特阿拉特山、石英滩、红岩断阶带、滴北、滴南—滴西、夏盐、克拉玛依、准西南、莫索湾、白家海、三台、准东缘、准南和博格达山等14个油气运聚单元;针对二叠系划分了16个油气运聚单元。根据所建立的聚集系数控制因素类比标准(表10-3),类比中国石油第三次资源评价对应层系的油气聚集系数,确定各油气运聚单元聚集系数。

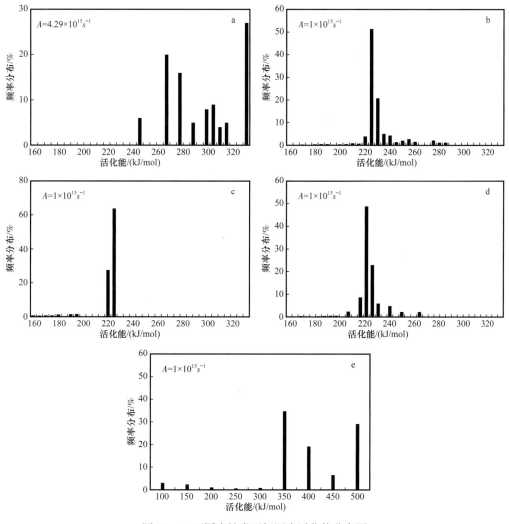

图10-4 不同岩性类型烃源岩活化能分布图

a.凝灰质泥岩,滴北1井,C_1;b.暗色泥岩,红雁池剖面,P_2l;c.云质泥岩,哈浅6井,P_1f;
d.油页岩,大龙口浅孔,P_2l;e.碳质泥岩,八道湾剖面,J_1b

表 10-3　油气聚集系数控制因素类比标准

聚集系数 影响因素	评价分级				加权 系数
	Ⅰ（1.0）	Ⅱ（0.8）	Ⅲ（0.6）	Ⅳ（0.4）	
区源距离	源内	近源（<1km）	中源（<20km）	远源（>20km）	0.2
所处源区位置	短轴方向低势区	斜向低势区	长轴方向低势区	长轴末端低势区	0.1
断层	沟通烃源断层	长期活动断层	通天断层	不发育断层	0.2
储盖配套	成藏期晚于圈闭形成	成藏期与圈闭形成 同时	成藏期晚期形成 圈闭	成藏期未形成有 效圈闭	0.1
盖层封堵性能	好	较好	一般	差	0.1
直接盖层厚度	>300m	150～300m	50～150m	<50m	0.1
后期破坏程度	区域盖层未破坏，成 藏后基本未遭剥蚀	区域盖层发育存在， 后期遭受较少剥蚀	区域盖层发育，但 后期经历多次剥蚀	盖层破坏强烈	0.2

3. 烃源岩生排烃特征

1）石炭系生排烃特征

基于生排烃过程模拟计算，准噶尔盆地石炭系烃源岩累计生烃量为 $1557.81 \times 10^8 t$，其中，下石炭统为 $588.8 \times 10^8 t$，上石炭统为 $969.01 \times 10^8 t$。生烃强度高值主要集中在乌伦古、滴南、准西北缘、准东等地区，生烃强度最高可达 $800 \times 10^4 t/km^2$；准西缘、沙湾凹陷、阜康凹陷等区域生烃强度相对较小，最高为 $350 \times 10^4 t/km^2$。

由石炭系烃源岩阶段生烃量直方图（图 10-5）可以看出，下石炭统烃源岩在石炭纪末开始生烃，二叠纪发生停滞，三叠纪进入大量生烃期，白垩纪基本完成生烃，表现出两期生烃为主的特征。上石炭统烃源岩存在两期生烃过程，石炭纪末期即开始规模生烃，于三叠纪再次进入大量生烃期，白垩纪、古近纪仍存在局部生烃。

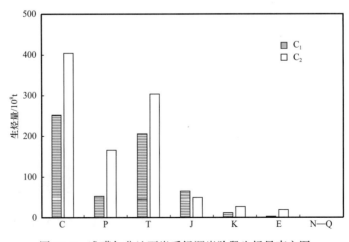

图 10-5　准噶尔盆地石炭系烃源岩阶段生烃量直方图

准噶尔盆地石炭系累计排烃量为 $607.83 \times 10^8 t$，其中下石炭统为 $216.63 \times 10^8 t$，上石炭统为 $391.20 \times 10^8 t$。由石炭系烃源岩阶段排烃量直方图（图 10-6）可以看出，上、下石炭统烃源岩均在石炭纪末开始排烃，二叠纪受构造抬升剥蚀影响发生停滞，三叠纪持续大量排烃，下石炭统烃源岩在白垩纪基本完成排烃过程，上石炭统烃源岩在白垩纪至古近纪仍少量排烃。

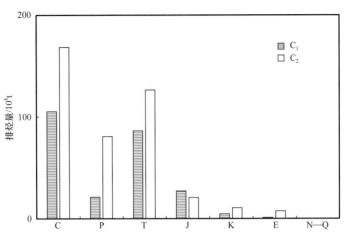

图 10-6　准噶尔盆地石炭系烃源岩阶段排烃量直方图

2）二叠系生排烃特征

二叠系烃源岩累计生烃量为 3023.10×10^8 t，累计排烃量为 1199.76×10^8 t。根据二叠系烃源岩不同时期阶段生烃量直方图（图 10-7），下二叠统佳木河组烃源岩在二叠纪末期开始生烃，但生烃量较为有限，在三叠纪和侏罗纪进入大量生烃期。下二叠统风城组烃源岩主生烃期与下二叠统佳木河组烃源岩基本一致，生烃量较下二叠统佳木河组高。中二叠统下乌尔禾组烃源岩在三叠纪开始生烃，在侏罗纪进入生烃高峰，生烃量主要集中在沙湾凹陷、阜康凹陷、东道海子凹陷等地区；由白垩纪至今，生烃量集中在盆1井西凹陷、玛湖凹陷及沙湾凹陷等地区。

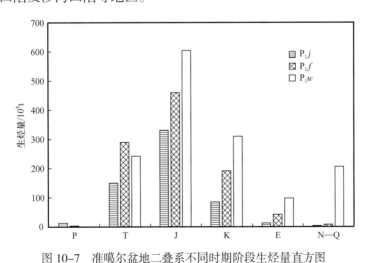

图 10-7　准噶尔盆地二叠系不同时期阶段生烃量直方图

由二叠系烃源岩不同时期阶段排烃量直方图（图 10-8）可以看出，二叠系烃源岩层系均在三叠纪开始有效排烃，侏罗纪进入大量排烃期，白垩纪至现今的排烃作用以下乌尔禾组烃源岩为主。

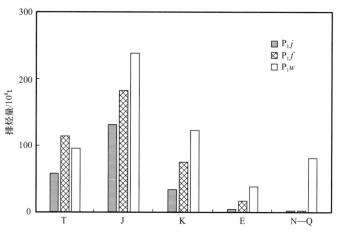

图 10-8   准噶尔盆地二叠系不同时期阶段排烃量直方图

3）侏罗系、白垩系和古近系烃源岩生排烃特征

下侏罗统烃源岩累计生烃量为 $1549.66 \times 10^8 t$，累计排烃量为 $532.38 \times 10^8 t$，主要生排烃期为古近纪至今。白垩系与古近系烃源岩主力生排烃期均为新近纪至今，其中，白垩系烃源岩生烃量为 $144.20 \times 10^8 t$，排烃量为 $43.25 \times 10^8 t$；古近系烃源岩生烃量为 $42.87 \times 10^8 t$，排烃量为 $20.07 \times 10^8 t$。

第二节   油气资源潜力分析

在准噶尔盆地资源潜力评价的基础上，根据中国石化探区地质特征进行资源评价单元精细划分，进而确定各探区油气资源潜力。

一、探区分布特征

准噶尔盆地中国石化探区分布较散，根据区块分布位置，划分为准西、准中、准西北、准东北、准东南 5 个探区。各探区分布于不同的一级构造单元，涵盖了多个或部分二级构造单元，地质条件差异性大。

准西探区位于西部隆起南部，主要包括车排子凸起、四棵树凹陷。准中探区位于中央坳陷南部，包括了盆 1 井西凹陷、沙湾凹陷、东道海子凹陷、阜康凹陷及莫索湾凸起、莫北凸起、莫南凸起、白家海凸起。准西北探区位于盆地西北缘，整体处于西部隆起东北部的乌夏冲断—推覆带上，北部包含和什托洛盖盆地的一部分。准东北探区位于盆地东北部，包括了陆梁隆起的石西凹陷、石北凹陷、石英滩凸起及乌伦古坳陷的索索泉凹陷、红岩断阶带的一部分。准东南探区位于盆地东南部博格达山周缘，包括了东部隆起的木垒凹陷、石钱滩凹陷、古城凹陷及黑山凸起、古西凸起、古东凸起、沙台凸起。

二、探区石油地质特征

1. 烃源岩条件

准噶尔盆地发育了石炭系、二叠系、三叠系、侏罗系、白垩系和古近系 6 套烃源岩，岩性有泥岩、碳质泥岩、煤和凝灰质泥岩等多种类型。油气源对比表明，二叠系、侏罗系和石炭系为探区内的主要烃源岩层系（表10-4）。

表10-4　准噶尔盆地中国石化探区主要烃源岩特征统计表

层系	主要岩性	厚度 /m	TOC/%	有机质类型	演化阶段	综合评价	主要分布范围
C₁	泥岩、碳质泥岩、凝灰质泥岩、粉砂质泥岩、沉凝灰岩	100～500	0.46～1.88	Ⅱ、Ⅲ型为主，部分为Ⅰ型	高—过成熟	中等—好烃源岩	乌伦古坳陷、石北凹陷、四棵树凹陷、滴水泉凹陷、五彩湾凹陷、东部隆起
C₂	泥岩、碳质泥岩	50～400	0.19～14.51	Ⅱ、Ⅲ型	高—过成熟，部分成熟	中等—好烃源岩	石西凹陷、石北凹陷、乌伦古坳陷、滴水泉凹陷、五彩湾凹陷、东部隆起
P₁f	泥岩、云质泥岩、凝灰质泥岩	100～500	0.44～4.01	Ⅰ、Ⅱ型	成熟—高成熟	好—优质烃源岩	玛湖凹陷、沙湾凹陷、阜康凹陷
P₂w	深灰色泥岩、粉砂质泥岩	50～400	0.11～10.2	Ⅰ、Ⅱ型	成熟	好烃源岩	玛湖凹陷、沙湾凹陷、东道海子北凹陷、阜康凹陷
P₂p P₂l	深灰色泥岩、云质泥岩、油页岩、粉砂质泥岩	50～400	0.10～26.66	Ⅰ、Ⅱ型，部分为Ⅲ型	低成熟—成熟	好—优质烃源岩	吉木萨尔凹陷、木垒凹陷、石浅滩凹陷、博格达山周缘
J₁b J₁s	深灰色泥岩、灰黑色碳质泥岩、煤	10～300	0.40～91.94	Ⅱ、Ⅲ型，部分为Ⅰ型	低成熟—成熟	好烃源岩	四棵树凹陷、乌伦古坳陷、沙湾凹陷、阜康凹陷

1）石炭系烃源岩

石炭纪洋盆转换、海陆交互沉积环境主要发育巴塔玛依内山组和姜巴斯套组烃源岩，具有分布广、厚度大的特点。

下石炭统姜巴斯套组烃源岩主要岩性为深灰色、灰黑色泥岩、碳质泥岩、凝灰质泥岩、粉砂质泥岩和沉凝灰岩，发育乌伦古坳陷、石北凹陷、滴水泉—五彩湾凹陷和四棵树凹陷等多个烃源岩厚度中心，厚度在100～500m之间。乌伦古地区烃源岩厚度较大，乌参1井区烃源岩厚度在500m以上；滴水泉地区、陆东—五彩湾以及陆南地区，厚度可达300m以上。

上石炭统巴塔玛依内山组烃源岩主要岩性为泥岩、碳质泥岩，受构造改造影响，形成石西凹陷、石北凹陷、滴水泉凹陷、五彩湾凹陷和大井多个残留凹陷。不同地区烃源岩厚度变化大：在陆东—五彩湾地区、滴水泉凹陷附近烃源岩厚度达300m以上，其他地区火山岩较发育，烃源岩局部发育，厚度在100～300m之间。

石炭系烃源岩有机质丰度非均质性强，不同地区烃源岩的生烃潜力差别较大，烃源岩有机质类型以Ⅱ型和Ⅲ型为主，热演化程度普遍偏高，为重要的气源岩。其中，准东北缘乌伦古、滴水泉—五彩湾地区生烃潜力较高，其次为准东南和西北缘地区。石炭系优质烃源岩的发育对其生成的油气分布具有明显的控制作用，石北凹陷准北1井和滴南地区克拉美丽气田是"源控"成藏的典型实例。

2）二叠系烃源岩

二叠纪伸展裂陷盆地咸化、还原沉积环境形成的烃源岩具有良好的生烃潜力，是准噶尔盆地最重要的烃源岩系，主要包括分布于中央坳陷的下二叠统佳木河组、风城组及中二叠统下乌尔禾组，东部隆起的中二叠统平地泉组和准东南缘的芦草沟组。

佳木河组集中分布于中央坳陷，玛湖凹陷钻井揭示厚度多为数十米；根据准南缘露头剖面预测，烃源岩主要分布于盆1井西凹陷、阜康凹陷等地区，厚度可达150m以上。

风城组烃源岩有机质丰度高，生烃潜力大，干酪根以Ⅰ、Ⅱ型为主，玛湖凹陷和沙湾凹陷中东部为优质烃源岩发育区，厚度在300m以上。

中二叠统烃源岩主要包括中央坳陷的下乌尔禾组、东部隆起区的平地泉组和南缘东部的芦草沟组。

博格达地区为平地泉组和芦草沟组烃源岩的厚度中心，受博格达山后期隆升造山作用影响，现今烃源岩围绕博格达山山前带残留分布。在大龙口、妖魔山、井井子沟等露头剖面烃源岩厚度均在400m以上，向四周逐渐减薄，柴窝堡、阿什里地区钻井烃源岩大于100m。烃源岩品质整体表现为由南部的依连哈比尔尕山向北部的柴窝堡凹陷、博格达山，再至阜康、吉木萨尔凹陷具有变好的趋势。东部隆起区烃源岩展布受现今凹凸格局控制，分割性较强，主要分布在石树沟凹陷、吉木萨尔凹陷、古城凹陷、木垒凹陷、梧桐窝子凹陷等地区，厚度为20～450m。

春晖油田和阿拉德油田、乌夏—克百断裂带的油气主要来源于玛湖凹陷的风城组烃源岩，部分油藏混有下乌尔禾组或佳木河组烃源岩生成油气的贡献。车排子凸起春光、春风油田侏罗系和石炭系稠油主要来源于沙湾凹陷二叠系烃源岩，腹部沙窝地—永进地区三工河组和西山窑组油气主要来源于沙湾凹陷、盆1井西凹陷下乌尔禾组及风城组烃源岩。

3）侏罗系烃源岩

侏罗系为一套河流—沼泽—湖相含煤沉积，烃源岩主要集中在下统八道湾组，发育泥岩和煤系两种类型的烃源岩。

八道湾组暗色泥岩在盆地内广泛分布，主要位于盆1井西凹陷、沙湾凹陷和阜康凹陷，米泉地区厚度最大，向东变薄，延伸至吉木萨尔地区。沙1、庄2等井区厚度可达400m以上，向西变薄延伸至四棵树凹陷，四参1井为102m。

乌伦古坳陷暗色泥岩厚度为20～300m，伦6井厚度达396m。烃源岩有机质丰度高，但有机质类型较差，以Ⅱ型和Ⅲ型为主，部分为Ⅰ型，具有较好的生烃能力。车排子凸起沙湾组的稀油来源于沙湾凹陷和四棵树凹陷的侏罗系烃源岩，白家海低凸起头屯河组和清水河组原油也主要来源于该套烃源岩。在准南、准东探区奇1、木垒1、钱1等井发现油气主要来源于二叠系、侏罗系烃源岩或两者的混源。

2. 储集条件

在准噶尔盆地中国石化探区内，已发现的主要含油气储层有10余个，无论是古生界的石炭系、二叠系，还是中生界的三叠系、侏罗系、白垩系，乃至新生界的古近系与新近系，均发育有储层。除第四系外，其他层系目前均有油气流发现。在这些储层中，已经证实具有一定油气地质储量或者较大勘探潜力的储层达9个（表10-5）。

表10-5 准噶尔盆地中国石化探区主要储层特征表

储层分布系		储层岩石类型	储集空间类型	储层物性		储层厚度/m	沉积相类型
系	组			孔隙度/%	渗透率/mD		
新近系	沙湾组	岩屑质长石砂岩、长石质岩屑砂岩	原生粒间孔为主	30~35.6	1206~9202	10~120	辫状河三角洲前缘及扇三角洲前缘
白垩系	清水河组、连木沁组、呼图壁河组	岩屑长石砂岩	粒间孔为主	18.2~29.6	23~530	3~20	河流、三角洲
侏罗系	头屯河组	岩屑砂岩、长石岩屑砂岩	原生粒间孔和粒间溶蚀扩大孔为主	5.1~17.3	0.37~29.6	150.5~344.5	曲流河
	西山窑组	岩屑砂岩	粒间原生孔、粒间及粒内溶蚀孔	8.9~13.1/10.17	0.48~26.7/1.68	10.5~121	盆地腹部以辫状河三角洲沉积为主；盆地北缘以扇三角洲及曲流河为主
	三工河组	岩屑砂岩、长石岩屑砂岩	原生粒间孔、粒间及粒内溶蚀孔	9.3~25.1/14.3	1.9~802/74.96	151.3~248	辫状河三角洲、曲流河三角洲前缘
	八道湾组	岩屑砂岩	粒间及粒内溶蚀孔为主	盆地腹部平均8.4，其他地区平均7~12.1	盆地腹部平均2.3，其他地区0.4~7.0	47~167	盆地腹部：辫状河三角洲前缘；北缘：湿地扇、扇三角洲、辫状河三角洲
三叠系	百口泉组	砂砾岩、岩屑砂岩	粒间及粒内溶蚀孔、部分原生粒间孔	12.9~19/14.8	0.05~152/20.3	52~166	扇三角洲前缘
二叠系	佳木河组	熔岩、火山碎屑岩	孔隙-裂缝型	平均19.22	9.85~32.35	8~35	—
石炭系		基性、中性及部分酸性喷发岩、侵入岩及火山碎屑岩	孔隙-裂缝复合型	6.0~14.0	1.0~10.7	40.1~557.9	—

1）石炭系

在准噶尔中国石化探区主要分布于西部隆起、陆梁隆起、乌伦古坳陷、东部隆起，岩性主要为基性、中性及部分酸性喷发岩、侵入岩及火山碎屑岩，储层厚度40.1～557.9m。储集空间类型为孔—缝复合型。储层孔隙度6.0%～14%，渗透率1～10.7mD。

2）二叠系佳木河组

在准噶尔中国石化探区主要分布于哈德构造带、玛湖凹陷—沙湾凹陷、木垒凹陷，岩性以熔岩、火山碎屑岩为主，储层厚度8～35m，储集空间类型以裂缝—孔隙型为主，储层平均孔隙度19.22%，渗透率9.85～32.35mD。

3）三叠系百口泉组

在准噶尔盆地中国石化探区主要分布于四棵树凹陷、中央坳陷及东部隆起区，储层岩性以砂砾岩、岩屑砂岩为主，储层厚度52～166m，沉积相类型主要为扇三角洲前缘沉积，储集空间类型主要为粒间及粒内溶蚀孔，部分原生粒间孔。储层孔隙度为12.9%～19%，平均14.8%，渗透率0.05～152mD，平均20.3mD，整体为一套中低孔中低渗储层。

4）侏罗系八道湾组

八道湾组是一套区域性储层，除个别凸起区外，全盆都有发育。储层岩性以岩屑砂岩为主，在中国石化探区内储层厚度47～167m，在中央坳陷以辫状河三角洲沉积为主，在盆地边缘以湿地扇、扇三角洲、辫状河三角洲沉积为主。储集空间类型以粒间及粒内溶孔为主。在盆地腹部储层平均孔隙度8.4%，平均渗透率2.3mD，为一套低孔低渗储层；在车排子凸起砂岩平均孔隙度14.1%，平均渗透率68.8mD；其他地区砂岩孔隙度7.0%～12.1%，渗透率0.4～7.0mD，整体表现为一套低孔低渗储层。

5）侏罗系三工河组

除车排子凸起、东部隆起外，三工河组储层在中国石化探区均有发育。岩性主要为岩屑砂岩及长石岩屑砂岩，储层厚度151.3～248m，以辫状河三角洲、曲流河三角洲前缘沉积为主。储集空间类型以原生粒间孔、粒间及粒内溶蚀孔为主。准中探区储层孔隙度为9.3%～25.1%，平均14.3%，渗透率1.9～802mD，平均74.96mD，整体表现为一套中孔中渗储层。

6）侏罗系西山窑组

西山窑组储层的分布与三工河组相似，岩性主要为岩屑砂岩，储层厚度10.5～121m。在盆地边缘沉积相以扇三角洲、辫状河及曲流河为主，在准中探区以辫状河三角洲沉积为主，储集空间类型以粒间原生孔、粒间溶孔及粒内溶蚀孔为主。中国石化探区内永进地区储层孔隙度8.9%～13.1%，平均10.17%，渗透率0.48～26.7mD，平均1.68mD，为一套中低孔中低渗储层。

7）侏罗系头屯河组

在准噶尔盆地中国石化探区内主要分布于准中探区的东部，储层厚度150.5～344.5m。岩性以岩屑砂岩和长石岩屑砂岩为主层。沉积相以曲流河沉积为主。储集空间类型以原生粒间孔和粒间溶孔为主。储层孔隙度5.1%～17.3%、渗透率0.37～29.6mD，为一套中低孔中低渗储层。

8) 白垩系

白垩系储层在准噶尔盆地中国石化探区内广泛分布, 主要发育河流—三角洲—湖泊沉积体系, 储层厚度为3~20m。储集空间类型以粒间孔隙为主。除卡因迪克地区储层为特低孔特低渗外, 白垩系储层物性普遍较好, 储层孔隙度18.2%~29.6%、渗透率23~530mD, 为一套中高孔中高渗储层。

9) 新近系沙湾组

在准噶尔盆地中国石化探区主要分布于盆地西缘的车排子凸起区, 储层厚度10~120m。岩性以岩屑质长石砂岩为主, 其次为长石质岩屑砂岩。在车排子凸起沉积相以辫状河三角洲前缘、扇三角洲前缘水下分流河道砂体为主。储集空间类型以原生粒间孔为主, 储层孔隙度30%~35.6%、渗透率1206~9202mD, 整体为一套特高孔特高渗储层。

3. 圈闭及保存条件

由于探区地质条件不同, 圈闭类型、特征、分布及其保存条件都有较大差异。

准南山前带、哈特阿拉特山山前带等构造变形强烈地区, 断层相关褶皱发育, 形成大型背斜、断背斜、断块等多种圈闭类型。从不同构造层来看, 中深部主要发育断块、断背斜、背斜等构造类圈闭为主, 而浅层主要以削截圈闭、超覆圈闭等地层类圈闭为主。断层活动期较圈闭形成时期早或同期, 中深层圈闭保存条件有利, 浅部构造圈闭保存条件较差。

准西车排子凸起上虽有多期构造活动, 但基本以地层垂向升降为主, 上覆中新生界超剥频繁, 形成多种类型圈闭, 并具规律性展布。如石炭系顶风化壳内以断块圈闭为主, 而沙湾组底部等不整合面上以超覆圈闭为主, 层内则发育岩性类圈闭, 圈闭形成以来持续有效, 是很好的聚油气圈闭。

准中探区构造活动相对较弱, 且基本处于深洼区的负向构造单元, 但走滑断层发育, 形成了低幅度构造、岩性—地层、构造—岩性等多种圈闭类型, 圈闭主要发育于侏罗系中, 圈闭保存条件较好。

准东探区主要为山间残留凹陷, 受燕山期以及喜马拉雅期两期强烈的构造运动的影响, 发育岩性、断块、构造—岩性3种类型圈闭。在深部二叠系可形成自生自储油藏, 在浅部由于地层一直处于抬升剥蚀阶段, 导致圈闭保存条件较差。

准北探区石西、石北凹陷以石炭系烃源岩为重要目的层, 该套烃源岩在沉积后经历了石炭系末陆梁隆起多期抬升, 后被中生界覆盖, 对早期成藏不利。

三、探区资源潜力

1. 资源评价单元划分

按照既考虑油气成藏特征的相似性、兼顾评价可操作性的原则, 纵向上重点考虑油气成藏特征的相似性划分构造层, 平面上以构造带为主要依据进行划分, 确保在同一区带内的构造—沉积背景、主要输导体系、优势聚集方位以及油气成藏特征等因素大致相似。按此原则将准噶尔盆地中国石化探区共划分为27个资源评价单元。

2. 各评价单元资源潜力

在确定盆地内各油气运聚单元聚集系数的基础上, 根据各层系烃源岩生、排烃强度，结合各评价单元在运聚单元内的面积比例，计算准噶尔盆地中国石化探区内的油气资源量共计 $44.17 \times 10^8 t$（表 10-6）。中国石化矿权内资源主要集中在准中、准西、准东南探区。从重点区带剩余油气资源分布特征来看，准西探区车排子凸起区剩余油气资源 $7.24 \times 10^8 t$，平均资源丰度为 $10.6 \times 10^4 t/km^2$；准中探区剩余资源潜量为 $15.8 \times 10^8 t$，平均资源丰度为 $15.9 \times 10^4 t/km^2$；山前带领域剩余资源潜量为 $13.5 \times 10^8 t$，平均资源丰度为 $8.1 \times 10^4 t/km^2$，均展现了良好的勘探前景。

表 10-6　准噶尔盆地中国石化探区油气资源潜力与储量汇总表

探区	评价单元名称	区块面积/km²	资源情况				
			资源潜量/10⁴t	探明储量/10⁴t	控制储量/10⁴t	预测储量/10⁴t	剩余资源/10⁴t
准西探区	车排子凸起东超剥带	1268	2.80	12739.88	7670.62	7034.3	15260.12
	车排子凸起东石炭系	1268	2.02	2193.81	4024.55	31321.46	18006.91
	车排子凸起西超剥带	2149	1.97	389.38	525.43		19310.62
	车排子凸起西石炭系	2149	1.98		506.48	2977.46	19800
	四棵树凹陷	4712	1.66				16600
	四棵树南山前带	2196	0.36				3600
准西北探区	哈特阿拉特山浅层	1400	2.23		5149.78	1842.48	22300
	哈特阿拉特山深层	1400	2.29			7637.63	22900
	和什托洛盖	3952	1.10				11000
	克拉玛依北	1822	0.70				7000
准中探区	莫西庄	2268	3.77	2059.00		3276.43	35641
	征沙村	1281	1.81		1734.00	2782.88	18100
	永进	2365	4.46			7950.35	44600
	准中2	1170	2.23				22300
	准中4	2892	3.98		191.32	1565.13	39800
准东南探区	奇台庄山前带	1200	0.75				7500
	木垒凹陷区	2000	1.12				11200
	奇台黑山凸起区	2962	0.37				3700
	柴窝堡凹陷	1255	2.26				22600
	阿什里山前带	565	1.02				10200
	米泉山前带	690	1.24				12400
	大龙口山前带	322	0.58				5800

探区	评价单元名称	区块面积/ km²	资源情况				
			资源潜量/ 10⁸t	探明储量/ 10⁴t	控制储量/ 10⁴t	预测储量/ 10⁴t	剩余资源/ 10⁴t
准东北探区	克拉美丽山前带	164	0.13				1300
	索索泉凹陷	2161	0.44				4400
	石北凹陷	1500	0.43				4300
	石西凹陷	1773	2.15				21500
	红岩断阶带	1821	0.32				3200
合计 /10⁸t			44.17				42.43

与 2005 年准噶尔盆地中国石化探区资源评价相比，本次评价矿权面积发生了缩减，在烃源岩条件、油气成藏条件认识上发生了改变。其中，中国石化矿权在乌伦古坳陷、准南、永进等地区面积缩减，累计面积为 8174km²。在烃源岩条件方面，将盆地内石炭系烃源岩整体纳入了评价范围，较三次资源评价中的评价范围大幅增加，并针对富火山物质高演化阶段烃源岩恢复了原始有机质丰度；下二叠统烃源岩在哈特阿拉特山、中 2 区块等地区累计增加面积近 $2 \times 10^4 km^2$；中二叠统烃源岩在山前带领域的准原地叠加系统内分布增加；下侏罗统烃源岩在四棵树凹陷有效范围扩大了 3500km²。在油气成藏条件认识方面，在盆缘隆起区提出了"断层—毯砂耦合控制油气长距离运移"的认识，深洼带提出了"走滑断裂有效沟通油源并控制油气分布"的认识，使得中国石化探区有效供烃量与区带内资源量显著增加，油气资源较 2005 年评价结果的 $24 \times 10^8 t$ 增加了 $20.17 \times 10^8 t$。

第三节　勘　探　方　向

准噶尔盆地油气资源十分丰富，经重新评价，中国石化探区剩余资源量为 $42.43 \times 10^8 t$ 油当量。由于区块整体勘探程度低，已发现探明储量少，剩余资源量大。通过对区带资源潜力、油气发现、成藏风险的分析，结合对技术适应性、经济效益的综合评价，探区有以下几个有利勘探方向。

一、准西探区

1. 概况

准西探区包括车排子凸起、四棵树凹陷两个二级区带，主要层系包括石炭系、三叠系、侏罗系、白垩系、古近系、新近系，各个层系均获得油气发现，其中新近系沙湾组和石炭系为两套主力勘探层系，车排子凸起发现了春光、春风两个油田，累计上报探明石油地质储量 $15323.07 \times 10^4 t$，控制石油地质储量 $12220.63 \times 10^4 t$，预测石油地质储量 $10155.76 \times 10^4 t$，合计三级石油地质储量 $37699.46 \times 10^8 t$，形成了 3 亿吨级的储量规模阵地。准西探区剩余油气资源 9.26×10^8 t，具有良好的勘探前景。

2. 有利勘探方向

结合油源、油气输导、沉积储层等多个因素分析，车排子凸起和四棵树凹陷是准西探区近期的有利勘探方向。

1）车排子凸起

车排子凸起东邻沙湾凹陷，南邻四棵树凹陷，为继承性凸起，是一个多套含油层系、多种油气品位和多种油藏类型的复式油气聚集区。凸起具有双源供烃的油气成藏背景，油源条件优越。油气主要来源于沙湾凹陷中—下二叠统和四棵树凹陷下侏罗统烃源岩。红—车断裂带及艾—卡断裂带是主要的油源断层，沙湾组和侏罗系毯状砂体是主要的横向运移通道，大量发育的小型正断层对油气具有纵向调整作用。受油源和保存条件影响，油性复杂多样，轻质油、中质油、重质油和天然气等都有发现。从油藏类型上看，石炭系、侏罗系主要发育构造油藏；白垩系、古近系主要发育岩性、地层—岩性油藏；沙湾组油藏类型较多，主要为岩性油藏、构造—岩性油藏和构造油藏。剩余油气资源 7.24×10^8 t，平均资源丰度为 10.6×10^4 t/km^2，勘探潜力大。

（1）新近系。车排子凸起区新近系沙湾组油藏具有埋藏浅、易动用、效益高的特点，是该地区主要的勘探层系。沉积上发育南北双物源，南物源广泛发育辫状河三角洲前缘沉积，北部发育多个小型扇三角洲沉积，储层物性整体较好。油气沿红—车断裂带垂向输导进入沙湾组厚层砂体，横向运移，在砂体上倾尖灭部位大规模成藏。因此，寻找新的砂岩尖灭带是继续拓展沙湾组勘探潜力的重要方向。

凸起东翼中部地区发育远源体系辫状河三角洲前缘砂体，主要油藏类型为岩性以及构造—岩性油藏，目标砂体为沙湾组一段。凸起东翼北部地区为近源扇三角洲与远源辫状河三角洲体系交会区，砂体分别向东、向西尖灭，区内探井在沙湾组一段见到良好油气显示，挖潜空间大。车排子凸起西翼发育辫状河三角洲水下分流河道及河口坝砂体，勘探程度相对较低，但该区为稀油区，且单井产量高，是下一步寻找高效优质储量的首要阵地，需加强砂体精细描述工作。

（2）石炭系。车排子凸起石炭系储层主要为火山岩储层，储集空间类型为裂缝—孔隙型。石炭系油气主要分布于顶部风化壳中，油藏类型主要为断块油藏。

石炭系目前的发现主要集中于凸起东翼北部地区。南部地区石炭系主要发育希贝库拉斯组，为火山岩发育有利层段，同时具备走滑断层—毯砂复合输导条件。邻区新疆油田排 491 井钻探效果好，展现了该区具备较好的勘探前景。

在凸起西翼，紧邻四棵树生烃凹陷且发育多个有利构造梁，断层较为发育，对储层改造作用明显，具有较好的油气运聚条件。

（3）侏罗系与白垩系。车排子凸起侏罗系和白垩系均见到了丰富的油气显示，展现了较好的勘探潜力。侏罗系为一套沟谷充填残留地层，岩性以砂砾岩为主，物性整体较差，局部发育有利储层，圈闭类型以构造—地层、地层—岩性圈闭为主。白垩系主要为一套小型扇三角洲及滩坝沉积，具有明显的顶削底超特征，主要发育滩坝砂体，圈闭类型以岩性、地层—岩性、断层—岩性圈闭为主。下一步勘探关键是扇三角洲有利相带描述、圈闭有效性评价和滩坝相厚层储层的描述。东部陡坡带排 609 等井区和北部斜坡带如排 4 井区为有利地区。

2）四棵树凹陷

四棵树凹陷内下侏罗统八道湾组为有效烃源岩层系，钻井证实已进入成熟阶段，油气资源量达 2.02×10^8 t，主要勘探层系为三叠系、侏罗系、白垩系和古近系。

中生界超剥关系复杂，地层残留展布。凹陷北部地层遭受剥蚀，形成一系列地层削蚀不整合圈闭；凹陷中部主要发育艾—卡断裂、固尔图断裂等断裂带，控制形成大量断块圈闭；凹陷南部靠近北天山山前带，地层大量出露，在逆掩层下部发育少量背斜构造。古近系主要发育扇三角洲前缘沉积，以岩性圈闭为主，储层横向非均质性较强，预测难度大。该层系已见到低产油流，且为轻质油，具有一定的勘探前景。

二、准中探区

1. 概况

准中探区包括莫西庄—永进、中部2、中部4区块3个区块，整体表现为南倾的斜坡，主要地层层序为二叠系、三叠系、侏罗系、白垩系及新生界，其中三叠系、侏罗系、白垩系均见到了丰富的油气显示，侏罗系是主要发现层序。已发现了莫西庄、永进两个油田，累计上报探明石油地质储量 2059×10^4 t，控制石油地质储量 1925.32×10^4 t，预测石油地质储量 12868.38×10^4 t，合计三级石油地质储量 1.68×10^8 t。

该区处于盆1井西、沙湾、阜康、东道海子凹陷四个生油凹陷之上，二叠系和侏罗系烃源岩发育，探区剩余资源潜力为 15.8×10^8 t，资源基础雄厚。从二叠系到侏罗系发育多套储盖组合，发育深浅两套、六大断裂带，油气沿断裂垂向运移，沿不整合面或连通性较好的砂体横向运移，断裂与岩性体（砂岩、砂砾岩等）及不整合面的有机组合部位是油气富集的主要场所。整体勘探程度较低，各区带、各层系都有较大勘探潜力。

2. 有利勘探方向

根据坳陷带油气成藏控制因素，结合断层、区域盖层发育特征，准中探区勘探方向可以划分为上、下两个组合，上组合主要包括侏罗系—下白垩统，下组合主要包括二叠系—中三叠统。

1）上组合——侏罗系—下白垩统

准中探区侏罗系—下白垩统发育多套区域性储盖组合，中—上白垩统发育区域性泥岩盖层，发育六大走滑断裂带，油气沿断裂垂向运移，侏罗系是准中探区油气显示最为丰富的层系。整体勘探程度较低，具有立体多层系成藏的特点。

（1）莫西庄—永进区块。车—莫古隆起的形成与消亡控制了油气的成藏与分布。根据油藏调整前后成藏条件的不同，可将莫西庄—永进地区划分为三个不同的含油气区带：永进地区为原生油藏发育带，征沙村地区为调整保留带，莫西庄—沙窝地地区为调整再聚集带。永进地区保存条件好，发育三工河组和西山窑组两套含油层系，均具有规模勘探的前景。西山窑组下一步主要针对地层不整合遮挡控制下的地层—岩性、构造—地层圈闭开展部署；三工河组砂体大面积分布，主要发育断层夹持的断块圈闭，是主要的勘探目标。征沙村地区早期处于古隆起的轴部，后期遭受调整，但仍具有较大规模。该区断层、砂体互相匹配，形成一系列的断块、断鼻、岩性圈闭，物性相对较好，是下一步准中探区勘探部署的重点。莫西庄地区油水关系复杂，发育大量的断块圈闭。下一步应在精细评价探明储量区周边的基础上，继续向北扩展部署，有望进一步扩大莫西庄油田的含油气规模。

永进地区少量断层断至白垩系，在白垩系聚集成藏，永6井获得了日产11m³的工业油流，展示在断层发育区的白垩系具有良好的成藏条件。

（2）中部2区块。中部2区块位于东道海子北凹陷，北邻陆梁隆起，南邻阜康凹陷，东邻白家海凸起，西北侧为莫北凸起，面积1170km²。目前共部署二维地震测线723km/25条，测网密度达到了4km×4km，三维地震面积251.116km²，区内仅完钻3口探井（成1井、成3井、成斜2井），均在侏罗系见到丰富的油气显示，其中成1井在八道湾组5308.6～5309.4m井段试油，获折算日产油1.28m³的低产油流，展现一定的勘探潜力。

东道海子北凹陷发育二叠系有效烃源岩，南部发育一系列北东东向展布的可断至烃源岩的正断层，为油气运移提供了纵向运移通道。该区广泛存在的异常压力可作为油气垂向运聚的"动力源"。区内断层多断至下侏罗统三工河组，目前发现的油气显示主要集中在下侏罗统八道湾组及三工河组，这两个层系发育三角洲厚层砂体，在砂体尖灭带可形成一系列的岩性圈闭，但受压实作用影响，储层物性较差，下一步应以寻找"甜点"储层发育区为主。侏罗系头屯河组及白垩系埋藏较浅，储层物性相对较好，下一步应重点评价其垂向输导条件。

（3）中部4区块。中部4区块位于准噶尔盆地阜康凹陷东部，东邻北三台凸起，南抵博格达山前断褶带，西北方向为莫索湾凸起，北部为白家海凸起，勘探面积2891.7km²。区内完成二维地震36条/2264.72km，测网密度4km×4km，局部达2km×2km；完成三维地震1580.2km²，完钻探井14口，均在白垩系、侏罗系见到丰富油气显示，其中董1井侏罗系头屯河组、董701井侏罗系齐古组均发现高产工业油气层，另外董101井在白垩系清水河组底部也获油流，展示了该区块具有较大的勘探潜力。

中部4区块及邻区的勘探实践表明，垂向沟通烃源岩与储层的断层是油气输导的主要路径，已发现的油气藏均分布在断裂附近。中部4区块主要发育三个断裂带：董3—董1—董7断裂带、董8—阜北3断裂带、董11—阜东断裂带，这三个断裂带断层集中发育，且大量断层断至侏罗系八道湾组、二叠系烃源岩，配合继承性发育的三个鼻凸构造背景，成藏条件极为有利，是重点攻关地区。目前三个断裂带分别在白垩系清水河组、侏罗系齐古组、头屯河组发现油气藏，在侏罗系三工河组、八道湾组也见到极为丰富的油气显示，这表明中部4区块具有立体勘探的潜力。

准中探区处于盆地中心，侏罗系沉积粒度细，断层以隐蔽性走滑断层为主，有利储层及走滑断层识别描述、隐蔽性走滑断层油气输导能力是制约勘探的关键因素。

2）下组合——二叠系—中三叠统

准中探区在早—中二叠世断陷咸化湖盆发育时期处于盆地中心，在发育风城组、下乌尔禾组区域性优质烃源岩的同时，具有发育源内细粒储层的条件。上二叠统、下三叠统发育了广泛分布的扇三角洲、辫状河三角洲，形成了规模储集体；中—上三叠统发育区域性泥岩盖层，具有良好的储盖组合，组合内发育大量的走滑断裂，具有源内、近源成藏的有利条件，目前盆1井西凹陷、莫索湾凸起在三叠系见到丰富油气显示并获油流，有望形成与玛湖凹陷下二叠统风城组—下三叠统百口泉组纵向多层叠置、横向连片分布相似的大规模油气聚集。

同时，准中探区在早—中二叠世断陷阶段形成了中拐等多个古凸起，古凸起边部发育深大断裂与凹陷带烃源岩直接对接，具有良好的油源条件，有望形成"古"构造近源油气藏。

准中探区下组合埋藏较深，普遍在 6000m 以下，局部地区在 7500m 以下，储层物性、优快钻井技术、超深层试油技术将是制约勘探的关键。

三、准西北探区

1. 概况

准西北探区包括哈德构造带区块和克拉玛依北区块，主要位于哈特阿拉特山逆冲推覆构造带上。依据构造变形特点可划分为浅层超剥带、外来推覆系统、前缘冲断带和准原地叠加系统 4 个地质单元，发育众多的深大断裂及构造、地层等各类圈闭。在白垩系、侏罗系、三叠系、二叠系和石炭系均见到了良好的油气显示，已发现了春晖、阿拉德两个油田，上报控制石油地质储量 5149.78×10^4t，预测石油地质储量 9480.11×10^4t。

哈德构造带区块南邻玛湖富油凹陷，哈浅 6、哈深 2 等井证实哈特阿拉特山推覆体上、下均发育烃源岩，且推覆体下烃源岩与玛湖凹陷烃源岩整体上连为一体，具备近源供烃条件；探区剩余资源潜量为 6.32×10^8t，资源条件优越。发育石炭系、下二叠统佳木河组火山岩储层及下二叠统风城组云质岩类储层、中二叠统—白垩系碎屑岩储层，形成了多套储盖组合。

2. 有利勘探方向

根据哈特阿拉特山地区烃源岩供烃条件、有利运移方向、圈闭发育情况以及有效储盖组合展布特征，浅层超剥带碎屑岩领域、中深层外来推覆系统火山岩领域及冲断—准原地系统碎屑岩领域是下一步有利勘探方向。

1）浅层超剥带

浅层超剥带主要发育中生界，整体具单斜背景，超剥叠置，发育大型构造—地层圈闭。侏罗系八道湾组一段低位体系域砂体、西山窑组二段高位体系域砂体以及三叠系扇三角洲前缘相砂体，叠合连片，分布稳定，具有良好的连通性和孔渗性；盆缘深大断裂沟通油源与中生界毯砂构成了浅层高效输导体系，具备良好的成藏条件，成藏概率达 90%。已发现油藏具有含油高度大、随埋深增加保存条件变好的特点，油性自西向东有逐渐变稀的趋势，哈特阿拉特山东段—红旗坝地区三叠系具备发育稀油油藏的可能。环玛湖凹陷三叠系勘探成果显著，已发现 7 个油藏群，三级储量 3.9×10^8t，具有网毯式输导、扇根砂砾岩封堵、前缘相砂体成藏特征。哈特阿拉特山西段哈浅 101 井三叠系试获油流，哈特阿拉特山东段三叠系残留分布，展布范围较小，而玛湖凹陷东北斜坡红旗坝地区三叠系具有与已发现油藏区相近的成藏条件，旗 2、旗 5、旗 9 均在三叠系钻遇油气显示，且构造上处于斜坡上倾部位，为油气运移的有利指向区，勘探潜力较大。

2）中深层复杂构造带

中深层构造变形强烈，石炭系和二叠系卷入构造变形，主要发育大型推覆叠置构造和叠瓦冲断构造，圈闭类型以断块、断鼻、断背斜圈闭为主。自下而上发育多套有利储盖组合：中—下二叠统佳木河组火山岩与上覆风城组泥岩、风城组云化碎屑岩与风城组顶部泥岩、夏子街组前缘相砂岩与上覆湖相泥岩等；大型推覆—冲断断裂及其伴生高角度断层，可有效沟通油源，整体成藏条件较为有利，成藏概率达 76%。目前哈浅 6 井区推覆体Ⅲ在石炭系上报预测石油地质储量 5054×10^4t，哈深 2 井在外来推覆系统二叠系佳木河组试油获突破，上报预测石油地质储量 1518×10^4t，哈深斜 1 井在前缘冲断带二叠系佳木河组获稳产稀油，峰值日产油 18.16t，展现了哈特阿拉特山中深层巨大的勘探前景。

外来推覆系统构造复杂，地层变形较强，发育一系列背斜、断块圈闭。外来推覆系统火山岩广布，主要分布在哈特阿拉特山的中西部，哈深 2、哈深 20 井的钻探揭示，该区勘探的关键是寻找有效储盖组合。火山岩储层储集空间以溶蚀孔缝为主，二叠系佳木河组火山岩为一套裂谷背景下的中酸性火山岩，主要岩性为火山角砾岩，流纹岩、安山岩等，易于溶蚀、改造成缝；多期推覆、冲断使地质体抬升至近地表或出露地表，地层遭受一定淋滤溶蚀作用，改善了储层物性，深部受有机酸溶蚀的影响，在对接或侧接烃源岩的部位，溶蚀孔缝发育，形成优质储层。受多期构造作用影响，探区深大断裂、次生断裂发育，伴生的构造裂缝增加了储层的渗透能力，形成裂缝—孔隙型储层，与顶部风城组泥岩构成良好的储盖组合。紧邻风城组优质烃源岩，具有侧源及下源供烃的条件，三角带、推覆体Ⅱ、Ⅴ是下一步有利的规模储量阵地。

哈特阿拉特山中东部冲断—准原地系统以二叠系为主，主要表现了冲断褶皱变形，受北东向三排深大断裂控制形成了三个构造条带，发育大量断鼻、断块、断背斜构造。发育二叠系优质烃源岩，多井钻遇较厚的暗色泥岩，地球化学分析认为该套泥岩具有较好的生烃能力。发育扇三角洲前缘相云化砂岩及砂岩，储集空间以微裂缝和溶蚀孔为主，在有机酸的溶蚀下形成溶蚀孔隙型储层，此外，云化作用增加了岩石的脆性，在断裂带附近云化作用最为强烈，孔缝发育，可以形成优质储层。是值得进行风险勘探的地区。

准西北探区构造变形强烈，有效圈闭落实是该区勘探的关键。

四、准东北探区

1. 概况

准东北探区包括在乌伦古坳陷及周缘的红岩断阶带油气勘查区块、石英滩油气勘查区块、索索泉凹陷油气勘查区块三个区块，可以划分为红岩断阶带、索索泉凹陷、石北凹陷、石西凹陷、克拉美丽山前带等构造单元。整体勘探程度较低，滴北 1 井、准北 1 井获低产油气流，探区剩余资源潜量为 3.47×10^8t。

乌伦古地区以石炭系为主力烃源岩，该区在石炭纪经历了由早石炭世沟、弧、盆体系向晚石炭世陆内裂谷环境的转变，在火山活动间歇期发育烃源岩，油气源对比显示乌伦古地区主要发育两类三套烃源岩，分别为上石炭统巴塔玛依内山组烃源岩、下石炭统姜巴斯套组烃源岩，上石炭统有利生烃面积可达 $3910km^2$，下石炭统有利生烃面积 $4750km^2$。

乌伦古地区自下而上共发育有石炭系火山岩及二叠系、三叠系、侏罗系碎屑岩共 4 套储层。石炭系发育了大量的火山岩，储层受到岩性岩相的控制以爆发、溢流相为主，火山岩经过后期风化淋滤可以形成优质储层，储集空间以裂缝和溶蚀孔隙为主。二叠系至白垩系碎屑岩沉积时期经历了多期水进、水退旋回沉积，发育了多套有利的储盖组合。二叠系较为局限，主要分布于石北、石西两个残留凹陷之中，主要发育扇三角洲砂砾岩、含砾砂岩，储集空间以粒内溶孔和粒间溶孔为主，多为低孔低渗甚至超低渗储层。三叠系—侏罗系整体受红岩以及克拉美丽山两大物源体系控制，在红岩北部以发育扇三角洲砂体为主，在索索泉凹陷南部发育辫状河三角洲砂体。北部扇三角洲砂体以砂砾岩、粗砂岩为主，评价为低孔特低渗储层；南部辫状河三角洲砂岩以细砂岩、粗砂岩为主，评价为低孔低渗储层，但泉 1 井、泉 002 井在浅层也获得高产气流，表明在局部也发育好储层。乌伦古地区三叠系白碱滩组、侏罗系三工河组、头屯河组以及白垩系发育的泥岩厚度大且分布稳定，可作为本区的区域盖层，以三叠系白碱滩组与侏罗系三工河组泥岩最好，单体厚度可达 100m，全区稳定分布。

2. 有利勘探方向

从乌伦古坳陷及周围油气发现情况来看，整体具有有效供烃范围控制油气分布、断层控制油气垂向分布、有效储层控制油气富集的特征，按照近源、断层、优储等三大控藏关键因素，认为石北凹陷、石西凹陷、克拉美丽山前带为准东北探区下一步有利勘探方向。

1）石北凹陷

石北凹陷深部发育上石炭统巴塔玛依内山组烃源岩以及下石炭统姜巴斯套组烃源岩，属于近源供烃，油源条件充足，准北 1 井在石炭系、三叠系、侏罗系见丰富油气显示，三叠系获低产气流。石炭系内火山机构发育、断裂发育，经历了石炭纪末期、二叠纪末期的风化淋滤，可以形成多种类型的圈闭。中生界发育多个鼻凸构造，形成了多个构造圈闭。中—晚侏罗世北西向断裂复活，为油气垂向运移提供了良好的通道，有利于油气向石炭系顶部火山岩风化壳储层以及中生界碎屑岩储层中聚集，加之中生界以发育辫状河三角洲砂体为主，平面上能叠合连片，为油气侧向运移提供了物质基础，中生界构造圈闭及石炭系火山岩为有利的勘探方向。

2）石西凹陷

石西凹陷与滴水泉凹陷、石北凹陷同属于陆梁隆起上的上石炭统残留凹陷，区内发育上石炭统巴塔玛依内山组烃源岩和下石炭统姜巴斯套组烃源岩，两套烃源岩在该区面积约 5000km²，厚度达 200m 以上。区内深大断裂较为发育，为油气垂向运移提供了良好的通道，有利于油气向石炭系顶部火山岩风化壳储层中聚集，易于形成自生自储油气藏。该区后期较为稳定，浅层断裂不发育，因此石西凹陷石炭系火山岩为有利勘探方向。

3）克拉美丽山前带

克拉美丽山前带包括南部的冲断带和北部滴北斜坡带是有利勘探区带。该区主体虽然远离石炭系有效烃源岩，但喀拉萨依断裂西段以及索索泉凹陷深部断裂能够切割有效烃源岩，可以作为油源断裂。喀拉萨依断裂下盘发育地层、岩性类圈闭，上盘发育构造类圈闭，同时滴北地区以发育辫状河—辫状河三角洲砂体为主，砂体能够叠合连片分布，通过断层、毯砂之间的有效输导配置，易于在毯尖、毯内成藏。此外在滴北凸起南部还发育二叠系平地泉组优质烃源岩以及石炭系烃源岩，南部山前带断裂较为发育，能够有效沟通油气源。滴北凸起具有双源、双向供烃的有利条件，因此滴北斜坡带上的断褶带和凸起区为有利的勘探方向。

准东北探区以石炭系为主要烃源岩，石炭系为一套复杂的火山—沉积混合建造，经历了复杂的构造改造过程，火山岩圈闭识别及烃源岩落实程度是该区勘探的关键。

五、准东南探区

1. 概况

准东南探区包括东部隆起上的东缘区块和博格达山周缘的南缘区块两个区块，勘探面积 8000km²。可分为山前带、残留凹陷和凸起三类地质体，包括阿什里山前带、米泉山前带、奇台庄山前带、大龙口山前带、柴窝堡凹陷、木垒凹陷、石钱滩凹陷、奇台黑山凸起等构造单元。整体勘探程度较低，柴窝堡凹陷获低产油气流，木垒凹陷、米泉山前带、奇台庄山前带见油气显示，探区剩余资源潜量为 7.34×10^8t。

中二叠统芦草沟组烃源岩是该地区最主要的油气来源，主要分布于博格达山周缘山前带、阿什里山前带及各残留凹陷；油气源对比认为在米泉地区有来自富康凹陷侏罗统八道湾组烃源岩的天然气，东部隆起区各凹陷发育石炭系烃源岩。发育有石炭系火山岩、二叠系、三叠系、侏罗系砂岩储层，石炭系储层受到岩性岩相的控制以爆发、溢流相为主，储集空间以裂缝和溶蚀孔隙为主；中二叠统平地泉组主要发育潮坪相、扇三角洲前缘、滩坝砂等砂体，储集空间以粒内溶孔和粒间溶孔为主，多为低孔低渗甚至超低渗储层；上二叠统梧桐沟组以辫状河道砂体为主，集中分布于米泉—大龙口一带，以原生粒间孔为主；三叠系、侏罗系广泛发育辫状河三角洲前缘砂体，主要位于柴窝堡凹陷、木垒凹陷及米泉山前带，具体层位为克拉玛依组、八道湾组及西山窑组，储层岩性以含砾细—中砂岩为主，砂体单层厚度一般为 10~15m，储层物性差，中孔低渗，部分达到中孔中渗。梧桐沟组二段、三叠系韭菜园组、黄山街组发育的泥岩厚度大且分布稳定，可作为本区的区域盖层。此外仍有红雁池组、梧桐沟组一段、烧房沟组、克拉玛依组、侏罗系等内部发育的局部泥岩层，单层厚度 10~50m，为各沉积时期储层之上或之间的塑性地层，虽然分布局限，但与储层直接接触，可以作为局部盖层。

2. 有利勘探方向

从准东南探区地质特征、石油地质条件分析，山前带及凹陷带烃源岩落实，生储盖组合配置较好，是下一步的有利勘探方向，而不同的山前带、凹陷带又具有明显的差异性。

1）山前带

准东南山前带是一个多层系含油且构造复杂的油气富集带，地表油气显示极其丰富，显示类型和数量众多，如固体沥青、软沥青、稠油、含油砂岩、液体油苗和泥火山油气混合喷出物等。油气苗的出现一方面反映了部分油气藏遭受破坏，同时也说明山前带是一个油气富集带，虽然部分油气资源遭受散失，但这种破坏是局部的、有限的。所有迹象表明，准东南山前带具有丰富的油气资源和良好的勘探前景。

山前带圈闭定型期主要是喜马拉雅期，二叠系烃源岩二次生烃以及晚期生烃与山前带圈闭匹配条件好，成藏条件优越，根据生烃范围结合圈闭发育规模，认为阿什里、米泉以及大龙口地区成藏条件较好，具有较大油气勘探潜力。

阿什里地区发育推覆叠加型山前带，早期推覆叠加形成复杂构造楔，断鼻、断块圈闭发育，中期反冲发育断块圈闭，构造基本定型。阿什里山前带紧邻永丰次凹生烃中心，发育二叠系、侏罗系烃源岩，属于近源供烃，油源条件充足，发育长期继承性活动的断层，为油气垂向运移提供了良好的通道，加之盆地斜坡发育的众多不整合面，也为油气侧向运移提供了物质基础。发育中—上二叠统、三叠系、下侏罗统储层，油气沿断裂垂向运移、不整合面和砂体侧向运移，可形成平面上连片、垂向上叠置的下生上储和自生自储型油气藏。

米泉冲断带发育多期冲段叠加型山前带，后翼叠瓦冲断构造，断块圈闭继承发育；中部断层传播褶皱—背斜、断背斜、断鼻圈闭遭受改造或幅度增强；前翼深层断层转折褶皱，断鼻圈闭早期发育、晚期定型。邻近二叠系和侏罗系的多个生烃中心，油源条件充足，受印支期、燕山期和喜马拉雅期多期构造运动影响，区内断裂发育，输导条件好。发育三叠系—侏罗系多套的储盖组合。但构造活动强烈，地层剥蚀严重，造山带下盘圈闭具有较好的油气保存条件是有利勘探方向。

奇台庄—大龙口地区紧邻博格达山二叠系烃源岩生烃中心，油源条件充足；自上二叠统至三叠系发育多套储层，阜康断裂带上盘二叠系、三叠系发育紧闭型背斜褶皱，石炭系发育碳酸盐岩等岩性油气藏，同时下盘二叠系烃源岩具备二次生烃以及晚期生烃条件，以下盘烃源岩作为有利烃源灶，上盘背斜圈闭以及石炭系岩性圈闭作为有利储层，阜康断裂作为油气输导断裂，油气纵向输导，可以形成古生新储式油气藏以及新生古储式两类油气藏，是该地区主要的勘探方向。

2）凹陷带

凹陷带保存条件明显优于山前带，一次生烃以及二次生烃均可以成藏，可以形成源内自生自储以及源外下生上储型两类油气藏。

木垒凹陷内主要发育了石炭系、中—上二叠统、三叠系、下侏罗统，侏罗系以上被新近系覆盖。以下部石炭系、南部博格达山下的二叠系烃源岩为油气源，发育石炭系火山岩、中二叠统平地泉组扇三角洲砂体及滩坝砂体、三叠系—侏罗系三角洲砂体等储集体。由于早期抬升及喜马拉雅期断裂活动剧烈，浅层侏罗系及南部推覆体石炭系保存条件较差，中深层是有利勘探层系。石炭系火山岩发育，可以形成自生自储油气藏。平地泉组下部广泛发育叠合连片的扇三角洲砂体，厚度较大，木垒2井钻遇扇三角洲砂体厚度113m；紧邻平地泉组烃源岩，距离油源近，内部发育多套泥岩可作为局部盖层，梧桐沟组发育厚层泥岩可作为区域盖层，形成自生自储型油藏，多口井已见丰富的油气显示。中三叠统克拉玛依组受控于南部物源，发育两套区域性的辫状河三角洲砂体，分布稳定，延伸距离远，厚度15～35m，埋藏浅，储层物性相对二叠系砂体好，为低—中孔储层；上三叠统黄山街组发育厚层泥岩，累计厚度近200m，可作为区域性盖层；油气可沿断层垂向运移成藏。受多期构造活动影响，北部主要发育地层削蚀型圈闭，保存条件差；中南部主要发育一系列的岩性、断块、构造—岩性圈闭，保存条件较好，是该区的一个重要勘探方向。

柴窝堡凹陷早期构造活动较弱，二叠系、三叠系发育齐全、厚度大。受侏罗纪末构造活动的影响，侏罗系残留分布，被古近系—新近系覆盖。喜马拉雅期构造活动强烈，南北向对冲形成推覆构造，盆内发生冲断及褶皱变形，形成了多个构造带。凹陷内多口井见到了不同程度的油气显示，两口井获低产油气流，展现了柴窝堡凹陷良好的勘探潜力。中二叠统芦草沟组沉积时期，柴窝堡凹陷与博格达山为一体化沉积，南部为扇三角洲，向北逐步过渡为滨浅湖、半深湖沉积，暗色泥岩、页岩发育，有机碳含量1.41%～1.88%，厚度超过200m，烃源岩发育。二叠系红雁池组、梧桐沟组及三叠系发育有利储层。红雁池组为扇三角洲沉积，向北为扇三角洲前缘沉积，岩性变细为中细砂岩为主，孔隙度6%～27%，渗透率0.7～35.4mD，为中低孔低渗型储层，物性明显好于凹陷南部平原相砂砾岩（孔隙度2%～6%、渗透率低于0.1mD）；梧桐沟组为辫状河沉积，孔隙度为11.5%～22.0%，渗透率为8～311mD，属中孔中渗型储层。受冲断、褶皱及沉积作用影响，发育大量的构造及岩性圈闭；中央断褶带与受上盘推覆体覆盖的北部推覆带，形成了多套储盖组合，保存条件较好，应具有良好的勘探前景。

第十一章 外围探区

中国石化在中国西部的吐哈盆地、敦煌盆地、柴达木盆地拥有多个勘探区块，目前由胜利油田分公司负责勘探工作。经过多年的攻关，明确了探区的地质特征、成藏条件、勘探潜力及有利方向，并取得了不同程度的油气发现。

第一节 吐哈盆地探区

吐哈盆地位于新疆北部东天山地区，面积 53000km^2，是一个以中生界、新生界为主体的多旋回复合盆地，划分为吐鲁番坳陷、了墩隆起、哈密坳陷 3 个一级构造单元（图 11-1）。探明油气田 21 个、石油地质储量 41425.36 × 10^{4}t、天然气地质储量 532.36 × 10^{8}m。中国石化在吐哈盆地拥有大河沿、十三间房及哈密 3 个矿权区块，大河沿区块处于布尔加凸起、台北凹陷、托克逊凹陷、科牙依凹陷的交会部位，十三间房区块横跨吐鲁番坳陷的台北凹陷及了墩隆起，哈密区块主要位于哈密坳陷火石镇凹陷内。各区块勘探程度、构造位置、石油地质条件差异大。

一、概况

1. 自然地理及经济概况

大河沿区块位于新疆维吾尔自治区吐鲁番市境内，主要包括托克逊县的郭勒布依乡、克尔碱镇以及吐鲁番市的大河沿镇。区内地表总体上呈现西北高、东南低的特点。北部最高海拔达到 1947m，南部最低在海平面以下 33m。根据本区的地形地貌特点，总体上分为山地区、丘陵区、戈壁区、雅丹区和植被区等 5 种类型。

十三间房区块位于新疆维吾尔自治区哈密市西北部，全部在哈密市境内，区内人烟稀少，无村镇、村庄和居住区，植被不发育。区块北抵巴里坤山，南部为觉罗塔格山，区内地形总体呈北高南低，东西差别不大，地面海拔在 108～1580m 之间，主要地形为戈壁、雅丹断崖、山地、高大丘陵、低矮丘陵，其中戈壁占 10%，山地占 5%，雅丹断崖占 15%，高大丘陵占 30%，低矮丘陵占 40%。

哈密区块位于新疆维吾尔自治区哈密市境内，南北长约 78km，东西宽约 102km，区块除个别乡镇驻地外，其他地区荒无人烟，交通不便。区内地势北高南低，海拔在 80～1400m 之间，地表为软戈壁、沙漠、山地、丘陵、农田和盐碱地，冲沟较多。分布有稀疏的红柳、野草，地势总体起伏不大，仅在区块东北角有少量高山。

探区属于典型的温带极干旱区气候，极端气候较多，天气变化无常，降水较少。年降雨量仅 15～40mm，平均 26mm，年蒸发量高达 2967mm。哈密区块、十三间房区块内无地表水；大河沿区块有白杨沟河、大河沿河及塔尔朗沟河，但河流每年干涸期达 7～9

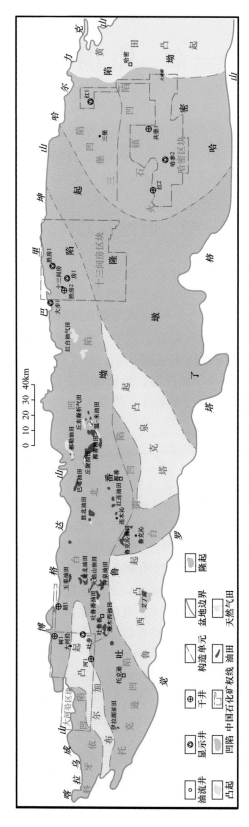

图 11-1 吐哈盆地构造单元划分及中国石化矿权分布图

个月，基本无地表水。四季、昼夜温差大，夏季炎热，最高气温 45.2℃，冬季寒冷，最低气温可达 –30℃。全年风季长，哈密区块、十三间房区块处于"百里风区"，大河沿区块中部穿越吐鲁番地区三十里风区，超过 7 级大风的天数可达 220 多天，最高风力达到 16 级。探区内有兰新铁路、兰新高铁、G30 连霍高速、G312 国道、S303 和 S238 省道通过。

2. 石油勘探概况

吐哈探区及周边的油气勘探工作始于 20 世纪 50 年代，至 20 世纪 80 年代中期，主要完成了 1∶20 万区域地质调查、水文地质普查、油气苗调查、重力和磁力普查等工作。1965 年，由于支援大庆油田会战，勘探队伍和设备大量东移，盆地勘探工作暂时中止。

1986—2002 年，中国石油吐哈油田先后在探区及周边开展了油气侦查工作。完成二维地震约 150 条、3500km，钻探吐参 1、树 1、房 1、吐参 2、共堡 1 等区域探井 5 口，其中大河沿区块的吐参 1 井在侏罗系、三叠系见气测异常、沥青显示。

2002—2004 年，中国石化先后在吐哈盆地进行了矿产登记，开展了大量勘探部署及基础石油地质条件研究工作。先后完成二维地震 3598km/107 条、1∶5 万重磁 9000km²、广域电磁法 385km/4 条、电法 230km/8 条、钻井 5 口，进尺 17894.5m。哈密区块的红 1 井在侏罗系见多层煤层气测异常显示，在三叠系、二叠系、上石炭统见到多层弱荧光、油斑、气测异常显示，油源对比分析认为二叠系油气主要来自二叠系烃源岩；十三间房区块的胜房 1 井录井在中—下侏罗统见二级及以上荧光显示 53m/5 层，井壁取心 20 颗，荧光砂岩 14 颗，3～4 级荧光 9 颗，测井解释含油水层 42.6m/4 层，由于工程原因未试油。

总体上，探区勘探程度仍然较低，处于区域详查阶段。通过多年勘探工作，基本明确了探区地质特征、石油地质条件、勘探潜力及有利方向。

二、地层

根据吐哈盆地钻井、地震及野外露头等资料综合分析，自下而上发育石炭系、二叠系、三叠系、侏罗系、白垩系、古近系、新近系及第四系，层系之间均为不整合接触（图 11-2）。各区块位于不同构造单元，地层沉积特征具有较大差异性。

1. 石炭系

吐哈盆地周缘石炭系出露范围较广，划分为 2 统 7 阶 5 组，包括下石炭统杜内阶小热泉子组、维宪阶—谢尔普霍夫阶雅满苏组、上石炭统巴什基尔阶柳树沟组、莫斯科阶祁家沟组、卡西莫夫阶—格舍尔阶奥尔吐组。仅哈密区块红 2 井钻揭下石炭统，红 1 井、红 2 井钻揭上石炭统。

1）下石炭统

（1）小热泉子组（C_1x）。该组岩性组合主要为火成岩为主夹沉积岩，盆地北缘主要出露于七角井以东地区，以扇山头剖面为代表，岩性主要为安山岩、英安岩、凝灰岩、凝灰质砂岩；盆地南缘主要出露在觉罗塔格山西北部（苏春乾，2006），以库姆塔格剖面为代表（周守云，1995），为一套以海相的钠质基性—酸性为主的喷出岩，为岛弧喷发背景；探区及周边钻井未揭示该套地层。该组与下伏地层不整合接触，与上覆上石炭统雅满苏组为整合接触，可见厚度 1500～2100m。

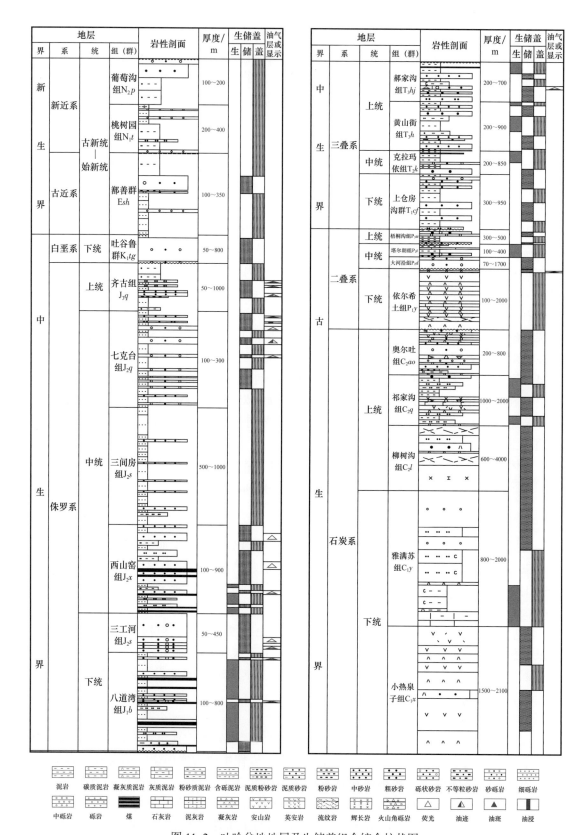

图 11-2 吐哈盆地地层及生储盖组合综合柱状图

（2）雅满苏组（C_1y）。该组岩性组合主要为浅海相碎屑岩沉积夹火成岩。盆地北缘主要出露于七角井以东地区，以白石头东剖面为代表；盆地南缘主要出露于小黄山至迪坎尔乡一带，以小黄山剖面为代表；仅哈密区块内红2井钻揭了该套地层。含早石炭世晚期标准化石，如腕足类 *Gigantoproductus*，南缘还见到菊石类 *Platygoniatites*、*yamansuensis*，珊瑚类 *Palaeosmilia-Gangamophyllum* 组合（高金汉等，2003）。该组与下伏小热泉子组整合接触，与上覆上石炭统柳树沟组为整合接触，可见厚度 800～2000m。

2）上石炭统

（1）柳树沟组（C_2l）。该组岩性组合主要为玄武岩、安山岩、凝灰岩。哈密区块北部二道沟剖面、十三间房区块北部一碗泉剖面、七泉湖北东剖面、大河沿区块北部白杨河剖面出露该套地层。南缘出露于南北大沟至雅满苏西大沟一带，岩性组合与北缘有较大的区别，主要为碎屑岩及碳酸盐岩沉积（李文厚，1997）。哈密区块内红1井、红2井钻揭了该组。古生物化石中见巴什基尔阶标准化石，菊石类 *Branneroceras-Gastrioceras* 组合（王明倩，1981），尤其是南缘的 *Declinognathodus noduliferus* 牙形石组合是国际上公认的上石炭统底部化石。该组与下伏雅满苏组整合接触，与上覆祁家沟组为整合接触，可见厚度 600～4000m。

（2）祁家沟组（C_2q）。该组岩性组合具有三分性，其上、下段为深灰色泥岩、粉砂质泥岩、粉砂岩，中段为火山角砾岩及玄武岩较发育。北缘主要出露于一碗泉—白杨沟—石城子北以及黑沟—七泉湖北一带。在南缘主要出露于南北大沟—库姆塔格—雅满苏西大沟、东大沟一带，以雅满苏西大沟剖面为代表，主要为一套近源沉积的由粗到细的正旋回碎屑岩。哈密区块内红1井、红2井钻揭了该组，以玄武岩、安山岩、凝灰岩为主。古生物化石中见 *Fusuline-Fuslinella* 组合，是莫斯科阶标准化石，北缘的腕足类 *Unanuellina wangealeini* 组合为吐哈地区晚石炭世中期特色分子，并在北缘广泛分布。该组与下伏柳树沟组整合接触，与上覆奥尔吐组为整合接触，可见厚度 1000～2000m。

（3）奥尔吐组（C_2ao）。该组岩性组合以砂砾岩、砾岩为主，主要为陆缘碎屑沉积。北缘主要出露于一碗泉西、石城子北以及桃西沟一带，石城子北剖面，主要以粗碎屑沉积为主，盆地南缘零星分布于觉罗塔格山西段北坡、底坎尔南和托克逊以南地区。区块内没有钻井钻揭该组。古生物化石中见晚石炭世晚期腕足类 *Dictyoclostus taiyuanfuensis*。该组与下伏祁家沟组整合接触，与上覆下二叠统为角度不整合接触，可见厚度 200～800m。

2. 二叠系

根据岩性组合、古生物特征将吐哈盆地的二叠系地层单元分为3统4组，自下而上为下二叠统依尔希土组、中二叠统大河沿组和塔尔朗组、上二叠统梧桐沟组，其中大河沿组及塔尔朗组又合称桃东沟群。大河沿区块二叠系主要发育下二叠统依尔希土组、中二叠统大河沿组及塔尔朗组，绝大部分地区缺失上二叠统梧桐沟组，仅在朗1井及其以北发育有上二叠统梧桐沟组。十三间房区块二叠系主要发育下二叠统依尔希土组，缺失中—上二叠统。哈密区块及周边有7口井钻揭二叠系，总体南厚北薄，南部沉积中心位于火石镇凹陷的哈参2井东部以及共堡1井的东南部，最大厚度2500m；北部沉积中心主要位于三堡凹陷的哈3井北部，最大厚度1500m。

1）下二叠统

依尔希土组（P₁y）。该组岩性组合以安山岩、流纹岩、凝灰岩等火成岩为主，以爆发相、溢流相为主，局部夹薄层砾岩、砂岩、泥岩等沉积岩。大河沿区块及周边仅吐参1、树1井钻揭该组（未穿），岩性为紫红色、杂色、灰色凝灰质角砾岩、凝灰质砂岩。十三间房区块及周边仅房1井钻揭该组顶部，岩性主要为凝灰岩。哈密区块及周边分布范围较广，多口钻井钻揭该组，红1、红2井钻穿该组，厚度500～1000m。该组与下伏石炭系呈角度不整合接触，与上覆中二叠统为不整合接触，可见厚度100～2000m。

2）中二叠统

（1）大河沿组（P₂d）。区域上大河沿组是一套冲积扇至扇三角洲相的粗碎屑岩，以发育厚层砂砾岩为特征。岩性组合主要为杂色砾岩、砂砾岩、细砂岩，局部夹有泥岩。大河沿区块周边的艾维尔沟、塔尔朗沟、坎尔其、库莱等剖面广泛出露（刘洪福，1992），厚度约200m，南部钻井揭示了该套地层，钻井揭示厚度150～1700m。该组与下伏依尔希土组为不整合接触，与上覆塔尔朗组为整合接触，可见厚度70～1700m。

（2）塔尔朗组（P₂t）。区域上塔尔朗组主要是一套半深湖—深湖相的细碎屑岩，以发育较厚的暗色泥岩为特征。岩性组合主要为灰色、深灰色泥岩、粉砂质泥岩，盆地北缘的艾维尔沟、塔尔朗沟等地区、南部大南湖剖面该组广泛出露（李文厚，1998），出露厚度200～700m。大河沿区块塔尔朗组主要为滨浅湖沉积，辫状河三角洲分布在区块西南部、东南部，厚度300～500m。哈密区块塔尔朗组主要发育滨浅湖、半深湖沉积，总体南厚北薄，南部最大厚度700m，向北到三堡凹陷最小厚度仅有51～80m。古生物化石见 *Darwinula trapezoids*、*D. inornata*、*D. tersa* 等叶肢介化石，*Turfania taoshuyuanensis* 桃树园吐鲁番鳕，*Anthraconauta pseudophillipssi* 双壳类，*Turfania* sp. 鱼类，*Hamiapollenites* 双囊粉，*Cordaitina* 单囊粉，*Vittatina* 多沟肋亚类。该组与下伏的大河沿组整合接触，与上覆梧桐沟组多呈整合接触，可见厚度100～400m。

3）上二叠统

梧桐沟组（P₃w）在区域上是一套三角洲—滨浅湖相的沉积，以发育较厚的氧化色泥岩互层为特征。岩性组合为紫色、棕红色、灰色泥岩不等厚互层夹薄层灰色粉、细砂岩、灰绿色砂砾岩、粗砂岩。大河沿区块仅在朗1井及其以北的桃树园、塔尔朗沟剖面发育该组，厚度800m左右，岩性主要为紫色、棕红色、灰褐色泥岩（唐详华，1999），为滨浅湖沉积。哈密区块梧桐沟组主要发育辫状河三角洲—滨浅湖沉积，物源主要在西部、东南部、东北部发育，厚度50～260m。该组与下伏的塔尔朗组多呈整合接触，与上覆三叠系角度不整合接触，可见厚度300～500m。

3. 三叠系

吐哈盆地三叠系划分为3统2群5组，自下而上分为下三叠统上仓房沟群，包括韭菜园组和烧房沟组；中—上三叠统小泉沟群，包括中三叠统克拉玛依组、上三叠统黄山街组和郝家沟组。大河沿区块仅发育中三叠统克拉玛依组、上三叠统黄山街组和郝家沟组，缺失下三叠统，东南部及西部残留厚度最大，厚度1000～1500m。十三间房区块外西北部大步1井发育中三叠统克拉玛依组、上三叠统黄山街组和郝家沟组，厚度1200m左右；哈密区块北部三堡凹陷三叠系发育完全，向黄田凸起逐渐抬升被削蚀尖灭，向火石镇凹陷抬升剥蚀较严重，仅凹陷中心区残留了较厚中—下三叠统。

1）下三叠统

上仓房沟群（T₁cf）区域上为一套冲积扇—河流沉积，以发育较厚的氧化色泥岩夹砂岩为特征。岩性组合为厚层状的紫红色、灰褐色泥岩、粉砂质泥岩夹紫红色、灰黄色砂砾岩、细砂岩或砂岩透镜体。大河沿区块及周边下三叠统仅分布在北部山前带，朗1井钻揭了该套地层，厚度290m。哈密区块及周边下三叠统分布较广，主要发育辫状河河道及泛滥平原沉积，区内钻井下三叠统发育棕色、棕红色的氧化色泥岩，反映了干旱气候条件的沉积环境。残余厚度差异较大，南部火石镇凹陷残余厚度大，可达1000m左右，向北、向西厚度迅速减薄至300m左右。含化石 *Limatulaspoyites-Lundbladispora-Taeniaesporites* 孢粉组合。该组与下伏二叠系角度不整合接触，与上覆克拉玛依组平行不整合接触，厚度300～950m。

2）中三叠统

克拉玛依组（T₂k）区域上是一套冲积扇—河流沉积，以底部发育一套厚层状的灰色、灰绿色砾岩为特征。岩性组合为灰色砂岩、泥质砂岩与灰色、深灰色泥岩、粉砂质泥岩互层，底部常发育一套厚层状的灰色、灰绿色砾岩。大河沿区块中三叠统克拉玛依组主要发育辫状河、辫状河三角洲、滨浅湖沉积。发育南、北两大物源。大部分地区厚度小于300m，局部地区超过400m，在吐参1井西北最大厚度超过800m，南部与北部钻井岩性组合略有差异。哈密区块中三叠统克拉玛依组主要发育辫状河、辫状河三角洲、滨浅湖沉积，物源主要来自东部的黄田凸起，三角洲展布于中南部区域，湖泊水体规模较小，仅分布于哈密坳陷北部地区。北部较厚，南部剥蚀严重、局部残留。在三堡凹陷南部，岩性较粗，岩石颜色较杂，底砾岩十分发育，北部有钻井钻揭该组，厚度330～630m。南部钻井克拉玛依组剥蚀缺失。含化石 *Limatulasporites-Taeniaesporitea-Alisporites* 孢粉组合、*Sinokannemeyia* sp. 中国肯氏兽、*Vjushkovia sinensis* 中国武氏鳄、*Parotosaurus turfanensis* 吐鲁番耳曲龙、*Calamospora* 芦木孢、*Punctatisporites* 斑点圆形孢、*Apiculatisporis* 锥刺圆形孢、*Aratrisporites* 犁形孢、*Piceaepollenites* 云杉粉、*Pinuspollenites* 双束松粉、*Cycadopites* 苏铁粉、*Minutosaccus* 小囊粉，以背光孢、伦德布莱孢、宽肋粉和多肋粉空前繁盛为特征。该组与下伏下三叠统平行不整合接触，与上覆黄山街组整合接触，厚度200～850m。

3）上三叠统

（1）黄山街组（T₃h）。区域上是一套三角洲—湖泊的细碎屑沉积，以上下部发育较厚的砂岩，中间加一套厚层暗色泥岩为特征。岩性组合下部为浅灰色、灰色砂岩、砾状砂岩与灰色泥岩互层，中部为深灰色泥岩、粉砂质泥岩，上部为灰色—灰黑色泥岩夹浅灰色砂岩及煤线。大河沿区块及周边该组主要发育辫状河三角洲、滨浅湖、半深湖—深湖沉积，发育南、北两大物源。该组在大河沿区块内仅在西北部及东南部局部地区残留，大部分厚度小于300m，在区块东南部以及西南部最大厚度超过300m。哈密区块及周边主要发育辫状河三角洲、滨浅湖沉积，物源分别来自北部的哈尔力克山及东北方向的黄田凸起。辫状河三角洲沉积主要分布于区块北部至哈尔力克山一带，以及东北部至黄田凸起一带，其他地区以滨浅湖沉积为主。凹陷中部钻井钻揭地层厚度835m，向北向东均变薄，向北减薄至400m左右，呈现出中间厚两边薄的趋势。含化石 *Almitiumgusevi*、*Jeanrogeriun sornayi*、*Panacathocarisketmenica*、

Ketmenidae Danaeopsis fecunda–Bernouillia zeilleri，*Danaeopsis fecunda–Bernouillia zeilleri* 多实拟丹尼蕨—蔡耶贝蕨、*Cyclogranisporites* 粒面圆形孢、*Aratrisporites* 犁形孢、*Colpectopollis* 单肋双囊粉、*Alisporites* 阿里粉、*Piceaepollenites* 云杉粉、*Pinuspollenites* 双束松粉、*Cycadopites* 苏铁粉、*Densoisporitesc* 拟套环孢、*Labrorugaspora* 具唇皱纹孢。该组与下伏克拉玛依组呈整合接触，与上覆郝家沟组整合接触，厚度 200～900m。

（2）郝家沟组（T_3hj）。区域上郝家沟组是一套三角洲—湖相为主的下粗上细的碎屑岩。岩性组合下部以灰色细砂岩、中砂岩呈不等厚互层为主，上部以厚层灰色、深灰色泥岩局部夹薄层灰色泥质粉砂岩为主。由于受晚印支运动影响，发生较大规模构造抬升，郝家沟组在大部分地区顶部均遭受不同程度的剥蚀。大河沿区块及周边该组主要发育辫状河三角洲、滨浅湖、半深湖—深湖沉积。发育南、北两个物源，在工区北部孤立分布有辫状河三角洲沉积，区块南部地区发育较大范围辫状河三角洲沉积。半深湖—深湖在托克逊—台北地区连为一体，发育厚度超过 100m 的灰黑色、深灰色深湖相泥岩。该组在大河沿区块内局部残留，大部分厚度小于 300m。哈密区块及周边主要发育辫状河三角洲、滨浅湖沉积，物源分别来自东北部的哈尔力克山及东南方向的黄田凸起。北厚南薄，仅在三堡凹陷部分深洼区发育较全，向南向东地层剥蚀量大，东部钻井顶部剥蚀严重，向南该组地层被完全剥蚀。各井岩性组合差异不大。含化石 *Cyclogranisporites–Aplisporites–Cycadorites* 孢粉组合、*Cyclogranisporites* 粒面圆形孢、*Apiculatisporis* 锥刺圆形孢、*Labrorugaspora* 具唇皱纹孢、*Densoisporites* 拟套环孢、*Aratrisporites* 犁形孢、*Alisporites* 阿里粉、*CycadoPites* 苏铁粉、*Podocarpidites* 罗汉松粉。该组与下伏黄山街组整合接触，与上覆侏罗系角度不整合接触，厚度 200～700m。

4. 侏罗系

吐哈盆地侏罗系划分为 3 统 7 组，下侏罗统包括八道湾组、三工河组；中侏罗统包括西山窑组、三间房组和七克台组；上侏罗统为齐古组和喀拉扎组。大河沿区块及周边中—下侏罗统较为发育，十三间房区块除喀拉扎组缺失外，地层发育较全；哈密区块主要发育下侏罗统的八道湾组、三工河组。

1）下侏罗统

（1）八道湾组（J_1b）。区域上是一套三角洲、湖泊及沼泽相为主的下粗上细的含煤碎屑岩，岩性组合下部以灰色、浅灰色砂岩、砾状砂岩为主，中上部为灰色粉—细砂岩、泥岩、碳质泥岩、煤层互层。大河沿区块及周边钻井揭示主要为辫状河三角洲、滨浅湖以及滨湖沼泽沉积，厚度 250～550m。十三间房区块及周边主要发育辫状河、辫状河三角洲以及滨浅湖沉积，以南物源为主，北部发育小型物源，地层北厚南薄，厚度 100～500m。哈密区块及周边主要分布于三堡凹陷，主要为扇三角洲—滨浅湖沉积，厚度向凹陷边缘变薄，最大厚度 750m 左右。含化石 *Neocalamites–Conipteris–Cladophlebis* 及 *Osmundacidites–Piceites–Cycadopites* 孢粉组合。该组与下伏三叠系角度不整合接触，与上覆三工河组整合接触，厚度 100～800m。

（2）三工河组（J_1s）。区域上是一套以三角洲—滨浅湖沉积为主的碎屑岩，以发育较厚层砂岩为特征。岩性组合为灰色砂砾岩、中砂岩、粉砂质泥岩、泥岩夹薄层煤为主。大河沿区块及周边由北向南主要为辫状河三角洲—滨浅湖沉积，地层厚度 100～250m。十三间房区块及周边由南向北主要发育辫状河、辫状河三角洲以及滨浅湖沉积，地层厚度100~450m。哈密区块及周边主要分布于三堡凹陷北部，厚度一般在50~200m之间，最大厚度仅200m左右，主要为扇三角洲—滨浅湖沉积。含化石 *Cyathidites-Cycadopites-Quadraeculina* 孢粉组合。该组与下伏八道湾组呈整合接触，与上覆西山窑组整合接触，厚度50~450m。

2）中侏罗统

（1）西山窑组（J_2x）。区域上是一套以三角洲—湖泊及沼泽相为主的下细上粗的含煤碎屑岩，中下部发育厚层煤为特征。岩性组合为灰色砂岩与灰色、深灰色泥岩互层夹煤层或煤线。大河沿区块及周边主要分布于西北部，以辫状河三角洲、滨浅湖、滨湖沼泽以及半深湖—深湖沉积为主，地层厚度150~400m。十三间房区块及周边由南向北发育辫状河、辫状河三角洲、滨浅湖沉积，厚度200~600m，煤层较为发育，累计厚度可达90m。含化石 *Unio* spp.、*Ferganoconcha* sp. 双壳类，*Coniopteris* 真蕨类种，*Coniopteris-Phoenicopsis* 孢粉组合，*Cyathidites-Deltoidospora-Quadraeculina* 孢粉组合。该组与下伏三工河组呈整合接触，与上覆三间房组整合接触，厚度100~900m。

（2）三间房组（J_2s）。区域上是一套以三角洲—滨浅湖沉积为主的碎屑岩，以发育各色泥岩互层为特征。该组岩性组合为棕红色泥岩、褐色、紫色泥岩、褐色粉砂质泥岩夹灰色粉、细砂岩。大河沿区块及周边北部主要发育冲积扇和扇三角洲相带，中部主要发育滨浅湖相带，南部主要发育辫状河三角洲，厚度150~650m。十三间房区块及周边主要为扇三角洲—湖泊沉积，具有北厚南薄、西厚东薄的特点，最大厚度超过800m。含化石 *Pseudograpta*、*Piceaepollenites-Cyathidites-Classopollis* 孢粉组合。该组与下伏西山窑组呈整合接触，与上覆七克台组整合接触，厚度500~1000m。

（3）七克台组（J_2q）。区域上是一套以三角洲—滨浅湖沉积为主的碎屑岩，以下部发育较厚砂砾岩，上部较厚泥岩为特征。岩性组合为灰绿色、褐色泥岩与灰褐色、灰绿色砂砾岩不等厚互层。十三间房区块及周边北部地区以扇三角洲沉积为主；中部地区以滨浅湖沉积为主，具有北厚南薄的特点，中北部厚度超过200m，中南部一般小于200m。该组与下伏三间房组整合接触，与上覆齐古组整合接触，厚度100~300m。

3）上侏罗统

齐古组（J_3q）。区域上是一套以河流—三角洲—滨浅湖沉积为主的碎屑岩，以上下部发育泥岩中间夹砂岩为特征。岩性组合下、上部为棕灰色、灰色泥岩、砂质泥岩互层为主，中部以灰色、灰绿色粉、细砂岩为主。十三间房区块及周边该套地层不同区域遭受剥蚀程度不同。胜房2—房1井最厚，厚度500~800m。该组与下伏七克台组整合接触，与上覆白垩系平行不整合接触，缺失白垩系处与上覆古近系角度不整合接触，厚度50~1000m。

5. 白垩系

吐哈盆地白垩系自下而上发育2统4组，下白垩统包括三十里大墩组、胜金口组和连木沁组，又称为吐谷鲁群，上白垩统为库木塔克组。

吐谷鲁群（K_1tg）区域上是一套以冲积扇—河流沉积为主的下粗上细的碎屑岩，以下部发育厚层砂砾岩为特征。岩性组合为棕黄色、棕红色泥岩与杂色、棕色砂砾岩不等厚互层。大河沿区块仅在东南角残留分布；十三间房区块白垩系削蚀严重，局部残留下白垩统；哈密区块及周边残余分布。该群与下伏侏罗系、三叠系角度不整合接触，与上覆古近系角度不整合接触，厚度50～800m。

6. 古近系

古近系主要发育古新统鄯善群（Esh）。区域上是一套以三角洲—滨浅湖沉积为主的碎屑岩。岩性组合以棕红色泥岩、粉砂质泥岩夹黄色、杂色砾状砂岩、砾岩为主。大河沿区块广泛发育鄯善群，主要为扇三角洲、辫状河三角洲、湖泊沉积，厚度150～650m，含有一定厚度的膏盐层。十三间房区块古近系主要以棕红色泥岩、粉砂质泥岩夹黄色、杂色砾状砂岩、砾岩，是一套河流—滨浅湖相为主的碎屑岩沉积。含有古新世—始新世特有的哺乳动物化石、梅球轮藻、克氏轮藻及晚白垩世特有的恐龙蛋等化石。该群与下伏白垩系、侏罗系、三叠系呈角度不整合接触或假整合接触，与上覆新近系假整合接触，厚度100～350m。

7. 新近系

新近系自下而上分为两个组，中新统桃树园组、上新统葡萄沟组。桃树园组（N_1t）是一套以河流—滨浅湖沉积为主的碎屑岩。岩性组合为杂色砂砾岩、棕黄色、杂色中砾岩夹棕黄色、棕红色泥岩、棕红色粉砂质泥岩。葡萄沟组（N_2p）是一套以冲积扇—河流沉积为主的碎屑岩。岩性组合为棕黄色、杂色砂砾岩、棕黄色、棕红色细砾岩夹薄层黄色、棕红色泥岩。

三、构造

吐哈盆地经历了弧后盆地（D—C）、裂陷盆地（P）、多旋回坳陷盆地（T—K）、前陆盆地发育（E—Q）等演化阶段，期间经历了多次褶皱抬升，形成了复杂的构造格局。

1. 大河沿区块

大河沿区块位于吐鲁番坳陷布尔加凸起、托克逊凹陷、台北凹陷和科牙依凹陷"一凸三凹"交会部位。大河沿区块主体位于布尔加凸起，西部包括科牙依凹陷一部分，东北角包括台北凹陷小部分，东南角含有托克逊凹陷、台北凹陷小部分。

1）布尔加凸起

北东—南西走向，东北与台北凹陷相接，西南直抵鱼儿沟沟口。该凸起分割了托克逊凹陷和科牙依凹陷，凸起中部为托北3井西北逆冲断层上盘石炭系出露区，总体往西南和东北方向倾伏。该凸起东南与托克逊凹陷以布尔加1号断层接触，西北与科牙依凹陷以科牙依1号断层接触。布尔加凸起主要发育石炭系、中—下二叠统（依尔希土组、大河沿组、塔尔朗组）、中—上三叠统（克拉玛依组、黄山街组、郝家沟组）、下侏罗统（八道湾组）、古近系、新近系（图11-3）。

2）台北凹陷

吐鲁番坳陷最大的一个凹陷，北与博格达山南麓断层接触，南与鲁西凸起、台南凹陷相接，向西与布尔加凸起为斜坡过渡关系。台北凹陷是中—下侏罗统水西沟群煤系烃源岩的主要生烃区，在西部弧形带发现了雁木西、吐鲁番、神泉、葡北、玉果、七泉湖、火焰山等油气田，产层主要为侏罗系、白垩系、古近系鄯善群，经证实其油气来自中—下侏罗统水西沟群烃源岩。

3）托克逊凹陷

位于吐鲁番坳陷西南部，呈北东向展布，夹持于觉罗塔格山、布尔加凸起、鲁西凸

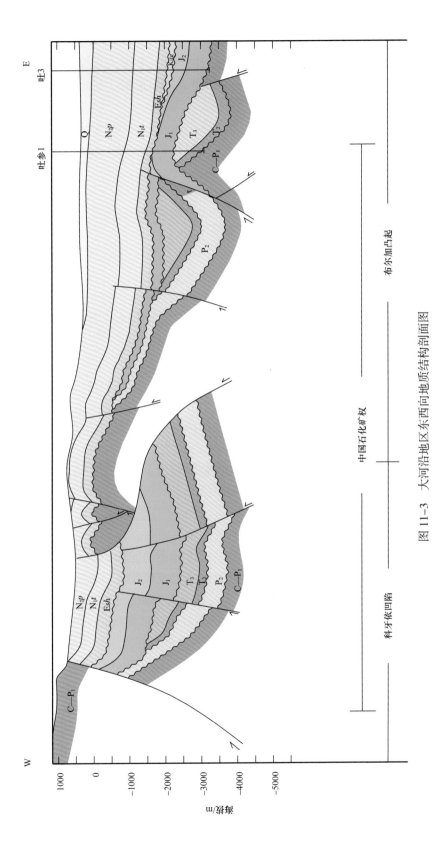

图 11-3　大河沿地区东西向地质结构剖面图

起之间，东北部与台北凹陷相接。中二叠世尤喀克地区曾经为沉降区，中—晚三叠世以乌苏地区和尤喀克地区为中心形成两个沉积中心。托克逊凹陷主要发育石炭系、中—下二叠统（依尔希土组、大河沿组、塔尔朗组）、中—上三叠统（克拉玛依组、黄山街组、郝家沟组）、中—下侏罗统（八道湾组、三工河组、西山窑组、三间房组）、白垩系、古近系、新近系。

科牙依凹陷。位于吐鲁番坳陷西端，呈北东向展布，夹持于喀拉乌成山和布尔加凸起之间，为中二叠世、中—晚三叠世和早—中侏罗世的沉降区，但侏罗纪以后大幅度抬升剥蚀，残存部分凹陷。

2. 十三间房区块

根据中生界变形特点等，自北向南，十三间房区块依次划分为山前带、挤压褶皱背斜带、前缘逆冲带、前隆斜坡带（图11-4、图11-5）。

1）山前带

该带为博格达山—巴里坤山逆冲—褶皱系统的第一条带，受控于北部山前断裂，主要以冲断构造样式为主。纵向上表现为多期冲断叠加，变形强度大；平面上，北部山前带呈近东西向展布，构造圈闭轴线呈近东西向、北东东向展布。邻区鄯勒、恰勒坎、玉果、七泉湖等构造带皆属于山前带，均已发现油气藏。

2）挤压褶皱背斜带

该带为博格达山—巴里坤逆冲—褶皱系统的第二条带。在博格达山—巴里坤山由北向南逆冲的作用下，小草湖—十三间房地区以南北向挤压应力为主。白垩纪末，挤压作用加强，随着地层向南推挤、挠曲褶皱，在凹陷中部形成一系列挤压构造，以背斜、断背斜、断鼻为主，呈北东东向展布。区块内房1井、房1井北构造与邻区胜北、巴喀、鄯善、温吉桑、丘东、红台等构造所处的构造位置相当，同为凹中挤压褶皱背斜带，油源条件好，邻区上述构造带均已发现了油气藏。

3）前缘逆冲带

该带为博格达山—巴里坤逆冲—褶皱系统的第三条带。前缘断裂在区块内为七克台断裂，邻区为火焰山断裂。此带为博格达山—巴里坤山由北向南逆冲过程中，对前端地层进行推挤，由于前端地层的前缘受阻，沿着泥岩层或煤层等塑性层滑脱，形成的大型逆冲断裂带。火焰山断裂最大断距3500m，七克台断裂断距也较大，最大超过1000m，区内一般500m左右，冲出地表。该带保存条件不好，邻区发现的油气藏较少，仅胜金口构造、七克台构造，以及疙2井所处的构造发现了油藏，且为残余油藏，储量规模较小。

4）前隆斜坡带

该带为博格达山—巴里坤逆冲—褶皱系统的第四条带，除了发育构造圈闭外，该带还发育有大量的地层—岩性类圈闭线索，若油气源充足，可进一步探索。

3. 哈密区块

依据断裂、前侏罗系地层特征，哈密坳陷可划分为3个二级构造单元，即北部的三堡凹陷、南部的火石镇凹陷和东部的黄田凸起（图11-6）。

1）三堡凹陷

西到三道岭断裂，北抵哈尔里克山，东部以缓坡或断裂与黄田凸起接触，南部以中部低凸带与火石镇凹陷相接，从下至上依次发育了石炭系、二叠系、三叠系、中—下侏

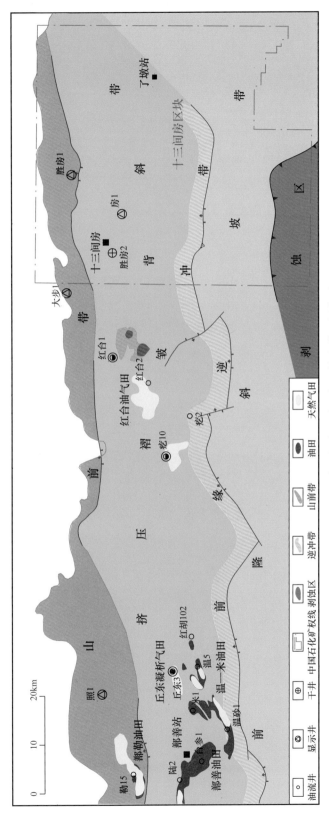

图 11-4 十三间房区块及邻区构造单元划分图

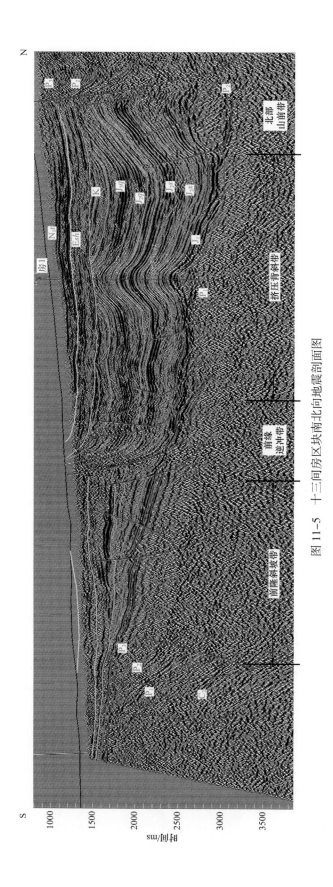

图 11-5　十三间房区块南北向地震剖面图

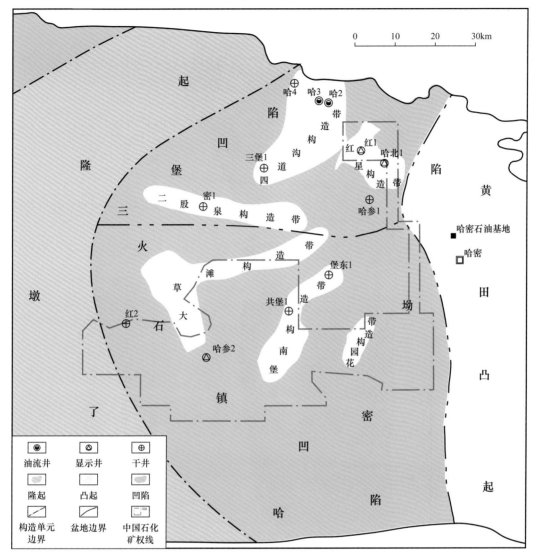

图 11-6 哈密坳陷构造单元、构造带划分图

罗统（图 11-7），局部残余有白垩系，全区发育古近系、新近系。三堡凹陷残余地层较全，为哈密坳陷沉积地层最厚区域，最厚可达 9000m，总面积约 2200km²，发育四道沟、红星、二股泉 3 个正向构造带。

2）火石镇凹陷

西部与了墩隆起呈缓坡相接，北部以低凸带与三堡凹陷相邻，东部以缓坡或断裂与黄田凸起接触，南接觉罗塔格山，总面积约 5000km²。从下至上依次发育了石炭系、二叠系、三叠系、中—下侏罗统（图 11-7），局部残余有白垩系，全区基本都发育古近系、新近系。与三堡凹陷不同之处在于侏罗系残余地层薄，三叠系在火石镇凹陷南部下三叠统分布较广，中—上三叠统分布局限。可以划分出大草滩、堡南、花园三个正向构造带。

3）黄田凸起

南界抵觉罗塔格山，北、东部止于哈尔里克山，西以断裂或抬升剥蚀关系与三堡凹陷、火石镇凹陷相接，总面积约 4500km²。本区普遍由古近系覆盖，零星分布有二叠系、

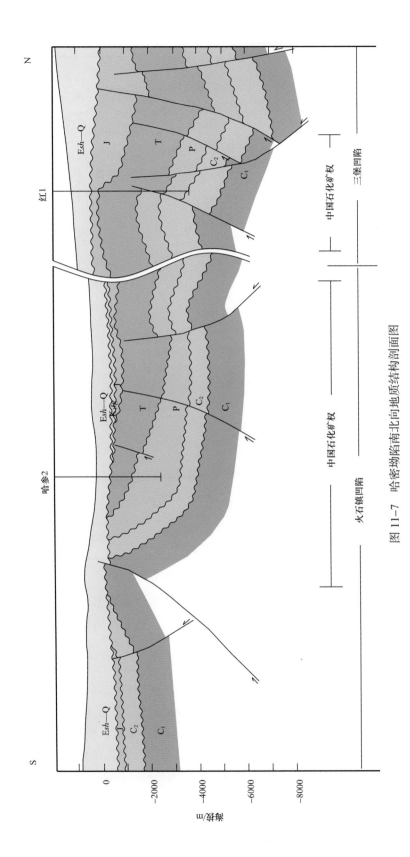

图 11-7　哈密坳陷南北向地质结构剖面图

三叠系、侏罗系。

四、烃源岩

吐哈盆地探区及邻区发育石炭系、中二叠统塔尔朗组及中—下侏罗统水西沟群4套烃源岩。其中，中二叠统塔尔朗组和中—下侏罗统水西沟群是2套主力烃源岩（图11-2）。

1. 石炭系烃源岩

石炭系烃源岩主要为海相沉积的暗色泥岩和碳酸盐岩，据野外露头资料，烃源岩集中发育在下石炭统雅满苏组和上石炭统祁家沟组，哈密坳陷的三堡凹陷、火石镇凹陷及其周围可能发育该套烃源岩，台南地区的鲁南1、艾参1、玉东1等井镜下发现石炭系的烃类浸染迹象，表明有过油气生成和运移。

下石炭统雅满苏组烃源岩。主要发育在雅满苏组中下段，哈密坳陷南部的塔克泉、亚曼苏西大沟、小黄山剖面，坳陷北部的七角井北、白石头东等剖面见该套烃源岩，厚度60～600m，岩相多为浅海陆棚、开阔地台及潮坪相，岩性主要有暗色灰岩、泥灰岩、暗色泥岩、碳质泥岩等。TOC在0.02%～11.1%之间，R_0在1.36%～3.18%之间，有机质类型主要为Ⅰ—Ⅱ型，处于高成熟—过成熟阶段。

上石炭统祁家沟组烃源岩。主要发育在祁家沟组上、下段，哈密坳陷北部的了墩北、六道沟、西山白杨沟、石城子北等6个剖面有出露，坳陷南部露头区仅西大沟剖面见到该套烃源岩。厚度20～230m，以浅海陆棚相为主，岩性多为暗色泥灰岩、暗色泥岩。TOC在0.02%～2.72%之间，R_0在1.04%～3.41%之间，有机质类型主要为Ⅱ—Ⅲ型，其主要处于高成熟—过成熟阶段，属于较好烃源岩。

2. 中二叠统塔尔朗组烃源岩

二叠系烃源岩主要发育在中二叠统的塔尔朗组。塔尔朗组沉积时期为大型湖盆沉积，受后期构造活动影响，现今呈残留分布，岩性主要为湖相暗色泥岩，厚度一般为100～300m（图11-8）。台南凹陷的鲁克沁油田、托克逊凹陷的伊拉湖油田的油气来自塔尔郎组烃源岩，哈密区块红1井见到来自二叠系烃源岩的油斑显示，证实二叠系烃源岩具有良好生烃潜力。

大河沿区块发育塔尔郎组烃源岩，厚度100～300m。区块北部的塔尔朗沟、艾维尔沟、桃树园露头剖面、托克逊凹陷的托参1、托北1井钻遇了塔尔郎组烃源岩，厚度21～300m。塔尔朗沟、艾维尔沟剖面塔尔朗组暗色泥岩有机碳含量为4.73%～5.43%，氯仿沥青"A"含量为0.0584%～0.161%，生烃潜量为3.18～12.19mg/g，R_0为0.85%～1.5%；托克逊凹陷托参1井有机碳含量为0.27%～4.75%，生烃潜量为0.91～10.24mg/g，氯仿沥青"A"含量为0.042%～0.055%，R_0平均为0.65%。

哈密区块发育塔尔郎组烃源岩，厚度50～200m。大南湖剖面暗色泥岩厚度150～200m，有机质类型为Ⅰ—Ⅱ$_2$型，有机碳含量为1.0%～6.5%，生烃潜量为2～6mg/g，R_0为1.04%。红1井在下二叠统火成岩2496～2496.5m井段见油斑显示，油源对比表明来自中二叠统（图11-9），原油具有高含量的β-胡萝卜烷，来自石炭系烃源岩油气一般无β-胡萝卜烷。规则甾烷呈上升型分布，具显著C_{29}优势，不同于石炭系的"V"形分布（胡伯良，1997）。

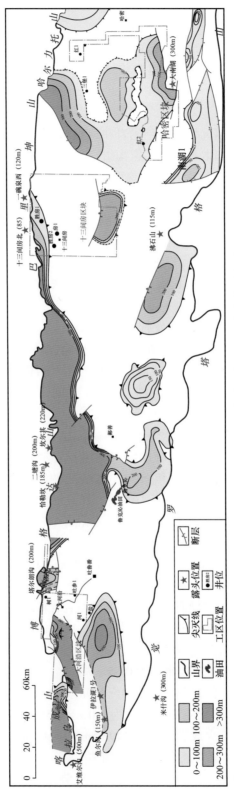

图 11-8 吐哈盆地中二叠统塔尔朗组烃源岩残余厚度图

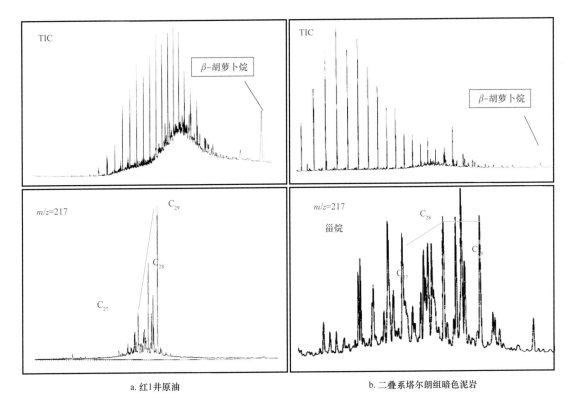

a. 红1井原油

b. 二叠系塔尔朗组暗色泥岩

图 11-9　红 1 井原油与二叠系塔尔郎组烃源岩色谱对比图

3. 中—下侏罗统水西沟群烃源岩

中—下侏罗统水西沟群烃源岩是吐哈盆地最重要烃源岩，岩性为暗色泥岩、碳质泥岩、煤，整体表现为典型的煤系烃源岩，吐哈盆地已探明油气有四分之三来自中—下侏罗统水西沟群烃源岩。水西沟群暗色泥岩在盆地内广泛分布（图 11-10），以台北凹陷、托克逊凹陷、三堡凹陷最为发育，其中台北凹陷厚度中心位于北部山前带，厚度达到1300m 以上，向南逐渐减薄。

中—下侏罗统水西沟群烃源岩在哈密区块和大河沿区块埋藏较浅，为无效烃源岩，在十三间房区块中北部埋藏较深，发育八道湾组、西山窑组烃源岩。

八道湾组烃源岩主要发育于中下部，厚度 70～350m。暗色泥岩有机质类型主要为II_2—III 型，有机碳含量为 0.88%～1.06%，氯仿沥青 "A" 含量为 0.0329%～0.0608%，总烃含量为 171～226mg/g，生烃潜量为 1.07～1.12mg/g；碳质泥岩有机碳的平均含量为15%，生烃潜量平均为 39.68mg/g；煤岩生烃潜量平均为 104.9mg/g；处于成熟阶段。

西山窑组烃源岩在西山窑组一段最发育，其次为西山窑组三段，暗色泥岩厚度130～350m。暗色泥岩平均有机碳的含量是 2.54%，生烃潜量的平均含量是 5.5mg/g；碳质泥岩有机碳的平均含量是 20.31%，生烃潜量的平均含量是 46.7mg/g；煤岩生烃潜量的平均含量是 118.6mg/g；处于成熟阶段。

五、储层

吐哈盆地储集体分布广、厚度大，岩石类型主要包括石炭系—下二叠统火山岩储层及三叠系—古近系碎屑岩储层。哈密区块主要发育石炭系—下二叠统火山岩储层及三叠

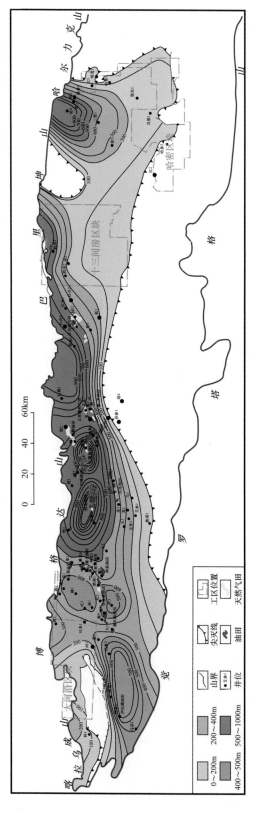

图 11-10 吐哈盆地中—下侏罗统水西沟群暗色泥岩残余厚度图

系碎屑岩储层；十三间房区块主要发育侏罗系碎屑岩储层；大河沿区块主要发育中三叠统、上三叠统、下侏罗统、下白垩统及古近系碎屑岩储层。

1. 石炭系—下二叠统火山岩储层

石炭系—下二叠统火成岩区域分布，多数厚度大于 2000m，作为储层主要发育于哈密区块。该套储层主要为爆发相火山角砾岩及溢流相玄武岩、安山玄武岩、玄武安山岩，露头中玄武岩多见杏仁构造，并且裂缝较发育；爆发相、火山喷发旋回界面上、下段物性好，可作为储层。哈密坳陷内多口钻井在火成岩中见到较好储层，如哈参 2、共堡 1 等井揭示依尔希土组顶部发育一套风化壳储层，其中哈参 2 井钻遇该套风化壳为安山玄武岩，测井解释孔隙度 6%，渗透率 0.2mD；2013 年完钻的红 1 井在下二叠统—上石炭统火成岩旋回界面附近，气测显示较活跃，多井段出现裂缝性渗漏。

2. 三叠系储层

三叠系储层在上、中、下统均有发育，下三叠统储层主要发育于哈密区块，中—上三叠统储层多分布于托克逊凹陷、台南凹陷、台北凹陷和哈密的三堡凹陷，是鲁克沁油田、伊拉湖油田、四道沟含油气构造的主要储层。

1）下三叠统储层

下三叠统主要分布于哈密坳陷。下三叠统为辫状河沉积，储集体砂体类型以辫状河道（心滩）砂体为主。储层砂岩单层厚度 10～30m，累计厚度可达 360m。砂地比10%～58%。砂岩岩屑含量在 46.88%～51.71% 之间，石英含量 25.83%～26.86%，平均26.35%；长石含量 22.46%～26.26%，平均 48.72%。具有分选中等—较差，磨圆度中等—较差，呈次棱角状，胶结物以泥质、钙质为主，胶结较致密的特点。孔隙度分布区间为 2%～13.1%，属于特低—低孔、特低—低渗储层。

2）中三叠统储层

克拉玛依组主要为辫状河—辫状河三角洲—滨浅湖沉积，储集体砂体类型为辫状河河道（心滩）砂体和三角洲前缘砂体。多在托克逊凹陷、台南凹陷、台北凹陷和哈密的三堡凹陷一带，较下三叠统分布范围明显更广。

大河沿区块克拉玛依组底部为储层集中发育段，岩性为中砂岩、含砾砂岩、细砾岩，储层占地比 6%～44%，形成于辫状河三角洲沉积环境。平面上分布在大河沿地区西北部、东北部、西南部到托克逊凹陷区。砂岩储层累计厚度在 12～122m 之间，砂岩孔隙度为 3.3%～27.4%，渗透率为 0.135～295mD，多属于特低—高孔、特低渗—中渗型储层。

哈密区块克拉玛依组储层累计厚度 50.5～200m。占地比 17%～49%。砂岩岩屑含量平均 47.8%～58.8%，石英含量为 22.9%～27.7%，平均 20%；长石含量 17.5%～24.8%，平均 25%。孔隙度 2.67%～12.9%，渗透率 0.05～1mD，属于特低—低孔、特低—低渗储层。

3）上三叠统储层

上三叠统储层在黄山街组、郝家沟组均有发育。

大河沿区块黄山街组底部、上部及郝家沟组底部为储层集中发育段，岩性主要为含砾砂岩、细砂岩，储层占地比 10.7%～79.6%，形成于辫状河三角洲、扇三角洲沉积环境。黄山街组砂岩储层主要分布在西南部及东南部，累计厚度 21～153m，储层孔隙度为5%～18.55%，渗透率为0.2～109.48mD，多属于低—中孔、低—中渗型储层，东部储层好于西部。郝家沟组储层在南部比较发育，累计厚度在28.5～112m之间，孔隙度为3.8%～17.9%，渗透率为0.07～43.13mD，多属于低孔、低渗型储层，东部储层好于西部。

哈密区块黄山街组主要发育辫状河三角洲—滨浅湖沉积，三角洲前缘水下分支河道砂体最为发育，砂体单层4～40m，累计厚度99.25～455m。占地比20%～60%。砂岩石英平均含量25.9%，长石21.6%，岩屑52.5%。岩屑类型以变质岩岩屑为主，其次为火山岩岩屑。孔隙度2.37%～14.2%，渗透率0.05～9mD，属于特低—低孔、特低—低渗储层。郝家沟组主要发育辫状河三角洲—滨浅湖沉积，尤以三角洲前缘水下分支河道砂体最为发育，储层单层10～30m，累计厚度146～350m。占地层比36%～85%。砂岩石英平均含量27.1%，长石13.7%，岩屑59.2%。孔隙度为4.05%～9.34%，渗透率为0.05～0.24mD，属于特低孔、特低—低渗储层。

3. 侏罗系储层

吐哈盆地侏罗系储层在下侏罗统八道湾组、三工河组，中侏罗统西山窑组、三间房组、七克台组，上侏罗统喀拉扎组均有发育，中国石化探区主要集中发育于中侏罗统西山窑组、下侏罗统八道湾组、三工河组，平面上主要分布于十三间房及大河沿区块。

1）下侏罗统八道湾组储层

八道湾组储层在十三间房及大河沿区块均有发育。大河沿区块，八道湾组下部、上部为储层集中发育段，岩性主要为砂砾岩、细砂岩，储层占地比18.3%～57.8%，形成于辫状河三角洲沉积环境。砂岩储层主要分布在东北部及西部，累计厚度44～303m。砂岩储层孔隙度为4.8%～22.8%，渗透率为0.2～460mD，多属于中孔、中—低渗型储层，东北部储层好于西南部。十三间房区块，八道湾组中、上部为储层集中发育段，主要储集体沉积类型为辫状河、辫状河三角洲。岩性以细粒、粗粒长石岩屑砂岩为主，具有低成分成熟度和结构成熟度、低胶结物含量的特点。砂岩储层最大单层厚度4.5～85.5m，累计厚度26.2～251.9m，占地比12.9%～73.5%，具有由南向北逐渐减小的特点。砂体物性总体较差，孔隙度2.04%～8%，渗透率0.02～0.67mD，为特低孔、特低渗储层。

2）下侏罗统三工河组储层

三工河组储层主要分布于十三间房区块。储集体沉积类型为辫状河、辫状河三角洲。岩性以细砂岩、含砾砂岩为主，砂岩储层最大单层厚度在5.5～69m之间，累计厚度12.1～166m，占地比30%～97.1%。物性总体较差，如胜房1井三工河组水下分流河道砂岩厚度166m，平均孔隙度达6.3%，平均渗透率达0.15mD，与邻区红台地区的孔隙度、渗透率相差不多，为特低孔、特低渗储层。

3）中侏罗统西山窑组储层

西山窑组储层主要分布于十三间房区块。该组储层纵向上可以划分为四段，其中二段、四段为厚层砂岩发育段，主要储集体沉积类型为辫状河、辫状河三角洲。岩性以粉砂岩、细砂岩为主，砂岩储层单层最大厚度2.6～43.2m，累计厚度26.4～289m，占地比5.0%～72.5%。砂体物性总体较差，孔隙度1.09%～9.05%，渗透率0.001～5mD，为特低孔、特低渗储层。

4. 白垩系储层

中国石化探区白垩系储层主要分布于大河沿区块东南部，为残留的下白垩统储层，是邻区雁木西油田、吐鲁番油田的主要产油层系。下白垩统下段为储层集中发育段，岩性为砂砾岩、细砂岩，总厚度一般在50m左右，储层物性较好，岩心孔隙度平均为17.5%～26.4%，渗透率为30.7～189.8mD，为中孔、中高渗储层。

5. 古近系储层

中国石化探区古近系储层主要分布于大河沿区块，是邻区雁木西油田的主要产油层系之一。古近系鄯善群底部为储层集中发育段，岩性为细砂岩，储层占地比15.8%～56.4%，形成于辫状河三角洲、扇三角洲沉积环境。底块砂在大河沿地区分布较广，累计厚度在10～70m之间。储层孔隙度为10.3%～32.7%，渗透率为0.71～335.24mD，多属于中－高孔、低—中渗型储层，大河沿地区南部储层好于北部。

六、勘探成效及含油气前景

1. 大河沿区块

大河沿区块虽经多年勘探但仍未获得油气发现。邻区托克逊凹陷发现伊拉湖油田，中三叠统克拉玛依组探明石油地质储量84×10^4t、溶解气地质储量$0.45 \times 10^8 m^3$，其油气主要来源于二叠系烃源岩，亦有三叠系烃源岩的贡献。区块东侧在1998年发现了雁木西油气田，探明油气当量1773.06×10^4t，主要产层为古近系鄯善群、下白垩统三十里大墩组，油气来源于中—下侏罗统水西沟群。区块发育二叠系塔尔郎组烃源岩，地震预测有利烃源岩面积$930km^2$，邻区胜北洼陷侏罗系烃源岩发育，可形成近源、远源两种油气成藏类型，根据圈源匹配关系分析，近源油气可在二叠系、三叠系、侏罗系圈闭中成藏，形成自生自储、下生上储油藏类型。区块内应具有一定的勘探前景，其中肯德克构造带、大河沿构造带是下一步勘探重点地区。

肯德克构造带是有利勘探区带。肯德克构造带位于区块东南部，处于托克逊凹陷、台北凹陷、布尔加凸起交会部位，有利勘探面积约为$520km^2$。该区发育中二叠统塔尔朗组烃源岩，处于侏罗系远源油气优势运移通道上；发育良好的三叠系至古近系5套储盖组合；古近系鄯善群、侏罗系八道湾组、三叠系克拉玛依组、中二叠统桃东沟群构造圈闭发育，该区油源断裂较为发育，具有近源、远源两种成藏可能，是大河沿区块目前有利勘探区带。

大河沿构造带是较有利勘探区带。大河沿构造带位于区块中部，包括科牙依凹陷东部与布尔加凸起北部，成藏条件较为有利。该区发育中二叠统塔尔朗组烃源岩，已经达到成熟阶段；三叠系克拉玛依组—新近系发育良好的辫状河、辫状河三角洲储集相带；区带内发育3套区域盖层、3套局部盖层，形成5套有利的储盖组合；古近系、侏罗系八道湾组、三叠系克拉玛依组、二叠系塔尔朗组构造圈闭发育，该区发育多条油源断裂，具有近源成藏可能，是目前评价较好的勘探区带。

2. 十三间房区块

十三间房区块地层主体为侏罗系，区块西北部侏罗系最大埋深区达4500m，从北向南逐渐减薄，发育侏罗系八道湾组、西山窑组烃源岩及侏罗系、白垩系多套储盖组合。十三间房区块北部、中部发育与滑脱断层相关的褶皱背斜，山前带发育一系列受逆冲断层影响的构造圈闭，圈闭类型以断背斜、断鼻、断块等为主。邻区发现红台油气田，在中—上侏罗统探明石油地质储量 $871.57 \times 10^4 t$、天然气地质储量 $82.89 \times 10^8 m^3$、凝析油地质储量 $79.98 \times 10^4 t$，主要为构造、构造—岩性油气藏，十三间房区块具有与红台地区相似的地质结构和成藏背景。

山前构造带是有利勘探区带。山前带位于侏罗系烃源岩生油中心，冲断构造发育，圈闭形成于侏罗纪末，定型于白垩纪末，与烃源岩主要生排烃期（晚侏罗世至今）相匹配，油源断裂较发育。胜房1井已获得油气发现，侏罗系西山窑组和八道湾组钻揭了593.7m煤系烃源岩，具有较大的勘探潜力。吐哈盆地北部山前带已发现了鄯勒、恰勒坎、玉果、七泉湖等多个油气田，探明油气当量 $2958.5 \times 10^4 t$，目前资源探明率约11%。十三间房区块北部山前带为有利勘探区。

挤压褶皱背斜带是较有利勘探地区。挤压背斜带靠近侏罗系烃源岩生油中心，区带内侏罗系有效烃源岩面积 $745 km^2$，为一套好烃源岩，邻区红台油气田油气源主要来自该套烃源岩；主要目的层发育良好的辫状河、辫状河三角洲储集相带；区带内发育3套区域盖层、2套局部盖层，形成了3套有利的储盖组合；下侏罗统、西山窑组、三间房组等构造圈闭发育，落实程度相对较高；该区油源断裂较为发育，具有近源成藏可能。邻区在挤压褶皱背斜带已发现胜北、巴喀、鄯善、温吉桑、丘东、红台等油气田，挤压褶皱背斜带是目前评价较为有利勘探区带。

前隆斜坡带是油气勘探的远景地区。在十三间房南剖面七克台断裂带中见沥青，说明油气已经运移至该区，且发育有辫状河有利储集相带，但距离侏罗系烃源岩有效生烃范围较远，且圈闭落实程度较低，可作为远景勘探区带。

3.哈密区块

哈密坳陷发育2套有利烃源岩，形成石炭系、二叠系、三叠系3大套生储盖组合，具备较好的油气成藏条件。邻区四道沟构造带的哈2、哈3、哈4、三堡1、堡参1等5口井在三叠系、侏罗系见到较好的油气显示或低产油气流，该地区具有较大油气突破可能。区内的红1井在石炭系、二叠系见到好的苗头。

堡南构造带是有利勘探区带。该构造带位于哈密坳陷南部的火石镇凹陷，呈北东—南西向展布，构造带面积约为 $205 km^2$。堡南构造带处于哈密南部石炭系、二叠系有利生烃范围之内，二叠系烃源岩主要集中发育在中二叠统塔尔朗组，是一套成熟的好烃源岩；石炭系烃源岩区域分布，为一套潜在较好的烃源岩，近源成藏条件好；自下而上发育石炭系、二叠系火山岩储层和三叠系碎屑岩储层，发育2套区域盖层、3套局部盖层，形成了5套有利的储盖组合；石炭系、二叠系、三叠系继承性叠合构造圈闭发育，层圈闭面积合计约为 $301 km^2$，发育石炭系—三叠系多个构造圈闭线索，是坳陷内有利勘探区带。

红星构造带是较有利勘探区带。该构造带位于三堡凹陷东北部，介于哈北1井东断裂与四道沟构造带之间，北西—南东向展布，构造带面积约为 $149 km^2$。紧邻二叠系、三叠系有效烃源岩发育区，发育了以二叠系—侏罗系内部发育的厚层湖相、泛滥平原相泥岩为盖层，以火山岩风化壳及河流、三角洲相砂岩发育段为储层的多套有利储盖组合。石炭系、二叠系、三叠系发育继承性叠合构造圈闭4个，层圈闭面积合计约为 $168 km^2$。

花园构造带是较有利勘探区带。该构造带位于火石镇凹陷东部，介于花园断裂与堡南构造带之间，北东—南西向展布，构造带面积约 $58 km^2$。其油气成藏条件与堡南构造类似，由于测网较稀，仅发现一个三叠系构造圈闭，圈闭面积 $20.7km^2$。依据二维地震资料解释成果，该区断裂发育，地层超覆、削蚀圈闭线索较多。若邻区堡南构造带一旦获得突破，即可向该构造带拓展勘探，可探索地层类圈闭含油气性。

第二节　敦煌盆地探区

敦煌盆地位于河西走廊西端，整体叠置于塔里木板块东部的敦煌地块上，面积约 $8×10^4km^2$。敦煌盆地从北向南划分为玉门关斜坡、安墩坳陷、三危山隆起和阿克塞坳陷4 个一级构造单元，根据一级构造单元基底相对起伏及盖层发育特征，进一步将安墩坳陷及阿克赛坳陷划分为 7 凹 6 凸共 13 个二级构造单元，中国石化探区位于五墩凹陷内（图 11-11）。

一、概况

五墩凹陷位于敦煌盆地东北部，凹陷范围东起芦草沟，西至南湖，北到北山一带，南抵三危山。2000 年中国石化登记矿权 $2002.46km^2$，先后投入了一定的勘探工作。

1. 自然地理与经济概况

五墩凹陷位于甘肃省敦煌市东北，区内以山地、软戈壁、沙漠、风蚀残丘、湿地、山前冲沟、灌木林和农田等地形、地貌为主，海拔一般在 $1000\sim2000m$。

五墩凹陷属典型的温带大陆型半沙漠气候，发源于阿尔金山的党河从凹陷西南缘注入，为常年性流水河，水质较好，疏勒河由东向西流，于北部沙漠消失。夏季炎热、冬季寒冷，日温差较大。气候干旱，年降水量不足 200mm，蒸发量超过 1200mm。春季为多风季，4—5 月多沙尘暴，多西北风，风力一般 $5\sim7$ 级，最大可达 9 级，有"风库"之称。

五墩凹陷交通条件便利。敦煌机场位于敦煌市东 13km 处，现开通有敦煌至兰州、西安、北京、嘉峪关、乌鲁木齐等城市的固定航线。敦煌现有两个火车站。柳园站在敦煌市西北方向 128km 处，可直达上海、北京西、西安、成都、兰州、乌鲁木齐等数十个城市；敦煌市火车站在敦煌市东 10km 处，可直达嘉峪关、西安、兰州等多个城市。此外，国道 215、敦煌—瓜州高速（G3011 至瓜州后与 G312 相连）、敦煌至格尔木公路、敦煌至肃北县公路穿过工区。

区内除汉族外还有蒙古、哈萨克等少数民族。区内农业和旅游业发达而工业落后，敦煌市周缘经济条件相对较好。

2. 石油勘探概况

五墩凹陷油气勘探历程大致可分为石油普查、早期评价和预探发现 3 个阶段。

1）石油普查阶段（1953—1986 年）

先后有燃料工业部、玉门矿务局、玉门石油管理局、甘肃地质局以及中国石油物探局等多家单位在区内开展过野外地质调查、地质剖面丈量以及少量的地震和钻井工作。

1953 年，中央燃料工业部石油管理总局地质局酒泉地质大队 103 队为查明瓜州至敦煌南山北麓一带的地质构造及寻找有利于储集油气的地质构造，开展了地质图和地质剖

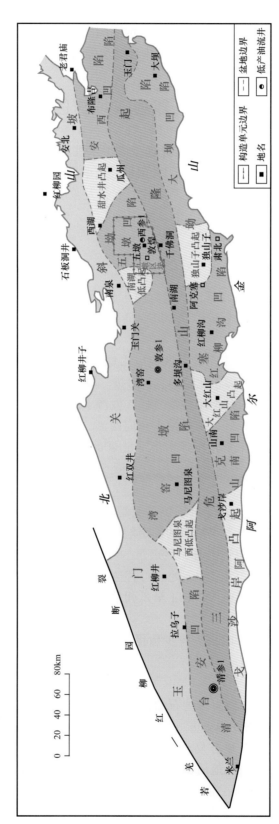

图 11-11 敦煌盆地构造单元划分及探区位置图

面测制。104队在五墩凹陷千佛洞附近及党河下游一带，为查明适于储集油气的地质构造也测制过地质剖面。

1958年，玉门矿务局地质勘探公司地质二大队205队用地震反射、折射联合工作法，在千佛洞发现有局部隆起，查明基岩埋深约1500m。甘肃省地质局花牛山地质队普查一分队，曾在五墩凹陷南火焰山—三危山一带进行过矿点普查工作，发现铅、铁矿及放射性异常点各一处。

1959年，玉门石油管理局地质勘探公司地质二大队703队为了解敦煌盆地的地质构造及寻找适合于油气储集的有利区带，开展了地质剖面测制、油气苗调查。对重力、电法及地震等资料进行了初步的对比，推测敦煌盆地基岩埋深最深处在五墩凹陷，大致位于敦煌的新华农场、南梁子东南安墩公路一带。认为沉积岩厚度在1200～1900m之间，推测由侏罗系、白垩系、古近系、新近系和第四系组成。

1965年，贺兰山煤炭地质勘探公司甘肃地质大队在敦煌盆地五墩凹陷瓜州口—芦草沟—甜水井—空心墩—沙枣东梁一带综合普查找煤，完成了60km的地震和少量电法勘探，钻浅井7口，井深在203.19～558.52m之间，总进尺2644.93m。

1977年，甘肃地质局物探一队在五墩凹陷五墩附近完成地震实验剖面11条110km，7条电测深剖面，在郭家堡东发现古近系—新近系有一小幅度的潜伏隆起，幅度约50m。

1985—1986年，中国石油天然气总公司物探局在敦煌盆地完成了173km二维地震，在盆内（敦煌以东）完成了1:20万重力勘探，认为敦煌盆地五墩凹陷基岩埋深最大达5000m以上，对侏罗系的埋深及分布提出了新的认识。

2）盆地早期评价阶段（1994—2000年）

1994年，中国石油天然气总公司西北油气勘探项目经理部的成立，使敦煌盆地的油气勘探工作进入了一个新的阶段，完成了大量的地球物理概查工作。

1994年，华北有色金属公司物探大队在盆地东部完成了827km的电法勘探，中国石油天然气总公司物探局四处在盆地东部完成了318km的二维地震勘探。

1996年，受青海石油管理局委托，河北省廊坊市华强物化探高新技术研究所在敦煌盆地五墩凹陷西部南湖东山一带完成了640km^2的氧化还原电位详查和348km^2的化探测量。

1999年，青海石油管理局在五墩凹陷东南部完钻地热井1口，完钻井深1625m，完钻层为上侏罗统。

此阶段，王昌桂、何斌（1996）、康玉柱（1997）、徐志强（1998）等多位专家、学者先后对敦煌盆地含油气远景重新进行了评价，认为敦煌盆地基底埋藏较深，生烃潜力较大，是有希望突破的含油气盆地，其中五墩凹陷相对有利。

3）预探发现阶段（2000年至今）

2000年，中国石化在敦煌盆地登记油气探矿权区块6个，面积2.93×10^4km^2，其中五墩凹陷矿权面积2002.46km^2，先后投入了一定的勘探工作。

2002年，中国石化在敦煌盆地东部完成了电法剖面5条967km，在湾窑、五墩凹陷完成了1:5万重力勘探12515km^2。

2003年，在湾窑、五墩和红柳沟凹陷完成了二维地震895.08km，另外在盆缘7个露头区丈量和观测剖面11条，剖面长度8.7km，丈量厚度6614.61m。

2009—2019 年，中国石化在五墩凹陷完成二维地震 688km，完钻探井 3 口，进尺 8066m。其中西参 1、墩 1 井在侏罗系见到多层油气显示，试油均获得低产油流，证实了五墩凹陷具备较好的油气地质条件。

二、地层

根据区域重磁电震、露头资料、钻井资料分析，五墩凹陷缺失古生界和中生界三叠系、白垩系，基底主体为元古宇前震旦系敦煌群，沉积盖层主体为中生界侏罗系和新生界，侏罗系是敦煌盆地油气勘探的主要目的层（图 11-12）。

1. 前侏罗系

五墩凹陷前侏罗系以前震旦系敦煌群为主，由变质较深、变形强烈的岩石组成的有层无序岩群，广泛出露于五墩凹陷南缘的三危山和东巴兔山等地，凹陷内西参 1 井钻遇该层 19m。区域上，本群自下而上可划分为 4 个岩性段。

A 段：斜长片麻岩、眼球状混合岩（糜棱岩类）、黑云石英片岩夹条带状混合岩，偶夹大理岩，厚度 458～2780m。

B 段：片麻岩、花岗片麻岩夹大理岩、二云石英片岩及少量石英岩透镜体，厚度 1055～2783m。

C 段：角闪斜长片岩、条带状或均质混合岩（糜棱岩）夹石英片岩、石英岩等，厚度 1112～5391m。

D 段：流纹岩、中性火山岩、石英岩及石英片岩等，厚度 257～500m。

敦煌群以中深变质碎屑岩夹大理岩为主，上部夹多层变质中基性火山岩，下部 A 组、B 组以高绿片岩—低角闪岩相为主，C 组、D 组以高绿片岩相为主。

2. 侏罗系

敦煌盆地中生界侏罗系主要包括下侏罗统大山口组、中侏罗统中间沟组与新河组、上侏罗统博罗组。其中，中侏罗统中间沟组是该凹陷的主力含油层段。

1）大山口组（J_1d）

大山口组主要分布于凹陷南部，出露于五墩凹陷南部的芦草沟、南湖地区。自下而上岩性为砾岩—砂岩—页岩、煤层，自成一个旋回，为冲积扇—扇三角洲沉积，可分为 3 段。下段底部为灰色、灰绿色块状粗砂岩，顶部为灰绿色中砾岩夹薄层页岩、砂岩，与三危山前震旦系敦煌群呈断层接触，断层带见灰黑色泥岩、页岩。中段底部为灰绿色、黄绿色粗、细砂岩夹灰黄色、灰黑色砂质页岩，其上、下夹两层黑色玄武岩，顶部为深灰色玄武岩夹于砾岩中，其上为黄绿色气孔状玄武岩。上段底部为灰色、灰绿色中粗砂岩夹薄层灰黑色页岩，含化石碎片，中部为黄绿色玄武岩与砾岩相间，上部为灰黄色碳质页岩、砂岩及煤系。见 *Coniopteris* cf. *hymenophylloedes*、*Cladophlebis* sp.、*Sphenobaiera* ? sp.、*Czekanowskia*（cf. *C. SetaceaHeer*）、*Podozamites* sp.、*Pityaphyllum* sp.、*Cladophlebis* sp.、*Equisetites* sp. 等植物化石。与下伏前震旦系敦煌群呈角度不整合接触。

2）中间沟组（J_2z）

中间沟组在凹陷内广泛发育，厚度 500～1200m，自下而上可划分为 3 段。

中间沟组一段（J_2z_1），下部岩性主要以灰色砂砾岩、深灰色砂岩为主，夹杂灰色泥

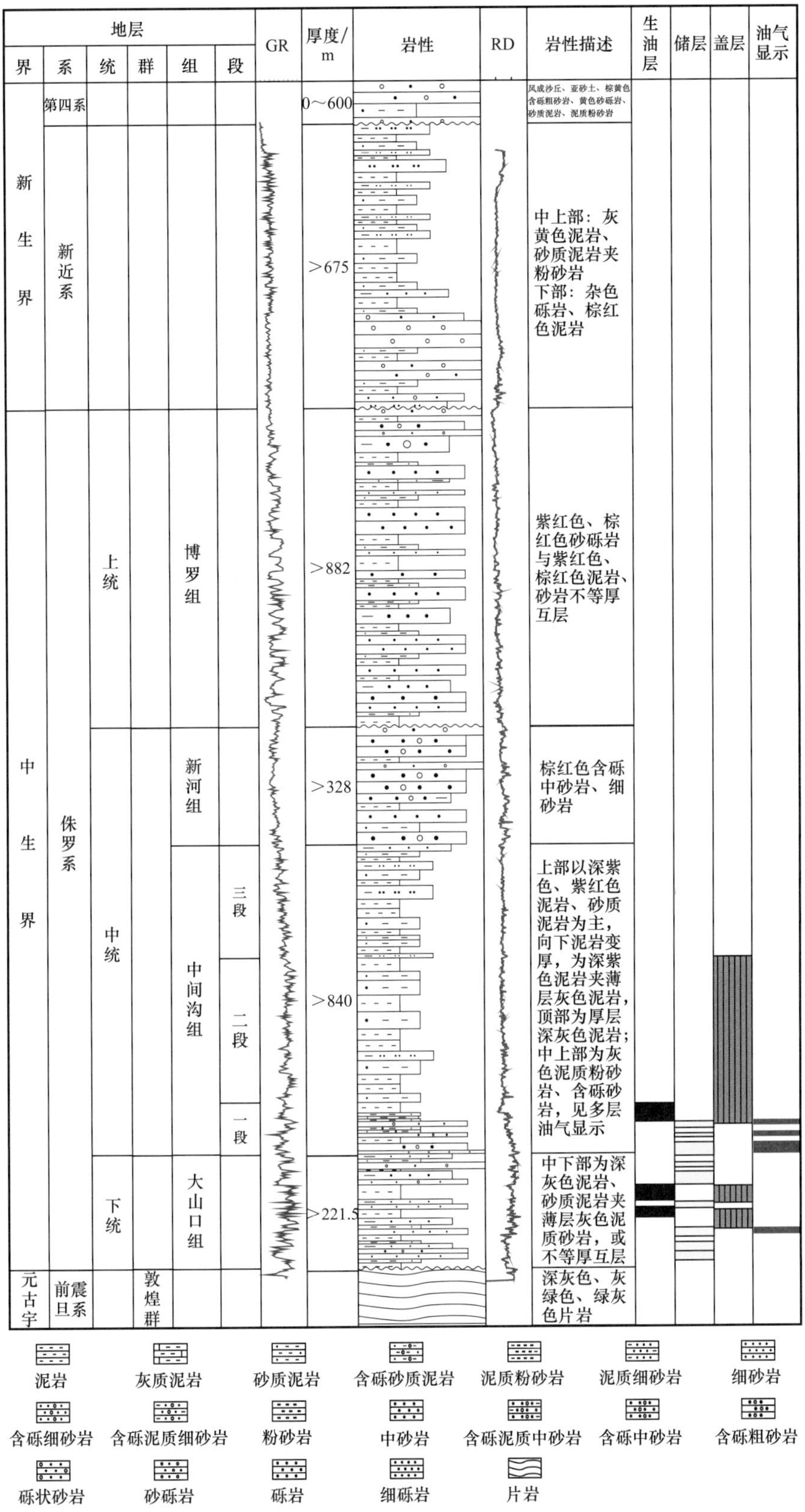

地层						GR	厚度/m	岩性	RD	岩性描述	生油层	储层	盖层	油气显示
界	系	统	群	组	段									
	第四系						0～600			风成沙丘、亚砂土、棕黄色含砾粗砂岩、黄色砂砾岩、砂质泥岩、泥质粉砂岩				
新生界	新近系						>675			中上部：灰黄色泥岩、砂质泥岩夹粉砂岩 下部：杂色砾岩、棕红色泥岩				
中生界	侏罗系	上统		博罗组			>882			紫红色、棕红色砂砾岩与紫红色、棕红色泥岩、砂岩不等厚互层				
		中统		新河组			>328			棕红色含砾中砂岩、细砂岩				
		中统		中间沟组	三段 二段 一段		>840			上部以深紫色、紫红色泥岩、砂质泥岩为主，向下泥岩变厚，为深紫色泥岩夹薄层灰色泥岩，顶部为厚层深灰色泥岩；中上部为灰色泥质粉砂岩、含砾砂岩，见多层油气显示				
		下统		大山口组			>221.5			中下部为深灰色泥岩、砂质泥岩夹薄层灰色泥质砂岩，或不等厚互层				
元古宇	前震旦系		敦煌群							深灰色、灰绿色、绿灰色片岩				

图例：泥岩　灰质泥岩　砂质泥岩　含砾砂质泥岩　泥质粉砂岩　泥质细砂岩　细砂岩

含砾细砂岩　含砾泥质细砂岩　粉砂岩　中砂岩　含砾泥质中砂岩　含砾中砂岩　含砾粗砂岩

砾状砂岩　砂砾岩　砾岩　细砾岩　片岩

图 11-12　五墩凹陷地层及生储盖综合柱状图

岩，上部为紫红色、深紫色泥岩，局部可见灰黑色碳质泥岩。砂岩由灰色到深灰色，次棱角状，分选中等，矿物以石英为主，长石次之。泥岩为灰色到灰黑色，质纯，较硬。残留地层厚度100～300m，在靠近山前带的沉降中心沉积厚度最大，向南北两侧厚度逐渐减薄，整体表现为一个宽浅湖盆沉积。沉积相类型上，下部主要为浅水辫状河三角洲前缘水下分流河道沉积，局部发育河口坝及水下分流河道间，以较薄的砂岩及泥岩间互为主。上部的泥岩为湖泊沉积，局部发育砂砾岩夹泥岩的碎屑舌状体沉积。

中间沟组二段（J_2z_2），岩性主要以深紫色泥岩、泥质砂岩为主，顶部可见紫红色泥岩及砂质泥岩，泥岩为紫红色到深紫色，含少量砂质，较硬。

中间沟组三段（J_2z_3），岩性主要以棕红色、紫红色泥质砂岩、砂岩为主，夹杂棕红色、紫红色泥岩，局部可见深紫色砂质泥岩与泥岩互层，砂岩主要为棕红色到紫红色，分选中等，次棱角状，矿物主要以石英为主，长石次之。泥岩为棕红色到深紫色，含少量砂质，较硬。

中间沟组沉积时期水域扩大，气候炎热干燥，早期动植物繁盛，晚期植物减少，克拉梭粉属 *Classopollis*、桫椤孢属 *Cyathidites*、苏铁属 *Cycas Linn* 占优势。西参1揭示中间沟组孢粉组合特征为：裸子植物花粉和蕨类孢子互占优势；蕨类孢子中主要以桫椤科分子占优势，主要有桫椤孢属、三角孢属等，光面三缝孢属、紫萁孢属、凹边孢属等有一定含量；裸子植物花粉主要以克拉梭粉属、苏铁粉属为主，单束松粉属、双束松粉属、罗汉松粉属、四字粉属、广口粉属等有一定含量。

3）新河组（J_2x）

新河组厚度50～350m，厚度中心在中央洼陷带，分布面积1500km²。新河组主要为河流沉积，岩性主要以棕红色砂砾岩为主，夹杂棕红色泥质砂岩、泥岩，砂岩以中砂为主，少量细纱，次棱角状，分选中等，矿物成分以石英为主，长石次之；泥岩为棕红色，质不纯，含少量砂。所含植物化石甚少。与下伏中间沟组整合接触。

4）博罗组（J_3b）

博罗组厚度175～701m，为河流—三角洲沉积，岩性大体可划分为上下两段。下段主要以棕红色含砾砂岩、砂岩为主，夹杂棕红色砂质泥岩、泥岩；上段以紫红色砂岩、泥质砂岩为主，夹杂紫红色、棕红色泥岩，局部可见杂色砂砾岩及灰白色含砾砂岩。其中砂岩为棕红色到紫红色、细粒到中粒，次棱角状，分选中等，矿物以石英为主，长石次之；泥岩为棕红色到紫红色，质不纯，含少量砂。所含植物化石甚少。与下伏中侏罗统新河组呈不整合或假整合接触。

3. 新近系

区内新生界仅发育新近系，在五墩凹陷内广泛分布，厚度大于675m。下部主要为灰白色细砂岩、橘红色砾岩与浅灰色、灰色、棕褐色及灰绿色泥质岩，中部以棕红色泥岩为主，夹有大套砾岩、泥质砾岩、含砾泥岩等。上部以灰色、深灰色泥岩为主，局部夹有钙质泥岩、泥灰岩、泥质砂岩，在白墩子一带，新近系为灰黄色、灰绿色含膏砂泥岩沉积。与下伏侏罗系博罗组呈角度不整合接触。

4. 第四系

第四系在五墩凹陷内分布广泛，发育较全，从下更新世至全新世均有各种成因的沉积物发育。与下伏新近系呈不整合接触。

三、构造

敦煌盆地是一个从侏罗纪开始发育的一个中—新生代沉积盆地。该盆地处于天山褶皱系与祁连山褶皱系之间，位于塔里木地台东部。五墩凹陷位于敦煌盆地东北部，凹陷北缘以大型逆掩断层与北山老地层接触，凹陷南缘为一个大型走滑压扭断层与三危山敦煌群接触，凹陷东西两侧分别以逆掩断层与甜水井凸起和南湖低凸起接触。

1. 主要断裂发育特征

五墩凹陷发育三危山北断层（F_1）和北山南缘断层（F_2）两条一级断层，F_3 和 F_4 为两条二级断层，F_5、F_6 为两条三级断层，凹陷中还存在北东向或北西向的断层（F_7、F_8 等），为凹陷内部次级构造的分界（图 11-13、图 11-14）。

三危山北断层（F_1）和北山南缘断层（F_2）两条断层控制了敦煌盆地的大格局，也控制了五墩凹陷范围，两条断层分别是五墩凹陷的南部边界和北部边界。三危山北断层（F_1）由东至西贯穿整个敦煌盆地，呈北东东或北东向展布，为压扭走滑性质，控制了安墩坳陷，也控制了五墩凹陷南部的沉积。北山南缘断层（F_2）为若羌—红柳园断层一部分，为倾向北倾的逆掩断层，五墩凹陷北部为压扭走滑性质，控制了敦煌盆地北边界，也是五墩凹陷北部边界。

断层 F_3 和 F_4 控制了五墩凹陷的东西边界，二者均为逆掩断层。F_3 走向北东，倾向北西，为五墩凹陷与南湖低凸起之间分界；F_4 走向北西，倾向北东，为五墩凹陷与甜水井凸起的分界。

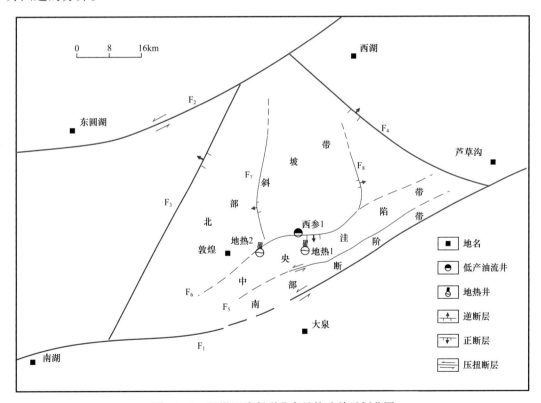

图 11-13　五墩凹陷断裂分布及构造单元划分图

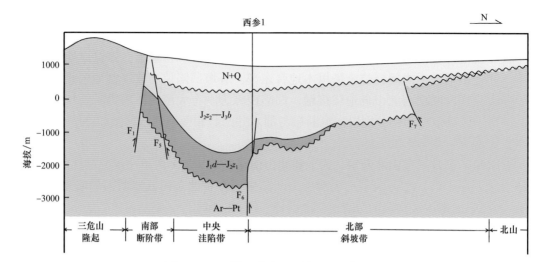

图 11-14　五墩凹陷南北向构造地质剖面图

断层 F_5、F_6 控制了五墩凹陷内部构造单元的划分，两条断层均呈北东东向分布。断层 F_5 基本平行于三危山北断层，为走滑压扭断层，两条断层控制了南部断阶带的范围；断层 F_6 分割洼陷带和斜坡带，断层性质为正断层，控制了中央洼陷带北部边界。

断层 F_7、F_8 控制了北部斜坡带侏罗系地层的残留与剥蚀，两条断层近南北向展布。断层 F_7 为倾向西的逆掩断层，断层 F_8 为倾向东的逆掩断层，两条断层之间剥蚀较小，残留地层厚度大，两条断层之外剥蚀厚度大，残留地层薄。

2. 构造单元

五墩坳陷纵向上可划分为元古宇、中生界和新生界 3 大构造层。平面上，凹陷夹持在三危山和北山之间，具有南北分带特征，可划分为北部斜坡带、中央洼陷带和南部断阶带 3 个构造单元（图 11-13）；东西向以南湖低凸起和甜水井凸起与其他凹陷分割。

南部断阶带夹持于三危山北断层（F_1）和中央洼陷带南断层（F_5）之间，受晚白垩世挤压抬升和新近纪走滑逆冲构造改造破坏严重，地震剖面以杂乱反射为主；露头芦草沟等地区，地层产状较陡。

中央洼陷带在中央洼陷带南断层（F_5）和西参 1 井断层（F_6）之间，地震剖面以亚平行反射或空白反射为主。中央洼陷带受三危山北压扭走滑断层影响，形成局部背斜或断块构造。

北部斜坡带位于西参 1 井断层（F_6）以北，直到北山一带，地层产状平缓，地震剖面以平行或亚平行反射为主，中—下侏罗统向北超覆尖灭，东西两侧受晚白垩世挤压抬升，遭受严重剥蚀。

四、烃源岩

下侏罗统大山口组和中侏罗统中间沟组一段是五墩凹陷烃源岩发育层系。

1. 下侏罗统大山口组烃源岩

下侏罗统大山口组沉积时期，三危山北断裂拉张活动形成断陷，中央洼陷带发育半深湖—深湖沉积，发育暗色泥岩、碳质泥岩烃源岩，根据地震预测分布范围 350km^2、厚度 100~300m。露头剖面 TOC 为 0.08%~29.93%、平均为 1.88%，S_1+S_2 为

0.01～22.02mg/g、平均为1.89mg/g，R_o为0.46%～1.48%、平均为0.95%；西参1井处于中央洼陷带北部边缘，仅钻遇大山口组中上部地层，厚度221.5m，纯泥岩厚度73.75m，TOC为0.08%～29.93%、平均为1.88%，S_1+S_2为0.01～22.02mg/g、平均为1.89mg/g，R_o为0.55%～0.77%、平均为0.69%，处于低成熟—成熟阶段。有机质类型为II_2—III。推测南部中央洼陷带烃源岩更为发育。

2. 中侏罗统中间沟组烃源岩

中侏罗统中间沟组一段沉积期，断陷作用进一步加强，较大型湖泊开始发育，在中侏罗统下部中间沟组一段半深湖相暗色泥岩沉积范围快速扩大，分布范围460km²，厚度10～80m（图11-16），是五墩凹陷主力烃源岩发育层段。有机质类型以II型为主，TOC为1.94%～10.13%、平均为5.01%，S_1+S_2为0.17～65.52mg/g、平均为17.8mg/g，R_o为0.63%～0.82%、平均为0.69%，整体处于低成熟—成熟阶段。西参1井油气源对比表明中间沟组为有效烃源岩（表11-1）。

敦煌盆地在侏罗纪—早白垩世经历了断陷、坳陷演化阶段，在早白垩世末期达到最大埋深，达到生烃高峰。晚白垩世—古近世长期处于抬升剥蚀阶段。新近纪—第四纪，盆内接受了厚度为600～2000m的冲积扇和河流相碎屑岩沉积。现今处于生烃停止阶段。

表11-1　五墩凹陷中—下侏罗统油源对比生物标志物参数表

样品	深度/m	Ga/C_{30}H	Pr/Ph	Ts/（Ts+Tm）	20S/（20S+20R）	$\delta^{13}C$/‰	重排/规则甾烷
西参1-油	—	0.16	2.01	0.63	0.45	−28.7	0.14
西参1-沥青	2350.3	0.07	0.73	0.11	0.49	−23.2	0.05
J_2z烃源岩	—	0.04～0.21/0.14（27）	0.37～4.34/1.44（28）	0.07～0.67/0.44（27）	0.39～0.56/0.48（27）	−30.8～23.6/−27.2（27）	0.03～0.17/0.11（27）
J_1d烃源岩	—	0.18～0.23/0.20（3）	1.19～1.36/1.28（3）	0.39～0.48/0.43（3）	0.45～0.46/0.45（3）	−25.8～25.4/−25.7（3）	0.05～0.07/0.06（3）

注：0.04～0.21/0.14（27）表示区间值/平均值（样品数）。

五、储层

五墩凹陷储层主要为侏罗系碎屑岩，其中下侏罗统大山口组和中侏罗统中间沟组一段是储层有利层段。

下侏罗统大山口组发育南部物源扇三角洲砂体、北部物源辫状河三角洲砂体，以超低孔超低渗储层为主。北部物源辫状河三角洲砂体主要分布于北部斜坡带，凹陷内西参1井钻遇辫状河三角洲前缘，岩性为砂泥岩互层，砂岩以含砾砂岩、砾状砂岩为主。测井解释孔隙度4.79%～8.82%，平均孔隙度5.41%，渗透率0.15～1.35mD，平均渗透率0.48mD。南部发育冲积扇—扇三角洲沉积，芦草沟、南湖、多坝沟等地区有出露，岩性以砂砾岩为主，孔隙度2.675%～6.52%，平均孔隙度4.0%，渗透率0.0246～0.1057mD，平均渗透率0.0443mD。

图 11-15　五墩凹陷侏罗系中间沟组一段烃源岩厚度分布图

五墩凹陷中侏罗统中间沟组一段发育辫状河三角洲砂体。西参1井钻遇辫状河三角洲前缘部位，砂体岩性以砂岩、含砾砂岩、粗砂岩、细砾岩等为主。砂岩成分成熟度及结构成熟度偏低，成分以变质岩屑为主，含量10%～70%，平均为40.1%；沉积构造见块状层理、交错层理、波状层理、水平层理等；发育分流河道骨架砂体和席状砂沉积微相，河口坝较少发育；概率曲线主要表现由扁弧形、跳跃和悬浮组成的两段式，悬浮组分含量接近30%～35%，跳跃组分含量40%～60%，悬浮总体与跳跃总体的交截点在2.75～3.50 φ 区间，反映出了重力流携带沉积物搬运受多组水流作用能量降低、水流动荡，并向牵引流转化的水动力特征。西参1井侏罗系中间沟组一段的岩心孔隙度为3%～9.1%，平均孔隙度为5.88%；渗透率为0.187～3.22mD，平均渗透率为0.87mD。孔隙度与渗透率的关系近似正相关，渗透率的变化主要受孔隙发育程度的控制。属于特低孔低渗储层。

中侏罗统新河组和上侏罗统博罗组岩性以棕红色、紫红色厚层状砂砾岩、中粗粒砂岩、细砂岩、泥质细砂岩为主夹红色泥质岩类地层，河流—三角洲沉积为主，储层较为发育。测井解释孔隙度在5%～20%之间，渗透在0.1～30mD，储层物性较好。

六、勘探成效及含油气前景

中国石化在五墩凹陷先后钻探了西参1、墩1、墩2三口探井，其中西参1、墩1井获得了低产油流。西参1井是五墩凹陷内的第一口参数井，完钻井深2636m，完钻层位元古宇前震旦系敦煌群，该井录井见油斑、油迹6m/8层，荧光16.5m/7层；测井解释油层17.3m/8层，有效厚度10.9m/8层，差油层5.5m/2层；压裂后试油，日产液0.16～10.7m³，日产油0.02～1.53m³，累计产原油12.1m³。西参1井是敦煌盆地勘探历史上第一口见到油气流的油气探井，实现了敦煌盆地油气勘探突破。墩1井完钻井深2230m，完钻层位为前震旦系敦煌群。该井录井见油斑8m/8层、荧光23.5m/13层；测井解释油层18.7m/8层，差油层2.4m/2层；压裂试油日产液2.94～19.6m³、日产油0.02～0.4m³，累计产原油7.685m³。进一步落实了五墩凹陷地层序列及烃源岩发育特征。通过勘探明确了五墩凹陷地质特征，烃源岩、储层条件，获得了油气发现，展现出五墩凹陷具有较好的勘探前景。

中央洼陷带是有利勘探区带。中央洼陷带发育大山口组和中间沟组烃源岩，埋藏较深，现今可能二次生烃。大山口组、中间沟组一段扇三角洲、辫状河三角洲前缘砂体发育，与烃源岩或通过断层与烃源岩对接良好，油气充注条件有利。大山口组和中间沟组内部的泥岩隔层、中间沟组二—三段厚层泥岩，共同形成良好的盖层条件，大量地层岩性圈闭与中—下侏罗统烃源岩大量生烃期匹配较好，易于形成中—下侏罗统岩性油气藏、构造岩性油气藏。

北部斜坡带是较有利勘探区带。北部斜坡带中间沟组一段辫状河水道发育，储层物性较好，易于形成分布广的岩性圈闭；各砂层组向北部斜坡带高部位逐层超覆尖灭，地层圈闭十分发育。中间沟组二段和三段发育厚层泥岩，形成良好的区域性盖层。北部斜坡带地层超覆带距离生烃中心10～15km，相对较远，油气源条件是北部斜坡带地层类圈闭油气勘探需要考虑的主要风险。

南部断阶带是油气勘探远景地区。南部断阶带靠近生烃中心，油气源条件比较有利。南部物源砂砾岩扇体发育，具有有利的储层条件。受东西向和北东向两组断裂控制，形成多个断块或断鼻圈闭。南部断阶带受晚白垩世挤压抬升和新近纪走滑逆冲构造活动改造破坏严重，保存条件相对不利，可作为含油气远景地区。

第三节　柴达木盆地探区

柴达木盆地是我国著名的十大内陆盆地之一。中—新生界沉积面积约 $9.6 \times 10^4 km^2$，最大沉积厚度可达 $1.56 \times 10^4 m$ 以上，探明油气田 32 个、石油地质储量 $74784.24 \times 10^4 t$、天然气地质储量 $3905.3 \times 10^8 m$。柴达木盆地分为茫崖坳陷、三湖坳陷和柴北缘隆起 3 个一级构造单元。中国石化探区位于盆地东部，处于三湖坳陷和柴北缘隆起。

一、概况

柴达木盆地地处青藏高原北部，形状近似菱形，四周为昆仑山、阿尔金山和祁连山脉所环抱，属典型的大陆性高原盆地。中国石化自 2004 年进入柴达木盆地开始油气勘探工作，完成了大量工作，取得了一定的勘探进展。

1. 自然地理及经济概况

柴达木盆地共有大小河流 100 余条，其中流域面积大于 $500 km^2$、常年有水的河流约 40 条。共有大小湖泊 32 个，其中淡水湖 2 个，半咸水湖 6 个，盐湖 24 个；此外，还有一些已经干涸而无湖水的"盐湖"，其中探区及周缘分布有大小湖泊 10 个。

柴达木盆地属高原大陆性气候，以干旱为主要特点。年降水量自东南部的 200mm 递减到西北部的 15mm，年均相对湿度为 30%～40%，最小可低于 5%。盆地年均温度在 5℃以下，气温变化剧烈，绝对年温差可达 60℃以上，日温差也常在 30℃左右，夏季夜间可降至 0℃以下。风力强盛，年 8 级以上大风日数可达 25～75 天，西部甚至可出现 40m/s 的强风，风力蚀积强烈。

探区主要位于德令哈市、格尔木市（图 11-16）。德令哈市面积 $3.24 \times 10^4 km^2$，人口近 10 万，共有蒙古、藏、回、撒拉、土、汉等 19 个民族，蒙古族为主体少数民族。格尔木市总面积逾 $12 \times 10^4 km^2$，全市总人口 30 万，有汉、蒙古、藏、回等 34 个民族，其中汉族人口占 69.8%。

交通事业已初具规模，青藏铁路已通车，从整个盆地穿过，在格尔木市、德令哈市均设火车站点，敦格铁路（敦煌—格尔木）及库格铁路（库尔勒—格尔木）也在建。公路初步成网，探区周缘 G315、G109、S209 等公路道路状况良好，通行方便，盆地内乡村公路连接了各个村、镇。另外，格尔木市和德令哈市均建设了机场，开通了飞机航线，可以便利地飞向全国各地。

2. 石油勘探概况

中国石化自 2004 年介入柴达木盆地勘探工作，至 2019 底，有大柴旦、诺木洪北两个油气勘查区块，矿权面积 $4378.119 km^2$。探区勘探历程可划分为两大阶段。

1）前期勘探历程

柴达木盆地油气勘探始于 1954 年，至今已有六十多年勘探历史。

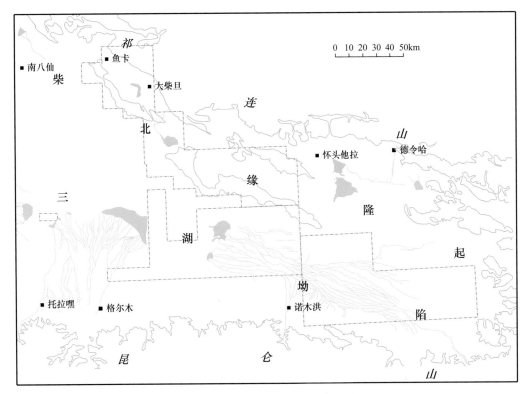

图 11-16　柴达木盆地探区位置图

1954—1974 年为勘探起步阶段，以地面地质调查和浅层钻探为主。该阶段发现了冷湖、花土沟、狮子沟、尖顶山、油砂山、油泉子、南翼山、鱼卡、马海、开特米里克等一批油气田。

1975—1984 年为盆地整体认识阶段。区域甩开钻探探索，如仙 3、马参 1、苏参 1、德参 1 井等，虽然均未获得钻探的突破，但为以后的勘探研究工作奠定了良好基础。1975 年会战东部落实了涩北一号气田，并发现了涩北二号、盐湖和驼峰山气田以及台吉乃尔含气构造。1977 年发现了跃进一号油田，钻探了一批区域探井，开辟了潜伏构造和新生界深层找油的新领域。

1985—1999 年为甩开勘探阶段。20 世纪 90 年代地震攻关落实冷湖五号深层构造，在盆地西部狮子沟、南翼山等构造深层裂缝性储层中获得高产油气流。通过冷科 1 井的钻探，在侏罗系首次发现近千米的优质烃源岩，再次拉开了柴北缘的勘探序幕，并发现了南八仙中型油气田。依靠科技，深化认识，通过精细研究解释，使盆地东部台南、涩北一号、涩北二号 3 大气田天然气的地质储量大幅度增长，每个气田的地质储量均大于 $400 \times 10^8 m^3$，使其探明和控制储量达到 $1654 \times 10^8 m^3$，成为全国第四大气区。

1999 年至今为勘探的发展阶段。通过深化地质认识，实现了柴西石油、三湖天然气储量的大幅度增长，通过甩开勘探发现了伊克雅乌汝新近系生物气藏。2003 年在马北地区实现油气的勘探突破，发现了马北油气田。2008 年又在冷湖五号 4 高点区域甩开勘探中获得天然气重要发现。在切克里克地区外甩勘探获得重大突破，发现了昆北油田整装优质储量，三级储量超过 $1.2 \times 10^8 t$。2011 年以来，在英雄岭地区通过复杂山地三维地震攻关，地震资料品质获得大幅度提高，尤其是构造主体部位实现了"从无到有，由差变好"，为落实构造形态及断裂展布规律创造了条件，有效落实了英东一号构造及亿吨级储量规模。2013年以来，在牛东地区实现了天然气勘探的突破。

2）中国石化勘探历程

2004年中国石化开始在柴达木盆地的大柴旦、诺木洪北、诺木洪东及格尔木勘查区块进行油气地质勘探，勘探进程可划分为两个阶段。

（1）勘探侦查阶段（2004—2010年）。主要开展地面地质调查、物探、化探施工，以明确柴达木盆地东部的石油地质条件。部署实施二维地震测线1688.9km/68条、地球化学勘探4861.14km²，钻探野马1井，完钻井深1770m，完钻层位为基岩，未见任何油气显示。

（2）突破发现阶段（2010—2019年）。围绕重点目标，开展了地震部署及钻探工作。实施二维地震测线3848.43km/154条，钻探探井7口，进尺18567.2m，其中马北凸起东部的山古1井、山古101井、山3井在元古宇、侏罗系、古近系钻遇丰富油气显示，山古101井在古近系路乐河组峰值日产油4.77t，发现了路乐河组油藏，上报预测石油地质储量1073.28×10⁴t；元古宇、侏罗系测试获低产油流。2013—2014年，在鱼卡河发现中元古界基岩富含油苗带，油苗出露长度达6.2km。

该阶段工作量的持续投入，基本明确了柴达木盆地东部地质特征、石油地质条件、潜力及有利方向，在马海东构造获得油气突破，奠定了下一步勘探的基础。

二、地层

柴达木盆地东部地层序列较全，除太古宇外，元古宇、古生界、中生界和新生界都有出露（图11-17）。元古宇主要出露于探区周缘的山区；古生界露头多出露于宗务隆山南部、全吉山、欧龙布鲁克山以及埃姆尼克山；古近系、新近系在探区大面积分布；第四系大面积覆盖探区，主要分布在绿梁山、锡铁山以及埃姆尼克山以南。

1. 前石炭系

前石炭系发育元古宇古元古界达肯大坂群、震旦系全吉群、寒武系欧龙布鲁克群、奥陶系石灰沟组以及泥盆系阿木尼克组，志留系缺失。

1）达肯大坂群（Pt₁dk）

该组主要出露于柴达木盆地北缘，西自阿尔金山南坡的阿卡腾能山、青新界山、俄博梁北山折向东南的赛什腾山、达肯大坂、绿梁山、锡铁山及全吉山、欧龙布鲁克山，向东延至布赫特山一带（青海地矿局，1991）。该群厚度为4384~5669m。在达肯大坂一带，该群上部为含石榴斜长角闪岩、角闪辉石变粒岩，夹黑云石英片岩、方柱透辉大理岩；中部为黑云石英片岩、黑云斜长片麻岩、辉石变粒岩，夹大理岩；下部为黑云二长片麻岩与角闪黑云斜长片麻岩互层。

2）全吉群（Zqn）

全吉群原称全吉岩系，年代归属震旦纪。全吉群分布于柴北缘的欧龙布鲁克、石灰沟、全吉山和大头羊沟一带，呈北西—南东向展布。由未变质的砂砾岩、石英岩、砂页岩及白云岩组成，含有丰富的叠层石及微古植物。与古元古界达肯大坂群呈角度不整合接触，上与寒武系呈整合接触，厚度1073~1314m，以欧龙布鲁克、全吉山发育较好。

3）欧龙布鲁克群（$\mathcal{E}_{1+2+3}o$）

年代归属中寒武世到晚寒武世。下部以紫红色页岩为主，夹有灰色薄层灰岩和泥质灰岩，中部为厚层灰岩及鲕状灰岩，上部为薄层泥质灰岩和白云质灰岩。在中部产有三叶虫 *Taitzuia olongblukensis*，在上部产有 *Liostracinakransei*、*Blackwelderia* sp.、*Chuangia* sp. 等。从其岩性、化石和上下层位关系看，该群在欧龙布鲁克和石灰沟出露较全，而在全吉山仅见该群下部的紫红色页岩、粉砂质页岩、粉砂岩，出露厚度约120m 左右。在石灰沟一带，石灰岩更为发育，以石灰岩、白云质灰岩、竹叶状灰岩、鲕状灰岩为主，厚度约 400m。

4）多泉山组（O_1d）

该组主要见于青海乌兰县石灰沟（400m），达肯大坂南大头羊沟（大于 195m），欧龙布鲁克山及其东部地区（800～1000m）。下部为厚层石灰岩，上部以薄层石灰岩为主夹砾状灰岩、钙质页岩。底部以厚层状石灰岩的出现与上寒武统顶部白云岩夹石灰岩区分，顶部以上覆石灰沟组底部黑色板岩出现为分界标准。上、下均为整合接触。上部产 *Didymograplus hirundo* 带的笔石（穆恩之，1959），中、下部产头足类及三叶虫，自下而上分为 *Dakeocears-Walcottoceras* 组合、*Hopeioceras-Mauchuroceras* 组合、*Magalaspdella*（*Tsaidamaspis*）*diamarus* 带、*Cybelopsis shihuigouensis* 带和 *Armenocerus* 组合（赖才根等，1982），年代大致为特里马道克世至阿雷尼格世早期。

5）石灰沟组（O_2s）

下部为黑色页岩夹砾状灰岩，上部为绿色页岩夹砂岩及石灰岩，底部为黑色页岩夹砾状灰岩。笔石自下而上分为 *Lindulograplus austrodentatus* 带、*Amplexograptus confertus* 带及 *Pterograptus elegans* 带，年代为阿雷尼格世晚期至兰维恩世。该组岩性稳定，厚度变化大，主要见于青海大柴旦大头羊沟、石灰沟和欧龙布鲁克地区，厚度30～650m。

6）阿木尼克组（D_3a）

该组年代为晚泥盆世。主要为紫色、灰紫色、灰色、肉红色长石石英砂岩、粉砂岩和粉砂质泥岩等，底部为一层厚约 2m 的紫色砾岩，砾石成分主要为硅质岩、火山岩及石灰岩，砾径 2～4cm，棱角或次棱角状，砂质胶结。在埃姆尼克剖面，该组厚度116m。

2. 石炭系

探区石炭系发育齐全，为海相、海陆交互相碳酸盐岩、碎屑岩及含煤沉积。石炭系自下而上细分为下石炭统穿山沟组、城墙沟组、怀头他拉组，上石炭统克鲁克组、扎布萨尕秀组。石灰沟地区石炭系出露较全，是石炭系代表性剖面，主要出露下石炭统怀头他拉组和上石炭统克鲁克组、扎布萨尕秀组。城墙沟地区下石炭统发育较好，主要出露下石炭统穿山沟组、城墙沟组及怀头他拉组。

1）穿山沟组（C_1cs）

该组是一套浅海相碳酸盐岩和碎屑岩沉积。可分下、中、上三段。下段厚度174.9m，主要为深灰色石灰岩夹灰绿色、紫色薄层钙质、砂质页岩，含珊瑚 *Kassinella amunikeensis-Lophophyllum densum* 组合和腕足类 *Rhytiphora arcuata-Syringothyris halli* 组合，年代为杜内早期；中段厚度 82.2m，为灰色生物碎屑灰岩夹紫色厚层灰岩、假鲕状灰

地层					岩性剖面	厚度/m	岩性描述	古生物	生储盖组合		
界	系	统	组	符号					烃源岩	储层	盖层
新生界	第四系	全新统	盐桥组	Q_4y	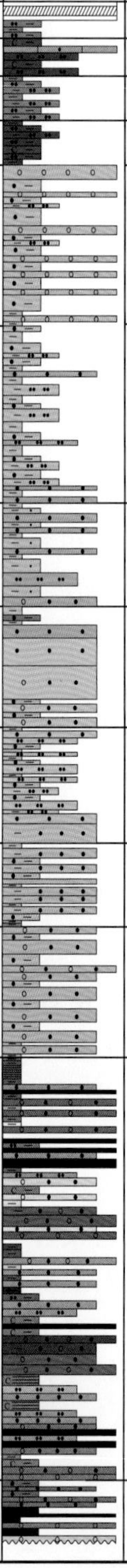	10					
			达布逊组	Q_4d		10～100	为褐黄色含粉砂石盐层，底部为粉砂或石盐粉砂沉积	为含孢粉*Pinus*、*Chenopodiaceae*、*Ephedra*、*Gramineae*			
		更新统	察尔汗组	Q_3c		150～600	中下部为灰色或黄灰色或绿灰色粉砂、黏土质粉砂与粉砂质黏土互层，夹有三层腐殖层，上部为黄褐色粉砂石盐层	孢粉*Quercus*、*Pinus*、*Juglans*、*Rhus*、*Eohedra*、*Chenopodiaceae*、*Artemisia*、*Compositae*等			
			七个泉组	$Q_{1+2}q$		1000～2000	黄色或灰色厚层砾岩与黄色薄层砾岩、砂质泥岩互层	介形虫化石为*Leucocythere mirabilis*、*Qinghaiense crassa*、*Candoniella lactea*、*Eucypris inflata*；大量孢粉和腹足类、双壳类			
	新近系	上新统	狮子沟组	N_2^3s		316	发育多套灰绿色砂砾岩旋回，夹泥质粉砂岩	介形类有*Eucypris conainna*、*Microlimnocythere sinensis*； 腹足类有*Valvata*、*Succinea*、*Radix*等属； 轮藻有*Charites*、*Tectochara*等和蒿粉—麻黄粉—藜粉孢粉组合			
		上新统 中新统	油砂山组—上干柴沟组	$N_2^{1-2}y$ | N_1g		364	上干柴沟组下部以灰绿色、浅灰色粉砂岩、砂岩为主，夹棕黄色泥岩；上部为杂色泥岩，夹灰绿色粉砂岩、砂岩以及砂质泥岩。中间层段泥岩与粉砂岩互层；下油砂山组以灰绿色、浅灰色粉砂岩、砂岩为主，夹棕黄色泥岩；上油砂山组下部以棕灰色、灰色砾岩、砾状砂岩为主；上部以灰色厚层状砾岩为主，夹浅绿黄色砂岩及浅棕红色泥质岩	下油砂山组大量繁殖*Cyprideis*属介形虫，轮藻为盖轮藻—卵形粒轮藻组合，其孢粉组合为松科—菊科—藜粉属；上油砂山组有红沟子真星介、柴达木金星介、美丽真星介柴达木亚种、近园柱小玻璃介、正星介			
	古近系	渐新统	下干柴沟组	E_3g		287	下段为棕黄色泥质粉砂岩、粉砂质泥岩互层，向上为紫红色泥岩夹灰绿色粉砂岩；中部为棕黄色泥质粉砂岩、粉砂质泥岩夹灰绿色粉砂岩、泥质粉砂岩为特征；上段为紫红色粉砂质泥岩夹灰绿色泥质粉砂岩、粉砂岩				
		古—始新统	路乐河组	$E_{1-2}l$		231	紫红色、灰褐色砾岩、砂状砾岩为主，夹砂岩、泥钙质砂岩、紫红色泥岩；上、下部砾岩为主，中部泥岩增多	产介形虫*Hyocypris*、*Candoniella*、*Candona*，腹足类、双壳类和轮藻*Gyrogona*、*Hornichara*、*Charites*等，孢粉为麻黄粉—楝粉—栎粉组合			
中生界	白垩系	下统	犬牙沟组	K_1q		355	红色粗碎屑岩，夹少量泥岩、粉砂岩、泥质粉砂岩及钙质砂岩、泥灰岩	化石贫乏，仅见少量介形类、孢粉及少量叶肢介和轮藻化石			
	侏罗系	上统	红水沟组	J_3h		286	棕红色砂质泥岩、泥岩为主，夹浅灰色细砂岩、蓝色粉砂岩及钙质泥岩	含介形类*Cetacella hongshuigousis*、*C. chaidamensis*、*Djungarica* spp.、*Darwinula oblonga*、*D. suboblonga*等，叶肢介*Sinoestheria tsaidamensis*、*Qqinghaiestheria hungshuikouensis*			
			采石岭组	J_3c		417	下部为土黄色砂砾岩，杂基高，砾石最大砾径达10cm，0.6cm左右常见，分选中、次棱角状为主，砾石成分复杂，可见燧石岩、石英岩、石英砂岩、粉砂岩、火山岩等，以沉积岩、火山岩砾石为主；中上部为灰绿色、浅红色泥岩，夹土黄色砂岩透镜体	含介形类*Darwimula sarytirmenensis*、*D. magna*等；轮藻*Aclistochara lufengensis*、*A. muguishanensis*及双壳类、腹足类			
		中统	大煤沟组	J_2d		100～800	一段灰绿色泥质砂砾岩为主，砾石砾径一般为10cm左右，最大达50cm，分选较差，次棱角、棱角状为主，砾石成分主要为石英岩、火山岩；多套地层旋回由厚层粉砂岩—煤线—薄层粉砂岩—煤线—厚煤层组成，以煤层为主体，底部砂砾岩段 二段砂砾岩段主要为粗砂岩—粉细砂岩旋回，共5套，旋回底部见冲刷面，之上为含砾粗砂岩、粉砂岩，顶部为薄层泥岩夹层；上部碳质泥岩段底部为灰黑色碳质泥岩，上为黑色碳质页岩 三段底部为多套紫红色、灰绿色砾岩夹薄层泥岩段，向上发育碳质页岩与煤互层；中部为多套泥岩—粉细砂岩—中、粗砂岩反旋回，向上过渡为碳质页岩夹粉细砂岩；顶部变为灰白色厚层砂砾岩，向上过渡为紫红色、灰绿色泥岩夹砂砾岩条带 四段为砂砾岩—泥质砂砾岩—灰绿色泥岩旋回 五段底部发育含砾粗砂岩，分选中等、磨圆中等，多呈次棱角状、次圆状，成分成熟度较高，石英含量高；上部为煤层，夹砂砾岩条带，顶部发育砂砾岩—粗砂岩—中细砂岩旋回 六段主要为大套砂砾岩。底部为大套灰白色砂砾岩，向上过渡为灰绿色砂砾岩与土黄色、紫红色、杂色泥岩旋回 七段下部为深灰色泥岩夹中细砂岩透镜体，砂岩粒度向上变细，且纹层厚度向上逐渐增厚,中部为黑色、灰黑色油页岩；上部为深灰色油页岩	一段产孢粉：*Lycopodiumsporites*（拟石松孢）—*Lycopodiacidites*（石松孢）—*Disaccites*（具囊松柏类）组合，植物：*Hausmannia*组合；双壳类：*Ferganoconcha*—*Utschamella*组合 二段产植物：*Coniopteris murrayana*—*Eboracia lobifolia*组合，双壳类：*Ferganoconcha*—*Utschamella*组合，孢粉：*Leiotriletes*—*Marattisporites*—*Cycadopites*组合 三段产孢粉：*Classopollis*—*Cyathidites*—*Deltoidospora*组合，轮藻：*Aclistochara stellerides*—*A. nuguishanensis*组合，介形类：*Darwinula sarytirmenensis*—*Timiriasevia*组合，以及少量叶肢介和植物化石 四段产*Inaperturopollenites*（无口器粉）—*Classopollis*（克拉梭粉）孢粉组合 五段产植物*Coniopteris hymenophylloides*—*Tyrmia*组合，孢粉：*Cyathidites*—*Leiotriletes*—*Cycadopites*—*Disaccite*组合，轮藻：*Aclistochara stellerides*—*A. nuguishanensis*组合，介形类：*Darwinula sarytirmenensis*—*Timiriasevia*组合 六段产植物：*Coniopteris simplex*—*Pagiophyllum*组合，孢粉：*Psophosphaera*—*Cycadopites*组合和*Inaperturopollenites*—*Schizosporis*组合 七段叶肢介产*Euestheria*—*Qaidamuestheria*组合，介形类产*Darwinula sarytirmenensis*—*Timiriasevia*组合			
		下统	小煤沟组	J_1x		90	一段底部发育灰紫色巨砾岩，上部暗色碳质泥岩较为发育；二段底部为一套灰红色正旋回砂砾岩;三段主要为紫红色砂岩、砂砾岩，夹灰绿色、紫红色泥岩，下部夹紫红色安山岩、安山质火山碎屑岩	*Neocalamites carcinoides*、*N.nathorsti*、*Cladophlebis ingens*、*Cl.nebbensis*、*Cl.denticulata*、*Todites williamsoni*、*Hausmannia ussurensis*、*Ginrgvites ferganeniss*、*Pityophyllum longifolium*			

图 11-17　柴达木盆地东部地层及生储盖综合柱状图

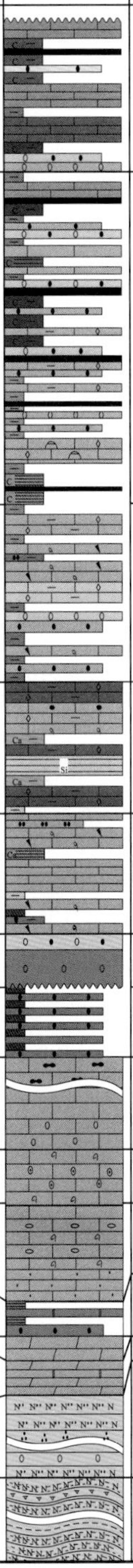

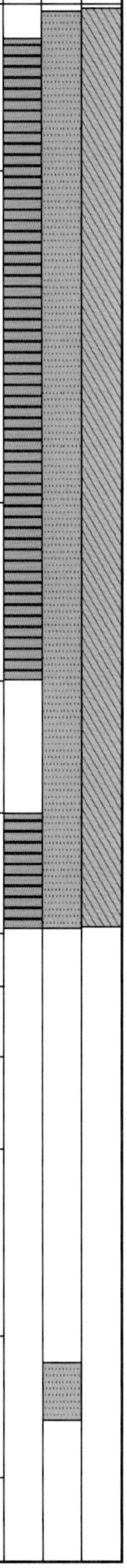

地层				岩性剖面	厚度/m	岩性描述	古生物	生储盖组合		
界	系	统	组	符号					烃源岩	储层	盖层

界	系	统	组	符号	厚度/m	岩性描述	古生物
古生界	石炭系	上统	扎布萨浪秀组	C_2zb	360	下部为灰色粉砂质页岩、泥质生物灰岩及碳质页岩,夹灰色、灰褐色钙质细砂岩,夹煤线或薄煤层;上部为灰色、灰黑色厚层生物灰岩,夹灰、灰黑色粉砂岩、碳质页岩及砂岩,顶部见长石石英砂岩和火山凝灰岩,底部为灰色、灰绿色不等粒石英砂岩、页岩,夹灰色厚层含燧石生物灰岩	两个蠖带:Pseudoschwagerina带,可分Eoparafusulina Zellia亚带和Sphaeroschwagerina亚带;Triticites paraarcticus、Quasifusulina paracompacta带。下部主要产珊瑚Actinophrenitis cf. nikilonkensis var.nata Lophocarinophyllum cf.acanthiseptatum组合和腕足类Elina lyra—Eomarginifera pusilla组合
			克鲁克组	C_2k	560~990	下段下部为灰色、灰黑色粉砂岩、粉砂质页岩、碳质页岩、泥质生物灰岩,夹叠锥灰岩及薄煤层,底为含砾粗砂岩或石英砂岩,上部为灰色中厚—厚层含泥质生物灰岩、粉砂质页岩,夹生物灰岩、生物碎屑灰岩、碳质页岩及砂岩,局部夹菱铁矿结核层;上段以灰白色、灰黑色石英砂岩、页岩、石灰岩的韵律层发育为特征,厚度296.1~515.3m	下段下部以植物为主,有Rhodea chinghaiense等及Rhodeopteridium chinghaiense—Lepidodendron aotungpylukense植物组合;中段产腕足类Choristites等,上部为蠖带:Pseudostaffela sphaeroides、Pseudowedekindellina prolixa组合;上段植物群以蠖类为主,腕足类、珊瑚次之,头足类及苔藓类少量,蠖类上面下的组合带为Fusulina—Fusulinella组合带和Profusulinella—Pseudostaffela qinghaiensis组合带
		下统	怀头他拉组	C_1h	1360	下段下部以灰色、灰绿色、灰紫色砂岩为主,夹粉砂岩、页岩及石灰岩上部主要为灰色、灰黑色生物灰岩、砂岩夹页岩及煤线;中段下部为燧石灰岩、碎屑灰岩夹砂页岩,上部为灰褐色厚层灰岩、生物灰岩夹砂页岩,页岩;上段为灰黑色含泥质生物灰岩、含生物泥质灰岩夹泥质燧石条带灰岩、粉砂岩、页岩	下段Antiquatonia insculpta—Gigantoproductus组合moderatifarmis, Thysanophyllum—Dorlodotia muis组合;中段产腕足类Antiquatonia insculpta—Gigantoproductus moderatifarmis组合、phyllum spiroidea—Orionastraea phillipsi组合和Giganotoproductus latissimus—Kansuella kansuensis组合;上段Iulina rotiformis—Lithostrotion irregulare珊瑚和Giganoproductus edelburgensis—Semiplanue semiplanus腕足类
			城墙沟组	C_1cq	190	深灰色薄层、中厚层、厚层泥晶灰岩夹薄层钙质泥岩、泥岩夹层	单体珊瑚化石Siphonophyllum oppressa—Rylstonia oulongblukensis组合和腕足类Echinoconchus elegans—Grandispirifer mylkensis组合
			穿山沟组	C_1cs	550	发育紫红色泥质砾岩、砂砾岩,常见20cm左右砾径砾石,砾石分选磨圆较差,次棱角状为主,杂乱,块状,略具定向排列,砂砾岩正旋回发育,旋回上部见含砾粗砂岩条带、透镜体	下段珊瑚Kassinella amunikeensis—Lophophyllum densum和腕足类Rhytiphora arcuata—Syringothyris halli;中段产珊瑚Enygmophyllum dubium—Karwiphyllum qinghaiense及腕足类Syringathyris cf. texta—Rhipidpmella altaica,上段产珊瑚Siphonophyllia spinosa—Lophophyllum tertousum
	泥盆系	上统	阿木尼克组	D_3a	502.4	紫色、灰紫色、灰色、肉红色长石石英砂岩、粉砂岩和粉砂质泥岩	
	奥陶系	下统	石灰沟组	O_1d	866.3	下部为黑色页岩夹砾状灰岩,上部为绿色页岩夹砂岩及石灰岩	笔石自下而上分为Lindulograplus austrodentatus带、Amplexograptus confertus带及Pterograptus elegans带
		上统	多泉山组	O_3s	200	下部为厚层石灰岩,上部以薄层石灰岩为主夹砾状灰岩、钙质页岩	
	寒武系	上统	上欧龙布鲁克组	$\in_3o$	498	下部以紫红色页岩为主,夹灰色薄层石灰岩和泥质灰岩;中部为厚层石灰岩及鲕状灰岩;上部为薄层泥质灰岩和白云质灰岩	中部产有三叶虫Taitzuia olongblukensis上部产有Liostracinakransei、Blackwelderia sp.、Chuangia sp.等
		中统	中欧龙布鲁克组	$\in_2o$	157.7		
		下统	下欧龙布鲁克组	$\in_1o$	98.6		
元古宇			全吉群 碳酸盐岩组	Zqn^b	169.1	未变质的砂砾岩、石英岩、砂页岩及白云岩组成	叠层石及微古植物
			全吉群 碎屑岩组	Zqn^a	623.1		
			达肯达坂群下亚群	Zdk^1		下部为黑云二长片麻岩与角闪黑云斜长片麻岩互层 中部为黑云石英片岩、黑云斜长片麻岩、辉石变粒岩 上部为斜长角闪岩、角闪辉石变粒岩	

图 11-17 柴达木盆地东部地层及生储盖综合柱状图(续)

岩，含珊瑚 *Enygmophyllum dubium-Karwiphyllum qinghaiense* 组合及腕足类 *Syringathyris cf. texta-Rhipidpmella altaica*，年代为杜内中晚期；上段厚度194.9m，为灰色、灰黑色石灰岩夹生物灰岩、钙质页岩，含珊瑚 *Siphonophyllia spinosa-Lophophyllum tertousum* 组合，年代为杜内晚期。

城墙沟剖面下石炭统穿山沟组多发育紫红色泥质砾岩、砂砾岩，常见20cm左右砾径砾石，砾石分选磨圆较差，次棱角状为主，杂乱，块状，略具定向排列，砂砾岩正旋回发育，旋回上部见含砾粗砂岩条带、透镜体，可见水道型槽状交错层理，为典型的扇三角洲沉积。

2）城墙沟组（C_1cq）

城墙沟剖面下石炭统城墙沟组岩性为深灰色薄层、中厚层、厚层泥晶灰岩夹薄层钙质泥岩、泥岩夹层，层面见单体珊瑚化石 *Siphonophyllum oppressa-Rylstonia oulongbulukensis* 组合和腕足类 *Echinoconchus elegans-Grandispirifer mylkensis* 组合，厚层灰岩中发育水平层理，为碳酸盐岩台地相。该组在埃姆尼克山厚度612.1m。其年代为杜内至维宪期，与下伏穿山沟组及上覆怀头他拉组均为整合接触。

3）怀头他拉组（C_1h）

该组为海陆交互相沉积，主要为碎屑岩夹石灰岩组成，可细分为三段。下段的下部以灰色、灰绿色、灰紫色砂岩为主，夹粉砂岩、页岩及石灰岩，大致相当于原怀头他拉组含锰段，厚度193m，产腕足类 *Antiquatonia insculpta-Gigantoproductus moderatifarmis* 组合；上部主要为灰色、灰黑色生物灰岩、砂岩夹页岩及煤线，厚度104.4m，含珊瑚 *Thysanophyllum-Dorlodotia mui* 组合，年代为维宪期中期。中段的下部为燧石灰岩、碎屑灰岩夹砂质页岩，厚度65.1m，含 *Gangamophyllum spiroidea-Orionastraea phillipsi* 珊瑚组合和 *Giganotoproductus latissimus-Kansuella kansuensis* 腕足类组合；上部为灰色薄层石灰岩、生物灰岩夹砂岩、页岩，厚度217m，含 *Lithostrotion qinghaiense-Cithostrotion irrequlare var. asiaticum* 珊瑚组合和 *Giganotoproductus geniculatus-Echinoconchus punctatus* 腕足类组合，层位相当于华南上司组 *Yuanophyllum* 带。上段为灰色—灰黑色含泥质生物灰岩、含生物泥质灰岩夹泥质燧石条带灰岩、粉砂岩、页岩等，厚度124m，含 *Aulina rotiformis-Lithostrotion irregulare* 珊瑚组合和 *Giganoproductus edelburgensis-Semiplanue semiplanus* 腕足类组合，年代为谢尔普霍夫期。向西至赛什腾山中段滩间山南山一带，该组上部变为火山岩、火山碎屑岩夹生物灰岩，下部为碎屑岩，总厚度达1367m。

4）克鲁克组（C_2k）

该组为海陆交互相沉积，年代为晚石炭世早期。下段下部为灰色、灰黑色粉砂岩、粉砂质页岩、碳质页岩、泥灰岩、含生物灰岩，夹叠锥灰岩及薄煤层，底部为含砾粗砂岩、石英砂岩，厚度79.2m。生物群以植物为主，有 *Rhodea chinghaiense* 等及 *Rhodeopteridium chinghaiense-Lepidodendron aotungpylukense* 植物组合，腕足类 *Choristites* 等；下段上部为灰色中厚—厚层含泥质生物灰岩、粉砂质页岩，夹含生物灰岩、生物碎屑灰岩、碳质页岩及细砂岩，局部夹菱铁矿结核层、薄煤层或煤线，厚度185.6～394m，蜓类自上而下有两个蜓带：*Pseudostaffella sphaeroides* 带、*Pseudowedekindellina prolixa* 带，腕足类特别发育，几乎含有甘肃靖远羊虎沟组的全部属种。上段以灰白色、灰色石英砂岩、页岩、石灰岩的韵律层发育为特征，厚度296.1～515.3m。生物群以蜓类为主，腕足类、珊瑚次之，头足类及苔藓虫少量，蜒类自上而下的组合带为 *Fusulina–Fusulinella* 组合带和 *Profusulinella–Pseudostaffella qinghaiensis* 组合带。在东部的扎布萨尕秀一带该组为灰黄色、灰白色、灰绿色等的砂岩、灰色页岩、碳质页岩夹煤线或煤层及石灰岩，厚度212～295m。与上覆扎布萨尕秀组为整合接触，与下伏怀头他拉组为整合接触。

5）扎布萨尕秀组（C_2zh）

该组为海陆交互相沉积，主要岩性为砂岩、页岩、石灰岩夹煤层。顶部为断层所截，厚度367m。在石灰沟一带出露较好。石灰沟剖面上石炭统扎布萨尕秀组下部为灰色粉砂质页岩、泥质生物灰岩及碳质页岩，夹灰色、灰褐色钙质细砂岩，局部夹煤线或薄煤层；上部为灰色、灰黑色厚层生物灰岩，夹灰色、灰黑色粉砂岩、粉砂质页岩、碳质页岩，顶部见长石石英砂岩和火山凝灰岩，底部为灰色、灰绿色不等粒石英砂岩、页岩，夹灰色厚层含燧石生物灰岩。该组石灰岩厚度为165m，泥页岩厚度为76m。包含两个蜒带（自上而下）：*Pseudoschwagerina* 带，可细分为 *Eoparafusulina Zellia* 亚带和 *Sphaeroschwagerina* 亚带；*Triticites paraarcticus*、*Quasifusulina paracompacta* 带。下部主要产珊瑚 *Actinophrenitis* cf. *nikilonkensis* var. nata *Lophocarinophylium* cf. *acanthiseptatum* 组合和腕足类 *Elina lyra–Eomarginifera pusilla* 组合。年代为晚石炭世晚期。

3. 侏罗系

探区侏罗系自下而上分为下侏罗统小煤沟组，中—下侏罗统大煤沟组，上侏罗统采石岭组、红水沟组。侏罗系是探区烃源岩发育的主要层位。其中，下侏罗统分布较为有限（图11–18至图11–20），主要分布于柴北缘的西段，祁连山与阿尔金山交会处。探区周缘在大煤沟附近有小煤沟组分布，厚度约100m。探区及周缘中侏罗统主要分布在柴北缘的尕西—鱼卡凹陷、红山—小柴旦凹陷和霍布逊凹陷，沉积厚度可达200～1200m，并具多个厚度中心。

大煤沟剖面侏罗系出露最为完整，是柴达木盆地侏罗系的标准剖面。

1）小煤沟组（J_1x）

该组分布于柴达木盆地北缘的小煤沟一带，厚度约100m。小煤沟组可分为3段。小煤沟组一段（J_1x_1）发育灰紫色巨砾岩旋回，粒径达60cm，砾石杂基含量高，砂砾岩以块状为主，旋回上部暗色碳质泥岩较为发育。小煤沟组二段（J_1x_2）底部为一套灰红色正旋回砂砾岩。小煤沟组三段（J_1x_3）主要为紫红色砂岩、砂砾岩，夹灰绿色、紫红色泥岩，向上泥岩层厚度增大。该段下部夹紫红色、暗紫色安山岩、安山质火山碎屑岩。植物化石主要分子有 *Neocalamites carcinoides*、*N. nathorsti*、*Cladophlebis ingens*、*Cl. nebbensis*、*Cl. denticulata*、*Todites williamsoni*、*Hausmannia ussurensis*、*Ginrgvites ferganeniss*、*Pityophyllum longifolium*、*Czekanowskia elegans* 等。不整合于古元古界达肯大坂群之上。

2）大煤沟组（$J_{1+2}d$）

大煤沟组分布广、厚度大，根据岩性组合自下而上可划分为7段。

大煤沟组一段（J_1d_1），以灰绿色泥质砂砾岩为主，砾石砾径一般为10cm左右，最大达50cm，分选较差，以次棱角、棱角状为主，砾石成分主要为石英岩、火山岩。上部旋回发育薄层碳质泥岩及灰绿色、土黄色泥岩段。每套地层旋回由厚层粉砂岩—煤线—薄层粉砂岩—煤线—厚煤层组成，以煤层为主体。底部砂砾岩段，砾径最大达

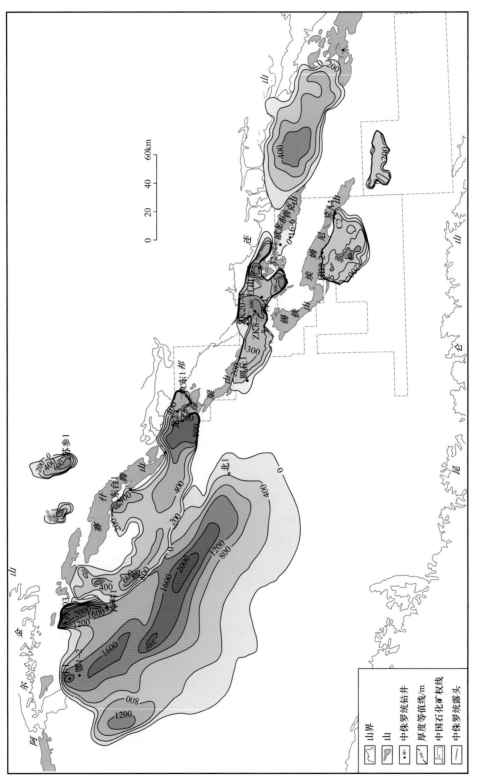

图 11-18　柴达木盆地中—下侏罗统残留地层厚度图

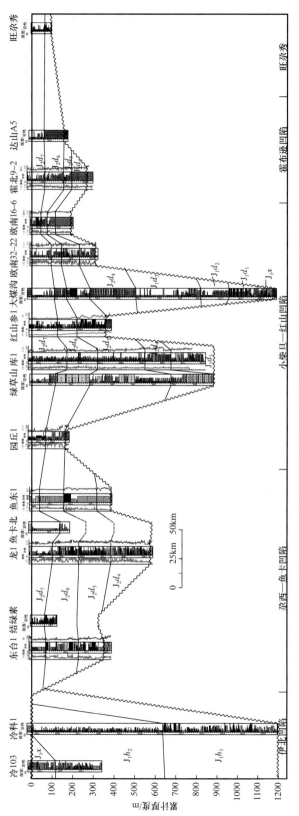

图 11-19 柴达木盆地冷湖—旺尕秀中—下侏罗统地层对比图

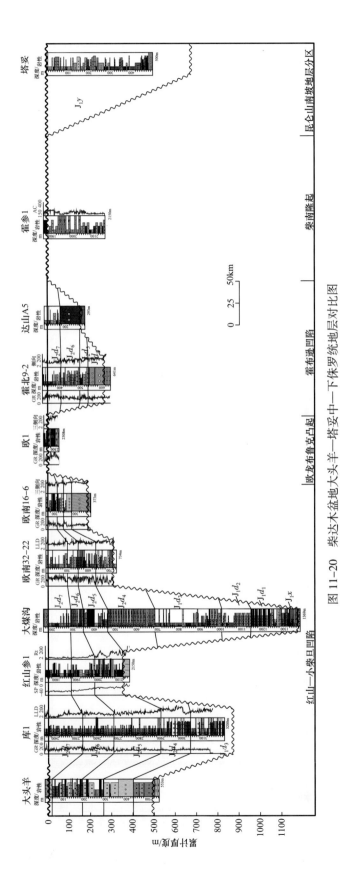

图 11-20 柴达木盆地大头羊—塔妥中—下侏罗统地层对比图

6cm。产孢粉 *Lycopodiumsporites*（拟石松孢）–*Lycopodiacidites*（石松孢）–*Disaccites*（具囊松柏类）组合、植物 *Hausmannia* 组合、双壳类 *Ferganoconcha-Utschamella* 组合。

大煤沟组二段（J_1d_2），可分为下部砂砾岩段和上部碳质泥岩段。砂砾岩段主要为粗砂岩—粉细砂岩旋回，共5套，旋回底部见冲刷面，之上为含砾粗砂岩、粉砂岩，顶部为薄层泥岩夹层，旋回规模向上逐渐减小。上部碳质泥岩段底部为灰黑色碳质泥岩，上为黑色碳质页岩，夹厚度约3m粉细砂岩条带，延伸范围为100m左右。产植物 *Coniopteris murrayana-Eboracia lobifolia* 组合、双壳类 *Ferganoconcha-Utschamella* 组合（同第一段）、孢粉 *Leiotriletes-Marattisporites-Cycadopites* 组合。

大煤沟组三段（J_1d_3），底部为多套紫红色、灰绿色砾岩夹薄层泥岩段，向上发育厚约8m的碳质页岩与煤互层；中部为多套泥岩—粉细砂岩—中、粗砂岩反旋回，向上过渡为碳质页岩夹粉细砂岩；顶部变为灰白色厚层砂砾岩，向上过渡为紫红色、灰绿色泥岩夹砂砾岩条带。产孢粉 *Classopollis-Cyathidites-Deltoidospora* 组合、轮藻 *Aclistochara stellerides-A. nuguishanensis* 组合、介形类 *Darwinula sarytirmenensis-Timiriasevia* 组合，以及少量叶肢介和植物化石。

大煤沟组四段（J_2d_4），主要为砂砾岩—泥质砂砾岩—灰绿色泥岩旋回，每套旋回厚度4～6m，共5套，砂砾岩段2m，砾石最大砾径达10cm，泥质砂砾岩段2m，砾石最大砾径达0.5cm，灰绿色泥岩段1～2m；中部单个旋回厚约5m，共5套，砂砾岩段2m，砾石最大砾径6cm，泥质砂砾岩段2m，灰绿色泥岩段1m；上部每套旋回厚度4～5m，共5套，砂砾岩段1.5～2m，砾石最大砾径达4cm，泥质砂砾岩段2m，灰绿色泥岩段1m。砾石向上变细、层厚变薄，泥岩厚度增大。该段动植物化石稀少，产 *Inaperturopollenites*（无口器粉）–*Classopollis*（克拉梭粉）孢粉组合。

大煤沟组五段（J_2d_5），底部发育含砾粗砂岩，分选中等、磨圆中等，多呈次棱角状、次圆状，成分成熟度较高，石英含量高；向上为深灰色泥页岩与粉细砂岩薄互层，深灰色、黑色泥岩，夹砂岩透镜体及条带；上部为煤层，夹砂砾岩条带，顶部发育砂砾岩—粗砂岩—中细砂岩旋回，旋回底部为30cm厚砂砾岩段，砾石最大砾径达2cm。产植物 *Coniopteris hymenophylloides-Tyrmia* 组合、孢粉 *Cyathidites-Leiotriletes-Cycadopites-Disaccite* 组合，轮藻 *Aclistochara stellerides-A. nuguishanensis* 组合，介形类 *Darwinula sarytirmenensis-Timiriasevia* 组合。

大煤沟组六段（J_2d_6），厚度58.1m，主要为大套砂砾岩。底部为大套灰白色砂砾岩，向上过渡为灰绿色砂砾岩与土黄色、紫红色、杂色泥岩旋回，顶部见3m左右煤层与粉细砂岩互层。产植物 *Coniopteris simplex-Pagiophyllum* 组合、孢粉 *Psophosphaera-Cycadopites* 组合和 *Inaperturopollenites-Schizosporis* 组合。

大煤沟组七段（J_2d_7），下部为深灰色泥岩夹中细砂岩透镜体，砂岩粒度向上变细，且纹层厚度向上逐渐增厚；中部为黑色、灰黑色油页岩；上部为深灰色油页岩。具第六段所产植物和孢粉组合；叶肢介产 *Euestheria-Qaidamuestheria* 组合；介形类产 *Darwinula sarytirmenensis-Timiriasevia* 组合。

与下伏小煤沟组、上覆采石岭组整合接触。

3）采石岭组（J_3c）

该组下部为土黄色砂砾岩，杂基高，砾石最大砾径达10cm，0.6cm左右常见，分选中等，磨圆度以次棱角状为主，砾石成分复杂，可见燧石岩、石英岩、石英砂岩、粉砂岩、火山岩等，以沉积岩、火山岩砾石为主；中上部为灰绿色、浅红色泥岩，夹土黄色砂岩透镜体。厚度113m。含介形类 *Darwimula sarytirmenensis*、*D. magna* 等；轮藻 *Aclistochara lufengensis*、*A. muguishanensis* 及双壳类、腹足类。红山参1井在1820～2000m井段见有丰富的克拉梭粉 *Classopollis*。采石岭组整合于大煤沟组之上。

4）红水沟组（J₃h）

该组以棕红色砂质泥岩、泥岩为主，夹浅灰色细砂岩、蓝色粉砂岩及钙质泥岩。出露厚度447m。含介形类 *Cetacella hongshuigousis*、*C. chaidamensis*、*Djungarica* spp.、*Darwinula oblonga*、*D. suboblonga* 等，叶肢介 *Sinoestheria tsaidamensis*、*Qqinghaiestheria hungshuikouensis* 等。该组在探区广泛分布，与上覆白垩系犬牙沟组不整合接触，与下伏采石岭组为整合接触。

4. 白垩系

主要包括下统犬牙沟组，为一套山麓洪积相—河流相红色粗碎屑岩，夹少量泥岩、粉砂岩、泥质粉砂岩及钙质砂岩、泥灰岩。其中橘红色砂岩广泛分布，具有十分明显的对比意义。厚度变化较大，为200～1200m，在红山—小柴旦凹陷最厚。化石贫乏，仅见少量介形类、孢粉及少量叶肢介和轮藻化石。在鱼卡、怀头他拉、大柴旦以及德令哈地区，白垩系中可见瓣鳃类 *Sphalsium* sp.，叶肢介 *Esthesites* sp.、*Cypsidea* sp.、*Osgoilgpsis* sp.、轮藻 *Hornichara stipitata*、*Spherochara* sp.、*Charites* sp.，介形类 *Cypsidea* sp.、*Osgoilgpsis* sp. 等生物化石。与下伏红水沟组为不整合接触，与上覆路乐河组为不整合接触。

5. 古近系

探区古近系主要包括古—始新统路乐河组（E₁₊₂l）、渐新统下干柴沟组（E₃g）。古近系广泛分布，且沉积厚度较大，不同构造单元因为古构造及后期运动的影响，厚度差别较大。

1）路乐河组（E₁₊₂l）

路乐河组主要分布在鱼卡、野马沟、路乐河、大红沟等地，厚度为330～1240m。岩性以紫红色、灰褐色砾岩、砂状砾岩为主，夹砂岩、泥钙质砂岩、紫红色泥岩；上、下部砾岩为主，中部泥岩增多。局部地区（狮子沟—南翼山一带）可见灰色、深灰色泥岩、钙质泥岩和泥灰岩。产介形虫 *Hyocypris*、*Candoniella*、*Candona*，以及腹足类、双壳类和轮藻 *Gyrogona*、*Hornichara*、*Charites* 等，孢粉为麻黄粉—楝粉—栎粉组合。与上覆下干柴沟组为整合、不整合接触，与下伏白垩系犬牙沟组为不整合接触。

2）下干柴沟组（E₃g）

根据岩石组合可分为上、下两段。下段为棕黄色泥质粉砂岩、粉砂质泥岩互层，向上为紫红色泥岩夹灰绿色粉砂岩；中部为棕黄色泥质粉砂岩、粉砂质泥岩夹灰绿色粉砂岩、泥质粉砂岩为特征；上段为紫红色粉砂质泥岩夹灰绿色泥质粉砂岩、粉砂岩。马北凸起、欧南凹陷皆有分布，厚度100～500m。马8井下干柴沟组上段见球状轮藻，大红沟有盖轮藻、阿拉尔扁球轮藻、中华梅球轮藻、民和球状轮藻、短柄栾青轮藻、青海扁球轮藻、张巨河东明轮藻、匏状栾青轮藻、平台栾青轮藻。与下伏路乐河组为局部不整合或整合接触。

6. 新近系

探区新近系主要包括中新统上干柴沟组（N_1g）、上新统下油砂山组（N_2y_1）、上新统上油砂山组（N_2y_2）、上新统狮子沟组（N_2s）。

1）上干柴沟组（N_1g）

该组在马海尕秀、平顶山地区厚度较大，一般为350～450m，可以分为3段。下部为灰色砾岩—含砾粗砂岩—砂岩—棕色细砂岩组合，向上过渡为杂色砾岩，发育多套灰色细砾岩、含砾粗砂岩—棕褐色泥质粉砂岩或粉砂质泥岩组合。中部为灰色砾岩—细砂岩—棕红色、棕褐色泥岩组合，砾石砾径最大5cm。上部为灰色砾岩—含砾粗砂岩—粗砂岩组合为主，夹灰色、棕褐色粉砂质泥岩，砾岩砾径最大5cm。马北凸起一带干柴沟组古生物为大油苗玻璃介、半美星介；马中3井上干柴沟组见玻璃介型中星介；尕丘1井上干柴沟组见玻璃介型中星介。与下伏渐新统下干柴沟组呈整合接触。

2）下油砂山组（N_2y_1）

该组以灰绿色、浅灰色粉砂岩、砂岩为主，夹棕黄色泥岩。以浅湖相、河流相和湖盆三角洲相为主。主要分布于欧南、霍布逊凹陷及马北凸起，厚度100～400m。大量繁殖 Cyprideis 属介形虫，轮藻为盖轮藻—卵形粒轮藻组合，其孢粉组合为松科—菊科—藜粉属。与下伏中新统上干柴沟组呈整合和局部不整合接触。

3）上油砂山组（N_2y_2）

该组下部以棕灰色、灰色砾岩、砾状砂岩为主；上部以灰色厚层状砾岩为主，夹浅绿黄色砂岩及浅棕红色泥质岩。马海尕秀地区上油砂山组厚度为94m，岩性为灰色砾岩与棕红色泥岩不等厚互层，砾岩一般厚度2～3cm，最大厚度7cm。马北凸起上油砂山组古生物组合为红沟子真星介、柴达木金星介、美丽真星介柴达木亚种、近园柱小玻璃介、正星介。

4）狮子沟组（N_2s）

探区上新统狮子沟组以山麓洪积相为主兼有河流相的粗碎屑沉积，发育多套灰绿色砂砾岩旋回，夹泥质粉砂岩。全区广泛分布，厚度300～600m。狮子沟组古生物化石介形类有 Eucypris conainna、Microlimnocythere sinensis；腹足类有 Valvata、Succinea、Radix 等属；轮藻有 Charites、Tectochara 等和蒿粉—麻黄粉—藜粉孢粉组合等化石。下与上新统上油砂山组为不整合或整合接触。

7. 第四系

第四系主要分布于三湖坳陷，马北凸起外围有零星分布。为一套干燥气候条件下的内陆沉积，由山麓洪积相—河、湖相的碎屑岩、黏土岩和化学岩组成，第四系主要为七个泉组、察尔汗组、达布逊组以及最表层分布局限的盐桥组。

1）七个泉组（$Q_{1+2}q$）

该组广布于探区。为一套土黄色或灰色厚层砾岩与黄色薄层砾岩、砂质泥岩互层，与下伏上新统狮子沟组为不整合接触。含有丰富的化石，介形虫化石为 Leucocythere mirabilis、Qinghaiense crassa、Candoniella lactea、Eucypris inflata；哺乳类化石 Stegodon orienalis；及大量孢粉和腹足类、双壳类化石。盆地周边一般为灰色、黄灰色巨厚砾岩，夹少量砂、泥岩；盆地中部常常为棕灰色、灰色泥岩，夹石盐、石膏、泥灰岩及鲕状砂岩。根据化石及孢粉特征，反映该组沉积于淡水或半咸水环境。

2）察尔汗组（Q₃c）

该组中下部为青灰或黄灰或绿灰色粉砂、黏土质粉砂与粉砂质黏土互层，夹有三层腐殖层。构成若干由粗到细的正韵律层。属沼泽和滨湖交替的沉积相。上部为黄褐色粉砂石盐层，夹灰色含石盐、石膏的粉砂。该组中含有孢粉 *Quercus*、*Pinus*、*Juglans*、*Rhus*、*Eohedra*、*Chenopodiaceae*、*Artemisia*、*Compositae* 等，反映温和略湿的寒冷干燥交替的气候环境。

3）达布逊组（Q₄d）

该组为褐黄色含粉砂石盐层，底部为粉砂或石盐粉砂沉积。总厚度 13.55m。含孢粉 *Pinus*、*Chenopodiaceae*、*Ephedra*、*Gramineae* 等，反映以温凉干燥或极干燥气候为主。该组在现代盐湖区有分布，盆地其他地区缺失。

三、构造

柴达木盆地在侏罗纪之前经历了复杂的演化过程，从侏罗纪开始进入了断坳复合型陆相含油气盆地演化阶段，晚白垩世及喜马拉雅期经历强烈构造改造，形成了复杂的构造特征。

1. 断裂特征

根据区域构造演化特征，可将柴达木盆地断裂划分为 3 个系统，即北西—北北西向祁连—柴北缘断裂系统、北西西—东西向东昆仑—柴南缘断裂系统及北东向阿尔金断裂系统，探区内的断裂归属为前两者（图 11-21、表 11-2）。

祁连—柴北缘断裂系统是一组呈带状分布的断裂带，总体走向为北西—北西西向，以逆冲断裂为主，断面多为北倾，控制着柴达木北缘盆—山构造的发育。东昆仑—柴南缘断裂系统包括昆南断裂带、昆中断裂带及昆北断裂带，主要由南、北两组主断裂及其间夹持的次一级断裂组成，具有多期活动的特点，控制着柴达木中—新生代，特别是新生代盆地的发育。该断裂带西为阿尔金断裂带所截，沿祁漫塔格山前，经乌图美仁—香日德以南，呈北西西—东西向延伸 750km 以上，东段北侧主断裂为格尔木断裂，控制着第四系的发育。

阿尔金断裂、昆南断裂、南祁连山前断裂及东部鄂拉山断裂构成柴达木盆地的边界断裂。盆地内部依据基底性质及断裂对构造、地层发育的控制作用，可划分 3 个级别。

区内 I 级断裂包括北缘的陵间（B₁）、埃南断裂（B₂）及南缘的格尔木断裂（B₃）。陵间、埃南断裂以北包括了前长城系的结晶基底和古生代基底，中—下侏罗统主要分布于该区。陵间断裂走向北西，倾向北东，总长 126km。在北陵丘地区被晚期断裂截断，在东陵丘地区断至地表，该断裂对中生界及古近系有一定的控制作用，平面上有一定的变化。埃南断裂位于锡铁山、埃姆尼克山前南侧，为两山边界断裂，走向北西。断裂西与陵间断裂交会，向东延伸至鄂拉山，长度约 300km。该断裂上盘埃姆尼克山石炭系、侏罗系及新近系依次不整合于泥盆系之上，反映形成时间早，并具有多期活动特征。

区内 II 级断裂包括绿南（C₁）、马仙（C₂）及欧北断裂（C₃）等。绿南断裂位于绿梁山前南侧，走向北西—北西西，倾角 50°～80°，西段与马仙断裂交会于绿梁山前，延伸长度约 90km。依据该断裂与平顶山、尕丘及野马 3 个地面背斜的平面组合关系，结合

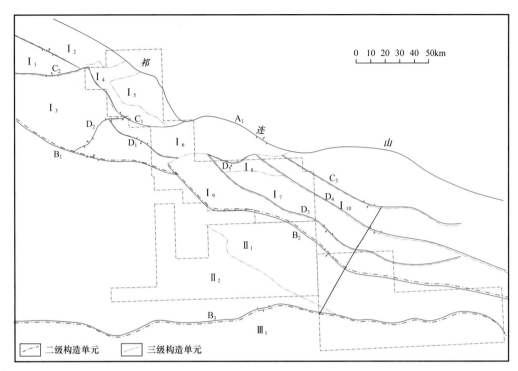

图 11-21　柴达木盆地东部基底断裂系统及构造单元划分图

Ⅰ—北缘隆起：Ⅰ₁—尕西凹陷，Ⅰ₂—鱼卡凹陷，Ⅰ₃—马北凸起，Ⅰ₄—绿梁山凸起，Ⅰ₅—大柴旦凹陷，
Ⅰ₆—红山—小柴旦凹陷，Ⅰ₇—欧南凹陷，Ⅰ₈—全吉凸起，Ⅰ₉—埃姆尼克凸起，Ⅰ₁₀—欧龙布鲁克凸起；
Ⅱ—三湖坳陷：Ⅱ₁—霍布逊凹陷，Ⅱ₂—诺木洪凸起；Ⅲ—柴南缘隆起：Ⅲ₁—宗加凸起；A₁—南祁连山前断裂；
B₁—陵间断裂；B₂—埃南断裂；B₃—格尔木断裂；C₁—绿南断裂；C₂—马仙断裂；C₃—欧北断裂；D₁—大红沟断裂；
D₂—无东断裂；D₃—埃北断裂；D₄—欧南断裂；D₅—全吉断裂

表 11-2　柴达木盆地东部主要断裂参数表

断裂体系	断裂名称	级别	走向	长度 /km	性质
祁连—柴北缘断裂系	南祁连山前断裂（A₁）	盆地边界	北西—东西	550	北逆
	陵间断裂（B₁）	盆内Ⅰ级	北西—北西西	126	北逆
	埃南断裂（B₂）	盆内Ⅰ级	北西	300	北逆
	绿南断裂（C₁）	盆内Ⅱ级	北西	90	北逆
	马仙断裂（C₂）	盆内Ⅱ级	东西	65	东逆
	欧北断裂（C₃）	盆内Ⅱ级	北西	140	南逆
	大红沟断裂（D₁）	盆内Ⅲ级	北西	208	南逆
	无东断裂（D₂）	盆内Ⅲ级	北西	56	东段南逆、西段北逆
	埃北断裂（D₃）	盆内Ⅲ级	北东	50	南逆
	欧南断裂（D₄）	盆内Ⅲ级	北西	200	北逆
	全吉断裂（D₅）	盆内Ⅲ级	北西	21	东逆
东昆仑—柴南缘断裂系	格尔木断裂（B₃）	盆内Ⅰ级	东西	700	南逆

断裂的反"S"形展布特征分析，为一条压扭性断裂。断裂西段与东段表现为逆冲推覆性质，中段表现为高角度冲断。上盘地层主要是古元古界达肯大坂群、奥陶系和元古宙花岗闪长岩体，下盘为新生代地层。中生代以来至少有3期强烈活动，燕山期的活动使绿梁山抬升，西翼中生界向东剥蚀减薄，这一期活动可能持续到喜马拉雅早期，在中部形成了古—始新统生长构造。第二期为喜马拉雅中期，形成中新统的生长构造，第三期为喜马拉雅晚期，上盘中—新生界剥蚀殆尽，下盘沉积了第四系。

马仙断裂为尕西凹陷与马北凸起的分界断裂，是重要的油源断裂。该断裂西起南八仙构造北翼，向东延伸至绿梁山前，走向北东东，倾向南东，倾角上陡下缓，延伸长度65km，切穿基底至上新统，最大断距3500m，具有早期右行晚期左行压扭活动特征。马仙西段断面较陡，逆冲幅度小；东段断面较缓，逆冲和走滑距离较大，将赛南与绿南断裂错开距离约8km。该断裂发育于燕山期，控制了马北凸起的形成及演化；喜马拉雅中期上新世以来，表现为同沉积断层，下盘沉积了较厚上新统；定型于喜马拉雅晚期，具有长期活动、同沉积断层的特征。

欧北断裂位于欧龙布鲁克山北坡，呈北西西向展布，西段出露地表，东段为隐伏状。该断裂断面南倾，倾角50°左右，上盘由前中生界组成，下盘由侏罗系及古近系—新近系组成，形成的挤压破碎带宽达20～40m，最宽可达百米以上，断层泥普遍可见。由于旁侧牵引，局部扭动，发育有一系列低级别的压性结构面。

Ⅲ级断裂包括大红沟（D_1）、无东（D_2）、埃北（D_3）、欧南（D_4）及全吉断裂（D_5）等，是控制凹—凸格局的主要断裂。

2. 构造单元

根据中生界分布特征，探区处于北缘隆起及三湖坳陷两个一级构造单元内。根据基底不均性引起的盖层沉积构造发展史的差异性，并结合断裂活动特点，对二级单元进行划分（图11-21、图11-22）。其中陵间—埃南断裂以北主要为侏罗系含油气系统，其南部主要是以第四系生物气系统为主。

1）北缘隆起（Ⅰ）

柴北缘隆起（Ⅰ）北界为南祁连山前断裂，南边以陵间—埃南断裂与三湖坳陷分隔。该区中—下侏罗统发育较好的烃源岩，探区及周缘主要以中侏罗统为主，主要分布于尕西（I_1）、鱼卡（I_2）及红山—小柴旦（I_6）凹陷。

尕西凹陷东界为赛南断裂，南界为马仙断裂，区内中—新生界发育齐全，新生界厚度大，是一个持续沉降的构造单元。尕西、鱼卡凹陷在中生代为一个相互连通的湖盆，在燕山晚期后被赛南断裂分割。鱼卡凹陷东边界为中—新生界超剥边界，北部为南祁连山前断裂，其内背斜区新生界几乎被剥蚀殆尽，中生界出露地表。红山—小柴旦凹陷位于绿南、大红沟断裂及锡铁山之间，凹陷内新近系及以上地层大范围被剥蚀，其余地层齐全。

马北凸起（I_3）北界为马仙断裂，东界为绿南、大红沟断裂，南界为陵间断裂，为中生代以来继承性发育的古凸起区，新生界北薄南厚，中生界主要分布于无东断裂以东。全吉凸起（I_8）、埃姆尼克凸起（I_9）、欧龙布鲁克凸起（I_{10}）及绿梁山凸起（I_4）均成型于燕山期，燕山晚期以后控制了中生界的残留分布，中—新生代地层被剥蚀殆尽。

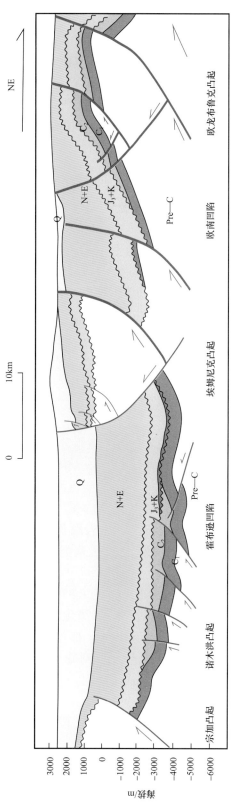

图 11-22 柴达木盆地东部近南北向地质剖面

大柴旦凹陷（I_5）及欧南凹陷（I_7）不发育中—下侏罗统，但新生界发育齐全，其中欧南凹陷还发育上侏罗统—白垩系。

2）三湖坳陷（II）

指陵间、埃南及格尔木断裂之间的区域。基底具刚性，基底面相对平缓，地层发育齐全。第四系厚度大，分布广，北部断裂对第四系有一定的控制作用，而南部断裂主要控制前第四纪地层分布。依据中生界的分布，将该区划分为霍布逊凹陷（II_1）及诺木洪凸起（II_2）两个三级构造单元，二者界线为中生界剥蚀边界。

四、烃源岩

柴达木盆地东部自下而上发育石炭系、侏罗系、第四系等 3 套烃源岩层系。其中侏罗系是主要烃源岩层系，第四系为生物气烃源岩层系，石炭系为潜在烃源岩层系。

1. 石炭系烃源岩

柴达木盆地东部早石炭世以海相沉积为主，烃源岩类型主要为石灰岩、灰质泥岩；晚石炭世以海陆交互相沉积为主，烃源岩类型主要为暗色泥岩和碳质泥岩。石炭系暗色泥岩、碳质泥岩有机质丰度较高，有机质类型为 II—III 型，主体处于成熟—高成熟阶段，海相石灰岩以及泥质灰岩也有一定的生烃潜力。

石灰岩有机碳为 0.01%～0.57%，S_1+S_2 为 0.02～0.38mg/g，氯仿沥青 "A" 为 0.0017%～0.04848%。灰质泥岩有机碳为 0.11%～1.58%，S_1+S_2 为 0.01mg/g～1.02mg/g，氯仿沥青 "A" 为 0.0019%～0.0564%。暗色泥岩有机碳为 0.06%～14.1%，S_1+S_2 为 0.01～30.67mg/g，氯仿沥青 "A" 为 0.0029%～0.1074%。碳质泥岩有机碳为 0.20%～27.54%，S_1+S_2 为 0.02～41.32mg/g，氯仿沥青 "A" 为 0.003%～0.5815%。

石炭系石灰岩、泥质灰岩及灰质泥岩有机显微组分以腐泥组为主，平均为 82%，其次为壳质组，平均为 12.6%，镜质组平均为 4.68%，惰质组平均为 0.35%，镜鉴类型指数为 63%～97%，有机质类型以 I—II₁ 型为主。暗色泥岩腐泥组平均为 31.6%，壳质组平均为 50%，镜质组平均为 14%，惰质组平均为 4%，镜鉴类型指数为 −73.3%～79%，有机质类型以 II 型为主，部分为 III 型。碳质泥岩腐泥组平均为 35%，壳质组平均为 32%，镜质组平均为 29%，惰质组平均为 4%，镜鉴类型指数为 −72.6%～70.7%，有机质类型为 II—III 型。

石炭系烃源岩镜质组反射率 R_0 值分布范围为 0.87%～3.52%，平均值为 1.37%，主体处于成熟—高成熟阶段，部分地区达过成熟热演化阶段。石灰沟、旺尕秀等地区石炭系烃源岩处于成熟—高成熟阶段，而穿山沟、都兰等地区成熟度较高（R_0 值大于 2.0%），达到过成熟阶段。石炭系烃源岩热解最高峰温度 T_{max} 为 454～595℃，平均为 481℃，也表明处于高—过成熟阶段，以高成熟为主。

2. 侏罗系烃源岩

侏罗系烃源岩发育于中侏罗统大煤沟组五段和七段和下侏罗统小煤沟组，以中侏罗统大煤沟组为主。

中侏罗统大煤沟组五段及下侏罗统小煤沟组烃源岩为沼泽相暗色泥岩、碳质泥岩；中侏罗统大煤沟组七段烃源岩为半深湖相页岩或油页岩、暗色泥岩。中侏罗统烃源岩在尕西—鱼卡凹陷、红山—小柴旦凹陷及霍布逊凹陷广泛发育，而下侏罗统烃源岩仅红山—小柴旦凹陷大煤沟一带局部发育。

1）有机质丰度

不同凹陷侏罗系烃源岩有机质丰度有一定的差异。

尕西凹陷—鱼卡凹陷主要发育中侏罗统大煤沟组七段半深湖相和五段沼泽相烃源岩。大煤沟组七段半深湖相页岩或油页岩有机碳分布范围为1.93%～8.72%（表11-3），S_1+S_2为1.78～46.49mg/g，氯仿沥青"A"为0.0328%～0.7347%；半深湖相暗色泥岩有机碳为1.38%～7.41%，S_1+S_2为0.95～8.47mg/g，氯仿沥青"A"为0.011%～0.3222%。大煤沟组五段沼泽相暗色泥岩有机碳分布范围为0.61%～4.13%，S_1+S_2为0.18～6.41mg/g，氯仿沥青"A"为0.0032%～0.1311%；碳质泥岩有机碳为1.37%～15.06%，S_1+S_2为1.91～27.7mg/g，氯仿沥青"A"为0.0552%～0.1432%。

表 11-3　柴达木盆地东部侏罗系烃源岩有机质丰度表

构造	层位	岩性	TOC/%	S_1+S_2/（mg/g）	氯仿沥青"A"/%
尕西凹陷—鱼卡凹陷	J_2d_7	半深湖相页岩、油页岩	1.93～8.72	1.78～46.49	0.0328～0.7347
		半深湖相泥岩	1.38～7.41	0.95～8.47	0.0110～0.3222
	J_2d_5	沼泽相泥岩	0.61～4.13	0.18～6.41	0.0032～0.1311
		沼泽相碳质泥岩	1.37～15.06	1.91～27.7	0.0552～0.1432
红山—小柴旦凹陷	J_2d_7	半深湖相页岩、油页岩	2.26～16.69	1.82～91.89	0.0152～0.8439
		半深湖相泥岩	1.03～5.95	0.44～7.43	0.0245～0.1213
	J_2d_5	沼泽相泥岩	1.30～4.00	0.06～0.63	0.0067～0.0264
		沼泽相碳质泥岩	4.99～26.10	0.38～37.5	0.0458～0.3021
	J_1x	沼泽相泥岩	0.8～3.62	0.11～0.36	—
		沼泽相碳质泥岩	3.12～13.12	0.15～2.56	0.0152～0.1691
霍布逊凹陷	J_2d_7 J_2d_5	沼泽相泥岩	0.67～5.09	0.20～8.49	0.0095～0.1531
		沼泽相碳质泥岩	0.39～23.8	0.31～37.25	0.0057～0.5719

红山—小柴旦凹陷中—下侏罗统烃源岩发育齐全，下侏罗统小煤沟组及中侏罗统大煤沟组五段以沼泽相烃源岩为主，中侏罗统大煤沟组七段以半深湖相烃源岩为主。下侏罗统小煤沟组沼泽相暗色泥岩有机碳为0.8%～3.62%，S_1+S_2为0.11～0.36mg/g；碳质泥岩有机碳分布范围为3.12%～13.12%，S_1+S_2为0.15～2.56mg/g，氯仿沥青"A"为0.0152%～0.1691%。中侏罗统大煤沟组五段沼泽相暗色泥岩有机碳为1.3%～4.0%，S_1+S_2为0.06～0.63mg/g，氯仿沥青"A"为0.0067%～0.0264%；碳质泥岩有机碳为4.99%～26.10%，S_1+S_2为0.38～37.5mg/g，氯仿沥青"A"为0.0458%～0.3021%。中侏罗统大煤沟组七段半深湖相页岩或油页岩有机碳为2.26%～16.69%，S_1+S_2为1.82～91.89mg/g，氯仿沥青"A"为0.0152%～0.8439%；半深湖相暗色泥岩有机碳为1.03%～5.95%，S_1+S_2为

0.44～7.43mg/g，氯仿沥青"A"为0.0245%～0.1213%。

霍布逊凹陷内部未有钻井揭示中侏罗统烃源岩。该凹陷北部花石沟及达肯乌拉山等地区露头、煤钻孔揭示中侏罗统大煤沟组五段、七段烃源岩，类型以沼泽相暗色泥岩、碳质泥岩为主。暗色泥岩有机碳分布范围为0.67%～5.09%，S_1+S_2为0.21～8.49mg/g，氯仿沥青"A"为0.0095%～0.1531%。碳质泥岩有机碳分布范围为0.39%～23.8%，S_1+S_2为0.31～37.25mg/g，氯仿沥青"A"为0.0057%～0.5719%。

探区侏罗系烃源岩主要为地表样品，考虑风化作用影响，烃源岩有机质丰度评价以不同沉积环境下有机碳指标为主。评价结果表明，中侏罗统半深湖相页岩或油页岩、暗色泥岩达到较好—好烃源岩标准，沼泽相暗色泥岩、碳质泥岩属于较差—较好烃源岩。

2）有机质类型

由于沉积环境的差异，探区侏罗系烃源岩有机质类型呈现多样化特征。侏罗系半深湖相页岩或油页岩有机质类型为Ⅰ—Ⅱ型，半深湖相暗色泥岩有机质类型以Ⅱ型为主，少量Ⅲ型，而沼泽相暗色泥岩、碳质泥岩有机质类型以Ⅲ型为主，少量Ⅱ₂型。

侏罗系半深湖相页岩或油页岩有机显微组分以腐泥组和壳质组为主，腐泥组平均为49.83%，壳质组平均为43.31%，镜质组和惰质组含量较低，镜质组平均为8.01%，惰质组平均为1.51%，镜鉴类型指数为18.5%～93.6%，有机质类型为Ⅰ—Ⅱ型。半深湖相暗色泥岩腐泥组平均为57.4%，壳质组平均为17.55%，镜质组平均为22.98%，惰质组平均为2.18%，镜鉴类型指数为0.3%～92.8%，有机质类型为以Ⅱ型为主，含有部分Ⅰ型。侏罗系沼泽相暗色泥岩以镜质组为主，镜质组平均为60.79%，腐泥组分平均为15.19%，壳质组平均为20.99%，惰质组平均为7.34%，镜鉴类型指数为-74.7%～76.9%，有机质类型以Ⅲ型为主，少量为Ⅱ型。沼泽相碳质泥岩以镜质组为主，镜质组平均为71.62%，壳质组平均为17.93%，腐泥组平均为5.83%，惰质组平均为7.26%，镜鉴类型指数为-74.5%～3.75%，有机质类型以Ⅲ型为主，少量为Ⅱ₂型。

中侏罗统大煤沟组七段半深湖相页岩或油页岩、暗色泥岩干酪根元素H/C较高，变化范围为0.6～1.69（表11-4）；O/C分布范围为0.07～0.26。中侏罗统大煤沟组五段沼泽相暗色泥岩、碳质泥岩H/C相对较低，分布范围为0.21～0.93；O/C为0.06～0.31。据干酪根元素H/C、O/C原子比，中侏罗统大煤沟组七段半深湖相页岩或油页岩、暗色泥岩主要为Ⅱ型干酪根，少量Ⅲ型。中侏罗统大煤沟组五段沼泽相暗色泥岩、碳质泥岩主要为Ⅲ型干酪根，少量Ⅱ₂型干酪根。总体来看，半深湖相页岩、暗色泥岩干酪根元素组成判断的有机质类型低于干酪根镜鉴结果，可能与本区侏罗系烃源岩大部分为地表样品，长期遭受风化氧化有关，导致O/C升高而H/C降低。

侏罗系不同沉积环境烃源岩干酪根稳定碳同位素呈现出明显的分异性，半深湖相烃源岩相对较轻，而沼泽相烃源岩相对较重。半深湖相页岩或油页岩干酪根稳定碳同位素为-25‰～-31.2‰，平均为-27.4‰，有机质类型为Ⅰ—Ⅱ型；半深湖相暗色泥岩干酪根稳定碳同位素为-24.9‰～-29.1‰，平均为-26.3‰，有机质类型以Ⅱ型为主，少部分为Ⅲ型。沼泽相暗色泥岩干酪根稳定碳同位素为-21.5‰～-24.1‰，平均为-22.81‰，有机质类型以Ⅲ为主，少部分为Ⅱ型；沼泽相碳质泥岩干酪根稳定碳同位素为-20.4‰～-23.8‰，平均为-22.2‰，有机质类型为Ⅲ型。

表 11–4　柴达木盆地东部侏罗系烃源岩干酪根元素成分表

层位	岩性	元素组成 /%			H/C（原子比）	O/C（原子比）
		C	H	O		
J$_2$d$_7$	半深湖相页岩、油页岩	38.60～65.30/54.19	3.09～6.72/4.84	5.82～19.42/12.23	0.85～1.69/1.17	0.1～0.24/0.16
	半深湖相泥岩	39.60～70.30/56.68	2.88～6.60/4.73	6.91～21.55/14.1	0.60～1.33/1.04	0.07～0.26/0.19
J$_2$d$_5$	沼泽相泥岩	22.64～75.2/56.25	0.4～4.0/3.1	1.81～21.1/12.1	0.21～0.93/0.65	0.06～0.29/0.16
	沼泽相碳质泥岩	51.41～67.32/58.43	2.61～5.25/3.87	5.12～23.64/18.72	0.55～0.90/0.7	0.07～0.31/0.24

注：38.60～65.30/54.19 表示区间值 / 平均值。

侏罗系烃源岩热解氢指数与热解最高峰温度相关图显示（图 11–23），孕西—鱼卡凹陷中侏罗统大煤沟组七段半深湖相页岩或油页岩、暗色泥岩样品 HI 较高，页岩或油页岩主要落在图版中的 I 型和 II 型有机质类型区域，暗色泥岩样品主要落在 II 型有机质类型区域，少量样品分布于 III 型有机质类型区域；中侏罗统大煤沟组五段沼泽相烃源岩（暗色泥岩、碳质泥岩）HI 较低，主要落在 III 型有机质类型区域，少量样品落入 II 型有机质类型区域。红山—小柴旦凹陷中侏罗统半深湖相油页岩、暗色泥岩样品 HI 较高，油页岩主要落在图版中的 I 型和 II 型有机质类型区域，暗色泥岩主要落在 II 型有机质类型区域，少量样品落入 III 型有机质类型区域；中—下侏罗统沼泽相烃源岩（暗色泥岩、碳质泥岩）HI 较低，主要落在 III 型有机质类型区域。霍布逊凹陷中侏罗统烃源岩样品 HI 总体较低，主要落在 III 型有机质类型区域，少量样品落入 II$_2$ 型有机质类型区域。

3）有机质成熟度

应用镜质组反射率、烃源岩热解最高峰温度两项指标，结合侏罗系烃源岩自然演化剖面、生烃演化史以及烃源岩顶面埋深等资料，明确了孕西—鱼卡凹陷、红山—小柴旦凹陷以及霍布逊凹陷侏罗系烃源岩目前所处生烃演化阶段。

鱼卡凹陷中侏罗统烃源岩 R$_o$ 值分布范围为 0.50%～0.72%，平均为 0.63%，主体处在低成熟阶段，少数达到成熟阶段。红山—小柴旦凹陷周缘侏罗系烃源岩 R$_o$ 值主要分布范围为 0.42%～0.84%，平均为 0.58%，主要处于低成熟阶段，部分地区达到成熟阶段。如大煤沟地区下侏罗统烃源岩 R$_o$ 值为 0.71%～0.84%。霍布逊凹陷北部侏罗系烃源岩 R$_o$ 值分布范围为 0.50%～0.96%，平均值为 0.7%，处于低成熟—成熟阶段；花石沟、红岩沟地区侏罗系烃源岩以低成熟为主，而达达肯乌拉山地区侏罗系烃源岩以成熟为主。

鱼卡凹陷中侏罗统烃源岩热解最高峰温度为 427～447℃，平均为 436℃，主体处于低成熟热演化阶段（T$_{max}$＜440℃），少量达到成熟演化阶段（T$_{max}$＞440℃）。红山—小柴旦凹陷侏罗系烃源岩热解最高峰温度为 405～450℃，平均为 432℃，主体分布小于 435℃，处于低成熟热演化阶段。霍布逊凹陷侏罗系烃源岩热解最高峰温度为 418～449℃，平均为 432℃，主体处于低成熟热演化阶段，部分达到成熟热演化阶段。

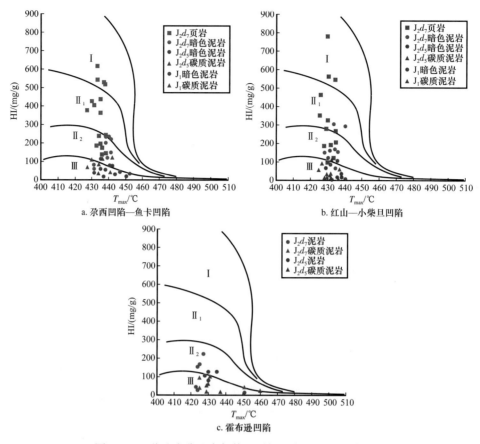

图 11-23　柴达木盆地东部侏罗系烃源岩 HI—T_{max} 关系图

柴达木盆地东部揭示侏罗系烃源岩的露头和钻井大多处于山前冲断带或斜坡带，R_0值和 T_{max} 值均反映其演化程度较低，以低成熟为主，部分达到成熟阶段。主要凹陷生烃演化史分析表明，尕西凹陷渐新世早期中侏罗统烃源岩进入生烃门限，现今埋深一般大于 5000m，进入高成熟阶段。鱼卡凹陷渐新世早期中侏罗统烃源岩进入生烃门限，中新世鱼卡凹陷整体抬升，导致烃源岩生烃演化中止，现今埋深一般小于 4000m，主体处于低成熟阶段。红山—小柴旦凹陷侏罗系烃源岩在白垩纪早期进入生烃门限，白垩纪晚期构造抬升，生烃演化中止，渐新世继续生烃，现今主要处于低成熟—成熟阶段。霍布逊凹陷白垩纪晚期中侏罗统烃源岩进入生烃门限，后经历燕山晚期抬升剥蚀，生烃演化中止，随着新生代地层的沉积，在上新世早期继续生烃演化，现今侏罗系烃源岩最大埋深可达 7000m 以上，处于高—过成熟阶段。

4）油源对比

据油苗和烃源岩可溶有机质生物标志物特征对比分析，确定了鱼卡河、红山、鱼卡油田、城墙沟油苗来源于侏罗系烃源岩。

红山地区（油砂沟、红 T1 孔）白垩系油砂、鱼卡河元古宇含油变质岩与侏罗系半深湖相低伽马蜡烷烃源岩生物标志物特征较为一致（图 11-24），C_{27}、C_{28}、C_{29} 规则甾烷具"L"形分布，C_{27} 规则甾烷 /C_{29} 规则甾烷为 3.2～3.9，伽马蜡烷含量较低，伽马蜡烷 /C_{30}藿烷为 0.09～0.20，一般 C_{19}、C_{24} 三环萜烷相对较高。鱼卡油田上侏罗统油砂、城墙沟石炭系油苗与侏罗系半深湖相高伽马蜡烷烃源岩生物标志物特征较为一致（图11-25），C_{27}、C_{28}、C_{29}规则甾烷具"L"形分布，且C_{27}占绝对优势，C_{27}规则甾烷/C_{29}规则甾烷为4.4～7.7，伽马蜡烷含量非常高，伽马蜡烷/C_{30}藿烷为0.70～0.78，重排甾烷和三环萜烷含量低。

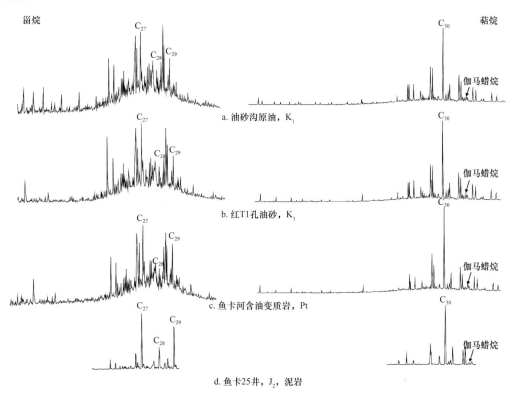

图11-24　红山、鱼卡河地区油苗甾烷、萜烷质量色谱图

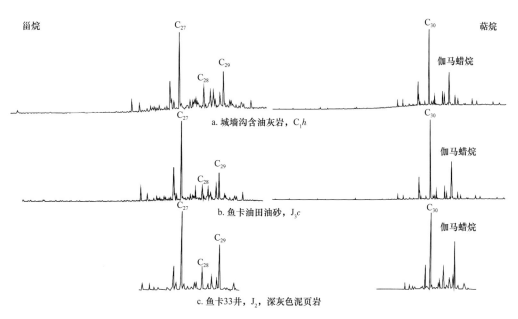

图11-25　鱼卡油田、城墙沟油苗甾烷、萜烷质量色谱图

本区侏罗系烃源岩具备生烃能力，尤其是中侏罗统半深湖相烃源岩生烃潜力较大，油源对比也证实其已发生过油气生成及运聚成藏的过程，展示较好的勘探前景。

3. 第四系烃源岩

三湖坳陷东部第四系生物气烃源岩包括七个泉组湖相泥岩和碳质泥岩。有机质类型为Ⅲ型，处于未成熟演化阶段，部分烃源岩达到第四系烃源岩评价的下限，具备一定的生烃能力。

三湖坳陷东部第四系烃源岩有机质丰度一般较低，其中碳质泥岩含量最高，其次为暗色泥岩。全吉剖面第四系暗色泥岩有机碳分布范围为0.19%～0.84%，平均为0.19%，S_1+S_2 为0.04～0.6mg/g，平均为0.13mg/g；碳质泥岩有机碳分布范围为1.6%～4.3%，平均为2.8%，S_1+S_2 为2.79～23.44mg/g，平均为12.1mg/g。该区第四系烃源岩主要为地表样品，有机质丰度较三湖坳陷西部井下样品偏低，但仍有部分烃源岩达到生物气有效烃源岩标准（有机碳下限0.25%）。

三湖坳陷干酪根镜鉴分析显示，第四系烃源岩有机显微组分以壳质组、镜质组和惰质组为主，有机类型为Ⅲ型。该区第四系烃源岩热解氢指数非常低，变化范围为7～78mg/g，平均为39mg/g，表明烃源岩有机质类型为Ⅲ型。

三湖坳陷第四系烃源岩埋藏时间较短，镜质组反射率 R_o 值在0.20%～0.50%之间，尚处于未成熟阶段。第四系烃源岩可溶有机质转化程度低，氯仿沥青"A"/有机碳一般小于6%，总烃/有机碳不到2%，族组分中非烃和沥青质含量很高，平均在70%以上，说明热演化程度较低，仍处于未成熟阶段。第四系烃源岩热解最高峰温度较低，为394～439℃，平均为427℃，处于未成熟阶段。

五、储层

探区在元古宇基岩、石炭系、侏罗系、白垩系、古近系—新近系、第四系各层系中均发育储层，按照岩性可分为碎屑岩储层、碳酸盐岩储层以及变质岩储层3大类。由于多期构造运动的复合叠加，构造、地层变化复杂，不同地区储盖组合及分布具有一定差异。目前，在元古宇基岩、侏罗系、白垩系、古近系储盖组合中发现有油气的赋存（图11-26）。

1. 元古宇基岩储层

基岩储层岩性较为复杂，主要有变质砂岩、石英岩、云母片岩、角闪石片岩、长石片麻岩、花岗片麻岩、黑云母正长岩、榴辉岩等。根据成因可将其分为两类，一类以副变质岩为主，原岩为碎屑岩夹火山岩，主要由石榴云母片岩、石榴云母石英片岩、白云母石英岩、大理岩和石榴斜长角闪岩等所组成；一类为绿梁山花岗片麻岩，为正变质岩，原岩主要为花岗闪长岩类。

储集空间类型主要包括裂缝、裂缝—溶孔、溶孔—裂缝及溶孔，为溶孔—裂缝性储层。裂缝的发育为溶孔的形成提供了前提条件。

基岩储层的非均质性较强。马北301井孔隙度最小3.1%，最大20.34%，平均9.82%；渗透率最小0.2mD，最大为33.6mD，平均5.94mD。马北3井基岩储层孔隙度一般为0.63%～6.62%（平均2.71%），渗透率小于0.01mD，总体储集物性很差，但基岩中局部发育储集性能相对好的层段，这些层段主要发育裂缝性孔隙和溶孔。

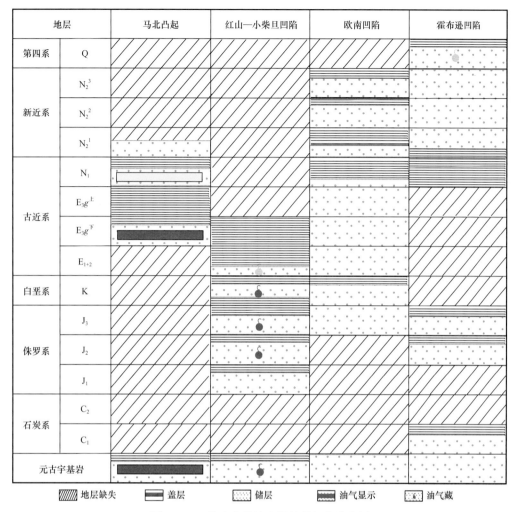

图 11-26　柴达木盆地东部储盖组合分布图

地层缺失　盖层　储层　油气显示　油气藏

2. 石炭系储层

石炭系发育海陆交互相的碎屑岩储层和海相的碳酸盐岩储层。

碎屑岩储层主要发育于下石炭统穿山沟组、怀头他拉组和上石炭统克鲁克组。碎屑岩储层包括滨岸相砂岩和三角洲砂岩两种类型。主要储集空间类型以粒间孔和粒间溶孔为主，同时发育晶间孔和裂隙。孔隙度平均小于5%，渗透率平均小于50mD，为低孔低渗型储层。

碳酸盐岩储层主要发育于下石炭统穿山沟组、城墙沟组、怀头他拉组和上石炭统扎布萨尕秀组。以礁、滩相储层为主，在浅海、局限台地、开阔台地等也有发育。储集空间按成因可分为原生和次生，按形态又可归纳为孔隙、裂隙及溶孔三大类。平均孔隙度小于2%，渗透率平均1.2mD，为特低孔特低渗型储层。

3. 侏罗系储层

侏罗系储层主要为中侏罗统和上侏罗统碎屑岩。

中侏罗统大煤沟组发育冲积扇、扇三角洲、辫状河三角洲以及河流相的储层，上侏罗统采石岭组发育河流、冲积扇等储层，储层的岩石类型有中砂岩、细砂岩、含砾细砂岩、砾岩和粗砂岩。

侏罗系砂岩类型主要为长石岩屑砂岩和岩屑长石砂岩，含少量岩屑砂岩和长石砂岩，成分成熟度低。砂岩中碎屑颗粒的分选较差，磨圆以次棱角状为主。储层砂岩中杂基和胶结物的含量高，其中胶结物含量为12%～16%，泥质杂基含量平均在14%左右，胶结物类型有石英次生加大、方解石、白云石、铁白云石和硬石膏，以石英次生加大和方解石为主。岩屑成分为变质岩、火成岩、沉积岩和碳酸盐岩，以变质岩和火成岩为主。由于花岗岩岩屑占碎屑比例较高，岩石骨架颗粒相对偏刚性，因此储层砂岩骨架结构稳定，抗压实能力相对较强，有利于原生孔隙的保存。侏罗系成岩阶段处于早成岩B期—晚成岩A期。储层孔隙类型有原生粒间孔、粒间溶孔、粒内溶孔及少量裂缝，其中以溶蚀孔和残余原生粒间孔为主。

储层孔隙度分布的主要范围在5%～28.9%之间，平均孔隙度达到11.5%。储层渗透率主要的分布范围为0.05～35mD，主要集中在0.05～20mD，平均为4.38mD，总体属于中孔中低渗型储层（表11-5）。中侏罗统大煤沟组储层物性较差。鱼卡凹陷孔隙度平均11.23%，渗透率平均4.38mD。大红沟凸起储层孔隙度平均5.1%，渗透率平均0.3mD。德令哈凹陷储层孔隙度平均11.3%，渗透率平均40.7mD。上侏罗统储层物性较好，其中马北凸起孔隙度为1.69%～31.3%，平均为8.70%；渗透率为0.01～366.5mD，平均为6.8mD，分布较稳定。欧南凹陷孔隙度最高可达22.058%，分布广泛。

表11-5　柴达木盆地东部侏罗系储层物性统计表

构造位置	层位	岩性描述	孔隙度/%			渗透率/mD		
			最小	最大	平均	最小	最大	平均
鱼卡凹陷	J_2d	灰色细砂岩、粗砂岩	5	20.7	11.23	0.05	35	4.38
尕西凹陷	J_3c	灰色粉砂岩	—	—	4.3	—	—	—
红山—小柴旦凹陷	J_2d	灰色粉砂岩	10.2	17.4	11.7	1.01	12.1	3.01
马北—大红沟凸起	J_3c	泥质粉砂岩	8.19	21.03	—	1.565	61.511	—
	J_3c	灰色砂岩	5.4	18	12.9	0.2	39.5	14.6
	J_2d	砾岩、粉砂岩	2.9	7.5	5.1	0.1	0.6	0.3
欧南凹陷	J_3c	砂砾岩、含砾粗砂岩	4.867	22.058	—	0.541	100.253	—
德令哈凹陷	J_2d	石英砂（砾）岩	—	28.9	11.3	0.00584	484.4	40.7

4. 白垩系储层

白垩系储层在探区分布广泛，白垩系上段主要发育洪积扇沉积的粗碎屑，下段主要为河流—三角洲沉积砂体，分选较好，储层物性较好。

白垩系储层以中砂岩、细砂岩、砾岩及砂质砾岩为主，见少量浅黄色含砾泥岩及含砾砂岩，粒度较粗。砂岩类型以岩屑长石砂岩为主，个别为长石岩屑砂岩。碎屑颗粒最大砾径在0.15～1.05mm间，以0.3～0.4mm居多。颗粒分选好—中等，颗粒接触方式以线接触为主，点接触为次，胶结类型以接触式为主，孔隙式为次。受沉积环境影响胶结物含量一般为5%～30%，以泥晶方解石及黏土矿物为主，少量小于0.03mm长英颗粒。

白垩系储层物性普遍较好，孔隙度绝大多数分布在8.34%～21%，渗透率分布在2.0～149.1mD，属于中孔—中渗型储层，为探区较好的储层（表11-6）。

表11-6　柴达木盆地东部白垩系储层物性统计表

构造位置	岩性描述	孔隙度 /%			渗透率 /mD		
		最小	最大	平均	最小	最大	平均
德令哈凹陷	灰色中砂岩	—	25	13.4	0.3	—	149.1
红山—小柴旦凹陷	灰色细砂岩	16.9	21.4	19.3	13.45	84.4	22
	灰色细砂岩	8.8	16.7	12	0.13	7.83	2
	砂质砾岩	6.0	14.9	11.03	0.3	347	70.2
	棕褐色砾状砂岩、砾岩	5.33	17.8	10.1	0.53	11.6	2.7
马北—大红沟凸起	含砾粗砂岩、细砾岩	9.73	20.28	—	2.15	63.13	—
	粉砂岩	2.8	15.3	8.35	0.1	14.9	3.8
欧南凹陷	细砂岩、泥质细砂岩	—	—	21.0	—	—	101.2

5. 古近系—新近系储层

古近系发育河流相碎屑岩储层，除霍布逊凹陷外分布广泛，古近系下干柴沟组下段发育区内主要储层。新近系储层以河流相砂体为主，是霍布逊凹陷的主要储层。

古近系下干柴沟组下段储层岩性复杂，主要岩性为粉砂岩、细砂岩、中砂岩、粗砂岩、含砾不等粒砂岩、砾状砂岩、砾岩、砂砾岩等，河流相的心滩、边滩、河床滞留和河漫滩沉积，辫状河河道砂体发育。

新近系上干柴沟组储层岩性以粉砂岩和细砂岩为主；下油砂山组岩性以灰色细砂岩、泥质细砂岩、棕红色粉砂岩为主，夹棕红色泥岩，为河流相砂体；上油砂山组三角洲相砂岩储层发育，岩性以细砂岩为主；狮子沟组三角洲相砂岩储层发育，岩性为细砂岩，含少量中砂岩。

储层岩石中碎屑岩矿物成分主要为石英、长石、岩屑，石英含量相对较高，为36%～65%；长石风化程度较高，长石以钾长石为主，斜长石次之。碎屑岩分选性中等—好，磨圆度为次棱角—次圆状，接触方式为点接触、线接触，胶结类型为孔隙胶结。岩屑有石英岩、长石岩、板岩、泥岩等，主要为变质岩岩屑。填隙物主要为方解石、黏土矿物。

新近系上干柴沟组储层，孔隙度为3.0%～12.6%，平均为7.5%；渗透率0.01～6.9mD，平均为1.7mD，为低孔—（特）低渗型储层，物性较差。下干柴沟组下段储层属于孔隙型储层，孔隙度平均为22.9%，渗透率平均为274.11mD，孔隙度主要分布于20%～30%之间，渗透率主要分布于100～1000mD之间，为中高孔—中渗型储层。下油砂山组储层孔隙度为3.4%～13.6%，平均为10.5%；渗透率为0.03～10.6mD，平均为4.81mD，为低孔—低渗型储层。上油砂山组储层孔隙度为10.3%～21.3%，平均为17.3%；渗透率为3.3～62.7mD，平均为32.9mD，为中孔—低渗型储层。狮子沟组储层孔隙度分布的主要范围在16.1%～26.2%之间，平均孔隙度为22.7%；渗透率主要的分布范围为19.7～154.7mD，平均为99.8mD。总体属于中、高孔—中渗型储层，储层物性好。

6. 第四系储层

第四系储层在三湖坳陷分布广泛，主要为滨浅湖沉积，疏松砂泥岩互层，储层以滨浅湖相滩、坝砂为主，岩性以粉砂岩为主，占40%，细砂岩和泥质粉砂岩占30%。

第四系储层的原生孔隙非常发育，次生孔隙很少。原生孔隙主要是粒间孔，其次为矿物裂缝和杂基内微孔隙，次生孔隙则主要为超大孔与粒间溶蚀孔。

第四系储层岩石固结程度低，原生孔隙大，300m以上所取岩心基本上为淤泥或散砂，1000m以下岩心中才可见到明显的砂、泥岩层。砂岩、泥岩的孔隙度都很大，平均在30%以上，最大达46.0%，1700m以下孔隙度逐渐变小，但仍保持在24%以上。古生物碳化和有机质演化程度低，同时镜质组反射率普遍小于0.47%，属于早期成岩作用阶段。

不同岩性储层的孔隙度差异较小，无论是泥质细砂岩，还是泥质粉砂岩，孔隙度主要分布在25%～40%，平均孔隙度32.3%，但渗透率却有较大差异。岩石渗透率的大小取决于泥质含量，泥质含量越低则渗透率越高。泥质细砂岩渗透率一般在100mD左右，泥质粉砂岩多在10mD左右。粉砂质泥岩渗透率一般在1mD左右。

察尔汗地区储层岩性为粉砂岩、泥质粉砂岩。储层累计厚度可达100m，占地层厚度比40%，储层孔隙度最大37.0%，最小3.5%，平均21.7%；渗透率最大598.4mD，最小0.1mD，平均63.4mD，储集条件较好。

六、勘探成效及含油气前景

近些年，柴达木盆地东部油气勘探工作主要针对侏罗系和第四系两套烃源岩展开。尤其是侏罗系烃源岩，邻区已经发现其供源的马北、马海等多个油气田，红山、绿梁山前等多处地区见油气显示，是本区最为重要的一套烃源岩。尕西—鱼卡、红山—小柴旦及霍布逊凹陷是柴达木盆地东部落实程度较高的侏罗系生烃凹陷，分布面积共4800km²以上，厚度在200～800m之间，具备较大的资源潜力。三湖坳陷东部第四系烃源岩分布面积4600km²，平均厚度1000m左右，也具备了形成生物气的资源基础。石炭系烃源岩也分布有较大面积，但目前落实程度偏低。

围绕主要生烃凹陷，据不同构造单元烃源岩、储盖、圈闭及保存等成藏地质条件，优选了侏罗系油气有利勘探方向及第四系生物气有利勘探方向。

1. 侏罗系油气有利勘探方向

以侏罗系烃源岩为油气源的有利勘探方向主要包括马海东构造带、小柴旦构造带和霍布逊凹陷南部斜坡带。

1）马海东构造带

该带位于马北凸起东翼，北部紧邻尕西凹陷，勘探面积约150km²。马北凸起油气勘探主要针对下干柴沟组下段和元古宇，发现了马北、马西、马海油气田，下干柴沟组下段已探明石油地质储量1151×10⁴t，天然气地质储量45×10⁸m³，元古宇基岩预测石油

地质储量 $1830 \times 10^4 t$。

马海东构造带位于马北凸起东部,完钻的 3 口探井均见到了良好的油气显示。山古 1 井元古宇解释油水同层 4.8m/3 层,古近系路乐河组解释油层 45.5m/3 层(有效厚度 14.2m)及差油层 1.3m/1 层,古近系下干柴沟组下段解释油层 5.2m/1 层(有效厚度 2.2m);路乐河组 1 砂层组常规测试,最高日产气 3946m³,抽汲日产油峰值 1.57t,累计产油 6t(6 天),累计产水 17.68m³;路乐河组 2 砂层组压后抽汲,日产油峰值 3.16t,累计产油 37.5t。山古 101 井元古宇解释差油层 1.2m/1 层、古近系路乐河组解释油层 6.2m/1 层(有效厚度 2.7m)及差油层 4.8m/2 层;路乐河组 1 砂层组压裂后抽汲,峰值日产油 4.77t,累计产油 63.5t,累计排水 498m³。山 3 井元古宇解释油水同层 7m/1 层,中侏罗统解释油层 2.9m/2 层(有效厚度 1.6m);元古宇裸眼测试,日产油 0.22t,日产水 15m³;侏罗系常规测试,日产油 0.05t,日产水 26m³。区内绿梁山前带发现元古宇基岩厚层油苗带。马海东构造带与邻区马北凸起具有相似的成藏地质条件,具备良好的勘探潜力。

(1)具备有利的油气源条件。马海东构造带紧邻尕西中侏罗统生烃凹陷,尕西凹陷侏罗系有效烃源岩面积超过 800km²,厚度为 50~250m,烃源岩埋深一般为 5000~7000m,进入成熟—高成熟阶段。油源对比表明马北油田和鱼卡河元古宇基岩油苗的成熟原油均来自于尕西凹陷侏罗系烃源岩,证实该带已经发生油气生成及运聚成藏的过程。

(2)发育 3 套有利储盖组合。元古宇基岩储盖组合,基岩潜山孔隙—裂缝发育带为主要储层,基岩顶部致密层作为直接盖层,下干柴沟组下段顶部泥岩为基岩潜山区域性盖层,而基岩内部裂缝不发育的变质岩也可作为局部盖层。中生界储盖组合,中—上侏罗统河流相和三角洲相砂岩为主要储层,中—上侏罗统泥岩为盖层。古近系储盖组合,下干柴沟组下段辫状河沉积砂岩、砂砾岩为主要储层,下干柴沟组下段顶部泥岩为直接盖层,下干柴沟组上段厚层泥岩为区域性盖层,该类储盖组合是马海东构造带最主要的储盖组合。

(3)发育多层系、多类型圈闭,纵向上具多层叠置的特点。元古宇基岩发育地层(潜山)、断鼻和断块圈闭,下干柴沟组下段和中生界发育断鼻、断块及构造地层类圈闭。

(4)具有良好的油气输导条件。马仙、绿南断裂直接沟通侏罗系烃源岩,成为油气垂向运移通道。下干柴沟组下段辫状河沉积的砂砾岩体厚度较大、分布面积较广、连通性好,是油气横向运移的重要通道。油气可沿马仙、绿南油源断裂向上运移,在元古宇基岩潜山中优先充注成藏,通过下干柴沟组下段骨架砂体横向运移,在古近系或中生界圈闭中成藏。

2)小柴旦构造带

小柴旦构造带勘探面积 856km²。油气勘探以中生界为主要目的层,周边钻井与露头在中生界与元古宇见到不同程度油气显示。

(1)具备良好生烃条件。小柴旦构造带发育中侏罗统烃源岩,面积为 675km²,厚度为 30~250m,烃源岩有机质丰度普遍较高,类型以 II₁ 型、II₂ 型为主,也有少量 I 型和 III 型,镜质组反射率为 0.5%~0.8%。油源对比证实原油主要来自中侏罗统烃源岩。

(2)发育元古宇、中生界与古近系储盖组合。元古宇基岩储盖组合,元古宇以半风化片麻岩为主要储层,上覆风化壳和中—新生界泥岩为主要盖层。中生界储盖组合,中侏罗统滨浅湖、辫状河三角洲砂岩为主要储层，其上的湖相、湖沼相泥岩为盖层的储盖组合；上侏罗统采石岭组中下部河流沉积的褐色细砾岩、中砂岩和粉砂岩为储层，以泛滥平原相为主的泥岩为盖层的储盖组合；白垩系储层以河流—三角洲沉积砂体为主，直接盖层为白垩系内部发育的泥岩的储盖组合。古近系储盖组合，储层主要以路乐河组下部褐色砂砾岩、（灰）白色细砾岩为主，储层物性以中孔中渗为主，盖层以上部褐色砂质泥岩与泥质粉砂岩为主。

（3）构造圈闭较发育。小柴旦构造带经历多期构造变形，形成多个反冲构造带和鼻状构造带，构造高部位形成大量断背斜、断鼻和断块圈闭。

3）霍布逊凹陷南部斜坡带

该带位于霍布逊凹陷南部，勘探程度相对较低，区内未有钻井，勘探面积约400km^2。

（1）具备油气源条件。霍布逊凹陷中侏罗统分布面积1728km^2，厚度200～400m，烃源岩埋深较大，现今处于高—过成熟阶段，具备一定的生烃条件。此外，霍布逊凹陷石炭系烃源岩也可能提供油源，但落实程度较低。

（2）主要发育两套储盖组合。一套为上侏罗统河流相河道砂体为储层，上干柴沟组泥岩为盖层的储盖组合；另一套为中侏罗统自储自盖组合，即中侏罗统大煤沟组（J_2d_4、J_2d_6）砂岩为储层，中侏罗统大煤沟组（J_2d_5、J_2d_7）泥岩为盖层的储盖组合。

（3）发育构造—地层类圈闭，中生界顶面和中侏罗统顶面初步落实圈闭面积200km^{2}以上。

（4）具有古斜坡背景，为一个继承性单斜构造，构造活动较弱，保存条件较好，为油气长期运聚指向区。

2.第四系生物气有利勘探方向

柴达木盆地已发现了盐湖、台南、涩北一号、涩北二号等第四系生物气田。区内霍布逊凹陷的全吉南翼斜坡带和察尔汗浅层微幅构造带是第四系生物气有利勘探方向。

1）全吉南翼斜坡带

位于全吉构造南翼，勘探面积近300km^2。邻区盐湖气田七个泉组已探明天然气地质储量18.37×10^{8}m^3，全吉构造轴部钻探的全1井在977～979m录井解释为含气层。全吉南翼斜坡带具备良好的勘探潜力。

（1）第四系生物气烃源岩发育。三湖坳陷第四系有效烃源岩面积约22000km^2，平均厚度1130m，烃源岩埋深一般2500～300m。三湖坳陷东部第四系平均厚度1050m，全吉构造轴部第四系露头见厚度较大的灰色泥岩、碳质泥岩，可作为第四系生物气烃源岩。

（2）发育自生自储自盖式储盖组合。七个泉组以滨浅湖沉积为主，泥岩既是烃源岩又是盖层。在物源前方，平行于湖岸线，可形成大量滩坝砂，滩坝砂与上部泥滩可形成良好储盖配置。

（3）岩性圈闭发育。第四系露头可见横向延伸近百米、厚度10余米的滩坝砂，上下被泥岩包裹。滨浅湖水进体系域下部砂体更发育，纵向存在多期水进旋回，可形成多个纵向叠置的岩性圈闭。

（4）第四系为弱成岩、弱压实砂泥岩交互沉积，垂向运移是生物气运移的最主要方式，同时坳陷内高压地层水向斜坡带上倾方向横向运移，生物气可析出并聚集成藏。

2）察尔汗浅层微幅构造带

位于察尔汗地区，勘探面积约 200km²。勘探对象为第四系七个泉组上部、达布逊组和盐桥组生物气藏。察地 1、察地 2、察地 4 等钻井浅层均见较好气测显示，新察地 5 井 77.4～148.2m 井段获低产气流，日产天然气 384m³。

察尔汗浅层微幅度构造带具备良好的生储盖组合和保存条件。第四纪中晚期湖盆中心不断向东迁移，察尔汗地区第四系浅层烃源岩发育，储层主要为泥质粉砂岩，顶部发育的盐岩层是良好的区域性盖层。

察地 2 井东浅层（七个泉组顶面）鼻状构造带具有较好聚气背景。

参 考 文 献

蔡土赐，孙巧缡，贺卫东，等，1999. 新疆维吾尔自治区岩石地层 [M]. 武汉：中国地质大学出版社.

蔡忠贤，陈发景，贾振远，等，2000. 准噶尔盆地的类型及构造演化 [J]. 地学前缘，7（4）：431-440.

曹剑，胡文瑄，唐勇，等，2006. 准噶尔盆地西北缘油气成藏演化的包裹体地球化学研究 [J]. 地质论评，52（5）：700-707.

曹剑，胡文瑄，张义杰，等，2005. 准噶尔盆地红山嘴—车排子断裂带含油气流体活动特点地球化学研究 [J]. 地质论评，51（5）：591-599.

查明，张卫海，曲江秀，2000. 准噶尔盆地异常高压特征、成因及勘探意义 [J]. 石油勘探与开发，27（2）：31-35.

陈发景，江新文，2004. 中国西北地区内前陆盆地的鉴别标志 [J]. 现代地质，18（2）：151-156.

陈发景，汪新文，汪新伟，等，2005. 准噶尔盆地的原型和构造演化 [J]. 地学前缘，12（3）：77-89.

陈奋雄，李军，师志龙，等，2012. 准噶尔盆地西北缘车—拐地区三叠系沉积相特征 [J]. 大庆石油学院院报，36（2）：22-28.

陈富文，何国琦，李华芹，2003. 论东天山觉罗塔格造山带的大地构造属性 [J]. 中国地质，30（4）：361-365.

陈建平，梁狄刚，王绪龙，等，2003. 彩南油田多源混合原油的油源（二）——原油地球化学特征、分类与典型原油油源 [J]. 石油勘探与开发，30（5）：34-38.

陈建平，梁狄刚，王绪龙，等，2003. 彩南油田多源混合原油的油源（三）——油的地质、地球化学分析 [J]. 石油勘探与开发，30（6）：41-44.

陈建平，梁狄刚，王绪龙，等，2003. 彩南油田多源混合原油的油源（一）——烃源岩基本地球化学特征与生物标志物特征 [J]. 石油勘探与开发，30（4）：20-24.

陈建平，王绪龙，邓春萍，等，2016. 准噶尔盆地烃源岩与原油地球化学特征 [J]. 地质学报，90（1）：37-67.

陈建平，王绪龙，邓春萍，等，2016. 准噶尔盆地油气源、油气分布与油气系统 [J]. 地质学报，90（3）：421-450.

陈林，许涛，石好果，等，2014. 准噶尔盆地中部1区块侏罗系三工河组毯砂成藏期孔隙度恢复及其意义 [J]. 石油与天然气地质，35（4）：486-493.

陈绍藩，王建永，黄国龙，等，2004. 吐哈盆地形成及其演化 [J]. 世界核地质科学，21（3）：125-131.

陈世加，曾军，王绪龙，等，2004. 红车地区油气成藏地球化学研究 [J]. 西南石油学院学报，26（6）：1-4.

陈新，卢华复，舒良树，等，2002. 准噶尔盆地构造演化分析新进展 [J]. 高校地质学报，8（3）：257-266.

陈学国，相鹏，2017. 山前带重磁电震综合构造建模方法在准噶尔盆地哈山地区的应用 [J]. 中国石油大学学报（自然科学版），41（3）：65-74.

陈元千，郝明强，李飞，2013. 油气资源量评估方法的对比与评论 [J]. 断块油气田，20（4）：447-453.

程克明，1994. 吐哈盆地油气生成 [M]. 北京：石油工业出版社.

程裕淇，沈永和，张良臣，等，1995. 中国大陆的地质构造演化 [J]. 中国区域地质（4）：289-294.

崔炳富，王海东，康素芳，等，2005. 准噶尔盆地车拐地区石油运聚规律研究 [J]. 新疆石油地质，26（1）：36-38.

戴金星，1989. 天然气地质学概论 [M]. 北京：石油工业出版社.

戴金星，等，1992. 中国天然气地质学（卷二）[M]. 北京：石油工业出版社.

戴金星，等，1992. 中国天然气地质学（卷一）[M]. 北京：石油工业出版社.

党玉琪，2003. 柴达木盆地北缘石油地质 [M]. 北京：地质出版社.

邓远，陈世悦，杨景林，等，2015. 准噶尔盆地北部晚白垩世—古近纪沉积特征研究 [J]. 岩性油气藏，27（5）：53-58.

窦亚伟，孙喆华，1985. 新疆北部晚二叠世植物群特征 [J]. 地层学杂志，8（4）：279-285.

方世虎，贾承造，郭召杰，等，2006. 准噶尔盆地二叠纪盆地属性的再认识及其构造意义 [J]. 地学前缘，13（3）：108-121.

方世虎，徐怀民，宋岩，等，2005. 准噶尔盆地东部吉木萨尔凹陷复合含油气系统特征及其演化 [J]. 地球学报，26（3）：259-264.

冯乔，柳益群，张小莉，1997. 吐哈盆地西南部热演化史 [J]. 西北地质，25（5）：1-4.

冯有良，张义杰，王瑞菊，等，2011. 准噶尔盆地西北缘风城组白云岩成因及油气富集因素 [J]. 石油勘探与开发，38（6）：685-692.

符俊辉，1996. 新疆鄯善照壁山晚二叠世瓣鳃动物化石及其时代 [J]. 新疆石油地质，17（3）：40-48.

付广，薛永超，付晓飞，2001. 油气运移输导系统及其对成藏的控制 [J]. 新疆石油地质，22（1）：24-27.

付锁堂，袁剑英，汪立群，等，2014. 柴达木盆地油气地质条件研究 [M]. 北京：科学出版社.

高岗，梁浩，李华明，等，2009. 吐哈盆地石炭系—下二叠统烃源岩地球化学特征 [J]. 石油勘探与开发，36（5）：583-592.

高金汉，王训练，傅国斌，等，2003. 腕足动物群落取代与海平面变化——以吐哈盆地南缘雅满苏石炭系西大沟剖面为例 [J]. 现代地质，17（3）：243-250.

高长林，黄泽光，叶德燎，等，2005. 中国晚古生代三大古海洋及其对盆地的控制 [J]. 石油实验地质，27（2）：104-110.

高振家，陈克强，高林志，2014. 中国岩石地层名称辞典 [M]. 成都：电子科技大学出版社.

高振家，陈克强，魏家庸，2000. 全国地层多重划分对比研究中国岩石地层辞典 [M]. 武汉：中国地质大学出版社.

龚一鸣，纵瑞文，2015. 西准噶尔古生代地层区划及古地理演化 [J]. 地球科学（中国地质大学学报），40（3）：461-484.

谷云飞，马明福，苏世龙，等，2003. 准噶尔盆地白垩系岩相古地理 [J]. 石油实验地质，25（4）：337-347.

顾连兴，胡受奚，于春水，等，2001. 论博格达俯冲撕裂型裂谷的形成与演化 [J]. 岩石学报，7（4）：585-597.

郭秋麟，陈宁生，刘成林，等，2015. 油气资源评价方法研究进展与新一代评价软件系统 [J]. 石油学报，36（10）：1305-1314.

国土资源部油气战略研究中心，2009. 新一轮全国油气资源评价 [M]. 北京：中国大地出版社，

66-71.

韩祥磊, 2018. 吐哈盆地塔尔郎组沉积特征及烃源岩潜力分析 [J]. 特种油气藏, 25 (3): 18-22.

韩玉玲, 2000. 新疆二叠纪古地理 [J]. 新疆地质, 18 (4): 330-334.

郝芳, 2005. 超压盆地生烃作用动力学与油气成藏机理 [M]. 北京: 科学出版社.

何登发, 2007. 不整合面的结构与油气聚集 [J]. 石油勘探与开发, 34 (2): 142-149.

何苗, 2015. 准噶尔盆地西北缘三叠系沉积演化及地质背景研究 [D]. 中国地质科学院, 14-35.

何文军, 王绪龙, 杨海波, 2017. 准噶尔盆地典型刻度区选择及其资源量计算方法体系建立 [J]. 天然
    气地球科学, 28 (1): 62-73.

洪太元, 王离迟, 张福顺, 等, 2006. 准噶尔盆地西缘车排子地区地层沉积特征 [J]. 中国西部油气地
    质, 2 (2): 164-167, 174.

侯鸿飞, 项礼文, 赖才根, 等, 1979. 天山—兴安区古生代地层研究新进展 [J]. 地层学杂志, 3 (5):
    175-187.

胡伯良, 1997. 吐哈盆地原油和烃源岩单烃碳同位素组成特征及油源对比探讨 [J]. 沉积学报, 16 (2):
    207-211.

胡杨, 夏斌, 2013. 哈山地区构造演化特征及对油气成藏的影响 [J]. 西南石油大学学报 (自然科学
    版), 35 (1): 35-42.

胡宗全, 2004. 准噶尔盆地西北缘车排子地区油气成藏模式 [J]. 断块油气田, 11 (1): 12-15.

黄汉纯, 黄庆华, 马寅生, 1996. 柴达木盆地地质与油气预测 [M]. 北京: 地质出版社.

吉利明, 闫存风, 1994. 准噶尔盆地克拉美丽地区石炭、二叠纪孢粉组合及地质时代 [J]. 西北地质,
    15 (2): 1-4.

季卫华, 焦立新, 王仲杰, 等, 2004. 吐哈盆地小草湖次凹天然气成藏条件及勘探方向分析 [J]. 天然
    气地球科学, 15 (3): 266-271.

金鑫, 陆永潮, 卢林, 2007. 准噶尔盆地车排子地区中、新生界沉降史分析 [J]. 海洋石油, 27 (3):
    51-56.

金玉玕, 范影年, 王仁家, 等, 2000. 中国地层典 [M]. 北京: 地质出版社.

金玉玕, 王向东, 尚庆华, 1998. 国际二叠纪年代地层划分新方案 [J]. 地质论评, 44 (5): 478-486.

荆晓明, 2007. 准噶尔盆地三叠系烃源岩地质与地球化学研究 [D]. 北京: 中国石油大学 (北京): 9.

匡立春, 唐勇, 雷德文, 等, 2012. 准噶尔盆地二叠系咸化湖相云质岩致密油形成条件与勘探潜力 [J].
    石油勘探与开发, 39 (6): 657-667.

况军, 齐雪峰, 2006. 准噶尔前陆盆地构造特征与油气勘探方向 [J]. 新疆石油地质, 27 (1): 5-9.

况军, 王绪龙, 杨海波, 等, 2000. 准噶尔盆地第三次油气评价 [R]. 新疆油田公司勘探开发研究院.

赖世新, 黄凯, 陈景亮, 等, 1999. 准噶尔晚石炭世、二叠纪前陆盆地演化与油气聚集 [J]. 新疆石油
    地质, 20 (4): 293-297.

雷德文, 斯春松, 徐洋, 等, 2015. 准噶尔盆地侏罗—白垩系储层成因和评价预测 [M]. 北京: 石油
    工业出版社.

李成明, 苏传国, 王文霞, 2004. 吐哈盆地前侏罗系构造格局与油气成藏分布特点 [J]. 吐哈油气, 9
    (1): 1-4.

李建忠, 吴晓智, 郑民, 等, 2016. 常规与非常规油气资源评价的总体思路、方法体系与关键技术 [J].
    天然气地球科学, 27 (9): 1557-1565.

李俊飞, 吴胜和, 许长福, 等, 2013. 克拉玛依油田一中区上克拉玛依组沉积相研究 [J]. 陕西科技大学学报, 31 (6): 99-104.

李丕龙, 冯建辉, 陆永潮, 等, 2010. 准噶尔盆地构造沉积与成藏 [M]. 北京: 地质出版社.

李文厚, 1998. 吐哈盆地艾维尔沟地区上二叠统芦草沟组沉积环境 [J]. 新疆石油地质, 19 (3): 218-220.

李文厚, 周立发, 柳益群, 等, 1997. 吐哈盆地沉积格局与沉积环境的演变 [J]. 新疆石油地质, 18 (2): 135-141, 6.

李娴静, 陈能贵, 韩守华, 等, 2012. 准噶尔盆地南缘古近系—新近系储层测井解释模型及规模储层分布 [J]. 中国石油勘探, 17 (5): 27-31, 82.

李永安, 2000. 新疆三叠纪古地理 [J]. 新疆地质, 18 (4): 335-338.

梁书义, 刘克奇, 蔡忠贤, 2005. 油气成藏体系及油气输导子体系研究 [J]. 石油实验地质, 27 (4): 327-332.

刘柏林, 王启飞, 阎泗民, 等, 2008. 准噶尔盆地腹部 Z2 井三叠系地层及沉积特征 [J]. 地层学杂志, 32 (2): 188-193.

刘传虎, 王学忠, 2012. 准噶尔盆地西缘车排子地区沙湾组沉积与成藏控制因素 [J]. 中国石油勘探, 17 (4): 5-6, 15-19.

刘国璧, 张惠蓉, 1992. 准噶尔盆地地热场特征与油气 [J]. 新疆石油地质, 13 (2): 99-107.

刘洪福, 1992. 新疆哈密库莱二叠—三叠纪地层的发现及其意义 [J]. 西北大学学报, 22 (2): 209-217.

刘俊田, 王劲松, 任忠跃, 等, 2014. 小草湖洼陷西山窑组油气成藏特征及主控因素 [J]. 特种油气藏, 21 (6): 11-14.

刘顺生, 焦养泉, 郎凤江, 等, 1999. 准噶尔盆地西北缘露头区克拉玛依组沉积体系及演化序列分析 [J]. 新疆石油地质, 20 (6): 485-489.

刘桠颖, 徐怀民, 姚卫江, 等, 2011. 准噶尔盆地网毯式油气成藏输导体系 [J]. 石油大学学报 (自然科学版), 35 (5): 32-36, 50.

刘云祥, 何展翔, 张碧涛, 等, 2006. 识别火成岩岩性的综合物探技术 [J]. 勘探地球物理进展, 29 (2): 115-118.

鲁新川, 张顺存, 史基安, 等, 2012. 准噶尔盆地西北缘乌尔禾—风城地区二叠系风城组白云岩地球化学特征及成因分析 [J]. 兰州大学学报 (自然科学版), 48 (6): 8-20.

路顺行, 于洪州, 相鹏, 等, 2014. 压扭性盆地山前带构造建模与勘探实践 [M]. 青岛: 中国石油大学出版社.

吕锡敏, 2001. 吐哈盆地构造特征与油气赋存 [J]. 江汉石油学院学报, 23 (2): 75-78.

倪守武, 满发胜, 王兆荣, 等, 1999. 新疆北部地区岩石生热率分布特征 [J]. 中国科学技术大学学报, 29 (4): 408-414.

潘长春, 周中毅, 范善发, 等, 1997. 准噶尔盆地热历史 [J]. 地球化学, 26 (6): 1-7.

潘长春, 周中毅, 王庆隆, 1989. 利用磷灰石裂变径迹研究准噶尔盆地生油层热史 [J]. 石油天然气地质, 10 (1): 35-39.

庞军刚, 杨友运, 李文厚, 等, 2013. 准噶尔盆地北部晚白垩世—古近纪沉积特征研究 [J]. 岩性油气藏, 33 (4): 424-430.

祁利祺，鲍志东，鲜本忠，等，2009. 准噶尔盆地西北缘构造变换带及其对中生界沉积的控制 [J]. 新疆石油地质，30（1）：29-32.

青藏油气区石油地质志编写组，1990. 中国石油地质志：卷十四 青藏油气区 [M]. 北京：石油工业出版社.

邱楠生，查明，王绪龙，2000. 准噶尔盆地热演化历史模拟 [J]. 新疆石油地质，20（1）：38-41.

邱楠生，王绪龙，杨海波，等，2001. 准噶尔盆地地温分布特征 [J]. 地质科学，36（3）：350-358.

曲国胜，马宗晋，陈新发，等，2009. 论准噶尔盆地构造及演化 [J]. 新疆石油地质，30（1）：1-5.

曲江秀，邱贻博，时振峰，等，2007. 准噶尔盆地西北缘乌夏断裂带断裂活动与油气运聚 [J]. 新疆石油地质，28（4）：403-405.

任纪舜，王作勋，陈炳蔚，等，1997. 从全球看中国大地构造——中国及邻区大地构造图简要说明 [M]. 北京：地质出版社.

沈扬，贾东，宋国奇，等，2010. 源外地区油气成藏特征、主控因素及地质评价——以准噶尔盆地西缘车排子凸起春光油田为例 [J]. 地质论评，56（1）：51-59.

盛秀杰，金之钧，肖晔，2017. 区带勘探中的油气资源评价方法 [J]. 石油与天然气地质，38（5）：983-992.

盛秀杰，金之钧，鄢琦，等，2013. 成藏体系油气资源评价中的统计方法体系 [J]. 石油与天然气地质，34（6）：827-833.

石好果，林会喜，陈林，等，2017. 车排子地区侏罗系沉积模式及有利区带分析 [J]. 特种油气藏，24（3）：26-30.

石昕，王绪龙，张霞，等，2005. 准噶尔盆地石炭系烃源岩分布及地球化学特征 [J]. 中国石油勘探，（1）：34-39.

史基安，邹妞妞，鲁新川，等，2013. 准噶尔盆地西北缘二叠系云质碎屑岩地球化学特征及成因机理研究 [J]. 沉积学报，31（5）：898-906.

宋璠，杨少春，苏妮娜，等，2013. 准噶尔盆地春风油田沙湾组沉积相新认识 [J]. 石油实验地质，35（3）：239-242.

宋璠，杨少春，苏妮娜，等，2015. 超浅层油藏成岩特征及对油气成藏的影响——以准噶尔盆地春风油田为例 [J]. 石油实验地质，37（3）：307-313.

苏春乾，孙永娟，杨兴科，等，2006. 天山后峡—艾维尔沟地区晚古生代—中生代地层系统中若干不整合关系的厘定及其地质意义 [J]. 地质通报，25（8）：977-985.

隋风贵，林会喜，赵乐强，等，2015. 准噶尔盆地周缘隆起带油气成藏模式 [J]. 新疆石油地质，36（1）：1-7.

孙洪杰，2007. 准噶尔盆地三叠系烃源岩有效性研究 [D]. 北京：中国石油大学（北京）：9.

孙玉善，白新民，桑洪，等，2011. 沉积盆地火山岩油气生储系统分析：以新疆准噶尔盆地乌夏地区早二叠世风城组为例 [J]. 地学前缘，18（4）：212-218.

孙自明，何治亮，牟泽辉，2004. 准噶尔盆地南缘构造特征及有利勘探方向 [J]. 石油与天然气地质，25（2）：216-221.

覃军，林小云，潘虹，等，2014. 准噶尔盆地南缘四棵树凹陷及周缘油源关系研究 [J]. 矿物岩石地球化学通报，33（3）：395-400.

汤庆艳，张铭杰，张同伟，等，2013. 生烃热模拟实验方法述评 [J]. 西南石油大学学报：自然科学版，

35（1）：52-62.

唐详华，1999. 吐哈盆地托克逊地区二叠系—侏罗系分布概况及古生态古气候初探［J］. 新疆石油地质，
　　20（1）：40-44.

佟殿君，任建业，任亚平，2006. 准噶尔盆地车莫古隆起的演化及其对油气藏的控制［J］. 油气地质与
　　采收率，13（3）：39-41.

童英，2010. 北疆及邻区石炭—二叠纪花岗岩时空分布特征及其构造意义［J］. 岩石矿物学杂志，29（6）：
　　619-641.

汪立群，罗晓荣，2012. 柴达木盆地北缘油气成藏与勘探实践［M］. 北京：石油工业出版社.

汪啸风，陈孝红，等，2005. 中国各地质时代地层划分与对比［M］. 北京：地质出版社.

汪新伟，汪新文，马永生，2007. 新疆博格达山的构造演化及其与油气的关系［J］. 现代地质，21
　　（1）：116-124.

王昌桂，杨飚，2004. 吐哈盆地二叠系油气勘探潜力［J］. 新疆石油地质，25（1）：17-18.

王鸿祯，1978. 论中国地层分区［J］. 地层学杂志，2（2）：81-104.

王坤，任新成，鲁卫华，等，2017. 准噶尔盆地车排子凸起新近系沙湾组油藏特征及成藏主控因素［J］.
　　地质通报，36（4）：547-554.

王明倩，1981. 新疆东部石炭纪菊石［J］. 古生物学报，20（5）：468-481，507-508.

王培荣，1993. 生物标志物质量色谱图集［M］. 北京：石油工业出版社.

王启飞，杨景林，卢辉楠，2003. 中国晚古生代轮藻化石组合［J］. 微体古生物学报，20（2）：199-
　　211.

王千军，2016. 准噶尔盆地车排子地区沙湾组“断—毯”输导性量化评价［J］. 大庆石油地质与开发，
　　35（6）：15-20.

王社教，胡圣标，李铁军，等，2000. 准噶尔盆地大地热流［J］. 科学通报，45（2）：1327-1332.

王社教，胡圣标，汪集旸，2000. 准噶尔盆地热流及地温场特征［J］. 地球物理学报，43（6）：771-
　　779.

王铁冠，1990. 生物标志物地球化学研究［M］. 武汉：中国地质大学出版社.

王铁冠，钟宁宁，熊波，等，1994. 源岩生烃潜力的有机岩石学评价方法［J］. 石油学报，15（4）：9-16.

王伟峰，王毅，陆诗阔，1999. 准噶尔盆地构造分区和变形样式［J］. 地震地质，21（4）：324-333.

王绪龙，支东明，王屿涛，等，2013. 准噶尔盆地烃源岩与油气地球化学［M］. 北京：石油工业出版社.

吴康军，刘洛夫，曾丽媛，等，2014. 准噶尔盆地车排子周缘新近系沙湾组砂体油气输导特征［J］. 中
　　南大学学报（自然科学版），45（12）：4258-4266.

吴绍祖，1996. 新疆早二叠世古气候［J］. 新疆地质，14（3）：270-277.

吴绍祖，屈讯，李强，等，2000. 准噶尔盆地早三叠世古地理及古气候特征［J］. 新疆地质，18（4）：
　　339-341.

吴向农，1991. 青海省区域地质志：青藏油气区［M］. 北京：地质出版社.

吴晓智，齐雪峰，唐勇，等，2009. 东西准噶尔火山岩成因类型与油气勘探方向［J］. 中国石油勘探.
　　14（1）：1-9.

吴秀元，赵修祜，1982. 中国石炭纪陆相地层的划分与对比［M］. 中国各纪地层对比表及说明书：137-
　　152.

肖序常，1992. 新疆北部及其邻区大地构造［M］. 北京：地质出版社.

新疆维吾尔自治区地质矿产局，1993. 新疆维吾尔自治区区域地质志［M］. 北京：地质出版社.

新疆维吾尔自治区地质矿产局，1999. 全国地层多重划分对比研究 65·新疆维吾尔自治区岩石地层［M］. 武汉：中国地质大学出版社.

新疆维吾尔自治区区域地层表编写组，1981. 西北地区区域地层表·新疆维吾尔自治区分册［M］. 北京：地质出版社，1-216.

新疆油气区石油地质志（上册）编写组，1993. 中国石油地质志：卷十五 新疆油气区（上册）准噶尔盆地［M］. 石油工业出版社.

熊丽，张立强，王金有，等，2016. 准噶尔盆地车排子地区古近系沉积相研究［J］. 甘肃科学学报，28（6）：31-35.

徐芹芹，2008. 新疆北部晚古生代以来中基性岩脉的年代学、岩石学、地球化学研究［J］. 岩石学报，24（5）：977-996.

徐永昌，1994. 天然气成因理论及应用［M］. 北京：科学出版社.

鄢继华，崔永北，陈世悦，等，2009. 准噶尔盆地乌夏地区二叠系沉积特征及有利储集层［J］. 新疆石油地质，30（3）：304-306.

杨凡，2013. 准噶尔盆地四棵树凹陷古近系—新近系储层特征研究［J］. 沉积与特提斯地质，33（4）：68-73.

杨景林，沈一新，商华，等，2012. 准噶尔盆地南缘露头区紫泥泉子组介形类动物群及时代归属［J］. 古生物学报，51（3）：360-365.

杨恺，董臣强，徐国盛，2012. 车排子地区新近系沙湾组物源与沉积相分析［J］. 中国石油大学学报（自然科学版），36（3）：7-13，19.

杨少春，孟祥梅，陈宁宁，等，2011. 准噶尔盆地车排子地区新近系沙湾组沉积特征［J］. 中国石油大学学报（自然科学版），35（2）：21-24.

杨勇，陈世悦，王桂萍，等，2011. 准噶尔盆地车排子地区古近系沉积相研究［J］. 油气地质与采收率，18（3）：5-9.

杨勇，陈世悦，王桂萍，等，2012. 准噶尔盆地南缘崔儿沟剖面白垩系地层特征及沉积环境［J］. 油气地质与采收率，19（3）：34-37.

杨遵仪，杨基端，王泽久，等，2000. 中国地层典·三叠系—白垩系［M］. 北京：地质出版社.

尤绮妹，1983. 准噶尔盆地西北缘推复构造的研究［J］. 新疆石油地质，4（1）：6-16.

余宽宏，金振奎，李桂仔，等，2015. 准噶尔盆地克拉玛依油田三叠系克下组洪积砾岩特征及洪积扇演化［J］. 古地理学报，17（2）：143-159.

玉门油田石油地质志编写组，1989. 中国石油地质志：卷十三 玉门油田［M］. 北京：石油工业出版社.

袁明生，梁世君，燕列灿，等，2002. 吐哈盆地油气地质与勘探实践［M］. 北京：石油工业出版社.

翟光明，宋建国，靳久强，等，2002. 板块构造演化与含油气盆地形成和评价［M］. 北京：石油工业出版社.

张林晔，李政，孔祥星，等，2014. 成熟探区油气资源评价方法研究——以渤海湾盆地牛庄洼陷为例［J］. 天然气地球科学，25（4）：477-489.

张遴信，2000. 论中国的石炭系与二叠系界线［J］. 地层学，24（3）：224-229.

张瑞香，杨少春，宋璠，等，2016. 春风油田沙湾组储层特征及储集性能分析［J］. 科学技术与工程，28（16）：49-55.

张善文，2013. 准噶尔盆地哈拉阿拉特山地区风城组烃源岩的发现及石油地质意义［J］. 石油与天然气，34（2）：145-152.

张善文，2013. 准噶尔盆地盆缘地层不整合油气成藏特征及勘探展望［J］. 石油实验地质，35（3）：231-248.

张善文，林会喜，沈扬，2013. 准噶尔盆地车排子凸起新近系"网毯式"成藏机制剖析及其对盆地油气勘探的启示［J］. 地质论评，59（3）：489-500.

张顺存，丁超，何维国，等，2011. 准噶尔盆地西北缘乌尔禾鼻隆下三叠统沉积相特征［J］. 沉积与特提斯地质，31（2）：17-25.

张卫海，查明，曲江秀，2003. 油气输导体系的类型及配置关系［J］. 新疆石油地质，24（2）：118-121.

张兴雅，马万云，王玉梅，等，2015. 准噶尔盆地古近系生烃潜力与油气源特征研究［J］. 沉积与特提斯地质，35（1）：25-32.

张义杰，齐程，1992. 准噶尔盆地东部帐篷沟地区中二叠统平地泉组的沉积环境和对比问题［J］. 新疆石油地质，13（3）：217-226.

张义杰，齐雪峰，程显胜，等，2007. 准噶尔盆地晚石炭世和二叠纪沉积环境［J］. 新疆石油地质，28（6）：673-675.

张元元，2009. 东准噶尔扎河坝地区古生代晚期火山岩的锆石 SHRIMP U-Pb 定年及其地质意义［J］. 岩石学报，25（3）：506-519.

张招崇，2007. 阿尔泰山南缘晚古生代火山岩的地质地球化学特征及其对构造演化的启示［J］. 地质学报，81（3）：344-358.

张枝焕，刘洪军，李伟，等，2014. 准噶尔盆地车排子地区稠油成因及成藏过程［J］. 地球科学与环境学报，36（2）：18-32.

张致民，吴绍祖，1991. 二叠系［M］// 新疆地质矿产局地质矿产研究所，新疆地质矿产局第一区调队. 新疆古生界（新疆地层总结之二）（下）. 乌鲁木齐：新疆人民出版社：329-482.

赵白，1992. 准噶尔盆地的形成与演化［J］. 新疆石油地质，13（3）：192-196.

赵澄林，季汉成，胡爱梅，等，2002. 敦煌盆地群侏罗系石油地质研究［M］. 北京：石油工业出版社.

赵文智，胡素云，沈成喜，等，2005. 油气资源评价的总体思路和方法体系［J］. 石油学报，26（增刊）：12-17.

赵治信，张桂芝，肖继南，等，2000. 新疆古生代地层及牙形石［M］. 北京：石油工业出版社.

支东明，赵卫军，关键，等，2007. 准噶尔盆地车排子地区新近系沙湾组油层特征［J］. 天然气勘探与开发，30（3）：5-8.

周晶，2008. 新疆北部基性岩脉 $^{40}Ar/^{39}Ar$ 年代学研究［J］. 岩石学报，24（5）：997-996.

周守沄，1995. 新疆觉洛塔格地层分区东部石炭系［J］. 新疆地质，13（3）：224-237.

周守沄，巴哈特汉·苏莱曼，2000. 新疆白垩纪古地理［J］. 新疆地质，18（4）：347-351.

朱世发，朱筱敏，陶文芳，等，2013. 准噶尔盆地乌夏地区二叠系风城组云质岩类成因研究［J］. 高校地质学报，19（1）：38-45.

朱文斌，万景林，舒良树，等，2004. 吐鲁番—哈密盆地中新生代热历史：磷灰石裂变径迹证据［J］. 自然科学进展，14（10）：115-119.

庄锡进，胡宗全，朱筱敏，2002. 准噶尔盆地西北缘侏罗系储层［J］. 古地理学报，（1）：90-96.

庄新明, 2009. 准噶尔盆地车排子凸起石油地质特征及勘探方向 [J]. 新疆地质, 27 (1): 70-74.

邹才能, 杨智, 朱如凯, 等, 2015. 中国非常规油气勘探开发与理论技术进展 [J]. 地质学报, 89 (6): 979-1007.

B. P. Wygrala, 1988. Integrated computer-aided basin modeling applied to analysis of hydrocarbon generation history in a Northern Italian oil field [J]. Organic Geochemistry, 13 (1-3): 187-197.

附录 大事记

2000 年

8 月 7 日　中国石化为加大上游油气勘探规模，在准噶尔盆地进行了探矿权登记，登记矿权 17 个、面积 64801km²；在敦煌盆地登记甘肃敦煌盆地五墩凹陷油气勘查区块，面积 2002.46km²。

2001 年

2 月　中国石化成立西部新区勘探经理部（2002 年更名为西部新区勘探指挥部），负责组织各分公司参与西部新区的油气勘探，准噶尔盆地油气勘探研究及部署工作全面展开。

2002 年

8 月 6 日　在吐哈盆地登记新疆吐哈盆地西部大河沿地区油气勘查、新疆吐哈盆地中部十三间房地区油气勘查区块，面积 4455.494km²。

9 月 6 日　位于盆 1 井西凹陷的庄 1 井在侏罗系三工河组获高产油气流，8mm 油嘴自喷日产油 25.2t、日产气 5972m³，在盆地腹部发现莫西庄油田。

2003 年

6 月 18 日　位于沙湾凹陷东北部的征 1 井在侏罗系三工河组获得工业油流，抽汲日产油 10.75t，发现了准中地区侏罗系三工河组新的含油区带。

6 月 23 日　位于盆 1 井西凹陷西侧的沙 1 井在三叠系克拉玛依组获得油流，抽汲日产油 0.78m³，首次在三叠系获得油流，证实了盆 1 井西凹陷多层系含油。

6 月 30 日　位于东道海子凹陷的成 1 井在侏罗系八道湾组获得低产油流，经酸化改造，气举求产，日产油 0.5m³，累计产油 6.4m³，发现了侏罗系新的含油层组，实现了东道海子凹陷中生界油气的首次发现。

9 月 23 日　位于阜康凹陷的董 1 井在侏罗系头屯河组中途测试获得高产油气流，折算日产油 66.26t、日产气 47261m³，是中国石化西部新区的第一口油气当量百吨井。证实了盆地腹部深层隐蔽油气勘探具有较大的勘探前景，推动了准噶尔油气勘探由寻找构造油气藏向隐蔽油气藏、由浅层向深层勘探理念的大转变。

12 月 1 日　位于车排子凸起的排 1 井在白垩系底部、侏罗系见到稠油富含油 0.20m、稠油油浸 18.09m、稠油油斑 17.23m 等丰富显示，常规测试未见油。排 1 井丰富油气显示的钻遇，预示了车排子凸起应有较大的勘探前景，奠定了后续勘探的基础。

12 月 31 日　在柴达木盆地登记青海柴达木盆地大柴旦地区油气勘查、青海柴达木盆地诺木洪北地区油气勘查区块，面积 5428.537km²。

2004 年

4月26日　在吐哈盆地登记新疆吐哈盆地东部哈密地区油气勘查区块，面积2152.127km²。

8月4日　位于乌伦古坳陷的滴北1井在侏罗系八道湾组获得低产油流，压裂后抽汲排液求产，日产油0.1m³，日产水24.8m³，实现了乌伦古坳陷油气的首次发现。

8月10日　位于沙湾凹陷的永1井在侏罗系西山窑组获得高产油气流，中途测试，折算日产油72.07m³、日产气10562m³，发现了盆地腹部的第二个油田——永进油田。展示出盆地腹部凹陷带地层—岩性油藏巨大的勘探潜力。

2005 年

3月11日　位于车排子凸起的排2井在新近系沙湾组2段获得高产油气流，4mm油嘴放喷，测试折算日产轻质油62.79m³，车排子地区勘探取得了重大突破，发现了春光油田。同时也开辟了准噶尔盆地油气勘探新层系，并迅速建成了年产超过50×10⁴t产能规模的高效益油气田。

6月17日　位于车排子凸起北部的排6井在新近系沙湾组一段试油获低产油流，泵抽日产油0.5m³，车排子凸起沙湾组发现新含油层段及稠油油藏，为春风油田的发现奠定了基础。

8月21日　永进油田永2井在侏罗系西山窑组获得工业油流，6mm油嘴自喷，日产油20.66m³，日产气13371m³。

10月28日　永进油田的永6井在白垩系清水河组获得工业油流，抽汲日产油11.9m³，发现了新的含油层系，进一步拓展了永进油田的勘探空间。

2006 年

3月25日　永进油田永3井在侏罗系三工河组二段获油气，中途测试，日产油1.52m³，为永进油田三工河组第一口油流井。

6月23日　永进油田永3井在侏罗系齐古组进行完井试油，4mm油嘴自喷日产油25.3m³，日产气5055m³，进一步扩大了永进油田的含油面积。

11月24日　车排子凸起排8井在新近系沙湾组二段获高产油流，3mm油嘴放喷求产，日产油40.7m³，进一步扩大了春风油田的含油范围。

2007 年

3月12日　中国石化股份公司下发石化股份企〔2007〕92号"关于印发《中国石油化工股份有限公司勘探分公司组建方案》的通知"，撤销"西部新区勘探指挥部"，将"新疆准噶尔盆地西缘油气勘查"区块（勘查面积4648.208km²）划转给胜利油田分公司负责勘探，将西部新区其他勘查区块均划归西北油田分公司负责勘探。

2009 年

7月17日　位于车排子凸起北部的排603井于白垩系获油气，试油日产气8316m³，实现了新层系工业油气流的突破，进一步拓展了车排子凸起的勘探空间。

9月25日　中国石化股份公司下发石化股份油〔2009〕454号文件《关于调整油气勘查区块的通知》，"将原西北油田分公司负责勘查的准噶尔盆地等盆地的31个油气勘查区块，原华北油气分公司负责勘查的鄂尔多斯盆地的 6 个油气勘查区块，以及原南方分公司负责勘查的苏浙皖煤山油气勘查区块，共计调整勘查区块 38 个，面积 131516.99km^2，调整到胜利油田分公司负责勘查"；将胜利油田分公司负责勘查与开发的准噶尔盆地西缘油气勘查区块排 2 区块，面积 1023.245km^2，调整到河南油田分公司负责油气勘探开发。

9 月 26 日　征沙村地区征 1-1 井在侏罗系三工河组二段获得高产工业油流，自喷日产油 52.56m^3，进一步扩大了征沙村地区含油面积。

2010 年

8—12 月　围绕车排子凸起排 6 井新近系沙湾组一段部署 9 口探井，均见稠油层，发现了一个浅层稠油油田—春风油田。春风油田当年上报探明石油地质储量 1038×10^{4}t，建成产能 13×10^{4}t，投产 32 口井，累计产油 35460.9t。

2011 年

6 月 24 日　位于哈特阿拉特山西部的哈浅 1 井在侏罗系八道湾组获高产油气流，注汽热试，泵抽排液，日产油 14.5m^3，实现了浅层重大突破，发现了浅层稠油整装油田——春晖油田。

6 月 26 日　春风油田排 61 井在石炭系获工业油流，日产油 4.8t，取得了石炭系勘探的重要突破，发现了新的含油层系。

10 月 19 日　春风油田排 66 井针对石炭系获高产油气流，中途常规试油，泵抽求产，折算日产油 11.2t。排 66 井的钻探成功进一步扩大了石炭系的含油范围，证实石炭系为一个优质高产层系。

11 月 28 日　春光油田春 10 井在新近系沙湾组获工业油流，蒸汽吞吐，日产油 4.5t，取得了断层—岩性复合油藏类型的突破。

2012 年

7 月 31 日　春光油田春 2-200 井在白垩系获高产油气流，注汽热采，最高日产油 18.4t，白垩系勘探获得突破。

8 月 25 日　位于哈特阿拉特山中部的哈浅 22 井在侏罗系西山窑组获高产油流，注汽热试，5mm 油嘴峰值日产油 16.5t，稳定日产油 5.08t，发现了阿拉德油田。

9 月 23 日　位于哈特阿拉特山西部的哈浅 6 井在二叠系风城组获工业油流，水力喷射分段酸化压裂，峰值日产油 6.87m^3，取得了深层勘探的突破，初步明确了哈特阿拉特山推覆体构造带较好的勘探前景。

2013 年

1 月 30 日　在准噶尔盆地登记新疆准噶尔盆地克拉玛依北油气勘查区块，面积 1091.509km^2。

3 月 20 日　位于吐哈盆地哈密坳陷的红 1 井获油气显示。红 1 井是中国石化在吐哈探区钻探的第 1 口探井，该井于三叠系黄山街组见荧光显示 1 层 1.0m、二叠系依尔希土组见油斑显示 1 层 0.5m、气测异常 3 层 0.8m，石炭系气测异常 6 层 5.45m。于哈密坳陷首次在二叠系见油气显示。

7月15日　位于哈特阿拉特山中部的哈深2井在推覆体Ⅳ二叠系获工业油流，中途测试日产油10.08m³，实现了火山岩勘探突破，证实了哈特阿拉特山地区为多含油层系、多油藏类型的复式油气聚集区。

7月24日　位于哈特阿拉特山西部的哈深斜1井在前缘冲断带二叠系佳木河组试获工业油流。采用油管进液压裂试油，峰值日产油18.16m³，实现了前缘冲断带的突破。

9月14日　位于车排子凸起西翼的苏3井在白垩系获得工业油流，常规试油，抽汲，日产油峰值4.56m³，累计产油7.3m³，首次在车排子凸起西翼获得工业油流，发现白垩系新含油层系。

12月17日　位于东部隆起木垒凹陷的木参1井在二叠系试获油气。该井在钻井过程中见到多层油气显示，侏罗系油迹6m/2层，二叠系平地泉组油斑2.7m/1层、油迹12.6m/2层、荧光5.2m/1层。二叠系平地泉组常规测试、压裂未出，注蒸汽起出注汽管柱时，隔热管外壁见2.5L稠油。该井是木垒凹陷的第一口探井，证实了木垒凹陷为含油气凹陷。

2014 年

5月1日　位于敦煌盆地五墩凹陷的西参1井在侏罗系获油气。该井在侏罗系录井见油斑2.13m/3层、油迹4.34m/3层、荧光17.3m/11层，测井解释油层17.3m/8层、差油层5.5m/2层；压裂泵抽日产油0.02~1.53m³，累计产油12.1m³。西参1井是敦煌盆地勘探历史上第一口见到油气流的油气探井，实现了敦煌盆地油气勘探发现。

6月30日　位于车排子凸起西翼的苏1井在古近系试获油气，抽汲，峰值日产油0.34m³，累计产油0.76m³，表明古近系发生过油气运移。

7月13日　位于春光油田南部的春63井在新近系沙湾组2砂层组获高产油气流，直接投产，4mm油嘴自喷，日产油31.3t，发现了沙湾组2砂层组新的含油条带。

8月13日　位于车排子凸起西翼的苏101井在古近系获低产油流，抽汲，日产油3.18m³，实现了古近系的油气勘探突破。

12月21日　位于车排子凸起西翼的苏1-2井在新近系沙湾组获得高产油气流，6mm油嘴自喷，日产油31~56m³；2015年3月4日投产，2~2.5mm油嘴放喷，日产油24.3t，累计产油52020t，实现了车排子凸起西翼沙湾组的突破，证实了车排子凸起西翼具有多层系含油的特征。

2015 年

8月25日　位于阜康凹陷的董701井在侏罗系齐古组获得高产油气流，5mm油嘴放喷，折算日产油43.7m³、气29664m³，发现新的含油层系。

12月21日　车排子凸起东翼的排691井在新近系沙湾组一段2砂层组获高产油气流，注汽泵抽，日产油11.3t，首次在新近系沙湾组一段2砂层组发现油层。

9月27日　位于乌伦古坳陷石北凹陷的准北1井在三叠系白碱滩组获低产油气流。该井在石炭系、三叠系及侏罗系见到荧光显示56.3m/19层，三叠系压裂后采用垫圈流量计测气，测算气产量1315m³/d，回收凝析油0.8m³。准北1井的成功实现了乌伦古坳陷的重要突破，验证了该区石炭系烃源岩的生烃潜力。

11月13日　位于东部隆起石钱滩凹陷的钱1井在二叠系平地泉组试获油气。该井在钻探过程中见到多层油气显示，二叠系、石炭系见油斑14.8m/9层、荧光7.14m/6层、气测异常24.5m/13层。二叠系常规试油完于表层套管和技术套管间闸门处见中质油500mL及少量可燃气，酸化压裂见油花。首次在石钱滩凹陷钻获油气，展现残留凹陷区具有较好的勘探潜力。

2016年

1月19日　位于吐哈盆地十三间房区块的胜房1井在侏罗系见丰富油气显示。该井在侏罗系常规录井见气测异常19层284m、二级荧光5层53m，下侏罗统三工河组、八道湾组测井解释含油水层4层42.6m，工程因素未测试。

7月16日　位于敦煌盆地五敦凹陷的敦1井获油气。该井在侏罗系为录井见油斑8m/8层、二级荧光11.5m/8层，测井解释油层18.7m/8层、油水同层1.2m/1层；压裂泵抽，日产油0.02～0.4m³，累计产油7.69m³。进一步明确了五敦凹陷侏罗系烃源岩、储层特征及潜力。

9月9日　于车排子凸起西翼部署的苏13井在石炭系获高产油气流，常规试油日产油峰值25.12m³，实现了车排子凸起西翼石炭系勘探突破，展现了车排子西翼石炭系良好的勘探前景。

11月27日　位于车排子凸起西翼的排687井在石炭系获低产油流，酸化压裂注汽，平均日产油0.51m³，累计产油7.84m³，进一步向西扩大了石炭系的含油范围，发现凝灰岩具有较好的储集性能。

2017年

5月31日　莫西庄地区庄110井在侏罗系三工河组二段获油气，泵抽测试，日产油峰值7.14m³，累计产油55.3m³，进一步扩大了莫西庄地区的含油面积。

8—9月　位于柴达木盆地马海东构造带的山古1井在古近系获油流。8月25日，古近系路乐河组1砂层组试油，常规测试，最高日产气3946m³，抽汲日产油峰值1.57t；9月10日，古近系路乐河组2砂层组压后抽汲，日产油峰值3.16t。展现了马海东构造带古近系良好的勘探前景，实现了新区油气突破。

9月27日　莫西庄油田庄109井在侏罗系三工河组二段获油气，泵抽排液，日产油峰值4.92m³，累计产油31.25m³，扩大了莫西庄油田的含油面积。

2018年

8月2日　位于哈特阿拉特山西部的哈浅101井在三叠系获高产油流，注汽热试，放喷峰值日产油25.9t，试采9天，累计产油102.8t，春晖油田发现三叠系油藏。

8月3日　位于征沙村南部的征6井在侏罗系三工河组二段获油气，征6井三工河组钻遇油层17.5m/1层，自喷畅放，日产油0.46t，首次在车—莫古隆起南翼三工河组发现油藏，进一步向南扩大了征沙村地区的含油范围。

8月6日　位于柴达木盆地马海东构造带的山古1井在古近系获油流，酸化压裂抽汲，峰值日产油4.77t，马海东构造带古近系含油面积进一步扩大。

2019年

4月6日　春风油田排斜645井在新近系沙湾组获高产油气流，直接投产采油，蒸汽吞吐，初期平均日产油4.78t，实现了春风油田沙湾组近物源沉积体系稠油层的有效动用。

6月7日　位于哈特阿拉特山东部的哈浅216井在侏罗系八道湾组获高产油流，注汽热试，峰值日产油6.14m^3，阿拉德油田发现八道湾组油藏。

9月1日　春风油田排690井在石炭系获工业油流，压裂泵抽，日产油5.46m^3，累计产油88.9m^3，车排子凸起东翼石炭系凝灰岩储层首次获得工业油流。

9月19日　位于阜康凹陷的董18井在侏罗系西山窑组获油气，常规测试，累计产油1.37m^3，发现了阜康凹陷新的含油层系。

9月26日　位于乌伦古坳陷石北凹陷的准北101井在三叠系白碱滩组获气流，压裂试气，10mm油嘴放喷求产，日产气14782m^3，进一步证实了石北凹陷具有较大的勘探潜力。

10月21日　位于柴达木盆地绿梁山山前带的山3井获油气。元古宇裸眼测试，日产油0.22t；侏罗系钻杆畅放，日产油0.05t，实现了新区带新层系的油气发现。

11月1日　永进地区永301井在侏罗系齐古组获高产油气流，2.385mm油嘴试油，日产油40t、日产气9392m^3，永进油田高压高产油气藏进一步扩大。

《中国石油地质志》

（第二版）

编辑出版组

总策划：周家尧

组　　长：章卫兵

副组长：庞奇伟　马新福　李　中

责任编辑：孙　宇　林庆咸　冉毅凤　孙　娟　方代煊

　　　　　王金凤　金平阳　何　莉　崔淑红　刘俊妍

　　　　　别涵宇　邹杨格　潘玉全　张　贺　张　倩

　　　　　王　瑞　王长会　沈瞳瞳　常泽军　何丽萍

　　　　　申公昱　李熹蓉　吴英敏　张旭东　白云雪

　　　　　陈益卉　张新冉　王　凯　邢　蕊　陈　莹

特邀编辑：马　纪　谭忠心　马金华　郭建强　鲜德清

　　　　　王焕弟　李　欣